FORTSCHRITTE DER BOTANIK

UNTER ZUSAMMENARBEIT MIT MEHREREN FACHGENOSSEN

HERAUSGEGEBEN VON

FRITZ VON WETTSTEIN
BERLIN-DAHLEM

ELFTER BAND

BERICHT ÜBER DAS JAHR 1941

MIT 50 ABBILDUNGEN

AF850006

Springer-Verlag Berlin Heidelberg GmbH
1944

ALLE RECHTE, INSBESONDERE DAS DER ÜBERSETZUNG
IN FREMDE SPRACHEN, VORBEHALTEN.
Copyright 1944 by Springer-Verlag Berlin Heidelberg
Ursprünglich erschienen bei Springer-Verlag OHG in Berlin 1944

ISBN 978-3-662-34292-3 ISBN 978-3-662-34563-4 (eBook)
DOI 10.1007/978-3-662-34563-4

In diesem XI. Band der „Fortschritte" ist die Literatur im allgemeinen bis Ende 1941 verwertet. Ich bitte im Interesse einer möglichst lückenlosen Berichterstattung den Verfassern die Sonderdrucke der erscheinenden Arbeiten zugehen zu lassen.

Der Herausgeber.

Inhaltsverzeichnis.

[1] Der Beitrag folgt in Band XII.

[1] Der Beitrag folgt in Band XII.

A. Morphologie.

1. Morphologie und Entwicklungsgeschichte der Zelle.

Von LOTHAR GEITLER, Wien.

Protisten. Das Problem des Zellbaus der Bakterien und Blaualgen wird mit verschiedenartiger Methodik erneut von DELAPORTE behandelt. Die Verf. untersucht eine große Zahl von Bakterien sowie einige Blaualgen und findet überall einen nuklealpositiven Chromidialapparat, aber keinen Kern; bei den Blaualgen ist der Chromidialapparat immer einheitlich, während er bei den Bakterien oft in einzelne Teile zerlegt erscheint. Eine feinere Analyse, d. h. der Nachweis konstanter elementarer Bausteine, die offenbar vorhanden sein müssen, wenn der Chromidialapparat ein Kernäquivalent ist (vgl. GEITLER [1]), konnte nicht erreicht werden; über die Nukleoide der Bakterien (vgl. die Berichte der vorhergehenden Jahre) wird nichts mitgeteilt. Diese Nukleoide konnte dagegen NEUMANN unabhängig von STILLE und PIEKARSKI an einer großen Zahl von Bakterienarten nachweisen; er bezeichnet sie als konstante, nuklealpositive „kernähnliche Körper". Die Auffassung, daß bei den Bakterien ein diffuser Chromidialapparat vorhanden ist, wird dadurch neuerdings widerlegt; im einzelnen bleibt weiterhin vieles unklar.

Die bis in die letzte Zeit vorgebrachte Angabe, daß bei den Hefen Amitosen aufträten (vgl. Fortschr. Bot. **10**, 2, 3), wird durch SINOTO u. YUASA an *Saccharomyces cerevisiae* richtiggestellt. Der Irrtum erklärt sich einfach daraus, daß die Mitose vor der Sprossung erfolgt, und daß das Sichdurchzwängen des einen der beiden zu Beginn der Sprossung schon vorhandenen Tochterkerne, der dabei Hantelform annimmt, als Amitose verkannt werden kann. Die Mitose verläuft im übrigen ganz normal, es werden in der üblichen Weise vier Chromosomen gebildet; auch der Ruhekern besitzt den gewohnten Aufbau. Damit fällt die Auffassung CASPERSSONS von der Besonderheit des Hefezellkerns (vgl. Fortschr. Bot. **10**, 2, 3). Andererseits können nun die Befunde BAUCHS, der experimentell Heferassen herstellen konnte, die anscheinend polyploid sind, cytologisch unterbaut werden; im Gegensatz zu BAUCH, der keine Colchicinwirkung beobachten konnte, fanden die Verf. die übliche Reaktion auf Colchicin.

Bisher schienen Protisten auf Colchicin oder ähnlich wirkende Substanzen (Acenaphthen) nicht anzusprechen. Abgesehen von den eben mitgeteilten positiven Befunden konnten LEVAN u. LEVRING wenigstens an zwei Arten von *Ulva* (Chlorophyceen) nach Acenaphthenbehandlung entsprechende C-Mitosen beobachten; eine Polyploidisierung beim weiteren Wachstum konnte aber nicht festgestellt werden. Zwei Braunalgen (*Ectocarpus* und *Spermatochnus*) sprachen weder auf Colchicin noch auf Acenaphthen an. Dem Ref. ist es wahrscheinlich, daß wenigstens ein Teil der Mißerfolge auf der zu geringen Teilungsfrequenz des behandelten Materials — verglichen mit den Meristemen der höheren Pflanzen — beruht; bevor die von LEVAN und LEVRING aufgestellte Alternative — abweichender molekularer Bau der Protistenspindel oder eine Art von Immunität in der Protistenzelle — zu erörtern ist, wäre erst größeres Tatsachenmaterial beizubringen[1]. — Die bekannte polyploidisierende Wirkung von Colchicin wurde im übrigen neuerdings für Farne (ROSENDAHL) und Coniferen (JENSEN u. LEVAN) nachgewiesen.

Über die Begeißelung der Bakterien macht PIETSCHMANN auf Grund von Dunkelfeldbeobachtungen an einem reichen Material bemerkenswerte Angaben. Die sog. peritriche, allseitige Begeißelung scheint überhaupt nicht vorzukommen, sondern durch Fehlbeobachtungen an gequälten Präparaten vorgetäuscht worden zu sein. Tatsächlich tritt nur polare oder genauer leicht subpolare Insertion der Geißeln auf. Auch die bisherigen Angaben über das Vorhandensein sehr zahlreicher Geißeln je Zelle sind wahrscheinlich falsch und erklären sich aus der artifiziellen Aufsplitterung einzelner Geißeln; dies gilt nach der Meinung der Verf. auch für die elektronenoptisch gewonnenen Angaben PIEKARSKIS und RUSKAS (vgl. Fortschr. Bot. 10, 1).

HOLLANDE beschreibt bei dem Flagellaten *Cryptomonas dangeardi* n. sp. als „Amphosom" einen neuen konstanten Inhaltskörper, der im Plasma liegt; über seine Natur wird nichts Sicheres ausgesagt. Angaben über winzige stärkefreie Pyrenoide im Chromatophor sind jedenfalls falsch, da für die gesamten Cryptomonaden ein typisches Merkmal große, stärkeumhüllte, außerhalb der Chromatophoren liegende Pyrenoide darstellen[2].

Der angeblichen doppelten Meiose in drei Teilungsschritten bei Ascomyceten wird durch Untersuchungen BERGMANS an *Sphaerotheca* wiederum eine Stütze insofern entzogen, als überzeugend nachgewiesen wird, daß nur eine einzige Kernverschmelzung vorkommt.

[1] Anm. bei der Korrektur. Seither konnte ELISABETH TSCHERMAK bei 7 Arten von *Oedogonium* mittels Colchicin diploide Fäden erzeugen (*Oedogonium* ist ein Haplont). Die diploiden Zellen zeigen entsprechende Volumzunahme und sind weiter normal teilungsfähig (Naturwiss. 1942).

[2] In dieser Hinsicht irrtümliche Angaben macht neuerdings auch POCHMANN (Mikrokosmos 36 [1943]).

Bei der apochlorotischen Volvocale *Polytomella calca* weist RABINOVICH einen Leukoplasten nach.

Zellteilung. Im Unterschied zu den meisten Untersuchern, welche die Teilung in meristematischen Zellen untersuchten, beschäftigen sich SINNOTT u. BLOCH mit der Teilung alter, herangewachsener, zellsaftreicher Zellen an 18 Gattungen von Angiospermen, und zwar an natürlichen Geweben wie an Wundgeweben (über das Verhalten letzterer liegt ein Sammelreferat von BLOCH vor). Es zeigt sich, daß Teilungen in solchen Zellen viel häufiger ablaufen, als meist angenommen wird. Der zunächst wandständige Kern wird von Plasmalamellen in das Zellinnere gezogen. Während der Prophase bildet sich eine hervortretende Plasmalamelle (das „Phragmosom") aus, in welcher später die Zellplatte entsteht. Die Lage der Scheidewand ist also schon vorausbestimmt durch die Lage des plasmatischen Phragmosoms und ist eine Angelegenheit des gesamten Protoplasten, nicht aber durch die Tochterkerne induziert.

An ähnlichen Zellen läßt sich die Teilung im Leben an den Prothallien von *Osmunda japonica* studieren (WADA; vgl. auch Fortschr. Bot. 10, 7). Die Zellplatte bildet sich im Phragmoplasten zentrifugal, die feste definitive Wand wächst aber zentripetal. — Als besonders geeignete Objekte für Lebendbeobachtungen der Teilung empfiehlt HEITZ *Anthoceros* (Thallusspitze) und *Hymenophyllum* (junge, einzellschichtige Blätter).

Das Problem der Anordnung von vier aus einer Mutterzelle entstandenen Tochterzellen wird durch TSCHERMAK an einer Protococcale *(Oocystis)* erneut aufgegriffen. Im Gegensatz zur bisherigen Auffassung, derzufolge vier tetraedrisch geformte und tetraedrisch angeordnete Tochterzellen immer das Ergebnis simultaner Teilungen sein sollen, während bei sukzedanen Teilungen vier kugelquadrantenförmige, kreuzförmig gelagerte Tochterzellen entstünden, wird gezeigt, daß auch bei sukzedanen Teilungen Tetraederform und -anordnung zustande kommen, sofern die erste Scheidewand weich und entsprechend nachgiebig ist; es vermögen dann die vier Tochterzellen dieselbe mechanische Gleichgewichtslage wie bei simultaner Bildung einzunehmen. Der Teilungsablauf ist im übrigen streng geregelt. Er wird in gewissem Sinn dadurch vorausbestimmt, daß der Chromatophor schon in der Mutterzelle viergeteilt wird und die vier Tochterchromatophoren tetraedrische Lage einnehmen; die — trotz vorhandener Scheidewand — synchron entwickelten Spindeln der zweiten Teilung stehen infolgedessen senkrecht aufeinander, die vier Tochterkerne kommen daher an den Ecken eines Tetraeders zu liegen; die vier Tochterprotoplasten verformen dann die Scheidewand der ersten Teilung, bis die tetraedrische Gleichgewichtslage erreicht ist.

Spindelmechanik. Mit besonderer Präparationstechnik untersuchen SHIWAGO u. TROUKHATCHEWA den Spindelapparat von *Allium cepa* und

Vicia faba und kommen bezüglich der Anaphasemechanismus zu ähnlichen Schlüssen wie seinerzeit BELAR. Die Spindel enthält von Pol zu Pol durchlaufende „Zentralfasern“; an sie heften sich in der Metaphase die Chromosomen bzw. Chromatiden mittels eines an der Ansatzstelle ausgeschiedenen Flüssigkeitstropfens an, der sich gegen die Pole zu ausbreitet und dort verankert; diese „kinetische Hülle“ plus „Zentralfaser“ erscheint im mikroskopischen Bild als „Zugfaser“. Zu Beginn der Anaphase erfolgt eine plötzliche Viskositätserhöhung der kinetischen Hülle, wodurch Auseinanderreißen derselben zwischen den Chromatiden und Verkürzung der Hälften eintritt, somit die Chromatiden zu den Polen gezogen werden.

Ein besonderes Verhalten, dem aber allgemeines Interesse zukommt, so daß es in diesem Zusammenhang besprochen werden muß, zeigen unter den Tieren die Cocciden und vielleicht die Hemipteren überhaupt: es ist hier kein lokalisierter Spindelansatz nachzuweisen. In der Anaphase wandern die Chromatiden nicht in der gewohnten Weise auseinander, sondern rücken, nachdem sie in der Äquatorialplatte mit ihrer ganzen Länge lagen, parallel zu dieser und daher auch zueinander an die Pole. SCHRADER nahm deshalb an, daß die ganze den Spindelpolen zugekehrte Flanke der Chromatiden als „diffuses“ Centromer anzusprechen ist; dazu stimmen auch die mikroskopischen Bilder, die in der ganzen Länge der Chromosomen ansetzende Spindelfasern oder Teilspindeln zeigen. Nun erhalten HUGHES-SCHRADER u. RIS neue wichtige Einblicke durch die Analyse des Verhaltens röntgeninduzierter Fragmente. Als besonders günstiges Objekt diente *Steatococcus tuberculatus* mit $n = 2$ Chromosomen. Das wesentliche Ergebnis ist, daß — von sehr seltenen Ausnahmen abgesehen — alle Fragmente unabhängig von ihrer Größe und Herkunft sich durch mehrere Mitosezyklen hindurch wie intakte Chromosomen verhalten, sich also ganz gegensätzlich wie die bisher beobachteten Fragmente anderer Organismen benehmen, die infolge des Fehlens des Centromers mitotische Inaktivität zeigen. Das bedeutet, daß bei *Steatococcus* kein lokalisiertes, für die Bewegung verantwortliches Organell in den Chromosomen vorhanden sein kann. Trotzdem bleibt freilich das Bedürfnis bestehen, solche abweichende Fälle in das allgemeine Bauschema der Chromosomen einzugliedern bzw. aus ihm abzuleiten, besonders wenn man bedenkt, daß sich z. B. *Spirogyra* oder *Spongospora* wie die Hemipteren, ihre Verwandten aber wohl „normal“ verhalten (vgl. Fortschr. Bot. 1, 5). — Das Verhalten der Fragmente von *Steatococcus* ist auch in anderer Hinsicht von Interesse: während sonst Ausfall der centromerenlosen Fragmente erfolgt und damit bestimmte Ausfälle im Genom eintreten, ist dies hier nicht der Fall, und die sonst selbstverständliche Annahme, daß neue Chromosomen nicht einfach durch Brüche entstehen können, trifft anscheinend hier nicht zu.

Ein auffallendes Verhalten finden PRAKKEN u. MÜNTZING bei ingezüchteten Roggenlinien in der Meiose (nie aber in der Mitose). Ein Chromosom oder einige Chromosomen machen den Eindruck, als ob sie zwei Centromeren hätten: unabhängig von einer submedianen Ansatzstelle ist der eine Chromosomenarm zum Pol gerichtet, als ob an ihm ein terminales Centromer läge. Im Gegensatz zu KATTERMANN, der schon früher diese sog. T-Chromosomen beim Roggen beobachtete, aber das Vorhandensein eines zweiten terminalen Centromers annahm, machen es die Verf. wahrscheinlich, daß in Wirklichkeit nur ein einziges, submedianes Centromer anwesend ist, daß aber das betreffende Chromosomenende „centromerenartige" Eigenschaften angenommen und gewissermaßen Teilfunktionen eines Centromers übernommen hat. Möglicherweise liegt hier ein transloziertes Bruchstück eines Centromers (diese Möglichkeit hat auch schon KATTERMANN erwogen); Centromerenbruchstücke können durch „falsche Teilungen" entstehen (vgl. Fortschr. Bot. 9, 6; 10, 6). — In diesen Zusammenhang gehören vielleicht Beobachtungen RIBBANDS, der in der meiotischen Prophase von Dipteren feststellte, daß sich Chromosomenenden und Centromeren (manchmal auch Centrosomen) nichthomologer Chromosomen anziehen; in gewisser Hinsicht zeigen also Chromosomenenden Centromerennatur.

Nukleolus. Für 87 Arten von *Allium* wird die bekannte Beziehung der Nukleolen zu SAT-Chromosomen bestätigt (MIANI). Ein abweichendes Verhalten zeigten dagegen 7 Rassen von *Pisum sativum* und *Pisum thebaicum* (HAKANSSON u. LEVAN). In der mitotischen und meiotischen Telophase bildet sich an allen 14 bzw. 7 Chromosomen je ein Nukleolus, und zwar nahe dem Spindelansatz, während an der vorhandenen distalen sekundären Einschnürung kein Nukleolus entsteht. In der I. meiotischen Telophase entstehen oft außerdem im Raum zwischen den Tochterkernen mehrere Nukleolen in wechselnder Zahl. Eine Erklärung des Verhaltens steht noch aus.

Heterochromatin, Spezialsegmente, Allozyklie. Einen wesentlichen Fortschritt im Verständnis der Spezialsegmente (vgl. Fortschr. Bot. 8,5; 9, 12) bringen Untersuchungen DARLINGTONS u. LA COURS (1) an 16 Individuen von 6 *Trillium*-Arten und an *Paris polyphylla*. Es handelt sich um bestimmte, meist terminale Abschnitte der Chromosomen, die unter gewissen Bedingungen in den mittleren Teilungsstadien weniger mit Nukleinsäure beladen sind als normal bzw. die anderen Chromosomenabschnitte, und die daher schwächer färbbar sind; sie sind bei unveränderter Länge auch schmäler. Die auslösenden Bedingungen sind Temperaturen um 0° (wie auch Ref. für *Adoxa* feststellte, vgl. Fortschr. Bot. 9, 12); sie wirken nicht auf die schon ausgebildeten Chromosomen, sondern zu Beginn der Teilung bzw. auf den Ruhekern (vgl. DARLINGTON u. LA COUR [2]). Der Vergleich der Zahl und Größe der Spezialsegmente mit den Chromozentren der Ruhekerne (heterochromatische Abschnitte der Chromosomen) zeigt im allgemeinen gute Übereinstimmung, so daß anzunehmen ist, daß beide identisch sind. Dies bedeutet, daß die heterochromatischen Chromosomenabschnitte bei tiefer Temperatur nicht fähig sind, die normale Menge von Nukleinsäure (und wohl überhaupt Matrixsubstanz, Ref.) auszubilden. Das Heterochromatin verhält sich „allozyklisch": während im Euchromatin eine feste Korrelation zwischen Nukleinsäurebildung und Mitosezyklus besteht, ist sie im Heterochromatin aufgehoben. Die Erscheinung läßt sich aus dem Verhältnis von Angebot und Nachfrage hinsichtlich der Nukleinsäure im Kern erklären: bei tiefer Temperatur ist das Angebot zu gering, um alle Chromosomenabschnitte zu versorgen; die heterochromatischen kommen dabei zu kurz. Diese geringere heterochromatische Aktivität läßt sich hypothetisch mit der bekannten Tatsache in Beziehung bringen, daß das Heterochromatin genisch inert ist. Bemerkenswerterweise verhalten sich manche — heterochromatische und genisch inerte — Geschlechtschromosomen allozyklisch. So zeigen die X-Chromosomen mancher Heuschrecken bald „positive", bald „negative Heterochromasie" (White), d. h. sind in verschiedenen Entwicklungsphasen und verschieden in den beiden Geschlechtern bald über-, bald unter„kondensiert". Es spielen hier offenbar innere physiologische Bedingungen eine wesentliche Rolle. Klingstedt meint dazu, ebenfalls auf Grund von Untersuchungen an Heuschrecken, daß es sich allgemein weniger um Angebot und Nachfrage handelt, als daß das Heterochromatin seinen Zyklus mit einer Phasenverschiebung gegenüber dem des Euchromatins durchläuft, also z. B. statt in der Metanaphase erst später sein Maximum der Kondensation erreicht. In diesem Sinn hat Ref. schon seinerzeit das allozyklische Verhalten des X-Chromosoms der Wanze *Gerris lateralis* gedeutet. Neuerdings findet Schrader bei der Wanze *Pentatoma* (*Rhytidolomia*) *senilis* ähnliche Verhältnisse.

Hinsichtlich der Wirkung innerer Bedingungen auf das In-Erscheinung-Treten der Spezialsegmente ist ein von Levan an diploidem und haploidem Roggen untersuchter Fall von Interesse. In den diploiden Pflanzen lassen sich durch Kälteeinwirkung terminal im kürzeren Arm einiger Chromosomen Spezialsegmente sichtbar machen (ob es sich um Heterochromatin handelt, ist allerdings nicht ganz sichergestellt). An haploiden Pflanzen treten diese Spezialsegmente, wenn auch unvollkommener entwickelt, spontan ohne Kältebehandlung auf. Es ist also offenbar die geringere Vitalität der Haploiden, welche die Kältewirkung ersetzt bzw. die gleichen ungünstigen inneren physiologischen Bedingungen hervorruft. — Darlington u. La Cour finden, daß sich polyploide Arten von *Paris* und *Trillium* weniger allozyklisch als die diploiden verhalten.

Einen weiteren Fall von Allozyklie beschreiben Darlington u. La Cour (2) an diploider und triploider *Fritillaria pudica*. Hier sind zahlreiche heterochromatische Chromosomensegmente vorhanden. Die Mitosen laufen bei Temperaturen um 0° ungestört ab, doch treten unterkondensierte Spezialsegmente in großer Zahl auf; ob sie mit den heterochromatischen Abschnitten identisch sind, ist nicht bewiesen, aber wahrscheinlich. Im Unterschied zu den früher behandelten Fällen liegen die Spezialsegmente nicht terminal (distal), sondern proximal, d. h. unmittelbar am oder nahe vom Spindelansatz (ebenso verhalten sich Spezialsegmente bei den Molchen *Triton vulgaris* und *palmatus* nach CALLAN). Die Auslösung der Reaktion erfordert in den Wurzelspitzen drei Tage, im Pollen aber viel länger, nämlich den größten Teil der Zeit zwischen Meiose und erster Pollenkornmitose (15 Tage und mehr)[1]. Es folgt daraus, daß die Unterkondensierung durch Einwirkung auf den Ruhekern hervorgerufen werden kann. — Merkwürdig ist, daß bei 20 anderen *Fritillaria*-Arten kein allozyklisches Chromatin gefunden wurde. Die Verf. möchten annehmen, daß auch bei diesen Arten Heterochromatin vorhanden ist, da das Fehlen inerter Chromosomenstücke unwahrscheinlich ist, daß sich dieses „Heterochromatin" aber nicht allozyklisch verhält, d. h. vom Euchromatin nicht unterscheiden läßt (da das Heterochromatin eben durch seine Allozyklie definiert ist, gerät die Terminologie allerdings etwas in Unordnung).

Die Erforschung der Spezialsegmente besitzt noch eine besondere Bedeutung: sowohl bei *Trillium* wie bei *Fritillaria* (DARLINGTON u. LA COUR [1, 2]) sind die „homologen" Segmente vielfach verschieden ausgebildet; die betreffenden Pflanzen sind also strukturelle Hybride. Durch die Untersuchung der Spezialsegmente können feine strukturelle Unterschiede aufgezeigt werden, die sonst nicht nachweisbar wären.

Eine eigenartige Erscheinung bilden die Brücken, die sich in Anaphasen an Spezialsegmenten ausbilden (DARLINGTON u. LA COUR [1]). Die Verf. meinen, daß die Vermehrung der Gene, also die Chromonema- und Chromosomenteilung mit der Nukleinsäurebildung innig zusammenhängt, daß also eine Störung der Nukleinsäurebildung auch Teilungsanomalien hervorrufen muß. Die gefundenen Brücken betrachten sie als Folge nicht durchgetrennter, an den Enden vereinigt gebliebener Chromonemen. Die gleiche Erscheinung findet sich bei *Adoxa*, wo Brücken aber nicht ausschließlich an Spezialsegmenten auftreten. RESENDE, der unabhängig von Spezialsegmenten in den Anaphasen normaler Exemplare von *Aloe mitriformis* Brücken fand, bestreitet die Richtigkeit der Auffassung DARLINGTONS u. LA COURS und deutet die Erscheinung als bloße Verklebung („chromatische Agglutination") der Chromatidenenden, die mit einer echten Brückenbildung, bei welcher

[1] Bei *Adoxa* (vgl. Fortschr. Bot. 9, 12) erfolgt die Reaktion schon nach wenigen Stunden. Dies kann darauf beruhen, daß die untersuchten Pflanzen am natürlichen Standort lange Zeit bei Temperaturen um den Nullpunkt wuchsen, also prädisponiert waren.

das Chromonema durchläuft, nichts zu tun hat: es handelt sich also um „Pseudobrücken"[1].

Spiralbau der Chromosomen. Den Spiralbau der somatischen Chromosomen erforscht AISIMA an den Wurzelspitzen von *Tradescantia reflexa* mit einer modifizierten Essigkarminmethodik: Fixierung 10 bis 30 Min. in 45 proz. Essigsäure, Behandlung 5—10 Min. in 1 Teil 96 proz. Alkohol und 2 Teilen konz. HCl, Auswaschen in 45 proz. Essigsäure, Untersuchen in Essigkarmin. Vorbehandlung 5—7 Min. in Ammoniakwasser (einige Tropfen techn. Ammoniak in 100 cm^3 dest. Wasser) verstärkt die Deutlichkeit der Strukturen. Ergebnis: die Anaphasechromosomen bestehen aus zwei mehr oder weniger umeinandergeschlungenen Längshälften, deren jede ein Spiralchromonema oder zwei Spiralchromonemen enthält. In der Telophase und im Interkinesekern bleiben die Chromonemen, wenn auch unregelmäßig, spiralisiert. Zu Beginn der Prophase sind die Chromonemen dicht vereinigt, es bilden sich dann Großspiralen, in denen von neuem Kleinspiralen auftreten. Die Lichtbilder zeigen klar, daß eine reelle Struktur vorliegt und daß in einem Anaphasechromosom mehr als ein Spiralchromonema vorhanden sein muß; ihre genaue Zahl läßt sich aber nicht erkennen. Eine Nachprüfung des Ref. an *Vicia faba* ergab im wesentlichen gleichartige Bilder; eine genaue Feststellung der Zahl der Chromonemen war nicht möglich, doch sind zumindest zwei vorhanden. Frühere Angaben DARLINGTONS und seiner Mitarbeiter sowie des Ref. über ein einziges Spiralchromonema (vgl. Fortschr. Bot. 8, 4 — die Angaben sind dem Verf. größtenteils unbekannt) erklären sich offenbar so, daß die Chromonemen ineinandergeschoben sind oder sein können, und artifiziell oder auch auf natürlichem Wege — letzteres jedenfalls in der Telophase — auseinandertreten.

Meiose. Einen Überblick über die kausale Auffassung der Meiose unter Zugrundelegung und Ausbau oder Einschränkung seiner eigenen Auffassungen gibt DARLINGTON. Die Grundvorstellung ist die, daß die Chromosomen zu Beginn der meiotischen Prophase im Unterschied zu der mitotischen einfach (ungespalten) sind und daß die meiotische Prophase im Vergleich mit der mitotischen vorzeitig, d. h. früher beginnt, als die Chromosomenlängsspaltung einsetzt. Beide Annahmen sind nicht unwidersprochen geblieben; so sind die meiotischen Prophasechromosomen mehrfach als doppelt nachgewiesen worden (nichtsdestoweniger können sie als physiologisch einfach betrachtet werden) und die meiotische Prophase kann vergleichsweise als verlängert angesehen werden (vgl. KUWADA). Für DARLINGTON ergibt sich als Folge seiner Auffassung, daß sich die homologen Chromosomen paaren, weil sie einfach sind

[1] Nach RESENDE kann die Verklebung eigenartig querasymmetrische Anaphasefiguren hervorrufen, nämlich dann, wenn die Chromosomenarme in der Metaphase parallel zur Spindellängsachse ausgerichtet liegen; es kommt dann in der Anaphase aus mechanischen Gründen zu asymmetrischen Zerrungen.

und weil ein allgemeines Bestreben der Chromosomen besteht, zu zweien aufzutreten. Die gepaarten Chromosomen winden sich dann infolge einer inneren Torsion umeinander, teilen sich nun verspätet und verlieren dabei ihr Gleichgewicht von Kohäsion und Anziehung; das Aufhören der Kohäsion führt zu Brüchen, welche Aufhebung der inneren Torsion und Vereinigung der entstandenen Bruchenden, d. i. crossing over, nach sich ziehen; das Aufhören der Anziehung führt zur Trennung der Partner und zum Sichtbarwerden der Austauschstellen als Chiasmen; neue Anziehungskräfte ermöglichen es den Chiasmen, Paare von einander nicht anziehenden Chromosomen zusammenzuhalten. Die Metaphase setzt vorzeitig ein, bevor die Centromeren sich getrennt orientieren und teilen können; die Centromeren koorientieren sich paarweise, der Beginn der Anaphase wird also nicht durch Centromerenteilung, sondern durch den Wegfall der Chromatidenanziehung bewirkt. Die grundlegenden Unterschiede zwischen Meiose und Mitose — Paarung bzw. Nichtpaarung, Koorientierung bzw. Selbstorientierung, Anziehung in der frühen und Abstoßung in der späten Prophase — lassen sich sonach als Wirkung eines einzigen Zeitfaktors verstehen. Abänderungen des Verhaltens sind von dreierlei Art und bestehen in: 1. Schwankungen des „Kontaktpunkts", an welchen sich die Chromosomen zu paaren beginnen (proximal oder distal); 2. Schwankungen des für die Paarung zur Verfügung stehenden Zeitraums (bei genügend langer Zeit erfolgt vollständige Paarung, andernfalls nur stellenweise Paarung mit lokalisierten Chiasmen); 3. Schwankungen des Betrags der Torsion, die in den gepaarten Abschnitten sich entwickeln kann (bei zu geringer Torsion trennen sich die Partner ohne crossing over). Stabile Arten verhalten sich in bezug auf diese drei Variabeln koordiniert, d. h. daß z. B. alle Chromosomen mit der Paarung distal oder proximal beginnen (die Arten sind „proterminal" oder „prozentrisch"); Individuen aus Bastardaufspaltungen besitzen dagegen ein unkoordiniertes Verhalten. — Der für die Paarung zur Verfügung stehende Zeitraum kann experimentell abgeändert werden, so daß sich z. B. bei sich vollständig paarenden Formen lokalisiertes crossing over auslösen läßt. Bemerkenswert ist, daß Verf. seine ursprüngliche Auffassung von der Terminalisation der Chiasmen (Wanderung der Chiasmen vom Ort ihrer Entstehung distalwärts) anscheinend ziemlich weitgehend verlassen hat, da er annimmt, daß die Stellen der Chiasmen in der Metaphase die Stellen ihrer Entstehung sind, also terminale Chiasmen auch terminal entstanden sind.

Kuwada sieht in seiner zusammenfassenden Übersicht das wesentliche Moment zu Beginn der Meiose darin, daß eine verspätete Spiralisierung erfolgt: die Spiralisierung, welche in der mitotischen Prophase einsetzt, während die Restspiralen sich ausglätten, unterbleibt in der meiotischen Prophase zunächst und wird erst nach dem Pachytän nachgeholt. Spiralisierung verhindert aber die Paarung oder zumindest die

Chiasmenbildung (in der mitotischen Prophase der Dipteren kommt regelmäßig enge Paarung vor, ohne daß sie eine Meiose zur Folge hat!).

Einen eigenartigen, allerdings nicht ganz aufgeklärten Fall von allgemeinem Interesse beschreibt SCHRADER an der Wanze *Pentatoma senilis* (die in *Rhytidolomia* s. umbenannt wurde). Der Chromosomensatz ist $2n = 4 + XY$. In der Diakinese sind die Chromosomen völlig ungepaart, — ob in der frühen Prophase Paarung vorhanden war, konnte leider nicht festgestellt werden. Beim Übergang zur Metaphase erfolgt Annäherung der Chromosomenenden, und zwar beim größten Autosomenpaar beider Enden, bei den anderen nur eines Endes. So rücken die Tetraden in den Äquator und bilden eine normale erste Metaphaseplatte. Sie sind aber nicht durch Chiasmen zusammengehalten. Die gleiche Feststellung macht auch WOLF für einige Dipteren. Dies zeigt daß DARLINGTONS Vorstellung von der Bedeutung der Chiasmen für den Zusammenhalt der Partner und für die Gewährleistung des Verteilungsmechanismus nicht allgemein anwendbar ist. Es muß vielmehr eine besondere Anziehungskraft der Chromosomenenden angenommen werden, — was übrigens auch für den Fall gilt, wenn Chiasmen terminalisieren, da ja auch dann kein mechanisches Hindernis für das völlige Auseinandergehen der Partner mehr vorhanden ist.

Ein eigenartiges Licht auf die bei der Chromosomenpaarung herrschenden Verhältnisse werfen Untersuchungen an haploiden Roggenpflanzen (LEVAN). Von den 7 Chromosomen bilden oft vier Chromosomen zwei Paare und die anderen drei ein Trivalent; ausnahmsweise lassen sich auch einzelne Quadrivalente beobachten. Diese Paarung innerhalb des haploiden Genoms ist sehr eng, Chromomer fällt auf Chromomer — es ist in dieser Hinsicht kein Unterschied gegenüber dem normalen Pachytän diploider Pflanzen zu beobachten — und es können sogar Chiasmen gebildet werden; Störungen, so das Auftreten ungepaarter Abschnitte, treten — wenigstens in manchen Pflanzen — stark zurück. Die Paarung beginnt, wie in den diploiden Pflanzen, an heterochromatischen Chromosomenenden und schreitet von hier aus ziemlich regelmäßig weiter. Die Annahme, daß der haploide Chromosomensatz derart viele homologe Stücke enthält, erscheint unannehmbar; es muß also, zumindest größtenteils, nichthomologe Paarung vorliegen. Diese Auffassung ergibt sich teilweise auch daraus, daß sich paarende Chromomeren manchmal verschieden gestaltet sind (meistens lassen sich keine Unterschiede erkennen). Auch ist aus allgemeinen Gründen die Annahme, daß die Grundzahl bei *Secale* (und anderen Gräsern) niedriger als 7 ist (PATHAK), abzulehnen. — Die nichthomologe Paarung dürfte nach LEVAN keine vereinzelte Erscheinung sein, wenn auch in dieser Hinsicht außer *Secale* nur haploides *Antirrhinum* genauer untersucht ist (vgl. Fortschr. Bot. 9, 8). Jedenfalls ergibt sich neuerdings die Notwendigkeit größter Vorsicht, wenn Paarung und Chiasmabildung als Anzeichen bestehender Homologie ausgewertet werden sollen; der Fall des haploiden Roggens zeigt, daß nichthomologe Paarung nicht notwendigerweise lockerer als homologe sein muß. Im übrigen sind die Störungen im ganzen groß genug, um den Gesamtablauf der Meiose abnorm zu gestalten; bemerkenswerterweise können in der I. meiotischen Anaphase auch „falsche Centromerenteilungen" auftreten (vgl. Fortschr. Bot. **8**, 8; **9**, 6).

Über die Paarung bei tetraploider *Impatiens balsamina* machen BOLLE u. STRAUB Mitteilungen. Im Pachytän treten nicht nur zwei Partner zusammen, sondern die Paare vereinigen sich weiterhin zu „Vierlingen". Im Euchromatin bleibt allerdings zwischen den Paaren ein größerer Zwischenraum, die Paarung ist also nicht so eng wie die gewöhnliche Pachytänpaarung. Im Heterochromatin tritt dagegen enge Vereinigung ein; die Beobachtung der Chromomerenanordnung zeigt, daß echte Paarung und nicht nur zufällige Zusammenlagerung vorhanden ist (dennoch scheint es dem Ref. möglich, daß die Erscheinung nicht der Ausdruck einer besonderen Paarungskraft im Heterochromatin ist, sondern einfach mit der allgemeinen Verklebungstendenz des Heterochromatins zusammenhängt; dies gilt wohl auch für das gleichartige, wenn auch schwerer analysierbare Verhalten des Heterochromatins bei tetraploidem *Antirrhinum*).

Endomitose, polyploide Gewebe. Bei *Phaseolus* lassen sich durch Behandlung der Internodien mit Naphthalin-Essigsäure-Lanolinpaste Tumoren mit Wurzelprimordien hervorrufen, die in ihren parenchymatischen Teilen, nicht aber im Kambium des Stengels und der Wurzelprimordien, Zellen mit polyploiden — 4 *n*-, 8 *n*-, 16 *n*-, vielleicht auch 32 *n*-Kernen enthalten (DERMEN). Es ist mit guten Gründen anzunehmen, daß die Kerne endomitotisch polyploid wurden. Nach der Meinung des Verf.s — dem die einschlägige Literatur größtenteils unbekannt ist — würde die Polyploidie erst durch die chemische Einwirkung hervorgerufen werden, also etwa dem früher von LEVAN geschilderten Verhalten von *Allium* gleichen (Fortschr. Bot. **9**, 10, 11). Es ist aber vielleicht auch möglich, daß die Polyploidie an sich vorhanden ist, jedoch erst durch die Behandlung offenbar wird; hierauf deutet die Tatsache, daß die Meristeme auch nach der Behandlung sich als diploid erweisen (auch bei *Lilium* treten nach BEAL infolge von Behandlung mit Indolessigsäure rapide Teilungen, aber keine polyploiden Kerne auf). Somit ist zumindest das Reaktionsvermögen verschiedener Kerne verschieden.

Die riesenhaft vergrößerten Kerne der Antipoden von *Caltha palustris* sind zwar polyploid, entstehen aber nicht durch endomitotische Teilung (GRAFL). Es erfolgt zunächst eine Mitose ohne Wandbildung, wodurch die Antipodenzelle zweikernig wird. Diese haploiden Kerne teilen sich abermals, und zwar synchron, wobei die Spindeln miteinander verschmelzen, so daß bei normaler bipolarer Anaphase zwei diploide Tochterkerne zustande kommen. Der Vorgang wiederholt sich zweimal, wodurch schließlich oktoploide Kerne entstehen. Die Polyploidisierung ist in diesem Fall offenbar mit gesteigerter physiologischer Aktivität verbunden.

Im Anschluß an frühere Vermutungen des Ref. macht PIEKARSKI durch die Auswertung bisher unverständlicher Literaturangaben es sehr wahrscheinlich, daß die Makronuklei der Ciliaten regelmäßig Endomitosen erfahren und dadurch polyploid werden.

Verschiedenes. Eine vergleichende zytologische Darstellung des Geschlechtsapparates der Kormophyten gibt SCHNARF. Es werden die bisherigen Kenntnisse zusammenfassend dargestellt und viele Anregungen für künftige Untersuchungen geboten. Im besonderen ist hervorzuheben, daß bei den Angiospermen nicht nur Spermakerne, sondern vollständige männliche Gameten (Spermien) entwickelt werden. Hierauf weist auch FINN nachdrücklich hin. — PAVULANS findet in den reifen Eizellen von 11 Blütenpflanzen keine positive Nuklealreaktion und meint, daß überhaupt keine Nukleinsäure anwesend ist. Die „chromatische Substanz" soll in den Eizellen „gar nicht so stark dispergiert sein", sondern als anukleale „Karyotin"balken entwickelt sein (die Schlußfolgerung ist so wenig einwandfrei wie die daran geknüpften Hypothesen; die vermeintlichen Karyotinbalken sind offenbar Fixierungsgerinnsel).

Bei *Ornithogalum* wachsen unter bestimmten Umständen die Pollenkörner innerhalb der Antheren zu embryosackähnlichen Gebilden aus. Die Differenzierung der Kerne wird ganz so wie im normalen Embryosack durchgeführt, so daß eine Homologisierung im einzelnen ohne weiteres möglich ist (GEITLER [2]). — Der normalerweise zweikernige Pollen gewisser Pflanzen läßt sich experimentell dreikernig machen (GEITLER [3]). — Bei *Petunia nyctaginiflora* wurde ein rezessiver Faktor gefunden, der das Beisammenbleiben des Pollens in Tetraden bewirkt (LEVAN [2]).

In den Kelch- und Kronblättern von *Symphoricarpus racemosa* fand PERSIDSKY in der Umgebung der Leitbündel konstant langgestreckte, stark vergrößerte Zellen, die mehrkernig (bis 12kernig) sind. Ihre Entstehung und Bedeutung ist noch unbekannt. Ähnliche Beobachtungen machte PERSIDSKY auch an anderen Caprifoliaceen.

Zur Ergänzung des vorjährigen Berichts über die Geschlechtschromosomen der Angiospermen sei erwähnt, daß nach A. LÖVE der XY-Mechanismus bei *Rumex acetosella* wie im Fall von *Melandrium*, bei *Rumex acetosa* aber wie bei *Drosophila* wirkt.

Literatur[1].

AISIMA, T.: Cytologia 11 (1941).

BAUCH, R.: Naturwiss. 29, 503, 687 (1941). — Wschr. f. Brauerei 1 (1942). — BEAL, J. M.: Bot. Gaz. 99 (1938). — BERGMAN, B.: Sv. bot. Tidskr. 35 (1941). — BLOCH, R.: Bot. Review 7 (1941)*. — BOLLE, L., u. J. STRAUB: Planta (Berl.) 32 (1942).

CALLAN, H. G.: John Innes Hort. Rep. for 1940*.

DARLINGTON, C. D.: Biol. Rev. Cambridge philos. Soc. 15 (1940). — DARLINGTON, C. D., u. L. LA COUR: (1) J. Genet. 40 (1940). — (2) J. Hered. 32 (1941). — DELAPORTE, BERTHE: Rev. gén. Bot. 52 (1940). — DERMEN, H.: J. Hered. 32 (1941).

FINN, W. W.: C. r. Acad. Sci. URSS., N. S. 30 (1941).

GEITLER, L.: (1) Naturwiss. 1942. — (2) Ber. dtsch. bot. Ges. 49 (1941). — (3) Planta (Berl.) 32 (1941). — GRAFL, INA: Chromosoma 2 (1941).

HAKANSSON, A., u. A. LEVAN: Hereditas (Lund) 28 (1942). — HEITZ, E.: Ber. dtsch. bot. Ges. 60 (1941). — HOLLANDE, A.: Bull. Soc. Zool. Fr. 65 (1940). — HUGHES-SCHRADER, SALLY u. H. RIS: J. of exper. Zool. 87 (1941).

JENSEN, H. u. A. LEVAN: Hereditas (Lund) 27 (1941).

KATTERMANN, G.: Chromosoma 1 (1939). — KLINGSTEDT, H.: Mem. Soc. Fauna et Flora fenn. 17 (1940/41). — KUWADA, Y.: Cytologia 11 (1941).

LEVAN, A.: (1) Hereditas (Lund) 28, 177 (1942). — (2) Ebenda 429. — LEVAN, A. u. T. LEVRING: Ebenda 28 (1942). — LÖVE, A.: Bot. Not. 1941.

MIANI, G.: Ann. di Bot. 22 (1941).

NEUMANN, F.: Zbl. Bakter., II. Abt. 103 (1941).

PATHAK, G. N.: J. Genet. 39 (1940)*. — PAVULANS, J.: Protoplasma (Berl.) 34 (1940). — PERSIDSKY, D.: J. bot. Acad. Sci. Ukraine 1 (1940). — PIEKARSKI, G.: Biol. Zbl. 61 (1941). — PIETSCHMANN, KÄTHE: Forsch. u. Fortschr. 18 (1942); Arch. Mikrobiol. 12 (1942). — PRAKKEN, R. u. A. MÜNTZING: Hereditas (Lund) 28 (1942).

RABINOVICH, DELIA: Rev. Inst. bot. Buenos Aires 9 (1940)*. — RESENDE, F.: Bol. Soc. Brot., 2. Ser. 15 (1941). — RIBBANDS, C. R.: J. Genet. 41 (1941)*. — ROSENDAHL, GERTRAUD: Planta (Berl.) 31 (1941).

SCHNARF, K.: Monogr. vergleich. Cytologie 1 (1941). — SCHRADER, F.: J. Morph. a. Physiol. 67 (1940). — SHIWAGO, P. I. u. X. P. TROUKHATCHEWA: Arch. Anat. micr. 35 (1940). — SINOTO, J. u. A. YUASA: Cytologia 11 (1941). — SINNOTT, E. W. u. R. BLOCH: Amer. J. Bot. 28 (1941).

TSCHERMAK, ELISABETH: Planta (Berl.) 32 (1942).

WADA, B.: Cytologia 11 (1941). — WHITE, M. J. D.: J. Genet. 40 (1940). — WOLF, E.: Chromosoma 2 (1941).

[1] Mit * versehene Veröffentlichungen konnten nicht im Original gelesen werden.

2. Morphologie einschließlich Anatomie[1].

Von **Wilhelm Troll**, Halle (Saale).

Mit 23 Abbildungen.

I. Sproßbildung.

1. **Bau der Sproßvegetationspunkte.** Bei verschiedenen Monokotylen haben RÜDIGER und VON SCHALSCHA-EHRENFELD die Sonderung des Scheitelgewebes in Tunika und Korpus untersucht, wobei sich herausstellte, daß die Zahl der Tunikaschichten Schwankungen unterworfen ist. Der häufigste Fall scheint der zu sein, daß die Tunika aus zwei Schichten besteht. Bei *Vanilla* sind ihrer drei vorhanden. *Allium porrum* und *Typha angustifolia* sind dagegen durch die Einschichtigkeit der Tunika ausgezeichnet. Was das Korpus anlangt, so weist besonders *Potamogeton crispus* interessante Verhältnisse auf, dies insofern, als die Grenze von Tunika und Korpus mit derjenigen von Rinde und Zentralzylinder des entwickelten Sprosses zusammenfällt, so daß also diese Art zu den wenigen Pflanzen zählt, für welche Tunika und Korpus sich mit den Hansteinschen Histogenen Periblem (+ Dermatogen) und Plerom decken.

Von Dikotylen hat SCHNABEL als weitere Beispiele drei Caryophyllaceen (*Honckenya peploides*, *Silene maritima*, *Dianthus caryophyllus*) und *Clematis paniculata* analysiert. Mit Ausnahme von *Silene*, deren Tunika dreischichtig ist, verfügen sie sämtlich über zwei Tunikaschichten. Ähnlich wie bei verschiedenen der von RÜDIGER und VON SCHALSCHA-EHRENFELD bearbeiteten Monokotylen schließt sich an die Tunika auch hier in der Regel eine Korpuslage, seltener deren zwei in sauberer Linienführung an, was auf periklinale Aufspaltungen im Initialfeld des Scheitels zurückzuführen ist. Besonders groß scheint die Zahl der Tunikaschichten beim Kohlrabi (*Brassica oleracea* var. *gongylodes*) zu sein. Hier hat ORSÓS auch den Gestaltwandel des Vegetationspunktes im Verlauf der Entwicklung verfolgt. Man kann drei Stadien unter-

[1] Der Beitrag erstreckt sieh im wesentlichen auf die beiden letzten Jahre. Vereinzelt mußte auch weiter zurückgegriffen werden, da die betreffenden Arbeiten bislang noch keine Berücksichtigung erfahren konnten. Die Kriegsverhältnisse bringen es mit sich, daß das Referat auf Vollständigkeit keinen Anspruch erheben kann. Um so mehr war es mein Bestreben, die mir zugängliche Literatur möglichst umfassend auszuwerten. Nur die Besprechung einiger Arbeiten über Bryophyten und Pteridophyten bleibt dem nächsten Band vorbehalten.

scheiden. Auf dem ersten, das bis zum Beginn der Knollenentwicklung währt, stellt sich der Vegetationspunkt als stark gewölbte Kuppe von mäßiger Breite dar. Während der Ausbildung der Knolle tritt eine starke Verbreiterung ein, in deren Verlauf die Wölbung abnimmt. Der Übergang zum dritten Stadium, in dem sich die reproduktive Phase vorbereitet, bringt eine Rückkehr zu dem der Knollenentwicklung vorangehenden Zustand.

2. Primäres Dickenwachstum der Monokotylen. HELM, über dessen Untersuchungen in Fortschr. Bot. 6, 29 berichtet worden ist, hat angenommen, die zur primären Verdickung führende Gewebeproduktion vollziehe sich in der Weise, daß die ursprünglich periklinal orientierten Zellreihen des Vegetationspunktes, in einiger Entfernung vom Scheitel nach außen umbiegend, das Achsengewebe in antiklinal-radialer Richtung verstärkten. So namentlich bei den Palmen. Bei *Crinum* und *Galanthus* dagegen sollten die radialen Zellreihen aus den oberflächenparallel angeordneten durch Periklinalteilungen hervorgehen. Zu demselben Ergebnis sind RÜDIGER und VON SCHALSCHA-EHRENFELD bei *Typha*, *Allium* und *Iris* gelangt (Abb. 1). Diese beiden Autoren haben außerdem Zweifel an der Richtigkeit der Angaben geäußert, die HELM über die Palmen gemacht hat.

Abb. 1. *Typha angustifolia.* Medianer Längsschnitt durch den Vegetationspunkt der Hauptknospe, die beginnende Bildung des Meristemmantels zeigend. Die auf der rechten Seite eingetragenen Pfeile bezeichnen die antiklinalen Zellreihen, welche vom Meristemmantel durch periklinale Teilungen aufgebaut worden sind. (Nach v. SCHALSCHA-EHRENFELD.)

In umfassender Weise hat sich mit dem primären Dickenwachstum der Monokotylen neuerdings ECKARDT (2) befaßt, nach dessen Befunden der den Verdickungsprozeß bewirkende Meristemmantel überall in derselben, und zwar in der durch VON SCHALSCHA-EHRENFELD am Beispiel von *Typha* geschilderten Weise tätig ist. Auch die Palmen machen hiervon keine Ausnahme. Die älteren Angaben STRASBURGERS über *Pritchardia* waren also durchaus zutreffend. Der Meristemmantel bildet sich aus den äußeren Zellschichten des Korpus unter Einziehung periklinaler Wände. Und da sich seine Aktivität nach rückwärts steigert, so kommen mehr oder minder umfangreiche, antiklinal und bogenförmig zu den Blattbasen verlaufende Zellzüge zustande, die Abb. 2 I auf einem Längsschnitt durch einen Sproßscheitel von *Sparganium ramosum* bei *m* zeigt. Bei *Typha* führen die geschilderten Wachstumsprozesse eine Abflachung der Scheitelregion herbei, die dadurch besonders auffallend wird, daß in die Scheitelfläche auch alle Seitenknospenanlagen zu liegen

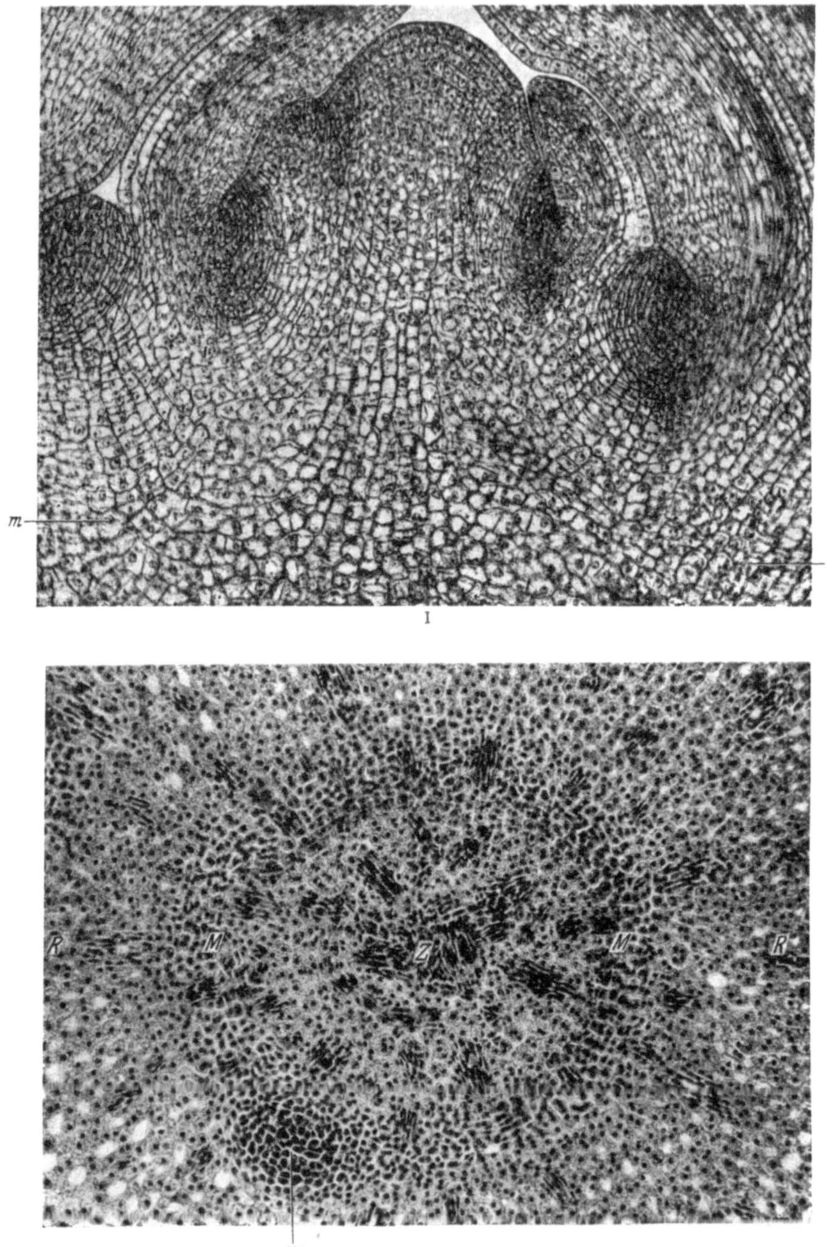

Abb. 2. I *Sparganium ramosum*, axialer Längsschnitt durch den Sproßscheitel. Bei *m* ist der Meristemmantel getroffen. II *Stratiotes aloides*, Querschnitt durch die Scheitelregion einer Winterknospe. *R* Rindenparenchym, *M* Meristemring, *W* Wurzelanlage, *Z* Zentralzylinder mit prokambialen Bündeln. (Nach ECKARDT.)

kommen (Abb. 3). Die Scheitelgruben der Palmen ergeben sich, wenn die Seitenteile infolge extremer Steigerung des Dickenwachstums den eigentlichen Vegetationspunkt mehr oder minder weit überragen (s. Fortschritte Bot. 6, Abb. 9 *II*).

Verschiedentlich konnte ECKARDT innerhalb des Meristemmantels eine spezifische Kambiumzone nachweisen, namentlich auf Querschnitten, wo sie in Scheitelnähe als monopleurischer, nach außen arbeitender Kambiumring in Erscheinung tritt (Abb. 2 *II*). Bei *Kniphofia*, *Liriope* und *Mondo* bleibt die kambiale Zone sogar in den rück-

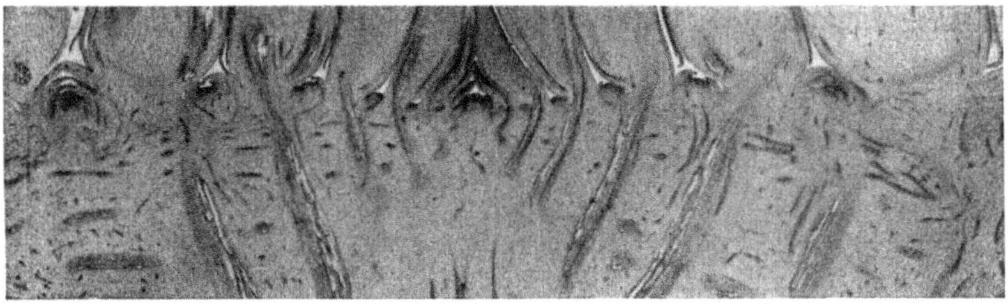

Abb. 3. *Typha latifolia*, Rhizomscheitel im Längsschnitt. In der Mitte der terminale Vegetationspunkt. In den Achseln der diesen einschließenden Blätter die seitlichen Vegetationspunkte bzw. Seitenknospen. (Nach ECKARDT.)

wärtigen Sproßteilen erhalten, wo sie in der von anderen Monokotylen her bekannten Weise sekundäre Gewebe liefert. Dabei ist ihre Tätigkeit aber einwärts gerichtet.

ECKARDT wirft noch die Frage auf, ob ein dem primären Dickenwachstum der Monokotylen vergleichbarer Vorgang auch bei den Dikotylen vorkommt. Untersuchungen darüber stehen derzeit noch aus. Es sei nur erwähnt, daß SCHENK bei *Streptocarpus*-Arten die Bildung einer aus radialen Zellreihen aufgebauten Innenrinde beobachten konnte. Doch entsteht diese erst in größerer Entfernung vom Scheitel, d. h. in einer Region, welche hinter jener Zone liegt, in welcher sich die primäre Verdickung bei den Monokotylen abspielt.

3. **Blattstellung.** Bei den Monokotylen ist bekanntlich neben der zweizeiligen Blattstellung (Distichie) in beträchtlichem Umfang auch zerstreute Anordnung der Blätter (sog. Dispersion) anzutreffen, welch letztere sich aus der Distichie (Orthodistichie) durch Scheiteltorsion ableitet. Zwischen beiden Stellungsarten vermittelt die Spirodistichie, die diesen Namen wegen des schraubigen Verlaufes der beiden bei gewöhnlicher Distichie geraden Blattzeilen führt. Verstärkung des schraubigen Wachstums läßt die Spirodistichie in Dispersion übergehen. Es treten unter den Monokotylen indes auch stärker abweichende Formen der Blattanordnung auf, so namentlich zweigliedrige, in einigen Fällen sogar streng dekussierte Wirtelstellungen. Sie sind neuerdings von ECKARDT (1) eingehend bearbeitet worden, wobei an die von GOEBEL schon vor längerer Zeit getroffene Unterscheidung der Najas- und Halophila-Stellung angeknüpft werden konnte.

Der Wirtelbildung liegt das Phänomen der Paarung zugrunde, das darin besteht, daß je zwei einander folgende Blattorgane an der $^1/_2$-Diverganz festhalten. Die Blattpaare jedoch sind gegeneinander um einen bestimmten Betrag verschoben. Für die Najas-Stellung ist charakteristisch, daß diese Verschiebung gleichsinnig, also in Richtung einer Schraubenlinie erfolgt. Bei der Halophila-Stellung dagegen wechselt die Verschiebungsrichtung von Blattpaar zu Blattpaar, so daß sich in der Abfolge der Blattpaare gleichsam ein Pendeln vollzieht. Besonders deutlich tritt die Paarung der Blätter dort hervor, wo zwischen je zwei Blattpaaren ein verlängertes Internodium eingeschaltet ist.

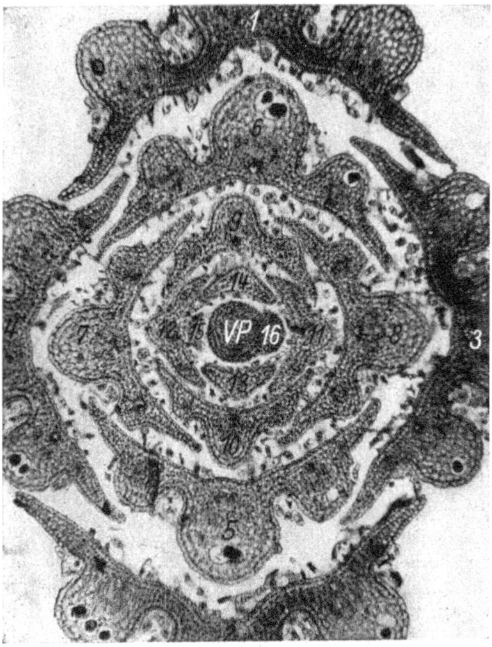

Abb. 4. *Dioscorea macroura*, Querschnitt durch die Endknospe einer Hauptachse. VP der Vegetationspunkt. Blätter ihrer Altersfolge nach beziffert. (Nach ECKARDT.)

Ursprünglich war der Najas-Typus der Blattstellung nur aus der Gattung *Najas* bekannt. TROLL (1, S. 430) hat als weitere Beispiele *Gloriosa superba* und *Dioscorea macroura* hinzugefügt, welch letzterer sich noch andere Arten der Gattung anschließen. Was diese Pflanzen *Najas* gegenüber auszeichnet, ist die Tatsache, daß die Blattpaare zueinander gekreuzt stehen, so daß sich das Bild einer Dekussation ergibt. Echter Dekussation am nächsten kommt die Wirtelstellung bei *Dioscorea*, wo der zwischen den konsekutiven Blattpaaren eingeschaltete Verschiebungswinkel genau 90^0 beträgt (Abb. 4). Zudem sind bei der Anlegung der Primordien eines jeden Blattpaares kaum zeitliche Differenzen festzustellen. Auch scheinen die beiden Wirtelblätter stets auf gleicher Höhe der Achse zu entspringen. Daß sich die Blattstellung hier trotzdem aus Distichie ableitet, lehrt die Untersuchung von Keimpflanzen, deren erste Blätter durchaus zweizeilig angeordnet sind. Dasselbe gilt für *Najas*, wo sich die anfängliche Distichie über Spirodistichie in die für das adulte Stadium kennzeichnende Stellungsform verwandelt. Einen ähnlichen Übergang kann man an den Erneuerungstrieben von *Gloriosa* beobachten.

Die Halophila-Stellung war lange Zeit nur von der Hydrocharidaceengattung *Halophila* bekannt, aus der sie von BALFOUR beschrieben worden war. Wie aber TROLL (4) dargetan hat, ist sie schon einige Jahrzehnte früher von MARTIUS für die Infloreszenzen der Palmengattung *Raphia* angegeben worden. Als weitere Beispiele sind von TROLL *Kniphofia-* und *Haemanthus*-Arten sowie *Liriope Muscari*, *Mondo japonicum* und *Ammocharis coranica* namhaft gemacht worden. Aber erst ECKARDT ist der Frage im einzelnen nachgegangen. Vor allem konnte er die Vermutung TROLLS (2, S. 991) bestätigen, daß enge Beziehungen zur Symmetrie der Sproßachse bestehen, dergestalt, daß die Halophila-Stellung immer an bilaterale oder dorsiventrale Ausbildung des Achsenkörpers gebunden ist. Die Möglichkeiten, welche solche Sprosse für die distiche Blattanordnung ganz allgemein bieten, erläutert Abb. 5. In der Mehrzahl der Fälle ist die Ebene der Distichie identisch mit einer der beiden Symmetralen E_1 und E_2 (*I*, *II*). Treten dagegen gemäß Schema Abb. 5 *III* die Blattanlagen statt in E_1 und E_2 in den von diesen Ebenen gebildeten Winkeln hervor, so ergibt sich der Halophila-Typus der Blattanordnung. In dieser mit Achsenbilateralität verbundenen Diagonalstellung der Blätter steht diese Form der Beblätterung dem als schiefe Wirtelstellung bezeichneten Verhalten mancher Dikotylen (z. B. *Rochea falcata*) nahe. Doch handelt es sich um eine bloße Konvergenz, wie namentlich daraus hervorgeht, daß der Halophila-Stellung eine zweizeilige Blattanordnung zugrunde liegt. Die Beziehungen zur Orthodistichie stellen die Pfeile in *I* und *II* her, durch welche die Richtung angedeutet wird, in der die Blattorgane aus den Symmetralen heraus zu verschieben sind, um in die dem Halophila-Typus entsprechende Disposition zu gelangen. Daß es sich hierbei nicht um eine bloße Konstruktion handelt, lehrt die Entwicklungsgeschichte, die von ECKARDT bei *Kniphofia Uvaria* untersucht wurde; danach beginnen die Keimpflanzen rein distich und halten an dieser Blattstellung etwa bis zum 10. Gliede fest. Es vollzieht sich also im Verlauf der Sproßentwicklung ein dem Übergang von Schema *I* bzw. *II* zu Schema *III* entsprechender Wechsel von der Orthodistichie nach der Halophila-Stellung.

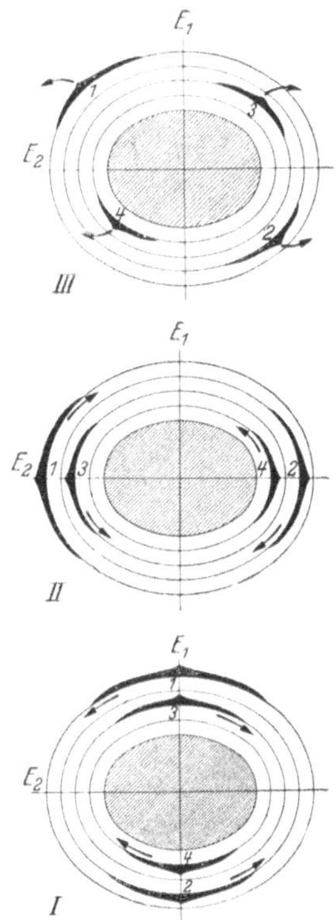

Abb. 5. Distiche Blattstellung an bilateralen Achsen in diagrammatischer Darstellung. Bezifferung der Blätter ihrer genetischen Reihenfolge nach. Sproßachse schraffiert. E_1 und E_2 die beiden Symmetralen. Sonstige Erklärung im Text. (Nach TROLL.)

Natürlich zieht die Verschiebung der Blätter aus der symmetrischen in eine asymmetrische Stellung auch eine asymmetrische Ausbildung

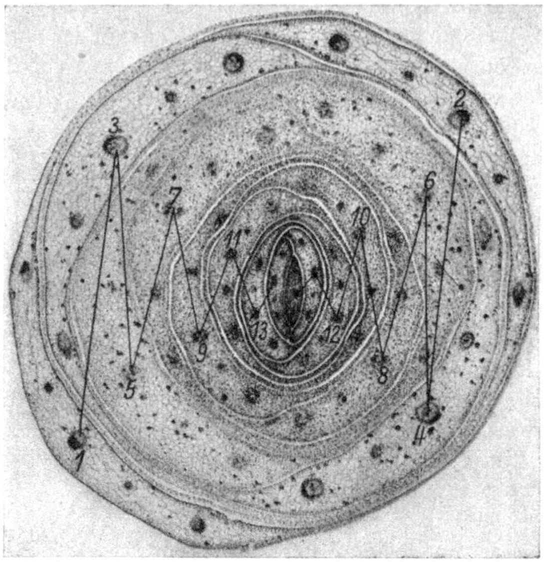

Abb. 6. *Mondo japonicum*, Querschnitt durch die Endknospe eines Hauptsprosses. Blätter ihrer genetischen Reihenfolge nach beziffert. (Nach ECKARDT.)

der Blattfläche nach sich, so zwar, daß die jeweils einer Flachseite des Achsenkörpers zugekehrte Blatthälfte verbreitert ist (Abb. 6). Diese Asymmetrie kann auch zu Krümmungen des Blattes im Sinne der in Abb. 5 *III* eingetragenen gebogenen Pfeile führen, wofür *Mondo*, *Liriope* und *Ammocharis* markante Beispiele abgeben. Es bestehen somit auch in dieser Hinsicht interessante Analogien zur schiefen Wirtelstellung vom Muster der *Rochea falcata*.

Abb. 7. Diagramm der Blattstellung und Verzweigung von *Halophila*. *Sp* Sproßachse. Blätter ihrer genetischen Reihenfolge nach beziffert. Achselprodukte tragen nur die oberseitigen Blattorgane des plagiotropen Sprosses. (Nach ECKARDT.)

Bei Dorsiventralität der Achse herrschen im Grunde dieselben Verhältnisse, zumal Fälle mit entschiedener Förderung der Ober- und Unterseite bisher nicht bekannt geworden sind. Jedoch macht sich die dorsiventrale Beschaffenheit in der Ausbildung der Achselprodukte geltend. An bilateralen Trieben nämlich sind, wie ECKARDT hervorhebt, die Blätter eines jeden Paares auch hinsichtlich der Achselprodukte einander gleichwertig; den vier Blattzeilen entsprechen hier also, wenigstens der

Anlage nach, vier Zeilen von Achselsprossen (*Kniphofia, Mondo*). Bei dorsiventraler Förderung einer Achsenhälfte jedoch schreitet allein diese zur Erzeugung von Achselprodukten. So bei *Halophila*, wo gemäß Schema Abb. 7 ausschließlich die oberseitigen Blätter in ihren Winkeln Knospen tragen, die demnach nur in zwei Reihen auftreten.

Daß auch bei Dikotylen ein solcher Wechsel von der distichen zur wirtelig-dekussierten Blattstellung vorkommt, lehrten schon die von Haccius (1) an *Valeriana*- und *Swertia*-Arten ausgeführten Untersuchungen. Besonders interessant aber ist in dieser Hinsicht die Gattung *Clematis*, deren nähere Kenntnis wir ebenfalls Haccius (2) verdanken. Neben Arten, die von Jugend an dekussiert beblättert sind, gibt es solche, an denen der späteren Dekussation an den Keimpflanzen eine distiche Zone vorausgeht. Bei *C. montana* erstreckt sich diese über eine ganze Reihe von Blattorganen. Den Übergang zur Dekussation vermittelt eine spirodistiche Region, in deren Endabschnitt es nicht nur zur Paarung der Blätter, sondern auch zur Verlängerung der den Blattpaaren jeweils vorausgehenden Internodien kommt. Ganz ähnlich verhält sich *C. Vitalba*, bei der aber die Anfangsdistichie auf zwei Blätter beschränkt ist. Man vergleiche dazu Schema Abb. 8, in dem die in der Gattung *Clematis* auftretenden Blattstellungsformen in übersichtlicher Weise zusammengefaßt sind. Wichtig ist der Hinweis darauf, daß Haccius davor warnt, diese Ergebnisse zu verallgemeinern. Es wäre also zum mindesten verfrüht, wollte man die Dekussation auch in anderen dikotylen Verwandtschaftskreisen auf distiche Blattanordnung zurückführen. Bei unbefangener Beurteilung des gesamten Tatsachenkomplexes wird man vielmehr zu dem Schluß kommen, daß zwischen

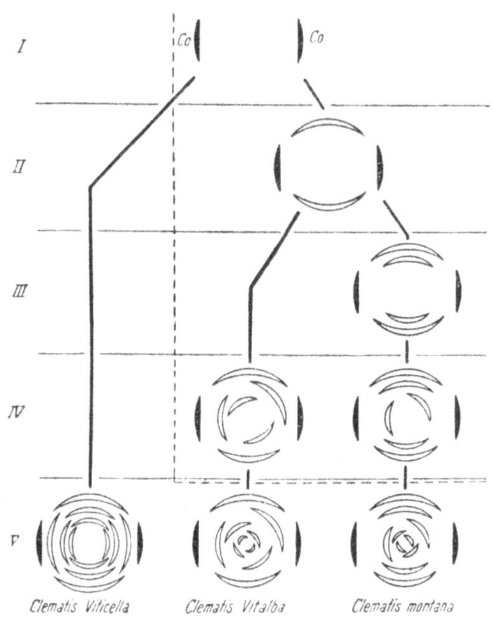

Abb. 8. Schematische Darstellung der wichtigsten in der Gattung *Clematis* vorkommenden Blattstellungsformen. *Co* Kotyledonen. Die Signaturen der auf diese folgenden Primärblätter hell belassen. Mit römischen Ziffern sind die einzelnen Stufen der Entwicklung mit der für sie charakteristischen Blattanordnung bezeichnet. Bei Ausschaltung von Stufe V erhält man sämtliche auch sonst in der Familie der Ranunculaceen verwirklichten Blattstellungsmöglichkeiten. Die betreffenden Diagramme werden von den unterbrochen ausgeführten Linien eingefaßt. (Nach Haccius.)

einer primären und sekundären Dekussation zu unterscheiden ist, welch letztere überall dort vorliegt, wo die Dekussation aus Distichie bzw. Spirodistichie hervorgeht. Einen Grenzfall stellt *C. Viticella* dar, die sich an *C. Vitalba* anschließt; bei ihr setzt die Dekussation schon mit der Bildung des zweiten Blattpaares ein.

Diesen Untersuchungen kommt auch insofern Bedeutung zu, als durch sie Einheitlichkeit in die Blattstellungsverhältnisse der Ranunculaceen gebracht wird. *Clematis* bildete ja in diesem Verwandtschaftskreis wegen ihrer dekussierten Beblätterung stets eine merkwürdige Ausnahme. Die Vergleichende Analyse hat gezeigt, daß wir es hier nur mit einer extremen Variante der für die ganze Familie typischen Stellungsfolge zu tun haben. Denn auch bei vielen anderen Ranunculaceen verwandelt sich die aus anfänglicher Orthodistichie resultierende Spirodistichie bzw. Dispersion in der Blütenregion in eine wirtelige Blattanordnung.

4. **Anisophyllie.** Ein interessantes Beispiel von Anisophyllie, die wohl wie anderwärts als Symptom von Achsendorsiventralität zu werten ist, schildert WAGNER in der von ihm gleichzeitig neu beschriebenen Monimiacee *Glossocalyx Zenkeri*, die darin weitgehend *G. Staudtii* gleicht, mit der zusammen sie, was die dekussierte Blattstellung und die dürftige Entwicklung der Minusblätter anlangt, an manche Urticaceen, namentlich *Pellionia*-Arten, erinnert. Die bisherige Auffassung, nach der *G. Staudtii* „folia alterna" besäße, ist also zu korrigieren. Wahrscheinlich handelt es sich auch bei *G. longicuspis* und *G. brevicuspis* um anisophylle Pflanzen. Ihnen werden ebenfalls „folia alterna" zugeschrieben. Entweder also wurden die Minusblätter wie bei *G. Staudtii* übersehen oder aber sie sind, abermals nach dem Muster gewisser Urticaceen, abortiert.

Bemerkenswert durch ihre Anisophyllie und die damit in Beziehung stehende Periodizität der Internodienlänge sind ferner die von UNRUH (2) bearbeiteten *Leucosyke*- und *Maoutia*-Arten (Urticaceae). Die beiderlei Pflanzen weisen eine zerstreute Blattanordnung auf. Die Ungleichheit der Blätter erstreckt sich auf ihre gesamten Ausmaße, ihre Gestalt und auf die Länge des Blattstieles. Seitensprosse werden in den Achseln sämtlicher Blätter angelegt; aber ähnlich wie bei *Pilea* erfahren nur jene eine Förderung, die den gehemmten Blattorganen zugehören. Und da diese annähernd zwei Längszeilen sich einordnen, so stehen auch die geförderten Seitensprosse in zwei Reihen. In der Internodienentwicklung kommt der Unterschied in der Blattgestaltung darin zum Ausdruck, daß kürzere und längere Achsenglieder miteinander abwechseln. Und zwar zeigte es sich, daß die kürzeren Internodien jeweils einem geförderten Blatt nachfolgen und umgekehrt.

5. **Sproßdornen.** Unsere Kenntnis der Sproßverdornung konnte bislang nicht anders denn als dürftig bezeichnet werden. Namentlich fehlte es an Untersuchungen, welche das Phänomen im Zusammenhang mit der

Gesamtverzweigung betrachteten. Daß hier recht umfassende Gesetzmäßigkeiten obwalten, konnte zwar schon aus Angaben TROLLS (1, S. 562) entnommen werden, der auf die verschiedene Stellung der Dornsprosse an basiton und akroton verzweigten Trieben hingewiesen hat. Nunmehr aber hat RAUH (1) sich der Frage in einer monographischen Studie angenommen, die erstmals einen Überblick über die mannigfaltigen Möglichkeiten der Sproßdornbildung vermittelt. Im allgemeinen gilt, daß die in verdornte Kurztriebe sich verwandelnden Seitensprosse den weniger geförderten Teilen der Hauptachse angehören, während im geförderten Abschnitt die zu Langtrieben auswachsenden Knospen sitzen. Bei akrotoner Förderung werden die Dornen demnach in den rückwärtigen Bereichen der Abstammungsachse sich vorfinden, wo sie gewöhnlich zwischen der basalen, von ruhenden Knospen gebildeten Region und der Zone der Langtriebe eingeschaltet sind und dort um so mehr auffallen, als sie sich proleptisch entwickeln (Abb. 9). Umgekehrt liegen die Verhältnisse bei Basitonie. Hier sitzen die Erneuerungsknospen basal an den Trieben, die im übrigen nur Dornsprosse zu erzeugen pflegen. Beispiele dafür bieten namentlich verschiedene Sträucher. Lehrreich sind etwa die verschiedenen *Genista*-Arten, bei denen im einzelnen freilich recht mannigfaltige Verhältnisse vorliegen.

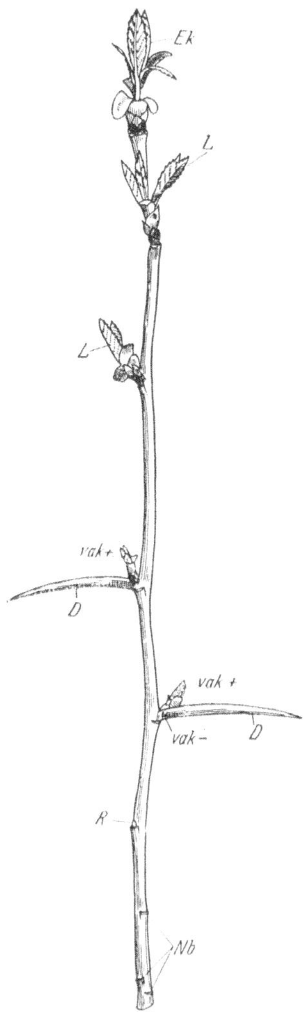

Abb. 9. *Crataegus coccinea*, Langtrieb *Nb* Narben von Niederblättern, bei *R* mit ruhender Knospe; *D* Dorntriebe mit den beiden ungleich geförderten Vorblattknospen (*vak*+ und *vak*—); *L* seitliche Langtriebknospen; *Ek* Endknospe. (Nach RAUH.)

Besondere Beachtung verdienen die Dorninfloreszenzen, Blütenstände, die ihren Namen deshalb führen, weil ihre Verzweigungen unter Reduktion der Blütenzahl teilweise oder vollzählig zu Dornen umgebildet sind. Meist handelt es sich bei den Dorninfloreszenzen um terminale Achsensysteme, deren sklerotische Beschaffenheit es mit sich bringt, daß sie auch in den älteren Teilen der Pflanze erhalten bleiben. Erstreckt sich die dornartige Umgestaltung auf sämtliche Verzweigungen der Infloreszenz, die in diesem Fall steril bleibt, so ist die Blütenbildung kurztriebartigen Seitensprossen übertragen. Man vergleiche dazu *Adesmia arborea* (Abb. 10 *I*), Vertreterin einer Gattung, in der alle Übergänge zwischen fertilen und völlig sterilen Dorninfloreszenzen auftreten. Von hier aus fällt auch Licht auf eine sehr eigenartige andere Papilionacee, nämlich *Brachysema davisioides* (Abb. 10 *II*), bei der die Blütenbildung ebenfalls in die Basalteile der endwärts verdornenden Langtriebe verlegt ist. Den Dornsprossen, die

Abb. 10. *Adesmia arborea*, blühender Zweig. Die Langtriebe enden jeweils in einem System vegetativer Dornsprosse. Die Blüten (*B*) sind auf Kurztriebe der basalen und mittleren Region von Langtrieben verwiesen. II *Brachysema davisiodes*, Pflanze mit den verdornenden Langtrieben *L*, die an ihrer Basis als Seitensprosse blühende Kurztriebe (*K*) erzeugen. Bei Reste abgestorbener Langtriebe. (Nach RAUH.)

hier am Leben bleiben und mit einer grünen Rinde bekleidet sind, kommt bei dieser Pflanze lebenswichtige Bedeutung zu; sie haben nämlich an Stelle der Laubblätter, die bei *Brachysema*, wenigstens im adulten Zustand, völlig fehlen, die Assimilation zu besorgen.

Von den eigentlichen Dorninfloreszenzen unterscheidet RAUH die Scheindorninfloreszenzen. Diese Bezeichnung weist schon darauf hin, daß wir es hierbei nur mit scheinbarer Dornbildung zu tun haben. An echten Infloreszenzdornen verkümmert nämlich schon der Vegetationspunkt. Bei den Scheindornen dagegen kommt es jeweils erst zur Anlegung einer terminalen Blüte bzw. eines ebensolchen Köpfchens, die teilweise bereits im Knospenzustand ihre Entwicklung beschließen und daraufhin abfallen. Die verhärtenden Sprosse treten sodann als Dornen in Erscheinung (Abb. 11).

6. **Beiknospenbildung.** Zum Unterschied von den Dikotylen mit ihrer serialen Anordnung der Beiknospen sind die Monokotylen durch kollaterale Entstehungsfolge der akzessorischen Knospen ausgezeichnet. Eine Ausnahme machen, wie seit langem bekannt ist, nur *Smilax-* und *Dioscorea*-Arten, bei denen die Beiknospenbildung serial erfolgt. Den ersten und bisher einzigen Fall von kollateraler Stellung der Beiknospen bei Dikotylen hat Holthusen beschrieben. Es handelt sich um *Stylidium adnatum*, eine Pflanze, die auch dadurch interessant ist, daß die Ausbildung von Achselknospen bei ihr auf die Basis und das Ende der Triebe beschränkt ist. Beiknospen treten allein in den Blattachseln der Kotyledonar- und Niederblattregion auf. Über ihre Zahl werden leider keine Angaben gemacht. Man erhält aus der vorliegenden Schilderung den Eindruck, daß sie gering ist.

7. **Flügelung der Sproßachse.** Dieses Phänomen kann auf verschiedene Weise zustande kommen. Meist laufen, wo die Sprosse geflügelt erscheinen, die Blattränder als mehr oder minder breite Säume an der Achse herab. Bei *Genista sagittalis* jedoch erheben sich nach Troll (1, S. 282) die Mittelrippen der rudimentären Stipeln zu Flügeln. Für dieselbe Auffassung ist Schaeppi (1) eingetreten, der sie auch durch anatomische und entwicklungsgeschichtliche Untersuchungen gestützt hat. Velenovskys Ansicht, der Flügelginster bilde Flachsprosse, kann damit endgültig als widerlegt gelten.

8. **Sproßknollen.** Die Untersuchungen von Krijthe an *Begonia tuberosa* hort. erstrecken sich, was die Knollen anlangt, bloß auf die Bildung der Erneuerungsknospen an diesen. Da die Knollen hier Dauerorgane darstellen, handelt es sich gewiß um Hypokotylknollen. Dies wird durch den Hinweis auf eine kurze Bemerkung Irmschers angedeutet, wonach in den Sektionen *Huszia* und *Eupetalum* „die oberen Teile des hypokotylen Gliedes zu großen Knollen anschwellen". Ein genaueres Studium der Knollenentwicklung dieser Pflanzen, über die sich das Schrifttum auch sonst ausschweigt, wäre wünschenswert gewesen.

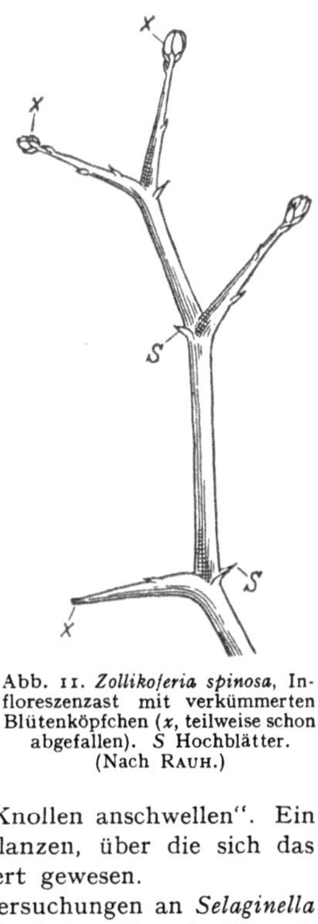

Abb. 11. *Zollikoferia spinosa*, Infloreszenzast mit verkümmerten Blütenköpfchen (*x*, teilweise schon abgefallen). *S* Hochblätter. (Nach Rauh.)

9. **Wurzelträger.** Im Rahmen seiner Wuchsstoffuntersuchungen an *Selaginella Martensii* rollt Seidl erneut die Frage nach dem morphologischen Wert der Wurzelträger auf. Diese schließen sich nämlich in ihrem Verhalten gegenüber Wuchsstoff den Wurzeln und nicht den Sprossen der höheren Pflanzen an, was dazu verleiten könnte, sie mit Wurzeln zu homologisieren. Eine solche Argumentation wäre indes nicht stichhaltig. Zwar dürften ähnliche Versuche mit geophilen, insbesondere positiv-geotropischen Sprossen noch nicht vorliegen; es ist aber wahrscheinlich, daß auch diese, was die Beeinflussung durch Wuchsstoff anlangt, den Wurzeln nahestehen. Überhaupt scheinen, wie Seidl hervorhebt, die Unterschiede im Verhalten gegenüber Wuchsstoff nicht auf solchen zwischen Sproß und Wurzeln zu beruhen. Entscheidend wird die geotropische Stimmung des Organs sein, dessen Wachstumszonen, gleichviel ob es sich um einen Sproß oder eine Wurzel handelt, bei positiv-geotropischer Reaktion schon durch Wuchsstoffkonzentrationen

gehemmt werden, durch die sie bei negativ-geotropischer Reaktion eine Förderung erfahren. Wir können also auch nach diesen Erfahrungen an der vielfach erhärteten Auffassung festhalten, daß die Wurzelträger Sproßorgane darstellen.

II. Blatt.

1. **Gabelungstheorie der Angiospermenblätter.** Die schon in Fortschr. Bot. 5, 19f. kritisch besprochene Theorie HEIDENHAINS von den „Spaltungsgesetzen der Blätter" legt SCHUBERT seiner Analyse des Laubblattes von *Ranunculus acer* zugrunde. Natürlich kann man diese und andere Blattformen der Angiospermen nach solchen Gesichtspunkten beschreiben. Die Frage ist nur, ob auf diesem Wege ein legitimes Verständnis zu erreichen ist. Bei HEIDENHAINS Theorie handelt es sich ja um die Übertragung eines in der tierischen Histologie mit Erfolg verwendeten Prinzips auf botanische Verhältnisse, die geschah, ohne daß auf die besonderen Bedingungen der pflanzlichen Histogenese Rücksicht genommen wurde. Dieses Verfahren brachte von vornherein ein sehr konstruktives Vorgehen mit sich, das sich schon dadurch als unorganischer Schematismus kennzeichnet, daß es, um sich behaupten zu können, der entwicklungsgeschichtlichen Kontrolle bewußt aus dem Wege geht. Folgerichtig wird bei HEIDENHAIN und SCHUBERT auch gar nicht nach Kriterien gefragt, die es erlauben, zwischen echter Gabelung und Pseudodichotomie zu unterscheiden. Die von TROLL (2, S. 1644ff. und 3, S. 2348) geschilderten Beispiele von pseudodichotomer Verzweigung bei Angiospermenblättern können von hier aus überhaupt nicht ihrer wahren Natur nach gewürdigt werden. Wohl der bedenklichste Mangel an HEIDENHAINS Theorie ist es, daß sie auf die Bedeutung, welche der Blattsymmetrie selbst wie dem Einfluß der Achsensymmetrie für die Ausbildung der Blätter zukommt, überhaupt keine Rücksicht nimmt. Damit entfallen aber sämtliche Voraussetzungen für eine ernsthafte Diskussion des Problems. Ergänzend sei auf die kritischen Auslassungen bei TROLL (2, S. 1432 sowie S. 1508 und S. 1650) hingewiesen.

2. **Blattbildung von Discopleura.** In der Blattgestaltung von *Discopleura capillacea* hat uns RAUH (2) mit Verhältnissen vertraut gemacht, die mit zum interessantesten gehören, was die an Mannigfaltigkeit kaum zu übertreffenden Formen der Fiederblätter zu bieten vermögen. Zunächst ist auf den markanten Unterschied hinzuweisen, der zwischen den Primär- und Folgeblättern dieser Umbellifere besteht. Erstere sind ungefiedert. In ihrem Aufbau gleichen sie den „binsenförmigen" Blattorganen anderer Vertreter der Familie, nämlich den Arten von *Tiedemannia, Ottoa* und *Crantzia*, die TROLL (2, S. 1630ff.) zusammenfassend dargestellt hat (s. Fortschr. Bot. 5, 21f.). Den Übergang zu den Folgeblättern stellen Zwischenformen her, die durch unvollständige Fiederung ausgezeichnet sind. Man vergleiche hierzu die junge Pflanze in Abb. 12 *I*, der in *II* ein Folgeblatt an die Seite gestellt ist.

An den Folgeblättern ist vor allem das Auftreten von Medianfiedern merkwürdig. Sie finden sich an den Fiederjochen der mittleren Spreitenregion vor, wo sie jeweils von zwei Seitenfiedern flankiert werden, denen sie in Größe und Verzweigung weitgehend gleichen (Abb. 13 *I*). Den Jugendzustand zeigt Abb. 13 *V*, in der die Medianfiederanlagen mit

Abb. 12. *Discopleura capillacea.* I Junge Pflanze mit den unverzweigten Primärblättern (*P*) und die Anfänge von Verzweigung zeigenden Folgeblättern (F_1 und F_2). *W* Hauptwurzel, *SW* aus dem Kotyledonarknoten entspringende sproßbürtige Wurzeln. II Folgeblatt mit seitlichen und medianen Fiedern. (Nach RAUH.)

römischen Ziffern bezeichnet sind. An den Übergangsblättern eilen sie sogar den Seitenfiedern in der Entwicklung voran, wenn sie nicht überhaupt allein ausgebildet werden (F_1 in Abb. 12 *I* und Abb. 12 *IV*). Das letztere trifft auch für die Primärblätter zu, wo sie aber regelmäßig rudimentieren (Abb. 13 *II*, *III*). Derartige Rudimente hat man auch an den Blättern von *Crantzia* und *Tiedemannia* aufgefunden. Nur waren sie dort bislang nicht zu deuten.

Die Primärblätter von *Discopleura* wären sonach als „Rhachisblätter" zu bezeichnen, worunter Troll (2, S. 1630) Blattorgane versteht, deren Spreitenteil nicht der gesamten Lamina, sondern allein der Spindel (Rhachis) entspricht. Stellen wir uns vor, daß die Pflanze auch im adulten Zustand an der Primärblattform festhält, so gelangen wir zu der Gestaltung von *Crantzia*, *Tiedemannia* oder *Ottoa*, deren Deutung als Rhachisblätter somit von *Discopleura* her erneut bestätigt wird.

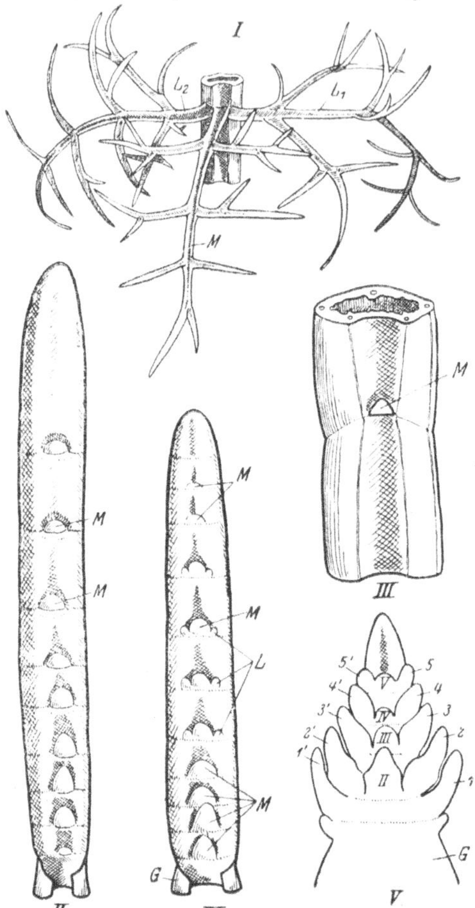

Abb. 13. *Discopleurac apillacea*. I Fiederjoch eines Folgeblattes mit den beiden seitlichen Fiedern L_1 und L_2 sowie den Medianfiedern (*M*). II Junges Primärblatt mit den Rudimenten von Medianfiedern (*M*). III Ausschnitt aus entwickeltem Primärblatt mit rudimentärer Medianfieder (*M*). IV Junges Übergangsblatt mit medianen und seitlichen Fiederanlagen (*M* und *L*). V Junges Folgeblatt. *G* Blattgrund; mediane Fiederanlagen mit römischen, seitliche mit arabischen Ziffern bezeichnet. (Nach Rauh.)

3. Phyllodien. Für *Sagittaria sinensis* werden von Glück „pfriemliche Phyllodien" erwähnt, welche an Wasserformen die ansehnliche Länge von 50 bis 70 cm zu erreichen vermögen. Da sie stets als Vorläufer der mit pfeilförmiger Spreite ausgestatteten Luftblätter auftreten, handelt es sich um Primärblätter. Darin sind sie den bandförmigen Blattorganen von *Sagittaria sagittifolia* homolog, die nach Meyer (s. Fortschr. Bot. 5, 22) aber bereits eine innere Differenzierung in Stiel und Spreite aufweisen. Gleiches dürfte für die Primärblätter von *Sagittaria sinensis* gelten, die deshalb besser nicht als Phyllodien bezeichnet werden. Es könnte sonst auch der in der sog. Phyllodientheorie der Monokotylenblätter (s. hierüber die kritische Darstellung bei Troll [2, S. 1216]) ausgesprochenen irrigen Auffassung Vorschub geleistet werden. Die starke Verlängerung der Primärblätter, die bei entsprechender Wassertiefe den Wert von 90 cm erreicht, ist als Stieletiolement zu betrachten und findet ihre Parallele in dem Verhalten vieler anderer Wasserpflanzen (s. Troll [2, S. 1195]).

4. Scheidenbildung und Stipulation. In Übereinstimmung mit anderen Pontederiaceen bilden die *Heteranthera*-Arten an ihren Blättern eine in die Verlängerung des Scheidenteiles fallende kragenartige Ligulatstipel aus, über deren Morphologie die Darstellung bei Troll (2, S. 1269) orientiert. Bei *H. dubia* ist diese auf der der Sproßachse zugekehrten Seite tief gespalten. Die anatomische Untersuchung lehrt, daß dieser Anhang, von dem darin vorhandenen Nerven abgesehen, nur aus zwei Zellschichten besteht. Dieser einfache Bau schon deutet darauf hin, daß die Stipel ihre Entstehung einem epidermalen Randwachstum verdankt, was denn auch VON SCHALSCHA-EHRENFELD bei ihren histologischen Untersuchungen nachgewiesen hat. Die Bildung der niedrigen Ligula, die an den Blättern von *Allium Porrum* zu beobachten ist, geht dagegen vom subepidermalen Gewebe aus, dessen Aufwölbung das Dermatogen durch antiklinale Teilungen folgt; allein der häutige Randsaum ist nach RÜDIGER epidermaler Herkunft.

Von den ligulaartigen Axillarstipeln der *Potamogeton*-Arten erfahren wir durch VON SCHALSCHA-EHRENFELD, daß sie nicht eigentlich in der Blattachsel, sondern auf der Oberseite des zugehörigen Blattes entspringen. Das Ergebnis überrascht nicht, da an den Nieder- und Primärblättern von *P. lucens* und anderen Arten die Stipel an einem verlängerten Blattgrund emporgehoben wird. TROLL (2, S. 1268f.) konnte deshalb ihre axilläre Stellung an den Folgeblättern auf die Hemmung des Scheidenwachstums zurückführen.

III. Wurzel.

1. **Wurzelverzweigung.** Aus der zusammenfassenden Darstellung bei TROLL (3, S. 2093ff.) sei zunächst die Erörterung der Frage hervorgehoben, was unter einem Wurzelsystem zu verstehen sei. Denn das einschlägige Schrifttum läßt die Klarheit hierüber durchweg vermissen. Gemeinhin versteht man unter einem Wurzelsystem die Gesamtheit der Wurzeln einer Pflanze, gleichviel ob diese allorhiz oder homorhiz bewurzelt ist. Genau genommen kann aber unter einem System nur ein Verband von Wurzeln gelten, der aus der Verzweigung einer einzigen hervorgeht. Ein einheitliches Wurzelsystem besitzen danach allein die Allorhizophyten, also die Samenpflanzen mit ihrem bipolaren Embryo, dessen Wurzelpol bei der Keimung zu einer vielfach pfahlartig verlängerten Primärwurzel auswächst (s. Fortschr. Bot. **6**, 18). Diese ist es, aus deren Verzweigung das gesamte Wurzelsystem sich aufbaut. Bei den Pteridophyten dagegen entspringen die Wurzeln einzeln aus der Sproßachse. Wenn bei ihnen von einem Wurzelsystem die Rede sein soll, so kann sich der Ausdruck allein auf die einzelne verzweigte Wurzel beziehen. Sonst sind diese Pflanzen gerade dadurch charakterisiert, daß sie kein einheitliches Wurzelsystem besitzen. Dasselbe trifft aber auch für viele Samenpflanzen zu, nämlich all jene, bei denen das anfänglich fast stets vorhandene Primärwurzelsystem verlorengeht und durch sproßbürtige Wurzeln ersetzt wird. Diese als sekundäre Homorhizie zu bezeichnende Art der Wurzelbildung ist kennzeichnend vor allem für die Monokotylen, bei denen sie ein Klassenmerkmal darstellt; doch findet sie sich auch bei zahlreichen Dikotylen, besonders soweit diese staudenartigen Wuchs zeigen. All diese Pflanzen verfügen über ein Wurzelsystem allein auf dem Jugend-, vielfach sogar nur auf dem Keimungsstadium. Im entwickelten Zustand werden sie von sproßbürtigen Wurzeln versorgt. Wo daneben die Hauptwurzel samt ihren Verzweigungen erhalten ist, setzt sich die Gesamtbewurzelung,

zu deren Kennzeichnung sich der Decandollesche Begriff der Radikation eignet, aus dem Wurzelsystem und den sproßbürtigen Wurzeln zusammen.

Wenig beachtet ist bislang die Adventivwurzelbildung geblieben. Gewöhnlich versteht man unter Adventivwurzeln die sproßbürtigen Wurzelorgane. Auch von den Wurzeln der Pteridophyten schreibt OGURA (1, S. 142), sie entständen, die Bewurzelung der Keimpflanzen ausgenommen, stets adventiv. Nun besagt der Ausdruck „Adventivwurzeln“ wörtlich, daß es sich um Wurzeln handelt, die zu schon bzw. von vornherein vorhandenen nachträglich hinzukommen oder hinzugekommen sind. Für die sproßbürtigen Wurzeln der Samenpflanzen mit ihrer grundsätzlich allorhizen Radikation trifft das so gut wie allgemein zu. Den Farnen und Pteridophyten insgesamt aber fehlt die Primärwurzel stets. Es kann deshalb bei ihnen auch nicht gut von Adventivwurzeln die Rede sein. Der Begriff ist aber auch deswegen recht unpassend, weil er im Widerspruch zu der u. a. von SACHS gegebenen Definition für adventive Bildungen überhaupt steht. Nach ihr können als adventive Produkte des Achsenkörpers nur solche Glieder gelten, die aus älteren Teilen des Sprosses hervorgehen, also entfernt vom Scheitel und auch ohne bestimmte Ordnung in Erscheinung treten. Das letztere trifft für die sproßbürtigen Wurzeln keinesfalls zu; denn sie halten, mögen sie nun bei größerem oder geringerem Abstand von der wachsenden Sproßspitze angelegt werden, im ganzen eine akropetale Reihenfolge ein. Ausgesprochen adventiven Charakter tragen dagegen die an Wurzeln zwischen schon vorhandenen nachträglich gebildeten Seitenäste, für welche deshalb TROLL (3, S. 2121 ff.) die Bezeichnung „Adventivwurzeln“ ausschließlich in Anspruch genommen wissen will. Von besonderem Interesse ist die an Primärwurzeln spontan eintretende Adventivwurzelbildung, auf die erstmals NOLL mit Nachdruck hingewiesen hat. Doch sind seither seine Befunde kaum erweitert worden.

Auch die akrogene Wurzelverzweigung wird bei TROLL (3, S. 2096 ff.) erstmals einer geschlossenen Darstellung unterworfen. Nicht in diesen Rahmen gehört, wie vorweg bemerkt sei, die seltene Erscheinung, die TROLL (3, S. 2111 f.) als terminale Wurzelverzweigung bezeichnet hat. Hierbei handelt es sich um Wurzeläste, die abweichend von der Regel seitlicher Anlegung am Wurzelscheitel erzeugt werden, aber nur für den Fall, daß der Wurzelscheitel nach Beendigung der Längenentwicklung in den Dauerzustand übergeht. Das hat zur Folge, daß sich die Endodermis über dem Zentralzylinder kuppelartig schließt. Gleiches gilt vom Perizykel. Damit sind aber auch am Wurzelscheitel die Voraussetzungen für endogene Verzweigung gegeben, die sich hier in der Bildung eines einzigen, die Wachstumsrichtung der Mutterwurzel fortsetzenden terminalen Wurzelastes auswirkt. Dieses von *Aesculus*, *Podocarpus* und *Taxus* seit langem bekannte Verhalten wurde von LIHNELL neuerdings auch bei *Juniperus communis* aufgefunden. Bei echt akrogener Wurzelverzweigung geht die Ramifikation aber vom tätigen Vegetationspunkt aus, dessen Meristem in der bisherigen Richtung zu wachsen aufhört und sich in Form von zwei neuen, in unmittelbarer Nachbarschaft des alten Scheitelendes hervortretenden Vegetationspunkte fortsetzt. Es kommt auf diese Weise eine Gabelung (Dichotomie) zustande, die uns entweder in Form von Isotomie oder Anisotomie entgegentritt. Von Wichtigkeit ist dabei weniger die Länge, welche die Gabeläste erreichen, als ihre Dicke. Isotomie liegt also vor, wenn sie gleiche Stärke aufweisen, mögen sie auch verschieden lang sein, während sich bei Anisotomie zu unterschiedlicher Länge auch eine Dickendifferenz gesellt. Sehen wir von den aus der Familie der Orchideen bekannten Beispielen ab, so beschränkt sich das Phänomen der Wurzelgabelung auf zwei pteridophytische Verwandtschaftskreise, nämlich die Lycopsiden und die Ophioglossaceen. Von letzteren kommt insbesondere *Ophioglossum palmatum* in Betracht, von dem CHRYSLER außerdem berichtet, daß seine Wurzeln ähnlich wie bei anderen Arten mit dreischneidiger Scheitelzelle wachsen. Wie sich diese bei der Gabelung des Vegetationspunktes verhält, wurde indes nicht geklärt.

Dichotome Verzweigungssysteme stellen auch die durch Algen-, Pilz- oder Bakteriensymbiosen veranlaßten Rhizothamnien verschiedener Samenpflanzen dar, die bei VON GUTTENBERG (2, S. 50) und TROLL (3, S. 2103) eine zusammenfassende Darstellung erfahren. BRUCHMANN wollte sie bei den Coniferen als Rückschlagserscheinung (Atavismus) betrachtet wissen, die auf Verwandtschaft mit den Lycopodiaceen hindeute. Die Cycadeen aber mit ihrer besonders stark ausgeprägten Rhizothamnienbildung stehen entschieden den Farnen näher, bei denen Wurzeldichotomie nur in der Gattung *Ophioglossum* vorkommt. Und wie soll man sich erst das Auftreten von Rhizothamnien bei den Angiospermen nach diesen Gesichtspunkten zurechtlegen? Ein wissenschaftliches Verständnis wird auf diesem Wege jedenfalls nicht erreicht. Primär wesentlich ist nach TROLL auch gar nicht so sehr der dichotome Charakter der Rhizothamnienverzweigung als vielmehr die Tatsache, daß der Vegetationspunkt der Wurzel es ist, von dem die Verästelung ausgeht. Möglicherweise wird dieses abnorme Verhalten von einer durch die Infektion verursachten Hemmung der Seitenwurzelbildung hervorgerufen. Ist aber die Verzweigung schon in den Vegetationspunkt hinein verlegt, so geht sie der allgemeinen Regel terminaler Ramifikation entsprechend in Dichotomie über.

2. Wurzelbildung von *Oleandra*. In dieser Polypodiaceengattung, speziell bei *O. Wallichii*, sollen nach OGURA (2) wurzelträgerartige Organe vorkommen. Schon POIRAULT hat auf sie als den Wurzelträgern der Selaginellen vergleichbare Ausgliederungen des Achsenkörpers hingewiesen, ohne allerdings seine Auffassung durch Argumente stützen zu können. Solche hat nun OGURA beigebracht. Nach ihm gehen aus der Sproßachse (dem Rhizom) dieser Farne überhaupt keine echten Wurzeln hervor, sondern wurzelähnliche Verzweigungen, die sich von Wurzeln durch den Mangel einer Haube und ihre Behaarung unterscheiden. Letztere besteht aus mehrzelligen, zuweilen sogar verzweigten Trichomen, die bis nahe an die Spitze reichen. Merkwürdig ist auch die Angabe, am Vegetationspunkt sei eine größere Anzahl von gleichartigen Initialen vorhanden. Darin würden die in Rede stehenden Organe ebensosehr von den Sprossen wie von den Wurzeln anderer Farne abweichen. Kommt noch hinzu, daß sie exogen entstehen sollen, wofür aber ausreichende Belege fehlen.

Die Verwandtschaft mit den eigentlichen Wurzeln, die als endogene Äste von dem „Wurzelträger“ erzeugt werden, ist indes größer, als es nach den angeführten Merkmalen zunächst den Anschein hat. So herrscht volle Übereinstimmung im anatomischen Bau, namentlich in der Struktur des Zentralzylinders, der wie bei zahlreichen anderen Farnwurzeln von einer diarchen Gefäßplatte durchzogen wird. Weiterhin wachsen, aus OGURAS Abbildung eines Längsschnittes durch die Wurzelspitze zu schließen, auch die Wurzeln ohne Scheitelzelle. Die Haube erscheint an ihnen dürftig entwickelt, so daß ihre gänzliche Unterdrückung gleichsam angebahnt ist. Nur die Haare sind typisch wurzelartig. Durchmusterung eines größeren Materiales wird aber wahrscheinlich zur Auffindung von Mittelbildungen zwischen den einzelligen und mehrzelligen Trichomen führen, die einander noch näher rücken, wenn man ihnen die gestielten Spreuschuppen gegenüberstellt, mit denen das Rhizom dicht bekleidet ist.

Alles in allem kann gesagt werden, daß die vermeintlichen Wurzelträger mit den Sprossen kaum etwas gemein haben. Es dürfte demnach auch der bei den *Selaginella*-Wurzelträgern leicht glückende Versuch, sie in beblätterte Sprosse umzubilden, so gut wie aussichtslos sein. Vielmehr haben wir es nur mit veränderten Wurzeln zu tun, modifiziert dadurch, daß die typischen Wurzelcharaktere der jeweiligen Hauptwurzel teilweise fehlen und sich voll erst an deren Verzweigungen einstellen.

3. Lokalisation der sproßbürtigen Bewurzelung. Einen Überblick über dieses ausgedehnte Gebiet, über das schon in Fortschr. Bot. 6, 26 berichtet wurde, haben erst die Untersuchungen WEBERS ermöglicht, auf denen auch die nunmehr vorliegende Bearbeitung TROLLS (3, S. 2175 ff.) aufgebaut ist. Diese ordnet sich einer Gesamtdarstellung des Phänomens der homorhizen Wurzelbildung ein, auf die hier als erstem Versuch solcher Art wenigstens hingewiesen sei.

Besonders lehrreiche Beispiele für die in der Anordnung der sproßbürtigen Wurzeln herrschenden Gesetzmäßigkeiten enthält die Familie der Nymphaeaceen. Bei der Mehrzahl der Vertreter haben wir es mit sog. Unterknotenwurzlern zu tun, die sich im einzelnen aber selbst wieder verschieden verhalten. Besonders reich ist die Bewurzelung an den Ausläufern von *Nelumbium*, wo sie fast den gesamten Achsenumfang einnimmt; ausgespart sind anfangs nur die medianen Bereiche (*N* und *N'* in Abb. 14 *I*, *II*). Bei *Brasenia* sind demgegenüber die Radikationsareale auf zwei zu beiden Seiten der Blätter gelegene Felder beschränkten

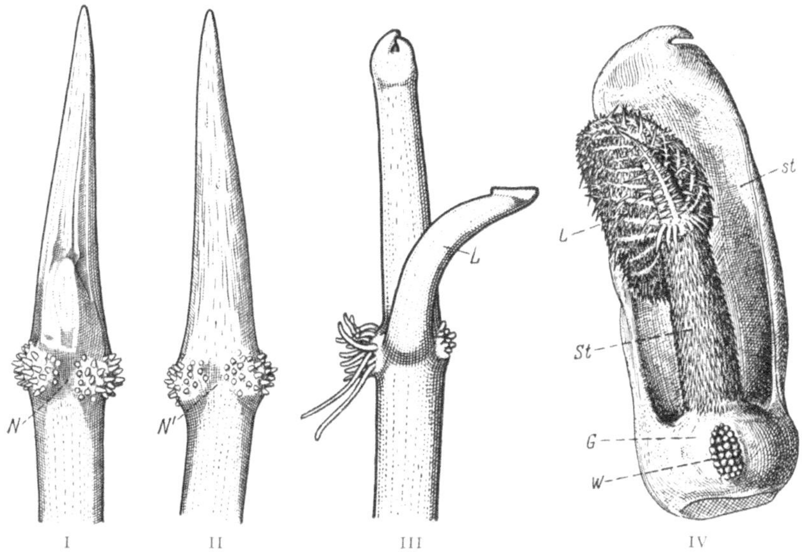

Abb. 14. I, II *Nelumbium speciosum*, Ausläuferende in Ober- und Unteransicht. *N* und *N'* die anfangs von Wurzeln frei bleibenden medianen Bereiche des Achsenumfanges. III *Brasenia Schreberi*, Ausläuferende mit Wurzelgruppen zu beiden Seiten des jungen Laubblattes *L*. IV *Victoria regia*, Knoten mit jungem Laubblatt *L*; *St* dessen Stiel; *st* die zugehörige mediane Stipel; *G* der Blattgrund; *W* Wurzelgruppe. (Nach TROLL.)

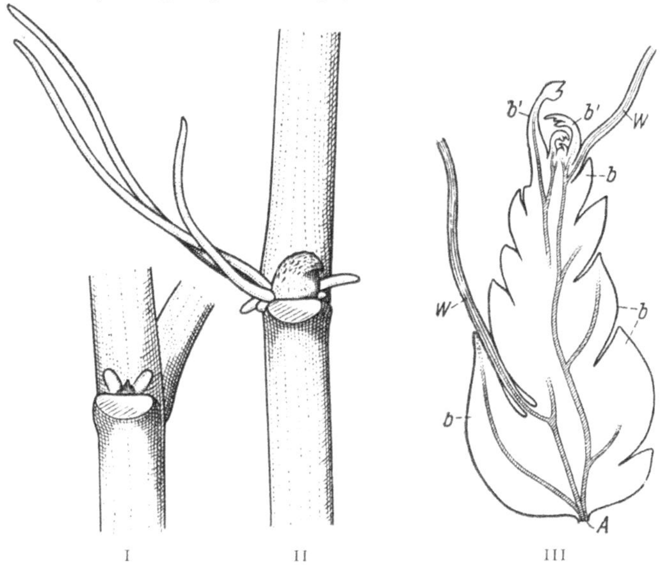

Abb. 15. I, II *Cabomba caroliniana*, Sproßstücke mit Primärblattknoten. Das dem Beschauer zugekehrte Blatt ist entfernt, um die Achselknospe zu zeigen, zu deren beiden Seiten Wurzeln (Überknotenwurzeln) entspringen. III *Dentaria bulbifera*, Bulbille im Längsschnitt mit Schuppenblättern (*b*) und jungen Laubblättern (*b'*); *W* aus Schuppenblattwinkeln entspringende Wurzeln. (I, II nach TROLL, III nach PETER.)

Umfanges eingeengt (Abb. 14 *III*). Bei den Nymphaeoideen (*Nymphaea, Victoria, Nuphar*) jedoch bleiben gerade die Flanken jedes Knotens frei von Wurzeln; diese gehören hier vielmehr allein der medianen Region an, in der sie gruppenweise unmittelbar unterhalb einer jeden Blattinsertion auftreten (Abb. 14 *IV*). Eine wieder andere Art der Wurzellokalisation zeigt *Cabomba*, bei der die Wurzeln stets oberhalb des Knotens, und zwar in der Umgebung der Achselknospe entspringen (Abb. 15 *I, II*). Darin herrscht Übereinstimmung mit anderen Überknotenwurzeln, so namentlich verschiedenen Cruciferen. Gewöhnlich gelangt die Achselknospe zur Entwicklung. Sie kann aber auch, bevor sie über das Stadium eines Meristemherdes hinausgelangt, rudimentieren. Erfolgt gleichfalls Wurzelbildung, so liegen scheinbar axilläre Wurzeln vor, wie das Beispiel der Bulbillen von *Dentaria bulbifera* lehrt (Abb. 15 *III*). Ein ähnliches Bild kommt bei Knospenwurzlern wie *Equisetum*- und *Sedum*-Arten zustande, wenn von der Knospe allein die ihr zugehörenden Wurzeln zur Ausbildung gelangen.

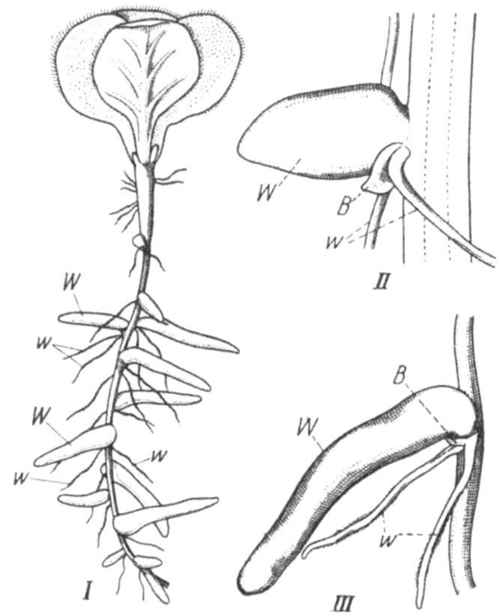

Abb. 16. *Drosera erythrorhiza*. I Rosettensproß, dessen unterirdischer Abschnitt mit Schuppenblättern besetzt ist; aus deren Achseln kommen in Einzahl knollig verdickte Wurzeln (*W*) hervor; an der Basis der Schuppenblätter entspringen in Zweizahl unverdickte Wurzeln (*w*). II, III Einzelne Knoten mit junger und entwickelter Knollenwurzel. *B* Schuppenblatt, sonstige Bezeichnungen wie in I. (II nach GOEBEL, sonst nach DIELS.)

Von hier aus fällt einiges Licht auch auf die sehr aberranten Bewurzelungsverhältnisse einiger *Drosera*-Arten, namentlich von *D. erythrorhiza*, der DIELS die sproßbürtige Bewurzelung ganz abgesprochen hat. Indes gab schon GOEBEL zu bedenken, ob es sich bei den wurzelähnlichen Fortsätzen, die paarweise an den Insertionsstellen der schuppenförmigen Niederblätter stehen (*w* in Abb. 16), nicht doch um Wurzeln handelt. Zwar werden sie exogen angelegt und entbehren zudem einer Haube. Solche Abweichungen kommen aber bei Organen, deren Wurzelnatur außer Zweifel steht, ebenfalls vor. Auch sonst unterstützt alles die Auffassung, daß wir es in den fraglichen Fortsätzen mit ihrem Ursprung nach denen von *Victoria* und *Nymphaea* vergleichbaren Unterknotenwurzeln zu tun haben. Kommt dazu, daß bei den genannten Nymphaeaceen die Wurzelprimordien in der Rinde nahe der Oberfläche angelegt werden und darin zwischen endogener und exogener Herkunft vermitteln. Wurzelähnliche Gebilde anderer Art sind die den Achseln der Schuppenblätter entspringenden Organe (*W* in Abb. 16). Ihrer axillären Stellung wegen hat sie DIELS für Seitensprosse (Stolonen) gehalten. In einem weiteren Rahmen betrachtet erscheinen sie jedoch als Wurzeln, dies um so mehr, als die Wurzeln auch anderer *Drosera*-Arten zu Speicherzwecken verdickt sind. Es dürfte sich also um Überknotenwurzeln handeln, die jeweils in Einzahl aus einer Blattachsel erzeugt werden. Ob daneben auch regelmäßig eine Achselknospe oder doch ein Meristem, das eine solche liefern könnte, vorhanden ist, entzieht sich derzeit noch unserer Kenntnis. Wahrscheinlich ist es bei der sehr dürftigen Verzweigung, welche die *Drosera*-Arten aufweisen, nicht. Dann besteht aber große Ähnlichkeit mit der oben für *Dentaria*-Bulbillen erwähnten Bewurzelung. Und stellt man sich die axilläre Wurzel zudem zwecks Stoffspeicherung stark verdickt und im Zusammenhang damit kurz bleibend vor, so kommt man zu Verhältnissen, die ganz denen von *D. erythrorhiza* gleichen. Ich zweifle also kaum daran, daß die wurzelähnlichen Organe wirklich Wurzeln sind und unsere Pflanze demnach sowohl Unter- wie Überknotenwurzeln besitzt. Daß beide gestaltlich voneinander abweichen, braucht nicht zu überraschen, da uns ähnliches auch sonst gelegentlich begegnet. Es sei in dieser Hinsicht auf die Wurzelbildung am ersten Primärblattknoten von *Trapa natans* hingewiesen, die TROLL (3, S. 2190) analysiert hat.

4. **Innere Wurzeln.** Darunter versteht man Wurzeln, die auf eine mehr oder weniger lange Strecke im Inneren des Mutterorganes verlaufen, und zwar in dessen Rinde, weshalb auch die Bezeichnung „Rindenwurzeln" gebräuchlich ist. Sie wurden erstmals von *Lycopodium*-Arten angegeben. Von Samenpflanzen mit Rindenwurzeln kommen vor allem Angehörige der Familie der Bromeliaceen in Betracht. Den schon bekannten Beispielen hat MEYER in *Ananas sativus* und *Aechmea Weilbachii* weitere hinzugefügt. Gewöhnlich handelt es sich bei den Rindenwurzeln um sproßbürtige Wurzeln. Daß auch Seitenwurzeln in Form innerer Wurzeln aufzutreten vermögen, hat schon JÖRGESEN berichtet. Dasselbe Verhalten hat MEYER nunmehr für *Aechmea Weilbachii* geschildert. Einen Überblick über die Rindenwurzelbildung im ganzen vermittelt die Besprechung bei TROLL (3, S. 2170ff.).

5. **Wurzeldimorphismus.** Mit einer merkwürdigen Erscheinung dieser Art hat uns PASCHER vertraut gemacht. Es handelt sich um verschiedene *Gagea*-Arten aus der Untergattung *Hornungia*, u. a. *G. reticulata* und *G. persica*. Bei ihnen sind die Zwiebeln von einem Körbchen umgeben, das aus einem mehrschichtigen Flechtwerk vielfach ineinander geschlungener derber Wurzeln besteht. Neben diesen „Körbchenwurzeln", die ob ihrer Verhärtung mehrere Vegetationsperioden über erhalten bleiben, treten feinere, ins Substrat vorstoßende und als Nährwurzeln zu bezeichnende Wurzelorgane auf. Abb. 17 *I* zeigt eine Zwiebel von *G. reti*-

culata mit den Körbchenwurzeln des letzten Jahrganges. Die Nährwurzeln waren daran unter Hinterlassung von Narben, die an der Zwiebelachse (*a*) sichtbar sind, abgestorben. Die Zwiebel wird stets aber auch noch von den Körbchenwurzeln vorhergehender Jahre eingehüllt, die samt den Achsengliedern, denen sie entstammen, im abgestorbenen Zustand erhalten bleiben. Stellt man sie sich auseinandergelegt vor, so ergibt sich das Bild des Schemas Abb. 17 *II*. Eine befriedigende biologische Deutung kann die Körbchenbildung zunächst nicht erfahren, und es erscheint fraglich, ob ihr überhaupt eine funktionelle Bedeutung zukommt.

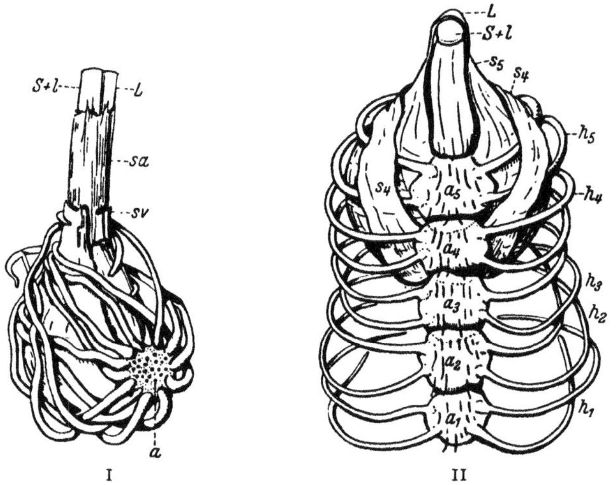

Abb. 17. I *Gagea reticulata*, Zwiebel. *S* Blütensproß mit dem ihm zum Teil angewachsenen Laubblatt *l*; *L* das diesem vorausgehende erste Laubblatt. *sa* Faserhülle; *sv* oberer Rand einer Zwiebelschale; *a* Achsenglied des Vorjahres mit „Körbchenwurzeln", abgestorben. II Schema der Körbchenbildung. a_1—a_5 Achsenglieder, bis auf a_5 abgestorben; h_1—h_5 die zugehörigen Körbchenwurzeln; s_4 und s_5 zu a_4 und a_5 gehörende Zwiebelschalen; sonstige Bezeichnungen wie in I. (Nach PASCHER.)

6. Pneumatorhizen. Unter dieser Bezeichnung faßt TROLL (3, S. 2291) all jene Wurzelorgane zusammen, die infolge von aerenchymatischer Beschaffenheit ihres Bindegewebes durch einen hohen Luftgehalt ausgezeichnet sind. Interessante Formen nehmen sie u. a. bei gewissen Palmen an, so nach VON GUTTENBERG (1, S. 211) bei *Areca Catechu*, wo sie kurzen Seitenwurzeln homolog sind. Sobald diese das Gewebe der Mutterwurzel durchbrochen haben, platzen sie an der Spitze auf, mit dem Erfolg, daß das interzellularenreiche Rindengewebe sich kragenartig nach außen umrollt. Es dürfte diesen Pneumatorhizen mithin die Bedeutung von Pneumathoden zukommen. Es ist also anzunehmen, daß sie, großen Korkporen ähnlich, den Gasaustausch zwischen der äußeren Atmosphäre und der Interzellularenluft des Wurzelgewebes erleichtern.

7. ***Ceratophyllum.*** Was diese Pflanze anlangt, so klärt TROLL (3, S. 2157) einen sich seit Jahrzehnten durch die Literatur schleppenden Irrtum, den zuletzt WEBER und VON GUTTENBERG wiederholt haben. Danach wäre *Ceratophyllum* unter bestimmten Umständen befähigt, Wurzeln zu entwickeln. Das Mißverständnis geht auf A. SCHENK zurück, der die bekannten bleichen Ankersprosse, welche bei Vegetation in seichten schlammigen Gewässern auf der Unterseite der

Haupttriebe entstehen, mit verzweigten Wurzeln verwechselt hat. Tatsächlich ist also *Ceratophyllum* völlig wurzellos.

IV. Infloreszenzen.

Allgemeine Fragen der Infloreszenzbildung behandelt SCHÜEPP, der insbesondere den Veränderungen nachgegangen ist, die sich in der Ausbildung der Seitensprosse beim Übergang von der vegetativen in die reproduktive Region vollziehen. Untersucht wurden zwar nur drei Pflanzen (*Saponaria officinalis, Delphinium elatum, Lathyrus latifolius*); die daran gewonnenen Befunde sind indes von so grundlegender Art, daß ihnen zweifellos eine umfassendere Geltung zukommt. Vor allem erfährt das Verhältnis, in dem die Seitensprosse zum Hauptsproß stehen, mit zunehmender Annäherung an die Infloreszenz eine auffallende Veränderung, so zwar, daß der Vorsprung und der Vorrang, die der Hauptsproß anfangs vor den Auszweigungen hat, zunehmend schwinden. Diese Abwandlung hängt damit zusammen, daß die höher inserierten Seitensprosse, statt nachträglich aus einer kleinen, in der Blattachsel gelegenen Zellgruppe hervorzugehen, von Anfang an als umfangreiche Meristemkomplexe vom Vegetationspunkt der Hauptachse abgeliefert werden. Hand in Hand damit verschiebt sich auch das Größenverhältnis der Anlagen von Tragblatt und Achselsproß zugunsten des letzteren, zumal die Blattgröße im Inflorenszenzbereich erheblich abzusinken pflegt, wenn nicht überhaupt Ablast der Brakteen eintritt. Daß die verfrühte Anlegung der Seitensprosse auch die Voraussetzung für die in der Rekauleszenz sich bekundende Gemeinsamkeit des Wachstums von Tragblatt und Achselsproß schafft, ist von TROLL (1, S. 528) hervorgehoben worden. Es ist deshalb nicht erstaunlich, daß Rekauleszenzen besonders häufig im Inflorenszenzbereich angetroffen werden.

Sehr charakteristisch für die besagte Umgestaltung der Seitensprosse ist es, daß ihre Blattbildung in der gesamten Blattfolge um so weniger weit zurückgreift, je näher sie der Infloreszenz stehen. Darauf hat schon A. BRAUN hingewiesen. Auf die gleiche Tatsache machte TROLL (2, S. 1373) bei Besprechung der Vorblätter aufmerksam. Es wird mit dieser Veränderung eine verfrühte Blütenbildung eingeleitet, in der der Seitensproß, wie das Beispiel von *Delphinium* lehrt, der Hauptachse sogar erheblich vorauszueilen vermag.

Insgesamt stellen die von SCHÜEPP erzielten Untersuchungsergebnisse wertvolle Bausteine zu einer Morphologie der Infloreszenzen dar, die nach dieser Richtung viel dürftiger bekannt sind, als man gemeinhin annehmen wird.

Mit dem Infloreszenzbau von *Hemerocallis* hat sich STOUT auseinandergesetzt. Zwar die Erkenntnis, daß das Ende der Infloreszenzsprosse bei *H. fulva* zwei schraubelig gebaute Astsysteme trägt, ist alt, wenn auch nicht mehr allgemein verbreitet; sonst könnte diesen Blütenständen bei NAKAI (1932) und HUTCHINSON (1934) nicht kurzweg traubige bzw. rispige Natur zugesprochen werden. Was aber bisher noch Schwierigkeiten bereitete und auch durch STOUT noch nicht hinreichend geklärt wurde, ist die Stellung der an der Hauptachse inserierten Blattorgane.

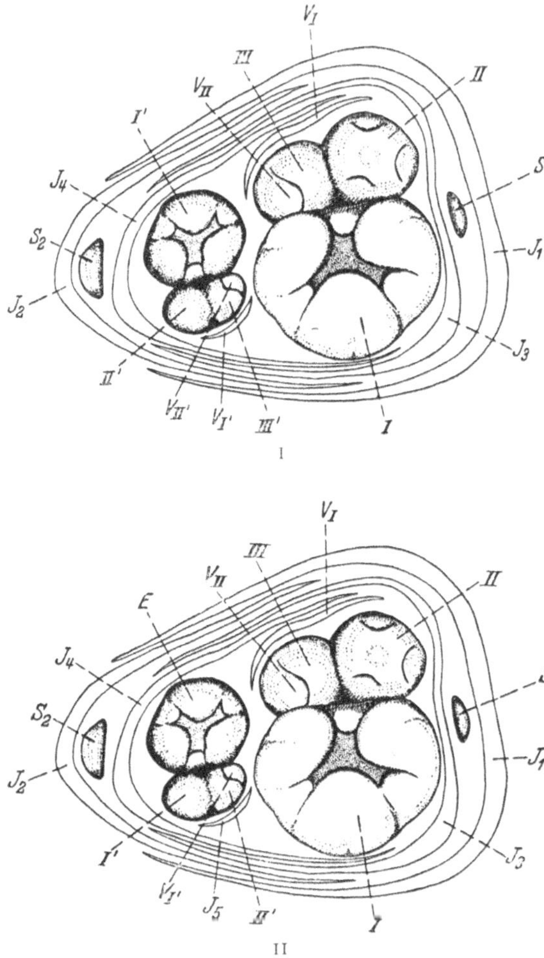

Abb. 18. *Hemerocallis fulva*, junge Infloreszenz in Oberansicht. J_1—J_5 der Hauptachse inserierte Hochblätter; S_1 und S_2 Vegetationspunkte in den Achseln von F_1 und F_2; V_I usw. bzw. $V_{I'}$, Vorblätter der Blüten *I* usw. bzw. *I'*; *E* Endblüte des gesamten Verzweigungssystems. (Nach GOEBEL, in II mit modifizierter Beschriftung.)

Nach GOEBEL wären deren in der Infloreszenzregion nur zwei vorhanden (J_3 und J_4 in Abb. 18 *I*). Das Blatt $V_{I'}$ wird von ihm als Vorblatt aufgefaßt, kann aber gar kein solches sein, weil es sich bei *I'* um die Endblüte des gesamten Systems handelt. Bleibt also nichts übrig, als darin das oberste Blattorgan der Hauptachse zu erblicken, das sinngemäß mit J_5 zu bezeichnen wäre. Es weicht nur in seiner Stellung von den vorausgehenden Blattorganen ab. Während diese in rein distischer Anordnung einander folgen, beträgt die Divergenz zwischen J_4 und J_5 nur etwa 90°. Es vermittelt diese Braktee also zwischen der Distichie der Hochblätter und der mit dem Perianth der Endblüte einsetzenden veränderten Blattstellung. Daß diese Auffassung zutrifft, lehrt auch das von STOUT analysierte, freilich nicht nach dieser Richtung hin ausgewertete Beispiel von *H. nana*, einer Pflanze mit armblütigen Infloreszenzen, die teilweise sogar allein die Endblüte entwickeln. Von dem unter dieser Endblüte stehenden Hochblatt heißt es, es divergiere von seinem Vorgänger nicht, wie zu erwarten wäre, um 180°, sondern nur um 90°. Der obere der beiden schraubelig gebauten Seitenäste beginnt also mit Blüte *I'*, der das Vorblatt bzw. als Tragblatt der folgenden Blüte (*II'*) das Blatt $V_{I'}$ zugehört. Durch die also abgeänderte Beschriftung ist der Aufbau der Infloreszenz, wie er sich nunmehr darbietet, in Abb. 18 *II* zur Anschauung gebracht. Merkwürdig ist dabei nur, daß J_4 kein Achselprodukt erzeugt. Nur im Vorbeigehen kann der mannigfachen konkauleszenten und rekauleszenten Verschiebungen gedacht werden, welche Seitenäste und Brakteen an diesen Blütenständen im Verlauf der Entwicklung erfahren; da sie die Analyse der Sproßfolge nicht unerheblich erschweren, ist es immer ratsam, von den minder stark modifizierten Jugendzuständen auszugehen, deren Berücksichtigung wir bei STOUT vermissen.

In seine Untersuchungen über den Bau und die periodische Entwicklung der Blütenknospen von *Coffea*-Arten hat VAN DER MEULEN auch die Infloreszenzbildung einbezogen, worauf hier nur hingewiesen werden kann.

Schließlich sei noch erwähnt, daß die Infloreszenztheorie des weiblichen Coniferenzapfens (s. Fortschr. Bot. **2**, 17; **3**, 13) durch die Befunde, die FLORIN bei Bearbeitung des Formenkreises von *Lebachia* (*Walchia*) gewonnen hat, erneut bestätigt wurde. Denn diese hauptsächlich dem Rotliegenden entstammenden Coniferen bildeten weibliche Zapfen, an denen das der Fruchtschuppe rezenter Nadelhölzer homologe Achselprodukt der gabeligen Deckschuppen sich in Gestalt eines kleinen, dispergiert beblätterten und zudem mit ein oder zwei Samenanlagen ausgestatteten Sprosses darbot (s. auch Fortschr. Bot. **10**, 100ff.).

V. Blüte.

1. **Blütenvegetationspunkt.** Was den Bau der Blütenvegetationspunkte anlangt, so greift SCHÜEPP die sich auch auf Infloreszenzvegetationspunkte erstreckenden Beobachtungen GRÉGOIRES auf, nach denen sich das Scheitelmeristem in ein großzelliges Mark, den sog. Meristemträger (porte-méristème), und eine Meristemdecke (manchon méristé-

matique) sondert. GRÉGOIRE kommt es hierbei vor allem darauf an, den Gegensatz zu den vegetativen Achsenscheiteln hervorzuheben. In den Blütenvegetationspunkten sieht er Neubildungen, die im Aufbau keinerlei Gemeinsamkeiten mit Sproßvegetationspunkten aufweisen und somit auch die Differenzierung in Tunika und Korpus nicht erkennen lassen. Denn GRÉGOIRE stellt ausdrücklich in Abrede, daß die von ihm zur „Meristemdecke" zusammengefaßten Gewebelagen der Tunika vegetativer Achsenscheitel homolog seien. Es kann also auch sein „Meristemträger" nicht dem Korpus entsprechen. Durch diese schroffe Trennung wird ein unnatürlicher Gegensatz zwischen der vegetativen und reproduktiven Phase der Sproßentwicklung konstruiert, der namentlich im Falle terminaler Blütenbildung zu sehr gezwungenen Auffassungen führt. SCHÜEPP hält denn auch durchaus an der Umbildungstheorie fest, nach der die Blütenvegetationspunkte aus der mehr oder minder tiefgreifenden Umwandlung des vegetativen Sproßvegetationspunktes hervorgehen. Daß er auch die GRÉGOIREschen Ausdrücke „Meristemträger" und „Meristemdecke" mit den Begriffen Korpus und Tunika identifiziert, ist indes nicht wohlgetan. Über die Berechtigung dieses Vorgehens könnten erst erneute Untersuchungen entscheiden, die von vornherein auf exaktere Grundlagen gestellt werden müßten, als es jene sind, auf denen die Darstellung GRÉGOIRES basiert.

2. Morphologischer Wert der Blütenorgane. Im Zuge seiner Bestrebungen, der Blüte den Charakter eines beblätterten Sprosses abzusprechen, hat GRÉGOIRE auch die Blattnatur der Blütenorgane geleugnet. Für die Karpelle ist dieser Versuch mißlungen, wozu man die in Fortschr. Bot. 9, 34 besprochenen Untersuchungen SPROTTES vergleiche. Von Blatt- und Karpellnervatur handelt auch eine Studie UNRUHS (3), die in den Ergebnissen mit SPROTTES Befunden übereinstimmt. Die Kelch-, Blumen- und Staubblätter hat KAUSSMANN auf ihre Blattnatur hin geprüft. Es geschah dies zunächst auf entwicklungsgeschichtlichem Wege, nämlich durch Untersuchung ihrer Histogenese, und im Anschluß daran durch vergleichende Nervaturstudien. Was die Histogenese anlangt, so ergab sich in allen wesentlichen Punkten Übereinstimmung mit den vegetativen Blattorganen (Laubblättern). Besondere Aufmerksamkeit verdienen die Staubblätter, weil sie in ihrer Gestaltung am stärksten von der typischen Blattform abweichen. Doch gibt es vielfach Übergänge, die erkennen lassen, daß in der filamentartigen Ausbildung das Ergebnis einer starken Flächenreduktion vorliegt. Im Extrem kommen Randzellen, die an abgeflachten Filamenten das Breitenwachstum in ganz derselben Weise wie bei den Perianthblättern besorgen, nicht einmal zur Anlegung, geschweige denn zur Tätigkeit.

Die nahe Verwandtschaft zwischen Laub- und Perianthblättern kommt auch in der Nervatur zum Ausdruck. Lehrreich sind hier besonders die Monokotylen, z. B. *Clivia nobilis*. Abb. 19 *I* zeigt das Ende eines Laubblattes mit seinen spitzenwärts zusammenschließenden Längsnerven, die durch Kommissuren leiterartig miteinander verbunden sind. Zur Nervatur der Perianthblätter (Abb. 19 *II*) gelangt man unter der Voraussetzung, daß erstens die Zahl der Längsnerven vom Rande her verringert wird, zweitens die Endverbindungen zwischen ihnen weitgehend gelöst werden und drittens Kommissuralnerven nur vereinzelt auftreten. Noch näher stehen den Laubblättern in ihrer Nervatur die Perianthblätter von *Camassia*- und *Albuca*-Arten, bei denen die zwischen den Längsnerven liegenden Flächenbezirke entweder sämtlich oder doch größtenteils geschlossen bleiben (Abb. 20 *I—IV*). Auch bei den Dikotylen trägt die Nervatur der Perianthblätter in den Grundzügen ein sehr einheitliches Gepräge, in dem Anordnungsprinzipien wieder kehren, die auch bei den Laubblättern angetroffen werden.

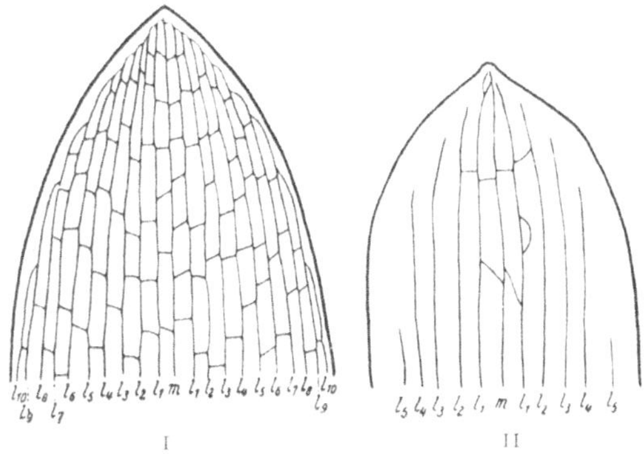

Abb. 19. *Clivia nobilis*. I Spitze eines Laub-, II eines Perianthblattes. *m* Mittelnerv, l_1 usw. seitliche primäre Längsnerven. (I nach TROLL, II nach KAUSSMANN.)

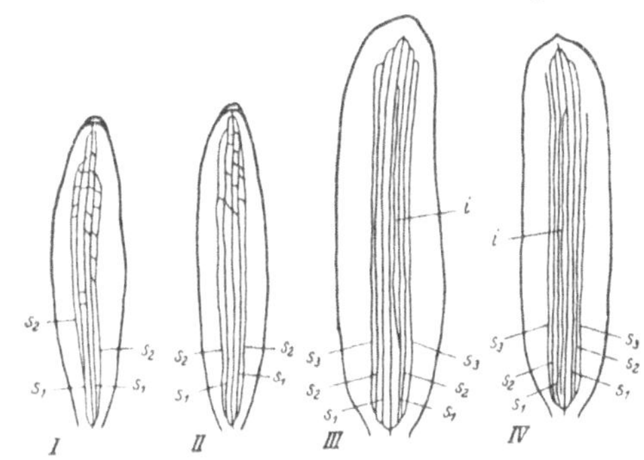

Abb. 20. Perianthblätter von *Camassia Cusickii* (I, II) und *Albuca candida* (III, IV). s_1—s_3 sekundäre Längsnerven; *i* längs verlaufende Kommissuralnerven. (Nach KAUSSMANN.)

In Übereinstimmung mit den Laubblättern werden Nerven in den Blütenorganen nur in dem Umfang angelegt, als Mesophyll zur Entwicklung gelangt, das selbst wieder allein dort Prokambiumstränge zu bilden vermag, wo es mindestens zweischichtig ist. Blattabschnitte, deren Mesophyll bloß aus einer Lage von Zellen besteht bzw. völlig unterdrückt ist, bleiben demnach nervenlos. Daraus erklärt sich die besonders bei Perianthblättern häufige Nervenlosigkeit der Randbezirke, die so weit gehen kann, daß nur der Mittelnerv erhalten ist (*Scilla*).

GRÉGOIRE (S. 299) hat den Satz aufgestellt, es gebe keine vertiefte Morphologie ohne histogenetische Studien. Dem kann im allgemeinen beigepflichtet werden. Auf der anderen Seite jedoch ist zu betonen, daß die Auswertung histogenetischer Befunde nur unter der Voraussetzung fruchtbar zu werden vermag, daß sie nach typologischen Gesichtspunkten geschieht. So auch im vorliegenden Fall. Wenn demnach die Blütenorgane in der Anlegung sowie in ihrer Längen-, Breiten- und Dickenentwicklung mit Laubblättern noch so weitgehend übereinstimmen, so kann auf dieser Grundlage doch noch nicht gefolgert werden, daß sie den Laubblättern homologe Glieder darstellen. Denn in histogenetischer Hinsicht gleichen auch emergenzartige Bildungen, ja — wie KAUSSMANNS (2) Untersuchungen an Phyllokladien gezeigt haben — auch Sprosse den Blättern teilweise so stark, daß bei isolierter Betrachtung solcher Strukturen oftmals die Versuchung naheläge, sie ebenfalls für Blattorgane zu erklären. Zu wirklichen Argumenten werden die histogenetischen Befunde erst im Rahmen einer vergleichenden Betrachtung, der die auf GOETHE zurückgehende und später besonders von GOEBEL ausgebaute Blütentheorie zugrunde liegt, wonach die Blüte einen in bestimmter Weise modifizierten Sproß darstellt. Dieser Auffassung und nur ihr ordnen sich sämtliche Feststellungen, welche wir der histogenetischen Untersuchung der Blütenorgane verdanken, sinnvoll und widerspruchslos ein.

3. **Perianth.** Die alte Frage nach der morphologischen Natur der Kelchblätter von *Rosa* hat MARKGRAF wieder aufgegriffen und auf Grund neuer Beobachtungen zu lösen versucht. Danach wird von den beiden Hauptabschnitten der Anlage allein das Oberblatt (der Spreitenteil) frei entwickelt. Der Blattgrund läßt sich nur in Form einer „Berindung" des Achsenbechers nachweisen. MARKGRAF pflichtet in diesem Zusammenhang JACKSON bei, der bei seinen Untersuchungen über den Leitbündelverlauf im Blütenboden von *Rosa* zu einem ähnlichen Ergebnis gelangt ist (s. Fortschr. Bot. 4, 23). Das einzelne Kelchblatt von *Rosa* wäre somit dem Oberteil der Laubblätter bzw. ihrer Spreite homolog, so daß auch Fiederrudimente erwartet werden können. Solche erblickt MARKGRAF in den bekannten laubigen Kelchblattanhängen, neben denen bei manchen Rosen am Grunde der Kelchblätter als einzige freie Teile des Blattgrundes noch rudimentäre Stipeln vorhanden sind.

Den Hohlschuppen der Boraginaceenblüte ist eine auch auf systematische Fragen ausgedehnte Studie von SCHAEFER gewidmet, die in der Feststellung gipfelt, daß der Schuppenbildung zwei Tendenzen zugrunde liegen: eine derselben besteht in der lokalen Einstülpung der Blumenkrone jeweils im Bereich der Kronblattmittelnerven, während die andere auf die Ausbildung von Papillen gerichtet ist. Die Mannigfaltigkeit der Hohlschuppenformen ergibt sich nach SCHAEFER aus dem wechselnden Verhältnis, nach dem beide Tendenzen zur Auswirkung gelangen.

4. **Androeceum.** Eine wertvolle Untersuchung, die sich in sehr eingehender Weise mit dem Androeceum der Rosaceen befaßt, hat MURBECK vorgelegt. Danach besitzen die einzelnen Arten jeweils eine bestimmte, erblich fixierte Staubblattzahl, von der freilich zahlreiche Abweichungen vorkommen, sei es, daß die typische Zahl unterschritten oder überschritten wird. In beiden Fällen hat MURBECK häufig Komplexbildungen beobachtet, d. h. Staubblätter, die zu zweien oder dreien miteinander mehr oder minder weit vereinigt waren. Derartige Erscheinungen können sowohl aus einer Vermehrung wie einer Verminderung der Anlagenzahl resultieren. Die Vermehrung findet vorzugsweise im Bereich der Kelchblattsektoren statt, deren oftmals beträchtliche Verbreiterung die Erzeugung einer höheren Zahl von Staubblattprimordien gestattet. Die schmalen Kronblattsektoren weisen demgegenüber in der Regel nur je ein Staubblatt auf. Näher kann auf diese interessanten Verhältnisse, die wesentlich zur Klärung unserer Vorstellungen vom Blütenbau der Rosaceen beitragen, nicht eingegangen werden. Es soll nur noch erwähnt sein, daß MURBECK die polyandrischen sowohl wie die oligandrischen Formen vom Neurada-Typus mit seinen in zwei Kreisen angeordneten 10 Staubblättern, die zur Hälfte den Kelch- und zur anderen Hälfte den Blumenblattsektoren angehören, abzuleiten geneigt ist, eine Auffassung, die viel für sich hat, zumal die Rosaceen über den Neurada-Typus auch mit der verwandten Familie der Saxifragaceen und den Leguminosen in enger Beziehung stehen.

Über das Androeceum der Palmenblüten finden sich neue Angaben bei GASSNER. Auch hier treten neben Formen, die am Typus (3 + 3 Stamina) festhalten, solche von stark polyandrischer Entwicklung auf. So zählt man bei *Pinanga* 16, bei *Didymosperma* 28 und bei *Calyptrocalyx* sogar 156 Stamina. Interessanterweise steht die Polyandrie in enger Beziehung zur Reduktion des Gynoeceums, so zwar, daß die Vermehrung der Staubblattzahl nur bei solchen Arten vorkommt, in deren Staubblüten die weiblichen Organe vollkommen fehlgeschlagen sind.

Beachtung erheischt noch der Antherenbau der Palmen. Wie GASSNER u. a. bei *Martinezia erosa* beobachtet hat, legt hier jeder Pollensack für sich ein Stomium an, das sich jedoch im Verlauf der Antherenreife wieder zurückbildet. An die Stelle der Einzelstomien treten später die bekannten, den beiden Pollensäcken einer Theka gemeinsamen Stomien.

5. **Gynoeceum.** In Ergänzung der Darstellung TROLLS (Fortschr. Bot. 1, 21) weist WINKLER (2) darauf hin, daß am Aufbau des coenosynkarpen Gynoeceums noch ein vierter Abschnitt teilnimmt, der dem synkarpen Abschnitt an der Basis vorausgeht. Es handelt sich um eine gefächerte Zone, die sich von dem ebenfalls gefächerten synkarpen Abschnitt durch das Fehlen der Plazenten unterscheidet und

von den sackartigen Basalteilen der Karpelle gebildet wird (Abb. 21). Nach LEINFELLNER hängt ihre Anwesenheit mit der peltat-schlauchförmigen Gestaltung des Karpellgrundes zusammen (Fortschr. Bot. 4, 17). Diese gefächerte, aber plazentenfreie Basalzone ist auch in parakarpen Gynoeceen häufig nachweisbar, wo sie nicht mit dem Rudiment der synkarpen Region verwechselt werden darf. Was TROLL und SCHAEPPI bei *Parnassia, Reseda* und *Anagallis* als solches gedeutet haben, ist in Wirklichkeit der plazentenfreie lokulate Basalteil. Ein Beispiel dafür, daß dem Fruchtknoten jegliche Fächerung fehlt, hat SCHAEPPI (2) in *Thesium* beschrieben.

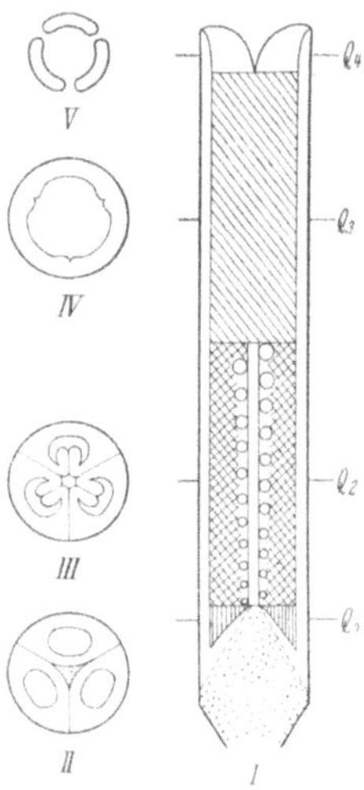

Abb. 21. Aufbau des coenocarpen Gynoeceums, schematisch. Blütenachse punktiert hervorgehoben. Im Gynoeceum folgen sich aufwärts die aus den sackartig gestalteten Basalteilen der Karpelle bestehenden Zonen sowie der synkarpe, parakarpe und apokarpe Abschnitt. Q_1—Q_4 Ebenen, in denen die Querschnitte II—V geführt sind. (Nach WINKLER.)

Mit der Frage nach der Natur des unterständigen Fruchtknotens hat sich in eingehender Weise LEINFELLNER befaßt, der dabei erstmalig histogenetische Untersuchungsmethoden zur Anwendung brachte und zu dem Ergebnis kam, daß die von ČELAKOVSKY und GOEBEL begründete Auffassung, wonach sich am Aufbau des unterständigen Fruchtknotens neben den Karpellen auch die Blütenachse beteiligt, den Tatsachen am besten gerecht wird. Handgreiflich ist dies an Cactaceenbeispielen gezeigt worden. Als ein zur Beobachtung der Histogenese geeignetes Objekt diente *Eryngium planum*. Mit den Kelch- und Staubblättern stimmen die Karpelle hier darin überein, daß die ersten Teilungen, mit denen ihre Anlegung einsetzt, in der äußersten Korpusschicht stattfinden. Aber auch im darunterliegenden Achsengewebe spielen sich lebhafte Zellbildungsvorgänge ab, so daß an der Beteiligung der Blütenachse am Aufbau des Fruchtknotens in diesem Fall, der sicher nicht isoliert steht, sondern im Gegenteil das typische Verhalten wiedergeben dürfte, nicht gezweifelt werden kann. Was für den unterständigen Fruchtknoten gilt, trifft natürlich auch auf die sog. Hypanthien zu, die bei manchen *Oenothera*-Arten 10—14 cm messen und diese Länge nach WEINLAND in der Hauptsache intensiver Zellstreckung verdanken.

Aus KRIJTHES Untersuchungen über *Begonia tuberosa* verdient die Narbenbildung erwähnt zu werden, die mit der anderer Begonien darin übereinstimmt, daß die Schenkel jeder Narbe in einen korkzieherartig gewundenen Fortsatz auswachsen. Der Vorgang läßt sich der Entwicklung der bekannten Wendeltreppenblätter von *Begonia Rex* an die Seite stellen, über die man die Darstellung bei TROLL (2, S. 1020) vergleiche. Anfänglich besitzt die Narbe die von JUHNKE und WINKLER für *Begonia longipila* geschilderte hufeisenförmige Gestalt, die somit dort, wo sie als Dauerform auftritt, beim Vergleich mit der Korkziehernarbe als Hemmungsbildung erscheint.

6. Nektarien. Neue Mitteilungen über Blütennektarien der Ranunculaceen macht WERTH, der besonders die große Mannigfaltigkeit hervorhebt, welche die Ausbildung der Nektarien in dieser Familie zeigt. Bemerkenswert ist der Nachweis, daß der Staminalring gewisser *Paeonia*-Arten (*P. Delavayi* und *P. anomala*) reichlich zuckerhaltige Säfte absondert. Gewagt dagegen erscheint der Vergleich der Nektarblätter von *Trollius chinensis* mit den eine Honigrinne tragenden Perianthblättern von *Lilium Martagon* oder *Listera ovata*. Hier liegen doch wohl nur äußerliche Ähnlichkeiten vor. Die Honigblätter von *Trollius* stehen vielmehr in nächster Beziehung zur Nektarienbildung der übrigen Helleboreen, denen WERTH mit Recht eine Sonderstellung zuweist.

VI. Frucht, Samen, Embryo.

1. Frucht und Samen. WINKLER (1) dehnt in einem bemerkenswerten Beitrag zur Kenntnis der Fruchtformen den Begriff der Lochkapsel (Fenster- oder Porenkapsel) auf die Cruciferen, Geraniaceen, Limnanthaceen und Ochnaceen (Ourateeae) sowie auf die Boraginaceen und Labiaten aus. Die Verwandtschaft der Cruciferenschote mit einer Lochkapsel tritt besonders deutlich beim Vergleich der Früchte von *Elatinoides* (*Scrophulariaceae*) und *Cochlearia* (*Cruciferae*) hervor (Abb. 22). Ein Unterschied besteht eigentlich nur darin, daß bei der Schote die Ausschnitte der Fruchtwand sich als ganze lösen. Bei der Klausenbildung der Labiaten und Boraginaceen sind es die je einen Samen einschließenden sackartigen Auswölbungen der Karpelle, welche abfallen. Sie als „einsamige Schließfrüchte" oder „Nüsse" zu bezeichnen, wäre unrichtig; denn diese Ausdrücke beziehen sich auf vollständige Fruchtknoten. Die Klausen jedoch sind zwar umgestaltete, sonst aber denen der Cruciferenschote vergleichbare Ausschnitte der Fruchtwand, wie sie auch in den sich ablösenden, durch ihre Schnäbelung ausgezeichneten Teilen der Geraniaceenfrucht vorliegen. Zwischen dieser und der typischen Klausenfrucht vermittelt die Fruchtform von *Cynoglossum*, deren Klausen eine an Geraniaceenverhältnisse erinnernde Schnäbelung aufweisen.

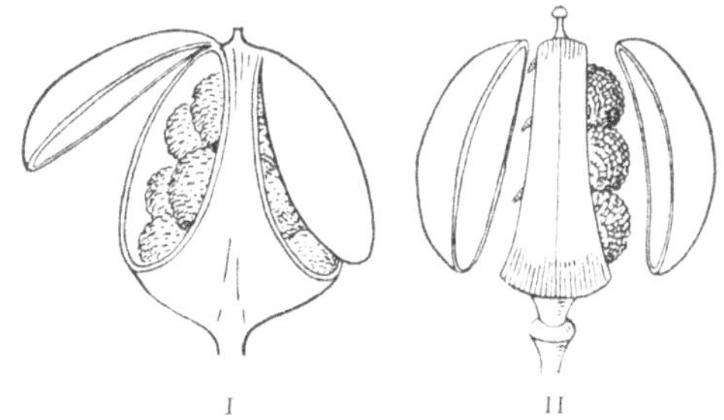

Abb. 22. Lochkapseln von *Elatinoides* (I) und *Cochlearia* (II). (Nach WINKLER.)

Eine Besonderheit der Cruciferenfrucht stellt das von BAUCH eingehend beschriebene Sattelgelenk der Brassiceen (*Diplotaxis, Brassica* u. a.) dar, das beim Ablösungsvorgang der beiden Klappen in Funktion tritt. Seine Ausbildung dürfte mit der Umgestaltung des Griffels zu einem „Schnabel" in Beziehung stehen. Angedeutet ist das

Gelenk auch bei gewissen Arabideen (*Turritis glabra* und *Arabis verna*). Bei bruchfrüchtigen Gattungen (*Cakile, Crambe* u. a.) erfährt es eine Modifikation; und zwar wird es zu einem Trennungsgewebe, das, eingeschaltet zwischen den Basalteil der Frucht und den Schnabel, bewirkt, daß letzterer bei der Fruchtreife abbricht.

Mit der Fruchtentwicklung von *Corylus* hat sich HAGERUP befaßt. Er betont das interkalare Längen- und Dickenwachstum, das der Fruchtkörper im Verlauf der Samenbildung erfährt. Es wird von der Entstehung der die Fruchthöhlung einengenden „Medulla" begleitet, eines parenchymatischen Gewebes, das später von der zum Samen heranwachsenden Samenanlage zerdrückt wird und im abgestorbenen Zustand die den Samen bekleidende braune Fasermasse bildet. An der Cupula der Frucht ist das Schwellgewebe von Interesse, das bei der Fruchtreife stark schwindet und so die Ablösung der Nuß befördert.

2. Embryo. In HAGERUPS Untersuchungen über die *Corylus*-Frucht findet auch der Bau des Embryos Berücksichtigung; namentlich wird das Verhalten der Kotyledonen geschildert, deren schon im Samen angelegte Stiele sich bei der Keimung erheblich strecken und so den Achsenkörper des Keimlings samt Wurzelanlage aus der gesprengten Fruchthülle herauszuschieben vermögen. Die Öhrchen, die an jedem Kotyledo in Zweizahl sich vorfinden und von WICHURA fälschlich für Stipeln gehalten wurden, stellen basale Anhänge der Kotyledonarspreite dar, die in ganz ähnlicher Form auch bei zahlreichen anderen Pflanzen mit Speicherkotyledonen auftreten. HAGERUP homologisiert sie wohl zurecht mit den basalen Spreitenohren der Laubblätter.

Besonders zu begrüßen sind die Fortschritte, welche in der Frage nach der Keimungsgeschichte der *Pirola*-Arten erzielt wurden. Durch die Arbeiten LÜCKS (1, 2) kennen wir jetzt auch die Keimungsstadien von *P. chlorantha, P. secunda* und *P. uniflora*. Alle drei Arten stimmen in den wesentlichen Stücken mit der von CHRISTOPH untersuchten *P. rotundifolia* überein. Wie bei dieser geht der Sproßpol des Embryos früh in den Dauerzustand über. Nur der Wurzelpol tritt in Tätigkeit und baut bei der Keimung eine ansehnliche Wurzelanlage auf. Deren Fortentwicklung konnte allerdings so wenig wie bei *P. rotundifolia* beobachtet werden. Soviel jedoch steht fest, daß der primäre Vegetationskörper dieser Pflanzen, denen sich *Monotropa Hypopitys* (Fortschr. Bot. 4, 23) eng anschließt, allein von der Hauptwurzel des Embryos gebildet wird. An Stelle des Primärsprosses treten offenbar schon früh Wurzelsprosse über den Boden. Über die Unterschiede, die in deren Ausbildung sich geltend machen, vergleiche man die Darstellung bei TROLL (3, S. 2326), die zudem einen Überblick über das Gesamtverhalten der Piroloideen sowohl wie der Monotropoideen vermittelt.

Endlich muß noch der Embryobildung von *Cyanastrum* gedacht werden, um deren Kenntnis sich NIETSCH bemüht hat. Vor allem gelang es, die Lage von Keimwurzel und Sproßvegetationspunkt aufzufinden, die beide auf der konvexen Seite des Embryos liegen (Abb. 23). Die Hauptmasse des Keimkörpers gehört dem Kotyledo an, der insgesamt die Form eines Napfes aufweist und zweifellos in großem Umfang Reservestoffe speichert. Nach NIETSCH, die sich auf eine unklare Äußerung ENGLERS bezieht, soll er sogar unmittelbar zur Knolle der entwickelten Pflanze werden. „Man könnte also hier von Kotyledonarknollen sprechen." Dieser Auffassung liegt aber ein Mißverständnis zugrunde. Die Knollen von *Cyanastrum* sind Achsenorgane und darin den Knollenbildungen etwa von *Crocus* vergleichbar. Wie diese werden sie mit jedem Trieb erneuert. Auch die erste Knolle kann demnach nicht Blattcharakter tragen, sie muß vielmehr aus dem Sproßvegetationspunkt bei der Keimung sich bilden, in deren Verlauf der Kotyledo zunehmend ausgesaugt wird und schließlich der Auflösung verfallen dürfte. ENGLERS Bemerkung, der Embryo nehme bei seiner Ausbildung sofort die Form der Knolle an, darf also nicht auf den Kotyledo bezogen werden.

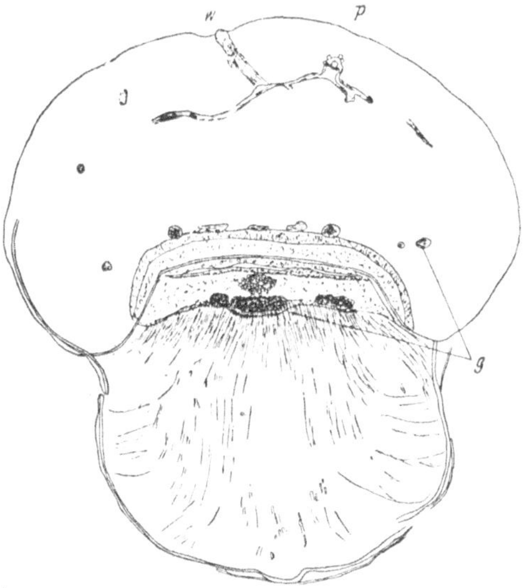

Abb. 23. *Cyanastrum cordifolium*, Längsschnitt durch den Samen. Mit *W* und *P* ist die Lage der Keimwurzel und Keimknospe angegeben. *G* Durchschnitte durch Leitbündel. (Nach NIETSCH.)

Literatur.

BAUCH, R.: Z. Bot. **37**, 193 (1941).

CHRYSLER, M. A.: Bull. Torrey bot. Club **68**, 1 (1941).

ECKARDT, TH.: (1) Bot. Archiv **42**, 44 (1941). — (2) Ebenda **42**, 289 (1941).

FLORIN, R.: Palaeontographica, Abt. B **85** (1938—1940).

GASSNER, G. G.: Bot. Zbl., Abt. A **61** (Beih.), 237 (1941). — GLÜCK, H.: Bot. Jb. **72**, 1 (1941). — GRÉGOIRE, V.: Callule **47**, 287 (1938). — GUTTENBERG, H. VON: (1) Handb. d. Pflanzenanatomie, Lief. 39. Berlin 1940. — (2) Ebenda Lief. 41. Berlin 1941.

HACCIUS, B.: (1) Bot. Archiv **40**, 58 (1940). — (2) Ebenda **43**, 469 (1942). — HAGERUP, O.: K. Danske Vidensk. Selsk., Biol. Meddel. **17**, Nr. 6. Kopenhagen 1942. — HOLTHUSEN, K.: Planta (Berl.) **30**, 590 (1940).

JUHNKE, G., u. H. WINKLER: Beitr. Biol. Pflanz. **25**, 290 (1938).

KAUSSMANN, B.: (1) Bot. Archiv **42**, 503 (1941). — (2) Ebenda **43**, 531 (1942). — KRIJTHE, N.: Mededeel. van de Landbouwhoogeschool, Wageningen (Holland), Deel. 43, Verhand. 3 (1939).

LEINFELLNER, W.: Bot. Archiv **42**, 1 (1941). — LIHNELL, D.: Symbolae Bot. Upsal. III/3. Uppsala 1939. — LÜCK, R.: (1) Schr. physik.-ökonom. Ges. **71**, 300. Königsberg 1940. — (2) Flora (Jena) **135**, 1 (1941—1942).

MARKGRAF, E.: Decheniana, Festschr. **101** AB, 100. Bonn 1942. — MEULEN, A. VAN DER: Verh. k. nederl. Akad. Wet., Abd. Natuurkunde, 2. Sect., Deel XXXVIII, Nr. 2. Amsterdam 1939. — MEYER, L.: Planta (Berl.) **31**, 492 (1940).— MURBECK, S.: Lunds Univ. Arsskr., N. F., Abt. 2 **37**, Nr. 7 (1941).

NIETSCH, H.: Österr. Bot. Z. **90**, 31 (1941).

OGURA, Y.: (1) Handb. d. Pflanzenanatomie, Lief. 36. Berlin 1938. — (2) Jap. J. Bot. **9**, 193 (1938). — ORSOS, O.: Flora (Jena) **135**, 1 (1941—1942).

PASCHER, A.: Bot. Zbl., Abt. A **61** (Beih.), 437 (1942).

RAUH, W.: (1) Bot. Archiv **43**, 111 (1942). — (2) Ebenda **44**, 8 (1942). — RÜDIGER, W.: Beitr. Biol. Pflanz. **26**, 401 (1939).

SCHAEFER, H.: Bot. Jb. **72**, 304 (1942). — SCHALSCHA-EHRENFELD, M. VON: Planta (Berl.) **31**, 448 (1941). — SCHAEPPI, H.: (1) Mitt. naturwiss. Ges. Winterthur, H. 22 (1939). — (2) Ebenda, H. **23** (1942). — SCHENK, W.: Bot. Archiv **44**, 217 (1942). — SCHNABEL, V.: Ebenda **42**, 461 (1941). — SCHUBERT, K.: Beitr. Biol. Pflanz. **27**, 131 (1940). — SCHÜEPP, O.: Ber. schweiz. bot. Ges. **52**, 273 (1942). — STOUT, A. B.: Bull. Torrey bot. Club **68**, 305 (1941). — SEIDL, W.: Jb. Bot. **89**, 832 (1941).

TROLL, W.: (1) Vergleichende Morphologie der höheren Pflanzen **1**, Teil 1. Berlin 1937. — (2) Ebenda **1**, Teil 2. Berlin 1939. — (3) Ebenda **1**, Teil 3, Lief. 1—3. Berlin 1941 u. 1942. — (4) Bot. Archiv **43**, 99 (1941).

UNRUH, M.: (1) Beitr. Biol. Pflanz. **26**, 90 (1939). — (2) Ber. dtsch. bot. Ges. **58**, 484 (1940). — (3) Beitr. Biol. Pflanz. **27**, 232 (1941).

WAGNER, R.: Bot. Archiv **44**, 1 (1942). — WEINLAND, H.: Z. Bot. **36**, 401 (1941). — WERTH, E.: Ber. dtsch. bot. Ges. **59**, 246 (1941). — WINKLER, H.: (1) Jber. schles. Ges. f. vaterländ. Kultur **1940**, 13. — (2) Beitr. Biol. Pflanz. **27**, 242 (1941).

3. Entwicklungsgeschichte und Fortpflanzung.

Von **ERNST GÄUMANN**, Zürich.

Mit 5 Abbildungen.

I. Allgemeine Entwicklungsgeschichte.

Manche Pilze zeigen in Einsporkulturen eine auffallende Bipolarität. Bringt man zwei durch morphologische oder entwicklungsgeschichtliche Eigentümlichkeiten verschiedene Rassen in Einsporkulturen zusammen, so entstehen nach einiger Zeit, offenbar durch Anastomosierung der Hyphen, intermediäre Typen. Es ist dies das Dualphänomen (Fortschr. Bot. 8, 1939, S. 31). Nun ist *Aspergillus* wegen seiner großen Instabilität bekannt und seit SCHIEMANN oft untersucht worden; diese Gattung müßte also ein günstiges Objekt für derartige Forschungen darstellen. GOSSOP u. E. u. L. H. YUILL brachten zwei saltierende Klone vom *Aspergillus niger*, einen zimtfarbenen und einen braunen Klon, in Kultur zusammen und erhielten zimtfarbene, braune und (als Neubildung) schwarze Konidienträger. Konidien von einem einzigen schwarzen Konidienträger liefern zimtfarbene, braune, schwarze und in Sektoren aufspaltende Kolonien. Der betreffende Konidienträger muß somit heterokaryotisch gewesen sein; da aber die *Aspergillus*-Konidien meist einkernig sind, so hat die Heterokaryose zur Folge, daß ein und derselbe Konidienträger verschiedenartige, im vorliegenden Falle verschieden gefärbte Konidien trägt. Man mag derartige Konidienträger heterospor nennen, obschon der Ausdruck Heterosporie schon für die Pteridophyten vergeben ist.

Diese Versuche lehren, daß Mixochimären nicht nur, experimentell erzeugt, bei Mucoraceen vorkommen, sondern auch spontan in der Natur sich bilden; dabei ist jedoch bemerkenswert, daß in der Gattung *Aspergillus* nicht beliebige Myzelien miteinander fusionieren, sondern nur saltierende Klone desselben Stammes untereinander oder mit ihrer Stammform. Von den somatogamen Myzelkopulationen, die eine letzte Rückbildungsstufe der deuterogamen Sexualität darstellen (GÄUMANN [1]), unterscheiden sich diese vegetativen Myzelfusionen nur dadurch, daß die zusammentretenden Kerne später keine Karyogamie vollziehen. Es handelt sich also bloß um eine mechanische Mischung selbständiger Kerne, nicht um eine Mischung oder Neukombination ihrer Erbeinheiten.

Doch stellt sich naturgemäß das Problem in ähnlicher Weise auch bei jenen Ascomyceten, die wegen ihrer somatogamen Sexualität eine längere, physiologisch selbständige Paarkernphase besitzen; bei mancher dieser Formen spaltet sich ja die Entwicklung in eigenartiger Weise auf: Irgendwo im Myzel draußen kopulieren gewöhnliche vegetative Hyphen somatogam (ohne vorbestimmte Sexualorgane) miteinander und die männlichen Kerne treten in die weiblichen Hyphen hinüber. Im einfachsten Falle wandern die männlichen Kerne unmittelbar durch die weiblichen Hyphen zu den Ascogonien hin, wo dann die eigentliche Kernpaarung erfolgt, die zur Ausbildung der ascogenen Hyphen, also der richtigen Paarkernphase (Dikaryophase) führt. In andern Fällen wachsen dagegen die gemischtkernig gewordenen Hyphen vorläufig weiter, als ob nichts geschehen wäre, und bilden erst später Ascogonien oder ähnliche Fruchtkörperanlagen, in denen dann die eigentliche Kernpaarung und die Ausbildung der ascogenen Hyphen stattfindet. Vor der eigentlichen Dikaryophase wird somit ein Entwicklungsabschnitt durchlaufen, in welchem männliche und weibliche Kerne ohne engere Beziehung, gewissermaßen nur vegetativ, nebeneinander in den Zellen der weiblichen Hyphen vorkommen; diese Zellen sind somit, wie bei den eben besprochenen *Aspergillus*-Hyphen, gemischtkernig, heterokaryotisch, nur mit der Besonderheit, daß die beiden Kernpartner von zwei sexuell entgegengesetzten Eltern herstammen und später einmal zu richtigen Kernpaaren zusammentreten und die eigentliche Dikaryophase (die ascogenen Hyphen) einleiten werden.

So fragt man sich: Wie verhalten sich diese, aus sexuellen Voraussetzungen heterokaryotisch gewordenen Myzelien in ihren Lebensäußerungen, verglichen mit den entsprechenden elterlichen Einspormyzelien und verglichen mit Myzelien, die ohne sexuelle Polarität, bloß auf Grund des Dualphänomens, heterokaryotisch geworden sind? Dodge brachte bei einer *Neurospora*-Art (Fortschr. Bot. 9, 1940, S. 46), bei *Neurospora tetrasperma*, eine Rasse C 4 mit fleischfarbenen Konidien und flockigem Luftmyzel, eine Rasse C 8 mit gelblich-orangefarbenen Konidien und weniger ausgeprägtem Luftmyzel und eine durch Röntgenstrahlen experimentell erzeugte Zwergrasse Dwarf 16, die nur gelegentlich einige wenige moniliaartige Konidien bildet, reihum zusammen und ließ ihre Hyphen kopulieren.

Die Rasse Dwarf 16 wächst sehr langsam, nur etwa 2 cm in der Woche, und besitzt das Geschlecht *a*. Wird sie mit der Rasse C 4, welche das entgegengesetzte Geschlecht *A* besitzt, zusammengebracht, so entsteht auf Grund der sexuellen Polarität ein heterokaryotisches Myzel, das 2—3mal rascher wächst als die schon an sich gutwüchsige Rasse C 4 und reichlich Konidien bildet. Diese unterschiedliche Lebenskraft des neu entstandenen Myzels gehört strenggenommen nicht in den Problembereich der unterschiedlichen Lebensäußerungen der Haplophase und der Dikaryophase, auf die wir später in diesem Bericht (bei den Ustilagineen) nochmals kurz zurückkommen werden; sondern es handelt sich nur um einen besonderen Fall der Heterokaryose, der sich dadurch kennzeichnet, daß die beiden Kernpartner von sexuell entgegengesetzten Individuen herstammen; die eigentliche Dikaryophase beginnt ja erst später mit den ascogenen Hyphen.

Bringt man die Rasse Dwarf 16 mit der gleichgeschlechtigen Rasse C 8 zusammen (beide besitzen also das Geschlecht *a*), so zeichnet sich das aus ihnen auf Grund des Dualphänomens entstehende heterokaryotische Myzel wiederum durch starkes Wachstum und durch reichliche Konidienbildung aus, also durch dieselben Merkmale wie die sexuell entstandenen heterokaryotischen Myzelien.

Die größere Lebenskraft des auf sexueller Grundlage heterokaryotisch gewordenen Myzels Dwarf 16 × C 4 beruht also nicht auf besonderen sexuellen Voraussetzungen, sondern sie geht wahrscheinlich darauf zurück, daß die Rassen C 4 und C 8 irgendeine vitaminartige Substanz oder einen Wuchsstoff bilden, welche Substanzen, zusammengebracht mit den von der Rasse Dwarf 16 gebildeten Substanzen, ein Optimum für Wachstum und Konidienbildung ergeben. Dabei ist es also gleichgültig, ob die Hyphenkopulationen auf sexuellen Grundlagen beruhen (Dwarf 16 × C 4) oder bloß auf dem Dualphänomen (Dwarf 16 × C 8). Kreuzungsversuche zwischen Dwarf 16 mit C 4 zeigen, daß der in Frage stehende Faktorenkomplex erblich ist.

Für den Biologen erhebt sich immer nachdrücklicher die Frage nach der Natur des Dualphänomens; man kann sich des Eindruckes kaum erwehren, daß hier verkappt letzte Ausklänge einer abgeschwächten somatogamen Sexualität vorliegen.

II. Spezielle Entwicklungsgeschichte.

Rhodophyceae. SVEDELIUS verfolgte die Entwicklung des Cystokarps zweier *Galaxaura*-Arten und stellte fest, daß der Zygotenkern nach der Befruchtung des Karpogons geteilt oder ungeteilt in die das Karpogon tragende, hypogyne Zelle übertritt (Abb. 24 *d*). Dort teilt er sich und seine zahlreichen Tochterkerne wandern zunächst in sämtliche Zellen des Karpogonastes und von hier in diejenigen der Gonimoblasten, die allen Zellen des Karpogonastes entspringen (Abb. 24 *f*). In der Mitte des eingesenkten Cystokarps, aber auch an seinen seitlichen Wänden (sekundäre Sporennester) werden Karposporen ausgebildet, die durch eine Öffnung in der ringsum verkalkten Rindenschicht des Thallus nach außen entleert werden (Abb. 25).

Hat sich in einzelnen Fäden die Fähigkeit zur Sporenbildung erschöpft, so können seitliche Äste der Gonimoblasten diese Aufgabe übernehmen. Diese Tatsache hat wohl zu der unrichtigen früheren Auffassung von der Bildung von Paraphysen geführt. Bei *Galaxaura* geht also, wie auch bei *Chaetangium*, der gesamte Karpogonast in der Bildung von sporogonen Fäden auf. Das Cystokarp ist nackt, während bei

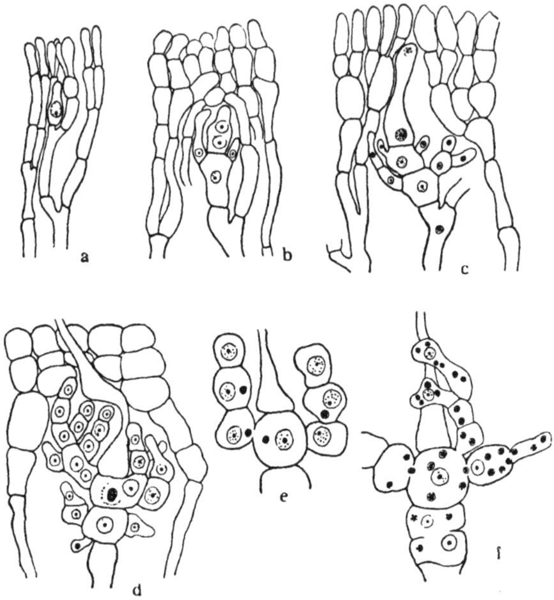

Abb. 24. Die Jugendstadien der Cystokarpien von *Galaxaura corymbifera* Kjellm. (*a—b, d—f*) und von *Galaxaura Diesingiana* Zanard. (*c*). *a* und *b* Sehr junge Karpogonäste. *c* Reifer Karpogonast. *d* Die Wanderung des befruchteten, diploiden Kernes in die hypogyne Zelle. *e* und *f* Kleine diploide Kerne in den Seitenzellen der Karpogonäste; die größeren Kerne sind die ursprünglichen Kerne dieser Zellen. (Nach SVEDELIUS.)

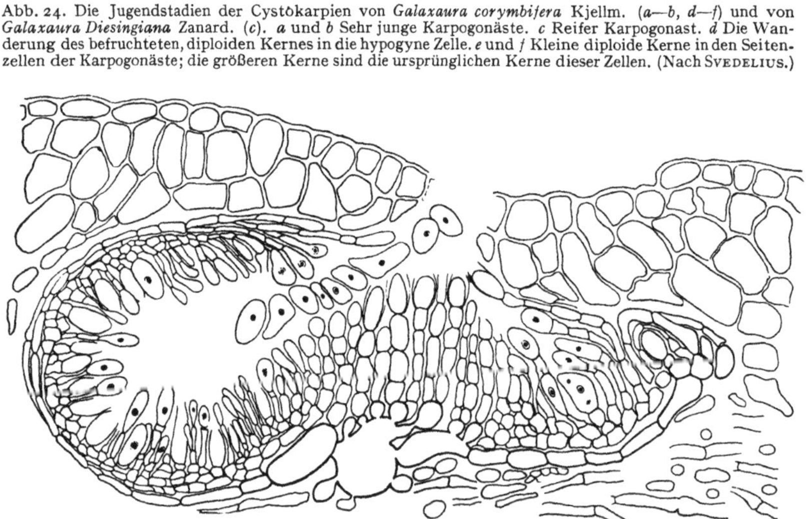

Abb. 25. Reifes Cystokarp von *Galaxaura Diesingiana* Zanard. mit der großen Fusionszelle und dem primären Gonimoblasten in der Mitte und mit waagerecht ausstrahlenden Gonimoblastenästen, die auf der rechten Seite sekundäre Gonimoblastenzentren bilden. Auf der linken Seite eine Cystokarphöhlung mit reifen Karposporen. (Nach SVEDELIUS.)

Scinaia die unterste Zelle des Karpogonastes der Ausgangspunkt für die Bildung einer sterilen Cystokarpienhülle bildet.

Mit dieser Entwicklung steht *Galaxaura* unter allen Florideen einzig da. Bei ihr müssen sämtliche Zellen des Karpogonastes als Auxiliaren gedeutet werden; denn sie beherbergen Teile des Zygotenkerns und nehmen an der Bildung der Gonimoblasten teil.

Daß *Galaxaura* unter die Nemalionales zu stellen ist, unterliegt kaum einem Zweifel. Damit sind aber in dieser Reihe Formen vereinigt, die hinsichtlich ihres Kernphasenwechsels, der Entwicklung des Cystokarps und ganz besonders hinsichtlich des Besitzes von Auxiliarzellen weit voneinander abweichen. Man denke nur an die in der Familie der Helminthocladiaceen vereinigten Gattungen *Chantransia*, *Batrachospermum* usw., denen Auxiliarzellen fehlen (Anauxiliatae nach WILKE und ZIEGENSPECK), oder an die Karpogonauxiliaren bei *Nemalion*. Bei den erstgenannten Gattungen liegen die Cystokarpien frei an der Oberfläche; bei *Chaetangium* und *Galaxaura* sind sie eingesenkt und nackt, bei *Scinaia* dagegen eingehüllt. *Galaxaura* und *Actinotrichia* sind Diplobionten mit Reduktionsteilung bei der Bildung der auf eigenen Sporenpflanzen getragenen Tetrasporen; viele andere Gattungen sind Haplobionten. Bei diesen findet die Reduktionsteilung bei der ersten Teilung des Zygotenkerns statt; die Zellen der Gonimoblasten sind also haploid.

Seitdem SCHMITZ (1888) die Hauptgruppen der Florideen auf den Entwicklungsgang der Gonimoblasten aufbaute, kommt der Auxiliarzelle grundlegende Bedeutung zu. Während aber KYLIN als Auxiliaren nur Zellen gelten läßt, die sporogene Fäden bilden und nicht dem Karpogonast angehören, faßt SVEDELIUS diesen Begriff weiter. Für ihn ist jede Zelle eine Auxiliare, wenn sie mit dem Karpogon in offene Verbindung tritt und einen Zygotenkern aufnimmt. Durch diese Umgrenzung werden die eigentlichen Auxiliaren von jenen Hilfszellen, die ausschließlich der Ernährung dienen, abgetrennt.

Diese erweiterte Fassung des Begriffs der Auxiliarzelle hat zur Folge, daß unter den Nemalionales, die bisher durch das Fehlen von eigentlichen Hilfszellen ausgezeichnet waren, Formen mit und solche ohne, mit einer einzigen oder mit mehreren Auxiliaren zusammengefaßt werden. SVEDELIUS mißt also der speziellen Ausbildung des Cystokarps nicht dieselbe grundlegende Bedeutung zu wie z. B. KYLIN. Nach seiner Auffassung zeigen die einfacheren Florideen, insbesondere die Nemalionales, die ganze Mannigfaltigkeit der Entwicklung des Karpogonastes und des aus ihm hervorgehenden Cystokarps; in den Formenkreisen der höheren Rhodophyceen haben sich diese verschiedenen Entwicklungsrichtungen stabilisiert.

Ernährungsbedürfnisse dürften der Grund für die Ausweitung der Gonimoblasten durch die Heranziehung von Auxiliarzellen sein, eine Entwicklung, die bei den höheren Florideen noch deutlicher in Erscheinung tritt.

Auch der Generationswechsel spielt bei SVEDELIUS eine weit geringere Rolle als in der Systematik anderer Autoren. In ein und derselben Gattung, z. B. Chantransia, sind ja Haplobionten und Diplobionten vereinigt. So ist es wohl erlaubt, innerhalb der Familie der Chaetangiaceen und deren Unterfamilien, den Scinaieae und Chaetangieae, je eine Gruppe von Haplobionten (Scinaia, Gloiophloea, Pseudoscinaia, bzw. Chaetangium) und je eine Gruppe von Diplobionten (Actinotrichia bzw. Galaxaura) nebeneinander zu stellen.

Fungi. a) Perisporiales. Die zytologischen Untersuchungen über die Befruchtung und die Entwicklung mancher Pilze, vor allem der Erysiphaceen, leiden unter dem Übelstand, daß sich manche Zytologen nicht die Mühe nehmen, ihr Pilzmaterial lege artis zu bestimmen, sondern es mit irgendeinem obsoleten Namen belegen und dann überrascht sind, wenn andere Autoren unter demselben Namen andere Ergebnisse veröffentlichen, weil ihnen in Wirklichkeit ein anderer Pilz vorlag; es erinnert dies an die Zeiten, als auch die Physiologen noch mit „*Penicillium glaucum*" experimentierten. In gewissen Fällen läßt sich aus dem Text rekonstruieren, welcher Pilz in Wirklichkeit gemeint war (z. B. GÄUMANN [1], S. 478); in andern Fällen ist dies jedoch nicht mehr möglich und dadurch wird die betreffende Arbeit nahezu entwertet.

Immerhin gehen nicht alle Widersprüche über die Entwicklungsgeschichte der Erysiphaceen auf derartige Nachlässigkeiten zurück, sondern sie werden zum Teil durch die Schwierigkeiten der Beobachtung selbst bedingt; so hat WINGE vor rund 30 Jahren die Entwicklung der *Sphaerotheca castagnei* Lév. auf *Melampyrum* (gemeint ist in Wirklichkeit *Sphaerotheca fuliginea* [Schlecht.] Salm.) untersucht und dabei festzustellen geglaubt, daß bei ihr die Befruchtung unterbleibt, weil der männliche Kern schon im Antheridium degeneriert. BERGMAN (1) hat zum Teil dasselbe Material nachgeprüft und einen unzweifelhaften Übertritt des männlichen Kernes in das Ascogon beobachtet (Abb. 26 *2*). Der männliche Kern verschmilzt jedoch nicht unmittelbar mit dem weiblichen Kern, wie dies für eine Reihe von andern Erysiphaceen angegeben wird (GÄUMANN [2], S. 195), sondern die beiden Kerne teilen sich nach einiger Zeit, unabhängig voneinander, jedoch gleichzeitig, ein einziges Mal (Abb. 26 *4*) und bilden vier Tochterkerne (Abb. 26 *5*), die durch zwei Querwände auf zwei einkernige und eine paarkernige Zelle verteilt werden (Abb. 26 *6*). Das Kernpaar verschmilzt sodann zum primären Ascuskern (Abb. 26 *7* u. *8*), worauf die Entwicklung des Ascus in der bekannten Weise weitergeht.

Dieser Befund ist in mehrfacher Hinsicht interessant. Man darf die Entwicklungsform der Erysiphaceen wohl als die Endstufe einer Rückbildungsreihe auffassen, die sich durch eine zunehmende Verkümmerung der Dikaryophase kennzeichnet; *Phyllactinia* ist in dieser Rückbildungsreihe der ursprünglichere Typus, *Sphaerotheca* der stärker abgeleitete. Bei *Phyllactinia* haben wir noch eine Andeutung der ursprünglichen primären und sekundären ascogenen Hyphen (GÄUMANN [1], S. 480), vie sie sich beispielsweise bei den Plectascales ausgeprägt vorfinden; bei *Sphaerotheca* sind dagegen die sekundären ascogenen Hyphen verschwunden und das aus den Ascogonien sich entwickelnde Hyphenstück (Abb. 26 *6*) entspricht nur noch einem letzten Überrest einer primären ascogenen Hyphe; dieser Eindruck wird noch dadurch verstärkt, daß die Stielzelle sich nachträglich teilen kann (Abb. 26 *7*).

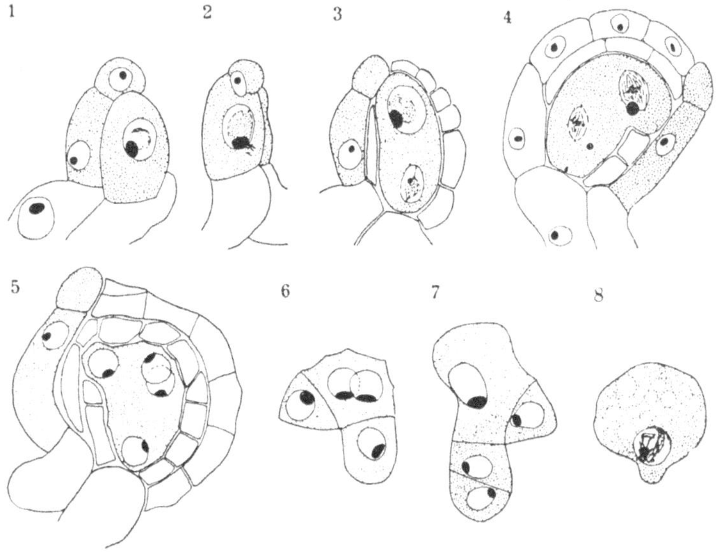

Abb. 26. Befruchtung von *Sphaerotheca fuliginea* (Schlecht.) Salm. *1—3* Übertritt des männlichen Kernes in das Ascogon. *4* Synchrone Teilung des Dikaryons. *5* Junge primäre ascogene Hyphe mit den Tochterkernen des Dikaryons. *6* Die ascogene Hyphe hat sich in 3 Zellen gegliedert. *7* Das Dikaryon ist verschmolzen; die untere Zelle der ascogenen Hyphe hat sich nochmals geteilt. *8* Junger Ascus. *1—6* Vergr. 1040, *7* 665, *8* 425. (Nach BERGMAN [1].)

Auf diese Weise wird es verständlich, daß nicht die Geschlechtskerne selbst die Karyogamie vollziehen; denn es ist ja ganz allgemein das Kennzeichen der Euascomyceten, daß die bei der Plasmogamie sich paarenden Kerne nicht unmittelbar selbst kopulieren, sondern sich bloß zu Dikaryonten vereinigen, welche sich zunächst in den ascogenen Hyphen konjugiert weiterteilen, wobei erst viel später ihre entfernten Kernnachkommen in den jungen Asci verschmelzen werden. Wegen des Verlustes der sekundären ascogenen Hyphen und wegen der Rückbildung der primären ascogenen Hyphen auf ein drei- oder wenigzelliges Hyphenstück ist die Karyogamie bei *Sphaerotheca fuliginea* derart nahe an den Ort der Plasmogamie herangerückt, daß nur noch ein Kernteilungsschritt sie von dieser trennt. Dadurch kommt, auf dem Wege der Rückbildung, das eigenartige Bild zustande, daß nicht die Geschlechtskerne selbst, sondern unmittelbar ihre Tochterkerne den Geschlechtsvorgang zu Ende führen. Wenn auch dieser Teilungsschritt noch unterdrückt würde, so käme sekundär das Entwicklungsschema der Protascineen wieder zur Verwirklichung.

b) Sphaeriales. Unter den Chaetomiaceen, deren systematische Stellung bis jetzt unsicher war, hat GREIS zwei *Chaetomium*-Arten untersucht und dabei festgestellt, daß sie echte Perithecien besitzen, mit einem echten Ostiolum und mit echten Paraphysen, die am Grunde des Peritheciums entspringen, in die lysigen entstandene Fruchtkörperhöhlung hineinwachsen und am Scheitel blind endigen. Die beiden untersuchten *Chaetomium*-Arten gehören deshalb zu den Ascohymeniales (in die Nähe der Sordariaceen) und nicht, wie man bisher annahm, zu den Plectascales. Die bisherige irrtümliche Zuweisung wurde durch den Umstand begünstigt, daß die Asci bei der Sporenreife verschleimen, so daß die Ascosporen frei in der Perithecienhöhlung liegen.

Die eine Art, *Chaetomium bostrychoides* Zopf, entwickelt sich in der üblichen Weise: Das Ascogon wird durch ein Antheridium oder durch

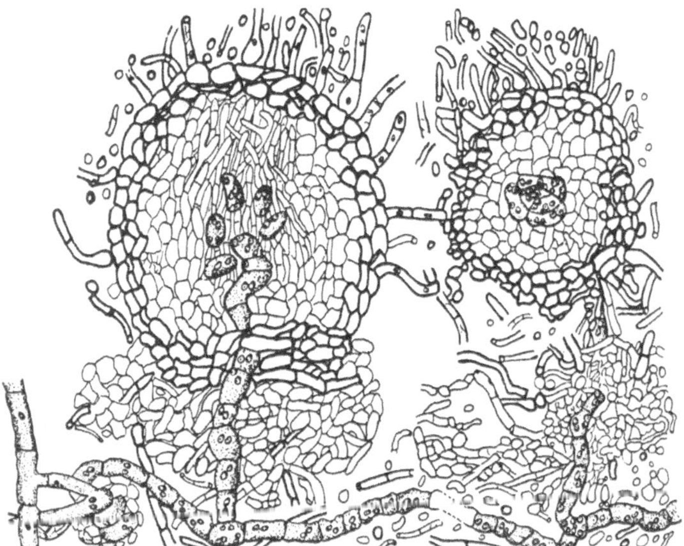

Abb. 27. *Chaetomium Kunzeanum* Zopf. Zwei Perithecienanlagen, die aus einer gemeinsamen primären ascogenen Hyphe hervorgegangen sind und auf einem gemeinsamen basalen Hyphengeflecht liegen. Die paarkernigen Hyphenschrauben im Innern der Perithecienanlagen sind nicht, wie früher angenommen wurde, junge Ascogonien, sondern die schraubig eingerollten Enden von Seitenästen der primären ascogenen Hyphe. Leicht schematisiert nach GREIS.

eine vegetative Hyphe oder autogam befruchtet und bildet einen Fruchtkörper.

Auch bei der andern Art, *Chaetomium Kunzeanum* Zopf, verlaufen die ersten Stadien ähnlich; desgleichen bildet das befruchtete Ascogon in einem Teil der Fälle in der üblichen Weise ein Perithecium aus. In andern Fällen wächst dagegen das Ascogon nach der Befruchtung zu einer paarkernigen primären ascogenen Hyphe aus, die mehrere Millimeter lang werden kann und mehrere Seitenäste abgibt, die sich an ihren Enden schraubig aufrollen, sich mit Hüllhyphen umgeben und zu Perithecienzentren entwickeln, indem sie sekundäre ascogene Hyphen hervorsprossen lassen, die nunmehr zur Bildung von Asci schreiten. Auf diese Weise können aus einem einzigen befruchteten Ascogon bis 13 Perithecien hervorgehen, die auf einem gemeinsamen Hyphengeflecht (Subiculum) vereinigt sind (Abb. 27). Auch das befruchtete Ascogon kann dabei zum Mittelpunkt eines Peritheciums werden und Asci ausbilden, oder es kann zugrunde gehen.

Dieser Fall, daß aus einem Sexualvorgang eine Mehrzahl von Fruchtkörpern entsteht, ist für die Ascomyceten neu; er erinnert an die Hymenomyceten, wo ja auch eine somatogame Hyphenkopulation einer Mehrzahl von Fruchtkörpern den Ursprung gibt. Nur ist bei den Hymenomyceten normalerweise das gesamte Hyphengeflecht des Fruchtkörpers paarkernig, während bei *Chaetomium*, wie bei den übrigen Ascomyceten, der Fruchtkörper von der Haplophase gestellt wird.

c) Ustilaginales. Bei *Ustilago nuda*, dem Flugbrand der Gerste (Fortschr. Bot. **10**, 1941, S. 29), lassen sich sowohl der Haplont als der Dikaryophyt auf synthetischen Nährböden kultivieren; dieser Pilz kann somit zur Beantwortung der Frage herangezogen werden, inwiefern sich die beiden Kernphasen ernährungsphysiologisch unterscheiden. Der Dikaryophyt von *Ustilago nuda* ist an Wirkstoffen auf Pyrimidin angewiesen (Thren); dieses besitzt die gleiche Wirkung wie die Gesamtmolekel Aneurin; dagegen ist Thiazol unwirksam. Bei der Haplophase liegen die Verhältnisse nicht so einfach; aus früheren Beobachtungen desselben Autors ging hervor, daß die +- und die —-Myzelien unterschiedliche Ernährungsansprüche stellen, indem z. B. die —-Myzelien auf Kartoffelagar gut gedeihen, während die +-Myzelien sich dort nicht zu entwickeln vermögen. Erneute Versuche zeigen nun, daß die —-Myzelien ohne jeden Wirkstoffzusatz wachsen; sie sind also wuchsstoffautotroph; höchstens daß nach mehrjähriger wuchsstoffreier Kultur eine allmähliche Degeneration eintritt, die durch Aneurinzusatz behoben werden kann. Bei den +-Myzelien vermag dagegen Aneurin kein Wachstum auszulösen; ihr Wachstum wird also durch andere, noch unbekannte Stoffe gesteuert.

Wir stehen somit vor der Tatsache, daß mindestens der eine Partner der Haplophase wuchsstoffautotroph leben kann, während der Dikaryophyt, weil wuchsstoffheterotroph, auf das Vorhandensein von Pyrimidin oder Aneurin angewiesen ist. Dadurch sind wir dem Verständnis des unterschiedlichen parasitären Verhaltens der beiden Kernphasen, wie es ja auch bei gewissen Taphrinaceen und bei den wirtswechselnden Rostpilzen besteht, ein Stück nähergerückt.

Auch bei andern Ustilagineen wurden Beobachtungen gemacht, die zeigen, daß unsere entwicklungsgeschichtlichen Vorstellungen oft zu starr sind. Auf den Aveneen gibt es zwei morphologisch nicht unterscheidbare Brandpilze, *Ustilago avenae* (Pers.) Jens. auf den kultivierten *Avena*-Arten und *Ustilago perennans* Rostr. auf *Arrhenatherum elatius*. Die Keimschläuche des ersteren dringen alljährlich durch die Koleoptile der Keimpflanzen ein, während das Myzel des letzteren im Rhizom perenniert. Die Sporenlager des ersteren sind in der Regel nackt und stäubend, ausnahmsweise in die Spelzen eingeschlossen, diejenigen des letzteren sind dagegen regelmäßig von den teilweise zerstörten Hüllspelzen umgeben.

Was geschieht entwicklungsgeschichtlich, wenn man die beiden Pilze kreuzt? Nach Holton und Fischer u. Holton dominieren in den Aufspaltungen die Merkmale nackte und stäubende Sporenlager über bedeckte und verklebte Sporenlager; doch können alle vier Kombinationen, nackt-staubig, nackt-verklebt, bedeckt-staubig und bedeckt-verklebt, hergestellt werden. *Arrhenatherum elatius* ist nicht anfällig für *Ustilago avenae* und auch nicht für die Hybriden zwischen *avenae* × *perennans*; dagegen ist *Avena sativa* empfänglich für *Ustilago perennans*. Dieser letztere Pilz muß deshalb als besondere Art eingezogen und nur als forma specialis der *Ustilago avenae* betrachtet werden.

Lichenes. Der Präzisierung und schärferen Umgrenzung des Begriffes der systematischen Einheit (Art, Varietät, Modifikation usw.) dient Grummanns Arbeit über die Bildungsabweichungen bei den Flechten. An einem ausgedehnten Untersuchungsmaterial und unter Berücksichtigung der gesamten Flechtenliteratur weist Verf. auf zahlreiche auffallende, vom Typus der jeweiligen Art abweichende, morphologische und anatomische Bildungen hin, die vielfach zu Unrecht systematisch verwertet und als Varietäten und kleinere Einheiten beschrieben wurden. Im allgemeinen sind sie der Ausdruck für die sehr weitgehende Reaktionsfähigkeit des Flechtenthallus und kleinster Bruchstücke desselben gegenüber Verletzung, Pilzbefall und klimatischen Einflüssen des Standortes. So kann hohe Feuchtigkeit erhöhte Fruchtbarkeit und gehäufte Mißbildungen an den Fruchtkörpern verursachen. „Geschlossene Figuren“ (Schleifen-, Maschenbildung usw.) werden als Folge von Spannungsrissen, Verwachsungen, Verklebungen und Haftscheibenbildung, Spiralwuchs durch Pilzbefall, Gewebespannung usw. gedeutet. Wund- und Adventivsproßbildungen sind bedingt durch die Gegenwart von Gonidien an den Bruch- und Fraßstellen des Thallus.

Auffallend vielgestaltig sind Bildungsabweichungen bei den Coniocarpineen insbesondere in der Ausbildung der Fruchtkörper, bei denen

Verbänderungen, Verschmelzungen, Bifurkation, Trifurkation, Mehrköpfigkeit und Prolifikationen an den Apothecien auftreten. Statistische Erhebungen zeigen bei den einzelnen Gattungen und Arten eine verschieden hohe Frequenz im Auftreten von Bildungsabweichungen. Bei *Calicium arenarium* können sie 50% und mehr der vorhandenen Fruchtkörper erreichen. Auf Grund der gewonnenen Erkenntnisse muß eine Reihe von Varietäten, Modifikationen und Formen, die beschrieben wurden, fallengelassen werden.

Filicales. Eingehende zytologische Untersuchungen, die DUNCAN an *Azolla filiculoides* durchführte, bestätigen die alte Auffassung STRASBURGERS, nach der die Sporokarpien als umgewandelte untere Blattlappen aufzufassen sind. Sie entstehen einzeln oder meist in Paaren, gleich- oder verschiedengeschlechtlich, als erste Glieder von Seitenästen und werden von einem blattartigen Auswuchs des Oberlappens eingehüllt.

Aus einer dreischneidigen Scheitelzelle entwickeln sich eine kurze Kolumella, die stets ein endständiges Makrosporangium trägt, und eine Sporokarpienhülle, das Indusium. Kommt eine Makrospore zur Entwicklung, so entsteht immer ein Makrosporokarp; degenerieren aber sämtliche Makrosporen-Mutterzellen, so bringen periphere Zellen der Kolumella meist in sehr großer Zahl (bis zu 130) Mikrosporangien hervor. In diesem Falle entsteht ein Mikrosporokarp. Beiderlei Sporangien werden nach dem leptosporangialen Typus in basipetaler Folge gebildet und zeigen auf der Innenseite einer Sporangienwand eine Schicht von Tapetenzellen und zu innerst 8 Makro- bzw. 16 Mikrosporen-Mutterzellen. Während der Reifung der letzteren vermehren sich in je zwei aufeinanderfolgenden Mitosen die Kerne der zahlreichen Tapetenzellen. Diese werden zwei- bzw. vierkernig; dann lösen sich die Zellwände auf, und die Kerne kommen in eine formlose Masse, das Tapetenplasma, zu liegen, in dem die Mikrosporen eingebettet sind.

Mit fortschreitender Reifung des Sporangiums werden die Tapetenkerne bis auf wenige resorbiert. Nun gruppieren sich die Mikrosporen in 3—8 Haufen, umhüllt von stark vakuolisiertem, kernlosem Tapetenplasma, während die wenigen verbliebenen Kerne in den Wandungen der Sporenballen, den Anlagen der Massulae, erhalten bleiben. Aus diesem kernhaltigen Zwischenplasma entwickeln sich bei der Sporenreife die charakteristischen, hakenförmigen Anhängsel, die Glochidien.

Eine ähnliche Entwicklung findet in den Makrosporangien statt. Hier werden die degenerierenden Makrosporen in ein Tapetenplasma eingehüllt, durch dessen Vakuolisierung die am Scheitel der reifen Makrospore haftenden, lufterfüllten Schwimmsäcke entstehen. Diese sind also den Massulae homolog.

Coniferales. Von *Torreya nucifera* (Taxaceae) sind Befruchtung und Embryoentwicklung durch TAHARA verfolgt worden. Ende April finden die Reifeteilungen in den Pollen-, anfangs Juni diejenigen in den Makrosporen-Mutterzellen statt. Die haploide Chromosomenzahl beträgt 11. Die Mikrosporen keimen, ohne Prothalliumzellen auszubilden, und aus der Körperzelle gehen 2 ungleich große, generative Kerne hervor. Die Befruchtung vollzieht sich Mitte August und, nachdem in 3 Teilungsschritten 8 Kerne gebildet worden sind, folgen auch die Zellwandbildungen. Am Ende des Prosuspensors werden gewöhnlich 4 Embryoinitialzellen gebildet, aus denen 4 Embryonen hervorgehen. *Torreya* zeigt also Spaltembryonie. Ein primärer Suspensor fehlt. Aus allen diesen Beobachtungen folgt, daß in *Torreya nucifera* wohl die primitivste Art innerhalb der Gattung vorliegt.

TAHARA zeigte weiterhin, daß bei *Podocarpus macrophyllus* meist nur 1 Embryo gebildet wird. Die Individualisierung der Zellen des Suspensors kann aber gelegentlich zur Bildung von mehreren Spaltembryonen führen. Bei *Podocarpus Nagi* wurde dagegen stets Spaltembryonie beobachtet.

Angiospermen. HERIBERT NIELSSON setzt sich mit der alten Frage auseinander, in welcher Weise die Angiospermen als letzte Ausläufer der Archegoniaten aufzufassen seien. Nach dem PORSCHschen Erklärungsversuch sind ja die acht Embryosackkerne des Normaltypus (Fortschr. Bot. 8, 1939, S. 38) aus zwei Archegonien abzuleiten, während ein eigentliches Prothallium fehlt; dafür spricht 1. die auch bei abnormen Typen stets vorhandene Tendenz zur Bildung von Vierergruppen, 2. die besondere Affinität des Pollenschlauches für die Synergiden (anlockende Halskanalzellen, 3. das Auftreten eines freien Kernes außer dem Eikern, der als freier Bauchkanalkern gedeutet werden kann, 4. die oft eintretende winkelrechte Stellung der Kernspindeln der Vierergruppe, die den Teilungsmodus eines gymnospermen Archegoniums wiedergeben und einerseits die Synergiden, andererseits die Ei- und Polkerne als Geschwisterkerne liefern, 5. die Gleichheit der Ausbildung der Vierergruppen an beiden Polen des Embryosackes, was nicht zu verstehen wäre, wenn man die Antipoden als Prothalliumzellen auffassen würde, 6. die gelegentliche Entwicklung von Antipodenembryonen, 7. das Festhalten an den Vierergruppen bei den parthenogenetischen und aposporen Arten, bei denen ja die entwicklungsphysiologische Grundlage fehlt, 8. das Auftreten von Komplexen aus mehreren, unmittelbar nebeneinander liegenden und durch kein Prothalliumgewebe getrennten Archegonien bei den Cupressaceen, 9. der Rückgang der Zahl der Archegonien in diesen Komplexen auf 2—6 bei *Thuja*, auf 4 bei *Juniperus* und auf 1—3 bei *Ephedra trifurcata*, und endlich 10. die gelegentliche Befruchtung des freien Bauchkanalkernes bei den Gymnospermen.

Eine Schwierigkeit dieser Deutung liegt darin, daß sich die beiden vermuteten Archegonien polar (mikropylar-chalazal) gegenüberstehen, wofür wir kein Analogon besitzen. Eine weitere Schwierigkeit liegt in der Deutung der abweichenden Embryosacktypen (Fortschr. Bot. 8, 1939, S. 38, Abb. 14). Während der Normaltypus einsporig ist und zwei vollständige Archegonien besitzt, bildet der *Oenothera*-Typus nach NIELSSON nur ein Archegon aus. Der *Scilla*-Typus besitzt zwei Makrosporen mit je einem vollständigen Archegon. Der tetrapolare *Penaea*-Typus besitzt vier potentielle Makrosporen mit je einem vollständigen Archegon; er leitet zum *Plumbago*-Typus über, der keine Halskanalzellen, sondern nur eine Eizelle und eine Bauchkanalzelle ausbildet, und zum sehr veränderlichen *Peperomia*-Typus, bei dem jede potentielle Makrospore zwei Archegonien statt nur deren eines entwickelt. Ungelöst bleiben der *Fritillaria*- und der *Plumbagella*-Typus mit ihren triploiden Kernen, die offenbar irgendwie extreme Rückbildungsformen darstellen.

Neben diesen stammesgeschichtlichen Betrachtungen liefern auch die zytologischen Einzeluntersuchungen stets wieder wichtige Tatsachen. Bei zwölf Vertretern der Untergattung *Archieracium* läuft die Entwicklung der Embryosackmutterzelle nach zwei verschiedenen Modi ab; der Hauptunterschied liegt dabei in der ersten Kernteilung bei der Entwicklung der Embryosackmutterzelle. BERGMAN (2) spricht von einem mitotischen und einem meiotischen Typus (Abb. 28).

Der mitotische Typus ist der häufigere; er kommt bei verschiedenen Arten ausschließlich, bei anderen zu über 90% der Blüten vor. Die Embryosackmutterzelle entwickelt sich direkt zum einkernigen Embryosack. Die erste Kernteilung im Embryosack wird erst nach einem langen Ruhestadium eingeleitet; sie ist eine typische Mitose, der weder Synapsis noch Diakinese vorangeht. Die Nuzellusepidermis ist in diesem Zeitpunkt bereits gesprengt (Abb. 28 7—8).

Der meiotische Typus kommt nicht bei allen untersuchten Arten vor. Der Kern der Embryosackmutterzelle geht im normalen Zeitpunkt in Synapsis, durchläuft ein Diakinesestadium und führt zwei Teilungsschritte von meiotischem Charakter aus. Schon die erste Metaphase ist unregelmäßig; es kommt in der darauffolgenden Anaphase zu Eliminationen und schließlich zu unregelmäßiger Tetradenbildung und zu Sterilität. Als besondere Variante dieses meiotischen Typus können regelmäßige Diaden gebildet werden (Abb. 28 17), sei es durch pseudohomoeotypische Teilung und Ausfall der zweiten meiotischen Teilung oder aber besonders durch die Bildung von Restitutionskernen. Solche konnten bei einer der untersuchten Arten nachgewiesen werden. Im Gegensatz zum mitotischen werden beim meiotischen Typus die ersten Teilungsschritte im normalen Zeitpunkt, daher bei intakter Nuzellusepidermis, ausgeführt; die letztere ist somit ein Kriterium für den meiotischen Typus.

BERGMAN sieht in der Verzögerung der Prophase durch das lange Ruhekernstadium eine wichtige Voraussetzung für die Entwicklung in meiotischer Richtung; aber letzten Endes ist der Entwicklungsablauf, wie bei *Antennaria alpina* festgestellt werden konnte, doch genotypisch bedingt. Hier kommen nämlich bei den homozygot weiblichen Pflanzen beide Entwicklungsmodi vor, während die heterozygot zwittrigen, aber

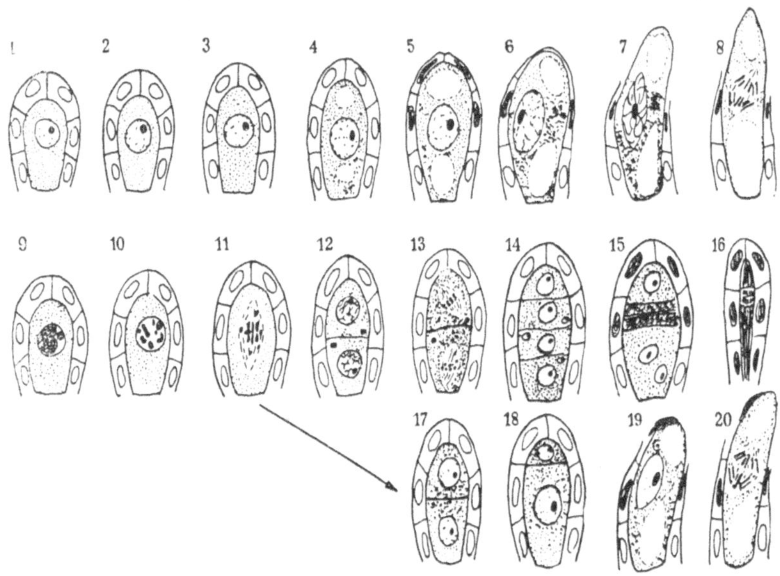

Abb. 28. Schematische Darstellung des mitotischen (*1—8*) und des meiotischen (*9—20*) Teilungstypus der Embryosackmutterzelle von *Hieracium*. *1—3* Ruhekernstadium. *4—6* Wachstum des einkernigen Embryosackes. *7—8* Erste Kernteilung; die Nuzellusepidermis ist gesprengt. *9* Synapsis. *10* Diakinese. *11* Metaphase-Anaphase. *12* Interkinese mit eliminiertem Chromatin. *13* Zweite Metaphase. *14—16* Die Tetrade degeneriert infolge der meiotischen Unregelmäßigkeiten. *17* Regelmäßige Dyade, aus *11* entstanden durch Restitutionskernbildung oder durch pseudohomoeotypische Teilung oder durch Ausfall der zweiten meiotischen Teilung. *18—20* Bildung des einkernigen Embryosackes aus der einen Dyadenzelle, während die andere degeneriert. (Leicht schematisiert nach BERGMAN.)

wegen Degeneration der Embryosackmutterzelle phänotypisch männlichen Pflanzen sich nur in meiotischer Richtung entwickeln. Der mitotische Typus muß also durch ein sexuell gekoppeltes Gen bedingt sein. Ein Wechsel von der meiotischen zur mitotischen Richtung kann unter Umständen durch eine verhältnismäßig kleine Änderung des Genotypus (Mutation) erfolgen.

Die Beobachtung von Restitutionskernen bei der Entwicklung der Embryosackmutterzelle ist von Bedeutung für die Aufklärung des Artbildungsproblemes und kann zur Erklärung des Formenreichtums apomiktischer Gattungen herangezogen werden; denn Embryonen, die im Anschluß an Restitutionskernbildung parthenogenetisch entstanden sind, können sich, wie seinerzeit DARLINGTON nachwies, von ihren Eltern genotypisch unterscheiden, da bei der Chromosomenkonjugation, wenn sie auch mangelhaft ist, Gelegenheit zu Crossing-over vorliegt. So können Kleinarten entstehen, die sich bis zur nächsten Abtrennung (Mutation) konstant verhalten. Die zytologischen Untersuchungen bei *Archieracium* machen auch das Vorkommen von mehr oder weniger reduzierten Embryosäcken wahrscheinlich, und daß diese dennoch befruchtungsfähig sein können, hat 1940 MUENZING gezeigt.

Diese beiden Phänomene, Restitutionskernbildung und mehr oder weniger reduzierte Chromosomenzahl, kommen aber nur beim meiotischen Typus vor. Die Abspaltung kleiner Arten ist also irgendwie proportional der Häufigkeit dieses meiotischen Teilungstypus, und da dieser normalerweise zu Sterilität führt, so folgt weiter, daß Pflanzen mit schlechter Samenbildung größere Bedeutung für die Schaffung neuer Kleinarten zukommt als den vollfertilen Vertretern.

Doch werden nicht nur über die Frage nach der Beziehung der Apomixis zur Artbildung, sondern auch über das Problem der Entstehung der Apomixis als solcher stets neue Forschungen durchgeführt. Die meisten Zytologen haben die häufigen Begleiterscheinungen der Apomixis, Vermehrung der Chromosomenzahl, Polyploidie, Polymorphismus, Pollensterilität, Asyndese und unregelmäßige Meiose einer genauen Analyse unterworfen und mit den Verhältnissen bei den sexuellen Formen verglichen und sind dabei zur Vorstellung gelangt, wonach der Übergang von der Amphimixis zur Apomixis durch Erbanlagen bedingt sei, welche durch Kreuzung zu einer für die Fortpflanzungsänderung günstigen Kombination gelangen. CHRISTOFF hat nun das Experiment als Untersuchungsmethode herangezogen. Es ist ihm gelungen, sowohl vom sexuellen *Hieracium leiophanum* als auch vom apomiktischen *Hieracium gothicum*, die beide diploid sind, nach Colchicinbehandlung der Früchte triploide und tetraploide Nachkommen zu erhalten. Diese Chromosomenvermehrungen ändern jedoch den Fortpflanzungsmodus nicht; die Abkömmlinge des sexuellen *Hieracium leiophanum* verhalten sich in bezug auf den Verlauf der Meiose genau wie sterile Artbastarde; das tetraploide *Hieracium gothicum* ist fertil, und zwar apomiktisch wie die diploide Mutterform und, wie diese, durch eine asyndetische Meiose gekennzeichnet. Diese Asyndese kann also nicht auf mangelnder Homologie der Chromosomen beruhen, sondern muß genetisch bedingt sein, da in der tetraploiden Form sicher zwei homologe Chromosomensätze vorhanden sind.

Literatur.

BERGMAN, B.: (1) Sv. bot. Tidskr. **35**, 194—210 (1941). — (2) Ebenda 1—41.

CHRISTOFF, M.: Planta (Berl.) **31**, 73—90 (1940).

DODGE, B. O.: Bull. Torrey bot. Club **69**, 75—91 (1942). — DUNCAN, R. E.: Ebenda **67**, 391—412 (1940).

EMERSON, R.: Lloydia **4**, 77—144 (1941).

FISCHER, G. W., u. C. S. HOLTON: Mycologia (N. Y.) **33**, 555—567 (1941)

GÄUMANN, E.: (1) Z. Bot. **35**, 433—513 (1940). — (2) Vergleichende Morphologie der Pilze, 626 S. Jena: G. Fischer 1926. — GOSSOP, G. H., E. YUILL u. J. L. YUILL: Trans. british Myc. Soc. **24**, 337—344 (1940). — GREIS, H.: Jb. Bot. **90**, 233—254 (1941). — GRUMMANN, V. J.: Feddes Repert. spec. nov. **122**, 1—128 (1941).

HOLTON, C. S.: J. agricult. Res. **62**, 229—240 (1941).

NIELSSON, H.: Bot. Notiser **1941**, 50—58.

SVEDELIUS, N.: Blumea, Suppl. **2**, 72—90 (1942).

TAHARA, M.: Sci. Rep. Tohoku Imp. Univ., 4. ser., Biol. **15**, 419—426 (1940). — THREN, R.: Arch. Mikrobiol. **12**, 192—228 (1941).

B. Systemlehre und Stammesgeschichte.

4. Systematik.

Von JOH. MATTFELD, Berlin-Dahlem.

Wesen der Sippen (Definition, Umgrenzung, Entstehung).

Entstehung der Sippen. STUBBE und VON WETTSTEIN besprechen die Bedeutung der Klein- und Großmutationen für die Evolution. Genetische Rassen- und Artanalysen haben gezeigt, daß die die Sippen unterscheidenden Einzelmerkmale durch sich summierende Kleinmutationen zustande gekommen sein müssen. Zuweilen findet man aber auch klar mendelnde Gene, die größere Unterschiede bewirken; sie müssen also auf größeren Mutationsschritten beruhen (z. B. bei Arten der Gattungen *Canna*, *Bromus*, *Streptocarpus*; *Anemone pulsatilla*). Es fragt sich daher, ob neue Sippen ausschließlich durch Häufung von Kleinmutationen entstehen, oder ob am Anfang eine größere Mutation erfolgte, zu der dann allmählich Kleinmutationen hinzukamen. Letzteres ist bei den Organisationsmerkmalen eher zu erwarten als bei den Anpassungsmerkmalen. Prüfen kann man diese Frage an der Mutabilität gut bekannter Objekte. In den Kulturen von *Antirrhinum majus* traten Mutationen auf, die radiäre Blüten mit fünf Stamina (mut. *radialis*), oder einen Sporn an der Röhre haben (mut. *hirzina*), oder bei denen die Zahl der Stamina reduziert war (mut. *transcendens*), oder deren Ober- und Unterlippe reduziert war (mut. *fistulata*). Das sind jeweils große Mutationsschritte, die Merkmale ergeben, wie sie für andere Gattungen der *Scrophulariaceae* charakteristisch sind. Dabei treten diese Merkmale in einer in den Einzelheiten noch labilen Form auf, so daß man annehmen könnte, daß weitere Mutationsschritte erst zur Stabilisierung des neuen Merkmals führen müssen. Diese Befunde deuten also die Möglichkeit an, daß neue Sippen[1] außer durch Häufung von Kleinmutationen auch durch große Mutationsschritte entstehen können. — Auch BURGEFF betont die Bedeutung größerer Mutationsschritte für die

[1] Das Wort Sippe wird hier wie immer in der Systematik seit NÄGELI (1884) für jede systematische Einheit benutzt, deren Kategorienwert man offen lassen will (Rasse, Varietät, Art, Gattung, Familie usw.).

Evolution. Er erhielt bei hybriden Marchantien Mutanten mit Merkmalen, die für andere Gattungen typisch sind, und u. a. auch radiär gebaute Blastome, die in ihrem Initialwachstum an Pteridophyten erinnern.

STRAUB weist auf die Möglichkeit hin, aus der Zytologie von Haploiden auch bei solchen Pflanzen Schlüsse auf ihre Entstehung zu ziehen, bei denen eine genetische Analyse nicht möglich ist. Haploide von *Epilobium* zeigen in der Meiose 14 je paarweise genäherte (distanzgepaarte aber nicht gepaarte) Chromosomen. Und da $n = 7$ bei vielen *Oenotheraceae* vorkommt, schließt er, daß 7 die Grundzahl der Familie ist. *Epilobium* ($n = 18$) könnte dann eine allopolyploide, durch Bastardierung entstandene Gattung sein. — Aus dem Verhalten der Chromosomen bei der Meiose eines haploiden *Epilobium hirsutum* ($n = 18$) schließt auch KISCH, daß als Grundzahl entweder 9 oder wie bei *Oenothera* u. a. 7 anzunehmen ist.

Antirrhinum rhinanthoides Lotsy, eine in F_2 von *A. majus* × *A. molle* aufgetretene Sippe mit *Rhinanthus*-ähnlichen Blüten, deren Unter- und Oberlippe stark reduziert ist, war in LOTSYs Erörterungen über die Bedeutung der Bastardierung in der Evolution eine große Stütze für seine Ansicht gewesen. Jetzt weist aber STUBBE nach, daß diese „neue hybridogene Art" eine rezessiv mendelnde Mutation war und nicht der Bastardierung ihre Entstehung verdankte; denn ähnliche Mutationen treten auch in reinen Sippen des *A. majus* als mut. *rhinanthoides* Baur und mut. *fistulata* Stubbe auf. So erhöht sie also umgekehrt die Bedeutung der Mutation für die Entwicklung und weist auf die Möglichkeit von Großmutationen hin.

STRAUB untersucht an polyploiden Pflanzenreihen quantitative und qualitative Verschiedenheiten von Blütenmerkmalen und bespricht ihren Selektionswert. — Die theoretische und praktische Bedeutung der Polyploidie wird im American Naturalist 1941 von mehreren Autoren erörtert. HUSKINS kommt dabei zu dem Schluß, daß die Polyploiden für die progressive Evolution keine größere Bedeutung haben als die Diploiden.

Arbeiten, die die experimentell gewonnenen Vorstellungen über die Entstehung neuer Sippen in der freien Natur nachprüfen, sind naturgemäß selten, da sie die sehr eingehende Analyse der Formenkreise und Populationen größerer Gebiete voraussetzen. Einiges Wertvolle hat immerhin die Untersuchung apomiktischer Sippen ergeben. So fand MARKLUND bei der Untersuchung der *Taraxacum*-Sippen Nylands (vgl. unten S. 84), daß Sippen, die sich nur durch ein Merkmal unterscheiden, im Gebiet gar nicht und auch sonst nur äußerst selten beobachtet worden sind. (Diese werden übrigens auch von den Taraxocologen nicht als Kleinarten gewertet.) Er schließt daraus, daß einfache Faktormutationen, durch die man sich vielfach die dann als Klone bezeichneten apomiktischen triploiden Kleinarten von *Taraxacum* entstanden dachte, nur äußerst selten vorkommen, und daß die *Taraxacum*-Flora Finnlands seit der Eiszeit auf diese Weise nicht bereichert worden ist. Denn die vielen Kleinarten von *Taraxacum* unterscheiden sich alle auch von den ihnen nächstähnlichen durch eine ganze Anzahl von Merkmalen. Außerdem gibt es unter den an natürlichen Standorten vorkommenden *Taraxaca* Finnlands keinen Endemiten. Daß unter den kulturabhängigen und eingeschleppten Arten manche bisher nur erst aus Finnland bekannt sind, liegt wahrscheinlich nur an der geringen Erforschtheit der Nachbarländer. Die Differenzierung dieser Kleinarten von *Taraxacum* muß also schon ziemlich weit zurückliegen; eine Neubildung in jüngerer Vergangenheit ist nicht zu beobachten. — Gegenüber der stets betonten Konstanz der Kleinarten von *Taraxacum* erhielt SØRENSEN in seinen Kulturen abweichende Formen in verschiedener Menge (0,1—25%) und von verschiedenem Charakter: 1. hyperploide Gigasformen ($2n =$ 40—48), 2. in der Chromosomenzahl nicht veränderte Zwergformen ($2n = 24$), die beide wahrscheinlich Chimären sind, 3. neue Kleinarten, 4. Sektorialchimären, 5. Mosaikchimären. Auch bei Vermehrung durch Wurzelstücke erwiesen sich die Individuen nicht als völlig konstant. — Gegen diese Versuchsergebnisse SØRENSENS, aus denen man schließen könnte, daß die Artbildung bei *Taraxacum* endlos sei, wendet M. P. CHRISTIANSEN ein, daß nach den floristisch-systematischen Untersuchungen im Felde bei *Taraxacum* in der Natur eine solche Artbildung nicht in dem Ausmaße stattfindet.

Phylogenetische Beziehungen der Sippen.

Algen. SEYBOLD, EGLE u. HÜLSBRUCH machen darauf aufmerksam, daß die Verteilung der Chlorophylle für die Systematik und Phylogenie der Algengruppen wichtig werden kann. Die *Schizophyceae*, *Bacillariophyta*, *Chrysophyceae*, *Heterocontae*, *Phaeophyceae* und *Rhodophyceae* besitzen nur Chlorophyll a, die *Chlorophyceae* a und b. Nur *Vaucheria* unter letzteren hat nur Chlorophyll a; sie wurde auch schon früher von BOHLEN an die *Heterocontae* angeschlossen. Unter den *Flagellatae* gibt es eine Gruppe, die nur a, und eine andere, die a und b besitzt.

Phaeophyceae. KYLIN (2) gibt eine kritische Darstellung der systematischen und phylogenetischen Verhältnisse der *Chordariaceae* und *Spermatochnaceae*. Erstere gliedern sich nach dem Bau und der Teilungsweise des Zentralfadens in mehrere Gattungsgruppen. Diese entsprechen Entwicklungsreihen, die sich im Bau der interkalaren Meristeme differenzierten. *Acrothrix*, *Chordariopsis* und *Splachnidium* werden je als eigene Familien anerkannt. — Innerhalb der *Heterogeneratae-Haplostichineae* sind die isogamen *Chordariales* primitiv. Die *Chordariaceae* (interkalares Meristem in der Sproßspitze), die primärer sind als die

Spermatochnaceae (Scheitelzelle), schließen sich vielleicht an die *Corynaphloeaceae* an.

Rhodophyceae. *Chaetangiaceae.* SVEDELIUS klärt die Cystokarpentwicklung von *Galaxaura* und kommt dabei zu einem neuen System der *Chaetangiaceae*: I. *Scinaieae* (Cystokarpien mit steriler Wand; Spermatangien oberflächlich); A. Haplobionten: *Scinaia, Gloiophloea, Pseudoscinaia*; B. Diplobiont: *Actinotrichia.* II. *Chaetangieae* (Cystokarpien ohne sterile Wand; Spermatangien eingesenkt); A. Haplobiont: *Chaetangium*; B. Diplobiont: *Galaxaura.*

Saprolegniaceae. Nach MOREAUS Untersuchungen sind die Gattungen der *Saprolegniaceae* keine natürlichen systematischen Einheiten, sondern künstlich; sie entsprechen habituellen oder zufälligen Zuständen. Bei jeder Gattung können Merkmale der anderen Gattungen auftreten. So können z. B. die Sporangien von *Saprolegnia* am gleichen Individuum durchwachsen und sich am Grunde seitlich verzweigen wie bei *Achlya.* Junge Gemmen, Sporangien, Oogonien und Antheridien können sich zu jedem anderen Organ entwickeln. Auch die Arten sind auf gleitende Merkmale begründet. Die wirklichen systematischen Einheiten der *Saprolegniaceae* sind die Stämme.

Embryophyta. CAMPBELL: Die Entwicklung der Landpflanzen, zusammenfassende Darstellung (n. v.).

Gramineae. Die beiden bisher ungenügend bekannten und in ihrer Stellung unsicheren afrikanischen Gattungen *Phyllorachis* Trimen und *Humbertochloa* A. Camus hat HUBBARD genauer untersucht und gut abgebildet. Sie sind von den *Paniceae* als eigene Tribus abzutrennen: *Phyllorachieae* C. E. HUBBARD (Ährchen eingeschlechtig, heteromorph; untere Deckspelze hart; Stamina 6—4; Rhachilla zuweilen verlängert; Caryopsis mit linealem Nabel; Stärkekörner zusammengesetzt; Blattanatomie festucoid).

Juglandaceae. MANNING hat die Morphologie der weiblichen Blüten der Juglandaceen genauer untersucht und gibt ein Bild der ursprünglichen vollständigen Blüte (Tragblatt, zwei Vorblätter, 4—6 Sepalen, oberständiges Gynaeceum, 3—4 Karpelle, karinale Narben), aus der sich die Blüten der heutigen Gattungen durch Verwachsung der Brakteen mit der Blüte und durch Reduktionen entwickelt haben.

Annonaceae. R. E. FRIES erweitert seine Monographie der südamerikanischen *Annonaceae* durch eine höchst wertvolle kritische Untersuchung über die systematische Wertigkeit der von den Autoren für die Großeinteilung der Familie benutzten Charaktere. Merkmale, die in anderen Familien in erstarrter Form oft höhere Sippen einheitlich charakterisieren, treten bei der *Annonaceae* selbst innerhalb derselben Gattung in mehreren morphologischen Ausbildungsstufen auf, so daß sie hier nicht die Bedeutung haben, die man ihnen auch in dieser Familie manchmal zugeschrieben hat: Die Knospenlage und die Längenverhältnisse der einzelnen Petalen, Sympetalie, Zahlenverhältnisse in den Perianthkreisen, Form und innerer Bau der Antheren, Apokarpie und Synkarpie, Zahl der Samenanlagen. Dagegen erwies sich die Sproßverkettung als sehr wichtig, da die end- oder achselständige Stellung der Blüten in Gattungen und Gattungsgruppen konstant ist. Die südamerikanischen Gattungen werden in 10 Gattungsgruppen zusammengefaßt.

Cruciferae. R. BAUCH zeigt, daß das Verbindungsstück zwischen dem Valvarglied und dem Stylarglied der *Brassiceae* nicht nur morphologisch, sondern auch anatomisch differenziert ist; er nennt es Sattelgelenk. Das Trennungsgewebe ist schon sehr frühzeitig im jungen Fruchtknoten erkennbar. Auch den Bruchfrüchten der spezialisierten *Brassiceae* liegt das Sattelgelenk zugrunde. Den übrigen Tribus der *Cruciferae* fehlt ein Sattelgelenk. Nur bei einigen *Arabideae* (*Turritis, Arabis*), die von manchen als phylogenetische Vorfahren der *Brassiceae* angesehen werden, findet er Vorstufen dazu.

Anacardiaceae. Aus einer morphologischen, embryologischen und anatomischen Untersuchung von *Toxicodendron diversiloba* schließen COPELAND u. DOYEL, daß die *Anacardiaceae* und *Julianiaceae* nahe verwandt sind, daß aber die *Juglandaceae* nicht von den *Anacardiaceae* abstammen können.

Sterculiaceae. GAZET DU CHATELIER teilt die *Sterculiaceae* in zwei Unterfamilien *Eriolaenoideae* (typisch apetal) und *Büttnerioideae* (bei Apetalie sind die Petalbündel noch vorhanden); von den *Eriolaeneae* lassen sich die übrigen Tribus ableiten.

Pirolaceae. COPELAND gibt weitere genaue morphologische und anatomische Einzelheiten von mehreren Gattungen der *Monotropoideae* und faßt seine bisherigen Untersuchungen zu einem System der Unterfamilie zusammen, indem er die Gattungen auf vier Tribus verteilt. Primitiv sind die sich an die *Arbutoideae* anschließenden *Pterosporeae* (*Pterospora, Sarcodes, Allotropa*; hochwüchsig und aufrecht, gefärbt, axile Plazenta, gleichmäßig verteilte Nektarlappen); *Pleuricosporeae* (*Pleuricospora*; Infloreszenz grundständig, Plazentation parietal); *Monotropeae* (*Monotropsis, Hypopitys, Pityopus, Monotropa, Monotropastrum, Wirgtenia*?; Petalen am Grunde sackförmig, Nektarlappen paarweise); *Hemitomeae* (*Hemitomes*; Nektarlappen gleichmäßig, Petalen nicht ausgesackt); dazu kommen dann noch Unterschiede in der Innervierung der Petalen und in der Form der Pollenkörner.

Boraginaceae. SCHAEFER untersucht die Morphologie der Hohlschuppen (handschuhfingerförmige Einstülpungen) an den Korollen der *Boraginaceae* und zieht daraus Schlüsse auf das System und die Phylogenie der Tribus der *Boraginoideae*.

Rubiaceae. P. JOVET erörtert die Merkmale der Gattungen *Astiella* und *Anotis* (*Rubiaceae*) und *Mitrasacmopsis* (*Loganiaceae*) und kommt dabei auf Ähnlichkeiten dieser beiden Familien zu sprechen.

Auswertung von Einzelmerkmalen für das System.

Anatomie. BARGHOORN untersucht die ontogenetische Entwicklung und die phylogenetische Spezialisierung der Markstrahlen im Xylem der Dicotyledonen. Die strukturell primitiven Dicotyledonen haben heterogene vielreihige und hochzellige einreihige Markstrahlen. — *Eucommiaceae.* Nach TIPPO stehen die *Eucommiaceae* (einfache Perforation der Gefäße, ringporiges Holz, Latex usw.) den *Ulmaceae* näher und nicht den *Hamamelidaceae.* — *Sterculiaceae.* CH. DEHAY untersucht vergleichend den Gefäßbündelbau der Blattrippen der *Sterculiaceae* und zeigt Entwicklungslinien der Reduktion und der Spezialisierung auf.

Embryologie. HERIBERT NILSSON zeigt in einer vergleichenden Betrachtung, daß sich auch die abweichenden Embryosacktypen zwanglos der von PORSCH für den Normaltyp gegebenen Homologisierung des angiospermen Embryosackes (jede Vierergruppe ist ein Archegonium, vegetatives Prothalliumgewebe fehlt ganz) einfügen lassen. — *Taxodiaceae.* Aus embryologischen Gründen empfiehlt BUCHHOLZ eine Aufteilung der *Taxodioideae* Pilger in *Sequoideae* (mit *Sequoiadendron, Athrotaxis* und *Sequoia*) und *Taxodioideae* (mit *Cryptomeria, Taxodium, Glyptostrobus, Cunninghamia* und *Taiwania*). — *Cyanastraceae.* Durch Untersuchung der Embryologie von *Cyanastrum cordifolium* Oliv. ergänzt HILDE NIETSCH das bisher über diese Familie Bekannte: Antherentapetum ist Sekretionstapetum, simultane Teilung der Pollenmutterzellen, zweikernige einfaltige Pollenkörner; Samenanlagen krassinuzellat, bitegmisch, Gefäßbündel im äußeren Integument, Funikulus mit Obturator, außer einer Nuzellarkappe wird der Nuzellus vom Embryosack aufgezehrt, Entwicklung des Embryosackes nach dem Normaltyp. Danach stimmt *Cyanastrum* nicht gut mit den *Pontederiaceae* (sukzedane Teilung der Pollenmutterzellen) wohl aber mit den *Dioscoreaceae* und *Taccaceae* überein. Aber der Bau des Samens (Endosperm fehlt, Keimblatt als Speichergewebe, außerdem Chalazosperm) entfernt sie von beiden. — *Caprifoliaceae.* EDITH MOISSL hat mehrere Arten der Gattungen *Sambucus, Viburnum, Symphoricarpus* und *Lonicera* eingehend embryologisch untersucht.

Karyologie. Hingewiesen sei auf SCHNARFS umfassende Darstellung der vergleichenden Cytologie des Geschlechtsapparates der Kormophyten.

Gramineae. CHURCH fand bei den amerikanischen *Spartina*-Arten $2n = 28, 42, 56, 70, 84$. Innerhalb von *Spartina alterniflora* Lois. ($2n = 56, 70$), *S. patens* (Ait.) Muhl. ($2n = 28, 42, 56$), *S. pectinata* Link ($2n = 42, 84$) und ebenso bei *Andropogon provincialis* ($2n = 40, 60$) und *Panicum virgatum* L. ($2n = 36, 72$) gibt es morphologisch verschiedene Sippen mit verschiedenen Chromosomenzahlen. Dagegen herrschen in den Formenkreisen von *Andropogon scoparius* Michx. ($2n = 40$) und *A. virginicus* L. ($2n = 20$) gleiche Chromosomenzahlen.

Amaryllidaceae. FERNANDES (1) untersucht die Arten von *Narcissus* sect. *Jonquilla* ($2n = 40$) zytologisch und prüft ihre Wertigkeit. Die morphologisch gruppenweise ähnlichen Arten haben auch den gleichen Karyotypus. Er bespricht die Möglichkeiten idiogrammatischer Umgestaltungen als Ursache der Artdifferenzierung. *Narcissus jonquilloides* ($2n = 21$) ist durch die Bastardierung einer heteroploiden *N. jonquilla* mit einer diploiden Form von *N. gaditanus* entstanden. — *Narcissus Broussonetii* Lagasca ($2n = 22$), deren systematische Stellung umstritten war, ist nach FERNANDES (2) im Karyotypus der *N. tazetta* verwandt, unterscheidet sich aber doch morphologisch und zytologisch in der Form von zwei Chromosomenpaaren so, daß sie eine eigene Sektion *Aurelia* Baker bilden muß. — FERNANDES und BARROS NEVES fanden bei *Narcissus Bulbocodium* L. Sippen mit $2n = 14$, 28 und 26, die den morphologisch unterschiedenen Varietäten *genuinus*, *conspicuus* und *obesus* entsprechen. Ein genauer Vergleich der Karyotypen zeigt, daß die Sippen mit $2n = 26$ aus den Tetraploiden durch Inversion entstanden sind, vielleicht infolge von Temperaturschocks. Die Diploiden wachsen auf sauren, die Tetraploiden auf schwach sauren, neutralen und alkalischen Böden. — Y. BARROS NEVES fand bei *Leucojum* $2n = 14$, 16, 18, 21, 22. Die Karyotypen sind verschieden, gehen aber mit der Verwandtschaft parallel; nur die Untergattung *Acis* scheint heterogen zu sein.

Polygonaceae. Die vier, sonst teilweise auch unter *R. Acetosella* vereinigten Arten von *Rumex* subgen. *Acetosella* bilden nach LÖVE eine polyploide Reihe mit $2n = 14$, 28, 42, 56, der diploide *R. angiocarpus* ist süd- und mitteleuropäisch, der oktoploide *R. graminifolius* arktisch. Der heteroploide *R. tenuifolius* und der hexaploide *R. Acetosella* sind in Mittel-, Ost- und Nordeuropa und Asien verbreitet; ersterer geht weiter nach Norden als der letztere. In Mitteleuropa kommen die 2-, 4- und 6-ploiden Arten zusammen vor. — Frühere Angaben, daß ähnlich wie bei *R. Acetosa* (Weibchen $2n = 14$, Männchen $2n = 15$) die Geschlechter auch bei *R. Acetosella* verschiedene Chromosomenzahlen haben sollten, bestätigen sich nicht; die beiden Untergattungen verhalten sich also in dieser Beziehung verschieden.

Cruciferae. BALDWIN und CAMPBELL fanden bei *Descurainia* in vier amerikanischen Arten mit 10 Unterarten $2n = 14$, 28, 42 mit intraspezifischer Polyploidie. Das Verhalten der Polyploiden ist in den einzelnen Arten verschieden: mal sind sie geographisch begrenzt, mal weit verbreitet, in einigen Arten sind sie die nördlichen, in anderen die südlichen Sippen.

Leguminosae. D. DE CASTRO findet bei acht *Ulex*-Arten $2n = 32$, 48, 64, 96, ± 128.

Ericales. HAGERUP macht weitere Chromosomenzahlen für die *Ericales* und *Diapensiales* bekannt. Bei den *Diapensiaceae* bestätigt *Galax* *aphylla* ($n = 12$) die Grundzahl 6 der Familie. — Bei den *Pirolaceae* fand er: *Chimaphila uniflora* und *Ch. umbellata* $n = 13$, *Ramischia secunda* $n = 19$, *Pirola chlorantha, P. minor, P. rotundifolia, P. grandiflora* $n = 23$; *Pirola media* mit $n = 46$ spricht er als tetraploide *P. minor* an. — Bei den *Ericaceae* bestätigt er für weitere Arten die Zahlen $n = 12$, 13 mit Polyploiden (*Enkianthus campanulatus* $n = 60$). — Bei den *Empetraceae*, die als eingeschlechtige Rhodoraceen bezeichnet werden, fand er für *Corema album* und *Ceratiola ericoides* ($n = 13$) dieselbe Zahl wie bei *Empetrum nigrum*.

Gesamtdarstellungen, Monographien, Übersichten.

Schizomycetes. Breed, Murray u. Hitchens geben eine Übersicht über das von ihnen in der 5. Auflage von Bergeys Manual of Determinative Bacteriology gebrachte, gegenüber den früheren Auflagen weiter entwickelte System der Schizomyceten.

Flagellatae. *Coccolithophorineae.* Kamptner fördert die Kenntnis der Coccolithineen durch Bearbeitung der Formen der Südwestküste von Istrien; Schlüssel für alle Sippen, Abbildungen, neue Sippen. — *Euglenales.* Pochmann gibt eine sorgfältige Synopsis der farblosen, ziemlich artenreichen Untergattung *Hyalophacus* von *Phacus* (Schlüssel, Beschreibungen, zahlreiche Abbildungen). Sie wird neu in vier Sektionen gegliedert: *Proterophacus* (Zellen linsenförmig, fein gestreift; die artenreichste Sektion), *Pleuraspis* (birnförmig, grob gerippt), *Akanthopeltis* (linsenförmig, warzig gestreift), *Kampylopter* (eine Art mit schiefem Kiel, unregelmäßig warzenreihig).

Volvocaceae. Um eine Grundlage für die Abgrenzung der Arten und damit für ein System der Gattung *Chlamydomonas* Ehrenb. zu gewinnen, hat Gerloff die Plastizität vieler Klone, die 21 verschiedenen Arten angehören, experimentell geprüft und genau beschrieben und abgebildet. Veränderlich ist die Ausbildung des Chromatophors und die teilweise davon abhängige Lage des Zellkernes. Sehr konstant sind dagegen die Form der Zelle, die Zahl der kontraktilen Vakuolen, die auch für eine Einteilung der Gattung benutzt wird, die Lage des Stigmas, die Form und Ausbildung der Papille, die Geißellänge und auch die Zahl und Form der Pyrenoide. Abgrenzung und Gliederung der Gattung bleiben gleichwohl künstlich. Es werden analytische Übersichten über die Gruppen und die 321 anerkannten Arten gegeben. Zahl und Lage der Pyrenoide, der kontraktilen Vakuolen und des Chromatophors geben die Gliederung in Untergattungen und Sektionen.

Charophyta. Die *Characeae* von Malesien, die Zaneveld monographisch bearbeitet, sind in dem Gebiet vertreten durch *Nitella* mit 12, *Nitellopsis* mit 1 und *Chara* mit 11 Arten; System der Gattungen nach A. Braun mit den Änderungen von Groves und einigen neuen Gruppen. Einige Arten sind sehr polymorph. Verf. macht auf homologe Variationen in den Sektionen von *Nitella* und *Chara* aufmerksam, die aber wohl auch eine Folge der Einteilung sein können (Gliederung nach jeweils einem Merkmal).

Rhodophyceae. FELDMANN-MAZOYER hat die *Ceramiaceae* des westlichen Mittelmeeres sehr eingehend monographisch (mit Schlüsseln, Beschreibungen, Abbildungen) bearbeitet. Es werden 14 Tribus unterschieden und einige neue Gattungen beschrieben. *Hymenoclonium* und *Trailliella* (Tetrasporenpflanzen der *Bonnemaisoniaceae*) werden ausgeschlossen. Sehr ausführlich werden auch die morphologischen und zytologischen Verhältnisse beschrieben. *Sphaerococcaceae.* T. TANAKA klärt die japanischen Arten der Gattung *Hypnea* Lamouroux; 14 Arten der Sektionen *Virgatae* J. Ag., *Spinuligerae* J. Ag. und *Pulvinatae* J. Ag.; Schlüssel, Beschreibungen, Abbildungen.

Phycomycetes. *Mucoraceae.* LINNEMANN teilt in einer monographischen Bearbeitung die Gattung *Mortierella* Coemans (56 Arten) in 10 Sektionen nach der Höhe und Farbe der Kolonien, dem Vorhandensein oder Fehlen von Stielgemmen; der Höhe und Verzweigung der Sporangienträger (ob einfach, razemös, zymös, kandelaberartig, dichotom oder doldig verzweigt).

Ascomycetes. *Pezizaceae.* SOEHNER klärt die Unterschiede der Gattungen *Geopora* Harkness und *Hydnotryopsis* Gilkey (*Pezizaceae*) und macht auf die Unterschiede von *Hydnotrya* Berkeley et Broome (*Eutuberaceae*) aufmerksam. — *Geoglossaceae.* NANNFELDT (2) revidiert die *Geoglossa*-Arten von Schweden (26 Arten); in den Schlüsseln sind alle nördlich-temperierten Arten berücksichtigt. — *Pyrenomycetes.* BISBY u. MASON geben eine Liste der für England angegebenen 1423 Pyrenomyceten, die aber nur für einige Gruppen (z. B. *Xylariaceae, Hypocreaceae*) kritisch gesichtet zu sein scheint. — *Hypocreaceae.* SEELER gibt eine Monographie der Gattung *Thyronectria* (16 Arten) mit der neuen Untergattung *Gyrostromella.* — *Saccharomycetaceae.* HANSEN u. LUND geben eine Übersicht über das System der *Saccharomycetaceae* (nach GUILLIERMOND mit einigen Änderungen).

Basidiomycetes. *Clavariaceae.* G. E. BAKER hat *Physalacria inflata* genauer untersucht und gibt eine Übersicht über die wenig bekannte Gattung (etwa 12 Arten, Tropen und Nordamerika). — *Polyporaceae.* BONDARZEW und SINGER geben einen Übersichtsschlüssel über die Gattungen der *Polyporaceae* und eine Übersicht der aus der Familie ausgeschlossenen Gattungen. — PILAT (3) bringt den Abschluß seiner monographischen Bearbeitung der Polyporaceen Europas. — JAHN identifiziert von FALCK beschriebene *Merulius*-Arten mit *M. lacrymans* (Wulf.) Schum. und *M. pinastri* (Fr.). — Die Formgattung *Ceriomyces* Corda (gastromycetenartige Chlamydosporenfruchtkörper verschiedener Polyporaceen) wird von ULBRICH revidiert; sie enthält nach Ausschluß der bereits aufgeklärten Arten noch 20 Arten. — *Agaricaceae.* ROMAGNESI revidiert die Gattung *Tubaria* W. Sm. (6 polymorphe Arten); Beschreibungen, Schlüssel. — SCHÄFFER macht nach dem Originalmaterial kritische Bemerkungen zu den *Russula*-Arten von ELIAS FRIES. — PILAT (2) revidiert die *Lentinus*-Arten.

Fungi imperfecti. *Mucedinaceae.* DIDDENS und LODDER lassen den zweiten Teil der großen Monographie der anaskosporogenen Hefen erscheinen, die Unterfamilie *Mycotoruloideae* (Pseudomyzel mit Blastosporen) der *Torulopsidaceae* mit den sehr eingehend behandelten Gattungen *Candida* Berkhout, *Brettanomyces* Kuff. et V. Laer, *Trichosporon* Behrend. Systematische Stellung und Gliederung, Morphologie, Variabilität usw. werden ausführlich besprochen und begründet.

Lichenes. Der Ergänzungsband zu ZAHLBRUCKNERS Catalogus lichenum universalis wird von REDINGER zum Abschluß gebracht. Nach dieser Liste beträgt die Zahl der beschriebenen Flechten 353 Gattungen mit über 17000 Arten. — LETTAU setzt seine Studien über die Flechten Mitteleuropas fort. — *Usneaceae.* Eine sehr eingehende Durcharbeitung der Gattung *Usnea,* als deren Ergebnis MOTYKA eine umfassende Monographie (genaue Beschreibungen, Schlüssel für alle Gruppen) vorlegt, bringt die Zahl der Arten teils durch Neubeschreibung teils durch Erhebung von Varietäten auf 451, von denen über 400 der Untergattung *Euusnea* Jatta (Achsen massiv, Apothecien gestielt, ihr Diskus hell) angehören. Von ihr unterscheiden sich die fünf weiteren, ziemlich artenarmen Untergattungen durch die dunkle Farbe der Apothecien [*Neuropogon* (Nees et Flot.) Motyka], durch sitzende Apothecien [*Protousnea* Motyka und *Chlorea* (Ngl.) Motyka], oder durch hohle Achsen [*Lethariella* Motyka und *Eumitria* (Stirt.) Motyka]. — Subgen. *Euusnea* wird in 9 Sektionen und weiter in Subsektionen gegliedert.

Bryophyta. *Lejeuneeae.* HERZOG grenzt *Leptolejeunea* Spruce (Blätter länglich mit geringer Randgliederung und mit weitmaschigem Zellnetz, Basalocellus keilförmig) schärfer gegen *Drepanolejeunea* Spruce ab und revidiert die 23 indomalesischen Arten (mit Schlüssel). — CHEN gibt den Schluß seiner wertvollen Monographie der ostasiatischen *Pottiaceae.*

Pteridophyta. *Cyatheaceae.* Nach einer von CRETZOIU aufgestellten Liste gibt es in Australien, Ozeanien und Asien 370 *Cyathea*-Arten. — *Polypodiaceae.* In ihrer Aufzählung der Farne von Indochina bringen CHRISTENSEN u. TARDIEU-BLOT die Liste der *Polypodioideae* (26 Gattungen mit 118 Arten), wichtig ist der Gattungsschlüssel. — In Fortsetzung einer Studie über die mit *Teratophyllum* verwandte tropische Gattung *Lomariopsis* Fée revidiert HOLTTUM die 9 Arten von Madagaskar und faßt die Gattungsmerkmale neu.

Podocarpaceae. Eine sehr eingehende Monographie der niederländisch-indischen *Podocarpus*-Arten durch J. WASSCHER ergibt für das Gebiet 25 Arten (System nicht geändert).

Gramineae. ÅBERG gibt unter Berücksichtigung seines neuen *Hordeum agriocrithon* Åberg eine systematisch-phylogenetische Übersicht über *Hordeum* sect. *Cerealia* Andersson (*Crithe* Döll). *H. spontaneum* Koch (zweizeilig) und *H. agriocrithon* Åberg unterscheiden sich gemeinsam durch mehrere primitive Merkmale von den übrigen Sippen der Sektion: brüchige Rhachis, Keimverzögerung, starke Behaarung der Ährchen, Größe und Form der kleinen, schmalen und länglichen Früchte. Damit erweist sich die Vereinigung von *H. spontaneum* mit *H. distichum* L. als nicht angängig. Die übrigen Sippen gliedert er nach der Zahl der Reihen in den Ähren in die drei Arten *H. vulgare* L. em. Lam. (sechsreihig), *H. distichum* L. em. Lam. und *H. intermedium* (Körnicke) Carleton. Letztere betrachtet er als hybridogen und nicht als ursprüngliche Ausgangsform für die anderen Arten. Die Arten sind alle nahe verwandt, auch *H. agriocrithon* gibt mit allen anderen Arten völlig fertile Bastarde. Alle Arten enthalten eine größere Zahl von Varietäten, aber es gelingt nicht, die Varietäten innerhalb einer Art zu gut geschiedenen Gruppen (etwa nach der Dichte der Ähren) zusammenzufassen. Für die Erhellung der phylogenetischen Zusammenhänge dieser Sippen muß in Übereinstimmung mit SCHIEMANN und FREISLEBEN (vgl. Fortschr. Bot. 10, 48) die primitivste Wildart (*H. agriocrithon* Åberg) als Ausgangspunkt genommen werden, von der sich die anderen durch mutative Reduktion und Bastardierung ableiten (vgl. unten S. 81). — HOOVER revidiert die Gattung *Orcuthia* (4 Arten, westliches Nordamerika).

Cyperaceae. KÜKENTHAL bearbeitet in Fortsetzung seiner Monographie der *Rhynchosporoideae* die Gattungen *Lepidosperma* Labill. (43 Arten in Australien, Neuseeland, Neukaledonien, eine auch Ostasien, Malesien), und *Cladium* P. Browne (48 Arten, meist in Süd- und Ostasien, Malesien, Australien, Neuseeland, Pazifische Inseln, wenige Madagaskar und Afrika, eine in Amerika und eine, *Cl. Mariscus*, in allen Erdteilen). Bei *Lepidosperma* enthält die Untergattung *Eulepidosperma* Kükenth. (Griffelbasis zwiebelig-kuppelförmig bis halbkugelig, kahl) die Hauptmenge der Arten, die nach der Form der Stengel und Blätter weiter in 4 Sektionen gegliedert werden. Zwei Arten mit verlängert konischer, kahler Griffelbasis bilden die Untergattung *Cladiopsis* Kükenth. und eine Art mit breit pyramidaler, behaarter Griffelbasis die Untergattung *Vauthiera* (A. Rich.) Kükenth. — *Cladium* wird nach C. B. CLARKE in die 3 Untergattungen *Machaerina* (mit Einschluß von *Vincentia*; 16 Arten), *Baumea* (30 Arten, die nach der Form der Halme neu auf 3 Sektionen verteilt werden) und *Eucladium* (2 Arten) gegliedert.

Palmae. L. H. HAILEY (1) behandelt in mehreren ausgezeichnet bebilderten Aufsätzen amerikanische Palmen aus den Gattungen *Zombia* Bailey gen. nov. (*Coccothrinax anomala* Becc.), *Coccothrinax, Geonoma, Attalea, Roystonea, Sabal, Pseudophoenix, Colpothrinax, Paurotis, Rhyticocos, Euterpe, Prestoea.*

Cyanastraceae. R. T. CLAUSEN gibt eine beschreibende Übersicht über *Cyanastrum* (7 Arten, Afrika), mit Abbildungen.

Liliaceae. Von POELLNITZ (4) bearbeitet die etwa 70 *Anthericum*-Arten Deutsch-Ostafrikas monographisch, mit analytischer Übersicht.

Orchidaceae. GUILLAUMIN revidiert die Orchideen von Neukaledonien, die hier mit 51 Gattungen und 234 Arten reich vertreten sind (Schlüssel für die Gruppen und Arten).

Salicaceae. G. HOUTZAGERS, die Gattung *Populus*, liegt jetzt auch, übersetzt von W. KAMPER, in deutscher Sprache vor. Insbesondere werden die vielen kultivierten, meist hybridogenen Formen geklärt und sorgfältig beschrieben. Auch die Merkmale der Arten werden gegeben und eine ausführliche analytische Übersicht über die ganze Gattung (System nach DODE).

Urticaceae. KILLIP ergänzt seine analytische Übersicht über die 115 andinen Arten von *Pilea* durch Beschreibungen von allen Arten.

Loranthaceae. DANSER revidiert die britisch-indischen Arten von *Viscum*; Anordnung nach der Ausbildung der Blütenstände.

Portulacaceae. VON POELLNITZ (1) gibt analytische Übersichten über die Gattungen und Arten der *Portulacaceae* in Afrika, (2) über die 29 *Portulaca*-Arten von Brasilien, Venezuela und Guyana, und (3) über die 21 *Portulaca*-Arten Westindiens (mit Beschreibungen).

Caryophyllaceae. Die im Norden der iberischen Halbinsel endemische Silenoiden-Gattung *Petrocoptis* A. Br. enthält nach ROTHMALERS (2) monographischer Übersicht jetzt 7 Arten, die nach dem Bau der Haare am Samenanhängsel und der Testa in 2 Sektionen und nach der Größe der Samen in 2 Subsektionen gegliedert werden.

Ranunculaceae. BENSON beginnt mit einer Revision der nordamerikanischen *Ranunculus*-Arten und behandelt zunächst die sect. *Chrysanthe*, die auch mehrere sehr formenreiche Arten enthält.

Lauraceae. KOSTERMANS revidiert die Lauraceen von Madagaskar und den Maskarenen.

Cruciferae. EKMAN gibt einen Schlüssel für die *Draba*-Arten Grönlands.

Saxifragaceae. HANDEL-MAZZETTI gibt eine analytische Übersicht über die 31 chinesischen *Parnassia*-Arten.

Rosaceae. L. H. BAILEY (2) läßt die ersten Hefte seiner eingehenden und reich bebilderten Monographie der amerikanischen Arten von *Rubus* erscheinen. Behandelt werden zunächst die Untergattungen *Chamaemorus*, *Cylactis*, *Chamaebatus* und einige Sektionen von *Eubatus*. Das zweite Heft bringt die sect. 3 *Hispidi* Rydb. (spec. 16—45; mit kriechenden, an der Spitze wurzelnden Zweigen), die in 3 Subsektionen gegliedert wird.

Leguminosae. ROTHMALER (1) beginnt eine Monographie der *Genisteae* und behandelt zunächst die westmediterrane *Ulex*-Gruppe. Dazu zieht er das bisher zu *Genista* gestellte *Echinospartum* (Spach) Rothm. (4 Arten, Spanien), und *Ulex* teilt er in die drei Gattungen *Stauracanthus* Link (1 Art), *Nepa* Webb (1 Art) und *Ulex* L. Die 9 Arten der letzteren werden nach den büschelig oder einzeln stehenden Dornen auf zwei Sektionen verteilt und sonst nach der Behaarung, der Kelchlänge, der Form der Phyllodien und Brakteen unterschieden. — Širjaev revidiert die sect. *Dasyphyllium* von *Astragalus*, 22 Arten in Vorderasien, rasige, behaarte Pflanzen der alpinen Region. — Durch Bearbeitung größerer Aufsammlungen fördert Bornmüller die Kenntnis der *Astragalus*-Arten Persiens.

Meliaceae. Pellegrin revidiert die Meliaceen von Westafrika, mit Schlüsseln für die 13 Gattungen und ihre Arten. — Stamer revidiert die Meliaceen von Belgisch-Kongo (12 Gattungen mit 41 Arten), Schlüssel, ausführliche Beschreibungen, Abbildungen.

Euphorbiaceae. Leandri gibt eine kritische Revision der *Acalypheae* von Madagaskar, mit Gattungsschlüssel; *Amyrea* Leandri gen. nov. mit 2 neuen Arten ist verwandt mit *Neopalissya* Pax.

Sapindales. In Engler-Prantl, Die Natürlichen Pflanzenfamilien, ist Bd. 20b mit den *Sapindales*, *Celastrineae* und *Icacinineae* erschienen. Im Mittelpunkt der ersteren stehen die wertvollen, auf reichen Lebenserfahrungen beruhenden Bearbeitungen der *Aquifoliaceae*, *Celastraceae* und *Hippocrateaceae* durch Th. Loesener. Der Darstellung von *Ilex* (über 400 Arten) liegt Loeseners Monographie zugrunde, aber durch die kürzliche Entdeckung eines *Ilex* mit gegenständigen Blättern auf den Philippinen kommt eine neue Untergattung *Rybonia* Loes. hinzu. Bei den *Celastraceae* (57 Gattungen mit 830 Arten) erscheint jetzt die bisher bei den *Hippocrateaceae* untergebrachte Gattung *Campylostemon* Welw. als eigene Unterfamilie. Besonders wichtig ist hier aber die von Loesener gegebene neue Gliederung der großen Gattungen (wie z. B. *Evonymus*, *Maytenus*) in Gruppen und Sektionen. Auch bei den *Hippocrateaceae* (300 Arten), die jetzt 7 Gattungen (außer *Campylostemon* ist auch *Cheiloclinium* zu den *Celastraceae* überführt worden) enthalten, bringt die Gliederung der beiden großen Gattungen *Salacia* und *Hippocratea* viel Neues. Die übrigen Familien dieser Unterreihe sind kleiner: Uphof, *Cyrillaceae* (4 Gattungen, 17 Arten, Amerika); Mattfeld, *Pentaphylacaceae* (1 Gattung mit 3—4 Arten in Ostasien; Antheren durch einen mit Klappe versehenen Porus sich öffnend) und *Stackhousiaceae* (3 Gattungen mit 22 Arten; 2 ziemlich stark verschiedene Unterfamilien; Australien); Johannes Krause, *Corynocarpaceae* (1 Gattung mit 4—5 Arten; Neuseeland bis Neuguinea und Neukaledonien) und *Staphyleaceae* (5 Gattungen mit 45 Arten; ausführliche Darstellung der allgemeinen Verhältnisse); Sleumer, *Salvadoraceae* (3 Gattungen mit 12 Arten; Afrika, Vorder- und Südasien).

Die morphologisch interessanten und anatomisch sehr vielseitigen

Icacinineae hat SLEUMER (2) bearbeitet. Die beiden Gattungen *Peripterygium* (3 Arten, Südasien, Australien) und *Erythropalum* (2 Arten, Südasien) werden von den *Icacinaceae* je als eigene Familien abgetrennt. Die *Icacinaceae* (58 Gattungen mit 377 Arten) sind stark differenziert (viele Gattungen mit wenig Arten; System nach ENGLER).

Ochnaceae. PERRIER DE LA BATHIES (2) Revision der *Ochnaceae* von Madagaskar ist wegen der Klärung der vielen von VAN TIEGHEM beschriebenen Gattungen und Arten wichtig. In den *Ourateae* wird die Gattung *Campylospermum* v. Tieghem anerkannt, aber die Zahl der Arten wird auf 5 reduziert, die sehr polymorph sind und zahlreiche Varietäten enthalten. Die *Ochneae* sind mit 4 Gattungen vertreten: *Ochnella* v. Tiegh. (2 Arten), *Discladium* v. Tiegh. (3 Arten), *Diporidium* Wendl. (9 Arten) und *Pleuroridgea* v. Tiegh. (2 Arten).

Dipterocarpaceae. HELEN BANCROFT gibt eine eingehende Übersicht über die Gattung *Monotes* A. DC. (Afrika) mit einer Gruppierung nach dem Konnektiv der Antheren und dem Indument der Blätter.

Passifloraceae. PERRIER DE LA BATHIE (1) revidiert die Passifloraceen von Madagaskar: *Adenia* (13 Arten), *Deidamia* (5 Arten) und *Paropsia* (7 Arten); sehr eindringlich stellt er den verschiedenartigen Polymorphismus der *Adenia*-Arten dar.

Cactaceae. BACKENBERG gibt eine erweiterte Ausgabe seines Systems der *Cactaceae* mit Beschreibungen der Sippen oberhalb der Art und Angabe der Leitarten. — KREUZINGER bespricht die Merkmale und den Artinhalt einiger Gattungen und umgrenzt einige Kleingattungen, die von DÖLZ kritisiert werden.

Ericaceae. In Fortsetzung seiner Revision der Ericaceen von Neuguinea gibt SLEUMER (1) analytische Übersichten über die papuasischen Arten von *Diplycosia* Bl. (11 Arten in Neuguinea), *Gaultheria* L. (6 Arten), und *Vaccinium* L., das hier mit 117 Arten reicher entwickelt ist als sonstwo auf der Erde. Von den 5 auf Neuguinea vorkommenden Sektionen (vgl. Fortschr. Bot. **10**, 45) der Gattung sind sect. *Pachyanthum* Sleumer (7 Arten) und sect. *Neojunghunia* (Koorders) Sleumer (10 Arten) endemisch und sect. *Oarianthe* Schlechter (46 Arten in Neuguinea) nur wenig über Neuguinea hinaus verbreitet; die sect. *Euepigynium* Schlechter (47 Arten in Neuguinea) ist malesisch-papuasisch und sect. *Bracteata* (7 Arten in Neuguinea) ostasiatisch-pazifisch.

Plumbaginaceae. LAWRENCE gibt analytische Übersichten über 35 Arten von *Armeria* und deren oft zahlreichen Varietäten.

Sapotaceae. LAM revidiert die 15 asiatisch-polynesischen Arten von *Manilkara* Adanson und bespricht die Merkmale der *Manilkareae* und *Mimusopeae*.

Apocynaceae. *Lacmellea* H. Karst. und *Zschokkea* Müll. Arg. sind, wie MARKGRAF in einer monographischen Revision nachweist, nur ontogenetische Zustände der sich streckenden Kronröhre und fallen daher zusammen. Die Gattung *Lacmellea* enthält 14 Arten (trop. Südamerika) in 2 Sektionen nach der Form der Kronzipfel.

Boraginaceae. G. STROH gibt eine Liste der Arten von *Myosotis* L.

Labiatae. *Scutellaria* sect. *Vulgares*, subsect. *Peregrinae*, die RECHINGER (1) sehr sorgfältig monographisch darstellt, enthält 23 Arten von im wesentlichen ostmediterraner Verbreitung mit starken Ausstrahlungen. Verschiedenheiten im Fruchtkelch, in der Behaarung, den Brakteen usw. ergeben in mannigfacher Kombination eine große Formenfülle mit geographischer, orographischer und ökologischer Sonderung; manche Arten sind sehr polymorph (Rassenkomplexe: *S. albida, S. rubicunda*). — Weiter gibt RECHINGER (2) eine eingehende Monographie von *Teucrium* sect. *Chamaedrys*. Von den 17 meist mediterranen Arten sind 14 mehr oder weniger monotypisch; *T. Chamaedrys* L. wird in 15 Unterarten (geographisch sich ausschließende Rassen) gegliedert; formenreich sind ferner *T. divaricatum* Sieb. et Boiss. und *T. flavum* L.

Lentibulariaceae. A. ERNST revidiert die Gattung *Pinguicula* (35 Arten), Beschreibungen, Schlüssel; 3 Sektionen *Temnoceras* Barnh. (1 Art), *Orcheosanthus* DC. (1 Art) und *Pinophyllum* DC. (33 Arten mit Gliederung nach der Teilung der Korolle, Form des Gaumens, Bau der Drüsenhaare usw.).

Compositae. LIPSCHITZ revidiert die Gattung *Epilasia* Bunge (einjährig, *Scorzonera*-ähnlich), die mit *Tourneuxia* Coss. verwandt ist; er vereinigt die bisher beschriebenen Sippen zu 2 Arten (Asien).

Bearbeitungen polymorpher Formenkreise.

Über die Ergebnisse der von HALL in Kalifornien begonnenen Kulturversuche mit Wildpflanzen unter verschiedenen Bedingungen liegen jetzt ausführliche Berichte von CLAUSEN, KECK u. HIRSEY vor. Es wurden Teilstücke desselben Individuums von vielen kalifornischen Arten und Rassen in drei in verschiedener Höhe (100, 4600 und 10000 Fuß) gelegenen Versuchsgärten kultiviert. Zugleich wurden diese Sippen auch zytologisch und genetisch untersucht. Es zeigte sich, daß die meisten über größere Teile des Landes verbreiteten Arten oder Artkomplexe entsprechend den sehr verschiedenen Klimazonen Kaliforniens in ost-westlicher (teilweise auch in nord-südlicher) Richtung in Ökotypen (Klimarassen) gegliedert sind, die sich durch erbliche, morphologische und physiologische (Reaktionsweise) Merkmale unterscheiden. Die derselben Art angehörenden Ökotypen unterscheiden sich in diesen Merkmalen; die dieselbe Klimazone besiedelnden Ökotypen nichtverwandter Arten und Gattungen dagegen haben gleiche morphologische und physiologische Merkmale. In Übereinstimmung mit TURESSON schließen die Verf., daß die klimaabhängige Differenzierung ein grundsätzliches Prinzip ist, das die ökologische Differenzierung der Pflanzen steuert. Apomiktische Sippen und sexuelle mit gleicher und mit verschiedener Chromosomenzahl verhalten sich in der ökologischen Differenzierung gleich; diese ist ausschließlich an die Gene und nicht an die Chromosomenzahl gebunden. Zwischen Polyploidie und Standort konnten keine Beziehungen festgestellt werden; denn in einigen Komplexen finden sich die Sippen mit kleinerer Chromosomenzahl in großen, in anderen in niederen Höhen, in manchen nahe der Küste, in anderen im Binnenlande. Auch die Anpassungsmerkmale, wie Blütezeit, Dauer der Ruhe, Frostresistenz, Wuchsrate und Selbstfertilität spalten auf. Da kein Anhalt dafür vorhanden ist, daß der direkte Einfluß des Standorts erbliche Änderungen bewirken kann, müssen die Ökotypen das Ergebnis der Auslesewirkung der Klimazonen sein. Die systematische Wertigkeit der Glieder der einzelnen Ökotypenkomplexe ist verschieden; es können je nach ihrer phylogenetischen Vergangenheit Populationen, Ökotypen, Arten oder Artkomplexe sein. Daher kann auch ein isolierter Ökotypus eine monotypische (also nicht in Ökotypen gegliederte) Art bilden (*Zauschneria cana*, *Artemisia Suksdorfii*, *Horkelia californica*), die geograohisch meist eng begrenzt ist. Als Ausnahme fanden die Verf. die trotz weiterer Verbreitung in Kalifornien nicht in Ökotypen differenzierte *Artemisia Douglasiana* ($n = 27$). Ihr Areal liegt zwischen der maritimen *A. Suksdorfii* ($n = 9$) und der Gebirge und Steppenplateaus besiedelnden A. *lutoviciana* ($n = 18$), aus deren Kreuzung sie vielleicht als Amphidiploide hervorgegangen ist. Die Kombination der Chromosomen ökologisch so verschiedener Arten würde die Fähigkeit der *A. Douglasiana*, so verschiedenartige Standorte zu besiedeln, erklären.

Bacillariophyta. Astrid Cleve-Euler stellt die ineinander übergehenden polymorphen Formenkreise von *Rhizosolenia longiseta* Zach und *Rh. eriensis* H. L. Smith dar und erörtert ihre morphologischen Merkmale.

Volvocaceae. Moewus hat 5 Arten der *Eugametos*-Gruppe von *Chlamydomonas* eingehend untersucht. Die Arten unterscheiden sich durch zahlreiche Merkmale; diese sind je nur durch ein Gen bedingt, was als ein Anzeichen der einfachen Organisation dieser Algengruppe angesehen wird. Von *Chl. eugametos* werden 21 erbliche, je durch ein oder wenige Gene verschiedene Rassen beschrieben.

Ustilaginaceae. G. M. Reed hat 29 physiologische Rassen von *Ustilago Avenae* (Pers.) Jens. und 14 von *U. levis* (Kill. et Sw.) Magn. durch Prüfung an 200 Varietäten und Sorten von 9 *Avena*-Arten feststellen können; manche Rassen sind streng auf bestimmte *Avena*-Sorten spezialisiert, andere befallen mehrere *Avena*-Arten.

Jungermanniaceae acrogynae. Karl Müller klärt durch Kulturversuche und unter Benutzung der Chromosomenzahlen die polymorphen mitteleuropäischen *Chiloscyphus*-Sippen; *Ch. pallescens* ($n = 18$) ist sehr verbreitet und zu ihr gehören auch viele der bisher zu *Ch. polyanthus* ($n = 9$) gezogenen Sippen.

Alismataceae. Glück stellt die große Variabilität und erhebliche Plastizität der von *Sagittaria sagittifolia* spezifisch verschiedenen asiatischen *S. sinensis* Sims sehr ausführlich dar.

Gramineae. In einer sehr eingehenden, kritischen, auch die biologischen und pflanzengeographischen Verhältnisse berücksichtigenden Studie über die skandinavischen Sippen von *Poa arctica* R. Br. weist Nannfeldt (1) nach, daß sie aus mehreren apomiktischen und hoch aneuploiden Unterarten und außerdem aus einem (wahrscheinlich nicht total apomiktischen) Formengewirre besteht. Die sect. *Stoloniferae* Fr., die eine morphologische Zwischenstellung zwischen den sect. *Subbulbosae* Fr., *Homalopoa* Dum., *Oreinos* A. et G. und *Abbreviatae* Nannf. einnimmt, ist wahrscheinlich hybridogenen Ursprungs zwischen Sippen dieser Sektionen und nicht umgekehrt eine alte primitive Gruppe, aus der die anderen Sektionen sich differenziert hätten. — Åberg (1) beschreibt sehr eingehend nach kultiviertem Material die von H. Smith in Tibet gesammelten *Hordeum*-Sippen, die zu *H. agriocrithon* Åberg (2 Varietäten) und *H. vulgare* L. em. Lam. gehören; letztere enthält hier 14 teilweise neue Varietäten; alle sind Nacktgersten mit lockeren oder mäßig dichten Ähren, lineal-lanzettlichen Hüllspelzen, aber in der Art der Begrannung sehr verschieden; einige sind von weiterer Verbreitung, die meisten aber zentralasiatisch oder tibetisch (vgl. oben S. 75). — Ferner macht Åberg (2) durch Übersetzung Orlovs analytische Übersichten über die Unterarten und Varietäten von *Hordeum sativum* zugänglich. — A. Taborda de Morais gibt eine sehr eingehende Gliederung der portugiesischen Sippen von *Avena* sect. *Euavena* Griseb. — Der intermediäre Bastard ($2n = 28$) von *Festuca pratensis* ($2n = 14$) mit *F. arundinacea* ($2n = 42$) ist nach F. Nilsson hochgradig steril. Einige gelungene Rückkreuzungen mit den Eltern ergeben etwas fertilere Pflanzen mit neuen Merkmalskombinationen und höheren Chromosomenzahlen ($2n$ meist $= 49$, sonst 35, 42, 63, 77), wodurch die Entstehung neuer Formen eröffnet wird. — Gregor und Sansome hatten *Phleum pratense* L. ($2n = 42$) für eine Amphidiploide des triploiden Bastards *Phl. nodosum* L. ($2n = 14$) × *Phl. alpinum* ($2n = 28$) gehalten. Aus eingehenden zytologischen Untersuchungen und morphologischem Vergleich von normal diploiden und aus unreduzierten Eikernen gewonnenen triploiden ($2n = 21$) Exemplaren von *Phl. nodosum* mit aus Zwillingskeimlingen gewonnenen haploiden Exemplaren von *Phl. pratense* ($2n = 21$) schließt nun aber Hedda Nordenskiöld, daß *Phl. pratense* eine Autopolyploide, und zwar wahrscheinlich von *Phl. nodosum* ist. — Der Bastard *Agropyrum junceum* ($2n = 28$) × *A. repens* ($2n = 42$) ist variabel. G. Östergren fand nun, daß er aus zwei karyologisch verschiedenen Typen besteht, einem mit $2n = 35$ und einem mit $2n = 49$, was die Variabilität erklärt; letzterer enthält wahrscheinlich zwei *junceum*- und ein *repens*-Genom ($14 + 14 + 21$). — Nach Wester-

GAARDS Untersuchung tritt der in den Dünen nicht seltene Bastard *Ammophila baltica* (Flügge) Link je nach der beteiligten Chromosomenrasse der Eltern *Calamagrostis epigeios* (L.) Roth ($n = 14$, 28) und *Ammophila arenaria* Link ($n = 14$, 28) in 3 Formen auf: var. *intermedia* Westergaard ($2n = 28$), var. *subarenaria* Mars. ($2n = 42$) und var. *epigeioidea* Westergaard ($2n = 42$), während der Bastard zwischen den beiden tetraploiden Elterformen noch nicht bekannt ist.

Caryophyllaceae. Die bisher meist als Arten gewerteten *Viscaria vulgaris* Roehl., *V. atropurpurea* Griseb. und *V. Sartorii* Boiss. sind nach STOJANOFFS Untersuchung durch Formenschwärme verbunden, die in vielen Merkmalen polymorph sind: Länge des Karpophors, Größe der Petalen, Behaarung, Form des Blütenstandes, der Blätter und des Kelches. Ihre systematische Gliederung ist schwierig. Verf. beschreibt 7 Formgruppen, die er aber aus praktischen Gründen systematisch unter Auswahl bestimmter hervortretender Kombinationen auf 2 dann weiter in Varietäten gegliederte Unterarten, die nördliche subspec. *euvulgaris* (mit langem Karpophor) und die südliche subspec. *atropurpurea* (mit kurzem Karpophor), verteilt. Er betont die Häufigkeit polymorpher Formenschwärme bei den Blütenpflanzen und bemängelt das Fehlen einer geeigneten systematischen Methode zu ihrer Darstellung. Was uns fehlt, ist aber doch wohl die wirklich eingehende Untersuchung solcher Formenschwärme in der Natur von Population zu Population. — VON WOESS stellt fest, daß die Unterschiede in dem Artpaar *Arenaria Marschlinsii* ($2n = 20$) und *A. serpyllifolia* ($2n = 40$) genisch und nicht durch die Polyploidie bedingt sind. Eine spontane diploide *A. serpyllifolia* behält ihre Artmerkmale; letztere durch Colchizinierung polyploidisiert zeigt erheblich stärkeren Gigascharakter gegenüber der Diploiden als die spontane Tetraploide. Die diploiden Sippen der Arten lassen sich kreuzen. F_1 wurde polyploidisiert.

Cruciferae. EKMAN gliedert die polymorphe *Draba rupestris* R. Br.: nach der Zeit des Auftretens der Behaarung an den Blättern werden die zahlreichen Unterarten auf 3 Gruppen verteilt.

Rosaceae. A. u. G. MÜNTZING kultivierten 53 Stämme verschiedener Herkunft (Skandinavien) von *Potentilla argentea* L., die unter sich einheitlich, voneinander aber alle verschieden waren; 36 Herkünfte waren diploid ($2n = 14$), 11 hexaploid ($2n = 42$), 3 tetraploid ($2n = 28$), 1 pentaploid ($2n = 35$). Die Konstanz beruht auf apomiktischer Samenbildung. Die Diploiden haben ein nördlicheres, die Hexaploiden ein mehr südliches Areal (auch aus Deutschland nachgewiesen). In der Umgebung von Ronneby fanden sich diploide, tetraploide und hexaploide Formen von *Potentilla argentea*. Die diploiden und hexaploiden Sippen sind auch morphologisch und biologisch voneinander verschieden. Von 17 statistisch geprüften Merkmalen erweisen sich 2 als völlig und 3 als ziemlich konstant, während die übrigen schwankten. Diese Sippen entsprechen den von MARKLUND unterschiedenen Arten *P. impolita* Wahlenb. (hexaploid, Blätter oberseits dicht behaart, Blattzähne 4—5 spitz, Blüten gelb, Antheren und Griffel dick, ausdauernd, pilzresistent, Pollen vielfach schlecht) und *P. argentea* L. emend. Marklund (diploid, Blätter oberseits fast kahl, Blattzähne 3 stumpf, Blüten hellgelb, Antheren klein, Griffel dünn, zweijährig, anfällig, Pollen fertil; Samen und Pollen kleiner). Vereinzelt finden sich Formen von *P. argentea* und anderen Arten, die teilweise oder völlig sexuell sind. Ihre Kreuzung erklärt die Polymorphie innerhalb der Arten, die Apogamie die Konstanz dieser Formen. Die Polyploidie scheint nicht nur allo- sondern auch autopolyploid zu sein.

Leguminosae. ROTHMALER (3) revidiert die westmediterranen Sippen von *Anthyllis* L. sect. *Vulneraria* DC., die hier besonders reich entwickelt sind. Es werden 25 Arten beschrieben; analytische Übersicht nach der Behaarung, Kelchlänge, Zahl und Form der Blättchen, Blütenfarbe und Wuchsform. — SINSKAJA untersucht die sehr polymorphen Formenkreise der Wildarten ($2n = 16$, 32) und Kulturformen ($2n = 32$) der *Medicago-sativa*-Gruppe morphologisch und genetisch, entwirft ein Bild ihrer geographisch-genetischen Zusammenhänge und zeigt den Aufbau der Sippen aus Ökotypen und Ökoelementen.

Malvaceae. HARLAND erörtert die morphologischen und genetischen Unterschiede von *Gossypium hirsutum* L. (American Upland cotton; Blüten ausgebreitet, Brakteen reich gezähnt usw.), *G. purpurascens* Poir. (Bourbon group; Blüten becherförmig, Brakteen spärlich gezähnt usw.), die nach ihren Merkmalen gesonderte Arten sind, und dem noch nicht geklärten *G. punctatum* Sch. et Thon.

Onagraceae. HIORTH hat in Zusammenarbeit mit HÅKANSSONS zytologischen Untersuchungen eine genetische und systematische Bearbeitung der sehr polymorphen, pazifisch nord- und südamerikanischen Gattung *Godetia* begonnen. Er schält mehrere Artgruppen heraus, die er genauer darstellt: Die *amoena*-Gruppe ($n = 7$, 14), *hispidula*-Gruppe ($n = 7$), *deflexa*-Gruppe ($n = 9$), *viminea*-Gruppe ($n = 9$), *quadrivulnera*-Gruppe ($n = 26$), südamerikanische Gruppe ($n = 17$), Arten unbekannten Anschlusses mit $n = 17$, 8. Verf. macht auf bisher übersehene Merkmale aufmerksam und kommt so unter Berücksichtigung der Chromosomenzahlen und der Kreuzbarkeit zu einer schärferen Abgrenzung der Sippen. Artbastarde gelingen schwer und zeigen einen hohen Grad von Sterilität, so daß die Arten also besser gegeneinander abgegrenzt sind, als vielfach angenommen wurde. Die *oenothera*ähnliche *G. Whitneyi* ($n = 7$) dürfte dem Ausgangspunkt der Gattung nahestehen. — Auf die Entdeckung von MICHAELIS, daß *Epilobium hirsutum* aus Biotypen besteht, die in ihrem Plasmon ganz erheblich verschieden sind, kann hier nur hingewiesen werden.

Ericaceae. CAMP erörtert den — vielleicht hybridogenen — Formenreichtum von *Befaria* in Mittelamerika.

Solanaceae. PROPACH hat mehrere Arten von *Solanum* sect. *Tuberosum* gekreuzt. Die Genome der Arten sind homolog; die Artdifferenzierung muß sich also auf faktorieller Basis vollzogen haben. Kreuzbarkeit und Vitalität der Bastarde gehen nicht mit der systematischen Anordnung der Arten in Series und Subseries parallel, woraus Verf. schließt, daß das System noch unnatürlich und revisionsbedürftig ist. Für die Begrenzung und Bewertung der Sippen als Arten usw. gibt die Kreuzbarkeit auch in dieser Gruppe keinen Anhalt.

Bignoniaceae. MELCHIOR stellt einen durch seine Heterophyllie bemerkenswerten Formenkreis geographisch gesonderter Sippen um *Tecoma stans* (L.) HBK. (sect. *Eutecoma* Melchior; andines Südamerika) dar.

Compositae. MARKLUND hat die *Taraxacum*-Flora der Provinz Nyland in Südwestfinnland gründlich erforscht. Er weist aus dem Gebiet 186 Kleinarten nach (davon 33 neu beschriebene), die sich auf die Gruppen *Erythrosperma* Dahlst. (13 Arten), *Palustria* Dahlst. (2 Arten), *Spectabilia* Dahlst. (2 Arten) und *Vulgaria* Dahlst. (169 Arten, die in alphabetischer Folge aufgeführt werden) verteilen; die meisten sind kulturabhängig, manche sind eingeschleppt. Viele dieser Kleinarten sind auch außerhalb Finnlands verbreitet; daß viele Sippen andererseits bisher nur aus Finnland bekannt sind, liegt wahrscheinlich nur an der geringen Erforschtheit Rußlands und anderer Gebiete; daher nimmt MARKLUND an, daß es in Finnland kein endemisches *Taraxacum* gibt. (Vgl. auch oben S. 66.) — M. P. CHRISTIANSEN hat die *Taraxacum*-Flora Islands eingehend studiert und auch die meisten gefundenen Sippen in Kultur genommen. Er bringt die Zahl der Kleinarten von 4 bisher von der Insel bekannten auf 116 (davon 102 neu und 90 nur aus Island bekannt). Davon gehören — im Gegensatz zu der *Taraxacum*-Flora Fennoskandiens — nur 4, und zwar wahrscheinlich eingeschleppte, zu den *Vulgaria* (*T. officinale* Web.); 3 gehören zu den *Erythrosperma* [*T. laevigatum* (Willd.) DC. sensu Handel-Mazzetti] und 1 zu den *Ceratophora*. Die übrigen 107 aber gehören zu den in Skandinavien verhältnismäßig artenarmen *Spectabilia* Dahlst. (*T. lapponicum* Kihlm. sensu Handel-Mazzetti). Es ist also bemerkenswert, daß dieses sich in Island ähnlich verhält wie *T. officinale* in gemäßigteren Breiten. Verf. gibt ausführliche Beschreibungen, Abbildungen und auch Schlüssel für die Gruppen und Arten. DAHLSTEDTS Gruppe *Spectabilia* wird nun infolge dieses Sippenreichtums in 5 neue Gruppen aufgeteilt, die sich durch kräftigere oder zartere Wuchsform, die Form und Lage der äußeren Hüllkelchschuppen, Behaarung, Farbe, Form der Früchte usw. unterscheiden, aber nicht scharf voneinander geschieden sind. Auch diese Arten sind, soweit geprüft, apomiktisch.

Bemerkenswerte neue Sippen.

Schizomycetes. *Azotomonas* STAPP gen. nov. (1 Art, von Baumwollkapseln und Reisschalen; *Pseudomonadaceae*) bindet atmosphärischen Stickstoff, stäbchen- bis kokkenförmig, mit 1—3 polaren Geißeln beweglich, ohne fettartige Reservestoffe.

Flagellatae. *Chrysomonadales.* PASCHER beschreibt zwei neue Gattungen mit Filarplasmodien (Zellen durch Plasmafäden netzartig miteinander verbunden) *Leucapsis* und *Heliapsis.* — *Saccochrysis* KORSHIKOV gen. nov. (2 Arten, Rußland) hat *chromulina*ähnliche Zellen, die zahlreich (bis 100 und mehr) in einer Schleimblase eingeschlossen sind. — *Stipitochrysis* KORSHIKOV gen. nov. (1 Art, Rußland) ist mit dem zu einem langen kontraktilen Stiel ausgezogenen Hinterende anderen Algen angeheftet, in deren Schleimhülle sie lebt. — *Peltomonas* VLK gen. nov. (1 Art, Böhmen) hat farblose, gewölbt plattenförmige, auf der Bauchseite in der Mitte eingetiefte und an den Rändern wulstförmig verdickte Körper mit uhrfederartig gekrümmter Geißel.

Chlorophyceae. *Trentepohliaceae, Chaetophoraceae. Leptosiropsis* JAO gen. nov. (1 Art, China, Hunan; in der Schleimschicht anderer Algen) ist verwandt mit *Leptosira* BORZI, hat aber kein *characium*ähnliches Entwicklungsstadium; Zellwände sehr dick. — *Tumulofilum* BEGER ist eine neue Gattung (1 Art, Norddeutschland) der *Leptosireae,* die kleine, kugelige, atmophytische Kolonien bildet; Rhizoiden fehlen. Differenzierung in Sohlen- (Kriech-) und Luftfäden, Haarbildungen fehlen. — *Codiaceae. Geppella* BØRGESEN (1) gen. nov. (1 Art, Mauritius) hat einen 1 cm hohen, gestielten, becherförmigen Thallus; Enden der dichotomen Fäden geweihartig verzweigt, ihre Spitzen mit Nachbarfäden anastomosierend.

Phaeophyceae. *Tilopteridales.* PAUL SCHMIDT beschreibt eine neue Gattung *Krobylopteris* (1 Art, Helgoland) sehr ausführlich: Generationswechsel, Gametophyt eine ektokarpoide Zwergform, Sporophyt tilopteroid; Zentralteil der Hauptachse monosiphon, Sporangienbildung in der Rinde. — *Chordariaceae.* KYLIN (2) mehrere neue Gattungen. — *Bifurcariopsis* PAPENFUSS gen. nov. (1 Art, *Fucodium capense* Aresch., Südafrika) unterscheidet sich von *Xiphophora* durch drehrunde Thallusabschnitte.

Rhodophyceae. HOLLENBERG stellt für die Gattung *Dermocorynus* eine eigene Familie *Dermocorynaceae* auf, die durch echte Prokarpe von den *Grateloupiaceae* verschieden ist. — *Coeloseira* HOLLENBERG gen. nov. (*Champiaceae*) unterscheidet sich von *Gastroclonium* Kützing durch die Bildung von Polyporen statt Tetrasporen. — *Gigartinales. Gardneriella* KYLIN (1) gen. nov. (1 Art, Kalifornien) parasitiert auf *Agardhiella* und gehört wie diese in die Familie der *Solieriaceae.*

Phycomycetes. DRECHSLER beschreibt zwei neue auf Nematoden parasitierende Gattungen *Haptoglossa* (Sporen unbeweglich, mit Keimschlauch infizierend) und *Meristacrum* (*Entomophthoraceae*; fertile Hyphen mit zahlreichen Querwänden, jede Zelle eine Konidie ausbildend).

Ascomycetes. *Sphaeriaceae. Larseniella* MUNK gen. nov. (1 Art auf *Picea Abies* in Dänemark) hat kleine, einzelne, kohlige, behaarte Perithecien und dünnwandige, bis 16 Sporen enthaltende Asci ohne Paraphysen.

Basidiomycetes. *Hydnaceae. Licentia* PILAT (1) ist eine neue Gattung (1 Art, China), die sich von *Mycoleptodon* und *Radulum* durch abgeflachte Stacheln unterscheidet.

Fungi imperfecti. *Sphaeropsidales. Amerosporiopsis* PETRAK gen. nov. (1 Art auf *Sesleria*-Blättern, Iran) unterscheidet sich von *Amerosporium* Speg. (Pycnidien oberflächlich, mit Borsten besetzt) durch subepidermale Pycnidien; beide Gattungen und *Spilomyces* Petr. et Syd. werden von PETRAK zu einer neuen Familie *Amerosporiaceae* Petr. vereinigt. — Weiter beschreibt PETRAK als neue Gattungen: *Gaubaea* (zu den hemisphaeroiden *Fungi imperfecti* gehörig; 1 Art an Stengeln von *Calligonum* in Turkmenien); *Stilbophoma* (mit Konidienbildung auf typischen Koremien; eigene Familie; 1 Art auf Palmblättern in Indien); *Clypeopatella* (mit kettenförmiger Konidienbildung; an Stengeln von *Linum arboreum* auf Rhodos). — *Hysterodiscula* PETRAK gen. nov. ist begründet auf *Melasmia Empetri* Magn.

Lichenes. *Theloschistaceae. Xanthodactylon* DUVIGNEAUD (1 Art, Südafrika) ist eine neue Gattung mit strauchigem, goldgelbem Thallus und podetienartigen, röhrigen, hohlen Lappen.

Palmae. *Lophospatha* BURKET gen. nov. (1 Art, Borneo) unterscheidet sich von *Salacca* durch lockere, dünne, gelappte Spathellae und reduzierte Spathae.

Cruciferae. *Acroschizocarpus* GOMBOCZ (vgl. Fortschr. Bot. 9, 78) ist nach HULTEN (2) identisch mit der bisher wenig bekannten Gattung *Melanidion* Greene; verwandt ist sie mit *Smelowskia* C. A. Meyer. Die Angabe, daß die Schötchen sich regelmäßig von der Spitze her öffnen, kann nicht bestätigt werden.

Rhamnaceae. *Kentrothamnus* SUESSENGUTH et OVERKOTT gen. nov. der *Colletieae* unterscheidet sich von den übrigen Gattungen durch einen fünffelderigen Diskus.

Flacourtiaceae. *Dankia* GAGNEPAIN gen. nov. (1 Art, Annam) unterscheidet sich von *Carrierea* durch das Vorhandensein von Petalen und Staminodien, ungeteilte Griffeläste und filzige Kapseln.

Umbelliferae. *Triphylleion* SUESSENGUTH (1 Art, Costa Rica) ist eine neue Gattung der *Apioideae* (*Carinae* oder *Seselinae*), hat nur vallekulare Ölstriemen und keine Nebenrippen, Drusen fehlen, Endosperm an der Fugenfläche flach konkav.

Labiatae. RECHINGER fil. (3) weist in *Anaspis* eine neue mit *Scutellaria* verwandte Gattung (1 Art, Buchara) nach, bei der Kelch und Skutellum verwachsen sind.

Scrophulariaceae. DIELS beschreibt in *Chamaecrypta* Schlechter et Diels (1 Art) eine interessante neue *limosella*ähnliche Gattung aus dem westlichen Kapland mit fiederteiligen Blättern und ungestielten Blüten, Ausläufer fehlen.

Acanthaceae. R. BENOIST beschreibt 6 neue Gattungen von Madagaskar.

Rubiaceae. *Astiella* P. JOVET gen. nov. (*Oldenlandieae*; 1 Art, Madagaskar) ist wahrscheinlich mit *Anotis* verwandt, zeigt aber auch Merkmale der *Loganiaceae* (vgl. oben S. 69).

Nomenklatur. Systematische Floren. Abbildungswerke.

Nomenklatur. MANSFELD (1) gibt weitere Beiträge zur Nomenklatur der Farn- und Blütenpflanzen Deutschlands. Ferner gibt er (2) eine sehr nützliche, instruktive Schilderung des Werdens und Wesens der wissenschaftlichen Pflanzenbenennung und ihrer Regelung.

Europa. HUBER-PESTALOZZI. Das Phytoplankton des Süßwassers: Diatomeen, Chrysophyceen, farblose Flagellaten und Heteroconten, mit Schlüsseln, Beschreibungen und Abbildungen. — Die Pilze Mitteleuropas: je eine Lieferung *Boletaceae* (F. KALLENBACH), *Tremellineae* (NEUHOFF) und *Lactarii* (KNAUTH u. NEUHOFF), *Russulae* (J. SCHÄFFER). — KELLER u. SCHLECHTER, Monographie und Iconographie der Orchideen Europas und des Mittelmeergebietes, 3 Doppelhefte Abbildungen. — NORDHAGEN, Flora von Norwegen (Schlüssel, Beschreibungen). — INGELSTRÖM: Pilzflora von Schweden (Basidiomyceten und höhere Ascomyceten). — MAJEWSKI, Flora von Mittelrußland, mit Schlüsseln, Beschreibungen, Abbildungen. — GROSSHEIM, Flora des Kaukasus, 2. Aufl. (*Polypodiaceae* bis *Orchidaceae*) bringt auch Habitusbilder und Arealkarten. — H. STEFFEN, Flora von Ostpreußen (Schlüssel). — COUTINHOS, Flora von Portugal, in 2. Aufl. bearbeitet von PALHINHA, gibt ausführliche Schlüssel. — UNAMUNO, Aufzählung und Verbreitung der Ascomyceten (1265 Arten) der iberischen Halbinsel und der Balearen.

Afrika. L. TRABUT gibt eine Lebermoosflora von Nordafrika; mit Schlüsseln für die Gattungen und Arten.

Asien. BØRGESEN (2) bearbeitete die Algen des Persischen Golfes. — BORNMÜLLER setzt die Bearbeitung seiner persischen Sammlungen, die viele kritische Klärungen bringt, fort.

Ozeanien. E. BAARDSETH hat die marinen Algen von Tristan Da Cunha kritisch bearbeitet; viele Abbildungen, morphologische Bemerkungen, neue Arten; 49 Arten sind endemisch, meist *Rhodophyceae*.

Nordamerika. E. HULTEN, Flora von Alaska und Yukon, mit vielen kritischen Bemerkungen (Pteridophyten, Gymnospermen, Monocotyledonen bis zu den *Spathiflorae*). — POLUNIN: Die Pteridophyten und Spermatophyten des arktischen Ost-Canada. — TIDESTROM und KITTEL, Flora von Arizona und Neu-Mexico, mit Schlüsseln und kurzen Beschreibungen (n. v.).

Südamerika. HERRERA, Synopsis der Flora von Cuzco in Süd-Peru; Aufzählung der 2166 Arten, davon 588 Kryptogamen (n. v.).

Literatur.

ÅBERG, EWERT: (1) Symbolae Bot. Upsal. 4, Nr. 2. 156 S., 20 Taf. 1940. — (2) Feddes Repert. spec. nov. **50**, 1—18 (1941).

BAARDSETH, EGIL: The marine Algae of Tristan Da Cunha. Results of the Norwegian Sci. Exped. to Tristan Da Cunha 1937—1938 Nr. **9**. 174 S. Oslo 1941. — BACKEBERG, CURT: Cactaceae, Jb. d. dtsch. Kakteenges. **1941**, 2. Teil (1942). — BAILEY, L. H.: (1) Gentes Herbarum **4**, 239—284, 357—388 (1940). — (2) Ebenda **5**, 1—125 (1941). — BAKER, GLADYS E.: Bull. Torrey bot. Club **68**, 265—288 (1941). — BALDWIN, JR., J. T., u. J. M. CAMPBELL: Amer. J. Bot. **27**, 915—917 (1940). — BANCROFT, HELEN: Bol. Soc. Broteriana, 2. sér. **13**, 326—389 (1938 bis 1939). — BARGHOORN JR., ELSO S.: Amer. J. Bot. **27**, 918—928 (1940). — BARROS NEVES, J.: Bol. Soc. Broteriana, 2. sér. **13**, 545—572 (1938—39). — BAUCH, R.: Z. Bot. **37**, 193—238 (1941). — BEGER, H.: Ber. dtsch. bot. Ges. **59**, 174—177 (1941). — BENOIST, R.: Notulae Syst. Paris **8**, 135—161 (1939); **9**, 65—73 (1940). — BENSON, L.: Bull. Torrey bot. Club **68**, 157—172 (1941). — BISBY, G. R., u. E. W. MASON: Trans. brit. mycol. Soc. **24**, 127—243 (1940). — BØRGESEN, F.: (1) Kgl. Danske Vidensk. Selsk. Biol. Meddel. **15**, 4, S. 55 (1940). — (2) Danish Investigations in Iran 1, 143 S., 43 Fig. Kopenhagen 1939. — BORNMÜLLER, J.: Feddes Repert. spec. nov. **50**, 151—177 (1941). — (2) Beih. Bot. Cbl., Abt. B **61**, 72—123 (1941). — BONDARZEW, A., u. R. SINGER: Ann. Mycolog. **39**, 43—65 (1941). — BREED, ROBERT S., E. G. D. MURRAY u. A. PARKER HITCHENS: Zbl. Bakter., II. Abt. **102**, 417—424 (1940). — BUCHHOLZ, J. T.: Amer. J. Bot. **27**, 877—883 (1940). — BURGEFF, H.: Biol. Zbl. **61**, 337—360 (1941). — BURRET, M.: Notizbl. bot. Gart. Mus. Berlin-Dahlem **15**, 752 (1942).

CAMP, W. H.: Bull. Torrey bot. Club **68**, 100—111 (1941). — CAMPBELL, D. H.: The Evolution of Land Plants (Embryophyta), Stanford Univ. Press **1940**, 731 S., 351 Textfig. (n. v.). — CASTRO, DE D.: Agronomia Lusitanica **3**, 103—110 (1941). — CHEN, PAN-CHIEH: Hedwigia (Dresden) **80**, 141—322 (1941). — CHRISTENSEN, C., u. Mme. TARDIEU-BLOT: Notulae Syst. Paris **8**, 175—210 (1939). — CHRISTIANSEN, M. P.: The Taraxacum-Flora of Iceland, in GRÖNTVED, PAULSEN and SÖRENSEN: The Botany of Iceland Vol. III, Pt. III **12**, 235—343, 11 Fig. im Text, 44 Taf. Copenhagen 1942. — CHURCH, G. L.: Amer. J. Bot. **27**, 263—271 (1940). — CLAUSEN, JENS, DAVID D. KECK u. WILLIAM M. HIRSEY: (1) Carnegie Inst. Washington Publ. **520**, 452 S. Washington 1940 (n. v.). — (2) Amer. Naturalist **75**, 231—250 (1941). — CLAUSEN, R. T.: Gentes Herbarum **4**, 293—304 (1940). — CLEVE-EULER, ASTRID: Bot. Notiser **1940**, 77—96. — COPELAND, H. F.: Madroño **6**, 97—119 (1941). — COPELAND, H. F., u. B. E. DOYEL: Amer. J. Bot. **27**, 932—938 (1940). — COUTINHO, A. X. P.: Flora de Portugal, 2. Aufl. herausgeg. von R. T. PALHINHA, 933 S. Lisboa 1939. — CRETZOIU, PAUL: Feddes Repert. spec. nov. **50**, 297—319 (1941).

DANSER, B. H.: Blumea **4**, 261—319, 3 Taf. (1941). — DEHAY, CH.: Ann. Sci. Nat. Bot., XI. sér. **2**, 45—130, 86 Fig. (1941). — DIDDENS, H. A., u. J. LODDER: Die Hefesammlung des „Centraalbureau voor Schimmelcultures". Beiträge zu einer Monographie der Hefearten, II. Teil. Die anaskosporogenen Hefen, 2. Hälfte,

511 S. Amsterdam 1942. — DIELS, L.: Notizbl. bot. Gart. Mus. Berlin-Dahlem **15**, 787 (1942). — DÖLZ, V. B.: Feddes Repert. spec. nov. **51**, 49—61 (1942). — DRECHSLER, CH.: J. Washington Acad. Sci. **30**, 240—254 (1940). — DUVIGNEAUD, P.: Bull. Jard. Bot. Bruxelles **16**, 259—264, 1 Taf. (1941).

EKMAN, ELISABETH: Sv. bot. Tidskr. **35**, 133—142 (1941). — ERNST, ALFONS: Revision der Gattung Pinguicula, 120 S. Dissert. Berlin 1942.

FELDMANN-MAZOYER, G.: Ann. Sci. Nat. Bot., XI. sér. **2**, 140—148 (1941) (Ref. von CHADEFAUD). — FERNANDES, A.: (1) Bol. Soc. Broteriana, 2. sér. **13**, 487—542 (1939). — (2) Ebenda **14**, 53—66 (1940). — FERNANDES, A., u. J. BARROS NEVES: Ebenda **15**, 43—129 (1941). — FRIES, R. E.: Ark. Bot. (schwed.) **30** A, Nr. 8, 1—31 (1942).

GAGNEPAIN, F.: Notulae Syst. Paris **8**, 131 (1939). — GAZET DU CHATELIER, G.: Ann. Sci. Nat. Bot., XI. sér. **2**, 148—150 (1941) (Ref.). — GERLOFF, J.: Arch. Protistenkde **94**, 311—502 (1940). — GLÜCK, H.: Englers bot. Jb. **72**, 1—68 (1941). — GROSSHEIM, A. A.: Flora des Kaukasus, 2. umgearb. u. verm. Aufl., **1**, Baku 1939 (Polypodiaceae bis Gramineae), **2**, 1940 (Cyperaceae bis Orchidaceae). — GUILLAUMIN, A.: Notulae Syst. Paris **10**, 57—89 (1941).

HAGERUP, O.: Planta (Berl.) **32**, 6—14 (1941). — HANDEL-MAZZETTI, H.: Österr. bot. Z. **90**, 127—136 (1941). — HANSEN, ALBERT, u. AAGE LUND, in ALFRED JØRGENSEN: Die Mikroorganismen der Gärungsindustrie, 6. Aufl. Jena 1940. — HARLAND, S. C.: J. Washington Acad. Sci. **30**, 426—432 (1940). — HERRERA, F. L.: Sinopsis de la Flora del Cuzco, 528 S. Lima 1941 (n. v.). — HERZOG, TH.: Flora (Jena) **135**, 377—434, 30 Abb. (1942). — HIORTH, GUNNAR: Z. ind. Abst. **79**, 199—219 (1941). — HOLLENBERG, G. J.: Amer. J. Bot. **27**, 868—877 (1940). — HOLTTUM, R. E.: Notulae Syst. Paris **8**, 48—62 (1939). — HOOVER, R. F.: Bull. Torrey bot. Club **68**, 149—156 (1941). — HOUTZAGERS, G.: Die Gattung Populus und ihre forstliche Bedeutung; ins Deutsche übersetzt von W. KEMPER, 196 S., 9 Abb., 16 Taf. Hannover 1941. — HUBBARD, C. E.: Hookers Ic. Pl., 5. ser. **4**, Taf. 3386, 3387. — HUBER-PESTALOZZI, G.: Das Phytoplankton des Süßwassers, System und Biologie, in A. THIENEMANN: Die Binnengewässer **16**, 2. Teil, 1. und 2. Hälfte. Stuttgart 1941—1942. — HULTEN, ERIC: (1) Flora of Alaska and Yukon I. und II., Lunds Univ. Årsskr., N. F. Avd. 2 **37**, Nr. 1 (1941); **38**, Nr. 1 (1942). — (2) Bot. Notiser **1940**, 170—172. — HUSKINS, C. L.: Amer. Naturalist **75**, 329—344 (1941).

JAHN, E.: Ber. dtsch. bot. Ges. **59**, 233—245 (1941). — JAO, CHIN-CHIH: Sinensia **11**, 268 (1940). — INGELSTRÖM, E.: Svampflora. Stockholm 1940. — JOVET, P.: (1) Notulae Syst. Paris **9**, 146—156 (1941). — (2) Ebenda **10**, 39—53 (1941).

KALLENBACH, F.: Die Pilze Mitteleuropas **1**, Lief. 21. Leipzig 1941. — KAMPTNER, ERWIN: Ann. Naturhist. Mus. Wien **51**, 54—149, 15 Taf. (1941). — KELLER, G., u. R. SCHLECHTER: Feddes Repert. spec. nov. Sonderbeih. A **5**, Heft 15—20 (1941—42). — KILLIP, E. P.: Contr. U. S. Nat. Herb. **26**, 475—530, Taf. 30—40 (1939). — KISCH, R.: Z. Bot. **36**, 513—537 (1941). — KNAUTH, B., u. W. NEUHOFF: Die Pilze Mitteleuropas **2**, Lief. 11. Leipzig 1941. — KORSHIKOV, A. A.: Arch. Protistenkde **95**, 35, 38 (1941). — KOSTERMANS, A. J. G. H.: Notulae Syst. Paris **8**, 67—128 (1939). — KRAUSE, JOHANNES, in ENGLER-PRANTL: Die Natürlichen Pflanzenfamilien, 2. Aufl., herausgeg. von H. HARMS u. JOH. MATTFELD **20** b, 22—35, 255—321. Leipzig 1942. — KREUZINGER, K. G.: Feddes Repert. spec. nov. **50**, 193—210 (1941). — KÜKENTHAL, G.: Ebenda **50**, 19—50, 112—128 (1941); **51**, 1—17, 139—193 (1942). — KYLIN, HARALD: (1) Lunds Univ. Årsskr., N. F., Avd. **2** **37**, Nr. 2, S. 18 (1941). — (2) Ebenda **36**, Nr. 9, S. 1—67, 8 Taf. (1940).

LAM, H. J.: Blumea **4**, 323—358 (1941). — LAWRENCE, G. H. M.: Gentes Herbarum **4**, 391—418 (1940). — LEANDRI, J.: Notulae Syst. Paris **9**, 156—188 (1941). — LETTAU, G.: Feddes Repert. spec. nov. Beih. **119**, Nr. 4—5, 203—348

(1941—42). — LINNEMANN, GERMAINE: Die Mucorineen-Gattung Mortierella Coemans; Pflanzenforschung herausgeg. von R. KOLKWITZ Heft **23**, 64 S., 8 Taf. Jena 1941. — LIPSCHITZ, S. J.: Trudi bot. Garten Moskau **3**, 163—178 (1940). — LOESENER, TH., in ENGLER-PRANTL: Die Natürlichen Pflanzenfamilien, 2. Aufl., herausgeg. von H. HARMS u. JOH. MATTFELD **20b**, 36—231. Leipzig 1942. — LÖVE, ASKELL: Bot. Notiser **1940**, 157—169; **1941**, 155—172.

MAJEWSKI, P. F.: Flora von Mittelrußland, 824 S. Moskau 1940. — MANNING, WAYNE E.: Amer. J. Bot. **27**, 839—852 (1940). — MANSFELD, R.: (1) Feddes Repert. spec. nov. **50**, 65—68, 287—291 (1941). — (2) Verh. bot. Ver. Prov. Brandenburg **82**, 1—82 (1942). — MARKGRAF, FR.: Notizbl. bot. Gart. Mus. Berlin-Dahlem **15**, 615—629 (1941). — MARKLUND, G.: Acta Bot. Fennica **26**, 1—187 (1940). — MATTFELD, JOH., in ENGLER-PRANTL: Die Natürlichen Pflanzenfamilien, 2. Aufl., herausgeg. von H. HARMS u. JOH. MATTFELD **20b**, 13—21, 240—254. Leipzig 1942. — MELCHIOR, H.: Ber. dtsch. bot. Ges. **59**, 18—31 (1941). — MICHAELIS, P.: Z. Abstammungslehre **78**, 186—237 (1940). — MOEWUS, FRANZ: Ebenda **78**, 463—500 (1940). — MOISSL, EDITH: Österr. bot. Z. **90**, 153—212 (1941). MOREAU, M., u. Mme. FERNAND: Ann. Sci. Nat., XI. sér. **1**, 221—358, 24 Taf. (1940). — MOTYKA, JOZEF: Lichenum generis Usnea studium monographicum. 651 S. Lemberg 1936—1938. — MÜLLER, KARL: Ber. dtsch. bot. Ges. **59**, 428—436 (1941). — MÜNTZING, A., u. G.: Bot. Notiser **1941**, 237—278. — MUNK, ANDERS: Bot. Tidsskr. København **46**, 57—59 (1942).

NANNFELDT, J. A.: (1) Symb. Bot. Upsal. IV. **4**, 1—85, 19 Taf. (1940). — (2) Ark. Bot. (schwed.) **30**, Nr. 4, 1—67, 5 Taf. (1942). — NEUHOFF, W.: Die Pilze Mitteleuropas **2**, Lief. 11. Leipzig 1941. — NIETSCH, HILDE: Österr. bot. Z. **90**, 31—52 (1941). — NILSSON, FREDERIK: Bot. Notiser **1940**, 33—50. — NILSSON, HERIBERT: Ebenda **1941**, 50—58. — NORDENSKIÖLD, HEDDA: Ebenda **1941**, 12—32. — NORDHAGEN, R.: Norsk Flora, 766 S. Oslo 1940.

ÖSTERGREN, G.: Bot. Notiser **1940**, 133—143.

PAPENFUSS, GEORGE F.: Bot. Notiser **1940**, 211. — PASCHER, A.: Arch. Protistenkde **94**, 295—309 (1940). — PELLEGRIN, F.: Notulae Syst. Paris **9**, 3—42 (1940). — PERRIER DE LA BATHIE, H.: (1) Ebenda **9**, 42—64 (1940). — (2) Ebenda **10**, 1—38 (1941). — PETRAK, FRANZ: Bot. Archiv **43**, 84—98 (1941), 207—214 (1942). — PILAT, A.: (1) Ann. Mycolog. **38**, 66 (1940). — (2) Ebenda **39**, 71—103 (1941). — (3) In CH. KAVINA u. A. PILAT: Atlas des Champignons de l'Europe, 3 Bde. 374 Taf., 624 S. Text. Prag 1936—1942. — POCHMANN, ALFRED: Arch. Protistenkde **95**, 81—252 (1942). — POELLNITZ, K. VON: (1) Bol. Soc. Broteriana, 2. sér. **15**, 29—42 (1941). — (2) Ebenda 149—158. — (3) Feddes Repert. spec. nov. **50**, 89—103 (1941). — (4) Ebenda **51**, 17—32, 66—80, 113—139 (1942). — POLUNIN, N.: Botany of the Canadian Eastern Arctic, Part I. Pteridophyta and Spermatophyta, 408 S. Ottawa 1940. (National Museum of Canada Bull. Nr. **92**). — PROPACH, H.: Z. Abstammgslehre **78**, 115—128 (1940).

RECHINGER FIL., K. H.: (1) Bot. Archiv **43**, 1—70 (1941). — (2) Ebenda **42**, 335—430 (1940). — (3) Notizbl. bot. Gart. Mus. Berlin-Dahlem **15**, 630—632, 1 Abb. (1941). — REED, G. M.: Amer. J. Bot. **27**, 135—143 (1940). — ROMAGNESI, H.: Revue de Mycol. (Paris) **5**, 29—43 (1940). — ROTHMALER, WERNER: (1) Englers bot. Jb. **72**, 69—116 (1941). — (2) Ebenda 117—130. — (3) Feddes Repert. spec. nov. **50**, 177—192, 233—245 (1941).

SCHAEFER, HEINZ: Englers bot. Jb. **72**, 303—346 (1942). — SCHÄFFER, JULIUS (1) Ann. Mycolog. **38**, 96—120 (1940). — (2) Die Pilze Mitteleuropas **3**, Lief. 1. Leipzig 1942. — SCHMIDT, PAUL: Z. Bot. **37**, 321—424, 15 Abb., 2 Taf. (1942). — SCHNARF, K.: Vergleichende Cytologie des Geschlechtsapparates der Kormophyten 249 S. Berlin 1941. — SEELER, E. V.: J. Arnold Arboretum **21**, 429—460 (1940). — SEYBOLD, A., K. EGLE u. W. HÜLSBRUCH: Bot. Archiv **42**, 239—253 (1941). — SINSKAYA, E. N.: Z. Abstammgslehre **78**, 399—417 (1940). — ŠIRJAEV, G.: Abh.

russ. Forschgsges. in Prag **11**, Nr. 79, 25—38 (1941). — SLEUMER, H.: (1) Englers bot. Jb. **72**, 207—269 (1942). — (2) In ENGLER-PRANTL: Die Natürlichen Pflanzenfamilien, 2. Aufl., herausgeg. von H. HARMS u. JOH. MATTFELD **20b**, 232—239, 322—403. Leipzig 1942. — SOEHNER, ERT: Notizbl. bot. Gart. Mus. Berlin-Dahlem **15**, 762—782 (1942). — SØRENSEN, TH.: Bot. Tidsskr. København **45**, 161—165 (1940). — STANER, P.: Bull. Jard. Bot. Bruxelles **16**, 109—251 (1941). — STAPP, C.: Zbl. Bakter. Abt. II **102**, 1—19 (1940). — STEFFEN, H.: Flora von Ostpreußen, 319 S. Königsberg i. Pr. 1940. — STOJANOFF, N.: Jb. Univ. Sofia, Phys.-math. Fak. **35**, H. 3, Naturwissenschaft, 311—341 (1939). — STRAUB, J.: (1) Biol. Zbl. **60**, 659—669 (1940). — (2) Ebenda **61**, 573—588 (1941). — STROH, G.: Beih. Bot. Cbl., Abt. B **61**, 317—345 (1941). — STUBBE, H.: Biol. Zbl. **60**, 590—597 (1940). — STUBBE, H., u. F. VON WETTSTEIN: Ebenda **61**, 265—297 (1941). — SUESSENGUTH, KARL: Englers bot. Jb. **72**, 278—280 (1942). — SUESSENGUTH, K., u. O. OVERKOTT: Feddes Repert. spec. nov. **50**, 326 (1941). — SVEDELIUS, NILS: Blumea, Suppl. **2**, 72—90 (1942).

TABORDA DE MORAIS, A.: Bol. Soc. Broteriana, 2. sér. **13**, 572—661, 20 Taf. (1938—39). — TANAKA, T.: Sci. Pap. Inst. Algol. Res. Fac. Sci. Hokkaido Imp. Univ. **2**, 227—250, 21 Textfig., 2 Taf. (1941). — TIDESTROM, IVAR, and SISTER T. KITTELL: A Flora of Arizona and New Mexico, 897 S. Washington D. C. 1941 (n. v.). — TIPPO, OSWALD: Amer. J. Bot. **27**, Suppl., 9 (1940). — TRABUT, L.: Mélanges Bryol. et Lichénol. = Rev. Bryol. et Lichénol. **12**, 1—43 (1941—42).

ULBRICH, E.: Notizbl. Bot. Gart. Mus. Berlin-Dahlem **15**, 572—594 (1941). — UNAMUNO, P. LUIS M.: Mem. R. Acad. Ci. Exact. Fis. Nat. de Madrid, Ser. Ci. Nat. **8**, 403 S. (1941). — UPHOF, J. C. TH., in ENGLER-PRANTL: Die Natürlichen Pflanzenfamilien, 2. Aufl., herausgeg. von H. HARMS u. JOH. MATTFELD **20b**, 1—12 Leipzig 1942.

VLK, WLADIMIR: Arch. Protistenkde **95**, 76—80 (1941).

WASSCHER, J.: Blumea **4**, 359—481 (1941). — WESTERGAARD, M.: Bot. Tidsskr. København **45**, 338—351 (1941). — WOESS, FRIEDRICH VON: Z. Abstammgslehre **79**, 444—472 (1941).

ZAHLBRUCKNER, A.: Catalogus lichenum universalis **10** (Erg.-Bd.), Bog. 21—42. Berlin 1939—40. — ZANEVELD, J. S.: Blumea **4**, 1—223 (1940).

5. Paläobotanik.

Von MAX HIRMER, München.

Der Beitrag folgt in Bd. XII.

6. Systematische und genetische Pflanzengeographie[1].

Von FRANZ FIRBAS, Straßburg.

I. Rezente Flora.

1. Areale und Elemente (Gliederung und Entwicklung).

Die heute viel untersuchten Beziehungen zwischen Polyploidie und Artbildung sind für die genetische Pflanzengeographie natürlich von erheblicher Bedeutung. Es sei daher auch hier auf die zusammenfassende Darstellung TISCHLERS (1942) verwiesen, die dem Fernerstehenden einen guten Überblick über das Schrifttum vermittelt. Von systematischen Arbeiten können hier nur solche berücksichtigt werden, in denen das genetische Moment eine besondere Rolle spielt. Das trifft für SLEUMERS (1941) Vaccinioideenstudien zu, in denen zum Teil im Anschluß an REINIG von der Entstehung und Ausbreitung dieser Unterfamilie folgendes Bild entworfen wird: Der Ursprung, der noch in vortertiäre Zeiten zurückreichen mag, wird in Südostasien, im Südteil des Angarakontinents, vermutet. Für früh- bis mitteltertiäre Zeiten läßt sich bereits eine weite Verbreitung wahrscheinlich eurythermer, immergrüner, montaner Formen in den Gebirgswäldern der Tropen und Subtropen der Alten wie der Neuen Welt nachweisen und der Beginn einer zum Teil zu stenothermen Hochgebirgsarten fortschreitenden Differenzierung. Diese führte in der Folge, stark beeinflußt durch die frühzeitige Unterbrechung des Zusammenhangs zwischen Asien und Amerika in den tropischen, durch die lang andauernde Erhaltung dieses Zusammenhangs in den subarktischen und arktischen Breiten, durch die tertiären Gebirgsbildungen und weiter durch den pliozänen und diluvialen Klimawechsel zur Ausbildung von 4 Verbreitungs- und Mannigfaltigkeitszentren: 1. Indien und Südostasien mit Ausstrahlungen nach Malesien u. a. 2. Zentral- und das nördliche Südamerika. 3. Südostbrasilien (alle genannten Zentren tropisch-montan). 4. Nord- und Ostasien. Im letztgenannten Gebiet sind wohl die Sect. *Myrtillus*, *Uliginosa*, *Vitis idaea* und *Oxycoccus* entstanden, aus denen einige Arten im Diluvium und Postglazial ausgedehnte junge

[1] Bericht über die Jahre 1941—1943. Einige bisher unzugängliche Arbeiten sollen im nächsten Band besprochen werden.

holarktische und zirkumboreale Verbreitungsgebiete erworben haben. Ähnlich, d. h. von tropisch-subtropischen Gebirgstypen ausgehend, dürfte sich aber auch die Entwicklung der übrigen *Bicornes*-Gruppen (einschließlich der Gaultherieen und Ericineen) vollzogen haben, so daß sich aus diesen Studien ebenso wie aus jenen NORDHAGENS (1937/38) eine vertiefte Auffassung von der Entstehungs- und Ausbreitungsgeschichte der ganzen interessanten Ordnung ergibt.

Für die Geschichte jener in den mediterranen Gebirgen nicht seltenen Tertiärrelikte, die als Felsenpflanzen den Klimaschwankungen des Diluviums gewachsen waren, ist die mit *Heliosperma* verwandte Silenoideengattung *Petrocoptis* ein gutes Beispiel, die ROTHMALER (1941a) behandelt. Ihr Ursprung dürfte im westpyrenäisch-kantabrischen Gebiet gelegen haben. Sie besitzt heute mit 7 Arten ein disjunktes Verbreitungsgebiet im nördlichen Spanien. ROTHMALER (1941) beschäftigt sich auch mit *Ulex* und den anschließenden typisch westmediterranen Genisteengattungen, stellt aber phylogenetische Erwägungen über sie noch zurück.

Ein sehr anschauliches Beispiel für die Entstehungsgeschichte disjunkter Areale und zugleich auch ein Beispiel dafür, wieviel sicherer alle verbreitungsgeschichtlichen Untersuchungen werden, wenn man sich auf ein umfangreiches paläontologisches Material stützen kann, ist R. SANDEGRENS (1943) Arbeit über *Hippophaë Rhamnoides* in Schweden. Der Sanddorn besitzt heute in Nordeuropa 3 Teilareale, nämlich in Dänemark und Bohuslän, weiter rings um den Bottnischen Meerbusen und dann an der Nordwestküste Norwegens. Wie die überaus reichen und gut datierten postglazialen Fossilfunde lehren, waren diese Teilareale im Laufe der Nacheiszeit miteinander verbunden. Doch bestanden die Verbindungen keineswegs gleichzeitig. Vielmehr läßt sich an Hand von 4 Punktkarten sehr schön verfolgen, wie der Strauch einesteils seit dem Spätglazial sein Areal ständig erweitert hat — als Pionier auf dem vom Eise verlassenen Boden und diesem folgend, weiter entlang der Flußläufe, und, wo sich das Land hob, auch der Meeresküsten —, andererseits aber gleichzeitig in großen Gebieten durch die vorrückenden Wälder und im Bereich der marinen Transgressionen an bewaldeten Küsten auch durch diese wieder viel an Boden verlor, bis schließlich seine heutigen 3 Teilgebiete übriggeblieben sind. Eine weitere wichtige Arbeit hat H. GAMS (1943) dem Sanddorn gewidmet, und zwar vor allem seinem alpinen Teilareal. Auch hier ist *Hippophaë* dem zurückweichenden Eise gefolgt und hat sich dementsprechend gegen die inneren Alpentäler verspätet. Während der Wärmezeit reichte er wahrscheinlich einige hundert Meter höher als heute. Während des letzten Eishochstandes aber besiedelte der Strauch, der wahrscheinlich erst im jüngeren Diluvium von seinem innerasiatischen Ursprungsgebiet nach Europa gelangt ist, manche Standorte im unvereisten Mitteleuropa, von denen er dann durch die Wiederausbreitung der Wälder verdrängt wurde.

Größere Arealstudien sind im übrigen im Berichtszeitraum nur wenige erschienen. Doch hat SCHMUCKER (1942) in einem nützlichen Nachschlagewerk auf 250 Karten die Verbreitungsgebiete aller wichtigen Holzarten der nördlichen gemäßigten Zone dargestellt und MÁTHÉ (1941, 1942) seine Arbeit über die Florenelemente des historischen Ungarn weitergeführt und auch die Verteilung der Lebensformen auf sie untersucht. K. RUBNER (1943) hat das Areal der Sudetenlärche und seine standörtliche Bedingtheit eingehend verfolgt. Da es sich hierbei um eine Rasse handelt, die im Gegensatz zur Alpenlärche ihr Optimum in geringeren Höhenlagen (350—650 m) findet, an keine höhere Kontinentalität gebunden ist, auch in Mischung mit Schatthölzern (Buche, Tanne, Fichte) auftritt und gegen den Lärchenkrebs sehr widerstandsfähig ist, kann sie in den meisten deutschen Landschaften mit Erfolg angebaut werden. Die heutigen natürlichen Arealgrenzen lassen sich allerdings weder aus klimatischen noch aus edaphischen Bedingungen voll verständlich machen, es handelt sich vielmehr wohl um ein Restvorkommen aus diluvialer Zeit. RUBNER (1943a) behandelt auch die Bedeutung der natürlichen Verbreitung der Holzarten und ihrer Rassen für die Aufforstung der Ostgebiete. Dabei kommt der trockenen Tiefenzone im Raum Posen-Warschau-Brest eine besondere Bedeutung zu. Sie trennt nämlich nicht nur das Gebiet der baltischen Fichte von dem der karpatischen, sondern begrenzt offenbar auch das Vorkommen schlankkroniger Kiefern und schlankwüchsiger Hainbuchen, Birken, Roterlen und Aspen gegen Süden. Freilich sind diese Rassen und ihre Verbreitung noch nicht abschließend erfaßt, ihre weitere Untersuchung aber für den Waldbau zweifellos von besonderer Bedeutung. Von kleineren Arbeiten sei schließlich noch auf SCHUMACHERS (1941a) Studie über die Standortsbedingungen von *Struthiopteris Filicastrum* an seiner Westgrenze im Rheinischen Schiefergebirge und auf MILITZERS (1942) auf 32 Punktkarten gestützten Überblick über das atlantische Florenelement in Sachsen hingewiesen, der besonders für die Kenntnis der bekannten ,,Lausitzer Insel" wichtig ist.

Eine zunehmend stärkere Beachtung finden die Arealtypen und Florenelemente, freilich meistens ohne tiefergehende Verbreitungsstudien, in der Vegetationskunde. So hat KÄSTNER (1941) das von WANGERIN (1934) vorgeschlagene Verfahren, die Arealtypen durch ein Zahlensystem auszudrücken, aufgegriffen, weiter ausgebaut, die Arealzahlen für die gesamten Gefäßpflanzen Sachsens zusammengestellt und in einer Arbeit über die Gliederung der Waldsumpfgesellschaften (1941a) zu deren Kennzeichnung angewendet. BÖCHER (1943) entwirft ein System der Verbreitungstypen der nordeuropäischen Flora auf klimatischer Grundlage, das ebenfalls vor allem Vegetationsuntersuchungen dienen soll. Er geht dabei von der Tatsache aus, daß die Verbreitungsgrenzen in Nordeuropa vorwiegend entweder durch die Wärme der Vegetationsperiode bestimmte Sommerwärmegrenzen oder aber vor allem durch die Winterkälte bestimmte Ozeanitäts-Kontinentalitätsgrenzen sind, und benutzt die ersteren zur Haupteinteilung, die letzteren zur Unterteilung in eine größere Zahl von Gruppen. Um bestimmte klimatische Züge der Vegetation zum Ausdruck zu bringen, mag dies nützlich sein, obgleich hierbei etwa *Genista anglica* und *Adonis vernalis* in der gleichen, die erste Art und *Erica Tetralix* aber in verschiedenen Hauptgruppen erscheinen. Da dabei aber der Gesamtcharakter der Areale und ihre Beziehung zu den Floren- und Vegetationsgebieten nicht genügend beachtet werden können, sind einem solchen Versuch doch recht enge Grenzen gezogen. Die größte Bedeutung für die Vegetationskunde aber mißt MEUSEL den Verbreitungsverhältnissen bei, in dem er die Vegetationsgliederung sogar unter bewußtem Verzicht auf die Abgrenzung systematischer Einheiten verschiedener Größenordnung (Assoziationen, Verbände usw.) ganz aus einem Vergleich des wechselnden Anteils verschiedener Arealtypen ableiten möchte, hiermit also einen Weg weiter verfolgt, wie ihn besonders O. DRUDE im „Herzynischen Florenbezirk" gegangen ist. So spricht sich z. B. MEUSEL (1941) in einer Betrachtung der pflanzengeographischen Stellung des nordwestdeutschen Eichen-Birkenwalds, in dem boreal-kontinentale Elemente einerseits, europäisch-atlantische und subatlantische andererseits eine besondere Rolle spielen, unter Hinweis auf die Gegensätzlichkeit dieser Arealtypen und die Bedeutung der Fallaubwald-Nadelwaldgrenze gegen die Zuordnung der Eichen-Birkenwälder zur Klasse der eurasiatischen Nadelwälder aus — eine Frage, die von soziologischer Seite aufgeworfen, aber zunächst unbeantwortet gelassen wurde. Inzwischen haben sich auch BRAUN-BLANQUET und TÜXEN (1943) durch die Aufstellung einer Klasse der azidiphilen Eichenwälder (*Quercetea roboris-sessiliflorae*) neben der der *Vaccinio-Piceetea* im gleichen Sinn entschieden. In einer anderen Arbeit (1942) beschäftigt sich MEUSEL mit dem Buchenwald und zeigt an einer Reihe von Arealkarten die Stellung der Formation in der Vegetationsgliederung der Erde in ähnlicher Weise auf, wie dies u. a. PODPĚRA (1925), auf ENGLER und KORSCHINSKY aufbauend, getan hat. In 2 weiteren Arbeiten (MEUSEL 1942a, MEUSEL und HARTMANN 1943) wird besonders den Beziehungen zwischen dem Charakter des Gesamtareals und der lokalen Verbreitung einiger Arten der Buchenwälder, der Eichenmischwälder und einiger südlicher und östlicher Ackerunkräuter und Ruderalpflanzen nachgegangen.

In den Arbeiten, die sich an BRAUN-BLANQUET anlehnen (KÄSTNER 1941a, WAGNER 1941, EGGLER 1941, PAUČA 1941, MÁTHÉ 1941a, ROTHMALER 1943) werden hingegen erst die auf induktivem Wege aus dem Vergleich der floristischen Zusammensetzung zahlreicher Bestände abgeleiteten Vegetationseinheiten (Assoziationen usw.) auf den Anteil der an ihrem Aufbau beteiligten Arealtypen bzw. Florenelemente geprüft und eine Vorwegnahme der Vegetationsgliederung nach den Grundlinien der Pflanzenverbreitung abgelehnt. Doch werden auch hierbei, wie dies ja von BRAUN-BLANQUET selbst im Anschluß an seine bekannten florengeschichtlichen Arbeiten (1917, 1923 u. a.) seit jeher geübt wurde, die hervortretenden Florenelemente zur Kennzeichnung der Gesellschaften in hohem Maße herangezogen und bei der Gliederung berücksichtigt, so z. B. durch WAGNER bei der Erörterung der Stellung der Trockenrasengesellschaften des Alpenostrandes innerhalb des *Festucion vallesiacae*-Verbandes.

Es ist ja auch fast selbstverständlich, daß arealkundliche Studien gerade zu den vergleichend floristischen Richtungen der Vegetationskunde in enge Beziehungen treten müssen. Nur ist dabei zu bedenken, daß sowohl die Pflanzensoziologie wie die Arealforschung, die ja, will sie nicht in einen unfruchtbaren Schematismus verfallen, in ständiger Verbindung mit systematischen Studien betrieben werden muß, einen so großen Aufwand an Arbeitskraft und Zeit erfordern, daß nur selten ein Bearbeiter beiden in gleichem Maße gerecht werden wird. Das fordert zu einem größeren gegenseitigen Verständnis der Vertreter beider Richtungen auf, als sich zur Zeit feststellen läßt.

Durch mehrere Arbeiten ist auch die Verbreitungsgeschichte der Adventivpflanzen gefördert worden. E. LEHMANN (1942) ist der Einbürgerung der kaukasischen, heute vielfach als Zierpflanze beliebten *Veronica filiformis* nachgegangen, die sich etwa seit 1900 vornehmlich in den ozeanischen Gebieten Westeuropas und dann in den regenreichen, im Winter durch eine Schneedecke geschützten Lagen der nördlichen Voralpen in Grasgärten und auf Wiesen sehr energisch ausbreitet. (Über ihr Verhalten als Wiesenunkraut vgl. BORNMÜLLER 1941). Hohe Niederschläge und der Schutz vor Winterfrösten in den Invasionsgebieten entsprechen weitgehend den natürlichen Vorkommen der Art im Kaukasus. Hohe Niederschläge begrenzen nach KLEMENT (1941/42) auch die auf die Forstkultur zurückgehende Ausbreitung von *Digitalis purpurea* im Erzgebirge. N. HYLANDER (1943) hat in einer sehr eingehenden Abhandlung die systematische Stellung und die Ausbreitungsgeschichte einer eigenartigen Flora studiert, die in der 2. Hälfte des vergangenen Jahrhunderts im Rasen schwedischer Parkanlagen Eingang gefunden hat, in denen damals noch vorwiegend aus Frankreich und Deutschland stammendes Saatgut zur Ansaat verwendet wurde, das in den Ursprungsgebieten nach früherer Gepflogenheit von Wildpflanzen an Rainen u. a. eingesammelt worden war. Die in den letzten 20—50 Jahren erfolgte Ausbreitung von *Impatiens glanduligera*, eines typischen, aus dem westlichen Himalaja stammenden Gartenflüchtlings, in Schweden hat WITTE (1941) behandelt; H. ZILLIG (1942) hat die Geschichte der Adventivflora von Trier, die sich durch 7 Florenwerke über einen Zeitraum von mehr als 100 Jahren verfolgen läßt, unter Verwendung vieler eigener Beobachtungen zusammengestellt, wobei auch die parasitischen Pilze Beachtung fanden. K. WEIN (1942) hat seine wortreiche Abhandlung über die älteste Einführungs- und Ausbreitungsgeschichte von *Acorus Calamus* abgeschlossen.

Zusammenstellung neuer Verbreitungskarten und wichtigerer Verbreitungsangaben.

Algen. Die schon erwähnten Untersuchungen über die Diatomeenflora Lapplands (HUSTEDT 1942, KRASSKE 1943). — Wichtige Algenfunde im Oberrheingebiet bei LAUTERBORN 1942, vorwiegend ökologische Studien über die Verbreitung der Algen in den Gebirgsbächen des Schwarzwalds bei WEHRLE 1942. — Eine Punktkarte für die europäischen Funde von *Hildenbrandia rivularis* (TARNAVSCHI 1941).

Pilze. Eine Punktkarte für die mitteleuropäischen Vorkommen des Gasteromyceten *Battarea phalloides* (PODPĚRA 1940), 3 Punktkarten für die an die xerotherme Flora gebundene *Amanita caesarea* in Böhmen, Mähren und am Karpatenrand (PODPĚRA 1941). — Eine Karte und nähere Angaben über die Ausbreitung der australischen Clathracee *Anthurus aseroëformis* im Oberrheingebiet, die wahrscheinlich während des Weltkrieges in die Vogesen eingeschleppt wurde (STRICKER 1942).

Flechten. Eine Punktkarte für das skandinavische Verbreitungsgebiet der arktisch-alpinen *Parmeliella lepidiota* (ALBERTSON 1941); Punktkarten und Standortsverzeichnisse für *Umbilicaria rigida, leiocarpa, Nylanderiana* und *fuliginosa* in Fennoskandien (HASSELROT 1941). — Eine Punktkarte für die ozeanische *Normandina pulchella* in Skandinavien (AHLNER 1942). — Wichtigere Flechtenfunde aus dem Stockholmer Schärenhof (DEGELIUS 1942, 1943).

Moose. Eine Übersicht über die Verbreitung der *Pottiaceae* und ihre Zuordnung zu den Florenelementen bei CHEN 1941. — Einige u. a. für die Feststellung der Nordgrenzen wichtige Neufunde von Moosen auf Spitzbergen, Island und Westgrönland (PERSSON 1942). — Eine Punktkarte für die schwedischen Standorte von *Leucobryum glaucum* (in den ozeanischen Gebieten weit verbreitet, aber fast immer steril, in den kontinentaleren, niederschlagsärmeren seltener, aber häufiger fruchtend!), *Eurhynchium striatum* und *Zetterstedtii* (PERSSON 1943). — Neue Standorte und eine Punktkarte für die in Europa westmediterran-euatlantische *Calypogeia arguta* in Deutschland (SCHUMACHER 1941, 1942). — H. REIMERS (1941, 1942) teilt in einem Nachtrag zur Moosflora des südlichen Harzvorlands als wichtige Neufunde mit: das bisher nur aus Vorderasien bekannte Wüstensteppenmoos *Tortula brevissima* auf dem Zechstein des Kyffhäusers (neu für Deutschland) und aus dem Südharz das dealpine Kalkalpenmoos *Isopterygium pulchellum*. — Wichtige Neufunde aus den Vogesen und ihrer trockenen Vorhügelzone bei F. und K. KOPPE (1942). — Ausführliche Untersuchung der Verbreitung der *Orthotrichum*-Arten in Ungarn mit 9 Punktkarten (IGMÁNDY 1942).

Farne. Eine Punktkarte für *Blechnum Spicant* in Schonen (WEIMARCK 1942). — Eine Punktkarte und Erörterungen über die Standortsbedingungen von *Selaginella Selaginoides* in Süd- und Mittelschweden, die das Verhalten der Art an der Südwestgrenze ihres nordischen Teilareals beleuchten (ALBERTSON 1942).

Gymnospermen. Eine Punktkarte für die Verbreitung der Sudetenlärche im Ostsudetengebiet (RUBNER 1943). — Eine Karte der mittelböhmischen *Taxus*-Vorkommen bei Pürglitz (SVOBODA 1941). — Eine Punktkarte und eingehende Standortsangaben über *Pinus Heldreichii* auf der Balkanhalbinsel (FUKAREK 1942, 1942).

Angiospermen. Mehrere Erdteile oder Europa. Umrißkarten der heutigen Verbreitung und Tertiärfunde der *Symplocaceen* (KIRCHHEIMER 1943) und *Mastixioideen* (K. 1943a). 4 Karten über die Verbreitung der *Lobelioideae* (WIMMER 1943). Je eine Punktkarte von *Bidens frondosus* und *B. connatus* in Europa (SCHUMACHER 1942a). — Je eine Punktkarte für *Luzula luzulòides, Poa Chaixii, Hieracium grandidens, Dactylis Aschersoniana* in Schweden (HYLANDER 1943). — Eine Punktkarte von *Impatiens glanduligera* in Schweden (WITTE 1941). — 5 Punktkarten der heutigen, spät- und postglazialen Verbreitung von *Hippophaë rhamnoides* in Nordeuropa (SANDEGREN 1943) und 4 Punktkarten seiner Gesamtverbreitung und jener in den Alpen (H. GAMS 1943). — 2 Punktkarten von *Thlaspi alpestre* in Schweden (HYLANDER 1943a). — Punktkarten für die Verbreitung von *Geranium bohemicum* und *lanuginosum* in Fennoskandien (DAHLGREN 1943). — Punktkarten der Gesamtverbreitung von *Arnica alpina, Campanula uniflora, Carex bicolor, C. rufina* und *Draba crassifolia* in Skandinavien, von *Sedum villosum* in Schweden und von einigen in der Pite Lappmark ihre südlichsten Standorte erreichenden Arten, Punkt- und Übersichtskarten von *Empetrum nigrum* und *hermaphroditum* in Schweden, außerdem eine Zusammenstellung aller Arbeiten, die Verbreitungskarten der skandinavischen Gebirgspflanzen enthalten, viele Angaben über Höhengrenzen (ARWIDSSON 1943). — Punktkarten für 21 *Alchemilla*-Arten für Fennoskandien und Dänemark, Gesamtverbreitungskarten von 5 Arten (SAMUELSSON 1943). — 4 Punktkarten für *Mentha gentilis* L. var. in Schweden (HYLANDER 1941). — *Veronica praecox* spontan in Gotland (HYLANDER 1941a). — Eine Punktkarte der rezenten und postglazialen Vorkommen von *Najas marina* in Nordeuropa (BACKMAN 1941). — Eine Punktkarte für *Poa Chaixii* und *remota* und nähere Angaben über *Bromus ramosus, benekeni* und *Glyceria plicata* in Sachsen (FLÖSSNER 1942). — Eine Reihe von Umrißkarten von *Corydalis claviculata, Hypericum pulchrum, Lonicera Periclymenum, Holcus mollis* u. a. bei MEUSEL 1941, von *Sanicula* sect. *Eu-Sanicula, Fagus silvatica, Acer sect. Spicata* ser. *Spicati, Acer platanoides, Taxus baccata, Dentaria bulbifera* u. a. *Dentaria*-Arten bei MEUSEL 1942. — Punktkarten des mitteldeutschen Verbreitungsgebiets von *Dentaria bulbifera, Elymus europaeus, Epipactis microphylla, Potentilla sterilis, P. alba, Viola mirabilis, Vicia pisiformis, Melica picta, Lactuca quercina, Orlaya grandiflora, Caucalis daucoides, Nigella arvensis, Nonnea pulla* und *Atriplex nitens* bei MEUSEL 1942a. — Verbreitungsangaben für 50 Arten der Laubmischwälder im Weserbergland bei SCHWIER 1942. — Eine Punktkarte und Angaben über die Standortsbedingungen von *Melica uniflora* in den Sudetenländern (POHL 1941/42). — Eine Punktkarte für *Digitalis purpurea* im westlichen Sudetengau (KLEMENT 1941/42). — Punktkarten der Verbreitung in Württemberg, Baden und der Nordschweiz von *Erucastrum obtusangulum, Agropyron litorale-repens, Iris sibirica, Allium angulosum, carinatum, suaveolens, Carex polygama, Thalictrum flavum, Senecio paludosus, Hydrocotyle vulgaris, Viola alba, Cytisus nigricans* (K. BERTSCH 1941c). — Eingehende Standortsangaben für die besonders reiche Orchideenflora von Freiburg i. Br. (SCHLATTERER 1942). — Eine Karte über das Vorkommen von *Linum perenne* im Oberrheingebiet und Erörterung der Verbreitungsbedingungen (KRAMER 1942). — Umrißkarten der Gesamtverbreitung von *Jurinea mollis, Cytisus ratisbonensis, Fumana vulgaris* und *Minuartia fasciculata* (WAGNER 1941). — Fundortslisten mit vielen Neufunden von *Narcissus stellaris* in Steiermark (LÄMMERMAYR 1942). — Umrißkarten für die Verbreitung einiger Holzarten in den Ostgebieten bei RUBNER 1943a, in Rußland bei WALTER 1942, genauere Verbreitungsangaben (ohne Karten) über den gleichen Gegenstand bei REINHOLD 1942. — Umrißkarte für *Quercus Virgiliana* und Neufunde in Rumänien (GEORGESCU, MORARIU und CRETZOIU 1942). — Eine Anzahl Verbreitungskarten mediterraner Leitpflanzen bei RIKLI 1942. — 2 Punktkarten und eingehende Fundortslisten für 5 Arten aus dem Formenkreis von *Poa badensis,* weiter für *P. minor* und *jubata* (BUSCHMANN 1942). — Eine Punktkarte für *Cerastium Schmalhauseni, bulgaricum, ramosissimum* (MÖSCHL 1943). — Umrißkarten für Arten der Genisteen-Gattungen *Echinospartum, Stauracanthus, Nepa* und *Ulex* (ROTHMALER 1941). — Umrißkarten für die Arten von *Petrocoptis* (ROTHMALER 1941a).

Asien. Eine Karte über Palmenstandorte in Südarabien (BURRET 1943). — Eine Punktkarte von *Sagittaria sinensis* in Britisch Indien und eingehende Angaben über die Gesamtverbreitung der wärmeliebenden Art (GLÜCK 1941).

Afrika. 308 Punktkarten für folgende Gattungen der Kapflora: *Anthochortus, Aristea, Cannomois, Chondropetalum, Cliffortia, Corymbium, Disparago, Echiostachys, Elegia, Elytropappus, Hypodiscus, Hypolaena, Klattia, Leptocarpus, Lobastemon, Nivenia, Passerina, Phyllocomos, Restio, Staberoha, Stoebe, Thamnochortus, Willdenowia, Witsenia* (WEIMARCK 1941).

Amerika. Punktkarten und eingehende Verbreitungsangaben in E. HULTÉNS vorzüglicher Flora von Alaska und Yukon (H. 1941, 1942, 1943). — Eine Karte über die Verbreitung der 13 amerikanischen Arten der Rhizophoraceen-Gattung *Cassipourea* (JONKER 1941). — Umrißkarten für *Passiflora incarnata* und *edulis* (SCHINDLER und WEBER 1941).

2. Floren.

Europa. Eine der interessantesten und schärfsten Floren- und Vegetationsgrenzen Europas ist die Ostgrenze Fennoskandiens gegen den weiten und floristisch außerordentlich einheitlichen nordrussisch-nordasiatischen Raum. Sie ist durch das Weiße Meer und eine von der Mündung des Onegaflusses, diesem aufwärts folgend, dann zum Südostufer des Onegasees, weiter entlang dem Swir, dem Ladogasee und der Newa zum Finnischen Meerbusen verlaufende Linie gegeben. Nach einer eingehenden Untersuchung KALELAS (1943), die auch auf die spät-

und postglazialen Pflanzenwanderungen eingeht, ist die Schärfe dieser Grenze dadurch bedingt, daß sie innerhalb des Übergangs vom ozeanischen zum kontinentalen Klima Nordeuropas, der die Gegensätze letzten Endes bestimmt, aber doch nur gleitend ist, mit einer besonders ausgeprägten Grenzlinie im geologischen Aufbau, in der Oberflächengestaltung und in der Art der Böden zusammenfällt.

Die skandinavischen Botaniker neigen immer mehr zu der auf BLYTT zurückgehenden Annahme, daß große Teile der alpinen und subalpinen Flora die letzte oder auch schon ältere Eiszeiten im Lande selbst überdauert haben, und zwar in erster Linie in unvergletscherten Gebieten längs der norwegischen Westküste. Als Beweis hierfür werden u. a. die „bizentrischen Areale" mancher Arten angesehen, die nur in den nördlichen und südlichen, nicht aber in den mittleren Teilen der skandinavischen Hochgebirge gefunden werden, was auf die Lage bestimmter, nachweisbar unvergletscherter Küstengebiete zurückgeführt wird, die die Überdauerung ermöglicht haben sollen. In einer Arbeit über die Pite Lappmark nimmt ARWIDSON (1943) zu diesen Vorstellungen kritisch Stellung und weist, obwohl er auch für die Überdauerungshypothese eintritt, darauf hin, daß die bizentrischen Areale auch auf die postglaziale Wärmezeit zurückgehen können, durch welche die Erhaltung der genannten Arten vielleicht nur in den südlichen und nördlichen Gebirgsteilen ermöglicht ist, die eine ausgedehntere alpine Stufe besitzen. (Die Arbeit enthält u. a. auch Karten über die Verbreitung der beiden in den letzten Jahren viel beachteten *Empetrum*-Arten in Schweden, nämlich des diploiden südlicheren *E. nigrum* und des tetraploiden nördlicheren *E. hermaphroditum.*)

Die Frage der Eiszeitüberdauerung spielt auch eine wesentliche Rolle in G. SAMUELSSONS (1943) Untersuchung über die Verbreitung der *Alchemilla*-Arten der *Vulgaris*-Gruppe in Nordeuropa. Während nämlich die Ausbreitung der meisten Alchemillen entweder überhaupt erst im Gefolge des Menschen erfolgt ist oder aber durch ihn zumindest so weit gefördert wurde, daß sich die frühere Verbreitung schwer feststellen läßt, läßt sich für andere (z. B. *A. glomerulans, Wichurae*) sehr wahrscheinlich machen, daß sie wenigstens die letzte Eiszeit in Skandinavien überdauert haben. Überhaupt besitzen die *Alchemilla*-Arten, wie ihre Gesamtverbreitung lehrt — im Gegensatz etwa zu *Hieracium* —, durchwegs ein hohes, wahrscheinlich altquartäres Alter; eine Formenbildung in jüngerer Zeit hat zwar nicht völlig gefehlt, blieb aber ganz unbedeutend. Dadurch kommt aber der Gattung innerhalb der Apomikten eine ganz eigenartige Stellung zu, und Untersuchungen über ihre Verbreitung gewinnen grundsätzliche Bedeutung, besonders wenn sie in so vorbildlich kritischer Weise durchgeführt werden.

Zu den „Eiszeitüberwinterern" Fennoskandiens gehören schließlich auch einige Umbilicarien, mit deren Verbreitung sich HASSELROT (1941) befaßt. Die alpinen

Umbilicarien treten heute interessanterweise an ihrer Südgrenze und in tieferen Lagen bevorzugt auf künstlichen Standorten (Feldsteinhaufen u. a.) auf. Dies geht offenbar darauf zurück, daß sie Pioniere sind, die später von anderen Laubflechten verdrängt werden und an natürlichen Standorten tieferer Lagen auf diese Weise offenbar auch schon längst verdrängt worden sind. Aber an künstlich geschaffenen frischen Gesteinsflächen, wo sie der Konkurrenz eine Zeitlang entzogen bleiben, können sie sich von neuem ansiedeln, ein schönes Beispiel für die Bedeutung des Wettbewerbs und ebenso für die Bedeutung der Fernverbreitung durch den Wind, auf die diese jungen Standorte offensichtlich zurückgehen. (Beispiele für die Fernverbreitung der Sporen von *Aspidium Lonchitis* bei KLEMMENT 1943.)

Insgesamt stützen die 3 vorgenannten Arbeiten also die sich allmählich immer mehr festigende Auffassung, daß die mitteleuropäische Glazialflora mit ihrer Durchdringung arktischer und alpiner Typen für die Wiederbesiedlung Fennoskandiens mit alpinen und subalpinen Pflanzen nicht von der Bedeutung war, die man ihr früher zugesprochen hat.

Einen Beitrag zur Flora Spitzbergens enthält die Arbeit von TRILOFF über die Verbreitung der Gefäßpflanzen im Gebiete des Hornsundes. Zur floristischen Kenntnis Kolas trägt die 5. Lieferung von REGELS „Vegetationsverhältnissen der Halbinsel Kola" bei. Die Ausprägung ozeanischer Klimaeinflüsse in der Flora und Vegetation des Schwarzwalds, die im Nordschwarzwald sehr viel deutlicher ist als im Südschwarzwald, behandeln in ihren vegetationskundlichen Arbeiten kurz J. und M. BARTSCH (1940, 1941).

Einen Überblick über die pflanzengeographische Stellung und Gliederung Rumäniens verdanken wir A. BORZA (1941). Zum größten Teil noch als dacische Provinz dem mitteleuropäischen Gebiet zugehörig, daneben aber noch an seiner pontischen Provinz und in der südlichen Dobrutscha am Mediterrangebiet Anteil nehmend, zeigt die besonders große Zahl von Endemismen, daß hier durch die Gunst der Lage wie durch die Mannigfaltigkeit der Standortsbedingungen sowohl die Erhaltung tertiärer Sippen als auch die Neubildung von Formen begünstigt war. Die Bedeutung der Steppen in der natürlichen Vegetation ist hingegen vielfach überschätzt worden.

FR. MARKGRAF (1942) verfolgte die Südgrenze der mitteleuropäischen Vegetation auf der Balkanhalbinsel nach den Vegetationsstufen: oberhalb der Macchien-Schibljakstufe laubwerfender Trockenwald, laubwerfender Wolkenwald und mesophytischen Matten im mitteleuropäischen Bereich, mediterraner Nadelwald und xerophytische offene Matten im mediterranen. Es zeigte sich, daß die mitteleuropäische Vegetationsgliederung in den zentralen Gebirgen an der albanisch-mazedonischen Grenze erheblich weiter nach Süden reicht als in den küstennäheren Gebieten im Westen und Osten, in offenbarer Parallele zum Verlauf der Sommerisohyeten und zur Zunahme der Winterkälte mit der Entfernung vom Meer. Da das kontinentalere Klima gleichzeitig die obere Grenze der mitteleuropäischen Vegetationsstufen hebt, durchkreuzen sich als Folge der gleichen Klimaänderung deren Isohypsen in eigenartiger Weise mit der Südgrenze der mitteleuropäischen Vegetation.

Mit der pflanzengeographischen Stellung der Südkrim befaßt sich REGEL (1943, vgl. dazu auch WALTER 1943). Sie wird meist kurzweg zum Mediterrangebiet gerechnet, weicht aber besonders durch das Fehlen der immergrünen Hartlaubwälder bzw. der Macchien ab, an deren Stelle der sommergrüne Schibljak mit nur sehr wenig einheimischen immergrünen Arten tritt. Doch zeigt die Stufenfolge der Jaila in der Ausbildung eines Nadelwaldgürtels (mit *Pinus Pallasiana*) unterhalb der Buchenstufe einen typisch mediterranen Zug. R. bezeichnet danach die Südkrim im Anschluß an MALÉEV als ein pflanzengeographisches Übergangsgebiet, das am besten als eigene Unterprovinz einer euxinischen Provinz (s. l.) zugerechnet wird, die er im Mediterrangebiet neben der West- und ostmediterranen Provinz unterscheidet, und die die verschiedenen mediterranen Küstengebiete des Schwarzen Meeres umfaßt. In einer weiteren, mehr vegetationskundlichen Arbeit befaßt sich REGEL (1943a) mit den Vegetationsstufen Griechenlands und seiner Gliederung in Florengebiete. Die Ostmediterraneis kann man danach der durch das *Quercion ilicis* ausgezeichneten Westmediterraneis als Klimaxgebiet des *Quercion cocciferae* gegenüberstellen. (Vgl. dazu auch die Karte der Klimaxgebiete der Iberischen Halbinsel bei ROTHMALER 1943. Eine Einführung in die Vegetationsgebiete der Mittelmeerländer gibt RIKLI.)

Die Moosvegetation der Lorbeerwälder auf Tenerifa hat MÄGDEFRAU (1943) studiert. Während in der Macchie und in den Wäldern von *Pinus Canariensis* das mediterrane Element vorherrscht, treten in ihnen das atlantische Element und die Endemiten in den Vordergrund. Dies ist wohl ähnlich wie bei den höheren Pflanzen als Ausklang der Tertiärflora zu verstehen.

Wichtige Ergebnisse brachten auch einige Arbeiten über niedere Pflanzen. So ist MESSIKOMERS (1942) umfangreiche Arbeit über die Algenflora von Davos eine weit über den Titel hinausgehende Darstellung der Ökologie, Vergesellschaftung, Verbreitung und Herkunft der Algenflora der Hochgebirge, die neben der Darstellung HUBER-PESTALOZZIS im Handbuch der regionalen Limnologie eine vielseitige Grundlage für pflanzengeographische Algenstudien abgeben kann. Von einer alpinen Flora ähnlicher Selbständigkeit wie bei den Phanerogamen kann man bei den Algen nach MESSIKOMER nicht reden, wohl aber von einer besonders durch Desmidiaceen und Diatomeen ausgezeichneten Hochgebirgsalgenflora, die z. B. um Davos neben 54% Kosmopoliten doch auch eine größere Zahl alpiner Endemismen und arktisch-alpiner Elemente enthält. Ihre Entstehung reicht ins Präglazial zurück.

Sehr interessant sind weiter HUSTEDTS (1942) Untersuchungen der Diatomeenflora von Abisko in Schwedisch Lappland, weil sie zeigen, daß die meisten bisher wegen ihres angeblichen Fehlens in Nordeuropa als Wärmezeiger angesehenen Formen in ihrer Verbreitung tatsächlich kaum von der Temperatur, wohl aber vom Chemismus abhängen, und unter geeigneten Bedingungen (höheres p_H usw.) auch in Lappland auftreten. Diese für geologisch-klimageschichtliche Auswertungen von Diatomeenfunden sehr wichtige Feststellung führt den Verfasser zu einer energischen Ablehnung der Bewertung fossiler Diatomeengesellschaften durch A. CLEVE-EULER. Unter den bei Abisko festgestellten Formen herrschen die weit verbreiteten weitaus vor, doch ist immerhin auch eine kleine Gruppe vorwiegend nordisch-alpiner, bzw. circumpolar-subarktischer Sippen vorhanden. Zu den gleichen Ergebnissen wie Hustedt kam auch Krasske (1943) auf Grund einer Untersuchung zahlreicher Proben aus Finnisch, Norwegisch und Schwedisch Lappland.

Auch die Zusammensetzung der Phycomycetenflora scheint in den tropischen und gemäßigten Gebieten zumindest hinsichtlich der Gattungen, wahrscheinlich aber auch vieler Arten nach Sörgel (1941) sehr gleichförmig zu sein. Der Verf. hat vor allem die Verbreitung niederer Phycomyceten in westindischen Böden untersucht.

Amerika. Eine Gliederung des Florengebietes von Alaska und Yukon in 11 Bezirke enthält die Flora dieses Gebietes von Hultén. — Die Flora des 3837 m hohen Chirripo grande in Costa Rica untersuchte Suessenguth (1942). Sie zeichnet sich neben verschiedenen mittelamerikanischen Endemismen vor allem durch einen beträchtlichen Anteil des andinen Florenelements aus, dessen schon bisher bekanntes, bis Mexiko reichendes Vordringen gegen Norden damit noch weiter bestimmt wird. Bemerkenswert ist auch der erstmalige Nachweis der bisher nur aus Südasien, Afrika und Australien bekannten Gattung *Limnophila* (Scroph.) mit einer eigenen Art (*L. costaricensis*) sowie der südpazifischen, bisher nur bis Kolumbien bekannten Cyperaceen-Gattung *Oreobolus*. — Kalela (1941) teilt den Entwurf einer Gliederung des ostpatagonischen Waldgebiets auf Grund der Waldtypen mit. (S. a. die schon oben genannte Arbeit von Sörgel.)

Afrika. Eine sehr gründliche Arbeit und ein wichtiger Schritt auf dem Wege zum Verständnis des kapländischen Florenreichs ist Weimarcks (1941) Abhandlung über die pflanzengeographischen Gruppen, Zentren und Disjunktionen innerhalb der Kapflora. Von den mindestens 700 Gattungen und 6000 Arten der Kapflora, von denen über 3500 endemisch sind, werden allerdings nur 24 Gattungen mit 462 Arten berücksichtigt, die hier entweder endemisch sind oder zumindest ihr Verbreitungszentrum besitzen, nämlich nur diejenigen, die in jüngerer Zeit eingehend monographisch bearbeitet wurden. Gerade durch diese Beschränkung können aber alle aus der Verbreitung gezogenen Schlüsse an der systematischen Stellung überprüft werden, und die Arbeit wird so zu einem guten Beispiel für die Notwendigkeit, arealkundliche Studien systematisch gut zu unterbauen. Die verschiedenen aufgestellten Arealtypen mit ihren Disjunktionen können hier nicht besprochen werden. (Die Arbeit enthält auch eine übersichtliche Zusammenstellung der Verbreitung aller Gattungen der eigentlichen Kapflora.) Sie führen den Verf. jedenfalls zu dem Schluß, daß die heutige Arealgestaltung des Kapelements, seine Disjunktionen und oft eng umgrenzten Areale in hohem Maße dadurch bedingt worden sind, daß im Laufe des Wechsels kühl-feuchter und trocken-warmer Perioden während des Tertiärs und Diluviums bald das Waldelement, bald das xerophytische Karrooelement mit der Kapflora in Wettbewerb getreten ist. Den Kapendemismen kommt danach weit mehr Reliktcharakter zu, als bisher angenommen wurde.

II. Posttertiäre Floren- und Vegetationsgeschichte.

Methodik.

Ein weiterer Ausbau der Pollenforschung ist durch systematisch-morphologische Studien zu erwarten, da sich immer wieder zeigt, daß die Pollenkörner mancher, bisher noch nicht beachteter, aber vegetationsgeschichtlich wichtiger Arten oder Gattungen erhaltungsfähig und bestimmbar sind. So ist IVERSEN (1941) in dänischen Mooren der Nachweis von *Hedera* und *Viscum* gelungen, die als Zeiger für milde Winter bzw. warme Sommer bewertet werden, und vor allem auch der von *Plantago*. *P. lanceolata* und *major* haben sich in Dänemark offenbar erst seit dem Neolithikum im Gefolge des Menschen nachweisbar ausgebreitet und können so zusammen mit *Artemisia*-, *Rumex*- und Chenopodiaceenpollen als Ausdruck für die Begründung und Ausbreitung menschlicher Siedlungen bewertet werden. TROELS-SMITH (1942) verwendet den Pollen der seichte Fjordböden bevorzugenden *Ruppia* als Indikator mariner Transgressionen, während FAEGRI (1940) das atlantische *Polygonum Raji* in altspätglazialen Schichten Westnorwegens nachweisen konnte und ERDTMAN (1943) in den Rohhumusschichten lappländischer Wälder eine ganze Reihe von Arten ihres Unterwuchses im Pollen wiedererkennt. Bei der Verfolgung solcher selten auftretenden Pollentypen ist freilich die Abzählung großer Pollenmengen nötig. Der damit verbundene, sehr viel größere Zeitaufwand kann aber bei guter Auswahl des Untersuchungsgebietes, wie IVERSENS „Promillediagramme" zeigen, sehr lohnend werden. Von FAEGRI, der sich auch noch mit manchen anderen methodischen Fragen befaßt, wurde außerdem im Anschluß an ENEROTH der alte Versuch wieder aufgenommen, die Pollenkörner der *Betula*-Arten größenstatistisch zu trennen, und zwar nach etwa 30000 Messungen anscheinend mit gutem Erfolg, den er gegenüber anderen negativen Erfahrungen auf die Kalkarmut der untersuchten Ablagerungen zurückführt. Leider hat aber eine weitere Untersuchung von AARIO (1941) an finnischen Mooren ergeben, daß der Einfluß des einbettenden Mediums auf die Pollengröße auch in kalkarmen Sphagnum- und Seggentorfen so groß ist, daß eine sichere Auswertung der Befunde dadurch sehr erschwert oder unmöglich wird.

Gegenüber diesen sorgfältigen Arbeiten bedeutet K. BERTSCHS „Lehrbuch der Pollenanalyse" nur einen geringen Fortschritt, da es zu einer nicht genügend kritischen Handhabung der Methode verleiten muß. Eine allgemein stärkere Berücksichtigung verdienten wohl die Pteridophytensporen, von deren mitteleuropäischen Arten GREGUSS (1942) Beschreibungen mit guten Abbildungen veröffentlicht hat.

Die Honigpollenanalyse hat durch MAURIZIO (1941) und vor allem durch einen Ergänzungsband zu SANDERS „Pollengestaltung und Herkunftsbestimmung bei Blütenhonig "(1941) eine Förderung erfahren. Da sich Honig unter Umständen lange erhält, kann sie auch vegetationsgeschichtlich ausgewertet werden. SANDER zeigt z. B., daß ein altägyptischer Honig aus der Zeit um 1350 v. Chr. sich durch das Vorherrschen von Pollen, die sehr wahrscheinlich von *Mimusops Schimperi* und *Balanites aegyptiaca*, also von Holzpflanzen, stammen, ganz wesentlich von den heutigen, von *Trifolium Alexandrinum* beherrschten ägyptischen Honigen unterscheidet. Wahrscheinlich hat sich also die Bienenweide Ägyptens innerhalb der letzten 3000 Jahre erheblich geändert.

Zur Frage der Pollenerzeugung liegt eine Arbeit von ERDTMAN (1943) vor, der aus Oberflächenproben, die in Landschaften mit verschiedenen vorherrschenden Pflanzengesellschaften gesammelt wurden, den für die wichtigsten schwedischen Waldgesellschaften bezeichnenden Pollenniederschlag zu erfassen versucht. So verlockend der eingeschlagene Weg ist, so schwierig ist die Ausdeutung der Befunde, da der Pollenniederschlag innerhalb der gleichen Pflanzengesellschaft sehr verschieden ausfallen kann, je nach dem, welche Fläche sie einnimmt und von welcher Vegetation sie umgeben wird. Immerhin wurden wenigstens über das Verhalten einzelner Baumarten in verschiedenen Waldformen wertvolle Erfahrungen gesammelt. Gute Erfahrungen mit der Auswertung der absoluten Pollendichte der Torfe zu Schlüssen auf die Walddichte hat in den letzten Jahren AARIO (1942) in Finnland gemacht. Er teilt nunmehr die Ergebnisse von über 1000 Bestimmungen aus den lappländischen Vegetationsgürteln übersichtlich mit und gibt damit Anhaltspunkte, die besonders bei Untersuchungen spätglazialer Ablagerungen sehr brauchbar sein werden.

In der genannten Arbeit hat ERDTMAN auch Rohhumusprofile aus Fichtenwäldern Südlapplands untersucht. Sie zeigen, daß hier die intensive Rohhumusbildung erst mit der Ausbreitung der Fichte eingesetzt hat und mit einer Verdrängung farn- und kräuterreicher Birkenwälder durch reiserreiche Fichtenwälder mit viel *Empetrum hermaphroditum* verbunden war.

Die Eignung von Rohhumusschichten für Pollenuntersuchungen trotz aller Fehlerquellen bestätigen auch KEIT und MOTHES (1942) in den großen Wanderdünengebieten der Kurischen Nehrung, wo sich vielfach aus Trockentorf und Rohhumus gebildete und von Dünensand begrabene alte Waldhorizonte mit mehr oder weniger deutlicher Podsolierung finden, die schon vielfach beschrieben worden sind. Aus einer sehr guten Übereinstimmung von Pollen- und Holzkohlenuntersuchungen können die Verf. schließen, daß zur Zeit eines untersten Waldhorizonts, auf dem dem Spätneolithikum zugerechnete Scherben gefunden wurden, die Wälder noch zu mehr als der Hälfte von Laubhölzern (besonders Eichen und Linden) gebildet wurden, während zur Zeit des obersten, nur wenige Jahrhunderte zurückliegenden Waldhorizonts die Kiefer schon ähnlich wie heute vorgeherrscht hat. Aus dem Alter der Horizonte geht hervor, daß zur Bildung typischer Podsolprofile mit Ortsand keine langen Zeiträume nötig sind.

Kritische Untersuchungen an Podsolböden werden im übrigen immer dringender. Bekanntlich hat vor 10 Jahren BEIJERINCK gegenüber der bekannten Auffassung der Podsolböden von seiten der Bodenkunde die Ansicht vertreten, daß der Ortstein ein alter Tundraboden, der darüber lagernde Bleichsand aber ein im Laufe des Postglazials aufgeschüttetes äolisches Sediment sei. F. JONAS hat diese Ansicht aufgegriffen und in zahlreichen (auch im Berichtszeitraum erschienenen) Arbeiten vertreten, die freilich durch eine offenkundig ganz unkritische Arbeitsweise und phantastische Deutungsversuche eine ernste Auswertung unmöglich machen. Doch blieb immer zu bedauern, daß die zugrundeliegenden Beobachtungen über die Pollenführung der Podsolböden, die an postglaziale Diagramme erinnert, von anderer Seite mit wenigen Ausnahmen (z. B. SELLE) nicht nachgeprüft wurden. Nunmehr hat FLORSCHÜTZ (1941 b) eine solche Untersuchung vorgenommen. Im Gegensatz zu SELLE, der aus den Unterschieden zwischen Podsol- und Moordiagrammen den Schluß zieht, daß die ersteren waldgeschichtlich unauswertbar seien, findet FLORSCHÜTZ die Übereinstimmung so auffällig, daß er die pollenführenden Bleichsande tatsächlich als im Laufe der Zeit allmählich — 1 cm in etwa 125 Jahren — vom Winde aufgeschüttet ansieht. Der Ortstein ist freilich trotzdem sicherlich kein alter Tundraboden, denn die untersuchten Ortsand-Bleichsandprofile stammen, wie Torflager im Liegenden und Hangenden beweisen, aus ganz verschiedenen Abschnitten der Nacheiszeit vom Boreal bis ins Subatlantikum. Der Verf. rechnet vielmehr durchaus mit dem Transport und der Ausfällung von Eisenverbindungen entsprechend den bisherigen Ansichten. Es soll sich aber die Podsolierung in einem auf äolischem Wege wachsenden und durch den Heidehumus die Pollen schichtweise konservierenden Boden vollzogen haben. Ob dies richtig ist, müssen weitere Untersuchungen zeigen. Die Herkunft des äolischen Sediments bleibt nach wie vor fraglich, seine Spuren müßten auch anderwärts, z. B. in Hochmooren nachweisbar sein. (In diesem Zusammenhang sei auch auf den Sammelbericht von KURON (1943) über die für die jüngste Vegetationsgeschichte wichtigen Fragen der Bodenerosion hingewiesen). Auch die sehr hohen Ericaceenwerte der Bleichsande bleiben zu erklären. Führt man sie nämlich auf offene Heiden zurück, so steht dies mit den Ergebnissen anderer Pollenuntersuchungen, u. a. von FLORSCHÜTZ selbst (s. i. f.) in Widerspruch. Weitere kritische Untersuchungen sind also dringend erwünscht.

Kurz hingewiesen sei auch auf die langjährigen erfolgreichen Versuche VARESCHIS (1942), die jährlichen Schwankungen des Pollenniederschlags zum Nachweis von Jahresschichten im Gletschereis zu verwenden. Sie sind im wesentlichen für die Gletscherkunde von Bedeutung, in der sie zur Klärung des Geltungsbereichs der Theorien der Gletscherbewegung nach FINSTERWALDER und nach PHILIPP beigetragen haben.

Für die Auswertung pflanzlicher Großreste ist zunächst das Bestimmungsbuch für fossile Samen und Früchte, besonders solche aus vorgeschichtlichen Siedlungen von K. BERTSCH (1941) zu erwähnen. Es dürfte gute Dienste leisten. Daneben findet neuerdings vor allem die Untersuchung fossiler Hölzer größeres Interesse, was um so mehr zu begrüßen ist, als hier in den letzten Jahren und Jahrzehnten nicht immer sehr verläßlich gearbeitet wurde. Es ist daher auch eine Vertiefung der anatomischen Bestimmungsmethoden wünschenswert, um die sich besonders das forstbotanische Institut in Tharandt unter BR. HUBERS Leitung erfolgreich bemüht. Aus ihm ist neben einer Arbeit HOLDHEIDES (1941), die wichtige kritische Hinweise enthält, auch der Holzatlas von E. SCHMIDT (1941) mit guten Mikrophotographien hervorgegangen. Daneben ist eine Arbeit von RÖSSLER (1941) zu erwähnen, der die alte Frage nach der Unterscheidbarkeit von *Picea*- und *Larix*-Holz mit dem Ergebnis überprüft, daß zur Zeit nur der Bau des Markes ein sicheres Unterscheidungsmerkmal abgibt, und eine Mitteilung von GREGUSS (1942) über *Ostrya*-Holz.

BR. HUBER hat sich aber, an die amerikanischen Untersuchungen von DOUGLASS, ANTEVS u. a. anknüpfend, vor allem auch den Aufbau einer mitteleuropäischen Jahrringchronologie zum Ziel gesetzt und 1941 über einige Ergebnisse berichtet, so über das Jahrringdiagramm für Tharandter Kiefern des letzten Jahrhunderts, für oberbayerische Tannen und Eiben der letzten 250 Jahre und für einige vorgeschichtliche Holzfunde aus neolithischen Siedlungen am Dümmer in Oldenburg, die die Möglichkeit einer jahrringchronologischen Altersbestimmung von Holzproben auch in dem gegenüber Kalifornien ausgeglicheneren mitteleuropäischen Klima aufzeigen. Auf diesem Wege haben dann HUBER und HOLDHEIDE (1942) auch die hinsichtlich ihrer Baugeschichte im vorgeschichtlichen Schrifttum stark umstrittenen „Palisaden“ der spätbronzezeitlichen „Wasserburg“ Buchau im Federsee untersucht und gezeigt, daß die von ihnen untersuchten Pfähle der Außen- und der Innenpalisade jeweils innerhalb weniger Jahre gefällt worden sind, daß aber zwischen der Anlage dieser beiden Bauwerke, soweit sie untersucht worden sind, ein Zeitraum von 100—150 Jahren liegen muß. Dendrochronologische Arbeiten werden seit einigen Jahren auch in den skandinavischen Ländern ausgeführt. So berichtet ORDING (1941) über die Untersuchung eines Burgwalls in Norwegen. Sehr weit geht hier E. H. DE GEER (1942), die in ihrem zusammenfassenden Bericht über „Geo- und Biochronologie“ und in älteren Arbeiten im Anschluß an die bekannten kühnen Versuche G. DE GEERS nicht nur eine Verknüpfung von Jahrring- und Bändertonfolgen, sondern auch Fernverknüpfungen zwischen europäischen und nordamerikanischen Jahrringfolgen für möglich hält, also einen überragenden Einfluß solarer Strahlungsänderungen auf die Jahrringbreite voraussetzt. Hier ist wohl größte Zurückhaltung angezeigt. (Zur Methodik vergleiche auch die dendroklimatischen Untersuchungen von GASSNER und CHRISTIANSEN-WENIGER 1942.)

Zweifellos wird es aber möglich sein, mit Hilfe der Jahrringchronologie kürzere Zeiträume der Spät- und Nacheiszeit zu erfassen und verschiedene Funde in diese einzuordnen. Schon hierdurch dürften sich auch vegetationsgeschichtlich wichtige Fragen, z. B. über die Dauer der Ausbreitung einzelner Holzarten, der Grenzhorizontzeit u. a. klären lassen. Von größter Bedeutung wäre es, wenn es darüber hinaus durch eine Verknüpfung solcher Untersuchungen gelänge, eine vollständige Chronologie der Spät- und Nacheiszeit in Mitteleuropa aufzustellen und sie mit den pollenanalytisch erfaßbaren Vegetationsveränderungen zu verknüpfen. Ob das gelingen wird — wenn, so zweifellos nur unter größtem Arbeitsaufwand — ist zur Zeit nicht abzusehen. Schon die Möglichkeit beleuchtet aber die Bedeutung solcher Untersuchungen. Sie können im übrigen auch klimageschichtlich von besonderem Interesse sein. Am Dümmer und (mit größerem Vorbehalt) auch am Federsee möchten HUBER und HOLDHEIDE aus den gegenüber der Gegenwart größeren Schwankungen der Jahrringbreiten mit besonders ausgeprägten Minima auf eine größere Häufigkeit trockener Sommer während des Neolithikums und der Spätbronzezeit schließen. Es bedarf freilich, wie die Verf. auch betonen, zunächst noch größerer Erfahrungen an rezentem Material, um solche Schlüsse zu sichern.

Erd- und klimageschichtliche Grundlagen.

Die Kenntnis der geologischen und klimatischen Veränderungen im Laufe der Erdgeschichte ist eine unerläßliche Voraussetzung für eine sichere Beurteilung der Floren- und Vegetationsgeschichte. In den letzten Jahren sind wichtige zusammenfassende Darstellungen erschienen, die die Verfolgung dieser sehr verwickelten und schwer zu überschauenden Frage erleichtern. So hat DE GEER (1940) eine Abhandlung über die Grundzüge der Bändertonchronologie veröffentlicht, die freilich mehr der Methode als ihren Ergebnissen gilt. H. MUNTHE (1940) und M. SAURAMO (1942) haben vorzügliche, reich mit Karten, Diagrammen usw. ausgestattete Darstellungen der Geschichte der Ostsee und der quartären Entwicklung Fennoskandiens herausgebracht, und FR. DEWERS hat unser Wissen über die freilich viel weniger gut bekannte nacheiszeitliche Geschichte der Nordsee zusammengefaßt, der auch mehrere Arbeiten in den von HAARNAGEL herausgegebenen „Problemen der Küstenforschung" im südlichen Nordseegebiet und in der Zeitschrift „Westküste" gewidmet sind (vgl. auch GRIPP und DITTMER 1941 und die Zusammenstellung des neu erscheinenden Schrifttums durch GROSCHOPF).

Die letztgenannten Arbeiten enthalten vor allem die Ergebnisse einer Neuuntersuchung der Observatoriums-Wurt in Wilhelmshaven und anderer für die Prüfung der Lehre SCHÜTTES von der Unterbrechung der postglazialen Senkung durch Hebungsperioden wichtiger Profile. Sowohl die Diatomeenuntersuchungen BROCKMANNS wie die stratigraphischen und Pollenuntersuchungen PFAFFENBERGS bestätigen die Ansicht SCHÜTTES, daß die Zwischenschaltung jüngerer Torfschichten zwischen Schlick auf eine Hebung (III) zurückgeht. Beginn und Ende dieser Hebungsphase, die nach SCHÜTTE um 1000 v. Chr. begonnen hat, lassen sich allerdings mit Hilfe der Pollenuntersuchungen noch nicht genauer festlegen. Die ihr zugehörigen Schichten umspannen jedenfalls noch den älteren Teil der Nachwärmezeit. Die langjährigen Untersuchungen BROCKMANNS über die Verbreitungsökologie der Diatomeen werden für die Klärung der marinen Transgressionen an der Nordseeküste überhaupt immer wichtiger. Das zeigt auch eine Arbeit von HÄNTZSCHEL u. Mitarb. (1941) über eine bis 40 m tiefe, bei einem Meereseinbruch entstandene Rinne im Jadebusen, in deren Ablagerungen der Wechsel der Diatomeen-Gesellschaften die fortschreitende Küstensenkung sehr deutlich werden läßt. Sehr zu begrüßen ist, daß BROCKMANN (1941) eine Zusammenstellung der „Diatomeen als Leitfossilien in Küstenablagerungen" gegeben hat, die alles für die Auswertung Wichtige zusammenfaßt.

Aus dem Ostseegebiet ist an Einzelarbeiten zunächst jene von TROELS-SMITH (1942) herauszuheben, der im Anschluß an IVERSEN (1937, 1941) in Dänemark 4 Litorinatransgressionen, nämlich eine früh-, eine hoch-, eine spätatlantische und eine subboreale nachweist; zur letzteren gehören sowohl jungmesolithische wie mit diesen gleichaltrige neolithische Kulturen. Durch diese Untersuchungen, neben denen weitere von vorgeschichtlicher Seite stehen, erklären sich viele Fehldeutungen (z. B. in den Arbeiten von E. WERTH), die von der Annahme eines grundsätzlich jüngeren Alters der neolithischen gegenüber den mesolithischen Siedlungen und der einer einzigen Litorinatransgression ausgegangen sind und zu unrichtigen vegetationsgeschichtlichen Altersbestimmungen geführt haben.

Eine auf zahlreiche Pollenuntersuchungen submariner und küstennaher Sedimente gegründete Geschichte der Kieler und Lübecker Bucht in der Nacheiszeit hat TAPFER (1940) entworfen und die Ergebnisse in einer Karte der „Beltsee" im Laufe der postglazialen Transgressionen zusammengefaßt, die ebenso wie manche Einzelbeobachtungen vegetationsgeschichtlich von großem Interesse ist, wenn man auch namentlich hinter die Altersangaben noch manche Fragezeichen setzen muß. H. GROSS (1941b) hat durch die Untersuchung einiger Bohrproben zeigen können, daß das Frische Haff und die Frische Nehrung erst durch die 3. (spätatlantische) Litorinatransgression um 3500 v. Chr. und später gebildet worden sind. Durch diese Arbeiten wird also endlich auch an der deutschen Ostseeküste der Versuch gemacht, die wechselvolle Geschichte dieses Meeres durch systematische Pollenuntersuchungen zu klären, was hier freilich sehr viel schwieriger ist als in Hebungsgebieten.

Zur Kenntnis der postglazialen Transgression des Ladogasees liegt eine Arbeit von HYYPPÄ (1942) vor, wonach das in den Ausklang der Litorinazeit fallende Maximum der Ladogatransgression nicht allein durch die Schrägstellung des Seebeckens, sondern auch durch eine Niederschlagszunahme bewirkt worden ist.

Vegetationsgeschichtlich sehr wichtig ist weiter W. SOERGELs Arbeit über die eiszeitliche Temperaturminderung in Mitteleuropa, die sich vor allem auf das Vorkommen fossiler Eiskeile gründet, die nach SOERGEL ein untrüglicher Beweis für Dauerfrostboden sind und im Vergleich mit den heutigen Vorkommen Aussagen über dessen Mächtigkeit und über die Mindesttemperatur des Winterhalbjahrs und die Höchsttemperatur des Sommerhalbjahrs gestatten. Jene lag danach in Mitteldeutschland um rund 18° tiefer als heute (mittlere Wintertemperatur etwa —15,3°) diese war etwa 9,3—11° geringer (mittlere Sommertemperatur höchstens 4,2°, Julitemperatur aber über 10°, stellenweise bis 12,2°). Die mittlere Jahrestemperatur soll um rund 13,4° geringer gewesen sein, die Vegetationsperiode nicht länger als 4 Monate gedauert haben. Diese Ergebnisse SOERGELs stimmen also hinsichtlich des Sommerhalbjahrs recht gut mit den Vorstellungen A. PENCKs überein, unterscheiden sich von ihnen aber wesentlich durch den Nachweis viel geringerer Wintertemperaturen. Die Übereinstimmung mit den faunistischen und floristischen Befunden ist gut, wenn auch nach den waldgeschichtlichen Ergebnissen die Wärme der Vegetationsperiode immer noch etwas zu hoch eingeschätzt sein dürfte (vgl. FIRBAS 1939).

Von Arbeiten über das Eiszeitalter ist weiter W. WUNDTs (1942) kritische Auseinandersetzung mit den gegen die Strahlungskurve von MILANKOWITCH erhobenen Einwänden für den Vegetationsgeschichtler von Bedeutung, da sie manches

Mißverständnis klärt, ebenso wie weitere Arbeiten (1943) über verschiedene Eiszeittheorien und v. KLEBELSBERGS Bemerkungen über die alpine Schlußvereisung. Auf die unzureichende Begründung einiger gegen WEGENERS Theorie der Kontinentalverschiebung vorgebrachter Einwände macht STEFFEN (1941) aufmerksam.

Interglazial- und ältere Glazialfloren.

Für den Anschluß an das Tertiär sei zunächst auf HIRMERS (1942) inhaltreichen Sammelbericht über die Jahre 1936—1941 verwiesen. Über Interglazialfloren ist in den letzten Jahren nicht sehr viel gearbeitet worden. Die Unsicherheit der Altersbestimmung ist immer noch sehr groß und erschwert den Überblick und die Auswertung.

FLORSCHÜTZ und JONKER (1942) geben eine Zusammenstellung der Flora des Mindel-Riß-Interglazials in den Niederlanden unter der Voraussetzung, daß zu diesem der Ton von Neede und eine Reihe weiterer Fundstellen mit *Azolla filiculoides* gehören, die als Leitfossil dieses Interglazials in Holland betrachtet wird. Außer einer großen Zahl im Gebiete heute noch einheimischer Arten enthält die Liste: *Stratiotes intermedius* (vorläufig nur in diesem Interglazial), *Decodon globosus* (Lythraceae, heute im südöstlichen Nordamerika), *Vitis* cf. *silvestris*, *Trapa* cf. *natans*, alle drei vorgenannten Arten auch in älteren, aber bisher nicht in jüngeren Fundstellen), *Salvinia* cf. *natans*, *Aldrovanda vesiculosa* (sowohl in älteren wie in jüngeren Schichten). Da die pliozäne Flora von Reuver 88% heute in den Niederlanden nicht mehr einheimischer, vielfach sino-amerikanischer Formen enthält, die von den Verf. in das Günz-Mindel-Interglazial, von anderer Seite auch noch ins Pliozän gestellte von Tegelen 40%, die von Neede usw. aber nur noch 19%, fügt sie sich gut in das Bild der schrittweisen Verarmung der mitteleuropäischen Flora an tertiären Elementen während des Diluviums ein.

FLORSCHÜTZ (1941) hat *Azolla filiculoides* außerdem auch an 4 Fundstellen der Berliner Paludinenbank gefunden und sieht hierin einen weiteren Beweis dafür, daß dieser oft genannte Horizont ebenfalls in das Mindel-Riß-Interglazial gehört. In den gleichen Proben fand sich auch *Salvinia* cf. *natans*.

In das Mindel-Riß-(Elster-Saale-)Interglazial fällt nach den Lagerungsverhältnissen auch das früher von STOLLER und nun von SELLE (1941) untersuchte Interglazial von Ummendorf (zwischen Braunschweig und Magdeburg). Es ist nach den freilich nur wenigen untersuchten Proben durch eine frühe Ausbreitung der Fichte, noch vor der Eichenmischwald- und Carpinuszeit, ausgezeichnet, die in Nordwestdeutschland vielleicht zur Unterscheidung von dem folgenden, sonst sehr ähnlichen Saale-Weichsel-Interglazial herangezogen werden kann. In dieses wird das berühmte Interglazial von Honerdingen in der Lüneburger Heide gestellt, von dem SELLE ebenfalls 2 Pollendiagramme mitteilt, die sich gut an die älteren Untersuchungen C. A. WEBERS anschließen. Sehr eigenartig ist vor allem die späte Ausbreitung der Tanne schon während des Rückgangs der Fichte zu Beginn einer Kiefernausbreitung, die mit einem bezeichnenden Anstieg der Nichtbaumpollen der kommenden Vereisung voranging. Das gleiche zeigt auch ein drittes von SELLE untersuchtes Interglazial von Groß-Hehlen bei Celle, dessen Alter fraglich ist, und ebenso das nach stratigraphischen Gesichtspunkten in die letzte Zwischeneiszeit (Eemzeit) gehörige, von P. G. KRAUSE und H. GROSS (1941) untersuchte Interglazial von Angerburg in Ostpreußen, das die erstaunliche Mächtigkeit von über 100 m besitzt, trotzdem aber nur Teilabschnitte der interglazialen Waldentwicklung umfaßt, darunter einen mit bis 61% Tanne.

Arm an Interglazialfunden sind begreiflicherweise wegen der vernichtenden Wirkung der Vereisung die nordeuropäischen Länder. Daher kann das erste in Estland, in Ringen bei Dorpat entdeckte, von THOMSON (1941) untersuchte Interglazial besonderes Interesse beanspruchen. Es zeigt mit großer Klarheit die folgende Entwicklung: 1. Birken-Kiefernzeit; 2. Kiefern-Eichen-Ulmenzeit; 3. Hasel-Erlen-Eichenzeit; 4. Hainbuchen-Erlenzeit mit beginnender Fichtenausbreitung (*Carpinus* bis 38%); 5. Fichtenzeit mit beginnender Kiefernausbreitung und Rückgang aller anderen Bäume; 6. Kiefern-Fichtenzeit. In den wärmezeitlichen Schichten wurden *Najas marina, Trapa* und *Brasenia* gefunden. Die Entwicklung entspricht weitgehend jener des letzten Interglazials in Dänemark (Eem-I., Saale-Weichsel-I.), dem die Fundstelle wohl zuzuordnen ist. Ein Vergleich mit dem Postglazial beider Länder und Rußlands deutet dann darauf hin, daß der Osten während der interglazialen Wärmezeit im Vergleich mit der postglazialen verhältnismäßig wärmer war. Die klimatischen Zonen verliefen also anders.

Interglaziales Alter besitzen auch einige vulkanische Tuffe der Eifel, die von KRÄUSEL und WEYLAND (1942) unter Berichtigung zahlreicher früherer Fehlbestimmungen gründlich bearbeitet worden sind, so sehr wahrscheinlich die von Rieden, Volkesfeld, Plaidt, Rockeskyll und Bickeberg. Hervorzuheben ist das reichliche Vorkommen von *Abies, Carpinus, Mespilus germanica, Buxus sempervirens* und *Phyllitis Scolopendrium* in Rieden und das von *Picea* und *Potentilla fruticosa* in Rockeskyll. Die letztgenannte Art besitzt ein recht zerrissenes holarktisches Areal und fehlt heute der Eifel an ursprünglichen Standorten ebenso wie die Fichte und Tanne.

In Hohenzollern (Schafstall bei Veringenstadt) hat HOLDHEIDE (1941) reichlich *Fagus, Quercus* und *Corylus* in einer dem jüngeren Mousterien zugehörigen Fundschicht mit einer vorwiegend von arktischen, alpinen und subarktischen Tieren zusammengesetzten Fauna gefunden. Während man die Fundschicht nach dem Buchenvorkommen sehr gut in das letzte alpine Interglazial bzw. dessen Ausklang stellen kann, stehen die typologischen und faunistischen Ergebnisse zu den floristischen in einem noch unerklärten Gegensatz. Für das in den Rahmen der letzten Eiszeit fallende Aurignacien der in 550 m Höhe gelegenen Istallosko-Höhle des Bükkgebirges in Ungarn gibt MOTTL (1942) Holzkohlenfunde von *Pinus, Picea,*

Larix, Quercus, Acer cf. *pseudoplatanus* und *Sorbus* cf. *aucuparia* an, die sich zusammen mit Funden von Ren, Mammut, Schneehase u. a. gut in die bisherigen Vorstellungen vom Klima- und Florenzustand dieses Abschnitts einfügen. Aus dem Interglazial des Gailtales (Kärnten) führt RÖSSLER (1941) Holzfunde von *Juniperus* und *Picea* an.

Spät- und nacheiszeitliche Vegetationsgeschichte.

a) Europa. Im Bereich des Spätglazials steht die Allerödschwankung im Vordergrund des Interesses, jenes zunächst in Dänemark entdeckte ausgeprägte Interstadial, während dessen Birken- und Kiefernwälder mindestens bis ins südliche Ostseegebiet vorgedrungen, nachher, während der jüngeren Tundrenzeit, aber wieder verdrängt worden sind. Diese Schwankung erweist sich immer mehr als der Angelpunkt für die Gliederung und Verknüpfung der spätglazialen Entwicklung. Fraglich ist immer noch ihre sichere Zuordnung zum Eisrückzug (sie ist offenbar älter als das Finiglazial und fällt wahrscheinlich in das jüngere Gotiglazial) und die Verknüpfung mit der späteiszeitlichen Entwicklung in jenen Landschaften, in denen es seit der ersten Wiederbewaldung zu keiner neuerlichen Waldverdrängung in der jüngeren Tundrenzeit mehr gekommen ist. Auch die Lage der nördlichen Waldgrenze während dieser Abschnitte steht noch nicht fest, ebenso bleibt die Frage zu beantworten, ob damals auch schon wärmebedürftige Gehölze in Mitteleuropa eingewandert sind und sich hier vielleicht über die jüngere Tundrenzeit erhalten und so den Ausgangspunkt für ihre nacheiszeitliche Ausbreitung abgeben konnten. Wesentliche Fortschritte sind aber in den letzten Jahren erreicht worden.

So hat R. SCHÜTRUMPF (1943) die Ergebnisse der eingehenden Untersuchungen der wichtigen, von A. RUST aufgedeckten prähistorischen Fundstelle Stellmoor bei Hamburg mitgeteilt, die nicht nur ähnlich wie in dem nahen Meiendorf die Zuordnung des Magdaléniens der Hamburger Stufe zur noch völlig waldlosen älteren Tundrenzeit bestätigt, sondern auch die an der Wende von Paläolithikum zum Mesolithikum stehende Ahrensburger Stufe der jüngeren Tundrenzeit zuweist. Während der Allerödschwankung — für die der Verf. erstmals eine Pollenniederschlagskarte von Mitteleuropa zeichnet — ist es um Hamburg schon zu einer Ausbreitung dichter Birken- und Kiefernwälder gekommen, die während der jüngeren Tundrenzeit, wie vor allem Funde von Großresten sehr wahrscheinlich machen, nicht mehr völlig verdrängt worden sein dürften. Die erste Ausbreitung der Birken hat hier offenbar auch schon lange vor der Allerödzeit stattgefunden. SCHÜTRUMPF sieht darin einen Ausdruck der südlicheren Lage des Gebietes. Dem entspricht sehr gut, daß IVERSEN (1942) bei seiner Nachuntersuchung des berühmten Spätglazialprofils von Nörre Lyngby im nördlichen Jütland zeigen kann, daß dort, 400 km weiter nördlich, die Entwaldung auch während der jüngeren Tundrenzeit, in die sowohl die Funde der Lyngbykultur wie der für die Steppenfrage wichtige eines Ziesels fallen, vollständig war, und daß der Wald hier selbst während der Allerödzeit nur einen geringen Teil der Tundra in Besitz nahm, deren Vegetation in einem kräftigen Pollenniederschlag von Gramineen, verschiedenen Kräuterpollen und „Artemisia"-Typen zum Ausdruck kommt. Auch ein älteres Interstadial („Bölling-Interstadial") wird hier nachgewiesen. Ein solches („Bröndmyr-Interstadial") macht auch FAEGRI aus Südwestnorwegen bekannt. Vielleicht schon damals und jedenfalls während der Allerödzeit breiteten sich hier, wohl nur an geschützten Stellen, Birkenwälder aus. In das nördlichste Grenzgebiet der Allerödnachweise führen dann schließlich BERLIN und MOHRÉN (1942) mit sehr wahrscheinlichen Fundstellen dieser Schwankung im südlichen und nördlichen Smaland, wo sie nur noch in gewissen Veränderungen der tonigen Sedimente und einem Anstieg der Nichtbaumpollen als Ausdruck einer üppigeren aber wohl waldlosen Vegetation nachweisbar ist. Die Lage dieser Fundstellen stützt die Ansicht, daß die jüngere Dryaszeit der Bildungszeit der mittelschwedischen Endmoränen entspricht.

Gewinnen wir so Anhaltspunkte für die Lage der polaren Waldgrenze während der Allerödzeit und damit auch für das Ausmaß der Wärmeschwankung, so geht aus einer Arbeit von K. STEINBERG (im Druck) weiter hervor, daß der Klimarückschlag der folgenden Tundrenzeit überraschend groß war, wenn ihn auch bei Hamburg Birken und Kiefern vereinzelt überdauert haben dürften. Noch südlich des Harzes im Untereichsfeld in nur 160—200 m Höhe ist es nämlich damals, wenn auch zu keiner völligen Verdrängung, so doch zu einer starken Zurückdrängung der subarktischen Birken- und Kiefernwälder gekommen, was im Vergleich mit der heutigen Waldgrenze im Oberharz eine Herabdrückung der Höhenstufen um mindestens 800 m und eine Herabsetzung der Julitemperatur um mindestens 6^0 voraussetzt. Das Allerödinterstadial ist hier sowohl stratigraphisch wie waldgeschichtlich (Birkenzeit, dann Kiefernzeit) noch außerordentlich klar ausgeprägt. Mitten hinein fällt eine Schicht vulkanischer Asche, die (AHRENS und STEINBERG 1944) auf einen Ausbruch im Gebiet des Laacher Sees in der Eifel zurückgeht. Damit wird ein neuer, sehr aussichtsreicher Weg für die sichere Synchronisierung spätglazialer Ablagerungen im westlichen Mitteldeutschland eröffnet (vgl. auch AUER i. f.). Mit diesen Ergebnissen stimmt auch gut überein, daß die Laacher Trachyttuffe, die bisher auf Grund von Fehlbestimmungen in die Eichenmischwaldzeit gestellt worden sind, nach den sorgfältigen Untersuchungen von KRÄUSEL und WEYLAND (1942) in die Kiefernzeit gehören. Sie enthalten außer *Betula pubescens*, *Pinus* und *Populus tremula* manche Arten, deren Nachweis durch Mooruntersuchungen kaum erwartet werden kann, so z. B. *Verbascum* cf. *nigrum* und *Inula helenium*. Dadurch wird unsere Kenntnis der kiefernzeitlichen Flora in interessanter Weise erweitert. Ob die Angabe von

Acer Pseudoplatanus als Beweis gelten kann, daß sich dieser Baum bereits während der Allerödzeit bis in die Eifel ausgebreitet hat, muß freilich zunächst noch offen gelassen werden. Vor allem aus der älteren Tundrenzeit stammt im Eichsfeld auch eine interessante Glazialflora mit *Betula nana, Selaginella* u. a. Eine solche (mit *Dryas*) hat auch GROSS (1943) in dem wichtigen Spätglazialprofil von Kastanienhof-Radlauken in Ostpr. gefunden, in dem die Allerödschwankung ebenfalls sehr klar ausgeprägt ist. GROSS faßt in dieser Arbeit die Ergebnisse seiner 10jährigen erfolgreichen Spätglazialuntersuchungen in Ostpreußen zusammen.

Eine andere Allerödfundstelle hat GROSS (1942) von Bärenfang, Kr. Schloßberg, mitgeteilt. Hier lag ein Renntierfund in Schichten der älteren Dryaszeit, deren Waldlosigkeit durch sehr hohe Nichtbaumpollenwerte (bis 1230%) bewiesen wird. Wie vorsichtig man aber im übrigen bei der klimageschichtlichen Auswertung einzelner Renntierfunde sein muß, zeigt neuerdings ISBERG (1942) durch einen solchen aus Schonen, der aus dem älteren Teil der Eichenmischwaldzeit, der Ancyluszeit, stammt. (Als zusammenfassende Darstellung unseres heutigen Wissens über den Klimacharakter der als nordisch geltenden Säugetiere des Eiszeitalters sei hier auch eine wichtige Arbeit von W. SOERGEL, 1943, genannt.)

Über die Breite des Tundrengürtels, der dem zurückweichenden Eise in Süd-Finnland gefolgt ist, ist es übrigens zwischen HYYPPÄ (1941 u. 1943) und AARIO (1943) zu einer heftigen Polemik gekommen. Während AARIO vor allem auf Grund seiner Untersuchungen über den heutigen Pollenniederschlag in Lappland mit einem breiten Tundrengürtel rechnet, hält HYYPPÄ an der Ansicht fest, daß dieser nur sehr schmal war und der vordringende Wald dem zurückweichenden Eise rasch gefolgt ist. Die von ihm zeitweise vertretene Ansicht von einer spätglazialen Wärmezeit scheint H. aber nunmehr aufgegeben zu haben.

FLORSCHÜTZ (1941b) hat 2 spätglaziale oder frühpostglaziale Profile aus Nord-Limburg (Holland) beschrieben, die sich durch ein auffällig frühes Haselvorkommen (ob nicht etwa *Myrica*?) auszeichnen, und weiter (HIJSZELER u. F. 1941) eine Mikrolithenfundstelle aus der Provinz Twente, die an die Wende Präboreal-Boreal fällt und u. a. Holzkohlen der durch Pollen nicht nachweisbaren *Populus tremula* enthält.

Der große Geltungsbereich der Allerödschwankung zwingt zu der Annahme, daß die ihr zugrundeliegende Klimaveränderung auch in Süd- und Mitteldeutschland, in den Alpen und vielleicht noch in weiter entfernten Gebieten erhebliche Vegetationsverschiebungen zufolge hatte. Bisher ist es aber mit wenigen Ausnahmen (z. B. in Lunz nach GAMS) noch nicht gelungen, diese Schwankung hier sicher zu erkennen und zu verknüpfen. Ein Versuch von K. BERTSCH (1941b), das vom Federsee bekannte Interstadial in Anlehnung an ältere Gedankengänge von RUDOLPH, FIRBAS u. a. umzudeuten, hält der Kritik nicht stand (vgl. FIRBAS 1941). Eine sehr interessante Schwankung, die möglicherweise der Allerödschwankung gleichzusetzen ist, hat aber POP (1943) aus dem etwa 900—1000 m hoch gelegenen Becken von Bilbor in den Ostkarpathen bekannt gemacht. Sie besteht in einem die Kiefernzeit unterteilenden, ausgeprägten Fichtenvorstoß, auf den ein neuerlicher deutlicher Fichtenrückgang mit höheren Salix- oder Betulawerten und dann erst die frühpostglaziale Fichtenausbreitung folgen. Waldlose Schichten wurden nicht gefunden, geringe Pollenmengen der Fichte auch in den ältesten Proben stützen die Ansicht, daß die Fichte hier ein eiszeitliches Refugium besaß.

Aus dem Bereich der postglazialen Vegetationsgeschichte sind zunächst einige Arbeiten aus den nordeuropäischen Ländern zu erwähnen. So hat Finnland eine kurze, aber inhaltsreiche Gesamtdarstellung der spät- und postglazialen Waldentwicklung durch SAURAMO (1942, 1942a) erhalten. Ihr liegen je 8 Isopollenkarten für den Eichenmischwald, die Erle, Birke, Kiefer und Fichte zugrunde, die sich auf insgesamt 400 Pollendiagramme stützen und schon insofern von besonderem Wert sind, als hier die Datierung durch die Verknüpfung mit der Bändertonchronologie und den Entwicklungsstufen der Ostsee sehr viel zuverlässiger durchgeführt werden kann als in den meisten anderen Ländern. Sehr klar tritt vor allem die Verschiebung der Vegetationsgürtel als Folge der Klimaveränderungen hervor: während der Rhabdonema- und Ancyluszeit Kiefernwälder in Süd- und Mittelfinnland, Birkenwälder in Nordfinnland und Lappland; während der Litorinazeit (Wärmezeit) Verdrängung der Kiefernwälder durch Laubmischwälder mit Erlen, Birken und edlen Laubhölzern im Süden, Ausbreitung auf Kosten des Birkengürtels im Norden (maximale Ausbreitung der edlen Laubhölzer in Südfinnland im 2. Teil der Litorinazeit I); während der Postlitorinazeit (Nachwärmezeit) neuerliche Ausbreitung der Kiefer im Süden, Rückgang im Norden, dazu eine kräftige Ausbreitung der Fichte von Ost nach West. Bei dieser, die in mehreren Etappen und zum Teil geradezu „explosionsartig" erfolgt ist, kann es sich nicht um die Folge einer Ost-West-Wanderung handeln, sondern um eine zunächst im Osten geförderte Massenausbreitung von schon vorher bestehenden Siedlungen aus, wahrscheinlich unter dem Einfluß der gleichsinnig wirkenden Veränderung mehrerer klimatischer Elemente (Temperaturabfall, Feuchtigkeitszunahme und Zunahme der Temperaturschwankungen).

Die einzelnen klimatischen Elemente konnten sich im übrigen in verschiedenen Teilen Finnlands im Laufe der Nacheiszeit offenbar in verschiedenem Sinn ändern. Das geht aus den eingehenden Untersuchungen hervor, die AARIO (1943a) über die postglaziale Waldgeschichte Petsamos und damit über die Schwankungen der polaren Waldgrenze angestellt hat. Durch sie ist dieser Teil Lapplands zu einem der waldgeschichtlich bestbekannten Gebiete geworden. Nach AARIO zeigt nämlich die große Breite des subarktischen Birkengürtels während der Ancyluszeit, daß das Klima Petsamos damals — also während der „kontinentalen" borealen Periode — durchaus kühl ozeanisch und noch sehr weit landeinwärts maritim beeinflußt war. Die folgende starke Ausbreitung der Kiefernwälder in der älteren Litorinazeit, die um 3000 v. Chr. zusammen mit einem weiteren Vorrücken des Birkengürtels zur stärksten nacheiszeitlichen Einengung der Tundren führte (die immerhin an der Eismeerküste niemals völlig verschwunden sind), setzt in Petsamo — in der sonst „ozeanischen" atlantischen Periode — ein kontinentaleres, gegenüber der Gegenwart sommerwärmeres und trockeneres Klima voraus. Und wenn dann in den Küstengebieten — nicht aber in Süd- und Mittelpetsamo — die Waldgrenze schon in der jüngeren Litorinazeit (2800—1200 v. Chr.) wieder stark nach Süden zurückwich, so wird dies auf eine neuerliche Zunahme der Ozeanität zurückgeführt, durch die der stärkste Waldrückgang schon im Subboreal, und zwar gegen dessen Ende hin erreicht wurde. Im Subatlantikum, der Nachwärmezeit, stießen die Waldgrenzen wieder etwas gegen Norden vor, wahrscheinlich als Folge einer neuerlich zunehmenden Kontinentalität. Damit steht auch die gleichzeitig einsetzende Ausbreitung der Fichte im Einklang. Der Verf. glaubt im übrigen, daß diesen Klimaänderungen eine 800jährige Periodizität zugrunde liege, die sich auch in Mitteleuropa nachweisen lasse. Die Untersuchungen sind nicht zuletzt für die richtige Deutung der spätglazialen Vegetationsentwicklung Mitteleuropas von Bedeutung.

Von besonderem klimageschichtlichen Interesse ist weiter die schon einmal genannte Arbeit FAEGRIS über die Vegetationsgeschichte Jaerens (Südwestnorwegen südlich Stavanger), einer extrem ozeanischen Küstenebene, deren Wälder in der Nacheiszeit fast immer von Birken beherrscht wurden, neben denen zeitweise noch Erlen, Eichen, Haseln und nur während des Boreals auch Kiefern häufiger waren. Die größte Häufigkeit der Eichenmischwälder bestand in subborealer Zeit, worin der Verf. im Anschluß an GAMS einen maritimen Zug erblickt. In dieser extrem ozeanischen Klimalage habe erst das kontinentalere, sommerwärmere subboreale Klima für die wärmebedürftigen Waldtypen das „Klimaoptimum" bedeutet. Mit Beginn der Klimaverschlechterung setzte eine weitgehende Vernichtung der Wälder und eine Ausbreitung zur Vermoorung neigender Calluna-Heiden ein. An ihr war wohl schon der Mensch wesentlich beteiligt, doch soll sie in dem festgestellten Ausmaß doch erst dadurch möglich geworden sein, daß die Klimaveränderung die Lebensbedingungen für die Wälder sehr verschlechtert hat.

Man sieht aus allen vorgenannten Arbeiten, welche große Bedeutung in Nordeuropa nach wie vor den Klimaveränderungen zur Erklärung der Vegetationsgeschichte beigemessen wird.

Aus Estland teilt P. W. THOMSON (1942) wichtige Ergebnisse über das Verhalten der Ulmen in der Nacheiszeit mit, deren Pollen im Anschluß an SAURAMO und AUROLA unterschieden wird. Ähnlich wie in Finnland herrschte auch in Estland in der Ancylus- und frühen Litorinazeit zunächst die Flatterulme (*U. laevis*) vor, und zwar, wie ein Vergleich zweier Seen ohne und mit ausgedehntem Bruchwaldgürtel und Parallelen zum Verhalten der Erle lehren, in dem Au- und Bruchwaldgürtel entlang der Flüsse und Seeufer. *Ulmus scabra* hat sich dagegen erst später zusammen mit der Linde ausgebreitet und mit dieser den Edellaubwald der späteren Litorinazeit zusammengesetzt. *U. laevis* wurde damals schon durch Erlen und Eschen verdrängt.

Aus Ostpreußen liegt eine Altersbestimmung eines frühgeschichtlichen Holzfundes aus dem Samland mit sehr typischen „Kulturspektren" im Pollengehalt vor (Gross 1941a). Iversen (Degerbøl und I. 1942) konnte das Alter eines Welsfundes auf Fünen in den Übergang der Ancylus- zur Litorinazeit verlegen. Die heute in Dänemark fehlende Art fügt sich gut an andere wärmezeitliche Funde an. Eine in den wärmezeitlichen Ablagerungen häufige Art ist auch *Najas marina*. Backman (1941) hat die rezenten und fossilen Funde in Finnland eingehend zusammengestellt, lehnt aber die Frage nach den Ursachen der nacheiszeitlichen Arealveränderungen noch als verfrüht ab. Florschütz (1941c) gibt eine kurze Übersicht über die Moortypen Hollands, ihre Torfarten und ihre Bildungsgeschichte und untersucht genauer (1941a) einen leicht spaltbaren Cuspidatum-Torf, der dem „Vorlaufstorf" Webers entspricht. Er hat in den friesischen Weiden, wo er nur von einer wenig mächtigen Kleischicht bedeckt wird, durch ein gegenüber dem unterliegenden älteren Moostorf geringeres Schrumpfungsvermögen zur Bildung eigenartiger Bodenwellen Veranlassung gegeben.

Aus dem nordwestdeutschen Moorgebiet hat E. Borngässer (1941) eine sehr sorgfältige Monographie von dem „Großen Moor" bei Deimern in der Lüneburger Heide veröffentlicht, die zunächst dem weiteren Ausbau der hier von Overbeck, Schütrumpf u. a. in die Wege geleiteten, feineren Gliederung der Waldgeschichte dienen soll. Die Diagramme lassen die von Overbeck und Schneider 1938 zur Verknüpfung herangezogenen 4 *Corylus*- und 4 *Fagus*-Gipfel gut wiedererkennen. Vor allem scheint den Haselgipfeln eine besondere Bedeutung zuzukommen, da sie Steinberg sogar noch im Eichsfeld wiederfinden und zur Altersbestimmung verwenden konnte. Das Moor wurde aber auch stratigraphisch genauer untersucht, um eines der letzten noch einigermaßen erhaltenen nordwestdeutschen Moore rechtzeitig für die Fragen nach der Verbreitung und Geschichte der Moortypen heranzuziehen. Während es sich heute um ein typisches ombrogenes Hochmoor mit gut aufgewölbtem jüngeren Sphagnumtorf handelt, läßt der ältere Moostorf keine Anzeichen einer Wölbung erkennen. Dies und der Umstand, daß an seiner Zusammensetzung *Sphagnum papillosum* und *imbricatum* wesentlich beteiligt waren, die in der Nachwärmezeit erst weiter im Westen eine größere Rolle spielten, sind wichtige Hinweise auf ozeanische Züge des noch immer umstrittenen Klimacharakters der Bildungszeit des älteren Moostorfs (Atlantikum und Subboreal zum Teil).

Noch um die Zeit des sekundären Kiefernanstiegs, der in die karolingische Rodungsperiode verlegt wird, und durch viele Jahrhunderte vorher werden bei Deimern Buchenwerte um 20—30% verzeichnet, während sich später das Verhältnis immer mehr zugunsten der Eiche verschiebt. Die Rotbuche muß also ursprünglich eine führende Stellung besessen haben. Ähnliche Feststellungen sind im nordwestdeutschen Altmoränengebiet bekanntlich schon oft gemacht worden. SELLE (1941a) gibt hierüber einen durch eigene Untersuchungen ergänzten Überblick mit Pollenniederschlagskarten. Da vereinzelt selbst noch am Jadebusen sehr hohe Buchenwerte verzeichnet werden, glaubt er, daß ihr im allgemeinen zu beobachtender Abfall gegen die Nordseeküste hin nicht auf eine dortige klimatische Hemmung, sondern nur auf die zunehmende Seltenheit von Standorten zurückgeht, die dem Baum in ihren Bodenbedingungen genügend zusagen würden. Jedenfalls kann an der ursprünglichen Häufigkeit der Buche auch im nordwestdeutschen Altmoränengebiet kein Zweifel bestehen. Doch wissen wir nicht, welcher Art diese buchenreichen Wälder waren. Nach TÜXEN fehlen ja Fageten, d. h. nach ihrem Unterwuchs dem Fagionverband zugehörige Wälder, dem Altmoränengebiet heute so gut wie völlig. Doch besteht trotzdem kein unbedingter Gegensatz zwischen seiner Auffassung über die natürlichen Wälder des nordwestdeutschen Flachlands und den Pollenuntersuchungen, seitdem er mit einem ursprünglich großen Buchenreichtum in gewissen feuchten Laubmischwäldern des Carpinionverbandes rechnet. SELLE glaubt allerdings, daß der mögliche Anteil dieser feuchten Laubmischwälder noch nicht genüge, um die hohen Buchenwerte zu erklären und rechnet mit einem ursprünglichen natürlichen Vorkommen artenarmer, bodensaurer Buchenwälder.

Endgültige Klarheit wird in diesen Fragen erst zu erlangen sein, wenn der alte Plan (TÜXEN u. a.), in gut ausgewählten Gebieten pflanzensoziologische Untersuchungen und Kartierungen gleichzeitig mit pollenanalytischen und archivalischen Untersuchungen auszuführen, endlich in gründlichen Arbeiten verwirklicht werden wird. Einen Schritt in dieser Richtung versuchen BUDDE und RUNGE (1940) durch die Untersuchung des Venner Moors im Münsterland, das heute im Bereich vorherrschender Stieleichenwälder auf nassen Böden liegt und bei der Pollenuntersuchung in jüngerer Zeit tatsächlich relativ hohe Eichenwerte ergab. Vorher war aber die Buche weit häufiger, so daß die Möglichkeit einer Förderung der Eiche durch den Menschen offen bleibt. RUNGE glaubt allerdings, daß die Buche früher deswegen viel häufiger war, weil die Böden noch nicht so stark vernäßt waren. Hier könnte nur eine genauere Gliederung der Pollendiagramme und eine sichere Verknüpfung mit der Siedlungsgeschichte weiter führen, die fehlt. In der gleichen Arbeit tritt BUDDE für die (heute herrschende) Ansicht von der primär starken Zersetzung des älteren Moostorfs ein.

Sehr interessant ist eine kleine Mitteilung von KOLUMBE und BEYLE (1942), über einen Eichenbruchwaldtorf bei Lieth n. Elmshorn in Holstein, der sich durch ungewöhnlich hohe Pollenwerte des Eichenmischwalds (bis 74%) auszeichnet und im älteren Teil der Eichenmischwaldzeit Früchte von *Acer platanoides* enthält. Der Fundort liegt bereits außerhalb der heutigen Westgrenze dieses Baumes und ist, neben den bekannten Kiefernvorkommen, einer der wenigen Beweise dafür, daß die Verbreitungsgrenzen einiger Holzarten in der Nacheiszeit einmal etwas weiter nach Westen gereicht haben. In einer weiteren Arbeit (1942a) beschäftigen sich die gleichen Verf. mit den Bildungsverhältnissen voratlantischer Dünensande im Bereich des Esinger Moores in Holstein, die verschiedene mesolithische u. a. Funde enthalten. Beziehungen zur Vorgeschichte sind auch der Gegenstand von 2 Arbeiten über Moorleichen. Während sich die von PFAFFENBERG (1942) untersuchte Moorleiche vom Bockhornerfeld, da sie wahrscheinlich aus der Latènezeit stammt, an die meisten bisherigen Funde (nach HAHNE im 1. nachchristlichen Jahrtausend) anschließen läßt, weichen die beiden von OVERBECK und SCHNEIDER (1942) untersuchten Funde von Edewechterdamm in Oldenburg durch höheres Alter stark ab. Sie stammen wahrscheinlich aus der 1. Hälfte des 1. vorchristlichen Jahrtausends. Einen ostpreußischen Bisonfund mit mittelsteinzeitlichen Kulturresten konnte GROSS (1941) in die ältere Eichenmischwaldzeit einreihen.

Aus den mittel- und süddeutschen Landschaften ist, abgesehen von der Arbeit STEINBERGS (s. i. f.), die u. a. durch den fossilen Nachweis von *Najas major, flexilis* und *minor* im Untereichsfeld neue schöne Belege für das in der Wärmezeit viel geschlossenere Vorkommen dieser Arten beibringt, nicht viel zu erwähnen. Die Untersuchung eines Torflagers in Korntal bei Stuttgart (FIRBAS 1941a) erbrachte Belege für das allmähliche Ausklingen von Glazialpflanzen im Laufe der Nacheiszeit und weiter den Nachweis, daß hier im Bereich der zur Vernässung neigenden Tonböden des Gipskeupers, heute einem ausgesprochenen Eichenhainbuchengebiet, im älteren Teil der Nachwärmezeit die Hainbuche noch völlig oder fast völlig gefehlt hat, während die Rotbuche selbst in der feuchten Niederung stark, in weiterer Entfernung sogar führend am Aufbau der Wälder beteiligt war. Die heutigen Eichenhainbuchenwälder stocken also auf dem Boden ehemaliger Buchenmischwälder, die freilich möglicherweise dem Carpinionverband angehörten.

Für die Beurteilung der Vegetationsverhältnisse der Haselzeit ist die Untersuchung von Holzkohlen einer mesolithischen Fundschicht vom Probstfels bei Beuron (Schwäb. Alb) durch HOLDHEIDE (1941) wichtig, da sie durch sehr reichliches Vorkommen der Hasel die Ergebnisse der Pollenuntersuchungen bestätigt. Einen kurzen Überblick über die wahrscheinlichen Vegetations- und Klimaverhältnisse der Haselzeit in Südwestdeutschland gab auch FIRBAS (1941b), während GAMS (1942) die Vegetationsgeschichte des Südschwarzwalds kurz zusammenfaßt. Seine Bestimmungen vorgeschichtlicher Pflanzenreste aus Mähren hat FIETZ in mehreren Mitteilungen fortgeführt. Wahrscheinliche Funde von *Quercus Ilex* und *Ostrya* dürften auf eingeführte Holzgegenstände zurückgehen. *Taxus* wurde bisher nur aus geschichtlicher Zeit festgestellt. Aus Schichten der angeblich mesolithischen „Jurakultur" bei Regensburg hat E. HOFMANN (in GUMPERT 1942) Holzkohlen bestimmt. Die ohne weitere Belege mitgeteilten Bestimmungen von *Pinus Cembra* (neben *Fagus*) sind wohl dringend der Nachprüfung bedürftig.

In der Schweiz sind 2 eingehendere Moormonographien erschienen. JOREY (1942) hat ein im Berner Jura gelegenes Hochmoor, A. HOFMANN-GROBÉTY ein solches in der Fichtenstufe der Glarner Alpen untersucht. Die festgestellte Waldentwicklung ist im Jura u. a. durch den Nachweis von Interesse, daß die Fichte zwar seit der Wärmezeit vorhanden war, sich aber erst während der letzten Jahrhunderte stärker ausgebreitet hat. Bei Untersuchungen von Böden aus den Höhlen von St. Brais im Berner Jura hat LÜDI (1942) in einer Höhlenbärenschicht ein typisches Tundrenpollenspektrum mit sehr viel Nichtbaumpollen gefunden. Der gleiche Verf. (1943) macht die nacheiszeitliche Entstehung eines hinsichtlich seines Alters umstrittenen Torflagers bei Zürich wahrscheinlich.

Eine wichtige, auf reiche eigene Beobachtungen begründete Zusammenstellung über die Höhengrenzen der biogenen Verlandung und des Moorwachstums in den Alpen hat GAMS (1942a) gegeben. Danach kommt eine kräftigere biogene Verlandung in den Nordalpen und am Südalpenrand heute kaum über 500 m, in den Zentralalpen nicht über 700—800 m vor. In der Wärmezeit reichte sie hingegen bis gegen 1200, bzw. 1800 m. Diesen gegenüber der bekannten wärmezeitlichen Verschiebung der Waldgrenzen um 400—500 m auffällig großen Unterschied erklärt GAMS durch die Annahme, daß das wärmezeitliche Klima die Seespiegel so stark gesenkt hat, daß viele Seen simultan verwachsen konnten.

Heute zeigen diese Seen auffällige Erosionserscheinungen an den ursprünglich durch Verwachsung entstandenen Uferbildungen. Der Höhenbereich gutwüchsiger Hochmoore liegt heute in den Nordalpen etwa zwischen 400 und 1000 m, in den Zentralalpen zwischen 600—1600 m. Wärmezeitliche Hochmoore sind dagegen in den Nordalpen noch zwischen 1100—1500 m, in den Zentralalpen zwischen 1600—2000 m verbreitet. Bei der Hochmoorbildung war also die wärmezeitliche Verschiebung der Höhengrenzen geringer. Hier sei auch auf eine Arbeit MATTICKS (1941) über die Vegetation frostgeformter Böden hingewiesen, die weitere Belege dafür bringt, daß die aus dem Riesengebirge bekanntgewordenen Strukturböden im wesentlichen fossile Erscheinungen sind. Verf. hält sie für nachwärmezeitlich, was einen Zeitabschnitt größerer Kälte in der Nachwärmezeit voraussetzt und wohl noch zu überprüfen bleibt.

Die nacheiszeitliche Vegetationsgeschichte Rumäniens, die E. POP schon in einer Reihe wichtiger Arbeiten behandelt hat, ist durch eine weitere Arbeit des Verf. (1942) über die Moore des zwischen 800—1200 m gelegenen nordsiebenbürgischen Hochlands von Oas-Maramuras weiter geklärt worden. Wiederum sind als für die Ostkarpathen bezeichnende Züge hervorzuheben: der frühe Nachweis der Fichte, die hier die letzte Eiszeit wahrscheinlich überdauern konnte (vgl. auch POP 1943), das stark verspätete, mitten in die Fichtenzeit fallende Hasel- und Eichenmischwaldmaximum, die Zwischenschaltung des *Carpinus*-Gipfels (bis 20%) zwischen Fichten- und Buchenzeit und der im allgemeinen sehr frühzeitige, regelmäßige Nachweis der verschiedenen Pollenarten lange vor dem Kurvenanstieg, der auf Klimaveränderungen als wichtigste Ursachen der Waldentwicklung hinweist. Auf solche deutet auch der Umstand, daß sich die Bildungszeit des ombrogenen Sphagnumtorfs weitgehend mit der Buchenausbreitung deckt. Eine Höhengliederung der Waldstufen hat während der Kiefernzeit noch kaum bestanden, später entwickelte sich nach der Verdrängung der Kiefernwälder ein unterer Eichenmischwald- und ein oberer Fichtengürtel, und zwischen beide schob sich dann zunächst ein Hainbuchengürtel und schließlich ein sehr viel mächtigerer Rotbuchengürtel.

Werden also auch in der Arbeit POPS vor allem Klimaänderungen zur Erklärung der Waldgeschichte herangezogen, so glaubt AICHINGER (1943) wenigstens für das Alpengebiet, ähnlich wie früher BROCKMANN-JEROSCH, sogar die postglaziale Wärmezeit und die ihr folgende Klimaverschlechterung bestreiten und die als Beweis für diese geltenden Feststellungen und weitgehend auch die ganze Abfolge der Waldzeiten vor allem durch biotische Sukzessionen im Zuge der fortschreitenden Bodenreifung und durch frühzeitige Eingriffe des Menschen erklären zu können. Auch die Reliktnatur von *Wulfenia carinthiaca* und *Rhododendron flavum* wird bestritten und die berühmten Vorkommen auf eine Verschleppung durch den Menschen zurückgeführt (1943a). Da der Verf. hierüber eine ausführlichere Darstellung ankündigt, soll dazu erst dann Stellung genommen werden.

b) Außereuropäische Länder. In den Jahren 1928/29 hat eine finnische Expedition die Entwicklung Feuerlands studiert. Hierbei erwiesen sich die sowohl im Wald- wie im Steppengebiet vorhandenen

Moore von großer Bedeutung, da Pollenuntersuchungen die postglaziale Geschichte nicht nur der Wälder, sondern auch der Steppen aufdeckten und 3 große vulkanische Eruptionen durch ihre in allen Mooren synchronen Aschenschichten eine ungewöhnlich sichere Grundlage für die Altersbestimmung der Pollendiagramme abgaben (AUER 1933). 1937/38 folgte eine weitere finnische Expedition nach Ostpatagonien. Es ließen sich die gleichen vulkanischen Perioden wiedererkennen (SALMI, 1941) und die Vegetationsentwicklung somit an die Feuerlands anschließen. AUER (1941) schildert nun in einem ersten kurzen Überblick die nacheiszeitliche Geschichte der Wälder, Steppen und Moore des ganzen feuerländisch-patagonischen Gebiets, wobei auch über die Geschichte der Moortypen Wichtiges gesagt wird (Karte ihrer heutigen Verbreitung, u. a. Sphagnum-Hochmoore am Steppenrand!). Im Anschluß an A. WAGNER entwirft er eine Theorie, wonach die Ausbreitung des Waldes im Gefolge einer Niederschlagssteigerung auf eine solare Temperaturabnahme, die der Steppe im Gefolge einer Niederschlagsabnahme auf eine solare Temperaturzunahme zurückgeführt werden können. Daraus ergibt sich ein Rhythmus postglazialer Klimaschwankungen, der mit dem auf der nördlichen Erdhälfte beobachteten verglichen wird und vielleicht zu seinem Verständnis beitragen kann.

Geschichte der Kulturpflanzen, Beziehungen zur Siedlungsgeschichte.

Die Entstehung der Kulturpflanzen ist in erster Linie eine genetisch-systematische Frage, zu deren Lösung aber auch geographische, paläobotanische und historische Methoden herangezogen werden müssen. E. SCHIEMANN (1943) hat hierüber neuerlich eine umfassende Darstellung gegeben, die auf 566 Arbeiten fußt und die ältere Abhandlung der Verf. (1932) in dankenswerter Weise weiter führt und ergänzt. Die Arbeit stellt vor allem die Methoden und ihr Zusammenwirken im Lauf der Forschungsgeschichte in den Vordergrund und nimmt außerdem besonders zu der Genzentrentheorie kritisch Stellung. Als wesentliche Fortschritte der letzten Jahre treten hervor:

1. Der Nachweis von Gersten, Emmer und einigen Leguminosen im Neolithikum Ägyptens und Mesopotamiens um 4000 v. Chr. Hierdurch und durch den von SCHIEMANN geführten (noch unveröffentlichten) Nachweis des Emmers in der Kupfer-Bronzezeit Trojas wird vor allem die Geschichte des Emmers (*Triticum dicoccum*) weiter geklärt, dessen vorgeschichtliches Areal nunmehr auch das heutige von *Tr. dicoccoides* umfaßt, so daß die Ableitung von diesem (entgegen den Einwänden VAVILOVS) sehr viel sicherer wird als bisher.

2. Im Anschluß an die Entdeckung sechszeiliger bespelzter Wildgerste (*Hordeum agriocrithon*) in Osttibet durch ÅBERG (1938) und die Ergebnisse verschiedener zentralasiatischer Expeditionen die fort-

schreitende Klärung der Herkunft der Gersten. Nach FREISLEBEN (1940, 1941) gehen die mehrzeiligen Kulturgersten wohl auf *H. a.* bzw. ihm nahestehende Wildformen zurück, die zweizeiligen aber wahrscheinlich auf Kreuzungen zwischen mehrzeiliger Kulturgerste und dem heute von Kleinasien und Syrien bis ins südöstliche Afghanistan verbreiteten wilden zweizeiligen *H. spontaneum.* Nacktgersten sind hierbei offenbar frühzeitig aus bespelzten entstanden, da sie neben den obengenannten ägyptischen Funden auch aus dem nordeuropäischen Neolithikum (Bundsö auf Alsen nach K. JESSEN 1939) bekannt geworden sind. Die Erklärung des heutigen abessynischen Genzentrums der Gersten wie des Emmers bleibt aber noch eine für die Bewertung der Genzentrentheorie wichtige offene Frage.

3. Der sich immer mehr als einheitlich herausstellende Besitz des europäischen Neolithikums an Kulturpflanzen, wobei offenbar die postglaziale Wärmezeit für die ehemalige weitere Verbreitung wärmebedürftiger Formen von großer Bedeutung war. Vor allem hat sich das vorgeschichtliche Areal des Einkorns (*Triticum monococcum*) nach den neuen Nachweisen von K. JESSEN (1939) und SCHIEMANN (1939) in Dänemark nun auch durch eine Reihe von Neufunden von FR. BERTSCH (1941) in Deutschland wesentlich nach Norden erweitert.

Nach BERTSCH ist das Einkorn im mitteleuropäischen Stammgebiet der Bandkeramik aus *Tr. aegilopoides* ssp. *boeoticum* herausgezüchtet worden, dessen heute auf die Balkanhalbinsel beschränktes Verbreitungsgebiet unter den günstigeren klimatischen Verhältnissen der Wärmezeit viel weiter nach Mitteleuropa hineingereicht habe. Der gleiche Verf. (1941 a) wendet sich auch gegen die von SCHIEMANN (1940) an seinem Weizenstammbaum geübte Kritik, erörtert dabei aber merkwürdigerweise den zytogenetischen Haupteinwand SCHIEMANNS, der seinen Anschauungen über die hexaploiden Weizen jede Wahrscheinlichkeit nimmt, überhaupt nicht. Die Annahme, daß die großen Klima- und Vegetationsveränderungen des Spätglazials und frühen Postglazials für die Entstehung der Kulturpflanzen von Bedeutung waren, wird heute auch von anderer Seite vertreten (v. STOKAR 1941/42). Sichere Belege für diese Möglichkeit liegen aber noch nicht vor.

Einige neue Getreidefunde (Emmer oder Einkorn im Neolithikum der Kurischen Nehrung, Emmer in der Eisenzeit des Samlandes u. a.) teilt auch E. WERTH mit (1942). Er versucht in der gleichen Arbeit zu beweisen, daß die in den viel umstrittenen Schichten von Mas-d'Azil in Südfrankreich gefundenen *Prunus*kerne auf einen bereits mesolithischen Anbau der Kirsche, Pflaume und Zwetschge zurückgehen, womit er wohl wenig Zustimmung finden wird. Eine zusammenfassende Darstellung über den Obstbau im vor- und frühgeschichtlichen Deutschland hat im übrigen K. BERTSCH (1941 a) gegeben. Sie enthält auch die Mitteilung einiger Neufunde, vor allem eines bandkeramischen Apfelfundes von Heilbronn, der *Malus paradisiaca* zugerechnet wird, der heute ein südosteuropäisch-vorderasiatisches Verbreitungsgebiet besitzt. Nach BERTSCH ist für Apfel, Birne, Süßkirsche und (ohne zureichende Begründung) auch für die Pflaume die Heranzüchtung von Kultursorten aus mitteleuropäischen Wildformen in vorgeschichtlicher Zeit erwiesen. Der gleiche Verf. (1940) berichtet auch über römische Pflanzenreste aus Bregenz (6 Getreidearten). Die Kenntnis der altägyptischen Flora erweiterte SCHIEMANN (1941) durch den Fund von *Cocculus hirsutus* und *Grewia tenax* aus dem Grabe des Tut-Ench-Amon. WERTH (1943) verteidigt seine Ansicht vom südasiatischen Ursprung der Mohrenhirse und der Verknüpfung ihrer Kultur mit der Zucht des Zeburindes gegenüber den Einwänden LINDENBEINS.

Die Erweiterung der Pollenforschung durch die Verfolgung des Getreide- und Unkräuterpollens macht es möglich, den Einfluß des Menschen auf die Vegetationsentwicklung und seine Abhängigkeit von dieser in vorgeschichtlicher und geschichtlicher Zeit weit mehr als bisher auch auf paläontologischem Wege zu verfolgen. Sehr inhaltsreich und anregend ist hier die Arbeit IVERSENS (1941), der für die fruchtbaren Bodengebiete Jütlands und der dänischen Inseln folgendes Bild von der Begründung der neolithischen Siedlungen durch (sehr wahrscheinlich zugewanderte) Ackerbau und Viehzucht treibende Völker entwirft: Die Besiedlung war mit einer ausgedehnten Rodung und Durchlichtung der vordem dicht geschlossenen Eichenmischwälder innerhalb auffällig kurzer Zeit verbunden, und zwar wurde in erster Linie mit Hilfe des Feuers gerodet. Aber nur ein geringer Teil des gewonnenen Bodens wurde angebaut, der weitaus größere diente als Weide (sehr hohe *Plantago*-Werte!). Auf den abgebrannten Böden breitete sich dabei zunächst die als Pionierholzart nach Waldbränden bekannte Birke sehr stark aus, nach ihr auch Haseln und Erlen, und schließlich eroberte auch die Eiche wieder einen Teil des verlorenen Bodens zurück. Doch blieben die Wälder infolge der Beweidung licht, wenn sie auch während der Stein- und Bronzezeit noch den größten Teil des Landes bedeckten. Zu einem starken Waldrückgang kam es erst mit Beginn der Eisenzeit, als wahrscheinlich Veränderungen der Wirtschaftsweise die Grundlage für die noch heute herrschende Gliederung der Kulturlandschaft schufen. Die Ergebnisse IVERSENS konnten für einen Teil von Ostjütland durch TROELS-SMITH (1942) bestätigt werden. Hier ließ sich auch nachweisen, daß die erste große Rodungsperiode in die Dolmenzeit fällt, eine weitere mit stärkerem Waldrückgang auch noch ins Neolithikum, nämlich in die jüngere Ganggräberzeit.

In den fruchtbaren Landschaften Dänemarks ist also nach IVERSEN die neolithische Besiedlung mit ihrer großzügigen Rodung dichter Eichenmischwälder anders erfolgt als es etwa R. GRADMANN für die süd- und mitteldeutschen Landschaften mit ihrer Bindung der vorgeschichtlichen Siedlungsgebiete an die steppenheidereichen Landschaften vermutet. Es fragt sich, ob wir auch hier umlernen müssen (vgl. etwa die Arbeiten von NIETSCH). Vorerst wird man gut tun, die Ergebnisse IVERSENS nicht zu verallgemeinern, aber auf ähnliche Untersuchungen in anderen Altsiedlungsgebieten gespannt sein dürfen.

Schon längere Zeit vor Erscheinen der Arbeit IVERSENS hat K. STEINBERG im Untereichsfeld im südlichen Harzvorland interessante Beziehungen zwischen der Waldentwicklung und der Siedlungsgeschichte aufdecken können, indem er die Ablagerungen von 2 heute mitten in einem fast waldlosen, lößreichen Kulturland gelegenen Seen pollenanalytisch untersuchte. Durch Verfolgung der Getreide- und der übrigen

Nichtbaumpollen ließ sich zeigen, daß das in der Eichenmischwaldzeit wohl völlig bewaldete Gebiet zunächst in vorgeschichtlicher Zeit (wahrscheinlich vom Spätneolithikum bis in die Eisenzeit) besiedelt, dann aber wieder verlassen wurde. Es bewaldete sich von neuem, worauf im Mittelalter (in der 2. Hälfte des 1. Jahrt.) eine mit einer kräftigen Rodung innerhalb kurzer Zeit einsetzende jüngere Siedlungsperiode begann. Man kann nun zeigen, daß vor dieser jüngeren Besiedlung auf den heutigen Ackerböden zwar die Rotbuche vorgeherrscht hat, daß sich aber gerade während der Zeit der Wiederbewaldung auch die Hainbuche sehr stark ausgebreitet hatte. Sie wurde dann durch die jüngere Besiedlung insgesamt nicht etwa gefördert, sondern stark zurückgedrängt, was die Ansicht ELLENBERGs bestätigt, daß in Nordwestdeutschland bei der Anlage der heutigen Siedlungen die Böden feuchter Eichenhainbuchenwälder bevorzugt wurden. Zweifellos war aber das heutige „Carpiniongebiet" des Untereichsfeldes noch vor etwa 1500 Jahren von Buchen beherrscht.

In den bodenarmen Heidegebieten Jütlands konnte IVERSEN keine ausgedehnten neolithischen Rodungen nachweisen, sie mögen hier infolge der immer lichteren Waldbedeckung nicht nötig gewesen sein. Eine Untersuchung von Seeablagerungen in der Karupheide bestätigte die älteren Ergebnisse JONASSENs, wonach es hier erst zu Beginn des Subatlantikums zu einer Ausbreitung der Calluna-Heide auf Kosten der früher herrschenden Eichen-Birkenwälder gekommen ist. Auch BÖCHER (1941) kommt in seiner Monographie der Randböl-Heide in Mitteljütland zu ähnlichen Ergebnissen, indem er zeigt, daß sich sowohl im Gebiet sandiger Altmoränen und der randlichen Jungmoräne wie auch im Bereich fluvioglazialer Ablagerungen auf frühere Waldbedeckung hinweisende Ortsnamen finden. Eine weitere Untersuchung zur Heidefrage haben FLORSCHÜTZ und WASSINK (1941) mit Hilfe kleiner Moore in dem noch vor 70 Jahren sehr ausgedehnten Heide- und Moorgebiet von Drenthe in Holland durchgeführt, die sich allerdings nicht auf limnische Ablagerungen bezieht und daher örtliche Einflüsse im Pollenniederschlag nicht im gleichen Maße ausschalten kann. Die Ergebnisse lehren, daß das Gebiet vom jüngeren Spätglazial bis in den Beginn des Subboreals dicht bewaldet war, daß aber dann, etwa zur Bronzezeit, eine Ausbreitung von Zwergstrauchheiden auf Kosten der Wälder begonnen hat, die sich bis ins vorige Jahrhundert fortsetzte und bis zu einer fast völligen Vernichtung der Wälder führte. Sie war sehr wahrscheinlich durch die menschliche Besiedlung und Wirtschaft bedingt, wurde aber möglicherweise durch eine seit dem Subboreal bestehende größere klimatische Begünstigung der Heide gefördert. Für die von BEIJERINCK und JONAS vertretene Ansicht von der Erhaltung ausgedehnter späteiszeitlicher Heiden bis in neolithische Zeit ergaben sich also keine Anhaltspunkte.

Der Nachweis der Ausbreitung von Zwerstrauchheiden oder edaphisch weniger anspruchsvoller Waldtypen im Gefolge der menschlichen Bodennutzung und Wirtschaft ist für die richtige Beurteilung der heutigen Vegetation natürlich von besonderer Bedeutung und spielt auch in den Gebirgen eine große Rolle. J. BARTSCH (1941) befaßt sich mit dieser Frage unter starker Betonung der menschlichen Einflüsse für den Schwarzwald, hält dabei allerdings, entgegen den Ergebnissen der Pollenuntersuchungen, die Fichtenstufe des Nordschwarzwalds für natürlich und bodenbedingt, während BÜKER (1941) die Gründe zusammenstellt, die die wirtschaftsbedingte Entstehung der „Hochheiden" des südwestfälischen Berglands erweisen. SUSPLUGAS (1942) untersucht eingehend den Verlauf der Zerstörung der Wälder und der Entstehung der Weiden und Heiden in den Ostpyrenäen.

Für die Feststellung der jüngsten Vegetationsveränderungen spielen natürlich archivalische Untersuchungen eine große Rolle. Sehr günstig liegen da die Verhältnisse in Sachsen, da hier schon von der Mitte des 16. Jahrhunderts an gut auswertbare Waldbeschreibungen angelegt wurden. Sie sind, soweit sie dieses Jahrhundert betreffen, von REINHOLD (1942) veröffentlicht und für die Herstellung einer Karte der Bestockung der sächsischen Wälder seit dem 16. Jahrh. ausgewertet worden. Hierbei wurde nicht das Vorkommen der einzelnen Holzarten schlechthin, sondern das bestimmter, aus der regelmäßig wiederkehrenden Kombination der Namen ersichtlicher „historischer Waldtypen" dargestellt und so eine für den Vergleich mit vegetationskundlichen und pollenanalytischen Arbeiten wie für den Waldbau sehr brauchbare Unterlage geschaffen. Sie bringt zwar offenbar längst keinen unberührten, wahrscheinlich aber einen gegenüber der ursprünglichen Zusammensetzung noch nicht grundlegend veränderten Waldzustand zum Ausdruck, aus dem etwa der verschwindend geringe Anteil reiner Fichtenwälder im oberen Erzgebirge, das reichliche Auftreten der Höhenkiefer, zum Teil in Mischung mit Tannen, in der Niederung ein östliches Kiefern-Eichengebiet gegenüber einem westlichen Eichen-(Birken-)Gebiet als Beispiele herausgegriffen seien. Welche große Bedeutung bis gegen Ende des vorigen Jahrhunderts für die Umgestaltung der Wälder in der Oberpfalz, besonders für die beherrschende Ausbreitung der Kiefer, die dortige Eisengewinnung hatte, hat LUTZ (1941, 1942) nachgewiesen.

Literatur.

AARIO, L.: (1) Geol. Rundschau 37, 612—626 (1941). — (2) Terra 54, 3—14 (1942). — (3) Terra 55 (1943). — (4) Ann. Bot. Soc. Zool. Bot. Fenn. Vanamo, Helsinki 19/1, 1—158 (1943a). — AHLNER, St.: Svensk. Bot. Tidskr. 36, 81—85 (1942). — AHRENS, W., u. K. STEINBERG: Ber. Reichsamts f. Bodenforsch. 17—30 (1943). — AICHINGER, E.: (1) Mitt. Hermann Göring-Akad. Dtsch. Forstwiss. 3/1, 80—105 (1943). — (2) Biologia Gener. 17, 80—93 (1943a). — ALBERTSON, N.: (1) Svensk Bot. Tidskr. 35, 115—132 (1941). — (2) Ebenda 36, 86—94 (1942). — ARWIDSSON, TH.: Acta Phytogeogr. Suec. 17, 274 S. (1943). — AUER, V.: Geol. Rundschau 32, 647—671 (1941).

BACKMAN, A. L.: Acta Bot. Fennica, Helsinki 30, 38 S. (1941). — BARTSCH, J.: Englers Bot. Jb. 72, 131—150 (1941). — BARTSCH, J., u. M.: Vegetationskunde des Schwarzwalds. Jena. 229 S. (1940). — BERLIN, H., u. E. MOHRÉN: Medd. fr. Lunds Geol. Min. Instit. 92, 1—30 (1942). — BERTSCH, F.: (1) BBC 61 B, 347—350 (1941). — (2) Mannus 33, 89—91 (1941a). —BERTSCH, K.: (1) Jahrb. Vorarlberg. Mus. Ver. Bregenz, 3 S. (1940). — (2) Früchte und Samen. Handbuch der praktischen

Vorgeschichtsforschung, 1, Stuttgart, 247 S. (1941). — (3) Germanenerbe 6, 103 bis 113 (1941a). — (4) Ber. dtsch. Bot. Ges. 59, 99—103 (1941b). — (5) Veröff. Württemberg. Landesst. Naturschutz Stuttgart 17, 57—146 (1941c). — (6) Lehrbuch der Pollenanalyse. Handbuch der praktischen Vorgeschichtsforschung, 3, 195 S. Stuttgart 1942. — BÖCHER, T. W.: (1) Kong. Danske Vid. Selsk. Biol. Skr. 1/3, 234 S. (1941). — (2) Svensk Bot. Tidskr. 37, 352—370 (1943). — BORNGÄSSER, E.: BBC 61 B, 33—71 (1941). — BORNMÜLLER, J.: Rep. spec. nov. Beih. 126, 21—26 (1941). — BORZA, A.: Ber. dtsch. Bot. Ges. 59, 153—168 (1941). — BRAUN-BLANQUET, J., u. R. TÜXEN: Comm. Stat. intern. Géobot. Med. et Alp. Montpellier 84 (1943). — BROCKMANN, CHR.: Westküste 2, 150—181 (1940). — BUDDE, H., u. F. RUNGE: Abh. Landesmus. Naturkde Prov. Westfalen 11/1, 3—28 (1940). — BÜKER, R.: BBC 61 B, 452—558 (1941). — BURRET, M.: Englers Bot. Jb. 73, 174—190 (1943). — BUSCHMANN, A.: Österr. Bot. Z. 91, 81—130 (1942).

CHEN, P.: Hedwigia 80, 1—76 u. 141—322 (1941).

DAHLGREN, K. V. O.: Svensk Bot. Tidskr. 37, 127—160 (1943). — DE GEER, E. H.: Geol. För. Förh. Stockholm 64, 185—204 (1942). — DE GEER, G.: Kgl. Svenska Vet. Ak. Handl., 3. Ser., 18/6 (1940). — DEGELIUS, G.: (1) Svensk Bot. Tidskr. 36, 9—48 (1942). — (2) Ebenda 37, 407—412 (1943). — DEGERBØL, M., u. J. IVERSEN: Vidensk. Medd. Dansk. naturh. Foren. 105, 435—446 (1942). — DEWERS, F.: Das Alluvium in „Geologie und Lagerstätten Niedersachsens". Oldenburg, 267—454 (1941).

EGGLER, J.: BBC 61 B, 261—316 (1941). — ERDTMAN, G.: Geol. För. Förh. Stockholm, 65, 37—66 (1943).

FAEGRI, K.: Bergens Mus. Årbok, Nat. R. 7, 202 S. (1940). — FIETZ, A.: (1) Verh. Naturf. Ver. Brünn 72, 71—75 (1941 a). — (2) Ebenda 72, 62—70 (1941 b). — (3) Ebenda 74, 94—96 (1942/43 a). — (4) Ebenda 74, 97—99 (1942/43 b). — FIRBAS, F.: (1) Ber. dtsch. Bot. Ges. 59, 310—319 (1941). — (2) Veröff. Württemb. Landesst. für Naturschutz 17, 147—157 (1941a). — (3) Veröff. Arch. Stadt Stuttgart 7, 1—11 (1941b). — FLÖSSNER, W.: Jahrber. Arb. Gem. sächs. Bot. Dresden 1 (1942). — FLORSCHÜTZ, F.: (1) Proc. Nederl. Ak. Wetensch. 44/3, 339—341 (1941). — (2) Tijdschr. Nederl. Heidemij. 53/12, 1—8 (1941 a). — (3) Besprk. overhet Heidepodsolprofiel te Utrecht, Groningen, S. 1—21 (1941b). — (4) Wetensch. Bijeenk. Sect. Nederl. v. d. Internat. Bodemk. Ver. Utrecht, 11, 1—11 (1941c). — (5) Tijdschr. Nederl. Aardrijksk. Genootsch. Leiden 58/6, 934—939 (1941d). — FLORSCHÜTZ, F., u. F. P. JONKER: Rec. trav. bot. néerl. 39, 176—188 (1942). — FLORSCHÜTZ, F., u. E. C. WASSINK: Ebenda 38, 1—17 (1941). — FREISLEBEN, R.: Forsch. u. Fortschr. 17, 140—141 (1941). — FUKAREK, P.: (1) Mitt. Dtsch. Dendrol. Ges. 54, 1—12 (1941). — (2) Österr. Bot. Z. 91, 190—195 (1942).

GAMS, H.: (1) Mitt. Naturkde u. Naturschutz. Bad. Landesver. Naturkde Freiburg, 4, 340—342 (1942). — (2) Abh. Nat. Ver. Bremen 32, 115—133 (1942a). — (3) BBC 62 B, 68—96 (1943). — GASSNER, G., u. CHRISTIANSEN-WENIGER, F.: Nov. Act. Leop. 12/80, 137 S. (1942). — GEORGESCU, MORARIU, u. CRETZOIU: Revista Padurilor, Bucaresti 3/4, 7—8 (1942). — GLÜCK, H.: Englers Bot. Jb. 72, 1—68 (1941). — GREGUSS, P.: (1) Mat. és Term. Közlem. Magyar Tud. Ak. Budapest 39/2, 1—32 (1941). — (2) Acta Botan. Szeged 1, 1—6 (1942). — GRIPP, K., u. E. DITTMER: Die Naturwiss. 29, 577—581 (1941). — GROSCHOPF, P.: Geologie der Meere u. Binnengewässer 6, 104—114 (1942). — GROSS, H.: (1) Altpreußen, 3 S. (1941). — (2) Altpreußen, 2 S. (1941a). — (3) Geologie der Meere u. Binnengewässer 5, 1—20 (1941b). — (4) Abh. Nat. Ver. Bremen 32, 64—76 (1942). — (5) Der Forschungskreis, Königsberg (Pr.) 2, 28—63 (1943). — GUMPERT, K.: Quartär 4, 38—81 (1942).

HAARNAGEL, W.: Probleme der Küstenforschung im südlichen Nordseegebiet, Hildesheim 2 (1941). — HÄNTZSCHEL, W., BRAND, E., BROCKMANN, CHR., OLDEWAGE, H. u. K. PFAFFENBERG: Senckenbergiana 23, 33—122 (1941). — HASSELROT, T. E.: Acta Phytogeogr. Suec. 15, 75 S. (1941). — HIJSZELER, C. C. W. J., u. F. FLORSCHÜTZ: Handel. Nederl. Natuur- en Geneesk. Congr. Utrecht 28, 1—3 (1941). — HIRMER, M.: Englers Bot. Jb. 72, 347—563 (1942). — HOFFMANN-GROBÉTY, A.:

Ber. Geobot. Forsch. Inst. Rübel, Zürich f. 1942, 82—88 (1943). — HOLDHEIDE, W.: Ber. Dtsch. Bot. Ges. 59, 85—98 (1941). — HUBER, BR.: Mitt. Hermann Göring-Akad. dtsch. Forstwiss. 1, 110—125 (1941). — HUBER, BR., u. W. HOLDHEIDE: Ber. Dtsch. Bot. Ges. 60, 261—283 (1942). — HULTÉN, E.: Lunds Univ. Årsskr. N. F. Avd. 2, 37/1, 38/1, 3 (1941—44). — HUSTEDT, FR.: Arch. f. Hydrobiol. 39, 82—174 (1942). — HYLANDER, N.: (1) Acta Phytogeogr. Suec. 14, 49 S. (1941). — (2) Svensk Bot. Tidskr. 35, 296—306 (1941a). — (3) Symb. Bot. Upsal. 7/1, 1 bis 432 (1943). — (4) Svensk Bot. Tidskr. 37, 377—402 (1943a). — HYYPPÄ, E.: (1) Geol. Rundschau 32, 595—611 (1941). — (2) Compt. Rend. Soc. Geol. Finlande, 15, 139—178 (1942). — (3) Terra 55, 43—51 (1943).

IGMÁNDY, J.: Acta Geobot. Hung. 4, 281—331 (1942). — ISBERG, O.: Medd. Lunds Geol. Min. Inst. 95, 1—6 (1942). — IVERSEN, J.: (1) Danmarks Geol. Unders. II/66, 1—68 (1941). — (2) Medd. Dansk. Geol. Foren. København 10/2, 130—151 (1942).

JONAS, FR.: Rep. spec. nov. Beih. 124, 72 S. (1941). — (2) Ebenda Beih. 125, 181 S. (1942). — (3) Ebenda Beih. 129, 134 S. (1943). — JONKER, F. P.: Rec. trav. bot. néerl. 38, 373—377 (1942). — JORAY, M.: Beitr. geobot. Landesaufn. Schweiz 25, 117 S. (1942).

KÄSTNER, W.: (1) Jahresber. Arb. Gem. sächs. Bot. Dresden 1 (1941). — BBC 61 B, 137—207 (1941a). — KALELA, A.: Annal. Ac. Scient. Fenn. A 4, Helsinki, 1—7 (1941). — (2) Veröff. Geobot. Inst. Rübel, Zürich 20, 1—68 (1943). — KEIT, E., u. K. MOTHES: Bot. Arch. 44, 155—171 (1942). — KIRCHHEIMER, F.: (1) Bot. Archiv 44, 362—430 (1943). — (2) Braunkohle, 17—19 u. 26—30 (1943a). — KLEBELSBERG, R. v.: Z. f. Gletscherkde 28, 60—66 (1942). — KLEMENT, O.: (1) Natur und Heimat, Reichenberg 12, 82—87 (1941/42). — (2) Ebenda 13, 8—14 (1943/44). — KOLUMBE, E., u. M. BEYLE: BBC 61 B, 591—593 (1942). — (2) Abh. Naturw. Ver. Bremen 32, 91—114 (1942a). — KOPPE, F., u. K.: Mitt. Naturkde d. Bad. Landesver. Naturkde Freiburg 4, 363—377 (1942). — KRAMER, F.: Beitr. naturkdl. Forsch. Oberrheingeb. 7, 110—122 (1942). — KRASSKE, G.: Ber. Dtsch. Bot. Ges. 61, 81—88 (1943). — KRAUSE, P. G., u. H. GROSS: Jahrb. Reichsst. Bodenforsch. 60, 311—340 (1941). — KRÄUSEL, R., u. H. WEYLAND: Abh. Senckenberg. Naturf. Ges. Frankfurt a. M. 463, 1—62 (1942). — KURON, H.: Forschungsdienst 16, 6—20 (1943).

LÄMMERMAYR, L.: Österr. Bot. Ztschr. 91, 41—48 (1942). — LAUTERBORN, R.: Mitt. Naturkde u. Naturschutz Bad. Landesver. Naturkde Freiburg 4, 313—321 (1942). — LEHMANN, E.: Die Gartenbauwissenschaft 16, 428—489 (1942). — LÜDI, W.: (1) Jahrb. Schweiz. Ges. Urgeschichte 32, 199—203 (1942). — (2) Vierteljahrschr. Naturf. Ges. Zürich 88, 44—54 (1943). — LUTZ, J.: Die Oberpfalz 36, 1—8 (1942).

MÄGDEFRAU, K.: Flora 37, 125—138 (1943). — MARKGRAF, F.: Ber. Dtsch. Bot. Ges. 60, (118)—(127) (1942). — MÁTHÉ, J.: (1) Acta Geobot. Hung. 4, 85 bis 108 (1941). — (2) Debreceni Szemle 117—121 (1941a). — (3) Tisia 5, 39—43 (1942). — MATTICK, FR.: Rep. spec. nov. Beih. 126, 128—184 (1941). — MAURIZIO, A.: Ber. Schweiz. Bot. Ges. 51, 77—95 (1941). — MESSIKOMER, E.: Beitr. geobot. Landesaufn. Schweiz 24, 1—452 (1942). — MEUSEL, H.: (1) Ber. Dtsch. Bot. Ges. 59, 69—82 (1941). — (2) Bot. Archiv 43, 305—331 (1942). — (3) Hercynia 3, 310—337 (1942a). — MEUSEL, H., u. H. HARTMANN: Bot. Archiv 44, 521—543 (1943). — MILITZER, M.: Jahresber. Arb. Gem. sächs. Bot. Dresden 2 (1942). — MÖSCHL, W.: Wien. Bot. Ztschr. 92, 161—182 (1943). — MOTTL, M.: Quartär 4, 82—108 (1942). — MUNTHE, H.: Kgl. Svensk. Vet. Ak. Handl. 3. Ser. 19/1, Stockholm. 242 S. (1940).

ORDING, A.: Medd. Norske Skogforsøksvesen 27, 8/1 (1941). — OVERBECK, FR., u. S. SCHNEIDER: Abh. Nat. Ver. Bremen 32, 38—63 (1942).

PAUCĂ, A. M.: Comm. Stat. Intern. Géobot. Méd. et Alp. Montpellier 75, 119 S. (1941). — PERSSON, H.: (1) Svensk Bot. Tidskr. 36, 444—450 (1942). — (2) Ebenda 37, 160—168 (1943). — PFAFFENBERG, K.: (1) Probleme der Küstenforschung im südlichen Nordseegebiet, hrsg. v. HAARNAGEL, Bd. 2, S. 22—32 (1941). — (2) Abh. Nat. Ver. Bremen 32, 77—90 (1942). — PODPĚRA, J.: (1) Acta Soc. Scient. Nat. Moravicae, Brünn 12/11, 1—16 (1940). — (2) Ebenda 13, 1—16 (1941). — POHL, F.:

Lotos, Prag 88, 1—28 (1941/42). — Pop, E.: Bulet. Grad. Bot. Univ. Cluj la Timosoara **22**, 101—177 (1942). — (2) Ebenda **23**, 97—116 (1943).

Regel, C.: (1) Rep. spec. nov. Beih. **82**, 625—720 (1941). — (2) Wien. Bot. Ztschr. **92**, 25—49 (1943). — (3) Bot. Jb. **73**, 1—98 (1943a). — Reimers, H.: (1) Notizbl. Bot. Gart. u. Mus. Berlin-Dahlem **15**, 402—405 (1941). — (2) Rep. spec. nov. Beih. **131**, 155—179 (1942). — Reinhold, Fr.: (1) Ztschr. f. Weltforstwirtsch. **9**, 561—646 (1942). — (2) Die Bestockung der kursächsischen Wälder im 16. Jahrhundert, Dresden, 126 S. (1942a). — Rikli, M.: Das Pflanzenkleid der Mittelmeerländer, Lfg. 1, 2. Bern 1942. — Rössler, W.: Zbl. Miner. usw. B, **1941**, 329—346. — Rothmaler, W.: (1) Engl. Bot. Jb. **72**, 69—116 (1941). — (2) Ebenda **72**, 117—130 (1941a). — (3) Rep. spec. nov. Beih. **128**, 1—96 (1943). — Rubner, K.: (1) Tharandt. Forstl. Jb. **94**, 1—99 (1943). — (2) Mitt. Hermann Göring-Ak. Dtsch. Forstwiss. **3**/1, 44—60 (1943a).

Salmi, M.: Ann. Acad. Sc. Fenn. A/III/2, 115 S. (1941). — Samuelsson, G.: Acta Phytogeogr. Suec. **16**, 159 S. (1943). — Sandegren, R.: Svensk Bot. Tidskr. **37**, 1—26 (1943). — Sauramo, M.: (1) Geol. För. Förh. Stockholm **64**, 209—267 (1942). — (2) Geol. Rundschau **37**, 579—594 (1942a). — Schiemann, E.: (1) Engl. Bot. Jahrb. **71**, 511—519 (1941). — (2) Ergebn. d. Biol. **19**, 412—552 (1943). — Schindler, H., u. U. Weber: Süddeutsche Apothztg. **1941**, 321—323, 331—332. — Schlatterer, A.: Mitt. Naturkde u. Naturschutz Bad. Landesver. Naturkde Freiburg **4**, 345—357 (1942). — Schmidt, E.: Mikrophotographischer Atlas der mitteleuropäischen Hölzer, Neudamm, 112 S. (1941). — Schmucker, Th.: Silvae Orbis, Berlin **4**, 1—156 (1942). — Schütrumpf, R.: In Rust: Die alt- und mittelsteinzeitlichen Funde von Stellmoor, Neumünster, S. 6—45. (1943). — Schumacher, A.: (1) Rep. spec. nov. Beih. **126**, 13—20 u. **131**, 142—143 (1941, 1942). — (2) Ebenda **126**, 27—47 (1941a). — (3) Ebenda **131**, 42—93 (1942a). — Schwarz, G.: Beitr. naturkdl. Forsch. Oberrheingeb. **6**, 5—114 (1941). — Schwier, H.: Herzynia **3**, 187—240 (1942). — Selle, W.: (1) Jahrb. Reichsst. Bodenforsch. **60**, 147—235 (1941). — (2) Ztschr. Forst- u. Jagdwesen **73**, 65—108 (1941a). — Sleumer, H.: Engl. Bot. Jb. **71**, 375—510 (1941). — Sörgel, G.: BBC **61** B, 1—32 (1941). — Soergel, W.: (1) Jahresber. u. Mitt. Oberrhein. Geol. Ver. **31**, 59—100 (1942). — (2) Sitzb. Heidelb. Ak. Wiss. math.-nat. Kl. 1941/4, 36 S. (1943). — Steffen, H.: BBC **61** B, 610—618 (1941). — Steinberg, K.: Herzynia **3**, 529—587 (1943/44). — Stokar, W. von: Prähist. Z. **32**/33, 1—16 (1941/42). — Stricker, P.: Beitr. naturkdl. Forsch. Oberrheingeb. **7**, 287—300 (1942). — Suessenguth, K.: Engl. Bot. Jb. **72**, 270—302 (1942). — Susplugas, J.: Comm. Stat. int. Géobot. Med. Alp. Montpellier **80**. 225 S. (1942). — Svoboda, P.: Krása naš. domova **33**, 1—25 (1941).

Tapfer, E.: Geol. Meere u. Binnengewässer **4**, 113—244 (1940). — Tarnavschi, T. J.: Bull. Sect. Scient. Acad. Rum. **24**, 250—272 (1941). — Thomson, P. W.: (1) Z. Dtsch. Geol. Ges. **93**, 274—281 (1941). — (2) Ber. Dtsch. Bot. Ges. **60**, 203 bis 205 (1942). — Tischler, G.: Die Naturwissenschaften **30**, 713—718 (1942). — Triloff, E. G.: Engl. Bot. Jb. **73**, 259—360 (1943). — Troels-Smith, J.: Kgl. Danske Vid. Selsk. Arkaeol. Kunsthist. Skr. I/1, 139—212 (1942).

Vareschi, V.: Veröff. Geobot. Inst. Rübel, Zürich **19**, 144 S. (1942).

Wagner, H.: Denkschr. Akad. Wiss. Wien, math.-nat. Kl. **104**, 1—81 (1941). — Walter, H.: (1) Die Vegetation des Europäischen Rußlands, Berlin, 134 S. (1942). — (2) Die Krim. Berlin, 104 S. (1943). — Wehrle, E.: Beitr. naturkdl. Forsch. Oberrheing., **7**, 128—286 (1942). — Weimarck, N.: (1) Lunds Univ. Arsskr., N. F., 2, **37**/5, 1—142 (1941). — (2) Svensk Bot. Tidskr. **36**, 400—407 (1942). — Wein, K.: Herzynia **3**, 72—128 u. 241—291 (1940, 1942). — Werth, E.: (1) Ber. Dtsch. Bot. Ges. **60**, 232—258 (1942). — (2) Engl. Bot. Jb. **73**, 106—112 (1943). — Wimmer, E., in Engler-Diels, Pflanzenreich, 106/IV, 260 S. (1943). — Witte, H.: Svensk Bot. Tidskr. **35**, 211—218 (1941). — Wundt, W.: (1) Die Naturwissenschaften **30**, 93—97 (1942). — (2) Meteor. Z. **60**, 274—281 (1943).

Zander, E.: Beiträge zur Herkunftsbestimmung bei Honig III. Leipzig, 240 S. (1941). — Zillig, H.: Angew. Botanik **24**, 352—393 (1942).

C. Physiologie des Stoffwechsels.

7. Physikalisch-chemische Grundlagen der biologischen Vorgänge.

Von ERWIN BÜNNING, Straßburg (Elsaß).

Mit 4 Abbildungen.

I. Struktur und Wachstum plasmatischer Elemente.

Methodik. Zu den bisherigen Methoden der Analyse feinerer Zellstrukturen, also zum polarisationsoptischen und röntgenanalytischen sowie zum gebräuchlichsten Verfahren, nämlich der gedanklichen Analyse mikro- und makroskopischer physiologischer Vorgänge, kommt immer stärker die elektronenoptische Arbeitsweise hinzu. In mehreren Arbeiten aus verschiedenen Gebieten sind uns die Brauchbarkeit und auch manche — vielleicht überwindbare — Mängel der Übermikroskopie aufgezeigt worden. Nach den theoretischen Ausführungen von ARDENNE läßt sich eine Auflösung bis zu $6 \cdot 10^{-6}$ mm erreichen. Allerdings ist diese Feinheit — wie so oft in der physiologischen Analyse — schon mit einer weitgehenden Zerstörung oder gar Abtötung der lebenden Substanz durch den Abbildungsprozeß verbunden, die Gefahr der Strahlenschädigung wird bei der Elektronenmikroskopie natürlich viel größer als bei der einfachen Mikroskopie mittels sichtbarer Strahlen. Jedoch sind die zu erwartenden Störungen im normalen Ablauf der Lebensvorgänge schon erheblich geringer, wenn wir uns mit einer Auflösung bis zu $2 \cdot 10^{-5}$ mm begnügen. ARDENNE u. FRIEDRICH-FRESKA haben auch gezeigt, daß sich Sporen von *Bac. mesenthericus vulgatus* unter der Erhaltung ihrer Keimfähigkeit elektronenmikroskopisch abbilden lassen.

Auch die übermikroskopische Untersuchung der Viren ist fortgesetzt worden. Dabei fanden TISELIUS u. GARD überraschenderweise bei Viren tierischer Herkunft einen Querdurchmesser der fadenförmigen Partikel von nur 5 mμ, während andere Autoren aus Filtrationsversuchen sowie Sedimentations- und Diffusionskonstanten Werte von 10—15 mμ errechnet hatten. Auch bei einer so relativ einfachen Frage wie der Dimensionsfestlegung zeigen sich also die methodischen Schwierigkeiten. Die genannten Autoren verweisen auf die Möglichkeit einer Erklärung durch den beim Trocknen eintretenden Verlust einer Hydratations schicht.

Vermehrung plasmatischer Substanz. In diesen Berichten wurde mehrfach die Bedeutung fadenförmiger Bausteine der Eiweißkörper hervorgehoben. Auch an Gelatinelösungen konnte JIRGENSONS neuerdings zeigen, daß die Teilchen keine echten Makromoleküle, sondern langgestreckte Mizelle sind, die sich — etwa bei Säuren- oder Laugenbehandlung — leicht spalten.

In den Eiweißkörpern des Organismus finden sich also immer wieder lange Polypeptidketten, die zwar eine bestimmte chemische Zusammensetzung, aber keine eigentliche Individualität besitzen, da die Kettenlänge von Fall zu Fall verschieden sein kann. Nach WINCH scheinen solche Ketten dort nicht zu bestehen, wo die Leistung der Bausteine gerade für das Vorhandensein einer Individualität in jenem Sinne spricht, etwa bei den Genen, aber auch sonst bei allen „aktiven" Eiweißen, also z. B. den Serum- und Virusproteinen. Daher stellt WINCH diesen Polypeptidketten Megamolekeln gegenüber, die als geschlossene polyedrische Gebilde mit einer festen Anzahl bestimmter Atome in der Oberfläche betrachtet werden.

Ob wirklich eine solche Abweichung vom Prinzip der Ketten notwendig ist, um z. B. die autokatalytische Vermehrung der Eiweißsubstanzen erklären zu können, erscheint zweifelhaft. Selbst wenn wir von der eindrucksvollen elektronenmikroskopischen Abbildung des Tabakmosaikvirus mit etwa 100—300 mμ langen „Molekeln" absehen (KAUSCHE und Mitarbeiter), bleibt es auch theoretisch möglich, sich die Vermehrung der Fadenmolekeln zu erklären. NEUGEBAUER geht bei einem solchen Erklärungsversuch sogar vom retikulärdispersen System im Sinne FREY-WYSSLINGS, das wir in diesen Berichten schon mehrfach erwähnten, aus. Wennzwar sich seine Betrachtungen vor allem auf das Wachstum der Viren richten, sind sie doch von allgemeinem Interesse für das Verständnis der plasmatischen Autokatalyse. Das Molekül des Wirtsproteins soll dadurch in das des Virus übergeführt werden, daß zwischen beiden, sofern sie sehr ähnlich gebaut sind, eine VAN DER WAALsche Wechselwirkung und dadurch die Angleichung eintritt. Als anziehende Kräfte zwischen den Polypeptidketten werden nicht nur die lipophylen Gruppen genannt, sondern auch die Wasserstoffbindungen und Zystin. Im Gegensatz zu der im vorjährigen Bericht mitgeteilten Ansicht JORDANS wird also angenommen, daß die in Wechselwirkung tretenden entknäuelten Proteinmoleküle einander nicht spiegelbildlich zu gleichen brauchen.

Im vorjährigen Bericht waren wir auch schon mit einem Satz auf die Ansicht von SOMMERMEYER und DEHLINGER eingegangen, für das Genwachstum sei ein periodischer, dem eines Kristalls vergleichbarer Aufbau notwendig. DEHLINGER u. WERTZ haben diese Theorie weiter ausgebaut. Das Grundelement, das sie zur Erklärung der Lebensleistungen des Plasmas annehmen, ist der quasistationäre „eindimensionale Kristall", also ein Körper mit einem in einer Richtung (im Gegensatz zu gewöhnlichem dreidimensionalem Kristall) periodisch atomistischen Aufbau. Ein solcher Körper, der seinem kristallähnlichen Aufbau entsprechend autokatalytisch wachsen kann und der natürlich auch teilungsfähig ist, sei die primitive Wurzel des lebenden Organismus.

Ein etwas spezielleres Problem ist das nach der Entstehung der — ebenfalls im vorjährigen Bericht erwähnten — artspezifischen Anordnung der einzelnen Aminosäuren in den Peptidketten. RONDONI meint, hier seien die Gene bzw. die (von ihnen abhängigen) Organisatoren entscheidend; auch den Nukleinsäuren im Kern und Plasma wird eine solche organisatorische Fähigkeit zugeschrieben, während z. B. karzinogene Substanzen gerade dadurch wirken sollen, daß sie die normale Anordnung verhindern. — Ob wir hier wirklich schon eine Lenkung von „außen" annehmen müssen oder nicht doch mehr die autokatalytischen Fähigkeiten der Polypeptidketten selber im Spiel sind, möchte Ref. noch unentschieden lassen.

Plasmastruktur. Für die verschiedene Art und Weise, in der die einzelnen Fadenmoleküle im Plasma angeordnet sein können, hat SCHMIDT (1) eine Klassifizierung durchzuführen versucht. Er unterscheidet einen Gerüstaufbau (mit wirr verlaufenden Molekülen), einen Fibrillenaufbau (mit in einer Richtung paralleler Anordnung), einen Folienaufbau (mit in einer Ebene paralleler Anordnung) und einen Filmaufbau (mit bestimmter, aber nicht in einer Richtung streng parallelen Orientierung).

Wir haben schon früher mehrere Beweise für das Vorhandensein fädiger Gebilde im Plasma genannt und auch gezeigt, daß die Fäden oftmals erst durch eine experimentell erzwungene Parallelisierung nachweisbar werden. Einen solchen Versuch hat jetzt wieder PFEIFFER (1) ausgeführt: Aus den Zellwänden befreite Protoplasten wurden gedehnt und so im Polarisationsmikroskop untersucht; die vorher isotropen Protoplasten waren durch diese Dehnung, die zur Parallelisierung der fadenförmigen Elemente führte, doppelbrechend geworden.

PFEIFFER (2) hat auch ein Plasmaelement, bei dem die Fibrillen schon im Normalzustand mehr oder weniger parallelisiert sind, näher untersucht, nämlich die spindelförmigen Inhaltskörper. Bereits KÜSTER hatte die Doppelbrechung solcher Spindeln und damit die Parallelisierung ihrer Bauelemente nachgewiesen. Nunmehr konnte an den Spindeln aus den Trichomzellen von *Impatiens Balsamina* bei experimenteller Dehnung eine Zunahme der polarisationsoptischen Intensität nachgewiesen werden. Ähnlich wie bei manchen anderen plasmatischen Gebilden, etwa wie bei den Muskelfibrillen, haben wir es also offenbar mit teilweise geknäuelten Fadenmolekülen zu tun, die schon vor der Dehnung mehr oder weniger geordnet sind. Bei der Dehnung nimmt die Doppelbrechung erneut zu, weil die Parallelorientierung verbessert wird, und außerdem (bei starker Dehnung), weil die Fäden gestreckt, d. h. entknäuelt werden. KÜSTER hat also schon durchaus mit Recht diese Spindelkörper mit tierischen Elastoidinsubstanzen verglichen.

Daß aber auch sonst schon in einem beliebigen, nicht strömenden Plasma die fädigen Elemente ausgerichtet vorliegen können, haben ULLRICH und VAN VEEN wahrscheinlich gemacht. An *Allium*-Plasma konnten nämlich, nachdem es experimentell zugeführte Farbstoffe gespeichert hatte, dichroitische Effekte beobachtet werden.

Nach der Ansicht FREY-WYSSLINGS, die wir in diesen Fortschritten schon mehrfach erwähnten, sind die einzelnen Polypeptidketten an Haftpunkten miteinander zu einem Netz verbunden. (Dieses Netzwerk kann natürlich je nach der Anordnung der einzelnen Ketten — ganz entsprechend wie ja auch in der Zellwand — verschiedenartige gröbere plasmatische Elemente im Sinne der oben wiedergegebenen Klassifizierung durch SCHMIDT bilden.)

Auf jeden Fall hat sich, ob man nun ein (durch Haftpunkte) festeres oder ein weniger fest zusammengefügtes Netz annimmt, die Vorstellung einer derartigen Anordnung gut bewährt. Beispielsweise können so anscheinend die Viskositätsverhältnisse im Protoplasma weitgehend erklärt werden. Bei *Spirogyra* fand NORTHEN eine reversible Viskositätsverminderung unter dem Einfluß der verschiedensten Reize (mechanischer Reiz, Kälte, elektrische Durchströmung, Narkotika). Die Viskositätsverminderung äußerte sich in der leichteren Verlagerung der Chloroplasten beim Zentrifugieren; sie wird als eine Strukturviskosität aufgefaßt.

Übrigens hat auch UMRATH (1) diese Viskositätsverminderung festgestellt und, wie hier gleich eingeschaltet sei, gefunden, daß sie sich jedenfalls bei der von ihm angewandten starken Reizung durch Verwundung, offenbar nicht durch eigentliche Erregungsleitung, sondern mittels einer von der beschädigten Zelle freigesetzten Substanz ausbreitet.

Die Theorie, daß die plasmatischen Kontraktionen durch eine Formänderung der Polypeptidketten entstehen, lernten wir ebenfalls bereits im vorjährigen Bericht kennen. Die dort zitierte Annahme von WÖHLISCH, daß die Myosinmoleküle schon im ruhenden Muskel eine Verkürzungstendenz haben, also vor der Erregung durch einen noch unbekannten Mechanismus in Spannung gehalten werden, scheint mir im Zusammenhang mit den erwähnten Versuchen NORTHENS und mit der Rolle, die FREY-WYSSLING den Haftpunkten für den Zusammenhalt des Netzes beimißt, recht fruchtbar zu sein. Auch in der neuesten Zeit haben sich wieder mehrere Forscher mit diesem Problem der Muskelkontraktion beschäftigt. WÖHLISCH hat nochmals gezeigt, daß die

Doppelbrechung der Muskelfasern nur auf das Myosin zurückzuführen ist und demgemäß nur dieses für die Kontraktionsfähigkeit in Betracht zu ziehen sei. Die einzelnen Fäden sind, ähnlich wie wir es oben für pflanzliche Fibrillen erwähnten, nur teilweise, also nicht bis zum maximal möglichen Betrag parallelisiert (BUCHTHAL und KNAPPEIS).

Eine Schwierigkeit der Analyse besteht darin, daß der Kontraktions- und Erschlaffungsvorgang bei den (etwa 10 Å dicken und 500 oder mehr Å langen) Myosinketten in wenigen tausendstel Sekunden abläuft, also die Substanz, die durch ihr Auftreten im Verlaufe der reizbedingten Stoffwechselvorgänge im Muskel die Verkürzung bedingt, nicht zu fassen ist. Nun ist es aber SZENT-GYÖRGYI gelungen, diese Vorgänge durch Behandlung mit Veratrin so zu hemmen, daß Kalium als die gesuchte Substanz ermittelt werden konnte. Auch ERNST u. MOROCZ erörtern diese Zunahme ionisierten, also frei diffusiblen Kaliums nach der Reizung. SZENT-GYÖRGYI vermutet, daß die Kaliumionen durch die Beeinflussung des Quellungsgrades der zwischen den Myosinmizelfäden liegenden interfibrillären Substanzen wirksam werden. Vielleicht ist eine einfache Erklärung durchführbar, wenn man die Ergebnisse mit der oben dargelegten Anschauung über die retikuläre Verknüpfung der Polypeptidketten vereinigt, und etwa im Sinne von FREY-WYSSLING (Fortschr. Bot. 7, 162) damit rechnet, daß die quellungsbeeinflussenden Ionen einen Haftpunkt, in diesem Falle etwa eine Kohäsionsbindung zwischen benachbarten Hydroxylgruppen durch die Beeinflussung von dessen Hydratation lockern und dadurch die obenerwähnte Hemmung gegen die ohnehin angestrebte Verkürzung ausgeschaltet wird.

Eingehend hat sich auch LANGE mit der physikochemischen Frage der Muskelkontraktion befaßt. Er kommt zu dem Ergebnis, daß die Myosinmolekeln ähnlich wie im Kautschuk normalerweise leicht gefaltet sind; zur vollständigen Streckung ist die Anwendung äußerer Arbeit erforderlich; bei dieser Streckung wird Wärme freigesetzt. LANGE entwickelt eine Theorie der Umwandlung chemischer Arbeit in mechanische; er schreibt einer Zwischenflächenspannung zwischen den Myosinmolekeln und der sie umgebenden wässerigen Zwischenschicht die Rolle der Arbeitsquelle zu und rechnet mit Vorgängen der Entionung, Neutralisation und Löslichkeitsverminderung als Folge des geänderten Stoffwechsels.

Mir scheint, daß uns die einfache Vorstellung FREY-WYSSLINGS vom retikulären Aufbau und von der Bedeutung der Haftpunkte erheblich weiter führen kann; ich betone das besonders, weil die Aufklärung der physiko-chemischen Vorgänge im Muskel wahrscheinlich auch der Analyse pflanzlicher Plasmakontraktionen zugute kommen wird, denn es ist nicht anzunehmen, daß die tierische Zelle hier wesentlich andere Mittel benutzt als die pflanzliche; und daß plasmatische Kontraktionen in der Pflanzenzelle nicht etwa auf so spezialisierte Organe wie die Geißeln beschränkt sind, ist aus mehreren zellphysiologischen Erfahrungen bekannt.

Einen einfachen Plasmakontraktionsvorgang hat SCHMIDT (2) untersucht, nämlich die der Amöbenbewegung zugrunde liegenden Prozesse. Bei *Amoeba proteus* leuchtet die elastische Außenmembran an dem sich vorwärtsbewegenden Teil stärker auf als an dem entgegengesetzten, sich in der Kontraktionsphase befindlichen Abschnitt. Das Verstärken der Doppelbrechung bedeutet ein Strecken und Parallelisieren der Proteinmolekeln, dabei bilden sich offenbar Haftpunkte, so daß am Vorderende aus dem Sol ein Gel wird. Am Hinterende tritt durch Lösung der Haftpunkte eine Kontraktion, erkennbar an der abnehmenden Doppelbrechung, und damit eine Solbildung ein. — Derart einfache Objekte, ähnlich wie die vorher erwähnten Spirogyren, bieten uns zweifellos gute Hilfsmittel zum Eindringen in die im ganzen Organismenbereich verbreiteten Vorgänge reizbedingter Kontraktionen und damit verknüpfter, namentlich an Viskositätsänderungen erkennbar werdender Kolloidzustandsänderungen.

Eiweißstruktur und Denaturierung. Auch unabhängig von reizbedingten Kontraktionen können Formänderungen der Proteinmoleküle wichtig sein; beispielsweise scheinen die bekannten Denaturierungsvorgänge mit ihnen im Zusammenhang zu stehen. Da uns auch das Studium solcher Vorgänge einen guten Einblick in Form und Anordnung der Polypeptidketten, sowie in die Abhängigkeit ihrer Eigenschaften von diesen Zustandsformen liefern kann, gehen wir hier näher auf sie ein.

In mehreren Arbeiten hat ASTBURY die Ergebnisse röntgenanalytischer Untersuchungen über die Denaturierungsvorgänge mitgeteilt. Die faserförmigen Proteine (z. B. Kollagen und Keratin) verlieren die Parallelorientierung und weitgehende Streckung der Polypeptidketten beim Denaturierungsvorgang (etwa durch Hitzebehandlung); es treten Knikkungen und Knäuelungen der Ketten ein. Bei den globulären Proteinen dagegen, also den Eiweißen, in denen ursprünglich sowohl die Parallelorientierung als auch die Streckung fehlt, besteht die Denaturierung nach solchen röntgenanalytischen Studien gerade in der Entfaltung der Ketten.

Neuere Untersuchungen GUSTAVSONs ermöglichen einen etwas tieferen Einblick in die bei diesen Strukturänderungen wirksamen Kräfte. Betrachten wir zunächst ein Faserprotein wie das Kollagen. Im Kollagengitter liegen die Peptidketten in weitgehend gestreckter, aber doch noch zickzackförmiger Gestalt vor. Diese Lage ist, da sie einen hohen Grad von Ordnung darstellt, thermodynamisch unwahrscheinlich, und daher nur durch eine netzförmige Verknüpfung der Proteinketten existenzfähig; für diese Verknüpfung werden vor allem Koordinationsbindungen zwischen Peptidgruppen naheliegender Ketten (Wasserstoffbrücken) verantwortlich gemacht. Wir haben es also wieder mit einem typischen retikulären System zu tun. Wird das Eiweiß in Wasser erhitzt, so wird allmählich die frei werdende Energie der Ketten größer als die der zusammenhaltenden Valenzkräfte. Die Ketten werden infolgedessen aus der netzförmigen Verknüpfung befreit und gehen jetzt in den thermodynamisch wahrscheinlicheren, stabileren Zustand über; es werden also geknäuelte Ketten. Aus dem ursprünglich fibrillären Kollagen wird also ein mehr globuläres. Diese Deutung der Vorgänge, die mit dem röntgenanalytischen Befund übereinstimmt, erfährt vor allem dadurch eine experimentelle Stütze, daß sich beim Denaturierungsvorgang die Aktivität der Faserproteine gegenüber koordinationsaktiven Verbindungen erhöht. Das gilt nicht nur für die Hitzebehandlung, sondern auch für die Behandlung mit lyotropen Stoffen; auch diese Behandlung führt zur Aktivierung (Freisetzung) von Haftgruppen, indem die an den Peptidgruppen verankerten Querverbindungen gelockert werden. Dabei besteht zwischen lyotroper Wirkung und Kolloidschrumpfung eine deutliche Parallelität; auch das spricht für die Ansicht, daß die Denaturierung eine Schrumpfung unter gleichzeitiger Freisetzung koordinierter Valenzkräfte ist.

GUSTAVSON hat die Freisetzung bzw. die Freiheit solcher Bindungskräfte durch Versuche über die Fixierung von Chromverbindungen geprüft. Die Methode gestattet es auch, festzustellen, daß bei manchen Faserproteinen die Koordinationskräfte schon im nativen Zustand nicht gebunden sind, so z. B. beim Muskelprotein und beim Blutfibroin. Die freien Koordinationskräfte dienen hier bei der Denaturierung zur Verankerung der Ketten mit Querverbindungen.

Auch die Untersuchung globulärer Proteine (Serum- und Eieralbumine) ergab das erwartete Ergebnis: Bei der Denaturierung wird das Vermögen zur Bindung koordinationsaktiver Chromverbindungen erheblich verringert. Bei den globulären Albuminen besteht die Denaturierung also wohl in einer Verfestigung durch Schaffung neuer, mittels der Valenzkräfte von Peptidgruppen hergestellter Bindungen zwischen den Eiweißkörpern.

Hiermit sind zweifellos wichtige Ansatzpunkte für die Analyse der Beziehungen zwischen Plasmastruktur und Plasmaleistung gewonnen worden.

II. Plasmatische Regulierung der Stoffwechselvorgänge.

Wachstum. Hier wurde schon wiederholt betont, daß der Wachstumsprozeß, also der chemische Aufbau der Zellsubstanzen, als eine Kette exothermer Reaktionen aufzufassen ist und der hohe Energiebedarf beim Wachstum sich im wesentlichen aus der Notwendigkeit zur Schaffung und Erhaltung komplizierter plasmatischer Strukturen erklärt, die solche Reaktionen ermöglichen. TAUSSON hat erneut, und zwar an *Penicillium*, die exotherme Natur dieser Synthesen nachgewiesen.

Eine Frage der Plasmastruktur dürfte es auch sein, daß nach Untersuchungen BRANDTS (1) an Hefe, infolge einer Schädigung durch Hitze oder Trocknen das Gleichgewicht der Enzymreaktionen zugunsten der für die Restitution des geschädigten Eiweißes bzw. der für das Wachstum notwendigen Vorgänge verschoben wird. Hierbei spielt die Trehalose eine eigentümliche Rolle. Sie dient als Reservekohlehydrat und wird bei der Atmung nicht wachsender Zellen kaum verbraucht. Man beobachtet in Hefezellen, deren Wachstum durch Stickstoffmangel verhindert wird, keine Abnahme des Trehalosegehalts, in den wachsenden, mit Stickstoff versorgten Kulturen dagegen eine starke Abnahme der Trehalose (beispielsweise in wenigen Stunden von 2% auf 0,5%). Durch die Einwirkung schädigender Agenzien, also bei notwendig werdenden Wachstums- (Synthese-) Leistungen findet plötzlich eine Aktivierung der Atmung auf Kosten der Trehalose statt. So wurden in unbehandelter Hefe 2,19% Trehalose gefunden; in der für 10 Minuten auf 5^0 erhitzten Hefe verringerte sich der Trehalosegehalt auf 1,5%. Der starke Atmungsanstieg, zu dem dieser Trehaloseabbau führt, ist aus folgenden Zahlen ersichtlich:

40 mg Hefe, 10 Minuten auf 50^0 erhitzt, Atmungsleistung in 30 Minuten.

	Sauerstoffverbrauch	Kohlendioxydbildung
Kontrolle	50 mm^3	50 mm^3
Versuchsreihe . . .	220 mm^3	160 mm^3

Gärverlauf. Der Vergleich zwischen den Stoffwechselvorgängen in der normalen Hefezelle und in Hefepreßsäften zeigt uns deutlich die Rolle plasmatischer Strukturen. Der Preßsaft vergärt im Gegensatz zur lebenden Zelle nur die Hälfte der zugesetzten Glucose zu Alkohol und Kohlendioxyd. NILSSON untersuchte diesen Unterschied näher. Im strukturlosen Gärsystem wirken zwar noch die Enzyme der Hefe, aber die Reaktionskette unterscheidet sich von der normalen. Dagegen kann man es durch ein schonendes Trocknen erreichen, daß in der — nicht autolysierten — Hefezelle das Fermentsystem noch ähnlich arbeitet wie in der normalen Zelle. Durch Zusatz von Toluol, Benzol und durch andere Eingriffe wird aber bedingt, daß die Vorgänge auch in dieser Hefe ähnlich wie beim strukturlosen Fermentsystem verlaufen. Am stärksten wirken in dieser Richtung Lipoidlösungsmittel (Azeton, Alkohol). Diese Substanzen wirken also wohl auf Zellstrukturen, an denen Lipoide maßgeblich beteiligt sind. Gallensäuren, die die Fähigkeit haben, Fette in wässerige Lösung zu bringen, wirken ebenso. Die alte Annahme, daß für den normalen Verlauf der Zellvorgänge die Aufteilung des Plasmas in einzelne, durch Lipoidwände voneinander abgetrennte Räume wichtig ist, findet somit eine Bestätigung.

Permeabilitätsregulation. Die bereits weiter oben erwähnte Bedeutung energieliefernder Reaktionen für die Erhaltung der im normalen Stoffwechsel notwendigen Plasmastrukturen erhellt auch aus der Beteiligung solcher Reaktionen bei der Regulierung der Permeabilität,

BRANDT (2) weist darauf hin, daß getrocknete Hefe nach dem Aufschlemmen erhebliche Mengen von anorganischem und verestertem Phosphat abgibt. Einige Zahlen mögen das verdeutlichen:

Zeit	Freies Phosphat im Suspensionsmittel in Prozent des ursprünglichen Gesamtphosphatgehalts der Hefe	
	frische Hefe	getrocknete Hefe
0 Stunden . . .	0	8
2 ,, . . .	0,2—0,3	—
3 ,, . . .	—	13
20 ,, . . .	0,8—0,9	—
23 ,, . . .	—	19

Diese als Ausdruck einer Schädigung aufzufassende Permeabilitätserhöhung sinkt sowohl beim Zusatz von Glucose als auch beim aeroben Schütteln. Sowohl durch den aeroben Stoffwechsel als auch durch die Gärung kann also die normale Permeabilität wiederhergestellt werden. BRANDT betont, daß die bei der Resynthese erreichte Permeabilitätsverminderung wieder für die Stabilisierung der Enzyme, der Viskosität, Azidität und des osmotischen Druckes im Plasma wichtig sei.

An dieser Stelle mag auch der eigentümliche Befund von BATHIA an der Diatomee *Ditylium Brightwelli* erwähnt werden. Eine Ausschaltung der Atmung und auch die Ausschaltung der Lieferung von Atmungsmaterial, also der Assimilation, führt zu einer Schrumpfung des Protoplasten („Plasmolyse"). Ob man hier mit dem Verfasser ein Eingreifen der energieliefernden Reaktionen in den Mechanismus eines zellsaftbildenden Sekretionssystems annehmen darf, erscheint doch wohl noch zweifelhaft. Wahrscheinlicher wäre nach unseren bisherigen Erfahrungen die Beteiligung der Atmung an der Erhaltung labiler plasmatischer Strukturen.

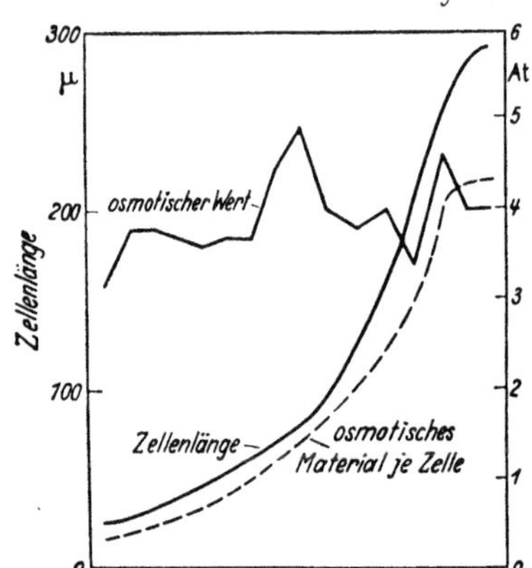

Abb. 29. Bei normal ernährten Weizenwurzeln steigt das osmotische Material parallel mit dem Zellwachstum. Der osmotische Wert behält also ungefähr seine Ausgangshöhe. (Nach BURSTRÖM [vereinfacht].)

Osmoregulation. MOSEBACHS Untersuchungen an *Phaseolus*-Gelenken, über die wir im Vorjahr kurz berichteten, hatten gezeigt, daß im Zuge der reversiblen Volumenschwankungen bei den tagesperiodischen Blattbewegungen eine fortgesetzte Neubildung bzw. eine Rückbildung osmotisch wirksamer Substanz stattfindet, so daß die Zellsaftkonzentration osmoregulatorisch auf einem konstanten Wert gehalten wird. Nach meinen eigenen, früher mitgeteilten Messungen schien die Osmoregulation nicht so vollständig zu sein. Solche Verschiedenheiten in der osmoregulatorischen Leistung werden uns jetzt verständlich, da BURSTRÖM an Weizenwurzeln zeigte, daß sich der osmotische Wert in der Streckungszone normal ernährter Wurzeln konstant hält (Abb. 29), während bei eingeschränkter Nährstoffzufuhr die Neubildung osmotisch wirksamen Materials nicht mit der Volumenzunahme Schritt hält, so daß während der Zellstreckung (so wie es vorher schon andere Autoren gefunden hatten) ein Absinken des osmotischen Wertes eintritt. Bei der Ernährung mit Zucker kann sich der osmotische Wert sogar über den Normalbetrag erhöhen. Es scheint also, daß sowohl bei reversiblen als auch bei irreversiblen Volumenschwankungen der Pflanzenzelle die Regulation des osmotischen Wertes je nach der Darbietung der erforderlichen Nährstoffe vollständig oder unvollständig sein kann.

Periodische Aktivitätsänderung der Fermente. Bei mehreren Fermenten sind tagesperiodische Aktivitätsschwankungen beobachtet worden; die Schwankungen können sogar, wie etwa die Versuche von SYSAKYAN und KOBYAKOWA über die Invertaseaktivität zeigen, so weit gehen, daß je nach der kolloiden Verankerung des Ferments mehr dessen hydrolysierende oder seine synthetisierende Fähigkeit überwiegt. Solche Unterschiede hat nunmehr Ref. für die Amylase auch bei *Phaseolus* festgestellt und zugleich aus den nicht in dieser Richtung ausgewertet gewesenen Zahlen DE GROOTS nachgewiesen. Offenbar sind Kolloidzustandsänderungen der Chromatophoren, in denen die Amylase lokalisiert ist, für dieses Wechseln im Überwiegen von synthetischer bzw. hydrolysierender Aktivität entscheidend. Der Wechsel kann nicht nur von außen (namentlich durch den Licht-Dunkel-Rhythmus) induziert werden, sondern auch endogen ablaufen. Starke Hydrolyse führt zwangsläufig zu einem Anstieg der Atmungsintensität, und die bei der Atmung produzierte Kohlensäure schafft wieder einen Chromatophorenzustand, der die synthetischen Fermentleistungen begünstigt, bis durch die nunmehr eingeschränkte Kohlensäureproduktion wieder der ursprüngliche Kolloidzustand verursacht wird.

Die Feststellung HELLINGAS, daß man bei Kartoffelknollen trotz des Reichtums an Kohlehydrat die Atmung durch Zuckerzufuhr steigern kann, und daß dieser Effekt vom physiologischen Zustand der Knollen abhängt (also wohl etwa von der Lebhaftigkeit der amylatisch gesteuerten Zuckerlieferung, Ref.) fügt sich dem gut an.

Temperaturanpassung des Fermentsystems. Während solche Änderungen der Fermentaktivität, wie wir sie eben beschrieben haben, durch die mehrfach in Fortschr. Bot. dargelegte Art der Verankerung des Ferments im Kolloidsystem des Plasmas zu erklären sind, berichtet SCHLOTTKE über Besonderheiten der Fermentleistung, die offenbar nicht mit irgendwelchen Begleitstoffen im Zusammenhang stehen. SCHLOTTKE untersuchte das Fermentsystem an niedrige Temperaturen angepaßter Tiere. Bei einem Fisch (*Corregonus hiemalis*) wird die erforderliche Wirksamkeit der tryptischen Protease und der Dipeptidase bei der niedrigen

Temperatur durch eine höhere Konzentration erreicht. Bei der Amylase jedoch liegt das Optimum schon bei 4^0. Die Aufdeckung der Ursachen solcher Unterschiede dürfte auch für die Pflanzenphysiologie von hohem Wert sein.

Aneurinaufnahme. Eine interessante Verknüpfung zwischen dem Stoffwechsel und der Stoffaufnahme wurde bei Studien über die Aufnahme von Vitamin B_1 (Aneurin) in die Hefezelle ermittelt. *Saccharomyces* und *Torula* können Aneurin aus Lösungen in ansehnlicher Menge gegen das Konzentrationsgefälle speichern. Die Permeabilität für diese Substanz ist offenbar hoch genug, um diesen Vorgang schnell ablaufen zu lassen. Die Speicherung wird möglich, weil das Vitamin in der Zelle nicht mehr frei besteht, sondern gebunden wird. Es ist nicht mehr auswaschbar und seine Anreicherung ist auch nicht der Konzentration in der Außenlösung proportional (FINK und JUST). Zweifellos wird es als phosphoryliertes Aneurin (Cocarboxylase) gespeichert. Nach FINK und JUST steigt zwar die Aneurinaufnahme mit der Temperatur, aber doch bei weitem nicht so sehr wie die Gärung, so könne hier ein kausaler Zusammenhang nicht bestehen. Das ist wohl nicht unbedingt beweisend, denn die Ausnutzbarkeit der Gärung für diesen Vorgang kann ihrerseits selber temperaturabhängig sein. So erscheint es mir berechtigt, wenn SPERBER und RENWALL durch die Beobachtung, daß aerobe Bedingungen und Glucosezusatz die Aufnahme begünstigen, zur Auffassung kommen, daß die Aufnahme des Aneurins mit energieliefernden Reaktionen im Zusammenhang stehe. Folgende Zahlen können diesen Zusammenhang demonstrieren.

Aufnahme von Aneurin in γ durch 1 g Hefe je Minute.

Ohne Zusatz		Mit Glucose	
aerob	anaerob	aerob	anaerob
0,6	0,0	2,7	1,8

Der Zusammenhang wird dadurch gedeutet, daß Atmung und Gärung für die Phosphorylierung (für die Bildung der Phosphatdonatoren) also für die Umwandlung des Aneurins zur Cocarboxylase wichtig sind.

III. Elektrische Potentiale, Membranen.

Feinbau der Membran. WOLPERS hat das elektronenoptische Verfahren zur Analyse des Feinbaus der Erythrozytenmembran herangezogen. Die Vorstellung eines Schichtbaues mit Eiweißmolekülen, die tangential zur Zelloberfläche liegen, und mit Lipoidmolekülen, die in einer besonderen Schicht radiär angeordnet sind, wird durch diese Untersuchung unwahrscheinlich. Dagegen gewinnt die Annahme FREY-WYSSLINGS, also die Vermutung einer netz- oder gerüstartigen Oberflächenschicht mit Lipoiden innerhalb eines Eiweißgerüstes, eine Stütze. Offenbar sind in ein Gerüstsystem aus langfädigen Eiweißteilen die Lipoide als Zwischensubstanz eingelagert. Dem Eiweißgerüst soll vor allem die Stützfunktion, den Lipoiden die Lenkung der Permeationsvorgänge zukommen. So sehr diese Vorstellung auch in die Ergebnisse der physiologischen Forschung paßt, muß es doch noch recht zweifelhaft erscheinen, ob die Untersuchungsmethode, die notwendig gewesene Hämolyse der Erythrozyten sowie die Bestrahlung einen Einblick in den normalen Aufbau der Membran gestatten.

Elektrische Vorgänge in der Grenzschicht. UMRATH befaßt sich nochmals mit der schon im vorjährigen Bericht erörterten Frage der Polarisation an den Zellgrenzflächen. Er betont jetzt auf Grund der Versuche über den Widerstand gegen Wechselstrom verschiedener Frequenz scharf den Unterschied zweier Arten der Polarisation. Einmal ist mit einer elektrostatischen Kapazität zu rechnen, sie ist durch Ionenstauung an den wenig leitfähigen Zellgrenzschichten bedingt. Zweitens ist eine Polarisation möglich, die auf den strombedingten Salzkonzentrationsänderungen an den Plasmagrenzschichten beruht, und die sich durch Diffusion auszugleichen strebt. Diese letztere, also die Diffusionskapazität, ist nun offenbar, wie die Widerstandsabhängigkeit ihrer Aufbaugeschwindigkeit bei *Nitella* folgern ließ, die für die Erregungsauslösung in der Zelle verantwortliche. Dabei wird aber wieder eine besondere Form dieser Polarisierung angenommen, nämlich die auch im vorjährigen Bericht genannte Ausrichtung oberflächenaktiver elektrisch polarer Molekeln in der Grenzschicht. Es verdient noch besondere Beachtung, daß die mit der Erregung verknüpfte Herabsetzung des Gleichstromwiderstandes bei *Nitella*-Internodialzellen (auf $^1/_{200}$ des ursprünglichen Wertes) noch lange, nämlich 10—20 Sekunden nach der Beendigung des Aktionsstroms, weiter besteht (Abb. 30). Der Beginn der Widerstandsabnahme fällt zeitlich etwa mit dem Beginn des Aktionsstroms zusammen. UMRATH diskutiert nicht einen unmittelbaren kausalen Zusammenhang zwischen der Widerstandsherabsetzung und dem Aktionsstrom im Sinne der geläufigen Vorstellungen über die Entstehung des Aktionsstroms (Fortschr. Bot. 4, 146). Er stellt vorsichtig die experimentell erfaßten Veränderungen während des Erregungsvorganges zusammen: Ein Rückgang des Potentialsprungs, der den Aktionsstrom bedingt, eine zunächst starke Widerstandsabnahme, die sich in sehr vermindertem

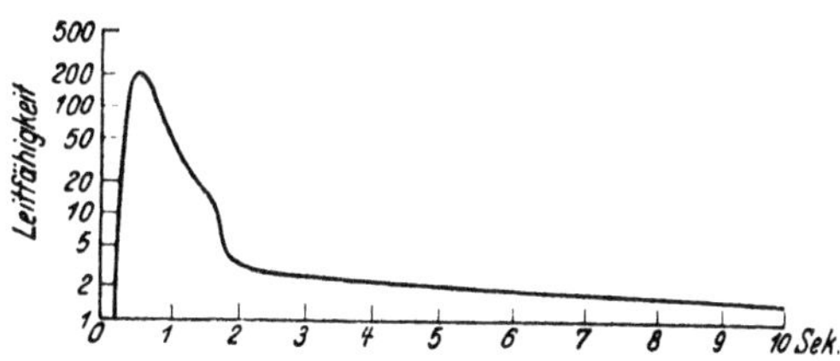

Abb. 30. Erhöhung der Leitfähigkeit von *Nitella* während der Erregung (Leitfähigkeit in logarithmischem Maßstab). Kombiniert nach Wechselstromwiderstandsmessungen von COLE und CORTIS und Gleichstromwiderstandsmessungen von UMRATH. (Nach UMRATH (2), jedoch verkleinert und durch Fortlassung der einzelnen Meßwerte vereinfacht. Vgl. hierzu die Aktionsstromkurve in Fortschr. Bot. 2, 122.)

Maß über lange Zeit erstreckt, ein Rückgang der elektrostatischen Kapazität um $^1/_4$—$^1/_3$ und bei der zweiten Polarisationskomponente eine Verlängerung des „Diffusionskoeffizienten" *k*, die, wenigstens bei *Nitella*-Zellen, in der Zeit nach dem Aktionsstrom eine Verringerung ist. Ref. möchte hier ohne weitere Diskussion auf die früheren eigenen Versuche mit seismonastisch reizbaren Organen hinweisen, bei denen nachgewiesen wurde, daß die Permeabilitätserhöhung, obwohl sie etwa gleichzeitig mit dem Aktionsstrom beginnt, doch viel länger bestehen bleibt als dieser. Ebenso hatten AMLONG u. BÜNNING 1934 mitgeteilt, daß die Widerstandsherabsetzung nach der elektrischen Reizung von Wurzeln viel länger bestehen bleibt als die elektrische Potentialänderung. Zum mindesten darf man also ganz allgemein im Sinne unserer damaligen Formulierung sagen, daß die Restitutionsprozesse mit der Wiedererreichung des in der ruhenden Zelle gegebenen Potentials noch nicht beendet sind.

Einen interessanten Beitrag zur eben berührten Frage der Permeabilitätserhöhung durch Reize scheint mir die Feststellung GÄUMANNS zu liefern, daß an Blättern bei hohen Windgeschwindigkeiten eine zur Transpirationsförderung führende reversible Herabsetzung des inneren Filtrationswiderstandes eintritt. Diese submikroskopische Strukturänderung hat ihren Sitz nach den Ausführungen GÄUMANNS offenbar im Protoplasten. Eine so einfache Erklärung dieses Effekts wie der Autor sie versucht, indem er mit unmittelbaren Wirkungen des Windes auf das plasmatische Mizellargefüge rechnet, erscheint mir verfrüht. Vielleicht besteht hier eine tiefere Übereinstimmung mit meinen früheren Untersuchungen über die durch Permeabilitätserhöhungen bedingte Förderung der Wasserabgabe an die Umgebung nach der Einwirkung mechanischer Reize.

Die von uns schon mehrfach erörterte Frage des Zusammenhangs zwischen Atmung und elektrischer Potentialbildung wird jetzt von LUNDEGÅRDH in neuartiger Weise diskutiert. Die Oberfläche des Protoplasmas von Weizenwurzeln ist normalerweise gegen das Medium negativ geladen. Die Oberflächenschicht bestehe aus orientierten, zum Teil sauer, zum Teil basisch dissoziierten Molekülen. Bei steigender Atmung, nämlich regelmäßig bei der Zufuhr veratembaren Zuckers, sinkt diese Potentialdifferenz. LUNDEGÅRDH sieht darin eine Stütze für seine bekannte Ansicht über die Anionenatmung. Die Oberfläche des Protoplasmas sei Sitz eines aeroben Atmungsvorganges, der durch seine Koppelung mit dem Grenzflächenpotential der Zelle in die Ionenaufnahme eingreift.

Es mag dazu erwähnt sein, daß COLLANDER in dieser, wie auch in den übrigen bisher aufgestellten Theorien der aktiven Salzaufnahme keine befriedigende Erklärung für die auch nach diesem Autor als erwiesen zu betrachtende „adenoide" Stoffaufnahme sieht.

LUNDEGÅRDH fand einen bemerkenswerten Parallelismus zwischen der Intensität des Streckungswachstums der Wurzel und der Höhe ihres elektronegativen Potentials. Infolge dieses Potentials müssen Anionen,

z. B. auch Auxin, im Innern des Organs von der Spitze zur Zone maximalen Wachstums wandern, während der umgekehrte Stromkreis jenseits dieser Zone die Weiterbewegung des Auxins zu den ausgewachsenen Teilen verhindere. Dabei wird vor allem der Parallelismus zwischen der Steilheit des Potentialgefälles, also der Transportkapazität der Mikroströme, und der Wachstumsintensität betont. Auch die Beziehung zwischen der geisch bedingten elektrischen Potentialänderung, die LUNDEGÅRDH mit dem Ergebnis der Auffindung einer neuen Teilreaktion untersucht, und der Auxinverlagerung wird in einer neuartigen Weise erörtert. Man wird die ausführliche Wiedergabe der Versuche abwarten müssen, um sich ein genaues Bild machen zu können.

Gegenüber der leichten Beeinflussung der elektrischen Potentiale durch die Zufuhr von Atmungsmaterial fällt es auf, daß die normale elektrische Reaktion, wie sie z. B. durch Salze oder durch elektrische Reize bedingt werden kann, nach BLINKS und PICKET nicht vom Oxydations-Reduktionspotential der Umgebung abhängt.

IV. Strahlenwirkungen.

Lichtklima. Auf Grund einiger Lichtmessungen in Afrika kommt ORTH zu dem Ergebnis, daß die Gesamtlichtstrahlung dort trotz der zenithalen Sonnenstände nicht höher ist als in gleichen europäischen Meereshöhen. Es kann dazu hier noch bemerkt werden, daß diese Tatsache, die sich vor allem aus dem großen Wasserdampfreichtum der Luft wärmerer Gebiete erklärt, auch aus zahlreichen exakten meteorologischen Messungen bekannt ist. Allerdings ist der Einfluß des Wasserdampfes in den meisten Tropengebieten nicht stärker als der entgegengesetzt wirkende der zunehmenden Sonnenhöhe, so daß die mittägliche Gesamtstrahlung in Tropengebieten meistens ebenso groß oder noch wenig größer ist als in den äquatorfernen Gebieten. Besonders gilt das für die mittel- und kurzwellige sichtbare Strahlung, da vom Wasserdampf in erster Linie rote und ultrarote Strahlung absorbiert wird.

ORTH hat auch Messungen an mehreren tropischen Pflanzenstandorten vorgenommen, und er gelangt dabei z. B. zur Ansicht einer „Lichtfülle" im tropischen Regenwald, und zur Auffassung, daß das Lichtbedürfnis der dort wachsenden Schattenpflanzen ebenso groß sei wie in unseren Wäldern. Ich glaube auf Grund meiner eigenen Messungen im asiatischen Tropengebiet, daß diese Ansicht durchaus nicht für alle Tropengebiete gültig ist, und hoffe, in nicht allzu ferner Zeit darüber berichten zu können.

Ultraviolett. ORTH schreibt auf Grund seiner eben erwähnten Messungen: „Angesichts dieser Tatsachen ist es an der Zeit, daß alle jene Vermutungen und Zweckmäßigkeitsbetrachtungen, die sich an die Annahme stärkerer tropischer Strahlungsintensität knüpfen, unterbleiben." Das ist richtig, soweit die sichtbare Strahlung (auf die allein sich ORTHs

Messungen auch beziehen) gemeint ist. In Fortschr. Bot. 8, 162 habe ich jedoch schon kurz dargelegt, daß in den Tropen ein Schutz gegen Ultraviolett notwendig ist. Ich konnte meine experimentellen Unterlagen bisher nicht veröffentlichen, möchte hier aber wenigstens schon auf einige meist unbeachtet gebliebene meteorologische Tatsachen hinweisen.

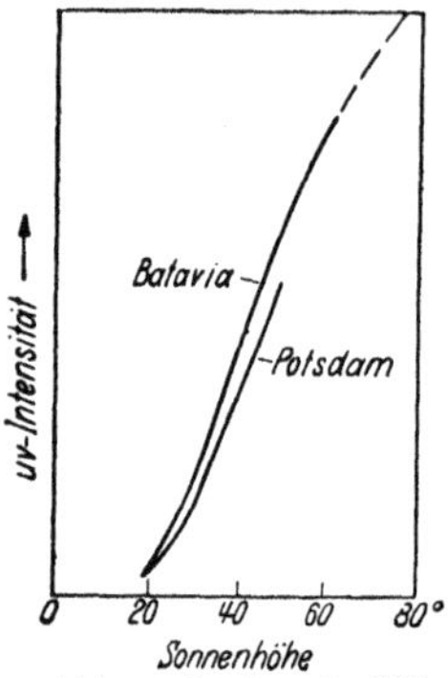

Abb. 31. Zunahme der UV-Intensität mit zunehmender Sonnenhöhe, nach den Zahlen in Fortschr. Bot. 8, 163. Gestrichelter Kurventeil extrapoliert.

Mit zunehmender Sonnenhöhe steigt zwar nicht die Gesamtstrahlung übermäßig an, wohl aber die kurzwellige Ultraviolettstrahlung (der Bereich um 300 mμ). Ich habe hierzu eine Kurve nach den von Vrij zusammengestellten Daten konstruiert (Abb. 31). Die Erscheinung läßt sich auch aus den Angaben anderer Meteorologen entnehmen. Selbst wenn man also das in Fortschr. Bot. 8, 163 mitgeteilte Ergebnis größeren UV-Reichtums der Tropenstrahlung bei gleicher Sonnenhöhe als vereinzelt betrachten will, und hier nur eine Gleichheit voraussetzt, muß doch das kurzwellige UV in den Tropen bei gleicher Höhe über dem Meeresspiegel etwa zwei- bis dreimal so reichlich sein wie in der gemäßigten Zone.

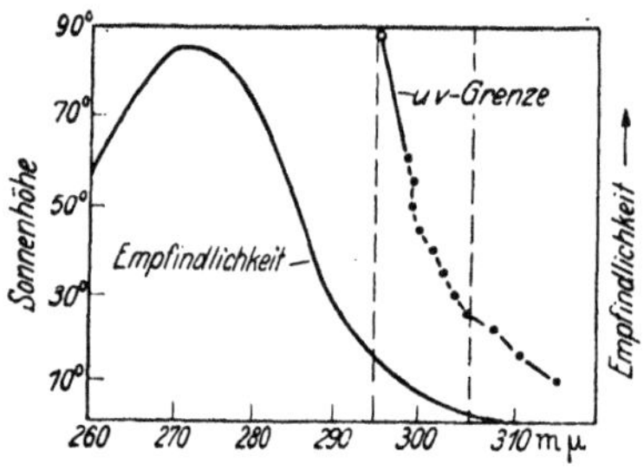

Abb. 32. Die rechte Kurve zeigt die Verbreiterung des UV-Spektrums mit zunehmender Sonnenhöhe von 315 mμ (bei 10° Sonnenhöhe) bis etwa 295 mμ (bei der in den Tropen erreichten größten Sonnenhöhe). (Nach Zahlenangaben im Handb. d. Klimatologie Bd. 1, Teil B, S. B 18. Berlin 1936.) Die linke Kurve zeigt einen typischen Verlauf der Wellenlängenabhängigkeit der UV-Tötung pflanzlicher Zellen. Man sieht, daß in der freien Natur, namentlich in Gebieten mit großer Sonnenhöhe, der für die Pflanzen schädliche UV-Bereich auftritt. Der kritische Bereich ist durch zwei senkrechte gestrichelte Linien angegeben.

Nun kommt aber noch ein anderes wichtiges Gesetz hinzu: Mit zunehmender Sonnenhöhe nimmt die Reichweite des Spektrums ins UV-Gebiet hinein zu. Auch hierzu habe ich eine Kurve zusammengestellt und eine typische Kurve für die UV-Empfindlichkeit pflanzlicher Zellen hinzugefügt (Abb. 32; vgl. auch Fortschr. Bot. 7, 171). Wir sehen, daß im Tropenlicht wegen der großen Sonnenhöhe schon in der Ebene der UV-Bereich auftritt, der auf die Pflanzen schädigend wirkt, und der sich bei uns erst im Gebirge bemerkbar macht.

Es kann daher keinem Zweifel unterliegen, daß die Tropenpflanzen ebenso wie die Gebirgspflanzen gegen kurzwelliges Ultraviolett geschützt sein müssen. Die Anpassung der Gebirgspflanzen ergibt sich sehr schön aus den Untersuchungen Pirschles; Bestrahlung mit 280—320 mμ bedingt bei hochalpinen Formen eine viel geringere Schädigung als bei Pflanzen der Ebene, die stark im Wachstum gehemmt oder sogar getötet werden.

Der Strahlungsschutz kann schon durch die UV-Absorption in den Zellwänden bedingt sein. Wuhrmann-Meyer hat gezeigt, daß UV durch

Pflanzenwachse (Kutinwachs, Oberflächenwachs usw.) absorbiert wird, maximal wird gerade der entscheidende Bereich von 3000—2900 Å absorbiert; bei *Copornica* schwächte eine 15 μ dicke Schicht die Intensität auf $^1/_9$. An Zwiebelschuppen von *Allium cepa* konnte BIEBL sogar die Schutzwirkung normaler Parenchymzellmembranen nachweisen. Nebenstehende Zahlen geben darüber Aufschluß.

Membrandicke	Zur Abtötung im UV erforderliche Bestrahlungsdauer
7—8 μ	4 Minuten
6 μ	3 ,,
5 μ	2 ,,

BIEBL hat auch das Bild der UV-geschädigten *Allium*zellen beschrieben: Kern und Plasma werden fein granuliert, die Plasmaströmung eingestellt. Die Kerne runden sich unter Zunahme der Lichtbrechung ab.

Ich hatte in Fortschr. Bot. 8, 163 einige Zahlen veröffentlicht, die die alte Auffassung von einer möglichen Schutzwirkung des Anthozyans stützen, wenn es allerdings auch nach unseren neueren Erkenntnissen nicht auf den Schutz vor der sichtbaren Strahlung, sondern nur auf den UV-Schutz ankommen kann. Daher ist es auf jeden Fall richtig, wenn SEYBOLD das Anthozyan zu den ,,Parachromen" rechnet, den Stoffen, deren physiologische Funktion nicht mit ihrem Farbstoffcharakter zusammenhängt (im Gegensatz zu den Euchromen). Es kann aber keinem Zweifel unterliegen, daß das Anthozyan, da es nicht nur im sichtbaren Licht absorbiert, sondern gerade auch in dem entscheidenden Bereich um 300 mμ wieder eine sehr starke Absorption aufweist, ebenso wie die Wandsubstanzen am UV-Schutz im Gebirge und in den Tropen beteiligt ist.

Sichtbare Strahlung. Zur Analyse der Lichtwirkungen auf die Pflanze ist eine genaue Kenntnis der Absorptionsverhältnisse in den Objekten unerläßlich. Daher bedeutet die Einführung des registrierenden Spektrophotometers nach HARDY für solche Absorptionsmessungen durch SEYBOLD einen großen Fortschritt. Es wurden die Absorptionskurven verschiedener Blattorgane ermittelt. So wird nicht nur die Leistungsfähigkeit der einzelnen Pigmente, sondern auch ihr physikalischer Zustand in der lebenden Zelle klarer als bisher erkennbar.

Zu den bereits früher bekannten Beispielen der antagonistischen Wirkung verschiedener Lichtqualitäten (etwa bei der Beeinflussung der Samenkeimung) kann ein neues hinzugefügt werden: Nach GUERRINI wird der Sauerstoffverbrauch der Hefe im roten Licht stimuliert, im blauen gehemmt; die Gärung wird auch durch Blaulicht gehemmt, nicht aber durch rotes stimuliert.

Die Bedeutung der Farbstoffe für die Energieübertragung bei der Lichtreizaufnahme ist namentlich durch Arbeiten aus der KÖGLschen Schule näher analysiert worden, nachdem sich mein zunächst noch mit Vorbehalt mitgeteilter Befund, daß das Karotin als Sensibilisator bei der Auxininaktivierung dienen kann, in dem Sinne bestätigt hat, daß das Karotin in sehr hohem Maße geeignet ist, die photochemische Umwandlung von Auxin-a-lacton in das nicht mehr wachstumsstimulierende Lumi-aucin-a-lacton (jetzt Lumiauxon genannt) zu sensibilisieren. Interessant ist für die uns hier interessierenden allgemeineren Zusammenhänge noch, daß bei diesen Umwandlungen offenbar Kettenreaktionen im Spiel sind. Bei der Bestrahlung mit langwelligem UV genügt (ohne Einschaltung des Karotins als Sensibilisator) 1 Quant zur Umwandlung von $3{,}1 \cdot 10^6$ Molekülen. Dadurch entfällt sogar mein eigenes rechnerisches Bedenken gegen die Bedeutung dieser Reaktionen in der Pflanze. Ich hatte nämlich durch eine Überschlagsrechnung gezeigt, daß bei der Schwellenreizung von *Avena* erst auf 10^4 zu inaktivierende Auxinmoleküle ein phototropisch wirksam absorbiertes Quant entfällt.

Als ein Modellversuch für die Rolle von Energieüberträgern kann die Beobachtung BOEHMS dienen, daß sich an der isolierten Harnblase des Frosches nach der Behandlung mit Laktoflavin im Licht Kontraktionen erzielen lassen. Auch die Anregung zur Reifeteilung von *Nereis*-Eizellen durch Licht bei der Gegenwart photodynamisch wirksamer Farbstoffe (Bengalrosa oder Eosin) kann hier erwähnt werden; sonst ist diese Anregung nur im UV möglich (ALSUP).

Ionisierend wirkende Strahlen. (Hierher gehören gemäß den Ausführungen in Fortschr. Bot. 2, 127 und 3, 75 die α-, β-, γ- und Röntgenstrahlen.) FEHÉR hat in mehreren Mitteilungen die Beeinflussung der höheren Pflanzen durch die von radioaktiven Stoffen entwickelten β- und γ-Strahlen betont. Er spricht von tropistischen Krümmungen, Wachstums- und Ertragssteigerungen. FEHÉR meint, auch die natürliche Strahlungsemission des Bodens müsse eine Rolle spielen; er denkt dabei auch an die Spurenelemente.

Einen schönen Überblick vom Mechanismus der Wirkung ionisierender Strahlen bringen RIEHL, TIMOFÉEFF-RESSOVSKY und ZIMMER. Im Mittelpunkt ihrer Darstellung steht das Trefferprinzip. Der „Treffer" umfaßt die primäre Ionisation, sowie das sekundär ausgelöste Ionenhäufchen. Bei verschiedenen strahlenbiologischen Vorgängen (Auslösung von Genmutationen, Inaktivierung von Phagen und Viren, Strahlungstötung von Bakterien) ist aus der Analyse der Beziehung zwischen Dosis und Wirkung nachweisbar, daß je Einheit nur ein Treffer erforderlich ist. Es ist bemerkenswert, daß die durch Ultrafiltration oder Ultrazentrifugierung bestimmten Durchmesser einiger Phagen mit den Durchmessern der aus den Inaktivierungskurven errechneten (kugelförmig angenommenen) „formalen Treffbereiche" gut übereinstimmen. Dazu werden (nach Versuchen von WOLLMAN und LACASSAGNE) einige Zahlen zusammengestellt.

Phagenart	Durchmesser des Phagen	Durchmesser des Treffbereichs
Dysenterie S 13 .	10— 20 mμ	16 mμ
Coli 36	20— 30 mμ	25 mμ
Dysenterie C 16 .	50— 75 mμ	32 mμ
subtilis	8—120 mμ	31 mμ

Bei Genen ergibt sich für den wahren Treffbereich je nach dem Mutationsschritt eine Größe von 100—2000 Atomen.

Literatur.

ALSUP, F. W.: J. cellul. a. comp. Physiol. **17**, 117 (1941). — ARDENNE, W. v.: Naturwiss. **29**, 521 (1941). — ARDENNE, M. v. u. FRIEDRICH-FRESKA, H.: Ebenda **29**, 523 (1941). — ASTBURY, W. T.: J. int. Soc. Leather Trades Chem. **24**, 69 (1940).

BATHIA, D.: Proc. roy. Soc. Edinburgh **60**, 243 (1940). — BIEBL, R.: Protoplasma (Berl.) **36**, 491 (1942). — BLINKS, L. R., u. M. J. PICKETT: J. gen. Physiol. **24**, 33 (1940). — BOEHM, G.: Z. Vitaminforsch. **11**, 128 (1941). — BRANDT, K. M.: (1) Biochem. Z. **309**, 190 (1941). — (2) Ebenda **312**, 89 (1942). — BUCHTHAL, F., u. G. G. KNAPPEIS: Skand. Arch. Physiol. (Berl. u. Lpz.) **83**, 281 (1940). — BÜNNING, E.: Z. Bot. **37**, 433 (1942). — BURSTRÖM, H.: Ann. landw. Hochsch. Schwedens **10**, 1 (1942).

COLLANDER, R.: Naturwiss. **30**, 484 (1942).

DEHLINGER, U., u. E. WERTZ: Naturwiss. **30**, 250 (1942).

ERNST, E., u. E. MÓROCZ: Enzymologia **9**, 135 (1940).

FEHÉR, D.: Mitt. bot. Inst. Ung. Univ. f. techn. u. wirtsch. Wiss. Sopron 1940 u. 1942. — FINK, H., u. F. JUST: Biochem. Z. **308**, 15 (1941); **309**, 212 (1941).

GÄUMANN, E.: Z. Bot. **38**, 225 (1942). — GUERRINI, G.: Mem. Accad. Sci. Ist. Bologna IX **7**, 179 (1940). — GUSTAVSON, K. H.: Biochem. Z. **311**, 347 (1942).

HELLINGA, J. J. A.: Rec. Trav. bot. néerl. **38**, 151 (1941).

JIRGENSONS, B.: Biochem. Z. **310**, 325 (1942).

KAUSCHE, G. A., E. PFANKUCH u. H. RUSKA: Naturwiss. **29**, 573 (1941). — KÖGL, F.: Ebenda **30**, 392 (1942).

LANGE, E.: Sitzgsber. phys.-med. Soc. Erlangen **71**, 257 (1940). — LUNDEGÅRDH, H.: (1) Naturwiss. **29**, 648 (1941). — (2) Ebenda **30**, 144 (1942). — (3) Protoplasma (Berl.) **35**, 548 (1941).

NEUGEBAUER, TH.: Naturwiss. **30**, 168 (1942). — NILSSON, R.: Arch. Mikrobiol. **12**, 63 (1941). — NILSSON, R., u. J. WESTERBERG: Biochem. Z. **308**, 255 (1941). — NORTHEN, H. T.: Plant Physiol. **15**, 645 (1940).

ORTH, R.: Gerlands Beiträge z. Geophysik **55**, 52 (1939).

PFEIFFER, H.: (1) Ber. dtsch. bot. Ges. **59**, 288 (1941). — (2) Protoplasma (Berl.) **36**, 616 (1942). — PIRSCHLE, K.: Biol. Zbl. **61**, 452 (1941).

RIEHL, N., N. W. TIMOFEEFF-BESSOVSKY u. K. G. ZIMMER: Naturwiss. **29**, 625 (1941). — RONDONI, P.: Enzymologia **9**, 380 (1941).

SCHLOTTKE, E.: Forsch. u. Fortschr. **17**, 385 (1941). — SCHMIDT, W. J.: (1) Kolloid-Z. **96**, 135 (1941). — (2) Protoplasma (Berl.) **36**, 370 (1942). — SEYBOLD, A.: Forsch. u. Fortschr. **18**, 177 (1942). — SEYBOLD, A., u. A. WEISSWEILER: Bot. Archiv **43**, 252 (1942).

TAUSSON, W. O.: Mikrobiol. **8**, 1043 (1941) (russ.). — TISELIUS, A., u. S. GARD: Naturwiss. **30**, 728 (1942).

UMRATH, K.: (1) Protoplasma (Berl.) **36**, 410 (1942). — (2) Ebenda **36**, 584 (1942). — ULLRICH, H., u. P. VAN VEEN: Naturwiss. **30**, 733 (1942).

WINCH, D.: J. Genet. **40**, 359 (1940). — WÖHLISCH, E.: Kolloid-Z. **96**, 261 (1941). — WOLPERS, C.: Naturwiss. **29**, 416 (1941). — WUHRMANN-MEYER, K. u. M.: Planta (Berl.) **32**, 43 (1941).

8. Zellphysiologie und Protoplasmatik.

Von SIEGFRIED STRUGGER, Hannover.

Der Beitrag folgt in Bd. XII.

9. Wasserumsatz und Stoffbewegungen.

Von BRUNO HUBER, Tharandt.

Mit 2 Abbildungen.

1. Allgemeines; osmotische Zustandsgrößen. Eine Klärung der plasmatischen Grundlagen der Dürreresistenz erstrebt aus wissenschaftlichen und wirtschaftlichen Gründen eine ganze Reihe von Untersuchern verschiedener Arbeitskreise. Im Darmstädter Institut hatte der inzwischen im Osten gefallene H. SCHMIDT (vgl. Nachruf von HUBER und STOCKER) an einem besonders geeigneten Objekt (*Lamium maculatum*) nachgewiesen, daß Trockenkultur bei gesteigerter Plasmaviskosität die Permeabilität gegenüber Harnstoff und anderen Amiden herabsetzt, die gegenüber Glyzerin dagegen erhöht (vgl. Fortschr. Bot. 9, 125). SCHMIDT, DIWALD und STOCKER konnten dann auch für landwirtschaftliche Kulturpflanzen, besonders Hafer, grundsätzlich dieselben Gesetzmäßigkeiten nachweisen, und zwar liegen die genotypischen Unterschiede zwischen dürreempfindlichen und -resistenten Sorten im großen und ganzen gleichsinnig wie die modifikativen zwischen Feucht- und Trockenkulturen. Verff. versuchen die beobachteten plasmatischen Veränderungen aus den Veränderungen des Zuckergehaltes (Trockenpflanzen erhöht) und des Ca:K-Verhältnisses (Trockenpflanzen erhöht) kausal verständlich zu machen. Sie vergleichen ihre Befunde mit den in vielen Punkten ähnlichen von KESSLER und RUHLAND sowie LEWITT und SCARTH über die plasmatischen Veränderungen bei der Frostabhärtung (Fortschr. Bot. 8, 156). Während der Drucklegung dieses Berichtes sind weitere wichtige Veröffentlichungen von STOCKER, bzw. STOCKER, REHM und SCHMIDT über Wasser- und Assimilationshaushalt dürreresistenter und dürreempfindlicher Sorten landwirtschaftlicher Kulturpflanzen erschienen, sie können erst im nächsten Bericht besprochen werden.

Auch SCARTH kommt in einer neuen Arbeit auf Ähnlichkeiten und Unterschiede der Frost-, Dürre- und osmotischen Resistenz zu sprechen: Er gibt abweichend von den anderen Untersuchern mit allerdings recht wenigen Belegen an, daß bei gleicher osmotischer Beanspruchung gerade die dürreempfindlicheren Sorten als Zeichen beginnender Schädigung höhere Viskosität und Wasserpermeabilität aufweisen; bei resistenten Sorten würden die Hechtschen Fäden erst bei wesentlich höheren Plasmolysegraden reißen (von ihm als höhere Elastizität gedeutet, aber wohl auch ein Hinweis auf höhere Viskosität); in die Zellen injizierte Öltropfen sollen sich bei dürreresistenten Sorten in der Oberfläche der plasmolysierten Protoplasten weniger leicht ausbreiten als bei dürreempfindlichen (Unterschiede in den Lipoiden). — Recht originelle Beobachtungen über die Austrocknungsresistenz von Pflanzenzellen hat, an Versuche Iljins anknüpfend, Küsters Schüler Etz mitgeteilt: Er bestätigt vor allem, daß vielfach selbst saftreiche Gewebe (z. B. Küchenzwiebel) nicht beim Austrocknen, sondern erst beim Wiederanfeuchten zugrunde gehen, und daß man den Zelltod vermeiden kann, wenn man durch Befeuchtung mit 2 molarer Rohrzuckerlösung für eine langsame Wasseraufnahme sorgt; in anderen Fällen überdauern freilich nur die Tonoplasten solche Eingriffe, besonders wenn sich das Lufttrockenliegen nicht nur über Stunden, sondern über Tage erstreckt (deutlicher Zeitfaktor: Zwiebelzellen seien nach 2 bis 6stündiger Lufttrockenheit noch fast durchwegs, nach dreitägiger nur ganz vereinzelt am Leben). Auch die unten zu besprechenden Versuche von Bennet-Clark u. Bexon weisen darauf hin, daß das Plasma unter Umständen recht bedeutende Wassermengen ohne Vitalitätsverlust abgeben kann. — Tonzig ist weiterhin bemüht, als Träger der Quellungsvorgänge im Plasma besonders labile quellungsfähige Eiweißkörper (Mukoproteide) nachzuweisen; ihre Verquellung führe zu vakuolig-schleimiger Degeneration (Mukophanerose; vgl. mein früheres Referat Z. Bot. 32, 155 [1938]).

Im Wiener Pflanzenphysiologischen Institut untersuchten Höfler, Migsch u. Rottenburg als Vorarbeit für zellphysiologische Analysen die natürliche Trockenbeanspruchung verschiedener Steppenheidepflanzen, indem sie das am natürlichen Standort während der sommerlichen Trockenperioden auftretende natürliche mit dem „kritischen" (subletalen) Sättigungsdefizit verglichen: Dabei zeigte sich, daß z. B. *Anthyllis vulneraria* und *Hieracium pilosella* trotz erstaunlicher Toleranz (*Hieracium* erträgt Wasserverluste bis zu 87% des Sättigungswassergehaltes) in der natürlichen Beanspruchung der tödlichen Grenze näher kommen als besser angepaßte Steppenpflanzen wie *Onosma, Bupleurum falcatum* und *Dorycnium germanicum.* Auch für zahlreiche Kulturpflanzen wurden die kritischen Sättigungsdefizite bestimmt: Sie schwanken zwischen 70% des Sättigungswassergehaltes bei *Medicago sativa* und 41% bei *Soja.*

Als laboratoriumsmäßige Ergänzung wurde der Wasserhaushalt von *Pisum sativum* bei verschiedenem Bodenwassergehalt (Repp-Nowosad) und verschiedenen Borgaben untersucht (Biebl): Erstere findet eine Förderung der vegetativen Entwicklung bis zur völligen Wassersättigung des Bodens, für Frucht- und Samenentwicklung dagegen ein Optimum bei 60—80% Wassersättigung (schwere Gartenerde). Biebl stellt übereinstimmend mit Dorfmüller eine Besserung der Wasserbilanz durch Bor fest: Die Wurzeln werden reichlicher, länger und dünner, Wassergehalt und Wasserkapazität der Blätter steigen, die Transpiration erscheint dank einer schwächeren Mittagsdepression (späterer und schwächerer Spaltenschluß) erhöht.

Einem natürlichen Dürreresistenzversuch größten Ausmaßes ist die Pflanzenwelt im Süden des europäischen Rußland ausgesetzt, wo die Jahresniederschläge gegen das Kaspische Meer allmählich bis unter 200 mm abnehmen und die Vegetation alle Stufen vom Wald über die Steppe bis zur Halbwüste durchläuft. Es ist ein großes Verdienst WALTERS, daß er uns auf Grund seiner Sprach- und Landeskenntnis in zwei sehr übersichtlichen Veröffentlichungen (1, 2) die in diesem Raum von sehr zahlreichen Forschern erarbeiteten Befunde erschließt. Für die Praxis spielt neben der Auswahl dürreresistenter Sorten die Mehrung des verfügbaren Wassers durch sorgfältige Bodenbearbeitung, lockere Saat bzw. Pflanzung, Fernhaltung des Unkrautes und, soweit möglich, Windschutz durch schmale Gehölzstreifen[1] eine wichtige Rolle. Während Ackerbau unter dem Risiko $\pm$ häufiger Mißernten auf Grund des natürlichen Niederschlages möglich ist (das Risiko wird durch eine Vielzahl verschiedener Kulturen nebeneinander — Achtfelderwirtschaft — tunlichst gemildert), setzt eine intensive Viehwirtschaft künstliche Bewässerung voraus; für eine solche liegen dank des Wasserreichtums der aus dem humiden Norden kommenden Flüsse aussichtsreiche Projekte vor.

Aus der immer noch großen Zahl vergleichend-osmotischer Untersuchungen seien weiter noch folgende hervorgehoben: GYÖRFFY behandelt auf Grund von über tausend kryoskopischen Einzelmessungen noch einmal die Frage der Veränderungen der osmotischen Werte bei Polyploidisierung und stellt fest, daß die Dinge verwickelter liegen, als es BECKER bei seinen ersten Untersuchungen an den WETTSTEINschen Moosreihen gefunden hatte; die „BECKERsche Regel", daß die Vermehrung des osmotischen Materials mit der Zellvergrößerung nicht Schritt hält, die osmotischen Werte Polyploider also sinken, scheint zwar grundsätzlich richtig zu sein (vgl. auch GREIS), wird aber durch eine bedeutend variablere Osmotik der Polyploiden überlagert, d. h. ihre Werte steigen bei verschärften Bedingungen stärker an und liegen bei Trockenkultur dem Grundwert der Ausgangsform oft recht nahe. — LOTHRING bestätigt in plasmolytischen Untersuchungen an Konjugaten die von WALTER aufgestellte Regel, daß die osmotischen Werte unter optimalen Bedingungen am kleinsten sind und bei ungünstigen Bedingungen ansteigen; anschließend betont DENK, daß aber auch Alterung und Kopulationsbereitschaft von einer Erhöhung des o. W. begleitet sind. Bei Sonnenblättern verschiedener Präriepflanzen findet MARSH wie schon viele andere höhere o. W. und kleinere Wassergehalte als bei Schattenblättern gleicher Insertionshöhe. GESSNER (1) glaubt, daß gewisse Wasserranunkeln ihre Fähigkeit, in der Konzentration stark schwankende Brackwässer zu besiedeln, einer gegenüber Süßwasserformen herabgesetzten Salzpermeabilität verdanken, hebt aber (2) mit Recht hervor, daß daneben, insbesondere bei Landhalophyten und Brackwassertieren, noch eine Reihe weiterer Anpassungsweisen vorkommen. — BURSTRÖM untersucht die Veränderungen der osmotischen Zustandsgrößen bei der Streckung von Weizenwurzeln in Wasserkultur und betont, daß sowohl durch Erweichung der Zellwand (Wuchsstoffwirkung) wie Zufuhr osmotischen Materials das Gleichgewicht zwischen Wand- und Turgordruck zuungunsten des ersteren gestört und damit die Zelle gestreckt wird; daß dabei die Orte der Erweichung und Streckung durch verwickelte innere Formgesetze bestimmt sind, geht daraus hervor, daß in der Wurzelepidermis des Weizens die Zellen streng alternierend sich teils längsstrecken, teils kurz bleiben und zu Wurzelhaaren auswachsen.

[1] Nach MAYER-WEGELIN ist bereits ein Großteil der Steppe in Abständen von wenigen hundert Metern von einem Netz solcher Gehölzstreifen (Stieleiche, Robinie) durchzogen. Die Bäume werden nur etwa 40 Jahre alt und wenig hoch, erfüllen aber ihren Zweck, den Wind zu brechen und den Schneeniederschlag gleichmäßig zu verteilen, und liefern außerdem begehrtes Brennholz.

THEDEN hat die Versuche von BAVENDAMM und REICHELT über die Feuchtigkeitsansprüche holzzerstörender Pilze ergänzt und auf den Feuchtigkeitsbereich oberhalb des Fasersättigungspunktes erweitert. Während BAVENDAMM und REICHELT ein Wachstum gewisser Holzzerstörer bis 85% rel. Feuchtigkeit herab feststellen konnten, betont THEDEN, daß von einer nennenswerten Holzzerstörung erst oberhalb 95% die Rede sein kann, so daß die holzzerstörenden Pilze der täglichen Erfahrung entsprechend als Hygrophyten gelten können; zu beachten bleibt allerdings, daß von moderfeuchten Stellen auswachsende Pilze, besonders Hausschwamm, nachträglich auch trockenes Holz angreifen und sogar aus seiner Zersetzung Wasser gewinnen können. Wenn sich oberhalb des Fasersättigungspunktes auch die Gefäßporen und Zellräume mit Wasser füllen, nimmt die Zerstörung durch Pilze wieder ab; an dieser Hemmung scheinen neben Sauerstoffentzug noch andere, nicht erfaßte Faktoren beteiligt. — In diesem Zusammenhang sei noch auf die sorgfältige Untersuchung von MICHELS über die eigentümliche natürliche Feuchtigkeitsverteilung im Schaft der Weißtanne (*Abies alba*) hingewiesen: Während wir sonst gewohnt sind, im Splint eine etwa 90%ige Wassererfüllung der Hohlräume, in dem meist als deutlich gefärbter „Kern" abgesetzten „Reifholz" dagegen nur noch Quellungswasser der Wände anzutreffen, besitzt die Tanne innerhalb des wasserführenden Splintes wohl zunächst einen „Trockenring" ohne freies Porenwasser, in der Stammitte aber einen „Naßkern" mit oft erstaunlich hohem Wassergehalt; woher dieses Wasser beim Fehlen eines Wurzeldruckes kommt, ist unbekannt. Beim „Tannensterben" soll diese Vernässung zunehmen; sie ist aber auch bei völlig gesunden Tannen nachweisbar.

Eine Gruppe englisch-amerikanischer Arbeiten analysiert Menge, Konzentration und Zusammensetzung des aus **lebenden** pflanzlichen Geweben bei steigenden Drucken abgepreßten Saftes[1]. Nach BENNET-CLARK u. BEXON beginnt der Saftaustritt ziemlich klar bei einem dem Grenzplasmolysewert entsprechenden Druck[2]. Bei weiterem Druckanstieg wachsen die austretenden Wassermengen in Form einer Sättigungskurve (Abb. 33). Es kann

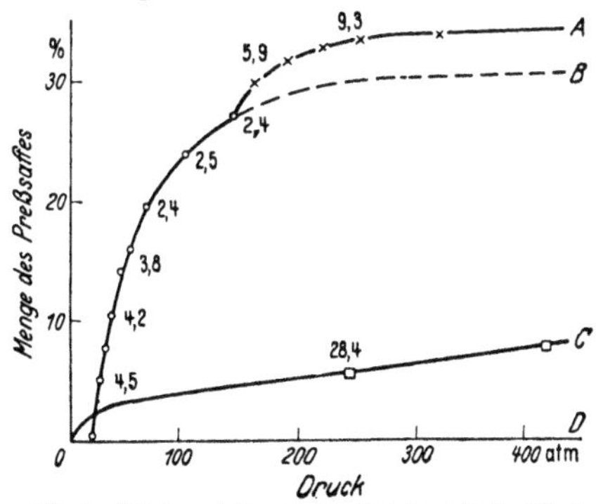

Abb. 33. Menge und Konzentration (osmotischer Wert in Atmosphären) des bei steigendem Druck aus lebenden Blutbuchenblättern ausgepreßten Saftes. An den mit Ringen bezeichneten Meßpunkten ist der Preßsaft farblos, an den mit Kreuzen bezeichneten anthokyanrot. Die Kurve *C* ergab sich, wenn der vom ersten Preßvorgang zurückgebliebene Preßkuchen abgetötet und noch einmal gepreßt wurde. (Kombiniert aus Abb. 1 und Tab. 1 der Arbeit BENNET-CLARK u. BEXON.)

[1] BROYER und FURNSTAL beschreiben für diesen Zweck einen vom WALTERschen nur wenig unterschiedenen Preßzylinder mit einem aus dem Boden schräg nach außen führenden Abflußrohr, das eine laufende Gewinnung des austretenden Preßsaftes ermöglicht.

[2] Theoretisch kann das nur für nicht turgeszente Gewebe zutreffen, während turgeszente schon bei niedrigeren Drucken das der Turgordehnung entsprechende Wasser verlieren müssen. Da aber die Turgordehnung vielfach nur wenige Prozent ausmacht und das beim Turgorverlust austretende Wasser zweifellos leicht von den Interzellularen aufgenommen wird, dürfte die Angabe, daß ein Wasseraustritt nach außen erst jenseits des Grenzplasmolysedrucks bemerkbar wird, praktisch zutreffen.

aber vorkommen, daß bei wechselnd hohen Drucken (in drei Versuchen mit Blutbuchenblättern bei 150, 220 und 380 Atmosphären Druck) die Kurve mit einem Knick in eine höhere Lage übergeht; gleichzeitig steigen die bis dahin weitgehend wässerigen Saftkonzentrationen (osmotische Werte bei den Blättern von Buche 2—$4^1/_2$, von *Prunus laurocerasus* unter 1, von *Beta* sogar nur 0,05 Atm.) sprunghaft an, wie BENNET-CLARK u. BEXON kryoskopisch, BROYER u. HOAGLAND durch Leitfähigkeitsmessungen und Kalianalysen feststellen; wird mit roten Zellen gearbeitet, so tritt im gleichen Zeitpunkt auch Anthokyan in den Preßsaft über. Gewebe, die nicht bis zu diesem Knick gepreßt werden, nehmen bei vorsichtigem Wiederanfeuchten wieder völlig normales Aussehen an und seien beim üblichen Wert plasmolysierbar. Werden die auf diese Weise mit Drucken bis tausend Atmosphären ausgepreßten Gewebe abgetötet, so erhält man bei erneutem Pressen nochmals einige Prozent eines hochkonzentrierten Saftes.

Dieser Teil der Befunde entspricht vollkommen den alten Angaben von DIXON und ATKINS (1913) und WALTER (1928) und ist in deren Sinne so zu deuten, daß das semipermeable Zytoplasma zunächst nur eine stark gefilterte Lösung austreten läßt, und daß erst nach Zerreißung des Plasmas der viel höher konzentrierte natürliche Zellsaft erscheint. Aus diesem Grunde wird ja der Zellsaft für kryoskopische Bestimmungen stets aus abgetöteten Geweben gepreßt. Weitere Befunde scheinen aber MASON u. PHILLIS (1) sowie BENNET-CLARK u. BEXON mit dieser einfachen Vorstellung nicht mehr vereinbar: Wird der Druck mehrmals sprunghaft um mindestens 100 Atmosphären in einer Minute erhöht, so tritt ein anthokyanführender, aber trotzdem verhältnismäßig niedrig konzentrierter Saft aus; bei mikroskopischer Untersuchung in Paraffinöl sollen die Vakuolen verschwunden sein. Verff. nehmen daher an, daß sie beim Schnellpreßverfahren einen praktisch ungefilterten[1] „Vakuolensaft" gewonnen haben, und daß dieser von Natur aus wesentlich verdünnter sei als der „Zytoplasmasaft"; damit würde natürlich die ganze klassische Theorie der osmotischen Zustandsgrößen der Pflanzenzelle ins Wanken geraten, und Verff. entwickeln bereits eine Sekretionshypothese, um die angebliche Konzentrationsdifferenz zwischen Plasma und Zellsaft zu erklären[2]. So originell und bemerkenswert die geschilderten Befunde und Deutungen sind, so

[1] Verff. bezeichnen es als sehr unwahrscheinlich, daß beim Austritt des lipoidunlöslichen und recht großmolekularen Anthokyans (Molekulargewicht 500—800) irgendwelche osmotisch wirksamen Stoffe zurückgehalten werden.

[2] MASON u. PHILLIS (2) führen neuerdings ihre Befunde bereits zugunsten einer Stoffwanderung im Plasma ins Feld und behaupten, daß auch vom Zuckergehalt der Zelle 90% aufs Zytoplasma und nur 10% auf den Zellsaft fielen (was für den Siebröhrensaft zweifellos falsch ist).

empfiehlt es sich doch, weitere Erfahrungen abzuwarten, ehe man an einen Umbau unserer klassischen Lehrmeinung geht, die sich vor allem auf eine Fülle plasmolytischer Untersuchungen gründet.

SCHROEDER u. RENNER setzen sich über die Frage auseinander, ob die Löslichkeit von Gasen in der Zelle mit dem Turgordruck dem HENRYschen Gesetz entsprechend steigt und fällt; nach RENNERS überzeugenden Ausführungen, denen SCHROEDER inzwischen ausdrücklich zugestimmt hat, ist das nicht der Fall: Das Aufnahmevermögen einer Flüssigkeit für Gase nimmt im Gegenteil mit steigendem Flüssigkeitsdruck etwas ab, für Kohlendioxyd beispielsweise von 0 bis 20 Atm. um 26%. Trotz der großen Druckspannen, die in Pflanzengeweben zwischen Vollturgeszenz und Kohäsionszügen auftreten, dürfte dem Effekt keine große physiologische Bedeutung zukommen.

2. Wasser- und Mineralstoffaufnahme. Der aktive Anteil der Wurzel an der Stoffaufnahme stellt nach wie vor ein bevorzugtes Forschungsgebiet dar. Für Wasserkulturen ermittelt DURELL zahlenmäßig, daß der Ertrag von Tomaten an Früchten und Wurzeln mit der Durchlüftung je Pflanze bis 2,5 ml/min[1] ansteigt, während der Ertrag an Blatt- und Stengelmasse selbst bei einer Durchlüftung von 250 ml/min sein Optimum noch nicht erreicht hat. Es ist unter diesen Umständen begreiflich, daß auch die Landwirtschaft heute durch eine die Aufnahmetätigkeit anregende Bodenbearbeitung vielfach weiterkommt als durch weitere Steigerung der sich optimalen Grenzen nähernden Düngung. Das Reichskuratorium für Technik in der Landwirtschaft hat durch eine lesenswerte Schrift „Bessere Bodenbearbeitung!" (1936) auf die hier schlummernden Möglichkeiten hingewiesen und eine eigene Forschungsstelle für Bodenbearbeitung ins Leben gerufen (erst in Halle, jetzt Pillnitz; Leiter: v. NITZSCH). Allein von der Beseitigung der „Pflugsohle" durch gelegentliches Tiefpflügen oder Vollumbruch verspricht man sich nach MATHY im Reichsdurchschnitt eine 10- bis 20proz. Ertragssteigerung[2]. Ebenso wichtig ist aber auch eine Erhaltung der durch die Bodenbearbeitung erzielten Krümelstruktur (Bodengare). Die Bodenkrümel haben ja leider die Neigung, bei Benetzung zu zerfallen und damit das mühsam aufgebaute Hohlraumsystem des Bodens wieder zu verschlämmen (Gareschwund). Die Bodenkunde hat sinnreiche

[1] Ich nehme an, daß die Mengenbezeichnung ml Milliliter bezeichnet und somit Kubikzentimetern entspricht.

[2] Vollumbruch verbessert nicht nur die Wasser- und Luftzirkulation zwischen Bodenkrume und Untergrund, für deren Messung die moderne Bodenkunde eine Reihe origineller Verfahren entwickelt hat (MATHY), sondern verbessert bei Waldböden mit Auflagehumus auch die Wärmeleitung nach und von dem Untergrund sehr erheblich und wirkt damit temperaturausgleichend. So konnten GEIGER und FRITZSCHE in einer berüchtigten Frostlage durch Vollumbruch das mittlere tägliche Frühjahrsminimum um 4° heben, die Zahl der Spätfrosttage auf die Hälfte und die Frostdauer auf ein Fünftel herabdrücken.

Verfahren entwickelt, um Abmessungen und Stabilität dieses Porensystems zu erfassen (LAATSCH, V. NITZSCH, SEKERA), und festgestellt, daß man sowohl chemisch (vor allem durch Phosphor) wie biologisch (durch geeignete Mikrobentätigkeit) die Krümelstruktur festigen kann.

Ein Maß für die Lebhaftigkeit der Wurzeltätigkeit ist die Wurzelatmung, welche EIDMANN erstmalig für die wichtigsten heimischen Waldbäume vergleichend untersucht. Er arbeitet mit 2—3jährigen Pflanzen in luftdichten Töpfen, die von einem Luftstrom passiert werden, dessen Kohlendioxydgehalt durch Absorption in Lauge bestimmt wird. Die reine Wurzelatmung, die nach Abzug der in Blindversuchen ermittelten Bodenatmung verbleibt, zeigt einen weitgehenden Parallelismus zu der gleichfalls ermittelten Transpirationsgröße und Wachstumsgeschwindigkeit (Trockensubstanzproduktion)[1]. Immerhin ergeben die Verhältniszahlen zwischen diesen drei Funktionen gewisse Verschiebungen, die manche Holzarten im Vergleich zur Trockensubstanzproduktion als relativ sparsam (Eiche) bzw. verschwenderisch (Birke, Kiefer) atmend oder transpirierend erscheinen lassen. Mit Atmungsintensitäten von 1,8—10,8% des eigenen Wurzelgewichtes je Tag gehören die untersuchten Baumwurzeln zu den stärkst atmenden Organen höherer Pflanzen und erreichen die Atmungsintensität höherer Tiere.

Stoffwechsel einiger Waldbäume nach EIDMANN (stark gekürzt).

	Mittlere tägliche Transpiration (je g Trockengewicht der ganzen Pflanze) g	Mittlere tägliche Wurzelatmung (je g Trockengewicht der ganzen Pflanze) mg	Trockengewichtszuwachs der Pflanze in der Vegetationsperiode %
Birke	13,8	32	235
Stieleiche	4,8	12,6	222
Hainbuche	4,7	15,7	195
Buche	3,2	11,6	103
Lärche	7,3	14,8	179
Kiefer (Ostrasse)	5,9	14,2	147
Fichte	2,8	7,9	98
Tanne	1,6	6,1	63

Zur feineren Verfolgung der Stoffaufnahme bedient sich eine Anzahl von Forschern wieder der im Vorjahr ausführlich gewürdigten radioaktiven Indikatoren (BROYER u. OVERSTREET, zur Erforschung der CO_2-Aufnahme der Blätter RUBEN, KAMEN u. HASSID sowie FRENKEL, SMITH u. COWIE). Als besonderer methodischer Fortschritt verdient dabei hervorgehoben zu werden, daß ARNON, STOUT u. SIPOS zum erstenmal auch Kontaktradiographien veröffentlichen, die die Orte der Aufnahme und Speicherung radioaktiven

[1] Der weitgehende Parallelismus zwischen Wasserverbrauch und Ertrag bei Maissorten wird von CLARK, HECHT, CURTIS u. SHAFER darauf zurückgeführt, daß die ertragsfähigeren Sorten durch längeres Offensein der Spalten am Morgen und Abend Transpiration und Assimilation in gleicher Weise fördern.

Phosphors durch Tomaten objektiv belegen (den höchsten Gehalt weisen die Samen auf). Wegen der geringen Durchdringung der Sekundärstrahlung müssen die Radiographien von wenige Millimeter dicken Organen bzw. Organschnitten (Scheiben von Tomatenfrüchten) hergestellt werden (40 Minuten Exposition). Elektroskopisch können noch 10^{-17} g Phosphor erfaßt werden.

Eine Reihe amerikanischer Arbeiten beschäftigt sich mit der Verteilung der Wasseraufnahme auf die verschiedenen Teile eines Wurzelsystems: Werden Wurzelsysteme von Mais und Tomaten in zwei gleichen Hälften in zwei verschieden konzentrierte Nährlösungen (osmotische Werte 0,3 und 1,8 Atm.) gehängt, so zeigt das in der verdünnteren eine um 86% größere Wasseraufnahme und ein 60% stärkeres Wachstum (wenn die verstärkte Wasseraufnahme dem osmotischen Gefälle proportional ist, kann man daraus auf eine mittlere Sproßsaugkraft von 3,55 Atm. schließen); taucht die eine Hälfte des Wurzelsystems in destilliertes Wasser, so steigt die Wasseraufnahme weiter, das Wachstum ist aber gehemmt (EATON). Wachsen Maispflanzen an einem Ende eines langen Wurzelkastens, so sinkt der Wassergehalt, wenn kein neues Wasser zugeführt wird, in den sproßferneren Teilen erst, wenn er in den näheren unter die durch Quecksilbertensiometer (Fortschr. Bot. **9**, 269) meßbare Grenze (nicht ganz 1 Atm.)[1] gesunken ist (DAVIS). Die Leitstrecke spielt demnach mindestens bei Maiswurzeln eine beträchtliche Rolle. In diesen Zusammenhang fügen sich auch die Befunde BOGUSLAWSKIS an Sommerweizen, wonach das nicht ausnutzbare („tote") Bodenwasser mit Verringerung der Pflanzdichte deutlich zunimmt; in den oberen Bodenschichten wird das Wasser besser ausgenützt als in tieferen, doch entnehmen landwirtschaftliche Kulturpflanzen noch aus ein Meter Tiefe beträchtliche Wassermengen (KUHNKE, v. BRACKEN). ROSENE hat die früher (Fortschr. Bot. **7**, 199) beschriebenen Mikropotometerversuche an Zwiebelwurzeln fortgeführt und festgestellt, daß Verteilung und Tagesgang der Wasseraufnahme bei abgeschnittenen Wurzeln grundsätzlich gleichbleibt, daß also die nicht entfaltete Küchenzwiebel gegenüber der Wurzelaktivität eine untergeordnete Rolle spielt, ein Ergebnis, daß gewiß nicht verallgemeinert werden darf. In einer zweiten Mitteilung geht sie in der Unterteilung der Wurzeln noch weiter und stellt fest, daß Wurzelstücke mit Spitze nur basal, beiderseits abgeschnittene dagegen beiderseits, sehr lange allerdings in jeder Lage nur an ihrem jeweils unteren Ende Wasser ausbluten, ein Ergebnis, das beim Anschnitt von Gefäßbahnen selbstverständlich ist und nur sagt, daß der Sitz des Wurzeldruckes die lebenden Zellen sind, während die Gefäße das in sie abgeschiedene Wasser rein passiv und ungerichtet weiterleiten.

HARBRECHT hat mit Hilfe der Fluoreszeinmethode erneut die Lokalisierung der Stoffaufnahme von Bromeliaceen-Blättern auf die Saugschuppen sichergestellt. Sie füllt außerdem die von den Blattrosetten gebildeten „Zisternen" mit verschiedenen Nährlösungen und bestimmt die Aufnahme durch Analyse der Restlösung; dabei ergibt

[1] POST beschreibt eine automatische Bewässerungseinrichtung, bei der ein elektrischer Kontakt einen Bewässerungshahn öffnet, sobald die Bodentrockenheit einen bestimmten eingestellten Tensiometerwert überschreitet. Zur Bewässerung der bekannten MITSCHERLICHschen Vegetationsgefäße empfiehlt BOGUSLAWSKI ein auf $^2/_3$ der Bodentiefe eingestecktes Gießrohr, das durch allseitige Löcher die Feuchtigkeit recht gleichmäßig verteilt; durch eine Kiesbedeckung von 2 cm setzt er gleichzeitig die unmittelbare Bodenverdunstung stark (auf etwa $^1/_8$) herab.

sich eine den Wurzeln ähnliche auswählende Aufnahme; Ammoniakstickstoff wird in größeren Mengen aufgenommen als Nitratstickstoff, Eisen großenteils bereits in den Saugschuppen gespeichert. — Auch die Stoffaufnahme und Stoffwanderung in den Drosera-Tentakeln zeigt nach ARISZ Ähnlichkeiten mit der Wurzeltätigkeit, da sie in Sauerstoffabhängigkeit und auch gegen ein Konzentrationsgefälle erfolgt; Analogien zu der hundertmal rascheren Stoffwanderung in den Siebröhren zeigt diese typische Parenchymwanderung vorläufig nicht.

Dem immer wieder erörterten Tauproblem widmen LEHMANN u. SCHANDERL eine Arbeit, die sich durch verfeinerte Tauregistrierung und auflichtmikroskopische Kontrolle des Tauniederschlages (bevorzugt an Haaren) auszeichnet. Die ökologische Bedeutung des Taues erblicken Verf. weniger in der dabei unmittelbar erzielten Wasseraufnahme als in der vermiedenen Transpiration (Transpirationsschonzeit), weshalb sie der nur registrierend faßbaren Dauer der Kondensationsvorgänge besondere Bedeutung zumessen.

3. **Wasserabgabe.** Als brennendstes Problem der Transpirationsforschung kann die Wasserabgabe größerer Pflanzenbestände gelten, für die die Praxis aus Gründen der Wasserwirtschaft und Raumplanung dringend Unterlagen verlangt (KIRWALD). Die Überschlagszahlen, die dafür bisher von botanischer Seite auf Grund kurzfristiger Transpirationsbestimmungen von Pflanzenteilen beigesteuert wurden, sind, wie hier schon einmal betont, wegen der „doppelten Integration", d. h. dem Schluß vom Teil aufs Ganze und vom Kurzversuch auf die Vegetationsperiode mit großen Unsicherheiten belastet. Das Verläßlichste, was auf diesem Wege überhaupt erreichbar ist, dürften die neuerdings von PISEK u. CARTELLIERI mitgeteilten Zahlen sein. Ihr in vielen Jahren zusammengetragenes Material gestattet die Aussage, daß die Transpiration unserer mitteleuropäischen Mesophyten im 24-Stunden-Durchschnitt schöner Sommertage bei guter Wasserversorgung in erträglichen Grenzen streut; bei mehr als der Hälfte der 67 geprüften Pflanzen beträgt die Tagestranspiration das 4- bis 8fache, bei mehr als 80% zwischen dem 2,5- und 10fachen des Frischgewichtes. Die Bestandestranspiration schöner Sommertage stellt demnach in der Hauptsache eine Funktion der Pflanzenmasse pro Flächeneinheit[1] dar und steigt von 0,26—0,37 mm/Tag bei (relativ dichten)

[1] FILZER hat ja auch modellmäßig gezeigt, daß beim Zusammenrücken von Maispflanzen zu künstlichen Beständen die Bestandestranspiration bis zu sehr hoher Dichte linear ansteigt. Umgekehrt betont WALTER (3), daß die Substanzerzeugung der Klimaxgesellschaften über einen weiten Bereich mit der Niederschlagshöhe linear ansteigt. — Eine Zusammenstellung bisheriger Angaben und sorgfältige Erhebungen über die Nadelmassen in Fichten- und Kiefernbeständen verdanken wir GÄBLER, der aus dem Verhältnis der Nadelmassen und der Fraßleistung von Nonnenräupchen „kritische Eizahlen" berechnet, welche eine Nonnenkalamität (Kahlfraß) befürchten lassen und volle Abwehrmaßnahmen erfordern.

alpinen Geröllfluren (Pflanzenmasse 46—63 g/m²) bis 15 mm bei nassen Wiesen (4250 g/m²); am häufigsten sind bei Bezug auf die Bestandesfläche Verdunstungshöhen von 1,5—3 mm je Sommertag. Solche Zahlen stehen in vollem Einklang mit den Ergebnissen der sog. Lysimeter, großer Brückenwagen, die den Wasserhaushalt mehrere Quadratmeter großer Vegetationsdecken laufend zu verfolgen gestatten (BARTELS, SCHUBERT u. GEIGER, BLYTHE).

Wesentlich unsicherer ist, wie PISEK u. CARTELLIERI selbst betonen, ihr Versuch, nun von solchen „Standard"-Sommertagen auf den Wasserverbrauch des Monats und Jahres zu extrapolieren: Da Verf. bei leichter Bewölkung dank der eher günstigeren Wasserbilanz noch fast gleich hohe Tagestranspirationen feststellen, rechnen sie für Innsbruck mit 17 vollen und 13 halben Transpirationstagen je Sommermonat, im Gebirge allerdings nur mit 10 vollen und 20 gedrittelten, so daß der Monatsverbrauch dem von 23,5 bzw. 16,7 Standardtagen gleichgesetzt wird. Den Jahresverbrauch sommergrüner Gewächse veranschlagen sie gleich dem von drei bis vier Hochsommermonaten. Nach den Lysimetermessungen, die sich allerdings auf die wintergrüne Kiefer beziehen, dürfte der Monatsverbrauch etwas zu hoch, der Jahresverbrauch (mindestens gegenüber dem Monatsverbrauch) zu niedrig veranschlagt sein. Hier können nur über die ganze Vegetationsperiode laufende Transpirationsversuche weiterführen.

Solche über die ganze Vegetationsperiode laufende Transpirationsbestimmungen haben an Forstpflanzen nach vielen Jahrzehnten (HÖHNEL 1881) OELKERS u. EIDMANN durchgeführt, ersterer in Mitscherlichgefäßen, letzterer indem er bei den obenerwähnten Wurzelatmungsversuchen auch den Wasserverlust der Vegetationsgefäße alle 24 Stunden durch Wägung feststellte und dabei ersetzte. Ihre Zahlen (s. Tabelle S. 152) und insbesondere die Reihenfolge der Holzarten stimmen im wesentlichen mit HÖHNEL überein, wenn auch in HÖHNELS nicht durchlüfteten Topfkulturen die höchsten Transpirationswerte deutlich gedrückt erscheinen.

Neben der direkten Ermittlung durch Wägung hat man schon lange die Verdunstung ganzer Talsysteme aus dem Unterschied zwischen Niederschlag und Abfluß berechnet. Man ist dabei beispielsweise in Schweizer Tälern zu Jahresverdunstungen von 400—700 mm gekommen (Literatur bei PISEK u. CARTELLIERI). Besonders sorgfältige Bestimmungen dieser Art laufen im San-Dimas-Versuchsforst in Kalifornien, wo 370 in 4 Höhenstufen verteilte Regenmesser die Niederschläge des Einzugsbereiches erfassen und der Abfluß an verschiedenen Talengen mit höchster Genauigkeit gemessen wird, während die Verdunstung der Pflanzendecke an hundert Lysimeteranlagen verfolgt werden kann (laut Zirkular des US. Forest Service vom Juni 1936).

Es gibt aber noch einen dritten Weg, um die Wasserabgabe, oder allgemeiner gesagt, den Gaswechsel größerer Flächen zu bestimmen: die zahlenmäßige Bestimmung des Gasaustausches über den Beständen. WILHELM SCHMIDT hat dieses Verfahren bereits 1917 das erstemal überschlägig benützt und das Prinzip des Verfahrens 1925 in seinem klassischen Buch „Der Massenaustausch in freier Luft und verwandte Erscheinungen" S. 49ff. ausführlich dargestellt: Infolge der Verdunstung des Bodens und der Pflanzendecke ist der Wasserdampfgehalt[1] in Bodennähe höher. Hinge der Wasserdampfgehalt allein von der Verdunstung ab, so müßte das Wasserdampfgefälle der Verdunstung proportional sein und bereits ein eindeutiges Maß für diese abgeben; in Wirklichkeit wechselt aber das einer bestimmten Verdunstung zugeordnete Wasserdampfgefälle mit dem Grad der Durchmischung, die die Luft durch Turbulenz erfährt, und zwar ist das Wasserdampfgefälle dem von W. SCHMIDT als Turbulenzmaß definierten Austausch koeffizienten A umgekehrt proportional. Die Verdunstung eines Bestandes ist demnach gleich dem Produkt des über dem Bestande herrschenden Wasserdampfgefälles und Austausches.

Ref. hat 1937 [Ber. dtsch. bot. Ges. 55 (48)] auf diese Möglichkeit nachdrücklich hingewiesen und neuerdings selbst einschlägige Untersuchungen aufgenommen. Inzwischen ist die bei den großen Fortschritten der Turbulenzforschung (vgl. Sammeldarstellung von LETTAU) auf der Hand liegende Möglichkeit auch von zwei amerikanischen Forschern, THORNTHWAITE und HOLZMAN, aufgegriffen worden; ihre Apparatur läuft seit November 1938 auf zwei Versuchsfarmen (Muskingum Climatic Research Center, Ohio und Arlington Farm, Virginia). Während Ref., SCHMIDTs Rat folgend, in verschiedenen Höhen der bodennahen Luftschicht arbeitet, wo die Gefälle besonders groß sind, und Wasserdampf- und CO_2-Gehalt durch Aspiration und Absorption bestimmt, halten Verf. ihre Registriergeräte in 2 und 28 Fuß (etwa 0,6 und 8,5 m) auf leichten Aluminiumgestängen; das Wasserdampfgefälle berechnen sie aus den Aufzeichnungen zweier Thermohygrographen, während ihnen als Turbulenzmaß die Differenz der in beiden Höhen registrierten Windgeschwindigkeiten dient. Abb. 34 zeigt deutlich, wie der morgendliche Feuchtigkeitsanstieg beider Meßstellen zur Zeit des mittäglichen Austauschmaximums einen tiefen Einbruch erfährt, dann aber wieder aufgenommen wird, so daß kurz vor Sonnenuntergang das Feuchtigkeitsmaximum erreicht wird; das Feuchtigkeitsgefälle geht tagsüber von unten nach oben (Verdunstung), nachts aber von oben nach unten (Kondensation). Leider ist mir bisher erst die erste Mitteilung zugänglich gewesen, die neben der Methodik einige Wintermessungen mitteilt; die angekündigten weiteren Veröffentlichungen werden wohl die für den Botaniker besonders aufschlußreichen Messungen während der Vegetationszeit bringen!

[1] Es handelt sich hier stets um den absoluten Gehalt der Masseneinheit, die sog. „spezifische Feuchtigkeit", nicht die bei gleichem Gehalt mit der Temperatur schwankende relative Feuchtigkeit.

Schließlich seien noch einige Einzeluntersuchungen auf dem Gebiete der Transpirationsforschung erwähnt: HELFERICH stellt fest, daß die Transpiration verschiedener Blüten infolge der Armut an Spaltöffnungen (0,3—20 mm^2) bei fast gleicher kutikularer Transpiration nur $^1/_2$—$^1/_{30}$ von der gleich großer Laubblattflächen beträgt und daher selbst bei reichblütigen Pflanzen am Gesamt-Wasserumsatz nur unwesentlich beteiligt ist (Höchstwert bei *Lilium*-Arten 25%, meist aber unter 10%) — AUDUS und CLETHAM haben mit völlig negativem Ergebnis noch einmal den hypothetischen Einfluß ätherischer Öle auf Transpiration und Wärmehaushalt untersucht: Ihre Strahlenabsorption liegt bei den über

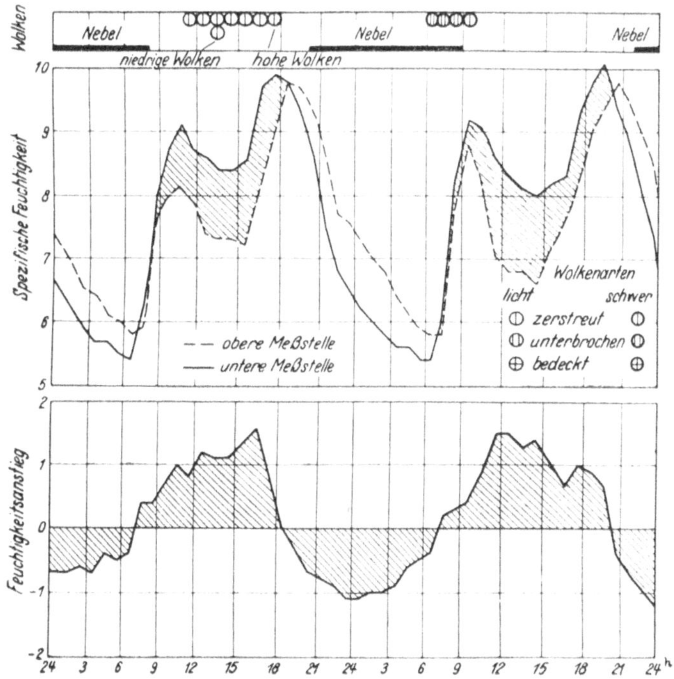

Abb. 34. Tagesgang und Gefälle der spezifischen Feuchtigkeit zwischen 8 und 28 Fuß Höhe über dem Boden am 15. und 16. Oktober 1938. (Nach THORNTHWAITE u. HOLZMAN.)

Pflanzenbeständen in Betracht kommenden Schichtdicken bestenfalls in der Größenordnung von 0,1%, die in völlig getränkten Filtrierpapieren auftretende Verdunstungskälte beträgt rund ein Zehntel von der des Wassers. — Die Transpiration rostkranker Getreideblätter ist nach JOHNSTON u. MILLER merklich (14—33%), die nächtliche sogar bedeutend (bis 90%) erhöht; das beruht auf Rissen in der Kutikula, zum Teil wohl auch der Eigentranspiration der Uredolager. Der praktisch wichtige Einfluß fungi- und insektizider Spritzmittel auf die Transpiration wechselt nach FOSTER u. TOTMAN, je nachdem ob sie die Spaltweite fördern (staubförmige zum Teil durch mechanische Hemmung des Spaltenschlusses), hemmen oder unbeeinflußt lassen (vgl. Fortschr. Bot. 7, 200; 9, 145).

In Fortsetzung seiner Mizellaruntersuchungen an Spaltöffnungen (1, 2, 5) beschäftigt sich ZIEGENSPECK) 3, 4) auch mit der von GOEBEL entdeckten Schließbewegung der Atemporen mancher Marchantiaceen, der kürzlich auch WALKER u. PENNINGTON eine physiologische Studie gewidmet haben. Die Untersucher stimmen darin überein, daß die auch am toten Material auftretenden

Bewegungen im Gegensatz zu denen der Stomata ausschließlich auf Membranquellung beruhen; ihr Einfluß auf die Gaswegsamkeit ist mit dem Porometer gut meßbar.

Die nach Manuskriptschluß veröffentlichte großangelegte Laboratoriumsanalyse der kutikularen Transpiration von GÄUMANN kann erst im nächsten Bericht gewürdigt werden.

4. **Wasserleitung.** In der Erforschung des Transpirationsstromes sind keine wesentlichen Fortschritte zu verzeichnen. Dagegen hat sich in zwei Punkten die Richtigkeit der Lehrmeinung gegenüber vorübergehenden Zweifeln erwiesen: Sinnreich abgewandelte Vergleichsversuche von PHILLIS u. MASON (bzw. MASON u. PHILLIS) lassen zusammen mit hier bereits früher (Fortschr. Bot. **8**, 192f.; **9**, 151; **10**, 180) referierten Befunden keinen Zweifel darüber, daß die Mineralstoffe durch den Transpirationsstrom aus der Wurzel in die Sprosse befördert werden. Wenn geringelte Sprosse meist kleinere Aschengehalte aufweisen als nichtgeringelte Kontrollen, so beruht das nicht — wie CURTIS glaubte — auf dem Wegfall einer sonst vorhandenen Rindenleitung, sondern darauf, daß geringelte Zweige im Wettbewerb mit mehreren nichtgeringelten merklich in der Transpiration gedrückt werden[1]. PHILLIS u. MASON erhalten schon dadurch wesentlich günstigere Ergebnisse, daß sie grundsätzlich mit Gabelsprossen der Baumwolle arbeiten, wobei der geringelte Versuchssproß mit nur einem Kontrollsproß konkurrieren muß; gegenüber überhaupt geringelten Kontrollpflanzen sind Transpiration und Mineralstoffaufnahme der Versuchspflanzen nur wenig herabgesetzt; in den Versuchspflanzen hat der Ringelzweig durchschnittlich mehr Trockensubstanz und Phosphor (der sonst mit den Kohlehydraten zum Teil auswandert), aber weniger Kalzium als der Kontrollzweig.

Nach diesen Klarstellungen dreht sich die Erörterung augenblicklich nur noch um die Frage, ob die Rinde wenigstens beim Ausfall der Holzleitung ersatzweise zu einem Aufwärtstransport von Mineralstoffen befähigt ist. Wer schon normalerweise eine Massenströmung in den Siebröhren der Rinde annimmt, wird eine solche Möglichkeit einzuräumen geneigt sein, doch sind die experimentellen Belege dafür noch ausgesprochen dürftig. MASON u. PHILLIS experimentieren mit Baumwollstauden, denen sie ein zweites Wurzelsystem seitlich eingepfropft haben, das der Wasserzufuhr dient. Wird nun der Holzkörper über der Hauptwurzel unterbrochen, so wird das als Modellkörper dienende Brom nur noch in Spuren aufgenommen, während die Stickstoffaufnahme zwar auch auf ein Drittel sinkt, die aufgenommene Menge aber doch zu 80% auch die holzfreie Rindenbrücke passiert. Ähnlich berichtet GUSTAFSON über Aufstieg radioaktiven Phosphors in der Rinde. Ob diese apikale Phloemwanderung erst nach Einbau der genannten Elemente in organische Verbindungen oder noch in mineralischer Form erfolgt, bedarf noch der Klärung. Der alte Vorlesungsversuch, wonach Sprosse, die nur mit Rindenstreifen in Wasser tauchen, nur verschwindend kleine Wassermengen aufnehmen und alsbald welken, spricht nicht dafür, daß die Rinde ersatzweise einen nennenswerten Teil des Transpirationsstromes leiten kann.

KRAMER hat sich in drei Frühjahren von der Herkunft der Blutungssäfte von *Betula*, *Carpinus* und *Acer* aus dem Holz überzeugt und schließt sich ausdrücklich dem Ref. an, der die Beobachtung von JAMES u. BAKER, daß die Frühjahrs-

[1] Außerdem kann nach PHILLIS u. MASON die Unterbrechung des lebenden Zusammenhangs zwischen Sproß und Wurzel die Aktivität der letzteren herabsetzen: So ist in den ersten zwei Stunden nach einer Ringelung die Aufnahme von KBr deutlich herabgesetzt, während die Leitung des einmal aufgenommenen Broms über die Ringelungsstelle nicht gehemmt erscheint.

blutung von Ahorn aus den Siebröhren käme, für einen Einzelfall hält. Immerhin möchte Ref. das gelegentliche Vorkommen von Frühjahrsblutung aus den Siebröhren nicht in Abrede stellen, obwohl er es trotz zahlreicher Stichproben noch nie feststellen konnte; die alten Angaben von BODEN (zitiert bei HUBER [1]), dem beim Anschnitt von Kiefernrinde im Frühjahr sofort Tropfen eines süßen Saftes über das Messer liefen, sind kaum anders als auf Siebröhrensaft zu deuten.

PÉNZES weist auf die wenig bekannte Erscheinung hin, daß sich bei manchen Pflanzen warmtrockener Gebiete die Verteilung von chlorophyllführenden und chlorophyllfreien Geweben im Mesophyll umkehrt, indem das Chlorophyll auf die Leitbündelscheide beschränkt bleibt („Chlorophyllscheiden" F. J. MEYERS), während das übrige Mesophyll farblos ist und als Wassergewebe dient. Gerade umgekehrt wie sonst erscheint dann das Nervennetz dunkel, die Zwischenfelder farblos. Die Erscheinung findet sich bei Vertretern der Chenopodiaceen (*Kochia*, *Atriplex tartarica*), Amaranthaceen, Portulacaceen und submediterranen Gräsern (*Diplachne serotina*, *Cynodon dactylon*). Verf. spricht von netzartigen Assimilationsgeweben und erblickt ihre Bedeutung weniger in der von HABERLANDT in den Vordergrund gestellten Verkürzung der Assimilatableitung als in der besseren Wasserversorgung und Kühlung durch den Transpirationsstrom. Die Deutung leuchtet ein, da die Tendenz einer Verkürzung der Parenchymleitung auf solchen Standorten ja auch in einer bedeutenden Verdichtung des Leitbündelnetzes zum Ausdruck kommt. — Wie klein die Widerstände der Leitbahnen einschließlich der feineren Blattnerven gegenüber dem Leitungswiderstand des Parenchyms sind, geht aus Versuchen von MER hervor, der Wasseraufnahme (Porometer) und -abgabe (Wägung) von Pelargonienblättern vor und nach Durchschneiden des Mittel- und größerer Seitennerven verfolgt: Beides führt zu keinem nennenswerten Abfall der Wasserdurchströmung, weil auch die feineren Nerven immer noch annähernd gleich gut den Nachschub bewerkstelligen können; das wäre nicht möglich, wenn nicht die Nervenleitung überhaupt nur einen kleinen Bruchteil des gesamten Leitungswiderstandes darstellen würde. Ähnliches ging schon aus Versuchen von REHM (1935) und WYLIE hervor. — LIN bestätigt die Beobachtung von MÜNCH, daß in den Leitbündeln der Coniferennadel die radialen Tracheiden- und Siebfaserreihen jeweils nur an ihrem apikalen Ende ans Transfusionsgewebe anschließen, während sie in ihrem weiteren Verlauf durch sklerenchymatische oder metakutisierte Gewebebeläge abgeschirmt sind. Die Zahl der Siebröhren und Tracheiden nimmt übrigens spitzenwärts nicht annähernd in dem Maße ab wie etwa die Spaltöffnungszahl (als Maß des Gaswechsels), so daß sich in der Coniferennadel wie anderwärts ein apikaler Anstieg der relativen Wasser- und Assimilatleitflächen ergibt. — Eine reizphysiologische Analyse der Entstehung von Gefäßbrücken nach Verwundung verdanken wir JOST.

5. Assimilatleitung. Auf der Arbeitstagung „Allgemeine Biologie" des Reichsforschungsrates in Berlin (Oktober 1941) war ein Halbtag für die Aussprache über Stoffwanderungsfragen angesetzt, wobei neben mehreren Diskussionsrednern als Hauptredner SCHUMACHER und MÜNCH ihre entgegengesetzten Anschauungen vortrugen. SCHUMACHER wiederholte in erster Linie seine anatomischen Bedenken gegen eine Massenströmung in geschlossenen Siebröhrensystemen einfacherer Bauart (Nadelhölzer), während MÜNCH durch neue Berechnungen und Modellversuche mit Nadelhölzern die relativ hohe Wegsamkeit solcher Fasersysteme für Massenströmungen überzeugend belegte; er zeigte vor allem, daß der Widerstand stark schräggestellter und reichlich getüpfelter Querwände die Größenordnung des an Längswänden auftretenden Reibungswiderstandes nicht übersteigt, besonders wenn — wie das bei diesen Typen stets der Fall ist — die Zahl der zu durchsetzenden Wände infolge starker Faserstreckung herabgesetzt ist. In Übereinstimmung damit hat HUBER (1) bei Eibe *(Taxus)* einen den Laubhölzern gleichwertigen Tropfenaustritt aus den Siebfasern beobachtet. Auf weitere Belege für die Siebröhrenwegsamkeit werden wir gleich noch zu sprechen kommen.

Um die Angriffsbasis auf die Probleme der Stoffwanderung in den Siebröhren zu verbreitern, hat HUBER (1) in einem Sammelbericht die verstreuten und vielfach schwer zugänglichen Arbeiten über die Ausbeutung von Siebröhren durch fremde Organismen zusammengetragen. Es zeigt sich, daß neben der gut bekannten Ausbeutung des Siebröhreninhaltes durch Blattläuse und andere pflanzensaugende Hemipteren[1] sowie durch schmarotzende Blütenpflanzen ein Lecken des Siebröhrensaftes bei triebschneidenden Insekten und Spechten vorkommen dürfte, während auf Siebröhren spezialisierte Pilze merkwürdigerweise noch nicht beobachtet sind. Durch Siebröhrensaft saugende Insekten können nicht nur Vira, sondern auch infektiöse Flagellaten von Pflanze zu Pflanze übertragen und in die Siebröhren eingebracht werden[2], in denen sie sich durch den ganzen Pflanzenkörper verbreiten. Vielleicht hängt das Fehlen von Viruskrankheiten bei Gymnospermen mit der abweichenden Anatomie ihres Siebfasersystemes zusammen, das eine Virusverfrachtung erschweren muß[3]. Umgekehrt ist die Wanderung eines so großen Organismus wie des Trypanosomen *Phytomonas leptovasarum* (bei knapp 1 μ Breite je nach Teilung 4—28 μ lang) in den Siebröhren des Kaffee ein ausgezeichneter Beleg für die Wegsamkeit der Angiospermen-Siebröhren; passiert es doch nach STAHEL bei seiner Wanderung stammaufwärts stündlich durchschnittlich etwa zehn Siebplatten.

GRASSMANN und Mitarbeiter haben die bei der jetzigen Problemlage dringend erforderliche gründliche Untersuchung der Chemie der Siebröhrensäfte in Angriff genommen, nachdem HUBER und Mitarbeiter die Stundenausbeuten bei Roteiche bis zu 40 cm³ je Sammler

[1] Der Zoologe GERSCH hat neuestens auch den Übertritt von Fluoreszein aus der Pflanze in die Läuse verfolgt: Das Fluoreszein geht in diesen erst in den Blutkreislauf über, ehe es durch den Darm wieder ausgeschieden wird. Spezialuntersuchungen an honigtauliefernden Lachniden werden angekündigt.

[2] Für bestimmte Fälle konnte neuerdings entschieden werden, daß das Virus auch im übertragenden Insekt während der Inkubationszeit eine starke Vermehrung (auf mehr als das Hundertfache) durchmacht, daß also ein echter Wirtswechsel zwischen Pflanze und Tier vorliegt (BLACK). Nur so ist es erklärlich, daß die Nachkommenschaft einmalig infizierter Insekten durch sieben Generationen virustragend bleiben kann (FUKUSHI). Die Befreiung vom Virus gelingt dagegen leicht durch harmlose Kälte- oder Wärmebehandlung.

[3] Auch im Holz haben ja die durchlaufenden Tracheen die Gefahr einer Luftblockade der Wasserleitung gegenüber Tracheidenholz stark erhöht.

steigern konnten. Die noch in vollem Gange befindliche Untersuchung hat vorläufig neben dem bekannten Gehalt an Zuckern und Spuren von Eiweiß eine Reihe von meist der Oxydasegruppe angehörigen Fermenten sowie beachtliche Mengen an Gerbstoffen und Gerbstoffvorstufen ergeben[1]. Eigenartig ist das kurz vor dem Laubfall in drei Vegetationsperioden übereinstimmend beobachtete Auftreten von Schwefelwasserstoff im Siebröhrensaft, das mit dem Eiweißabbau zusammenhängen dürfte (der Stickstoffgehalt des Siebröhrensaftes steigt in dieser Zeit auf das Zehnfache). Unter den (nicht reduzierenden) Kohlehydraten des Siebröhrensaftes, die WISLICENUS auf Grund ihrer Rechtsdrehung durchwegs für Rohrzucker gehalten hatte, spielen nach MICHEL, die eine neue enzymatische Trennungsmethode anwendet (vgl. auch GORBACH), auch Dextrine eine wesentliche Rolle; dagegen kommt das in allen Honigtauen nachgewiesene, gleichfalls rechtsdrehende Trisaccharid Melezitose (von franz. mélèze = Lärche wegen der Entdeckung im Lärchenmanna) im Siebröhrensaft noch nicht vor, sondern muß innerhalb der 10 Minuten, die die Passage des Läusedarms etwa währt, synthetisiert werden. Eine vergleichende Kohlehydratanalyse von Siebröhrensaft und Honigtau der Eiche ergibt nach MICHEL:

	Siebröhrensaft %	Honigtau %
Invertzucker . . .	17,5	19,1
Rohrzucker . . .	44,7	25,9
Melezitose . . .	—	46,3
Dextrine	37,5	6,7

Über den recht abweichenden Siebröhrensaft des Kürbis teilt COOIL neue Mikroanalysen mit: Unter den 8—9% Trockensubstanz ist rund ein Drittel Eiweiß, während die Zucker nicht einmal 1% des Frischgewichtes (10% des Trockenrückstandes) ausmachen; in Unkenntnis des hohen Zuckergehaltes anderer Siebröhrensäfte erblickt Verf. darin eine Schwierigkeit für die Massenströmungslehre.

HUBER (1) berichtet über die Eignung des Siebröhrensaftes als Pilznährboden (keine fungiziden Eigenschaften) und plant Gewebekulturen auf Siebröhrensaft.

Nachdem im Vorjahr die Plasmolysierbarkeit auch reifer Siebröhren erwiesen und gegenteilige Angaben auf die ungewöhnliche Empfindlichkeit dieser Gewebe zurückgeführt werden konnten, gelang SMALL nunmehr auch der Nachweis einer ziemlich lebhaften Plasmaströmung in reifen Kürbissiebröhren, wenn er die Stengel mit den schärfsten in der Augenheilkunde üblichen Spezialmessern von beiden Seiten auf eine Dicke von 3—4 Zellagen zuschnitt

[1] Eine auffällige Anhäufung von Anthrachinonen in den Siebröhren des Rhabarbers findet HIEKE, wobei er offen läßt, ob es sich um Wanderstoffe aus den Blättern oder örtliche Neubildungen handelt.

und im durchfallenden Licht beobachtete. Die Strömung, die auch einer Reihe von Zeugen vorgeführt werden konnte, vollzieht sich nach beiden Richtungen gleichmäßig mit Geschwindigkeiten von 0,13 bis 1,0 mm/min. — DUBUY u. OLSEN haben bei der Fortsetzung ihrer Studien über den Zusammenhang zwischen Atmung, Plasmaströmung und Auxintransport einen vom Ref. 1932 (Ber. dtsch. bot. Ges. **50**, 107) ausgesprochenen Gedanken verwirklicht und die Geschwindigkeit der Plasmaströmung photographisch objektiv belegt, indem die Teilchen während der Expositionsdauer ihre Bahnen selbst aufzeichnen. Das Verfahren hat gegenüber der unmittelbar visuellen Beobachtung den großen Vorzug, daß die Geschwindigkeit nicht nur einzelner auffälliger, sondern zahlreicher Teilchen ausgewertet und gemittelt werden kann. Der innige Zusammenhang zwischen der (polarographisch ermittelten) Atmung, Plasmaströmung und Auxintransport konnte dabei weiter erhärtet werden.

Während der Drucklegung dieses Berichtes erschien noch eine sehr wertvolle Arbeit von KÖHLER (1), der auf Grund der Virusausbreitung den bereits bekannten Argumenten zwei wichtige neue Beweise für die Massenströmung in den Siebröhren hinzugefügt:

1. Bei der intrafaszikulären Verschleppung der Viren von einer primären Infektionsstelle aus treten die Sekundärsymptome bei schwachem Befall in Form stark verstreuter Einzelherde, bei höheren Konzentrationen dagegen in immer dichterer Häufung auf. Das beweist, daß die Vira diskontinuierlich eingeschleppt werden, und ist völlig unvereinbar mit den Vorstellungen einer lückenlosen Spreitung, wie sie SCHUMACHER für das Fluoreszein annimmt.

2. Die bereits bekannte Koppelung des Virustransportes an den Assimilatstrom kommt in einer bisher in diesem Zusammenhang noch nicht gewürdigten Erscheinung zum Ausdruck: Die von einer primären Infektionsstelle faszikulär aufsteigenden Sekundärinfektionen „überspringen“ voll entwickelte Blätter, infizieren halbentwickelte nur in der basalen Hälfte und vermögen erst unentwickelte Anlagen ganz zu infizieren. Die Bremsung der Viruseinwanderung durch den in Gang kommenden Assimilatstrom ist hier ganz offenkundig.

Verf. bejaht daher die Massenströmung im Phloem, wobei er vom Standpunkt der Virusforschung nicht entscheiden will, ob es sich um eine Druckströmung in der Vakuole oder eine Plasmaströmung handelt. Jede andere Mechanik ist schon der Größe der Vira wegen (Molgewicht 2—50 Millionen!) unwahrscheinlich und mit den physiologischen Einzelerscheinungen unvereinbar.

Verf. stellt noch eine zweite, der langsameren Parenchymwanderung gewidmete Arbeit in Aussicht.

In mehrfacher Hinsicht überraschend sind die Mitteilungen von BENNETT und JOHNSON, daß *Cuscuta* nicht nur Virus aus einer

Wirtspflanze aufnehmen, sondern auch nach freilich ziemlich langer Zeit (19—40 Tagen) und keineswegs in allen Fällen (8—75%) auf gesunde Wirtspflanzen weiterübertragen kann[1]. Da Hunderte nicht mit Cuscuta überbrückter Kontrollpflanzen in dem insektenfreien Gewächshaus gesund blieben, ist an der Richtigkeit der Feststellungen kaum zu zweifeln. Da nach allen bisherigen Erfahrungen Viren Zellwände nur auf dem Wege von Plasmodesmen durchsetzen, deutet die Virusaufnahme durch Cuscuta darauf hin, daß die von SCHUMACHER vergeblich gesuchten Plasmaverbindungen zwischen Wirt und Schmarotzer vielleicht doch vorhanden sind, es sei denn, daß das Virus auf dem Wege mechanischer Verletzung der Wirtspflanze aufgenommen wird[2]. Noch überraschender ist die Weitergabe des Virus an eine zweite Wirtspflanze, der nach der Massenströmungstheorie einen Assimilatstrom vom Schmarotzer zum Wirt erfordern würde; diese Annahme ist vielleicht deshalb nicht ganz widersinnig, weil als Viruslieferanten alte, kranke, als Empfänger dagegen junge, lebhaft wachsende Pflanzen dienten; solche könnten durch das Cuscuta-Verbindungsstück Assimilate an sich reißen, wie das die nach Wurzelverwachsung oft Jahrzehnte weiterlebenden Baumstümpfe tun (BÜSGEN-MÜNCH: Bau und Leben der Waldbäume, 3. Aufl. 1927, S. 354, 355).

In vollem Einklang mit der Vorstellung, daß Viren im Phloem durch den Assimilatstrom passiv verfrachtet werden, stehen die Erfahrungen FULTONS über die Virusausbreitung in Wurzeln: In allen oberirdisch kranken Pflanzen konnte das betreffende Virus auch in den Wurzeln nachgewiesen werden (durch Einreiben gesunder Blätter mit Wurzelgewebesaft); dagegen breitet sich eine künstliche Wurzelinfektion (Einreiben) ausschließlich abwärts aus, während die oberirdischen Teile gesund bleiben; eine Umkehr der Wanderrichtung ließ sich in den Versuchen des Verf. nicht durch bloße Verdunkelung, wohl aber dann erzwingen, wenn die Wurzeln verdunkelter Pflanzen in eine zuckerhaltige Nährlösung tauchten. Wenn im Gegensatz dazu von einer Infektionsstelle im Sproß, auch wenn sie unterhalb des untersten Blattes liegt, das Virus ungefähr gleich schnell sproßauf- und -abwärts wandert, so dürfte das bei Tabak und Tomate auf entgegengesetzten Strömungsrichtungen in Innen- und Außenphloem beruhen.

Eine sehr klare Darstellung der Probleme der Wuchsstoffwanderung verdanken wir GESSNER (3): Er unterscheidet eine Fernleitung in den Siebröhren und eine Nahwanderung im Parenchym; auch letztere erfolgt mit rund 1 cm/h viel rascher als Diffusion, ist polar

[1] Den Hinweis auf diese bemerkenswerten Arbeiten verdanke ich dem Leiter der Virusabteilung der Biologischen Reichsanstalt, Herrn Dr. KÖHLER.

[2] Wenn KÖHLER neuestens (2) bei Solanaceen Virus auch im Narbensekret nachweist, so scheint auch hier kein Durchtritt durch Membranen, sondern das Ergebnis lysigener Vorgänge an der Narbenoberfläche vorzuliegen.

gerichtet, und zwar selbst gegen ein Konzentrationsgefälle; zur Erklärung dieser Erscheinungen schließt sich Verf. der Kataphoresetheorie, wenn auch nicht WENTs allzu einfacher Polaritätstheorie an; maßgebend für diese Kataphorese seien nicht die von außen an die Pflanze herangebrachten elektrischen Felder, sondern die davon ziemlich unbeeinflußten Potentiale der Phasengrenzflächen.

Auch die Kambialtätigkeit unserer Bäume wird bekanntlich im Frühjahr durch eine aus der Krone absteigende Wuchsstoffwelle geweckt. Daher beginnt auch die praktisch wichtige Schälbarkeit der Fichtenrinde am Kronenansatz und schreitet täglich etwa 1 m basalwärts fort; wird die Wuchsstoffzufuhr durch Ringelung unterbrochen, so ermöglicht die autonome Wuchsstoffproduktion des Kambiums nur eine kurze Schälzeit; dagegen können solche unschälbare Rinden durch Zufuhr synthetischen Wuchsstoffes schälbar gemacht werden; über der Ringelung sind Kambialtätigkeit und Schälbarkeit durch Wuchsstoffstauung in den Herbst hinein verlängert (HUBER [2, 3]; SÖDING). Die Verteilung des jährlichen Zuwachses auf die Schaftlänge der Bäume entspricht zum Teil dieser Zufuhr der Assimilate und Wuchsstoffe aus der Krone, indem der Dickenzuwachs basal zunächst abnimmt; der verstärkte Zuwachs am Stammgrund kann aber nur durch den Reiz stärkerer mechanischer Beanspruchung erklärt werden (TOPCUOGLU). — Weitere Angaben über die Wanderung des Blühhormons verdanken wir HARDER u. v. WITSCH.

Mit einem eigentümlichen Stoffverteilungsproblem macht uns COLLANDER bekannt: Nach spektrographischen Untersuchungen treten K und Mg in Wurzel und Sproß in ziemlich äquivalenten Konzentrationen auf, während Na und Mn ausgesprochen reichlicher in den Wurzeln, Ca ebenso deutlich reichlicher in den Sprossen gefunden wird. Wahrscheinlich spielt dabei u. a. die wechselnde Phloemmobilität eine Rolle: PHILLIS u. MASON haben wiederholt betont, daß von den im Transpirationsstrom aufgenommenen Elementen K, Na und besonders P mit den Assimilaten wieder auswandern, während Ca das nicht tut. Hier müssen u. a. Elementaranalysen des Siebröhrensaftes weiterführen.

Literatur.

ARISZ, W. H.: Proc. nederl. Akad. Wetensch. **45**, 2 (1942). — ARNON, D. J., P. R. STOUT u. F. SIPOS: Amer. J. Bot. **27**, 791 (1940). — AUDUS, L. J., u. A. H. CHEETHAM: Ann. of Bot., N. S. **4**, 465 (1940).

BARTELS, J., J. SCHUBERT u. R. GEIGER: W. Forst- u. Jagdwes. **65**, 204 (1933); **66**, 113 (1934); **67**, 210 (1935); **68**, 209 (1936); **69**, 295 (1937); **70**, 315 (1938); **71**, 274 (1939). — BENNET-CLARK, T. A., u. D. BEXON: New Phytologist **39**, 337 (1940). — BENNET, C. W.: Phytopathology **30**, 2 (1940). — BIEBL, R.: Jb. Bot. **90**, 731 (1942). — BLACK, L. M.: Phytopathology **31**, 120 (1941). — BLYTHE, ST. O.: California-Magazine, Nov. 1936. — BOGUSLAWSKI, E. v.: Bodenkde u. Pflanzenern. **17**, 236 (1940); **24**, 265 (1941). — v. BRACKEN, R.: Ebenda **25** (**70**), 193 (1941). — BROYER, T. C., u. A. H. FURNSTAL: Plant Physiol. **16**, 419 (1941). — BROYER, T. C., u. D. R. HOAGLAND: Amer. J. Bot. **27**, 501 (1940). — BROYER, T. C., u. R. OVERSTREET: Ebenda **27**, 425 (1940). — BURSTRÖM, H.: Ann. Landw. Hochsch. Schwedens **10**, 1, 209 (1942)

CLARK, D. C., H. HECHT, O. F. CURTIS u. J. I. SHAFER: Amer. J. Bot. **28**, 537 (1941). — COLLANDER. R.: Acta bot. fenn. **29**, 1 (1941). — COOIL, B. J.: Plant Physiol. **16**, 63 (1941). — CZERATZKI, W.: Kühn. Archiv **54**, 133 (1939).

DAVIS, CH. H.: Bot. Gaz. **101**, 791 (1940). — DENK, V.: Planta (Berl.) **32**, 630 (1942). — DORFMÜLLER, W.: Ebenda **32**, 51 (1941). — DUBUY, H. G.: Amer. J. Bot. **27** (1940). — DUBUY, H. G., u. R. A. OLSON: Ebenda **27**, 401 (1940). — DURELL, W. D.: Plant Physiol. **16**, 327 (1941).

EATON, F. M.: Plant Physiol. **16**, 545 (1941). — EIDMANN, F. E.: Schriftenreihe d. Hermann-Göring-Akad. **5** (1943). — ETZ, K.: Protoplasma (Berl.) **33**, 481 (1939).

FILZER, P.: Planta (Berl.) **30**, 205 (1939). — FOSTER, A. C., u. E. C. TATMAN: J. agric. Res. **61**, 697, 721 (1940). — FRENKEL, A. W.: Plant Physiol. **16**, 654 (1941). FUKUSHI, T.: Proc. imp. Acad. Japan **15**, 142 (1939). — FULTON, R. W.: Phytopathology **31**, 575 (1941).

GÄBLER, H.: (1) Forstw. Zbl. **63**, 172, 208 (1941). — (2) Z. Pflanzenkrkh. **51**, 462 (1941). — GÄUMANN, E.: Z. Bot. **38**, 225 (1942). — GEIGER, R.: Das Klima der bodennahen Luftschicht, 2. Aufl. Braunschweig 1942. — GEIGER, R., u. G. FRITZSCHE: Forstarchiv **16**, 141 (1940). — GERSCH, M.: Z. vergl. Physiol. **29**, 506 (1942). — GESSNER, F.: (1) Protoplasma (Berl.) **34**, 593 (1940). — (2) Meer und Strand, die Lebensgemeinschaften im deutschen Meeresraum. Leipzig 1940. (3) Z. ges. Naturwiss. **1941**, 209. — GORBACH, G.: Forschungsdienst **11**, 210, 222, 426 (1941). — GRASSMANN, W.: Mitt. Bezirksverb. Groß-Berlin des Ver. dtsch. Chemiker vom 17. April 1942. — GREIS, H.: Züchter **12**, 62 (1940). — GUSTAFSON, F. G.: Science (N. Y.) **90**, 306 (1939). — GYÖRFFY, B.: Planta (Berl.) **32**, 15 (1941).

HARBRECHT, A.: Jb. Bot. **90**, 25 (1941). — HARDER, R., u. H. V. WITSCH: (1) Gartenbauwiss. **15**, 226 (1940). — (2) Nachr. Akad. Wiss. Göttingen **1941**, 84. — HELFERICH, R.: Planta (Berl.) **32**, 493 (1942). — HIEKE, K.: Bot. Arch. **41**, 113 (1940). — HÖFLER, K., H. MIGSCH u. W. ROTTENBURG: Forsch.dienst **12**, 50 (1941). HUBER, B.: (1) Biol. gener. **16**, 310 (1942). — (2) Mitt. Hermann-Göring-Akad. **2**, 367 (1942). — (3) Dtsch. Forstwirt. **23**, Nr. 29/30 u. 31/32 (1941). — HUBER, B., u. O. STOCKER: Protoplasma (Berl.) **36**, 473 (1942).

JOHNSON, F.: Phytopathology **31**, 649 (1941). — JOHNSTON, C. O., u. E. C. MILLER: J. agr. Res. **61**, 427 (1940). — JOST, L.: Z. Bot. **38**, 161 (1942).

KIRWALD, E.: (1) Tharandt. forstl. Jb. **90**, 723 (1939); **92**, 735 (1941); **93**, 429 (1942). — (2) Dtsch. Wasserwirtsch. **36**, 450 (1941). — (3) Forstliche Wasserhaushaltstechnik. Neudamm 1943 (im Druck). — KÖHLER, E.: (1) Biol. Zbl. **62**, 203 (1942). — (2) Ber. dtsch. bot. Ges. **60**, 384 (1942). — KRAMER, P. J.: Amer. J. Bot. **27**, 929 (1940). — KUHNKE, A.: Forsch.dienst, Sonderheft **16**, 97 (1941).

LAATSCH, W.: Dynamik der deutschen Acker- und Waldböden. Dresden-Leipzig 1938. — LEHMANN, P., u. H. SCHANDERL: Wiss. Abh. Reichsamt f. Wetterdienst **9**/**4** (1942). — LETTAU, H.: Atmosphärische Turbulenz. Leipzig 1939. — LIN, F. J.: Dissert. München 1941 (ungedruckt). — LOTHRING, H.: Planta (Berl.) **32**, 600 (1942).

MARSH, F. L.: Bot. Gaz. **102**, 812 (1941). — MASON, T. G., u. E. PHILLIS: (1) Ann. of Bot., N. S. **3**, 531 (1939); **4**, 765 (1940). — (2) Plant Physiol. **16**, 399 (1941). — MATHY, W.: Kühn-Archiv **54**, 171 (1940). — MAYER-WEGELIN, H.: Mitt. Hermann-Göring-Akad. **3**, 1 (1943). — MER, C. L.: Ann. of Bot., N. S. **4**, 397 (1940). — MICHEL, E.: Z. angew. Entomol. **29**, 243 (1942). — MICHELS, P.: (1) Mitt. Forstwirtsch. u. Forstwiss. **11**, 295 (1941). — (2) Holz als Roh- und Werkst. **6**, 87 (1943). — MÜNCH, E.: Flora (Jena) **136**, 223 (1943).

NITZSCH, W. V.: (1) Porengrößen im Boden, ihre Beziehungen zur Bodenbearbeitung und zum Wasserhaushalt. Habilitationsschrift. Halle 1939. — (2) Z. Bodenkde u. Pflanzenern. **18**, 1 (1940). — (3) Die Phosphorsäure **8**/**9**, 422 (1940).

OELKERS: Mitt. Forstwirtsch. u. Forstwiss. **11**, 35, 143 (1940). — OLSON, R. A., u. H. C. DUBUY: Amer. J. Bot. **27**, 392 (1940).

PÉNZES, A.: Bot. Közlemények **39**, 23 (1942). — PHILLIS, E., u. T. G. MASON Ann. of Bot., N. S. **4**, 635, 645 (1940). — PISEK, A., u. E. CARTELLIERI: Jb. Bot. **90**, 255 (1941). — POST, K.: Plant Physiol. **16**, 207 (1941).

RENNER, O.: Ber. dtsch. bot. Ges. **60**, 292 (1942). — REPP-NOWOSAD, G. Forsch.dienst **12**, 154 (1941). — ROSENE, H. F.: Plant Physiol. **16**, 19, 447 (1941). — RUBEN, S., u. M. D. KAMEN: J. amer. chem. Soc. **62**, 3451 (1940). — RUBEN, S., KAMEN, M. D. u. W. Z. HASSID: Ebenda **62**, 3443 (1940). — SCARTH, G. W.: Plant Physiol. **16**, 171 (1941).

SCHMIDT, H.: Protoplasma (Berl.) **33**, 25 (1939). — SCHMIDT, H., K. DIWALD u. O. STOCKER: Planta (Berl.) **31**, 559 (1940). — SCHROEDER, H.: Ber. dtsch. bot. Ges. **60**, 206, 371 (1942). — SEKERA, F.: (1) Forsch.dienst, Sonderheft **7**, 17 (1937). — (2) Bodenkde u. Pflanzenern. **6**, 188 (1938). — (3) Probleme der Bodenbiologie. Schriftenr. Hochsch. f. Bodenkultur Wien, Heft 1 (1941). — SMALL, J.: New Phytologist **38**, 176 (1939). — SMITH, J. H. C., u. D. B. COWIE: Plant Physiol. **16**, 257 (1941). — SÖDING, H.: Z. Bot. **36**, 113 (1940). — STAHEL, G.: Phytopath. Z. **4**, 65, 539 (1932); **6**, 335 (1933). — STOCKER, O.: Forsch.dienst, Sonderheft **16**, 275 (1942). — STOCKER, O., S. REHM und H. SCHMIDT: Jb. Bot. **91**, 1 und 278 (1943).

THEDEN, G.: Angew. Bot. **23**, 189 (1941). — THORNTHWAITE, C. W., u. B. HOLZMAN: Monthly Weather Rev. **67**, 4 (1939). — TONZIG, S.: (1) I mucoproteidi e la vita della cellula vegetale. Padua 1941. — (2) N. Giorn. Bot. Ital., N. S. **49**, 1 (1942). — TOPCUOGLU, A.: Tharandt. forstl. Jb. **91**, 485 (1940).

WALKER, R., u. W. PENNINGTON: New Phytologist **38**, 62 (1939). — WALTER, H.: (1) Die Vegetation des europäischen Rußlands. Dtsch. Forscherarbeit in Kolonie u. Ausland Heft 9 (1942). — (2) Beitr. Kolonialforsch. **1**, 45 (1942). — (3) Ber. dtsch. bot. Ges. **59**, 114 (1941). — WYLIE, R. B.: Amer. J. Bot. **25**, 567 (1938).

ZIEGENSPECK, H.: (1) Bot. Zbl., Abt. A **60**, Beih. 483 (1941). — (2) Feddes Repert. spec. nov. **123** (Beih.) (1941). — (3) Ebenda **131**, 94 (1942). — (4) Biol. generalis (Wien) **15**, 344 (1942). — (5) Protoplasma (Berl.) **35**, 514 (1942).

10. Mineralstoffwechsel.

Von KARL PIRSCHLE, Wien.

Mit 5 Abbildungen.

In Übereinstimmung mit früheren Versuchen (GREGORY, RICHARDS, SEN, vgl. Fortschr. Bot. 7, 209) bestätigen RICHARDS u. SHENG-HAN (1), daß Mangel an ***Kalium*** zu einer erhöhten Sukkulenz führt. Allerdings haben auch andere Elemente darauf Einfluß, der Wassergehalt der Pflanzen bei K-Mangel steigt besonders stark an, wenn gleichzeitig viel Na vorhanden ist, weniger bei mittleren Na- und Ca-Gaben. Zum K-Gehalt in den Pflanzen besteht merkwürdigerweise keine Beziehung, wohl aber zum Na- und P-Gehalt (RICHARDS u. SHENG-HAN [2]). PHILLIS u. MASON schließen aus ihren Versuchen über K-Gehalt und Stoffproduktion, daß das K einerseits die Diffusion des CO_2 zu den Chloroplasten, andererseits aber auch die Ableitung der gebildeten Zucker von den Chloroplasten zu den Gefäßbündeln günstig beeinflußt. Übereinstimmend mit zahlreichen ähnlichen Befunden (Fortschr. Bot. 9, 161; 7, 209) fördert K auch bei der Zuckerrübe (VLASSYUK u. FEDOSSOVA) und bei Kok-sagyz (KALINKEWITSCH) die Assimilationsleistung der Blätter, erhöht den Gehalt an Monosen und Saccharose und begünstigt den Transport der Kohlehydrate. Die günstige Wirkung einer Kalidüngung auf die Lagerfestigkeit von Getreide führen JACOB u. PIETSCHER darauf zurück, daß sich größere Mengen hochmolekularer Kohlehydrate aus Zucker bilden (Gerüstsubstanzen), ferner wird der Turgor der Zellen erhöht.

Getreide bildet bei K-Mangel nur kleine Körner mit wenig Stärke und Eiweiß (BAUMEISTER [1]), reichliche K-Zufuhr erhöht das Einzelkorngewicht und besonders den Stärkegehalt. Ausgedehnte Erhebungen von ALTEN, RAUTERBERG u. LOOFMANN über die Wechselwirkungen von Kalium und Stickstoff (vgl. Fortschr. Bot. 9, 162/63) zeigen unter anderem, daß der Eiweißgehalt der Pflanzen bei reichlicher N-Ernährung von den K-Gaben unbeeinflußt bleibt, bei mäßiger N-Ernährung nimmt er dagegen mit steigenden K-Gaben ab, da der aufgenommene Stickstoff für die Mehrproduktion an organischer Substanz nicht mehr ausreicht. Bei K-Mangel und besonders in jungen Pflanzen wird auffallend viel NO_3 gespeichert (bis 30% des Gesamt-N), aber auch bei reichlicher K-Zufuhr, was mit erhöhter Permeabilität und der gekoppelten Aufnahme von K und NO_3 in Zusammenhang gebracht wird. Nach Untersuchungen von RAUTERBERG u. KNIPPENBERG an Knaulgras, Raygras und Rotklee haben steigende K-Gaben eine relative Erhöhung des Gehalts an Eiweiß-N, also eine relative Abnahme des Gehalts an organisch gebundenem Nichteiweiß-N zur Folge, auch der Gehalt an verdaulichem Eiweiß nimmt zu, auf die Zusammensetzung der hydrolysierbaren N-Verbindungen ist der Einfluß des K nur gering. Bei der Ölrauke (*Eruca sativa*) nimmt der Eiweißgehalt der Samen mit steigenden Kaligaben zu, der Fettgehalt und die Jodzahl dagegen ab (SCHARRER u. SCHREIBER [2]). Auch NEHRING (2) findet an Gerste eine Erhöhung der Eiweißproduktion mit steigenden K-Gaben, aber nur in Gefäßversuchen.

In Feldversuchen können NEHRING (2), PFAFF u. KEESE, SCHMITT u. SCHINEIS (1), SCHROPP u. ARENZ (2) einen Einfluß der Kalidüngung auf den Eiweißgehalt nicht feststellen. Wichtiger ist die Wasserversorgung oder erhöhte Volldüngung, einseitig gesteigerte K-Düngung führt eher zu einem Absinken des Eiweißgehalts (WÖLFER).

Saflor (*Carthamnus tinctorius*) ist nach SCHARRER u. SCHREIBER (1) sehr anspruchsvoll für Kali, Stickstoff und Kalk, weniger für Phosphor; bei weiterer Durchzüchtung und entsprechender Düngung dürfte diese Pflanze eine brauchbare Sommerölfrucht darstellen. Große Ansprüche, besonders an Kali, stellt auch die Futtermalve (JACOB u. GOTTWICK). ULBRICHT berichtet weiterhin über günstige Wirkung einer Kalidüngung zu Flachs (vgl. Fortschr. Bot. **10**, 189; **9**, 161).

Der ungleich größere Nachteil von K-Mangel bei Ernährung mit Ammonsalzen als bei Ernährung mit Nitraten (vgl. Fortschr. Bot. **9**, 163) wird von ARENZ (1) durch eine entgiftende quellungsfördernde Wirkung des K-Ions erklärt, deren Fehlen zu schweren NH_3-Schädigungen führt. Bei Düngung mit Ammonsalzen ist reichliche K-Zufuhr geboten. Zwischen Kalksalpeter und Natronsalpeter findet THUN keinen entscheidenden Unterschied, allenfalls ist auf K-armen Böden Natronsalpeter günstiger, da er die Aufnahme des Bodenkali fördert und derart K-sparend wirkt.

MEYER u. SCHNEIDER untersuchen den Einfluß einer verdichteten Bodenschicht (Pflugsohle) auf Bewegung und Verteilung des K und von Kalidüngesalzen im Boden. Die starke Festlegung des K in tropischen Böden (und dementsprechend geringe Wirkung einer normalen Kalidüngung) beruht nach JACOB vor allem auf dem hohen Gehalt an Montmorillionit; Zufuhr von Gips, Humus und nesterweises Einbringen der Kalidüngung sind zu empfehlen. Über das austauschfähige und somit für die Pflanzen aufnehmbare K im Boden und Methoden zu seiner Bestimmung sowie überhaupt den Kationenwechsel im Erdboden vgl. DAMSGAARD-SØRENSEN. Zur Bestimmung des Kalibedarfs von Böden findet SCHACHTSCHABEL eine Mischlösung von 0,8 n Ammonazetat und 0,2 n Ammonoxalat geeigneter als andere Salzlösungen oder Säure allein. EGNÉR verwendet 0,1 n Monochloressigsäure und 0,01 n Kalziummonochlorazetat.

Nach ausgedehnten Erhebungen von GÜTTLER enthalten Caryophyllaceen Umbelliferen, Primulaceen und Borraginaceen meist viel K, die relative Verarmung an K und P mit fortschreitendem Alter der Pflanzen wird auch bei Wildformen bestätigt.

Nach PACE soll für *Chilomonas paramaecium* sowohl K als auch ***Na*** notwendig sein, doch genügen, wenn eines der beiden Elemente in optimaler Konzentration vorliegt, von dem anderen nur Spuren. K wird vor allem für die Stärke- und Fettsynthese gebraucht; bei hohen K- und Na-Konzentrationen entstehen infolge gehemmter Durchteilung mehrkernige Zellen. — Nach BEN DOR, der den K-Bedarf des wachsenden Hühnchens untersucht, kann K wenigstens zum Teil und für kurze Zeit durch *Rb* ersetzt werden.

Mit Hilfe des radioaktiven Isotopen K^{42} finden HEVESY u. NIELSEN einen beträchtlichen K-Austausch nur bei stark gärender Hefe, bei schwacher Gärung ist er sehr gering, was weniger mit der Zellpermeabilität, als vielmehr mit der Resynthese kaliumhaltiger Verbindungen in Zusammenhang gebracht wird (vgl. Fortschr. Bot. 10, 190). Parallel zum Verhalten von Hefe ist auch bei Leukozyten (aus Pferdeblut) die Zuckeraufnahme und Glykogenbildung mit einer Aufnahme, der daraufolgende Glykogenabbau zu Milchsäure mit einer Abgabe von K verbunden (PULVER u. VERZÁR). Aus weiteren Versuchen über **die Kaliumabgabe des Muskels bei der Reizung** schließen SOMOGYI u. VERZÁR, daß sie mit dem Glykogenabbau zusammenhängt, aber nicht mit der Milchsäurebildung, sondern mit den vorhergehenden Prozessen, dem Glykogenzerfall zu Hexosephosphorsäure. Besonders groß ist die K-Abgabe aus dem Muskel bei zeitlich lange ausgedehnter Veratrinkontraktion (ERNST u. MÓROCZ), Sauerstoff- oder Stickstoffatmosphäre hat keinen Einfluß, eine direkte Abhängigkeit von Oxydationsvorgängen scheint also nicht zu bestehen (DEAN). Auch BROCK, DRUCKREY u. HERKEN betonen die Bedeutung des K für die Erholung nach parasympathischer und sympathischer Erregung, bei Fehlen von K verliert das Gewebe seine Erregbarkeit, K-Zusatz stellt sie wieder her (Abb. 35); besonders steht K im Verlauf der Glykogenolyse mit dem Abtransport der „fixen" (also nichtflüchtigen) Säuren (wie Milchsäure) im Zusammenhang. Es ist aber festzuhalten, daß K-Verschiebungen im Gewebe die Folge und nicht die Ursache des „Erregungsstoffwechsels" sind.

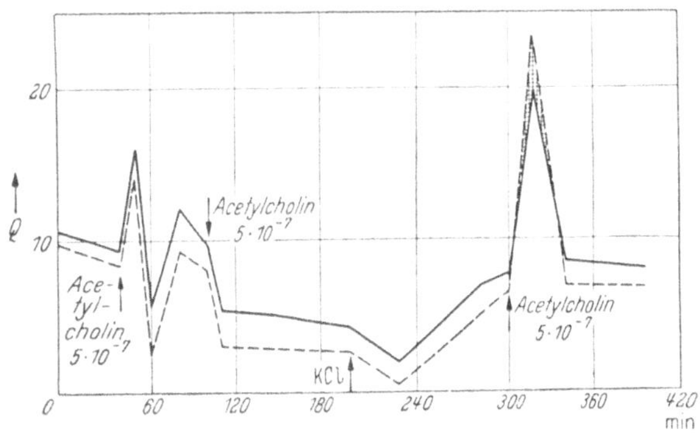

Abb. 35: Gasstoffwechsel von Schnitten der Speicheldrüse in Ringerlösung ohne Kalium. Der erste Acetylcholinzusatz verursacht noch eine Stoffwechselsteigerung (ohne Säurebildung). Die zweite Acetylcholingabe bleibt ohne Wirkung. Nach Zusatz von Kaliumchlorid zur Ringerlösung (in physiologischer Konzentration) zeigt das Gewebe auf Acetylcholinzusatz wieder die charakteristische Stoffwechselsteigerung mit aerober Säurebildung. Ausgezogene Linie: Sauerstoffverbrauch in Kubikmillimeter pro Milligramm Gewebe (Trockensubstanz und Stunde (Q_{O_2}). Gestrichelte Linie: Kohlensäurebildung (Q_{CO_2}) (Gesamt). Der Überschuß der Kohlensäurebildung über die Atmung (schraffiertes Feld) dient als Maß der gebildeten „fixen Säuren" (Extrakohlensäure). Die angegebene Konzentration Acetylcholin bezeichnet die Endkonzentration. (Nach DRUCKREY, HERKEN und BROCK.)

Im „Grundstoffwechsel", wo keine fixen Säuren (im Überschuß) gebildet werden, findet eine K-Ausschwemmung in nennenswertem Umfang nicht statt (DRUCKREY, HERKEN u. BROCK). Bei Schädigungen des Gewebes, z. B. schon beim

Schneiden und Präparieren der Gewebeschnitte, werden vorübergehend fixe Säuren gebildet, und zwar in um so höherem Maße, je glykogenreicher das Gewebe ist; hier ist dann wieder K zur Erholung notwendig (Abb. 36). Die Bedeutung des K wird in allen diesen Fällen, bei „Erregung" und „Schädigung", nicht darin gesehen, daß es in den Chemismus des Stoffwechsels eingreift, sondern daß es „als einziges unter normalen Bedingungen zur Verfügung stehendes Kation, das die Zellgrenzen permeieren kann", zur Neutralisation und zum Abtransport der gebildeten fixen Säuren verwendet wird. Die (weitgehende) Vertretbarkeit durch ***Rb*** und (in geringerem Maße) durch ***Cs***, nicht aber durch ***Li*** spricht dafür, daß die Ionengröße wesentlich ist. Die Abstufung der physiologischen Wirkung K > Rb > Cs > Li mit der engen Verwandtschaft und Ähnlichkeit K—Rb kommt auch hier wieder zum Vorschein (vgl. Fortschr. Bot. 5, 195; 7, 211).

Wenn diese in den letzten Jahren stark geförderten Untersuchungen und Vorstellungen über die Rolle des K in der Muskelphysiologie zwar den Stoffwechsel der Pflanze nicht unmittelbar betreffen, so kann auch der Botaniker nicht achtlos vorbeigehen. Es sei noch auf ABELIN verwiesen, der über die Zusammenhänge zwischen K und Glykogenstoffwechsel bei Tieren berichtet, speziell im Hinblick auf den Einfluß von Thyroxin. Das sehr lesenswerte Referat von FENN über die physiologische, und zwar tierphysiologische Bedeutung des K wurde bereits das letzte Mal erwähnt.

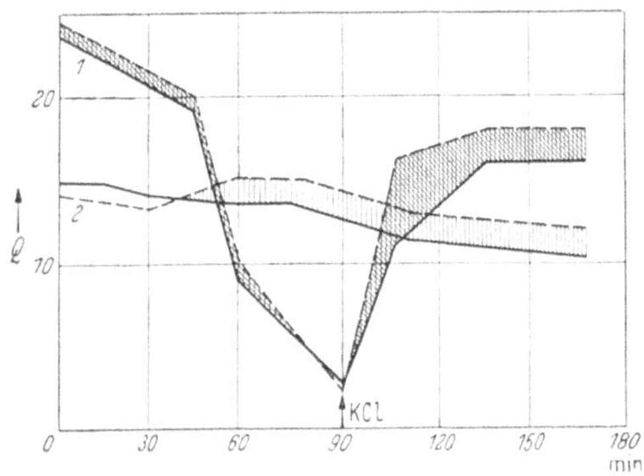

Abb. 36. Gasstoffwechsel von Schnitten der Rattenleber in kaliumfreier und zuckerfreier Ringerlösung (Kurve I). Der Stoffwechsel sinkt in kurzer Zeit ab. Nach Zusatz von Kalium zur Ringerlösung in physiologischer Konzentration: Wiedererholung des Stoffwechsels und kräftige aerobe Säurebildung. War die Glykogenolyse durch Oxalat vergiftet (Kurve II): gleichmäßiger Stoffwechsel in normaler Höhe trotz Fehlens von Kalium in der Ringerlösung (Erklärung wie in Abb. 35). (Nach DRUCKREY, HERKEN und BROCK.)

Bei Mangel an ***Magnesium*** wird nicht nur der Gehalt an Chlorophyll, sondern auch an anderen Chloroplastenfarbstoffen und an Eiweiß verringert, Mg fördert die Ca-Aufnahme und hat auch sonst wichtige Funktionen, so daß einer ausreichenden Mg-Versorgung unserer Kulturpflanzen erhöhte Aufmerksamkeit geschenkt werden sollte (MICHAEL, vgl. Fortschr. Bot. 10, 191). BUKATSCH bestätigt, daß Mg-Mangel Photosynthese und Chlorophyllgehalt beeinträchtigt. Durch erhöhte Mg-Gaben wird aber nur die Photosynthese, und zwar ganz wesentlich, gefördert, ohne nennenswerte Erhöhung des Chlorophyllgehalts. Dem Mg muß also noch eine besondere Rolle bei der Photosynthese zukommen, BUKATSCH denkt an ein erhöhtes CO_2-Bindungsvermögen der Zellen, an eine erleichterte CO_2-Versorgung der assimilierenden Chloroplasten. — Eine Übersicht von JAVILLIER behandelt die Bedeutung des Mg für das Wachstum der Organismen. KAUFFMANN-COSLA u. VASILIU-VALCEA berichten zusammenfassend über ihre Untersuchungen an *Aspergillus niger* und den Einfluß von Mg auf Wachstum und Stoffwechsel. Über Mg als wesentlichen Bestandteil von Enzymen vgl. S. 186.

Über die günstige Wirkung von Mg in Kalidüngemitteln berichten SCHARRER u. SCHREIBER (4); Bor erhöht noch die Mg-Wirkung und erhöht auch die Mg-Aufnahme. Ein Einfluß Mg-armer und Mg-reicher Düngemittel auf den Eiweiß- und Fettertrag der Ölrauke (*Eruca sativa*) war nicht festzustellen (SCHARRER u. SCHREIBER [2]), die Samenerträge steigen mit der Höhe der Kaligaben an, auch bei Sommerrüben (SCHARRER u. SCHREIBER [3]). — Das von NIELAS ausgearbeitete *Aspergillus*-Verfahren stimmt nach TOURSEL mit Feld- und Gefäßversuchen gut überein und ist als brauchbare Schnellmethode geeignet, rasch und sicher über den Mg-Zustand eines Bodens zu unterrichten.

In Pollen (von Erle, Hasel, Kiefer) hatten ELSER u. GANZMÜLLER kein Mg gefunden, was aber wohl auf analytischen Fehlern beruht, denn G. BERTRAND untersucht neuerdings Pollen von *Zea*, *Lilium*, *Phoenix*, *Elaeis*, *Pinus*, *Alnus* und *Corylus* mit durchweg positivem Ergebnis; höchster Mg-Wert in *Elaeis* mit 0,308%, niedrigster in *Corylus*-Pollen mit 0,035% bezogen auf Trockensubstanz. — Über Mg-Mangelerscheinungen bei Ratten berichten KLEIBER, BOELTER u. GREENBERG.

Nach LAVOLLAY u. LABOREY ist für die Bildung eines gelben wohl zu den Flavinen gehörenden Farbstoffs durch *Aspergillus niger* ***Mg***-Mangel entscheidend (vgl. Fortschr. Bot. 7, 213; 9, 165); die Laktoflavinbildung wird unter Bedingungen, die die oxydativen Vorgänge in der Zelle hemmen, z. B. bei Fe-Mangel oder verminderter O_2-Tension, begünstigt. KNOBLOCH u. SELLMANN finden dagegen die Farbstoffbildung bei der Mehrzahl der untersuchten Stämme auf Magnesiumnitrat als N-Quelle am stärksten. Leitungswasser an Stelle von destilliertem Wasser verstärkte noch die Farbstoffbildung, wohl wegen seines Gehalts an Spurenelementen. Auch andere Arten, wie *Aspergillus itaconicus*, färbten die Nährlösung stark gelb. Eine interessante, im Reaktionsmechanismus allerdings noch unklare Bedeutung von ***Kalzium*** zeigt PELDAN auf: das geprüfte Buttersäurebakterium *Bacillus saccharobutyricus* bildet bei Abwesenheit von Ca keine Buttersäure. Nach BORDET u. BORDET spielt Ca eine wichtige Rolle bei der Dissoziation der Bakterien und fördert z. B. (optimal 1:5000) bei *Bact. coli* den Übergang von der S- zur R-Form. ***Ba*** und ***Sr*** wirken ähnlich.

Für Flagellaten wie *Polytoma uvella* und *obtusum* ist nach LWOFF u. DUSI Ca (1:100000) nötig; der Gehalt an diesem Element erklärt offenbar die „Wuchsstoff"wirkung, die PRINGSHEIM mit Karamel erhielt. Bei höheren Pflanzen schränkt Harnstoff als N-Quelle die Ca-Mangelsymptome bedeutend ein, besonders an den Wurzeln, die Pflanzen blühten und bildeten im Gegensatz zu Nitratkulturen Früchte (SKOK, vgl. S. 173). Der Stärke- und Eiweißgehalt von Getreidekörnern wird durch steigende Ca- oder Mg-Gaben nicht wesentlich verändert (BAUMEISTER [1]).

WITTIG untersucht die Ca- und Alkalinitätsverteilung in der Ostsee im Hinblick auf hydrographische und produktionsbiologische Fragen. Optisch anisotrope mineralische Membrananlagerungen, wohl $CaCO_3$, bei *Amphora lineolata*, einer Diatomee aus einem Solgraben, beschreibt LANZ. Eine merkwürdige Art der Kalkbildung liegt nach WALLNER bei *Oocardium depressum* vor; diese Desmidiacee scheidet keine Einzelkristalle ab, sondern besiedelt schon vorhandene Kristalle und führt sie röhrenförmig im Wachstum weiter (vgl. Fortschr. Bot. 6, 175).

Die Verwendung von ***Barium***salzen zur Entschwefelung des Bodens ist nicht unbedenklich, da Ba schon in kleinen Mengen ein heftiges Pflanzengift ist, wie GERICKE (1) in Wasserkulturen mit Gerste zeigt (vgl. auch Erg. Biol. 15, 87).

Der Wandel des ***Phosphors*** (vgl. Fortschr. Bot. 10, 192; 9, 167) in Keimlingen (*Cucurbita pepo*, andere Pflanzen verhalten sich ähnlich) ist nach SCHNEIDER vor allem durch eine starke Zunahme des anorganischen P (auf das 5—6fache) gekennzeichnet, während der (säurelösliche) organische P auf etwa die Hälfte absinkt. Sproß und Wurzel verhalten sich verschieden; in der Wurzel überwiegt von vornherein der anorganische P und den geringsten Anteil machen organische säurelösliche P-Verbindungen aus, während im Sproß der säurelösliche P überwiegt und die anfangs nur geringen Mengen des anorganischen P während der Keimung stark zunehmen. In der Maisfrucht ist nach SCHMALFUSS der Gehalt an Phosphatiden und Nuklein-P in den jüngsten Entwicklungsstadien am größten. Die Synthese des Phytin nimmt bis in das Stadium der Nachreife zu, auch der Gehalt an anorganischem Phosphat. Beim Frühtreiben mit Äther finden starke Veränderungen im P-Gehalt statt, insbesondere steigt der Gehalt an Lipoid-P rasch an (QUETEL). Die Assimilationsleistung wird durch Phosphatüberschuß stark herabgesetzt, wohl infolge Ausfällung des wasserlöslichen Fe (BUKATSCH). — Die für alle Phasen des Kohlehydratabbaus und -aufbaus so wichtige Phosphorylierung der Zucker spielt anscheinend schon bei ihrer Resorption durch den Darm eine Rolle (LASZT u. DALLA TORRE).

GERICKE (2) betont weiterhin die Notwendigkeit einer starken P-Düngung im Gemüsebau (vgl. Fortschr. Bot. 10, 192). Bei Mais (3) wird nicht nur der Ertrag an Kolben und Körnern erhöht, sondern auch die Ausreifung beschleunigt; Sojabohne (5) stellt hohe Ansprüche an Phosphorsäure; bei Zierpflanzen (6) wird die Blütenzahl gefördert und die Blühdauer verlängert. Faser- und Öllein wird durch reichliche P-Düngung hinsichtlich Reife und Wachstum gefördert, die Jodzahl des Leinöls erhöht, der Eiweißgehalt herabgesetzt (Opitz [2]).

Die Verteilung, Absorption und Mineralisation von P-Verbindungen im Boden untersuchen SCHARRER u. KELLER. Organische Phosphorsäureester wie Glyzerinphosphorsäure dringen tiefer ein als anorganische Phosphate (Superphosphat, Rhenaniaphosphat), die Verteilung wird in erster Linie durch Adsorptionsvorgänge bestimmt. In sauren Böden erfolgt die Festlegung der Phosphorsäure hauptsächlich durch Bindung an Fe und Al (METZGER), Oberflächenabsorption ist dabei kaum beteiligt. YOSHIDA isoliert aus Böden von Hawaii auf der Suche nach organischen P-Verbindungen Inosit und Inositmonophosphorsäure, Nukleinsäuren wurden nicht gefunden (vgl. Fortschr. Bot. 10, 192). Chloriddüngung hat auf die Löslichkeit der Phosphorsäure im Boden keinen Einfluß (ALTEN u. LOOFMANN).

Die Zusammenhänge zwischen Nitrat- und Phosphatgehalt der Rügenschen Boddengewässer im Hinblick auf hydrobiologische Fragen der Planktonproduktion behandeln GESSNER und TRAMS u. STOLL (vgl. Fortschr. Bot. 9, 168).

Als Folge von ***Schwefel***mangel stellen SCHROPP u. ARENZ (1) außer allgemeinen Ertragsenkungen eine Zunahme des löslichen, also eine relative Abnahme des Eiweiß-N fest; die S-Mangelpflanzen ähneln in ihrem

Habitus N-Mangelpflanzen. Eine Oxydation von organischen S-Verbindungen, wie Zystein, Taurin, Methionin zu Sulfat (vgl. Fortschr. Bot. 9, 168), findet bei *Aspergillus niger* in erheblichem Ausmaß statt (GARREAU); kein Sulfat-S wurde auf Verbindungen wie Äthylensulfonat, Isoäthionat, Sulfoazetat, Äthansulfonat gefunden, Taurin wird vor der Oxydation anscheinend erst desaminiert, da aller Taurin-N als Ammoniak erscheint. Über Chemie und biologische Umsetzungen der S-Verbindungen, besonders des Eiweißschwefels, berichtet zusammenfassend TOENNES, über S-haltige Eiweißkörper, Fermente, Hormone, Vitamine und Abbau der S-Verbindungen im Organismus MEDWEDJEV.

Im Rieselwasser des Badener Heilschlammes mit einem Gehalt von über 5 mg/1 H_2S findet LEGLER (1) noch eine reichhaltige *Diatomeen*flora, auch einige *Cyanophyceen*. CZURDA (1) isoliert aus dem Lunzer Obersee ein farbloses *Spirillum*, das Sulfat reduziert, und behandelt (CZURDA [2]) die ökologische Seite der H_2S-Resistenz und -Empfindlichkeit von Algen; selbst nächstverwandte Formen können sich völlig verschieden verhalten. — Den Rückgang der baumbewohnenden „Bartflechten" während der letzten Jahrzehnte führt MROSE auch im schlesischen Erzgebirge auf industrielle Abgase zurück, besonders SO_2, das sich im Rauhreif und anderen Niederschlägen anreichert und dessen Menge in flechtenverarmten Gegenden (Thüringen) fast 100 mal so groß ist wie etwa in den Tauern (Sonnblick). MROSE empfiehlt, bei pflanzengeographischen Kartierungen die Bartflechten als wichtigen Indikator für die Luftverunreinigung einzubeziehen. — Über die jahreszeitlichen Schwankungen des S-Gehaltes im Preßsaft von Blättern berichten LEULIER, REVOL u. TUARZE.

Nitrate und Ammonsalze sind für *Chlorella* gleichwertig (vgl. Fortschr. Bot. 10, 193), wenn der physiologisch sauren Reaktion der Ammonsalze durch Pufferlösungen begegnet wird. Die langsamere Entwicklung der Nitratkulturen bei heterotropher Ernährung (ALBERTS-DIETERT) hängt wohl damit zusammen, daß infolge der langsamer arbeitenden Nitratreduktion der Stickstoff zunächst ins Minimum gerät. Weitere Untersuchungen von BLACKMAN u. TEMPLEMAN (vgl. Fortschr. Bot. 9, 169) zeigen, daß bei verringerter Lichtintensität (Beschattung) die mit Ammonsalz ernährten Pflanzen mehr Gesamt-N und Eiweiß-N enthalten als bei Ernährung mit Nitrat, dessen Reduktion mangels ausreichender Mengen an Kohlehydraten offenbar verringert wird; der Kohlehydratspiegel sinkt bei teilweiser Beschattung um 20—60%. Das Ausmaß der Eiweißbildung wirkt sich auch im Wachstum, besonders der Blätter, aus. Frühere Befunde von ECKERSON, wonach zur Nitratreduktion unter anderem Ca notwendig ist, findet SKOK insofern bestätigt, als seine Versuchspflanzen (*Phaseolus* in Sandkulturen) bei Ca-Mangel mit Harnstoff als N-Quelle bedeutend besser wuchsen als mit Nitrat, mit Ca war aber das Wachstum der Nitratkulturen überlegen.

Die Notwendigkeit eines zweiwertigen Ions wie Ca wäre noch näher zu diskutieren im Hinblick auf die von BURSTRÖM vertretene Auffassung, wonach Mn als spezifischer Katalysator der Nitratreduktion anzusehen ist, während STEIN-

BERG (wenigstens bei *Aspergillus*) diese Rolle dem Mo zuschreibt (vgl. Fortschr. Bot. 9, 173 und Erg. Biol. 17, 277, 279).

Die Lupine ist nach ARENZ (2) eine ausgesprochene „Säurepflanze". Sie scheidet (bei ausreichender Belichtung) durch die Wurzeln so viel Säure ab, daß Ammonsalze infolge weitgehender Entgiftung des NH_3 gut vertragen werden und die physiologisch-alkalische Reaktion von Nitraten gar nicht zum Vorschein kommt (wohl aber bei Verdunkelung). Die geringe Schädigung von Sonnenblumenkeimlingen bei Beschattung wird durch ihren hohen Wassergehalt erklärt, der die schädliche NH_3-Konzentration in den Geweben verdünnt. Neben Kohlehydraten und Säuren kann also auch erhöhter Wassergehalt zur NH_3-Entgiftung beitragen. Auf die Notwendigkeit einer ausreichenden Versorgung mit K bei Ernährung mit Ammon-N (ARENZ [1]) wurde bereits hingewiesen (S. 168 und Fortschr. Bot. 9, 163). Nach GERICKE (4) bestehen enge Beziehungen zwischen N- und P-Düngung in dem Sinne, daß bei P-Mangel höhere Erträge mit Ammonsalzen, bei reichlicher P-Versorgung dagegen mit Nitraten erzielt werden. MANTEL betont die starke Nitratspeicherung in Rettichknollen, die bis zu 50% des Gesamt-N ausmacht und den Gehalt an Eiweiß-N erreicht oder sogar übertrifft. Im übrigen erwies sich NO_3-Ernährung für die Eiweißbildung günstiger als NH_4-Ernährung. Diese hat zwar besonders hohe Werte an löslichem (Amino- und Amid-) N zur Folge, doch bleibt der Eiweißgehalt in den Knollen und im Laub hinter Nitratkulturen zurück; die besten Erträge brachte $NaNO_3$, hier wurde auch der gegebene Stickstoff am besten ausgenützt. BURSTRÖM betont mit Recht, daß zwischen Nitrat-Aufnahme und Nitrat-Assimilation scharf zu unterscheiden ist. Ein Einfluß der Wasserstoffionenkonzentration der Nährlösung konnte auf beide Vorgänge nicht festgestellt werden, doch bestimmt sie maßgebend die Kationenaufnahme (K, Mn) und wirkt sich derart wegen der Bedeutung des Mn für die Nitratreduktion auch auf diese und weiterhin im Wachstum der Pflanzen aus. Die vielfach behandelte Frage über die Beziehungen zwischen Wasserstoffionenkonzentration und Nitrat- bzw. Ammonernährung der höheren Pflanze wird von BURSTRÖM an Hand der vorliegenden Literatur eingehend erörtert.

Aus Versuchen mit Bakterien (*coli, pyocyaneus*) schließt YAMAGATA auf das Vorhandensein einer speziellen Nitritreduktase, wofür auch der Befund spricht, daß die Reduktion des Nitrats gegen Blausäure empfindlicher ist als die Weiterverarbeitung des Nitrits.

Von Bäckerhefe wird Ammonchlorid unter anaeroben Bedingungen in geringerem Maße assimiliert als bei Luftzutritt (RUNNSTRÖM, BRANDT u. MARCUSE), bei Stillstand der anaeroben Gärung hört die N-Aufnahme völlig auf. Die anaerobe Gärung wird durch Ammonsalze verstärkt, die Atmung zunächst verringert. WIELAND u. MÖLLER finden die Synthese der Pantothensäure aus Alanin und Oxydimethyl-butyrolakton durch *Streptobacterium plantarum* bei Gegenwart von Ammonsalz stark gefördert. Die Eignung verschiedener N-Verbindungen

(Ammonsalze, Harnstoff) für Hefe hängt nach SCHULTZ, ATKIN u. FREY sehr wesentlich von den anwesenden Wuchsstoffmengen (Biotin, β-Alanin) ab; in diesem Sinne wäre wohl manche frühere Kontroverse zu überprüfen. Für *Aspergillus oryzae* finden TAMIYA u. USAMI von den geprüften Aminosäuren (als alleinige N- und C-Quelle) am besten Alanin und Isoleuzin, am schlechtesten Asparaginsäure und Lysin geeignet; die Reihenfolge der anderen ist zum Teil etwas verschieden, je nachdem auf Wachstum (Deckenbildung) oder Atmungsgröße bezogen wird. Vom Kellerschimmel *Cladosporium* (*Rhacodium*) *cellare* werden flüchtige Verbindungen wie gasförmiges Ammoniak, Pyridin und Piperidin als N-Quelle, Schwefelwasserstoff, schwefelige Säure, Schwefelkohlenstoff, Äthylmerkaptan als S-Quelle verwertet. KIENE setzt damit frühere Untersuchungen von SCHANDERL fort, nach denen dieser in Weinkellereien häufige Pilz mit Substanzen wie Alkoholen, Aldehyden, Essigsäure usw. in Dampfform als C-Quelle sein Auslangen findet.

Daß hautbildende Hefen (*Saccharomyces, Mycoderma, Willia, Pichia, Torula*) und Schimmelpilze (*Penicillium glaucum*, nach SCHANDERL auch *Aspergillus niger, Citromyces, Mucor racemosus, Dematium pullulans*), ferner *Endomyces vernalis* den **elementaren Luftstickstoff** zu binden vermögen, wird von FREI bestätigt; negative Ergebnisse wurden nur mit *Oidium lactis* erzielt (vgl. SCHANDERL, Fortschr. Bot. 9, 170/71). Nach RUBEN, HASSID u. KAMEN nehmen lebende Gerstenpflanzen, im Gegensatz zu toten Kontrollen, aus einer radiostickstoffhaltigen Atmosphäre N auf. Ob damit ein Hinweis gegeben ist, daß auch Nichtleguminosen den atmosphärischen Stickstoff assimilieren können, wie SCHANDERL behauptet, bleibe dahingestellt.

Nach weiteren Versuchen von VICKERY, PUCHER, SCHOENHEIMER u. RITTENBERG mit dem schweren Stickstoffisotop N^{15} wird das aufgenommene Ammoniak schon in der Wurzel rasch umgewandelt, aber auch in den Sprossen nicht nur zum Aufbau von neuem Eiweiß verwendet, sondern auch in bereits vorhandenes eingebaut. Der lebhafte N-Stoffwechsel (Fortschr. Bot. 9, 171; 10, 194) wird damit neuerdings bestätigt. Insbesondere werden Asparagin- und Glutaminsäure mit isotopem N angereichert, der N-Umsatz der flüchtigen Basen (Nikotin) ist ungleich träger.

Die in erster Linie entwicklungsphysiologische Fragen betreffenden Befunde von DENFFER, wonach die Blütenbildung bei Langtagpflanzen durch N-Mangel gefördert wird, seien hier nur gestreift. Es kann sogar die durch Kurztag bedingte Entwicklungsverzögerung überkompensiert werden. Bei Kurztagpflanzen hat N-Mangel keine Förderung, sondern oft sogar eine ausgesprochene Verzögerung der Blütenbildung zur Folge (vgl. hierzu das Ref. von LANG, Ber. wiss. Biol. 57, 112). Über die Veränderungen im Wasser- und Mineralstoffgehalt der Pflanzen beim Übergang zur Blütenbildung berichtet zusammenfassend LOEHWIG, insbesondere P und N (Aminosäuren) scheinen mit dem Übergang vom vegetativen Wachstum zur reproduktiven Phase eng verbunden zu sein.

Für die optimale Ausnützung einer Stickstoffdüngung bei Getreide ist nach BEREZNITZKAYA entscheidend N-Zufuhr in der „Lichtphase", wenn nach Abschluß der „Vernalisationsphase" die Ährenanlagen gebildet werden. Auch SCHMITT u. SCHINEIS (2) finden N-Gaben vor der Blüte besonders wirksam. Inwieweit eine späte N-Düngung, wenn die Saat bereits aufgelaufen ist, während des Ährenschießens und sogar nach dem Schossen, Ertrag und Eiweißgehalt von Getreide erhöht (SELKE), ist mehrfach und meist mit positivem Ergebnis nachgeprüft und diskutiert worden (NEHRING [1], OPITZ [1], KEESE, BRÜNE, PIELEN, SCHARRER [1], SCHROPP u. ARENZ [3], WEIGERT u. SCHAEFFLER). Bei Wintersaatfrüchten (Leguminosen-Nichtleguminosen-Gemischen wie z. B. dem Landsberger Roggen-Wicken-Gemenge) wird durch N-Düngung bei frühem Schnitt Futter mit besonders hohem Eiweißgehalt erzielt (AMEDIECK). Auch RAUTERBERG u. KNIPPENBERG finden bei Knaulgras und Raygras einen deutlichen Einfluß der Schnittzeit: je später der Schnitt, desto geringer der prozentuale Anteil an Eiweiß-N. Bei Weidelgras erhöht starke N-Düngung die Erträge nicht mehr im ursprünglichen Maße, wohl aber den Gehalt an Gesamt-N, wobei Nitrat angehäuft wird (GIESECKE u. SCHMALFUSS). N-Mangel setzt bei Getreide den Eiweißgehalt der Körner stark herab, bei gleichzeitigem hohem Stärkegehalt (BAUMEISTER [1]); mittlere N-Gaben sind am günstigsten, hohe N-Gaben lassen zwar den Strohertrag noch ansteigen, haben aber auf den Körnerertrag meist ungünstigen Einfluß. Bei Zuckerrüben verringert N-Mangel den Chlorophyllgehalt und bewirkt, ähnlich wie P-Mangel, eine Anstauung der löslichen Kohlehydrate (VLASSYUK u. FEDOSSOVA). Nach KALINKEWITSCH fördert dagegen N-Mangel die Ableitung der Zucker aus den Blättern von Kok-sagyz-Pflanzen.

Allgemeine Fragen der mineralischen Ernährung. Einen spezifischen Einfluß der untersuchten Nährstoffe (N, K, Mg, P, Mn) auf Wachstum und Assimilation von *Chlorella* kann SCHULTE nicht feststellen. Wesentlich für das assimilatorische Verhalten ist der physiologische Alterszustand, Höchstwerte können sowohl bei vollernährten als auch bei Mangelkulturen beobachtet werden. Bei Zuckerrüben wird der Chlorophyllgehalt durch Mangel an N, Mg, Mn und Fe herabgesetzt (VLASSYUK u. FEDOSSOVA, vgl. S. 184). Der Zitronensäuregehalt von Tabakblättern wird durch Einstellen in Mineralsalzlösungen (Na-, Ca-, Mg-Salze) auf das $1^1/_2$—2fache erhöht, auf Kosten des Gehalts an Eiweiß, Kohlehydraten und besonders Apfelsäure (PIATNITSKY). LEVIN führt Mangelkulturen von Sommerweizen die fehlenden Nährstoffe durch Bestreichen oder Besprühen der Blätter zu und findet für die Ährenbildung ausreichende und frühe Zufuhr von K und P vorteilhaft, N-Zufuhr verzögert die Entwicklung der Ähren (vgl. DENFFER, S. 175).

LOHRMANN findet in Untersuchungen an Pilzen antagonistische Wirkungen zwischen Mg, B und Hg. In einer den Myzelertrag bereits schädigenden Menge wird Magnesiumsulfat durch Sublimat oder Borsäure, und umgekehrt Sublimat oder Borsäure durch Magnesiumsulfat entgiftet. Zwischen Borsäure und Sublimat war der antagonistische Effekt gering, im allgemeinen summieren sich hier die Giftwirkungen. Anknüpfend an diese Befunde stellen RIPPEL u. LOHRMANN allgemeine Betrachtungen über Nährstoff- und Giftwirkungen an, wobei eine Übertragung der Begriffe „Reizstoff" und „Reizwirkung" aus der

Reizphysiologie auf ernährungsphysiologische Fragen abgelehnt wird. „Alle Erscheinungen, die sich irgendwie fördernd auf den Ertrag auswirken, ohne Rücksicht darauf, wie diese Wirkung zustande kommt", sind als Nährstoffwirkungen anzusprechen, darunter fallen also auch katalytisch wirkende Stoffe, Wasser usw. Und eine Trennung der Begriffe „Giftstoff" und „Nährstoff" ist nicht durchführbar, da ein gemeinhin als giftig zu bezeichnender Stoff Wirkungen auf den Myzelertrag ausüben kann, wie sie für die Abhängigkeit des Ertrags von Nährstoffen (Ertragsgesetz) gelten. Auch die Unterscheidung der Nährstoffe in „notwendige", „nützliche" und „entbehrliche" wird dem komplexen Charakter der pflanzlichen Ernährung nicht gerecht.

Die Unterschiede zwischen Diploiden und Tetraploiden im Gehalt an N, Asche und Aschenstoffen sind, wie bei *Petunia* (Fortschr. Bot. **10**, 195), auch bei *Stellaria media* gering (PIRSCHLE [2]). Wieder erweist sich die Bezugsgröße als wesentlich; wegen ihres höheren Wassergehalts bleiben die Tetraploiden bei Bezugnahme auf Frischgewicht im allgemeinen noch mehr als auf Basis des Trockengewichts hinter den Diploiden zurück („Verdünnungseffekt" der Tetraploiden). Auch in Abhängigkeit von verschieden konzentrierten bzw. verdünnten Nährlösungen fallen, sowohl bei den 2 n wie bei den 4 n, die Abstufungen im Gehalt an N, Asche und Aschenstoffen je nach Bezugnahme auf Frisch- oder Trockengewicht verschieden aus und sind im ersten Fall geringer.

ARNON u. HOAGLAND betonen erneut, daß in **Wasserkulturen** gezogene Tomaten solchen in Boden kultivierten an Ertrag und Qualität nicht nachstehen; die Anwendung der Wasserkulturmethode zur Produktion von Marktware hängt also nur von wirtschaftlichen Erwägungen ab, die allerdings nicht günstig liegen (vgl. Fortschr. Bot. **10**, 195). Sehr wichtig ist in Wasserkulturen eine regelmäßige Durchlüftung der Nährlösung, wie DURELL wieder zeigt.

Methoden zur Bestimmung des Nährstoffbedarfs. HILL u. ROACH berichten über eine Injektionsmethode mit wässeriger Säurefuchsinlösung, die in wenigen Tagen gestattet, Mangelerscheinungen verschiedener Elemente zu erkennen. Zur Diagnose von Mangelchlorosen führt BUSLOVA in die Epidermis der chlorotischen Blätter nacheinander die zu prüfenden Elemente ein (N-, Mg-, Fe-Salze usw.): Ergrünen zeigt an, daß das betreffende Element fehlt („greenspot"-Methode). LUNDEGÅRDH behandelt eingehend seine seit mehreren Jahren entwickelte „Tripelanalyse", bei der — ähnlich wie vor ihm LAGATU (diagnostic foliaire) oder THOMAS (foliar diagnostic) — aus einer Analyse der auf dem Feld gewachsenen Pflanzen auf den Nährstoffgehalt und -bedarf des Bodens geschlossen wird. Analysen des Bodens selbst (Krume und Untergrund) können in den meisten Fällen unterbleiben, so daß sich die Durchführung sehr einfach gestaltet.

Für Versuche mit **radioaktiven Isotopen** ist die Feststellung wichtig, ob diese an sich den Stoffwechsel beeinflussen. Für den Sauerstoffverbrauch von *Nitella, Elodea* und roten Blutkörperchen ist das nach BROOKS nicht der Fall (vgl. Fortschr. Bot. **9**, 182). Eine Behandlung der immer zahlreicheren stoffwechsel- (meist tier-) physiologischen Untersuchungen mit **radioaktiven Indikatoren** würde hier zu weit führen, es sei auf Zusammenfassungen von HEVESY, SÜE, BORN, TIMOFÉEFF-RESSOVSKY u. ZIMMER (biologische Anwendung des Zählrohrs), BALE (besonders Fe, C, As, O), MAZZA (N, P, S, Fe) verwiesen, wobei auch **schwere Iso-**

tope behandelt werden, vom Letztgenannten und BERNHARD auch Deuterium. Schwerer Kohlenstoff ist in Stoffwechseluntersuchungen mit Bakterien angewendet worden (WOOD, WERKMAN, HEMINGWAY u. NIER), radioaktives CO_2 mit besonderem Erfolg bei Untersuchungen über den Mechanismus der Kohlensäureassimilation (RUBEN, KAMEN, HASSID u. DE VAULT; FRENKEL, SMITH u. COWIE).

Hinsichtlich der **Spurenelemente** berichten SCHROPP u. ARENZ (4) über gute Wirkung der A-Z-Lösung nach HOAGLAND (vgl. Fortschr. Bot. 3, 117) auf verschiedene Kulturpflanzen, was auf Grund eigener Erfahrungen mit *Stellaria media* (PIRSCHLE [1]) nur bestätigt werden kann. Besonders kommt es auf Bor an. Wenn bei Weglassen von Mn, Cu, Zn usw. die Mangelerscheinungen ungleich schwächer oder gar nicht in Erscheinung treten, so sind von diesen Elementen, an deren Notwendigkeit an sich nicht zu zweifeln ist, ohne besondere Reinigung der Nährlösung offenbar in der Regel ausreichende Mengen vorhanden. Mit der auf 26 Elemente erweiterten A-Z-Lösung b (Fortschr. Bot. 5, 194) erzielen SCHROPP u. ARENZ (4) nur geringe, manchmal sogar nachteilige Wirkungen. VIRTANEN u. HANSEN berichten über Wasserkulturversuche mit Erbse, nach denen die Verarmung der Samen an Schwermetallen schon in der zweiten Versuchsperiode zu einem Nachlassen des Wachstums und Ausbleiben der Samenbildung führen, während in Parallelreihen mit Zusatz von veraschter Gartenerde das Wachstum durch sechs Generationen normal blieb. Für die günstige Wirkung eines Zusatzes von Meerwasser (zusammen mit Pyrimidin und Thiazol) auf das Wachstum von Mikroorganismen soll nach SCHOPFER u. UTIGER sein Gehalt an Spurenelementen mit verantwortlich sein. Für *Phymatotrichum omnivorum*, den Erreger der Wurzelfäule bei Baumwolle, sind Fe, Mn, Zn, Cu oder wenigstens drei dieser Elemente nötig (BLANK); beachtlich ist der verschieden hohe Anspruch verschiedener Stämme sowie das Zusammenwirken dieser Schwermetalle, die in verschiedenen Mengenverhältnissen durchaus nicht den gleichen Effekt haben (vgl. Fortschr. Bot. 10, 200). Besprühen der Blätter mit verdünnten Lösungen von Zinksulfat, Borsäure, Kaliumjodid und Permanganat erhöht nach RICHTER u. VASSILIEVA die Assimilationsrate. — Über gute Wirkung von Mn, Cu, Cr, B im Gemüsebau, wenn auch nicht in allen Fällen, berichtet BOSHART, besonders nach den Erfahrungen von WEIGERT u. FÜRST und REINHOLD u. HAUSRATH auf Moorböden. Einen zusammenfassenden Bericht über den Einfluß von Spurenelementen (besonders Mn, Cu, Zn und B) auf die Qualität von Kulturpflanzen gibt SCHROPP (1). — Über Spurenelemente und tierische Ernährung vgl. LEUTHARDT, auch SCHARRER (2).

Die Notwendigkeit des ***Bor*** für die Pollenkeimung (vgl. Erg. Biol. 15, 96/97) wird von VASSILIEV für Tomatenpollen bestätigt. Zusammen mit dem auffallend hohen B-Gehalt der Griffel und Narben (BERTRAND u. SILBERSTEIN) hat man vermutet, daß dem B eine Bedeutung bei dem Befruchtungsvorgang zukommt. KUHN, LÖW u. MOEWUS berichten nun über Versuche, nach denen zwitterige Zellen von *Chlamydomonas* ähnlich wie durch Safranal auch durch winzige Mengen von Borsäure ($1:10^{10}$) gegenüber weiblichen Gameten kopulationsfähig werden. „Die Borsäure erscheint damit als anorganisches Androtermon", ihre und somit indirekte Wirkung besteht wohl darin, daß sie entsprechend dem Schema Aglykon + Borsäure $\rightleftharpoons$ Aglykon, Borsäure das als Gynotermon wirkende gelbe Aglykon (wohl ein Querzetinmethyläther) inaktiviert.

TAUBÖCK (2) beschreibt einen sehr empfindlichen Nachweis von B mit Flavonolen und umgekehrt, und weist darauf hin, daß flavonreiche Pflanzen und

Organe auch viel B enthalten und wahrscheinlich wegen der Festlegung des B durch die Flavone leicht zu B-Mangelerscheinungen neigen. Organismen wie Chlorella, Hefe, Pilze u. a., für die eine Notwendigkeit von B bisher nicht nachgewiesen wurde, sind völlig flavonolfrei. In diesem Zusammenhang sei daran erinnert, daß für Tiere B anscheinend entbehrlich ist (ORENT-KEILES, vgl. auch Fortschr. Bot. 10, 201).

Mit ihrer systematischen Stellung hängt der B-Gehalt der Pflanzen nur teilweise zusammen (BERTRAND u. SILBERSTEIN). Am wenigsten B enthalten zweifellos die Gramineen, auch andere Monokotyle sind im allgemeinen B-arm, können aber gelegentlich Dikotyle übertreffen. Von diesen enthalten Cruciferen und Leguminosen am meisten B (sie sprechen auf B-Mangel auch am leichtesten an, sehr im Gegensatz zu Gräsern), doch gibt es auch da Ausnahmen. BOBKO findet in Getreidearten 4—5mal höhere Werte als BERTRAND, der B-Gehalt von Weizen schwankte je nach Herkunft zwischen 3,7—10,2 mg je kg Trockensubstanz. Die Abhängigkeit vom B-Gehalt des Bodens zeigte sich in Düngungsversuchen mit Rotklee: der B-Gehalt der geernteten Pflanzen betrug ungedüngt 18,8, mit 1 kg Borax je ha 43,1 mit 3 kg Borax 74,3 und mit 6 kg Borax 108,6 mg. In Pflanzenpreßsäften findet WOLF weniger als im Rückstand und hier das B unlöslich in kaltem Wasser und in Alkohol, besser in heißem Wasser, vollständig in verdünnter Salzsäure. Auch nach MARSH u. SHIVE ist nur ein (allerdings großer) Teil des B in der Pflanze wasserlöslich, es werden Beziehungen zum Pektingehalt und zum Fettstoffwechsel vermutet. Als optimale Konzentration für Mais ergab sich nach Sandkulturen mit fließenden Lösungen 0,1—0,25 ppm (= mg je Liter). Vom B-Gehalt des Bodens finden BERGER u. TRUOG nur etwa 5% für die Pflanze verfügbar, der größte Teil liegt in schwer aufnehmbarer Form vor.

WOLF berichtet über B-Mangel bei Radieschen und Blumenkohl, besonders auf alkalischen Böden. BOBKO u. PANOVA erzielen mit einer Bordüngung bedeutende Ertragssteigerungen bei Flachs und Zuckerrüben. Sie führen die Aziditätserhöhung in Pflanzenpreßsäften und Pektinlösungen bei Borsäurezusatz auf die Bildung stärker dissoziierter Additionsverbindungen nach Art der Boromannitsäure zurück (vgl. Erg. Biol. 15, 97) und meinen, daß solche Komplexe saurer Natur in der Pflanze auch die Resistenz gegen Parasiten erhöhen. Nach BRANDENBURG (1) ist Mohn gegen B-Mangel sehr empfindlich (Abb. 37); ebenso (BRANDENBURG [2]) Blumenkohl und Kohlrabi, die auf B-Mangel mit stark verzögerter Kopfbildung (Blumenkohl) reagieren bzw. (Kohlrabi) mit glasiger Beschaffenheit und fadem, unangenehmem Geschmack der Knollen. B ist notwendig für die Hickorynuß (BLACKMON), für *Gloxinia* und *Calceolaria* (ARK u. TOMPKINS), für *Phacelia*, Saflor und Ölrauke (SCHROPP). Die Liste der B-bedürftigen Pflanzen wird immer länger, und es ist wohl nicht mehr daran zu zweifeln, daß dieses Element für höhere Pflanzen allgemein erforderlich ist. Immerhin dürften nach der langen Reihe landwirtschaftlicher und gärtnerischer Nutz- und Zierpflanzen die eigenen Beobachtungen an *Stellaria media* (PIRSCHLE [1]) zum erstenmal auch die Notwendigkeit für eine Wildform aufzeigen (Abb. 38).

Auf Grund noch unveröffentlichter Versuche kann hinzugefügt werden, daß auch andere Wildformen, wie hochalpine Ökotypen von *Epilobium alpinum* und *collinum*, B benötigen, aber anscheinend in viel geringerer Menge als etwa *Stellaria* oder *Impatiens*. Ferner ergab sich überraschenderweise, daß die A-Z-Lösung auf die genannten Epilobien ausgesprochen nachteilig wirkt, sehr im Gegensatz zu anderen geprüften Pflanzen (vgl. S. 142), vermutlich ist ihr Gehalt an Schwermetallen für diese auf Kalk lebenden Alpenpflanzen zu hoch. Jedenfalls verstärkt sich der Eindruck, daß eine intensivere Beachtung der Spurenelemente beim Experimentieren mit Wildformen noch manche vielleicht unerwartete Aufschlüsse zur Ernährungsphysiologie und insbesondere Ökologie der Pflanzen erbringen dürfte.

Abb. 37. Verschiedene Grade von Bormangel bei Mohn, rechts gesunde, ausreichend mit Bor ernährte Pflanze. Man beachte besonders die mangelhafte und schließlich ganz unterbleibende Ausbildung der Fruchtkapseln mit (von rechts nach links) zunehmendem Bormangel. (Nach BRANDENBURG [1].)

Umstritten bleibt immer noch die Bedeutung des B in der Pflanze. Nach SCHROPP (2) tritt der B-Mangel an den Wurzeln früher in Erscheinung als an den Sprossen (was nach eigenen Beobachtungen an *Stellaria* und *Epilobium* nicht durchaus der Fall ist), ferner war die relative N-Aufnahme bei B-Mangel erhöht, der Anteil des Eiweiß-N am Gesamt-N aber niedriger (SCHROPP u. ARENZ [4]). BAUMEISTER (2) schließt daraus, daß sich B-Mangel ebenso in nährstoffreien Lösungen wie in vollständiger Nährlösung bemerkbar macht, daß kein unmittelbarer Einfluß auf die Ionenaufnahme besteht (vgl. Erg. Biol. 15, 98; Fortschr. Bot. 7, 222/223). Auch die von SCHROPP herangezogene übermäßige Quellung des Plasmas und die Anhäufung von Ammoniak in den Zellen hält BAUMEISTER nur für sekundäre Erscheinungen, ebenso den höheren Gehalt der B-Mangelpflanzen an Gesamt-N und löslichem N, der auf Grund eigener Erfahrungen (PIRSCHLE [1]) bestätigt werden kann.

Nach Gefäßversuchen von SCHARRER u. SCHREIBER (4) mit Mais wirken sich B-Gaben erst in Kombination mit einer ausreichenden Magnesiumdüngung voll aus. BOAS hatte in Feldversuchen eine Erhöhung der Dürreresistenz durch B beobachtet. DORFMÜLLER bestätigt in Wasserkulturen mit Leguminosen, daß bei reichlicher Wasserversorgung zwar B die Transpiration erhöht, bei Erschwerung der Wasserzufuhr reagieren aber die mit B ausreichend versorgten Pflanzen mit einer Einschränkung der Wasserabgabe.

Abb. 38. *Stellaria media.* Obere Reihe: links ohne A-Z-Lösung, Mitte mit A-Z-Lösung, rechts mit Bor. B allein hat fast dieselbe Wirkung wie vollständige A-Z-Lösung, man beachte besonders den langgestreckten sparrigen Wuchs mit reichlich Blütenknospen und Blüten (Mitte und rechts) im Gegensatz zu den zusammengestauchten Sprossen bei B-Mangel. Untere Reihe: links (ohne A-Z-Lösung) und Mitte (mit A-Z-Lösung) wie oben, rechts A-Z-Lösung ohne Bor. Bei Weglassen nur von B aus der A-Z-Lösung (rechts) sehen die Pflanzen nicht viel anders aus, als wenn überhaupt keine Spurenelemente (links) zusätzlich gegeben werden. (Nach PIRSCHLE [1].)

Anatomische Untersuchungen von LÖHNIS zeigen, daß das bekannte Braunwerden der Kohlrabiknollen und Rüben bei B-Mangel mit abnormen Gewebewucherungen, besonders des Kambiums, verbunden ist. Möglicherweise fehlt eine den normalen Entwicklungsgang der Zellen bestimmende Verbindung, für deren Bildung B notwendig ist (vgl. Fortschr. Bot. 10, 200). Die Melaninbildung in Kartoffeln wird durch B gehemmt, die Reduktion von Methylenblau durch Kartoffelstücke dagegen gefördert. BOAS geht auf diese und andere Wirkungen des Bor als „Hochleistungselement" näher ein und behandelt auch die von HERZINGER näher untersuchte große Empfindlichkeit von Blaualgen gegen B, die in Konzentrationen, wo Grünalgen noch gut wachsen, zugrunde gehen.

Über die ***Chlorid***ernährung der Pflanze, besonders im Gemüsebau, berichtet zusammenfassend SCHUPHAN. Chlorophil sind Spinat, Möhren, Knollensellerie, chlorophob Radies, während Porree und Mairettich zwar chlorverträglich sind, aber auf Sulfatdüngung besser ansprechen. Betont wird die wassersparende Wirkung einer Chloriddüngung bei Böden mit geringer wasserhaltender Kraft usw. Nach Düngungsversuchen von STERZ mit Sojabohne wird die Qualität des Fettes in den Samen vor allem durch die Chlorid- bzw. Sulfationen bestimmt (bei Sulfatdüngung kleinere Jodzahlen als bei Chloriddüngung, in den Chloridreihen und besonders bei steigenden P-Gaben mehr Gesamtfett).

Über geographische Verbreitung, Physiologie und Ökologie der Halophyten berichtet zusammenfassend UPHOF, speziell der Halophyten auf Hiddensee POMPE, über die Ökologie der Diatomeen in burgenländischen Natrontümpeln LEGLER (2).

CAUER weist erneut darauf hin (vgl. Fortschr. Bot. 7, 214/15), daß infolge des Rückgangs der offenen Verschwelung oder Verheizung von Seetang in der Bretagne der ***Jod***gehalt der Atmosphäre in Europa stark zurückgegangen ist und mit einer weiteren Abnahme gerechnet werden muß. Die Folge wird ein Absinken des J-Gehaltes unserer Nahrungsmittel sein, und es ist im Interesse der Volkshygiene an der Zeit, diesem Defizit durch rechtzeitige Maßnahmen zu begegnen, am besten durch Propagierung eines reichlicheren Genusses von J-reichen Nahrungsmitteln wie Meeresalgen, Flechten, Moosen, Fischen, Schnecken, Muscheln usw., die von Chinesen und Japanern seit Jahrhunderten genossen werden. Entgegen der von LANG u. a. aufgestellten Hypothese (vgl. Fortschr. Bot. 10, 202) bestehen nach LEDERER u. MESSERLI keine Zusammenhänge zwischen dem Auftreten von endemischem Kropf und dem Gehalt der Bodenluft an ***Radium***emanation. WESPI-EGGENBERGER hält nach wie vor jodiertes Speisesalz für die beste Kropfprophylaxe, da J-Mangel die spezifische Ursache des endemischen Kropfes ist, wozu als „Manifestationsfaktoren" sekundäre Umstände, wie schlechte Wohnungsverhältnisse, Mangel an Sauerstoff, an Licht und Vitaminen, Gravidität u. a., hinzukommen. Über die Erblichkeit der Kropfdisposition (die Erbanlagen sind im X-Chromosom lokalisiert), auf deren Grundlage Umweltfaktoren Kropf auslösen, vgl. GÜNTHER.

Molybdän ist nach Wasserkulturversuchen von D. BERTRAND (1) für Erbse günstig, wenn nicht notwendig. Nach BOBKO u. SAVVINA wird vor allem der Körnerertrag stark erhöht, besonders wirkt Mo fördernd auf die Bildung der Wurzelknöllchen, auch in Topfkulturen mit Sand und Lehm, wo im Gegensatz zu Wasserkulturen eine fördernde Wirkung auf die Pflanzen selbst nicht zu sehen war. Daß sich Leguminosen durch einen besonders hohen Mo-Gehalt auszeichnen, trifft nach D. BERTRAND (1) nicht immer zu; er kann geringer sein als bei Nicht-Leguminosen. Keinesfalls ist der Mo-Gehalt der Wurzelknöllchen für diese allein charakteristisch. Er beträgt zwar das 5—32fache der Sprosse, in derselben Größenordnung bewegt sich aber auch der Mo-Gehalt der Wurzeln im Vergleich zu den oberirdischen Organen (D. BERTRAND [2]). In Wasserkulturen von HOAGLAND mit Myrobalam-Pflaumen blieben die Pflanzen nur bei Anwesenheit von Mo (0,01 bis 0,05 ppm) gesund. Es häufen sich also die Hinweise, daß auch dieses Element für verschiedene Pflanzen nötig ist (vgl. Fortschr. Bot. 9, 176; 10, 203 und Erg. Biol. 15, 131ff.).

Vanadium ist nach D. BERTRAND [3, 5]) in allen untersuchten Pflanzen und Pflanzenorganen zu finden, am wenigsten in Samen, mehr in den grünen Partien, hier etwa 10^{-3} g je kg Trockensubstanz. Es wird nach Versuchen mit *Aspergillus niger* in sorgfältig gereinigter Nährlösung und bei Anwesenheit von Fe, Zn, Cu, Mn und Mo als lebenswichtiges

Element angesehen (D. BERTRAND [4]). Nach STAPP ist die Tumorbildung an *Datura* besonders stark, wenn die Erreger (*Pseudomonas tumefaciens*) in ***titan***haltiger Nährlösung herangezüchtet wurden.

Eine Notwendigkeit von ***Aluminium*** für Blütenpflanzen kann TAUBÖCK (1) in sorgfältig durchgeführten Wasserkulturversuchen mit über 100 verschiedenen Arten und Sorten aus 36 Familien nicht nachweisen, auch nicht für Hygrophyten, die nach STOKLASA besonders Al-bedürftig sein sollen. Pteridophyten dagegen wie *Alsophila australis*, *Aspidium filix mas* und *Polypodium proliferum*, die von der Spore ab zuerst auf Agar, dann auf Quarzperlen und schließlich in Wasserkulturen gezogen wurden, brauchen Al, doch genügen relativ kleine Mengen (0,16 mg im Liter). Die oft unglaublich starke Al-Speicherung bei Pteridophyten, besonders Lycopodiaceen, wird als Luxuskonsumption angesehen. Die mit Al ausreichend versorgten Farne erwiesen sich gegen Frost widerstandsfähiger (Abb. 39), worin aber keine spezifische Al-Wirkung gesehen werden muß.

Abb. 39. *Alsophila australis* nach Frosteinwirkung. Rechts ohne, links mit Al (2 mg Aluminiumsulfat im Liter). (Nach TAUBÖCK [1].)

Der Gehalt an ***seltenen Erden*** bewegt sich nach BORNEMANN-STARINKOWITSCH, BORWICK u. BOROVSKY in den untersuchten Böden in der Größenordnung von 10^{-2}%, in den Pflanzen von 10^{-5}% des Frischgewichts bzw. 10^{-4}—10^{-3}% der Asche. Nach spektroskopischer Prüfung überwiegen die Elemente der ***Yttrium*-gruppe (*Y, La, Ce*)**, nachweisbar waren ferner ***Praseodym, Neodym, Europium, Gadolinium, Ytterbium***, in Spuren und manchmal fehlend ***Dysprosium, Holmium***, und ***Erbium***; weder in Böden noch in Pflanzen war Samarium und Thulium nachweisbar, in Pflanzen fehlte überdies Terbium und Lutetium. Die blutgerinnungshemmende Wirkung der seltenen Erden (vgl. Fortschr. Bot. 10, 203) ist nach VINCKE (untersucht wurden Nd- und Pr-Salze) nicht ohne weiteres durch ihre Eiweiß-, also auch Prothrombin, Thrombin und Fibrinogen fällende Wirkung zu erklären. Sie scheinen als Antiprothrombin zu wirken und die Bildung des Prothrombin bereits in der Leber zu hemmen, während das gleichfalls die Blutgerinnung hemmende Heparin als Antithrombin reagiert.

Ausgedehnte Untersuchungen von HOFFMANN zeigen, daß auch ***Uran*** trotz seiner Seltenheit überall in der unbelebten und belebten Natur zu finden ist. In Trinkwasser wurden 10^{-6} U je Liter und mehr gefunden, in Flußwasser der March etwa die gleiche Größenordnung, in den darin gewachsenen Algen $9 \cdot 10^{-4}$%, bezogen auf Asche. Der ***U***-Gehalt von Pflanzen und Pflanzenteilen (Tabak, Mais, Bohnen, Gräser, Birkenholz, Weinrebe u. a.) betrug $7 \cdot 10^{-9}$ bis $3 \cdot 10^{-13}$ g U je g. Ob die Anreicherung in bestimmten tierischen Organen, besonders in Drüsen, auf lebenswichtige Funktionen hindeutet, muß im Hinblick auf die Erfahrungen mit anderen Elementen noch dahingestellt bleiben. — Nach FEHÉR senden alle Elemente, nicht nur die als radioaktiv bekannten, in mehr oder weniger starkem Maße durchdringende Strahlen (als „Biosstrahlen“ bezeichnet) aus, die je nach ihrer Stärke sowohl das reizphysiologische Verhalten wie auch das Wachstum überhaupt in positivem oder negativem Sinne beeinflussen.

Für eine Notwendigkeit von ***Zinn*** für höhere Pflanzen ergeben Wasserkulturversuche von COHEN mit im Autoklaven durch Kalk von Schwermetallen gereinigter Nährlösung keine Anhaltspunkte, Konzentrationen über 5 ppm schädigten das Wachstum, kleinere Mengen (0,01—0,05 ppm) förderten etwas das Wurzelwachstum. ***Quecksilber*** (20 mg-% Sublimat) veranlaßt nach KITAVIN *Aspergillus niger* zur Bildung von Riboflavin, ferner wird Laktoflavin gebildet und die Nährlösung dadurch intensiv gelbgrün gefärbt (vgl. S. 171); die Zitronen- und Oxalsäurebildung wird durch Hg völlig unterdrückt, dagegen viel Gluconsäure angehäuft. RENNERFELT findet organische Hg-Verbindungen wie Äthylquecksilberchlorid oder Pulpasan gegen *Phoma*-Arten viel wirksamer als Sublimat, sie dringen anscheinend leichter in die Zellen ein. CORNER u. SMITH betonen erneut die guten Erfolge, welche in Schottland und anderen Gegenden mit einer ***Kobalt***fütterung gegen die „pine disease“ (Hunger-, Elendskrankheit) der Schafe erzielt wurden (vgl. Erg. Biol. **17**, 290). Die als „frenching“ bezeichnete Tabakkrankheit kann nach Wasserkulturversuchen und spektrographischen Analysen von SHEAR u. USSERY nicht, wie von anderen Autoren vermutet wurde, auf ***Thallium*** beruhen (vgl. Fortschr. Bot. **10**, 198); maßgebend sind wohl unstabile organische Stoffe, die im Boden durch die Tätigkeit von Mikroorganismen gebildet werden. Auch für eine Notwendigkeit von ***Gallium*** für höhere Pflanzen und Zusammenhänge mit der Giftigkeit von Tl, wie sie STEINBERG vermutete (vgl. Erg. Biol. **17**, 331), finden SHEAR u. USSERY keine Anhaltspunkte. Die schädigende „Fernwirkung“ von ***Blei*** (vgl. Fortschr. Bot. **7**, 220) auf Gewebekulturen beruht nach RUFFILI auf flüchtigen, im käuflichen Blei enthaltenen As-Verbindungen. Nach ONDRATSCHEK ist für einzelne der untersuchten heterotrophen Flagellaten ***Arsen,*** für alle außer Fe noch Mn und Zn notwendig.

HOAGLAND beschreibt Mangelerscheinungen (Chlorose und Rosettenbildung der Blätter, Absterben der Zweige) an Myrobalam-Pflaumen in Wasserkulturen bei Fehlen von ***Kupfer***, 0,1—0,2 ppm genügen zur Entwicklung gesunder Pflanzen. Bei ***Zink***mangel treten ähnliche Symptome auf. Als Folge von Mangel an ***Mangan*** bei Tomaten findet ELTINGE vor allem, noch vor dem Auftreten von Nekrosen, die Chloroplasten geschädigt. Bei Zuckerrüben verringert Mn-Mangel (ebenso Fe-Mangel) den Chlorophyllgehalt und verzögert den Abtransport der Zucker aus den Blättern, so daß sich hier Monosen anhäufen (VLASSYUK u. FEDOSSOVA). Nach BUKATSCH fördert ***Mn*** sowohl die Chlorophyllbildung als auch die Photosynthese. GÜTTLER untersucht den Mn-Gehalt wildwachsender Pflanzen und findet gewisse Beziehungen zur systematischen Stellung. reich an Mn sind Caryophyllaceen, Ranunculaceen, Oxalidaceen, Mn-arm Cruciferen und Kompositen. Im Gegensatz zu K und P nimmt der Mn-Gehalt (weniger regelmäßig der Fe-Gehalt) mit dem Alter der Pflanzen zu, auch in den Blättern und Nadeln von Holzgewächsen. GUTSCHICK stellt Untersuchungen über den Mn- und Fe-Haushalt von Waldböden an im Zusammenhang mit den darauf wachsenden Bäumen.

Eisen ist nach DUSI (1) für *Eudorina elegans* ebenso notwendig wie es USPENSKI u. USPENSKAJA für *Volvox* gezeigt haben, bei Fehlen von Fe unterbleibt zunächst die Kolonienbildung, dann die Teilung. Auch für Flagellaten wie *Polytoma uvella* und *obtusum* ist Fe notwendig (LWOFF u. DUSI), es muß nach dem Sterilisieren der Lösungen zugesetzt werden, am besten als Eisenzitrat (1 : 10000000). *Euglena anabaena* läßt sich in rein mineralischer Nährlösung nur bei Anwesenheit von Fe, Mn und Ca kultivieren (DUSI [2]).

Aus Spinatblättern isolierte Chloroplasten enthalten nach NOACK u. LIEBICH $^2/_3$ des gesamten Blatt-***Fe***, davon sind 8% wasserlöslich, 32% gegen verdünnte Salzsäure oder Lauge dialysierbar, 60% fester wohl an phosphorhaltige Eiweißkörper gebunden. Die Chloroplastenlipoide erwiesen sich frei von Fe. Das Zytoplasma ist arm an Fe und enthält nur etwa 5% (LIEBICH). Bei Fe-Mangel bleibt der Fe-Gehalt der Chloroplasten ziemlich konstant und nimmt erst ab, wenn der gesamte Fe-Gehalt der Blätter um mehr als $^1/_3$ sinkt. Lebenswichtig ist vor allem das an Eiweiß gebundene Fe, von dem etwa $^5/_6$ an Nukleoproteide gebunden ist, der Rest (etwa $^1/_6$) liegt als Ferment-Fe (Zytochrome) vor. Als Katalysator bei der Photosynthese kommt wohl nur der nicht dialysable, also kolloide Anteil der Fe-Fraktionen in Frage. TOMPSETT findet das tierische Plasma-Fe gleichfalls nur zum geringen Teil dialysabel und in der Hauptsache als $Fe^{\cdots}$ an Eiweiß, Phosphatide und dergleichen gebunden; zugesetztes $Fe^{\cdots}$ wird durch Plasma beim Stehenlassen mit Salzsäure zu $Fe^{\cdot\cdot}$ reduziert. Für den Mechanismus der Photosynthese und speziell die Rolle des Fe in den Chloroplasten hat die von HILL u. SCARISBRICK weiter untersuchte O_2-Bildung bei der Reduktion von Ferrioxalat zur Ferrostufe durch isolierte Chloroplasten ohne CO_2-Verbrauch Bedeutung.

Nach Untersuchungen von ZIRPEL an *Rhodobacillus palustris* ist die Bildung des Bakteriochlorophyll von ***Fe*** abhängig, nicht dagegen die Karotinoidbildung. Bei Fe-Mangel tritt Chlorose auf. Im übrigen enthalten diese Purpurbakterien mehr Fe als farblose Bakterien. Auf die Nitratassimilation von *Chlorella* hat Fe nach ALBERTS-DIETERT weder bei Mangel noch bei Überschuß von Kohlehydraten Einfluß, es kann aber Mn als Katalysator der Nitratreduktion ersetzen (vgl. Fortschr. Bot. 9, 171, 173).

BALL u. MEYERHOF weisen Zytochrome, also Fe-haltige Atmungsfermente, auch in jenen Meerestieren nach, die statt des Fe-haltigen Hämoglobin das Cu-haltige Hämozyanin (vgl. Erg. Biol. 17, 312) oder Vanadium (vgl. Erg. Biol. 17, 345/46) enthalten. Offenbar ist auch hier die Atmung an Eisenporphyrinkomplexe gebunden. Bei Ratten führt Cu-Mangel zu einer Herabsetzung des Gehalts an Zytochromoxydase (vgl. Fortschr. Bot. 10, 198), die ihrerseits mit der Blutbildung in engem Zusammenhang steht (SCHULTZE).

Die **Bedeutung von Metallen als wesentliche Bestandteile von Fermenten** (Fortschr. Bot. 10, 189/99) läßt sich in dem Maße schärfer präzisieren, als es gelingt, die Fermente selbst rein und kristallisiert darzustellen. So ist die von LOHMANN u. MEYERHOF entdeckte Enolase, jenes Gärungsferment, welches die Umwandlung der 2-Phosphoglyzerinsäure durch Wasserentzug in Phosphobrenztraubensäure bewirkt, nach WARBURG u. CHRISTIAN ein Metallprotein. Das metallfreie

Protein, welches als Hg-Salz kristallisiert und durch Dialyse gegen Blausäure vom Hg befreit wurde, ist unwirksam und wird zum Ferment erst in Verbindung mit ***Mg***, ***Zn*** oder ***Mn***. Die natürlich vorkommende Enolase ist wahrscheinlich die ***Mg***-Verbindung. Diese setzt bei p_H 7,4 pro Molekül und Minute bei 20° 10000, bei 30° 30000 Moleküle Substrat um. Auf der spezifischen Hemmung dieses Fermentes Enolase beruht, wie POHMANN u. MEYERHOF festgestellt hatten, die reversible Gärungshemmung durch Fluorid. An rein dargestellter Mg-Enolase klären nun WARBURG u. CHRISTIAN den Mechanismus dieser Fluorid hemmung dahin auf, daß ein komplexes Magnesium-Fluoro-Phosphat gebildet wird, welches sich an Stelle des Mg mit dem Fermentprotein verbindet und derart die Wirkung hemmt. Es ergibt sich also der merkwürdige Fall, daß Mg an sich (oder Mn oder Zn) zur Erzeugung der charakteristischen Enzymwirkung notwendig ist, als komplexes Mg-Fluorophosphat dagegen in dem Maße hemmt, als es das Mg aus der Enzymbindung verdrängt.

Wenn bereits mehrfach auf Aktivierungen der Karboxylase durch ***Mg*** hingewiesen wurde (Fortschr. Bot. **6**, 177; **7**, 213; **9**, 165; **10**, 199), so ist dieses Ferment nach den Untersuchungen von KUBOWITZ u. LÜTTGENS nunmehr dahin aufgeklärt, daß es aus den drei Komponenten Protein, Aneurinphosphat und Magnesium besteht. Reinste Karboxylasepräparate von GREEN, HERBERT u. SUBRAHMANYAN enthielten 0,46% Diphosphoaneurin und 0,13% Mg, das in verschiedenem Grade auch durch andere zweiwertige Metalle wie Mn, Fe, Ca, Zn, Co u. a. ersetzt werden kann; ein- und dreiwertige Kationen sind unwirksam, die Bedeutung der zweiwertigen Metalle wird in einer Rolle als „Zementsubstanz" gesehen, die das Eiweiß an die prosthetische Gruppe bindet.

Über ***Mg*** als Aktivator alkalischer Phosphatasen vgl. ALBERS. Arginase (aus Leber und Niere des Seewals) wird durch Mg aktiviert (UTZINO u. TOMOTA). Bei der Glykolyse in Netzhautextrakten steigert Mg die Milchsäurebildung aus Hexosediphosphorsäure (KERLY u. BOURNE). Beim Abbau der Diphosphoglyzerinsäure ist für die Endstufe, den Übergang von Phosphorbrenztraubensäure in Brenztaubensäure, Mg und Adenylsäure notwendig (LENNERSTRAND u. LENNERSTRAND).

Die Aktivierung der Arginase durch ***Mn*** (vgl. Fortschr. Bot. **9**, 173) wird von RICHARDS u. HELLERMANN erneut bestätigt. Gereinigte Fermentpräparate (aus Rinderleber) enthielten nur Mn und Fe, von denen nur das erstere aktiviert, doch ebenso gut auch ***Co***; Mg und Cu nur in niederen Konzentrationen. Staphylokokkenarginase wird nach TOMOTA außer durch Mn auch durch Cd aktiviert bzw. reaktiviert, Fe, Co, Ni erwiesen sich wirkungslos, Ca und Ba hemmen stark. Die von MASCHMANN beobachtete Aktivierung von Peptidasen aus Blutserum durch Mg, Mn und Co gilt auch für tierische Peptidasen anderer Herkunft (BAMANN u. SCHIMKE). Bei pflanzlichen Peptidasen (aus Hefe oder *Aspergillus oryzae*) war dagegen keine Aktivierung durch diese und andere Metalle, sondern sogar Hemmung zu beobachten. Hierzu betont MASCHMANN, daß es sich bei der „Dipeptidase" um ein wechselnd zusammengesetztes Gemisch subtratspezifischer Peptidasen handelt, deren Wirkungsvermögen und Aktivierbarkeit durch Metallionen je nach dem Substrat (Leuzyl-glyzin, Alanyl-glyzin, Leuzyl-glyzyl-glyzin usw.) verschieden ist (Fortschr. Bot. 10, 199).

Aminopolypeptidasepräparate aus Hefe werden durch ***Cl*** und einen noch nicht näher bekannten Stoff aus Hefekochsaft zu dipeptidspaltenden Fermenten, auch die Spaltung von Tripeptiden wird durch Chloride aktiviert (SCHNEIDER). Auch andere einwertige Ionen, insbesondere die Halogene mit Ausnahme von F, aktivieren (SCHNEIDER u. GRAEF). Um Oxydation und Dekarboxylierung der Brenztraubensäure durch gärende Hefe voneinander zu trennen, sind ***Fluorid*** und ***Jodessigsäure*** ungeeignet, da sie beide Vorgänge hemmen (RUNNSTRÖM u. BRANDT, vgl. Fortschr. Bot. 10, 202). Fluorid und Jodessigsäure unterbinden die Glykolyse im Nervengewebe (KHAIKINA), hemmen die CO_2-Bindung durch Propionsäurebakterien (WOOD u. WERKMAN) und schalten in pflanzlichen Geweben die Phosphorylierung aus bei gleichzeitiger Hemmung der Synthese von Rohrzucker (KRIUKOVA). Muskelbrei spaltet bei der anaeroben Autolyse in Gegenwart von Fluorid keine anorganische Phosphorsäure ab (RASHBA). Beim Abbau der im Kohlehydratstoffwechsel so wichtigen 2,3-Diphosphoglyzerinsäure ist die F-empfindliche Teilreaktion nach LENNERSTRAND u. LENNERSTRAND der Übergang von Monophosphoglyzerinsäure in Phosphobrenztraubensäure (vgl. S. 185).

Literatur.

ABELIN, I.: Helvet. chim. Acta **24**, 1298—1306 (1941). — ALBERS, D.: Z. physiol. Chem. **266**, 1—10 (1940). — ALBERTS-DIETERT, FR.: Planta (Berl.) **32**, 88—117 (1941). — ALTEN, F., u. H. LOOFMANN: Bodenkde u. Pflanzenern. **27**, 99—115 (1942). — ALTEN, F., E. RAUTERBERG u. H. LOOFMANN: Ebenda **19**, 22—55 (1940). — AMEDIEK, J.: Pflanzenbau **17**, 359—390; **18**, 9—32 (1941). — ARENZ, B.: (1) Bodenkde u. Pflanzenern. **23**, 129—152 (1941). — (2) Biochem. Z. **308**, 196—212 (1941). — ARK, P. A., u. C. M. TOMPKINS: Phytopathology **31**, 467—469 (1941). — ARNON, D. J., u. D. R. HOAGLAND: Soil Sci. **50**, 463—485 (1940).

BALE, W. FR.: Radiology **35**, 184—191 (1940). — BALL, E. G., u. B. MEYERHOF: J. biol. Chem. **134**, 483—493 (1940). — BAMANN, E., u. O. SCHIMKE: Biochem. Z. **308**, 130—140 (1941). — BAUMEISTER, W.: (1) Bodenkde u. Pflanzenern. **17**, 67—89 (1940). — (2) Phytopathol. Z. **13**, 481—504 (1941). — BEN DOR, B. A.: Proc. Soc. exper. Biol. Med. **46**, 341—343 (1941). — BEREZNITSKAYA, N. I.: C. r. Acad. Sci. URSS. **30**, 186—188 (1941). — BERGER, K. C., u. E. TRUOG: J. amer. Soc. Agron. **32**, 297—301 (1940). — BERNHARD, K.: Schweiz. med. Wschr. **1941 I**, 317—319. — BERTRAND, D.: (1) C. r. Acad. Sci. Paris **211**, 512—514 (1940). — (2) Ebenda **211**, 670—672 (1940). — (3) Ebenda **212**, 1170—1172 (1941). — (4) Ebenda **213**, 254—257 (1941). — (5) Bull. Soc. Chim. biol. Paris **23**, 391—397 (1941). — BERTRAND, G.: C. r. Acad. Sci. Paris **210**, 685—689 (1940); Bull. Soc. Chim. biol. Paris **22**, 520—528 (1940); Ann. Inst. Pasteur **65**, 119—129 (1940). — BERTRAND, G., u. L. SILBERSTEIN: C. r. Acad. Sci. Paris **211**, 624—625 (1940); Ann. Inst. Pasteur **67**, 154—160 (1941). — BLAKMAN, G. E. ,u. W. G. TEMPLEMAN: Ann. of Bot. **4**, 533—587 (1940). — BLACKMON, G. H.: Proc. amer. Soc. horticult. Sci. **38**, 209—210 (1941). — BLANK, L. M.: J. agricult. Res. **62**, 129—159 (1941). — BOAS, FR.: Dynamische Botanik. München-Berlin: Lehmanns Verlag 1942. — BOBKO, E. V.: C. r. Acad. Sci. URSS. **29**, 510—513 (1940). — BOBKO, E. V., u. A. PANOVA: Bot. Z. **26**, 10—16 (1941). — BOBKO, E. V., u. A. G. SAVVINA: C. r. Acad. Sci. URSS. **29**, 507—509 (1940). — BORDET, J., u. P. BORDET: Schweiz. Z.

Pathol. 4, 321—331 (1941). — Born, J. J., N. W. Timoféeff-Ressovsky u. K. G. Zimmer: Naturwiss. 30, 600—603 (1942). — Boshart, K.: Prakt. Bl. Pflanzenbau 19, 205—211 (1942). — Brandenburg, E.: (1) Pflanzenkrkh. 52, 56—63 (1942). — (2) Angew. Bot. 24, 99—113 (1942). — Brock, N., H. Druckrey u. H. Herken: Biochem. Z. 302, 393—425 (1939). — Brooks, M. M.: Proc. Soc. exper. Biol. a. Med. 42, 558—559 (1939). — Brüne, F.: Bodenkde u. Pflanzenern. 24, 1—5 (1941). — Bukatsch, Fr.: Jb. Bot. 90, 293—334 (1942). — Burström, H.: Ann. landw. Hochschule Schweden 7, 247—290 (1939); 8, 131—182 (1940). — Buslova, E.: Z. bot. Inst. Akad. Nauk URSS. 23, 145—159 (1940).

Cauer, H.: Ernährung 6, 248—260 (1941). — Cohen, B. B.: Plant Physiol. 15, 755—760 (1940). — Corner, H. H., u. A. M. Smith: Nature (Lond.) 1940 II, 168. — Czurda, V.: (1) Arch. Mikrobiol. 11, 187—204 (1940). — (2) Zbl. Bakter. II 103, 285—311 (1941).

Damsgaard-Sørensen, P.: Tidsskr. Planteavl 46, 1—150 (1941). — Dean, R. B.: J. cell. a. comp. Physiol. 15, 189—193 (1940). — Denffer, D. von: Planta (Berl.) 31, 418—447 (1940). — Dorfmüller, W.: Ebenda 32, 51—65 (1941). — Druckrey, H., H. Herken u. N. Brock: Naturwiss. 27, 418—420 (1939). — Durell, W. D.: Plant Physiol. 16, 327—341 (1941). — Dusi, H.: (1) Ann. Inst. Pasteur 64, 340—343 (1940). — (2) Ebenda 66, 159—168 (1941).

Egnér, H.: Bodenkde u. Pflanzenern. 21/22, 270—277 (1940). — Eltinge, E. T.: Plant Physiol. 16, 189—195 (1941). — Ernst, E., u. E. Morocz: Enzymologia, 9, 135—138 (1940).

Fehér, D.: Mitt. botan. Inst. Univ. Sopron 1940/41; Tisz. öntöz. közlem. (Mitt. Bewässerungswesen) 1942. — Fenn, W. O.: Physiol. Rev. 20, 377—415 (1940). — Frei, H.: Zbl. Bakter. II 104, 326—365 (1942). — Frenkel, A. W.: Plant Physiol. 16, 654—655 (1941).

Garreau, Y.: C. r. Soc. Biol. Paris 135, 508—510 (1941). — Gericke, S.: (1) Prakt. Bl. Pflanzenbau 18, 69—75 (1940). — (2) Gartenbauwiss. 16, 263—291 (1941). — (3) Pflanzenbau 18, 41—62, 76—96 (1941). — (4) Bodenkde u. Pflanzenern. 20, 177—199 (1941). — (5) Ebenda 25, 136—140 (1941). — (6) Umschau 1941, 677—680. — Gessner, Fr.: Kieler Meeresforsch. 3, 449—459 (1940). — Giesecke, F., u. K. Schmalfuss: Bodenkde u. Pflanzenern. 26, 195—197 (1942). — Green, D. E., D. Herbert u. V. Subrahmanyan: J. biol. Chem. 135, 795—796 (1940). — Günther, H.: Z. menschl. Vererb. u. Konst.lehre 25, 639—648 (1942). — Güttler, R.: Forsch.dienst 11, 485—522 (1941). — Gutschick, V.: Dissert. Hochsch. Bodenkultur Wien 1940.

Herzinger, Fr.: Bodenkde u. Pflanzenern. 16, 141—168 (1940). — Hevesy, G.: Ann. Rev. Biochem. 9, 641—662 (1940). — Hevesy, G., u. N. Nielsen: Acta physiol. scand. 2, 347—354 (1941). — Hill, H., u. W. A. Roach: Ann. of Bot. 4, 505—521 (1941). — Hill, R., u. Scarisbrick, R.: Proc. roy. Soc. Lond. B 129, 238—255 (1940). — Hoagland, D. R.: Proc. amer. Soc. horticult. Sci. 38, 8—12 (1941). — Hoffmann, J.: Naturwiss. 29, 403—404 (1941); Ebenda 30, 279—280 (1942), Wien. klin. Wschr. 54, 1033—1039 (1940); Bodenkde u. Pflanzenern. 26, 318—327 (1942).

Jacob, A.: Bodenkde u. Pflanzenern. 21/22, 621—629 (1940). — Jacob, A., u. R. Gottwick: Ernähr. Pflanze 37, 1—2 (1941). — Jacob, A., u. H. Pietscher: Ebenda 37, 85—88 (1941). — Javillier, M.: Bull. Sci. pharm. 47, 113—134 (1940).

Kalinkewitsch, A.: Biochimija 4, 381—390 (1939). — Kauffmann-Cosla, O., u. N. Vasiliu-Válcea: Anal. Acad. Romane Bukaresti 16, Mem. 3 u. 8 (1940). — Keese, H.: Bodenkde u. Pflanzenern. 24, 5—11 (1941). — Kerly, M., u. M. C. Bourne: Biochem. J. 34, 563—576 (1940). — Khaikina, B. J.: Biochem. Z. 16, 247—275 (1940). — Kiene, E.: Vorratspfl. u. Lebensm.forsch. 2, 698—706 (1939). — Kitawin, G. S.: Biochimija 4, 283—294 (1939); C. r. Acad. Sci. URSS. 28, 517—518 (1940). — Kleiber, M., M. D. D. Boelter u. D. M. Greenberg: J.

Nutrit. **21**, 363—372 (1941). — KNOBLOCH, H., u. R. SELLMANN: Zbl. Bakter. II **103**, 277—280 (1941). — KRIUKOVA, N.: Biochimija **5**, 574—583 (1940). — KUBOWITZ, FR., u. W. LÜTTGENS: Biochem. Z. **307**, 170—172 (1941). — KUBOWITZ, FR., u. P. OTT: Naturwiss. **29**, 590—591 (1941). — KUHN, R., I. LÖW u. F. MOEWUS: Ebenda **30**, 407 (1942).

LANZ, I.: Ber. dtsch. bot. Ges. **58**, 502—515 (1940). — LASZT, L., u. L. DALLA TORRE: Schweiz. med. Wschr. **1941 II**, 1416—1420. — LAVOLLAY, J., u. LABOREY: Ann. Ferment. **6**, 129—142 (1941). — LEDERER, H., u. FR. M. MESSERLI: Schweiz. med. Wschr. **1939**, 408. — LEGLER, FR.: (1) Balneologe **8**, 161—165 (1941). — (2) Sitzgsber. Akad. Wiss. Wien **150**, 45—72 (1941). — LENNERSTRAND, Å., u. M. LENNERSTRAND: Ark Kemi, Mineral. Geol. **13**, Nr. 15 (1939). — LEULIER, A., L. REVOL u. T. TUARZE: C. r. Soc. biol. **132**, 8—9 (1939). — LEUTHARDT, F.: Erg. Physiol. **44**, 588—655 (1941). — LEWIN, A. M.: C. r. Acad. Sci. URSS. **28**, 739—742 (1940). — LIEBICH, H.: Z. Bot. **37**, 129—157 (1941). — LÖHNIS, M. P.: Tijdschr. Planktenziekt **47**, 149—153 (1941). — LOEHWING, W. F.: Science (N. Y.) **1940 II**, 517—520. — LOHRMANN, W.: Arch. Mikrobiol. **11**, 329—367 (1940). — LUNDEGARDH, H.: Ann. landw. Hochschule Schweden **9**, 127—221 (1941). — LWOFF, A., u. H. DUSI: Ann. Inst. Pasteur **67**, 229—239 (1941).

MANTEL, E.: Bodenkde u. Pflanzenern. **24**, 342—356 (1941). — MARSH, R. P., u. J. W. SHIVE: Soil Sci. **51**, 141—151 (1941). — MASCHMANN, E.: Naturwiss. **28**, 780—781 (1940); Biochem. Z. **309**, 179—189 (1941). — MAZZA, F. P.: Saggiatore **1**, 7—8; **2**, 43—50 (1941). — MEDWEDJEV, N. B.: Akad. Wiss. URSS., Kiew **1940**. — METZGER, W. H.: J. amer. Soc. Agron. **32**, 513—526 (1940). — MEYER, L., u. R. SCHNEIDER: Ernähr. Pflanze **36**, 109—113 (1940). — MICHAEL, G.: Bodenkde u. Pflanzenern. **25**, 65—120 (1941). — MROSE, H.: Bioklim. Beibl. 8, 58—60 (1941).

NEHRING, K.: (1) Bodenkde u. Pflanzenern. 18, 291—304 (1940). — (2) Ebenda **23**, 186—200 (1941). — NOACK, K., u. H. LIEBICH: Naturwiss. **29**, 302 (1941).

ONDRATSCHEK, K.: Arch. Mikrobiol. **12**, 241—253 (1941). — OPITZ, K.: (1) Bodenkde u. Pflanzenern. **17**, 340—358 (1940). — (2) Pflanzenbau **17**, 97—130 (1940). — ORENT-KEILES, E.: Proc. Soc. exper. Biol. Med. **44**, 199—202 (1940).

PACE, D. M.: J. cell. a comp. Physiol. **18**, 243—255 (1941). — PELDAN, H.: Biochem. Z. **309**, 108—144 (1941). — PFAFF, C., u. H. KEESE: Bodenkde u. Pflanzenern. **23**, 152—160 (1941). — PHILLIS, E., u. T. G. MASON: Ann. of Bot. **3**, 889 bis 899 (1939). — PIATNITSKY, M. P.: C. r. Acad. Sci. URSS. **29**, 50—61 (1940). — PIELEN, L.: Bodenkde u. Pflanzenern. **24**, 12—24 (1941). — PIRSCHLE, K.: (1) Biol. Zbl. **62**, 455—482 (1942). — (2) Naturwiss. **30**, 646—647 (1942). — POMPE, E.: Bot. Zbl., Abt. A **60** (Beih.), 223—326 (1940). — PULVER, R., u. F. VERZÁR: Helvet. chim. Acta **24**, 272—277 (1941).

QUETEL, R.: Rev. gén. bot. **50** (1938); **51** (1939).

RASHBA, H.: Biochem. Z. **15**, 273—305 (1940). — RAUTERBERG, E., u. E. KIPPENBERG: Bodenkde u. Pflanzenern. **28**, 1—30 (1942). — REINHOLD, J. u. E. HAUSRATH: Gartenbauwiss. **15** (1940). — RENNERFELT, E.: Zbl. Bakter. II **104**, 71—77 (1941). — RICHARDS, F. J., u. SH. SHENG-HAN: (1) Ann. of Bot. **4**, 165—175 (1940). — (2) Ebenda **4**, 403—425 (1940). — RICHARDS, M. M., u. L. HELLERMANN: J. biol. Chem. **134**, 237—252 (1940). — RICHTER, A. A., u. N. G. VASSILIEVA: C. r. Acad. Sci. URSS. **30**, 659—660 (1941). — RIPPEL, A., u. W. LOHRMANN: Nachr. Ges. Wiss. Göttingen **3**, 239—253 (1940). — RUBEN, S., W. Z. HASSID u. M. D. KAMEN: Science (N. Y.) **1940 I**, 578—579. — RUBEN, S., M. D. KAMEN, W. J. HASSID u. D. C. DE VAULT: Ebenda **1939 II**, 570—571. — RUFFILI, D.: Boll. Soc. ital. Biol. sper. **17**, 38—39, 40—42 (1942). — RUNNSTRÖM, J., u. K. BRANDT: Ark. Kemi, Mineral. Geol. A **15**, Nr. 6 (1941). — RUNNSTRÖM, J., K. BRANDT u. R. MARCUSE: Ebenda **14**, Nr. 8 (1940).

SCHACHTSCHABEL, P.: Bodenkde u. Pflanzenern. **24**, 371—384 (1941). — SCHANDERL, H.: Wschr. Brauerei **59**, 59—61 (1942). — SCHARRER, K.: (1) Forsch.dienst,

Sonderheft **12**, 28—44 (1940). — (2) Berl. u. Münch. tierärztl. Wschr. **1942**, 79—83. — SCHARRER, K., u. B. KELLER: Bodenkde u. Pflanzenern. **19**, 109—124 (1940). — SCHARRER, K., u. R. SCHREIBER: (1) Ernähr. Pflanze **37**, 49—52, 61—64 (1941). — (2) Bodenkde u. Pflanzenern. **24**, 55—64 (1941). — (3) Ebenda **25**, 228—239 (1941). — (4) Ebenda **26**, 129—136 (1942). — SCHMALFUSS, K.: Ebenda **20**, 151—177 (1941). — SCHMITT, L., u. W. SCHINEIS: (1) Ebenda **23**, 160—186 (1941). — (2) Ebenda **26**, 137—150 (1942). — SCHNEIDER, A.: Jb. Bot. **90**, 382—416 (1942). — SCHNEIDER, F.: Biochem. Z. **307**, 414—426 (1941); **308**, 247—254 (1941). — SCHNEIDER, F., u. E. GRAEF: Ebenda **307**, 249—256 (1941). — SCHOPFER, W. H., u. H. UTIGER: C. r. Soc. Physique Genève **58**, 135—137 (1941). — SCHROPP, W.: (1) Forsch.dienst Sonderheft **12**, 90—108 (1940). — (2) Bodenkde u. Pflanzenern. **25**, 272—279 (1941). — SCHROPP, W., u. B. ARENZ: (1) Ebenda **20**, 68—82 (1940). — (2) Ebenda **23**, 201—225 (1941). — (3) Ebenda **24**, 24—34 (1941). — (4) Ebenda **26**, 198 bis 246 (1942). — SCHULTE, E.: Ebenda **26**, 246—269 (1942). — SCHULTZ, A. S., L. ATKIN u. CH. FREY: J. biol. Chem. **135**, 267—271 (1940). — SCHULTZE, M. O.: Ebenda **138**, 219—224 (1941). — SCHUPHAN, W.: Bodenkde u. Pflanzenern. **19**, 265—315 (1940); Forsch.dienst **11**, 161—176 (1941). — SELKE, W.: Bodenkde u. Pflanzenern. **20**, 1—49 (1940). — SHEAR, G. M., u. H. D. USSERY: J. agric. Res. **60**, 129—139 (1940). — SHOK, J.: Plant Physiol. **16**, 145—157 (1941). — SMITH, J. H. C., u. D. B. COWLE: Ebenda **16**, 257—271 (1941). — SOMOGYI, J. Cl, u. F. VERZAR: Helvet. chim. Acta **7**, 81—92 (1941). — STAPP, C.: Zbl. Bakter. II **104**, 395—401 (1942). — STEINBERG, R. A.: J. agric. Res. **59**, 731—748 (1939). — STERZ, M.: Bodenkde u. Pflanzenern. **24**, 34—54 (1941). — SÜE, P.: J. Chim. physique **38**, 31—45 (1941).

TAMIYA, H., u. SH. USAMI: Acta phytochim. **11**, 261—298 (1940). — TAUBÖCK, K.: (1) Bot. Archiv **43**, 291—304 (1942). — (2) Naturwiss. **30**, 439 (1942). — THUN, R.: Bodenkde u. Pflanzenern. **21/22**, 723—743 (1940). — TOENNIES, G.: Ann. Rev. Biochem. **9**, 199—230 (1940). — TOMOTA, SH.: J. Biochem. **32**, 405—417 (1940). — TOMPSETT, S. L.: Biochem. J. **34**, 959—960 (1940). — TOURSEL, O.: Bodenkde u. Pflanzenern. **24**, 315—320 (1941). — TRAHMS, O. K., u. K. STOLL: Kieler Meeresforsch. **3**, 61—98 (1939).

ULBRICHT, H.: Ernähr. Pflanze **37**, 65—66 (1941). — UPHOF, J. C. TH.: Botanic. Rev. **7**, 1—58 (1941). — UTZINO, S., u. S. TOMOTA: Enzymologia **9**, 278—283 (1941).

VASSILIEV, I. V.: C. r. Acad. Sci. URSS. **30**, 532—534 (1941). — VICKERY, H. BR., G. W. PUCHER, R. SCHOENHEIMER u. D. RITTENBERG: J. biol. Chem. **135**, 531—539 (1940). — VINCKE, E.: Z. physiol. Chem. **272**, 65—80 (1941). — VIRTANEN, A. I., u. S. VON HANSEN: Planta (Berl.) **31**, 263—264 (1940). — VLASSYUK, P. A., u. A. F. FEDOSSOVA: Bot. Z. **1**, 181—214 (1940).

WALLNER, J.: Z. ges. Naturwiss. **6**, 23—24 (1940). — WARBURG, O., u. W. CHRISTIAN: Naturwiss. **29**, 589—590 (1941). — WEIGERT, J., u. F. FÜRST: Prakt. Bl. Pflanzenbau **17** (1940). — WEIGERT, J., u. H. SCHAEFFLER: Bodenkde u. Pflanzenern. **26**, 151—179 (1942). — WESPI-EGGENBERGER, H. J.: Erg. inn. Med. **61**, 489—585 (1942). — WIELAND, TH., u. E. FR. MÖLLER: Z. physiol. Chem. **272**, 232—238 (1942). — WITTIG, H.: Kieler Meeresforsch. **3**, 46—496 (1940). — WÖLFER, H.: Bodenkde u. Pflanzenern. **23**, 226—259 (1941). — WOLF, B.: Soil Sci. **50**, 209—217 (1940). — WOOD, H. G., u. CH. H. WERKMAN: Biochem. J. **34**, 7—14, 129—138 (1940). — WOOD, H. G., C. H. WERKMAN, A. HEMINGWAY u. A. O. NIER: J. biol. Chem. **135**, 789—790 (1940).

YAMAGATA, S.: Acta phytochim. **11**, 145—157 (1939). — YOSHIDA, R. K.: Soil Sci. **50**, 81—89 (1940).

ZEILE, K.: Naturwiss. **29**, 172—181 (1941). — ZIRPEL, W.: Z. Bot. **36**, 538—561 (1941).

11. Stoffwechsel organischer Verbindungen I.

Photosynthese.

Von ANDRE PIRSON, Berlin-Dahlem.

Mit 4 Abbildungen.

I. Die Assimilationspigmente.

1. **Der Zustand der Pigmente in der lebenden Zelle.** Die optische Kennzeichnung des Pigmentzustandes in vivo ist von SEYBOLD u. WEISSWEILER durch Aufnahme neuer Absorptionsspektren von lebenden Blättern und Algensuspensionen weiter vervollständigt worden. Die aus Transmissions- und Reflexionsmessungen mit dem sehr genau arbeitenden HARDYschen Spektrophotometer errechneten Kurven (Abb. 40, vgl. auch die von MONTFORT [5] aus älteren Messungen konstruierten Lebendspektren) zeigen übereinstimmend den gegenüber einem Extrakt der Gesamtpigmente stark nivellierten Verlauf der Lebendabsorption. Die verhältnismäßig hohe Absorption der Blätter im Grün ist in erster Linie darauf zurückzuführen, daß die grünen Strahlen infolge häufiger Reflexion im Blattgewebe einen längeren Weg zurücklegen und damit mehr Gelegenheit zur Absorption finden als in einer entsprechenden klaren Farbstofflösung. Ob sich in der Grünabsorption der chlorophyllführenden Zellen auch eine Mitwirkung der Karotinoide verbirgt, deren Absorptionsbanden im lebenden Gewebe ja ähnlich weit ins langwelligere Gebiet verschoben sein könnten, wie es bei dem Fucoxanthinproteid (MENKE [2], MONTFORT [3]) offenbar der Fall ist, läßt sich vorerst noch nicht erkennen. Die als Beispiel herausgegriffene Abbildung zeigt gegenüber anderslautenden Angaben (Fortschr. Bot. 9, 193), daß die Gesamtabsorption des Blattes diejenige eines gleichkonzentrierten Pigmentextraktes übersteigt und bekräftigt außerdem das von NODDACK und EICHHOFF in Zweifel gezogene Vorhandensein einer Rotbandenverschie-

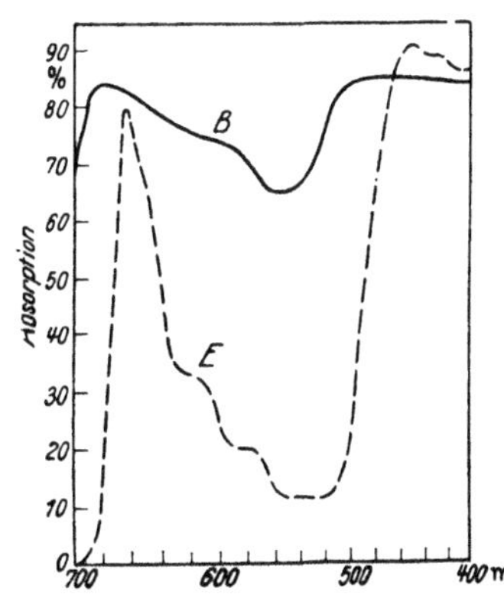

Abb. 40. Absorptionskurve eines Blattes von *Parietaria officinalis* (B) im Vergleich mit einem flächengleichen Extrakt (E) desselben Blattes. (Nach SEYBOLD u. WEISSWEILER.)

bung bei Extraktion des Chlorophylls mit organischen Lösungsmitteln. Diese Verschiebung ist auch weiterhin das meist herangezogene optische Kriterium für den eigentümlichen Zustand des Chlorophylls im Plastiden. Freilich bleibt noch immer ungewiß, wieweit man sie als Folge der Bindung des Farbstoffs an Eiweiß anzusehen hat oder einer „reversiblen Polymerisation" im Sinne von SCHEIBE (vgl. Fortschr. Bot. 9, 196) zuschreiben soll, welche für die Existenz von Chlorophylleinheiten und damit für eine mehr oder weniger kolloidale (jedenfalls nicht molekulare) Chlorophyllverteilung sprechen würde. FRANCK und TELLER erscheinen die spektralen Unterschiede zwischen Chloroplasten- und Extraktabsorption zu gering, als daß man sie für eine Polymerisation des Chlorophylls ins Feld führen dürfte. Demgegenüber sei an die Absorption von Purpurbakterien erinnert, welche sich von derjenigen des echt gelösten Pigments durch mehrere distinkte Banden klar unterscheidet (WASSINK u. Mitarbeiter); freilich kann dieser Befund auch im Sinne einer Bindung des Bakteriochlorophylls an mehrere Eiweißkörper gedeutet werden. SCHEIBE (vgl. auch SCHEIBE u. Mitarbeiter) hat neuerdings einen lockeren Farbstoffkomplex hergestellt, der hinsichtlich der Fluoreszenz und seines spektralen Verhaltens dem Chlorophyll in vivo besser vergleichbar ist als die früher beschriebenen „reversiblen Polymerisate" und daher ein einwandfreies Modell für die Lichtabsorption und Energiefortleitung im Assimilationsapparat zu werden verspricht[1]. Doch muß bereits hier auf die später besprochenen assimilationsphysiologischen Einwände verwiesen werden, welche FRANCK u. Mitarbeiter erneut und nachdrücklich gegen die Vorstellung von polymeren Chlorophylleinheiten geltend machen.

SEYBOLD u. EGLE (2) berichten, daß die Fluoreszenz des Chlorophylls beim Trocknen von Blättern (ebenso bei mäßigem Erhitzen und teilweise auch bei starker Abkühlung) verlischt, falls eine sekundäre Lösung des Farbstoffs in den Chloroplastenlipoiden (NOACK) vermieden wird. Im Falle der Luftalgen (*Pleurococcus*) und einiger Moose ist die Fluoreszenztilgung bei Wasserentzug reversibel. Es wird angenommen, daß die Fluoreszenz einem Chlorophyllanteil zukommt, der im Sinne von HUBERT bei molekularer Verteilung halb der Lipoidphase und halb dem Eiweiß angehört; bei Wasserentzug soll unter Verlust der Fluoreszenz der lipophile Molekülteil („Phytolschweif") aus der Lipoidphase herausgezogen werden. Daneben rechnen SEYBOLD und EGLE mit einem zweiten absorptionsbestimmenden Chlorophyllanteil von kolloidaler Verteilung, da weder die von anderen Autoren als Modell hergestellten molekularen Chlorophylladsorbate noch die kolloidalen Chlorophyllösungen völlig mit dem optischen Verhalten des

[1] Von natürlichen Farbstoffen sei hier einmal an das in Vogelfedern vorkommende Kupferporphyrin Turacin erinnert, dessen Bandenlage sich in Abhängigkeit vom Dispersionsgrad verändert (KEILIN).

Farbstoffs in vivo harmonieren; auch die schwach fluoreszierenden kolloidalen Chlorophyllösungen, die K. P. MEYER als Stütze für einen rein kolloidalen Charakter des Chlorophylls anführt, befriedigen nicht ganz hinsichtlich der Lage ihrer Absorptionsbanden (vgl. auch SMITH [1]). Auf die Bedeutung dieser Fragen für die Assimilationsphysiologie muß besonders hingewiesen werden; würde doch der Nachweis einer echt kolloidalen Chlorophyllverteilung (auch in Verbindung mit einem molekulardispersen Chlorophyllanteil) sehr für die Existenz von „Chlorophylleinheiten" sprechen.

Ob die hydraturabhängige reversible Fluoreszenztilgung von Luftalgen nur im Sinne von SEYBOLD und EGLE zu erklären ist, sei dahingestellt. Assimilationsphysiologisch scheint dem Ref. die Beobachtung besonders deshalb von Interesse zu sein, weil bei der fluoreszenztilgenden relativen Luftfeuchtigkeit von 78% Stoffproduktion und Teilung dieser Algen noch lebhaft im Gange sind (ZEUCH, WINTER-GÜNTHER). Bei einer Assimilation im Bereich so niedriger Luftfeuchtigkeit wäre somit ein Fall gegeben, wo die Photosynthese nicht von einer Chlorophyllfluoreszenz begleitet ist.

Die Bindung der Chloroplastenpigmente an Eiweiß ist auch weiterhin Gegenstand präparativer und analytischer Untersuchungen. Leider ist der Vergleich der Ergebnisse infolge der Verschiedenheiten im gewählten Versuchsmaterial und in den Präparationsmethoden sehr erschwert. Als Grundlage für die Beurteilung der verschieden benannten farbstofführenden Protoplasmafraktionen, die von den einzelnen Autoren unter mehr oder weniger sorgfältiger Anwendung von Methoden der Eiweißpräparation gewonnen werden, können Analysen morphologisch einigermaßen intakter Chloroplasten dienen. Nach MENKE (1) führen Spinatchloroplasten, die übrigend 16,9% des Blatttrockengewichts ausmachen, unter anderem 7,7% Chlorophyll, 44,8% Eiweiß und 35,6% ätherlösliche Verbindungen. Der STOLLsche „Chloroplastin"-Simplex enthält nach den letzten Angaben 8% Gesamtfarbstoff, hat also auffallenderweise gegenüber dem Chloroplasten das Chlorophyll nicht angereichert, während der Eiweißgehalt mit 69% dem Chloroplastenmaterial von MENKE gegenüber wesentlich erhöht ist. STOLL, WIEDEMANN und RÜEGGER bezeichnen ihr Chloroplastin als Chromoproteid, obwohl es auch nach elektrophoretischer Reinigung einen Lipoidgehalt von 21% besitzt. Dabei ist zu bedenken, daß nach MENKE und JACOB die Chloroplastenlipoide ihrerseits ein Gemisch aus zahlreichen Verbindungen darstellen. Nach feinster Dispersion mit Natriumcholat erhielten STOLL u. Mitarbeiter mit der Ultrazentrifuge für das Chloroplastin ein „Molekulargewicht" von etwa 5 Millionen. Freilich besteht wenig Aussicht, mit Hilfe von Molekulargewichtsbestimmungen dem Symplex in seiner natürlichen Form beizukommen; so finden SMITH und PICKELS ebenfalls auf der Ultrazentrifuge ein Mindestmolekulargewicht von nur 250000, wobei sie darauf aufmerksam machen, daß die als Dispersions- und Klärungsmittel benötigten Stoffe das Eiweiß mehr oder weniger spalten können, ohne dabei übrigens dessen Zusammenhang mit Lipoiden und Pigmenten zu lockern.

Der STOLLsche Symplex enthält im Unterschied zum Hämoglobin in seiner Eiweißkomponente kein Histidin (vgl. dagegen TIMM, NOACK u. TIMM) und beachtlicherweise nach Reinigung auch kein Eisen. Dies ist verwunderlich, da LIEBICH (vgl. auch NOACK u. LIEBICH) eine offenbar recht enge Beziehung zwischen Eisen und Eiweiß im Chloroplasten aufgedeckt hat. Der Eisengehalt der Chloroplasten, bei Spinat etwa 80% des Blatteisens, läßt sich in drei Fraktionen zerlegen: 8% wasserlösliches Eisen (zweiwertig), 32% mit n/100 HCl abspaltbares Eisen (dreiwertig) und ferner 60% dreiwertiges Eisen, das weder durch n/100 HCl noch durch Behandlung mit Palladiumwasserstoff gelockert wird. Dieser letzte Eisenanteil wird im Unterschied zu den beiden anderen Fraktionen in den Blättern von Eisenmangelpflanzen nicht angegriffen, sondern scheint in vollem Betrage lebensnotwendig zu sein; wahrscheinlich liegt er in Adsorption an phosphorhaltige Eiweißkörper des Chloroplasten vor (vgl. FISCHER und HULTZCH).

Es sei an dieser Stelle auf die Arbeit von HILL und LEHMANN verwiesen, welche u. a. die Angaben LIEBICHs über den Eisengehalt von Chloroplasten indirekt bestätigt. Das molekulare Verhältnis Chlorophyll:Eisen liegt in Blättern meist um 8; dieselbe Relation läßt sich — wie NOACK (2) bemerkt — auch aus Versuchsdaten von MENKE und LIEBICH errechnen, was sehr für eine mengenmäßig fixierte Beziehung zwischen Chlorophyll und Eisen spricht (vgl. auch GAERTNER).

KUHN u. BIELIG und gleichzeitig E. L. SMITH (2) geben Methoden an, die eine Abspaltung des Magnesiums aus dem Chlorophyll gestatten, ohne daß dabei der Zusammenhang des Farbstoffs mit dem Eiweiß gelöst wird; daraus erhellt mit besonderer Deutlichkeit, daß die Beziehung von Protein zu Pigment eine relativ enge ist. — SMITH (1) hat sich außerdem bemüht, ein stöchiometrisches Verhältnis zwischen Chlorophyll und Eiweiß zu finden; aus den Analysendaten, die mit den entsprechenden Angaben von MENKE (1) überraschend gut übereinstimmen, errechnet sich mit einiger Wahrscheinlichkeit ein Chlorophyll-Eiweiß-Verhältnis von 4:1 (s. auch unter Energetik der Photosynthese). Man könnte danach im Normalfall mit einer Vereinigung von 3 Molekülen Chlorophyll a, 1 Molekül Chlorophyll b und 1 Proteinmolekül rechnen. — Das dem „Chloroplastin" entsprechende Präparat aus Purpurbakterien (ziemlich unglücklich mit „Photosynthin" bezeichnet) schleppt ebenfalls das Bakterienkarotinoid durch alle Fällungen mit, weshalb FRENCH (2) vermutet, daß Bakteriochlorophyll und Karotinoid gemeinsam an demselben Protein haften; wahrscheinlich aber enthält auch der Bakteriensymplex Lipoide, die den Karotinoiden als Lösungsmittel dienen könnten, wie dies auch bei den Chloroplasten weiter zur Diskussion steht. Die Präparate aus verschiedenen Bakterienstämmen zeigen untereinander gewisse Unterschiede. STOLL u. Mitarbeiter vermuten, daß die von ihnen auch bei Chloroplastinpräparaten verschiedener Herkunft beobachteten geringen Differenzen den Unterschieden zwischen dem Blut verschiedener Warmblüter vergleichbar seien. FISHMAN und MOYER bearbeiten das elektrophoretische Verhalten verschiedener Präparate (isoelektrischer Punkt des Symplexes von Phaseolus 4,7, von Aspidistra 3,9). Das Fällungsoptimum des Purpurbakteriensymplexes liegt — wie auch der isoelektrische Punkt des von KATZ und WASSINK aus Chlorella gewonnenen Präparates — etwa bei p_H 3,7, das der vermutlich schärfer fraktionierten Chloroplastensubstanz MENKES dagegen ungefähr bei p_H 5,8. Diese wichtigsten aus der Fülle des Materials herausgegriffenen Befunde sollen lediglich die zahlreichen interessanten Probleme dieses Teilgebietes andeuten, auf dem physiologische, präparative, analytische und physikochemische Methodik gleichermaßen eingesetzt wird.

2. Physiologie der Assimilationspigmente. Die Fortsetzung der Pigmentanalysen an Süßwasseralgen (SEYBOLD, EGLE u. HÜLSBRUCH) ergab u. a., daß es auch Chlorophyceen gibt (*Vaucheria*), die wie die Blau-, Braun-, Rot- und Kieselalgen genetisch auf die alleinige Ausbildung von Chlorophyll a festgelegt sind; es liegt nahe, in strittigen Fragen systematisch-phylogenetischer Art die Pigmentanalyse zu Rate zu ziehen. Beiläufig sei erwähnt, daß PACE unter den in *Nitzschia Closterium* aufgefundenen Pigmenten auch Chlorophyll b anführt. — Gegenüber der gewichtsmäßigen Bestimmung der Farbstoffe stellt auch MONTFORT (5) bei seinen Absorptionsmessungen, welche er unter Hinweis auf die Fehlerquellen beim Arbeiten mit lebenden Organen nunmehr betont auf Extrakte beschränkt, die „optischen Mengen" in den Vordergrund. Die Chlorophyll-a + b-Pflanzen, Chlorophyll-a-Algen ohne Fucoxanthin und die Chlorophyll-a-Phaeophyceen mit Fucoxanthin bilden auch in optischer Hinsicht drei klare Typen, was besonders durch Zusammenstellung der Quotienten der Absorption verschiedener Spektralbereiche deutlich wird. Auf die Kritik, die MONTFORT (5) bei dieser Gelegenheit an der Darstellung und Auswertung früherer Absorptionsmessungen üben möchte, sei vor der angekündigten Stellungnahme SEYBOLDs nicht eingegangen[1]. Wieweit bei fucoxanthinfreien Chlorophyll-a-Typen die normale Karotinoidgarnitur den durch das Fehlen von Chlorophyll b bedingten Ausfall an absorbierter Energie zu kompensieren vermag (MONTFORT [1]), wird sich letztlich nur durch Messungen an lebenden Zellen entscheiden lassen. Die Hauptfrage des Karotinoidproblems, ob die absorbierte Energie auch photosynthe-

[1] SEYBOLD u. WEISSWEILER (2) haben inzwischen klargestellt, daß die betreffenden Darlegungen MONTFORTS wegen unrichtiger Verwendung optischer Größen hinfällig sind.

tisch wirksam ist, kann auch hier wie in anderen ähnlichen Fällen nur durch sorgfältigste Parallelbestimmungen von Assimilation und Absorption beantwortet werden; die Aufnahme von Absorptionsspektren ist daher in diesem Zusammenhang nur als Vorarbeit zu werten. — Bei Pflanzen alpiner Standorte finden SEYBOLD und EGLE (1) besonders hohe Chlorophyll-a/b-Quotienten, was wohl auf die hohe Intensität und Wirksamkeit des Standortlichtes zurückzuführen ist; auch bei Sonnenpflanzen der Ebene ist ja nach früheren Erfahrungen die a-Komponente relativ begünstigt. Der auf die Blattfläche bezogene Gehalt an Chlorophyll und Karotinoiden hält sich in normalen Grenzen. Der Pigmentgehalt grüner Sporen und Samen verschiedenster Herkunft entspricht dem der Blätter derselben Spezies, solange keine Abbauprozesse einsetzen (SEYBOLD und EGLE [3]). — OLSEN bestätigt beim Vergleich von Sinnen- und Schattenblättern der Buche erneut den höheren Chlorophyllgehalt der ersteren (pro Flächeneinheit). Nach beendeter Laubentwicklung bleibt die Chlorophyllmenge bis zum Herbst unverändert. Nach IURACEC sind männliche Urticaexemplare etwas chlorophyllreicher als weibliche (bezogen auf Frisch- und Trockengewicht), was früher bereits von diözischen Salix- und Populusarten berichtet wurde (DELEANO u. DICK).

Die Bildung der Chloroplastenpigmente führt auch bei Dunkelaufzucht (*Chlorella, Protococcus*) zu Chlorophyll a und b (MYERS), veränderlich ist in stärkerem Maße nur das Verhältnis der Chlorophylle zu den Karotinoiden. Die Pigmentgarnitur der Dunkelaufzuchten erweist sich im Licht als voll leistungsfähig (vgl. VAN HILLE). BARRENSCHEEN u. Mitarbeiter stimmen in die Zweifel an der Rolle des Protochlorophylls als Chlorophyllvorstufe ein; die angeführte Begründung, daß in Extrakten etiolierter Keimlinge trotz deutlicher Rotfluoreszenz keine Absorption in Sichtbaren nachzuweisen sei, kann allerdings methodisch kaum überzeugen. Wie die Chlorophyllproduktion ist auch die Bildung des Bakteriochlorophylls nach ZIRPEL eisenabhängig; dies zeigt u. a. der im Vergleich mit farblosen Bakterienstämmen hohe Eisenbedarf der Purpurbakterien, welcher nicht viel von dem grüner Zellen abweicht. Die Bakterienkarotinoide bilden sich dagegen auch in Eisenmangelkultur ungehindert aus.

Eine neue Theorie über die physiologische Rolle der beiden Chlorophyllkomponenten entwickelt SEYBOLD (1, 2, 5). Von der Tatsache ausgehend, daß alle Chlorophyll-a-Algen keine Assimilationsstärke ausbilden (wenigstens nicht Stärke im engeren Sinne), schreibt er dem Chlorophyll b und seinem „protoplasmatischen Agens" geradezu den Charakter eines Ferments der Stärkesynthese zu. Es wird dabei angenommen, daß die Assimilationsstärke in ihrer Bildung an die vom Chlorophyll b eingebrachte Lichtenergie gebunden sei und sich somit in fermentativer Hinsicht grundsätzlich von der im Dunkeln gebildeten

Stärke unterscheiden müsse. Dabei läßt sich die Annahme zweier Systeme des Stärkeaufbaues im Chloroplasten, eines der Photopolymerisation und eines der Chemopolymerisation, nicht umgehen. Eine Hauptstütze der vorerst als Arbeitshypothese gedachten Vorstellung bildet die Tatsache, daß es offenbar keine Assimilationsorgane gibt, die nur Chlorophyll b führen, daß ferner manche Zuckerblätter der Monokotylen, die man zunächst als Gegenargument anführen möchte, einen auffallend hohen Quotienten a/b aufweisen (bei Alliumarten z. B. zwischen 5,9 und 9,3). Der Chlorophyll-a-Gehalt ist in diesen Fällen durchaus normal, das Chlorophyll b also auch absolut in geringerer Menge vorhanden (SEYBOLD [5]). Warum die immerhin vorhandene b-Komponente hier im SEYBOLDschen Sinne unwirksam sein soll, bleibt noch zu erklären. Auf weitere mögliche Einwände (z. B. energetischer Art) sei vorerst nicht eingegangen; der zweifellos schwierige direkte Beweis für die Hypothese könnte nur durch eine (wenigstens partielle) Trennung der Photoreduktion der Kohlensäure und einer Photopolymerisation des gebildeten Kohlenhydrats auf Grund der geringen Absorptionsunterschiede beider Chlorophylle erbracht werden. Doch wäre ein solcher Weg nur gangbar, wenn die vermutete stärkebildende Tätigkeit des Chlorophyll b wirklich photochemischer Natur ist[1]. Bei dem geringen Energiebedarf der Zuckerpolymerisation könnte man ja auch daran denken, daß Chlorophyll b neben seiner Beanspruchung als Sensibilisator der CO_2-Reduktion auch an einer lichtunabhängigen Stärkebildung mitwirkt. Mit dieser Auffassung ließe sich die Annahme eines relativ großen Anteils an photosynthetisch unwirksamem Pigment vermeiden. Im Zusammenhang damit sei noch bemerkt, daß auch die Mitwirkung des Amylasesystems an der Bildung der Assimilationsstärke in Erwägung zu ziehen ist, zumal KROSSING bei Untersuchungen zur Lokalisation der Fermente von grünen Blättern die Amylase ausschließlich in der Chloroplastenfraktion vorfand (vgl. dagegen NEZGOVOROV [1, 2], der seinerseits in den Chloroplasten keine Amylase nachweisen konnte und in denselben ein spezifisches Ferment der Stärkesynthese vermutet).

Kurz erwähnt seien neue Messungen der Transmission von Blattextrakten (FERGUSON u. Mitarbeiter [1, 2], WEBB u. FERGUSON). COMAR u. ZSCHEILE versuchen die verschiedene Absorption der beiden Chlorophylle auszunutzen, um die Komponenten ohne Isolierung aus dem Rohextrakt quantitativ zu bestimmen. Von KYLIN liegt ein zusammenfassender Bericht über Methoden der Pigmentanalyse bei Algen mit Angaben über neue Karotinoide vor (dem Ref. im Original nicht zugänglich). BENNE teilt Erfahrungen über spektrometrische Chlorophyllbestimmungen mit. Ein Sammelreferat von H. FISCHER enthält die wichtigsten

[1] SEYBOLD (6) neigt inzwischen selbst zu der Ansicht, daß die Stärkebildung mit Hilfe von Chlorophyll b nicht lichtgebunden sei. Das Chlorophyll b wäre in diesem Sinne nicht optisch-physiologisch wirksam (kein „Euchrom", sondern ein „Parachrom").

Fortschritte auf dem Gebiet der Chlorophyllchemie. Aus den chemischen Eigenschaften der Farbstoffe lassen sich auch einige entwicklungsgeschichtliche Gesichtspunkte ableiten: Die beiden Chlorophylle sind wahrscheinlich von den älteren Häminen abzuleiten, Chlorophyll a geht dabei vermutlich dem Chlorophyll b voran; aber auch dem Bakteriochlorophyll muß sehr hohes Alter zuerkannt werden, zumal die Bakterienphotosynthese ohne Sauerstoff möglich ist und bei Annahme eines ehemals höheren CO_2- und Wassergehalts der Atmosphäre die auf die Erde treffende relativ infrarot-reiche Strahlung für die photosynthetische Ausnutzung durch Purpurbakterien besonders geeignet war (PRUCKNER [1]). PRUCKNER (1, 2) erarbeitet ferner speziellere Fragen der Chlorophyllchemie, wie Beziehungen zwischen Symmetriegrad und Absorptionsspektrum und Lage der Hauptvalenzen zwischen Magnesium und Pyrrolstickstoff.

II. Energetik der Photosynthese.

In ihrer Kritik aller seit WARBURGs grundlegenden Versuchen vorgenommenen Bestimmungen der Quantenausbeute haben EMERSON und LEWIS (1) darauf hingewiesen, daß unter den gegebenen Versuchsbedingungen eine Verfälschung der Assimilationswerte durch Unregelmäßigkeiten im Gasaustausch eintreten kann, z. B. durch eine gegenläufige Abgabe von CO_2 (vgl. Fortschr. Bot. 9, 269). Es würde sich somit bei einer Quantenausbeute von 0,25 (Verbrauch von 4 Quanten pro Molekül reduzierter Kohlensäure) nur um einen scheinbaren Wert handeln, während sich die wahre Quantenausbeute der photochemischen CO_2-Reduktion unter diesen Versuchsbedingungen der Beobachtung entzieht. Unter Vermeidung assimilationsstörender Gaswechselvorgänge (Verwendung von Karbonat-Bikarbonat-Puffern, Ausdehnung der Messungen auf längere Versuchszeiten) haben nun EMERSON und LEWIS (2) und ebenso RIEKE an dünnen Algensuspensionen tatsächlich die viel geringeren Quantenausbeuten von 0,08—0,1 gefunden, denen eine Quantenzahl von durchschnittlich 12 Quanten pro Molekül CO_2 entspricht. Dadurch werden auch die ähnlichen Angaben von MANNING u. Mitarbeitern (Fortschr. Bot. 8, 213; 9, 208), die freilich einer methodischen Kritik ausgesetzt sind, wieder in den Vordergrund des Interesses gerückt. Der Ersatz der altgewohnten Quantenzahl 4 durch einen mehrfach größeren Wert ist natürlich von einschneidender Bedeutung für alle assimilationstheoretischen Erwägungen; besonders die in Amerika arbeitenden Autoren haben sich bereits völlig auf diese neue Grundlage eingestellt. Dies ist schon deshalb verlockend, weil ja die Anerkennung einer höheren Quantenzahl die engen Grenzen sprengt, welche energetische Überlegungen der chemischen Deutung des Assimilationsvorganges bisher gezogen haben. Könnte man nunmehr einen größeren Energiebetrag für die CO_2-Reduktion in Rechnung setzen, so würde sich neben dem kalorischen Energiegehalt der Glucose der bisher so knapp bemessene Restbetrag chemischer Energie, der als Aktivierungswärme von Zwischen- und Endprodukten benötigt wird, bequem decken lassen, und zugleich kämen die energetischen Bedenken weitgehend in Wegfall, die immer wieder gegen das Auftreten bestimmter Zwischenprodukte (CH_2O, H_2O_2 oder andere Peroxyde) angeführt werden. — Noch scheint aber das letzte Wort in dieser Frage nicht gesprochen zu sein. Denn EICHHOFF bestätigte den alten Wert für die Quantenausbeute, und zwar unter Versuchsbedingungen, bei denen die obenerwähnten Fehlerquellen ebenfalls nicht in Frage kommen. Während nun EMERSON und RIEKE EICHHOFFS Versuche nicht reproduzieren können, hat KOPP (vgl. auch NODDACK u. KOPP) dieselben weiter geführt und bei Verfolgung der Assimilation von Chlorella in Abhängigkeit von Lichtintensität und Temperatur u. a. auch die Quantenzahlen in weißem und rotem Licht bestimmt; sie nähern sich im günstigsten Falle wiederum dem Wert 4. Bedauerlich ist freilich, daß NODDACK u. KOPP für so entscheidende Versuche nicht einmal artreine Algenkulturen verwenden und damit der Kritik allzu billige Argumente in die Hand geben; auch sollte man bei Bearbeitung derart strittiger Fragen jeder Assimilationsbestimmung eine eigene Absorptionsmessung zuordnen und nicht nur auf Grund einer einmaligen Bestimmung die Absorption für alle Versuchsbedingungen mit dem gleichen Prozentsatz der eingestrahlten Energie in Rechnung setzen.

Ehe man die Quantenausbeute von 0,25 aufgibt, wird man auch noch wichtige Ergebnisse von BÜCHER und NEGELEIN (1, 2) zu erörtern haben. Sie finden, daß bei der photochemischen Spaltung von CO-Hämin der Quantenbedarf in enger Beziehung zum Polymerisationsgrad steht. Myoglobin, eine nicht polymerisierte Hämin-Eiweiß-Verbindung, spaltet nach Addition von CO entsprechend der Gleichung:

$$FeCO + 1\,h\nu = Fe + CO.$$

Beim CO-Hämoglobin, das 4 Häminkerne polymerisiert am Eiweiß trägt, werden für dieselbe Reaktion rund 4 Quanten gebraucht (Mittel 3,7), während bei der Spaltung der zweikernigen Hämin-Eiweiß-Verbindung (aus Hämoglobin durch Dissoziation in starken Salzlösungen gebildet) der Quantenbedarf auf durchschnittlich 2,7 herabsinkt. Ein ähnliches Verhalten des Chlorophylls ist sehr wahrscheinlich, und die Quantenzahl 4 würde daher wesentlich gestützt, wenn sich eine entsprechende Polymerisation des Chlorophylls nachweisen ließe. Das molekulare Chlorophyll-Eiweiß-Verhältnis, welches E. L. SMITH (1) aus den Analysen einer chlorophyllführenden Zellfraktion errechnet, weist durchaus in diese Richtung (s. oben). Doch muß auch betont werden, daß die CO_2-Reduktion im Unterschied zur CO-Hämin-Spaltung in keinem Falle, also auch nicht bei monomolekularer Verteilung des Sensibilisators, einquantig verlaufen könnte. — Vom Standpunkt der Theorie der „Chlorophylleinheiten" aus scheint eine Quantenzahl > 4 nicht möglich zu sein. Aus den Lichtblitzversuchen von EMERSON

u. ARNOLD hatte sich bekanntlich für die hypothetische Chlorophylleinheit eine Zahl von etwa 2000 Molekülen ergeben. Errechnet man andererseits nach GAFFRON und WOHL mit Hilfe der Reaktionsgeschwindigkeiten von photochemischer und Blakman-Reaktion unter Benutzung der Quantenzahl 12 die für die Chlorophylleinheit zu fordernde Molekülzahl, so ergibt sich der den experimentellen Erfahrungen widersprechende hohe Werte von 6000. Diese Unstimmigkeit kann jedoch eher gegen die Annahme von Chlorophylleinheiten als gegen die hohe Quantenzahl 12 ins Feld geführt werden (vgl. FRANCK u. HERZFELD).

Unter dem Einfluß der Quantenzahl 4, aber auch aus stöchiometrischen Gründen ($CO_2 + 4\,H = CH_2O + H_2O$!), sind verschiedene Vorstellungen über eine Photoreduktion im Assimilationsmechanismus und über die Chlorophyllverteilung im Chloroplasten an Hand von Viererschemen entwickelt worden (vgl. z. B. HANSON). Solche Überlegungen werden mit Übergang zur Quantenzahl 12 nicht hinfällig. So rechnen auch FRANCK u. HERZFELD in ihrer später besprochenen Theorie mit 2 Gruppen von je 4 einquantigen Photoreaktionen, während die restlichen 4 Quanten eine Energiereserve bilden, aus der eventuell Reaktionen gespeist werden, die in der stöchiometrischen Formulierung nicht zum Ausdruck kommen.

Die methodischen Schwierigkeiten für eine sichere Erfassung der photochemischen Energieausbeute gelten in besonderem Maße für Purpurbakterien. Die hierüber bisher veröffentlichten Resultate (vgl. Fortschr. Bot. **8**, 213; 9, 209) können daher nicht als endgültig angesehen werden. Wegen ihres geringen Respirationsgaswechsels sind Athiorhodaceen für derartige Messungen besser geeignet als die schwefelführenden Formen. Es ist denkbar, daß der nach der Bruttogleichung $CO_2 + 2\,H_2 = CH_2O + H_2O$ verlaufende Assimilationsvorgang von Athiorhodaceen einen geringeren Quantenverbrauch aufweist als die Photosynthese grüner Zellen, da der summarische Energiebedarf dieser Reaktion äußerst gering ist.

Über die chemische Ausbeute des eingestrahlten Lichtes in Pflanzenbeständen berichtet KOMOR nunmehr ausführlich (vgl. Fortschr. Bot. 9, 207). Die in längeren Wachstumsperioden gespeicherte Energie wird wiederum kalorimetrisch bestimmt und zu der in der gesamten Versuchszeit auf die Blätter eingestrahlten Gesamtenergie in Beziehung gesetzt. Bei Gräsern und Kulturpflanzen — bei letzteren wurde nun auch der in den Wurzeln gespeicherte Energiebetrag mit erfaßt — beträgt der Ausnutzungsquotient etwa 1% ohne Berücksichtigung des während der Versuchsdauer veratmeten Materials. Eine besonders hohe Ausbeute bei Karotten (2,6%) als Erfolg der Züchtung anzusprechen, dürfte wohl nicht angängig sein; wahrscheinlich sind in diesem Fall die Verluste an organischer Substanz durch Wurzelexkretion oder Bakterieneinwirkung verhältnismäßig gering, oder die feine Fiederung der Blätter wirkt sich günstig auf die flächenbezogene Assimilationsleistung aus. Es wird außerdem eine Abhängigkeit des Ausnutzungsquotienten von Witterung, Jahreszeit (Maximum im Frühjahr) sowie vom Nährstoffgehalt des Bodens beobachtet. KOPP hat den Ausnutzungsquotienten von Chlorellasuspensionen im weißen Licht mit Hilfe von kurzfristigen Gaswechselmessungen bestimmt. Dieser hängt natürlich in starkem Maße von Lichtintensität und Temperatur ab. Zwischen 300 und 40000 Lux sinkt der Quotient bei 20° von 5,8 auf 0,5. Im Bereich geringer Lichtstärken wird er von der Temperatur nur wenig beeinflußt, deutlich dagegen bei hohen Lichtintensitäten. Bezieht man auf die von den Zellen absorbierte Lichtenergie, so ergibt sich im weißen Licht unter günstigsten Bedingungen (300 Lux, 20°) eine photochemische Energieausbeute von 58% (vgl. schon WARBURG u. NEGELEIN).

III. Der chemische Ablauf der Assimilationsreaktionen.

1. Aufnahme und Bindung des Kohlendioxyds. RUBEN, KAMEN u. Mitarbeiter haben ihre Versuche zur CO_2-Aufnahme mit radioaktivem CO_2 als Indikator weiter ausgebaut und damit die Vorstellungen über die einleitenden Reaktionen der Photosynthese auf eine neue Grundlage gestellt. Im Dunkeln erfolgt die Aufnahme des Gases zwar in erster Linie durch einfache Lösung im Zellsaft oder durch Vermittlung von gelösten Puffersubstanzen bzw. Kalziumkarbonat (J. C. H. SMITH). Daneben aber schaltet sich auf dem Wege des Gases vom Außenmedium zum Assimilationsapparat ein anderer Mechanismus ein. Schon im Dunkeln wird ein Teil des von Blättern oder Algensuspensionen aufgenommenen radioaktiven CO_2 in fester organischer Bindung innerhalb der wasserlöslichen Zellfraktion wiedergefunden, bei Belichtung wächst dieser Anteil bedeutend an (vgl. dazu schon SHAFER, Fortschritte Bot. 8, 206), und erst dann geht die Radioaktivität in die Chloroplasten über. Eine primäre Bindung von CO_2 an Chlorophyll kann somit ausgeschlossen werden. Dagegen spricht zugleich der Befund, daß das radioaktive CO_2 auch von farblosen Organismen und Geweben (Hefe, Kolibacillen, Gerstenwurzeln, Rattenleber) in organische Bindung übergeführt wird. Es handelt sich also um eine allgemein verbreitete synthetische Reaktion, deren Energie zweifellos durch Dissimilationsvorgänge geliefert werden muß; ihr Produkt tritt allerdings nur in Konzentrationen auf, welche eine präparative Aufarbeitung bisher unmöglich machen. Auch der sinnreiche Versuch, die radioaktive Verbindung nach Zugabe bekannter, als Reaktionsprodukte vermuteter Stoffe mit diesen zusammen aus dem wässerigen Extrakt wieder abzuscheiden und damit zu identifizieren, hat nicht zu eindeutigen Ergebnissen geführt. Mit Sicherheit läßt sich nur sagen, daß das Kohlendioxyd unter Bildung von Carboxylgruppen in einen Akzeptor RH eingebaut wird, dessen Konzentration ungefähr derjenigen des Chlorophylls gleicht. Die Reaktion ist an die lebende Zelle gebunden und zeigt dieselbe HCN-Empfindlichkeit wie die Photosynthese. Das Molekulargewicht des fraglichen Reaktionsproduktes ergibt sich aus Sedimentations- und Diffusionsgeschwindigkeit zu ungefähr 1000; daß auch das Molekulargewicht des Chlorophylls in dieser Größenordnung liegt, muß als zufällig angesehen werden. Für die Dunkelreaktion $RH + CO_2 = RCOOH$ muß ein höherer Energiebedarf eingesetzt werden als für eine normale Karboxylierung. Der Vorgang hat große Ähnlichkeit mit der von WOOD und WERKMAN entdeckten Reaktion bei Propionsäurebakterien, die aus Glyzerin (oder Glucose) im Respirationsstoffwechsel entstandene Propionsäure zur Bindung von CO_2 benutzen, wobei Bernsteinsäure auftritt, und zwar nach HARTELIUS in stöchiometrischer Ausbeute nach der Gleichung:

$$CH_3—CH_2COOH + CO_2 = COOH—CH_2—CH_2—COOH.$$

Während J. C. H. SMITH und COWIE mit der gleichen Indikatormethode ebenfalls die Bindung von CO_2 durch Blätter unter Bildung leicht zu veratmender Reaktionsprodukte feststellen, geht FRENKEL einen Schritt weiter, indem er Nitellazellen nach Darbietung von radioaktivem CO_2 sorgfältig fraktioniert und damit die Lokalisation der gebildeten Produkte erfaßt. Auf diese Weise ließ sich unmittelbar sicherstellen, daß der Chloroplast an der Aufnahme von CO_2 im Dunkeln völlig unbeteiligt ist und der radioaktive Kohlenstoff erst mit einsetzender Belichtung im Zuge der Photosynthese fest im Chloroplasten verankert wird. Es wird daraus klar, warum isolierte Chloroplasten nicht zur Assimilation gebracht werden können: es fehlt ihnen der für die vorbereitende Dunkelreaktion der CO_2-Bindung notwendige Akzeptor. Es ist vorläufig nicht möglich, den isolierten Plastiden das Kohlendioxyd in der geeigneten Form künstlich zuzuführen, da hierfür die Strukturen der lebenden Zellen unentbehrlich zu sein scheinen. Werden nämlich die Zellen nach Dunkelaufnahmen von radioaktivem CO_2 mechanisch zerstört, so unterbleibt bei anschließender Belichtung die Übernahme des Kohlenstoffs durch die Chloroplasten. Stellt man nun dem Assimilationsapparat an Stelle des CO_2 bzw. der entsprechenden karboxylierten Verbindung, die ihm sonst das lebende Plasma liefert, einen anderen geeigneten H-Akzeptor zur Verfügung, so ist eine der Photosynthese analoge Lichtreaktion denkbar. Tatsächlich entwickeln isolierte Chloroplasten mit Hilfe des noch intakten photochemischen Apparats im Lichte Sauerstoff, wenn ihnen Kaliumferrioxalat geboten wird (HILL und SCARISBRICK [1, 2]). Die Ferriverbindung wird dabei als H-Akzeptor in stöchiometrischem Verhältnis zur Ferrostufe reduziert. Die Reaktion geht nur in Stickstoffatmosphäre vor sich und auch da nur in beschränktem Maße, weil der gebildete „Assimilations"-sauerstoff zum Teil zur Rückoxydation des Ferrosalzes wieder aufgenommen wird. Eine Steigerung der Sauerstoffentwicklung läßt sich erzielen, wenn man zur Regenerierung des verbrauchten Kaliumferrioxalats ein Oxydationsmittel hinzufügt, welches dem Sauerstoff bei der Ferrosalzoxydation zuvorkommt. HILL u. SCARISBRICK (1) verwendeten zu diesem Zwecke Kaliumferrizyanid.

BAUR und NAMEK setzen ihre Modellversuche über eine Bindung von CO_2 an höhere Alkohole und eine Karboxylierung von Triphenylmethanfarbstoffen fort. Sie glauben, daß eine CO_2-Bindung durch Veresterung mit Wachsalkoholen in den Chloroplasten (unter Beteiligung der Chlorophyllase ?) möglich sei. Auch diskutieren sie auf Grund ihrer Ergebnisse weiterhin die Möglichkeit einer Rekarboxylierung von Chlorophyll, das bei Photolyse Kohlendioxyd abgespalten und für die Kohlensäureassimilation zur Verfügung gestellt hat (vgl. Fortschr. Bot. 9, 205). Doch treten bei dem jetzigen Stand des Problems solche Überlegungen etwas in den Hintergrund. — Mit den Befunden von RUBEN u. Mitarbeiter ebenfalls schwer in Einklang zu bringen ist die Auffassung von MOMMAERTS, wonach CO_2 weder hydratisiert noch sonstwie gebunden in den photosynthetischen Mechanismus eingeht. Er schließt dies aus dem Fehlen von Kohlensäureanhydrase in grünen Blättern (vgl. dagegen NEISH), die nach seiner Ansicht vorhanden sein müßte, wenn nur hydratisierte Kohlensäure dem Assimilationsapparat zur Verfügung stünde. Er neigt gleichzeitig zu der Annahme von BAAS-BECKING und HANSON, die an eine fermentative Hydratisierung von CO_2 im Rahmen der Blackman-Reaktion denken (Fortschr. Bot. 8, 208).

2. Die Theorie von FRANCK und HERZFELD. Aus den bekannten Lichtblitzversuchen von EMERSON u. ARNOLD hatte sich ergeben, daß bei voller Lichtsättigung des Assimilationsapparats Tausende von Chlorophyllmolekülen für die Reduktion eines CO_2-Moleküls zur Verfügung stehen. Die ältere Vorstellung, daß jedes einzelne Chlorophyllmolekül in gleicher Weise an der Reduktion von einem CO_2-Molekül mitwirke, mußte daher vor der Annahme weichen, daß eine große Zahl von Chlorophyllmolekülen, in Chlorophylleinheiten („chlorophyll units") zusammengefaßt, als integrierender Bestandteil des Assimilationsapparates die Übertragung der absorbierten Lichtenergie auf ein Kohlensäuremolekül besorge. Auch aus Überlegungen reaktionskinetischer Art (GAFFRON u. WOHL) schien die Notwendigkeit zur Annahme solcher Chlorophylleinheiten hervorzugehen; bei gleichartigem Einsatz aller Chlorophyllmoleküle würde sich nämlich für die photochemische Reaktion im Assimilationsvorgang eine Reaktionsgeschwindigkeit ergeben, die nur einen kleinen Bruchteil des nach den Lichtblitzversuchen zu fordernden Wertes ausmachen würde. Eingehende theoretische Überlegungen über Bau und Wirkungsweise dieser Chlorophylleinheiten wurden von GAFFRON und WOHL und bis in die neueste Zeit von WOHL (1) angestellt. Die zur Annahme von Chlorophylleinheiten führenden Grundversuche werden nun neuerdings von FRANCK u. HERZFELD (2) völlig anders ausgelegt und damit die Grundlage für eine neue Assimilationstheorie geschaffen, die unter Verwertung älterer und eigener neuer Experimente manche Gesichtspunkte anderer Theorien übernimmt, in vielen Teilen aber grundsätzlich Neues bringt und die Assimilationsforschung der nächsten Jahre zu eingehender Auseinandersetzung auffordert. Es muß daher in kurzen Zügen darüber berichtet werden, wenn auch ein Jahresbericht nicht gestattet, den umfangreichen Begründungen im einzelnen nachzugehen, zumal dieselben sich vielfach auf weit zurückliegende Veröffentlichungen beziehen. In übersichtlicher

Weise behandelt die Einzelheiten der Theorie eine Zusammenfassung von FRANCK u. GAFFRON, die zugleich eine Anzahl von wichtigen neuen Befunden des FRANCKschen Arbeitskreises vorläufig mitteilt; die Veröffentlichung derselben in besonderen Arbeiten dürfte inzwischen erfolgt sein.

Zunächst seien die wichtigsten Gesichtspunkte der neuen Theorie zusammenfassend vorweggenommen: 1. Rückreaktionen nicht stabilisierter Assimilationszwischenprodukte; 2. Zusammenwirken von CO_2 und Chlorophyll im molaren Verhältnis 1:1; 3. Reduktion von CO_2 im photochemischen Teil der Photosynthese; 4. Quantenbedarf der Assimilation zwischen 8 und 12 Quanten pro Molekül reduzierter Kohlensäure; 5. Zerlegung der „Blackman-Reaktion" in mindestens drei Dunkelprozesse, die von verschiedenen Katalysatoren gesteuert werden.

Den Angelpunkt der FRANCKschen Theorie bildet die bereits früher (FRANCK u. HERZFELD [1]) verwendete Annahme sog. Rückreaktionen („back reactions") im Assimilationsmechanismus. Danach sind die Produkte der eigentlichen photochemischen Reaktion bzw. mehrerer photochemischer Teilschritte, instabil und werden in rasch verlaufenden Dunkelreaktionen in ihre Ausgangsstoffe zurückverwandelt, sobald ihre Weiterverarbeitung auf Schwierigkeiten stößt. Ein solcher Fall liegt bei Lichtsättigung (d. h. in Lichtblitzversuchen mit entsprechenden Längen von Lichtblitz und Dunkelpause) vor. Es ist klar, daß unter diesen Umständen das beobachtete Verhältnis von Chlorophyll zu reduzierter Kohlensäure nichts über die tatsächlich vom Chlorophyll durchgeführte Energieübertragung aussagt; es hindert dann nichts die Vorstellung, daß primär Chlorophyll und Kohlensäure im molekularen Verhältnis 1:1 wirksam waren und die photochemische Leistung am Chlorophyll erst sekundär durch die einsetzenden Rückreaktionen in stärkstem Maße zunichte gemacht wurde. Damit wird also die Notwendigkeit der Annahme von Chlorophylleinheiten bestritten. Für das Vorliegen eines Chlorophyll-Kohlensäure-Verhältnisses von 1:1 wird ins Feld geführt, daß nach MCALISTER u. MYERS (vgl. Fortschr. Bot. 9, 203) die Dunkelaufnahme von CO_2 unmittelbar nach Aussetzen der Belichtung („pick up") nur in dem Maße vor sich geht, als Chlorophyll vorhanden ist. Ferner zeigen die Versuche zur Aufnahme von radioaktivem CO_2 (RUBEN u. Mitarbeiter), daß bei grünen Pflanzen der CO_2-Akzeptor RH in einer dem Chlorophyll entsprechenden Konzentration in der Zelle vorliegt (jedoch nicht mit dem Chlorophyll gleichgesetzt werden kann, so. oben!). FRANCK u. HERZFELD schließen daraus, daß der Akzeptor RH nach Aufnahme von CO_2 als RCOOH mit dem Chlorophyll in molekularem Verhältnis zusammentritt.

Wir halten uns im folgenden an ein Reaktionsschema, welches die Teilschritte in der von FRANCK u. HERZFELD vertretenen Weise enthält.

Schematische Darstellung der Assimilationstheorie von FRANCK und HERZFELD (teilweise etwas vereinfacht).

I. *Vorbereitende Dunkelreaktionen:*

$RH + CO_2 \rightleftharpoons RH \cdot CO_2$

$RH \cdot CO_2 + \text{Kat}\,A \rightleftharpoons RCOOH + \text{Kat}\,A$

II. *Teilschritte der photochemischen CO_2-Reduktion mit katalytischer Stabilisierung der Zwischenprodukte:*

HChl = Chlorophyll als H-Donator. Chl = Mono-Dehydrochlorophyll.
ZP^{s_n} = stabiles Zwischenprodukt. ZP^{i_n} = instabiles Zwischenprodukt.

Teilreaktionen 1, 3, 5 und 7:

1. $HChl \cdots RCOOH + h\nu \rightarrow Chl \cdots ZP^{i_1}$	Verbrauch von 4 Quanten
$Chl \cdots ZP^{i_1} + \text{Kat}\,B \rightarrow Chl \cdots ZP^{s_1} + \text{Kat}\,B$	
3. $HChl \cdots ZP^{s_1} + h\nu \rightarrow Chl \cdots ZP^{i_2}$	
$Chl \cdots ZP^{i_2} + \text{Kat}\,B \rightarrow Chl \cdots ZP^{s_2} + \text{Kat}\,B$	
5. $HChl \cdots ZP^{s_2} + h\nu \rightarrow Chl \cdots ZP^{i_2}$	
$Chl \cdots ZP^{i_3} + \text{Kat}\,B \rightarrow Chl \cdots ZP^{s_3}$	
7. $HChl \cdots ZP^{s_3} + h\nu \rightarrow Chl \cdots ZP^{i_4}$	
$Chl \cdots ZP^{i_4} + \text{Kat}\,B \rightarrow Chl + \text{Endprodukt} + \text{Kat}\,B$	

III. *Rückreaktionen nicht stabilisierter Zwischenprodukte:*

1a. $Chl \cdots ZP^{i_1} \rightarrow HChl + RCOOH\ (\rightarrow RH + CO_2)$

3a. $Chl \cdots ZP^{i_2} \rightarrow HChl \cdots ZP^{s_1}$

5a. $Chl \cdots ZP^{i_3} \rightarrow HChl \cdots ZP^{s_2}$

7a. $Chl \cdots ZP^{i_4} \rightarrow HChl \cdots ZP^{s_3}$

IV. *Hydrierung des dehydrierten Wasserstoffdonators* (= Monodehydrochlorophyll) (2, 4, 6, 8):

(R' = unbekanntes Radikal, nicht zu verwechseln mit dem Radikal R des CO_2-Akzeptors)

2, 4, 6, 8: $Chl + R'OH + h\nu \rightarrow HChl + R'O$ Wahrscheinlich spielen auch in dieser Reaktionsfolge Stabilisierungsteilschritte unter Beteiligung von Kat B eine Rolle	Verbrauch von weiteren 4 Quanten

V. *Bildung von Assimilationssauerstoff:*

$4\,R'O + 2\,H_2O \rightarrow 2\,R'OOH$ („Photoperoxyd") $+ 2\,R'OH$

$2\,R'OOH + \text{Kat}\,C \rightarrow 2\,R'OH + O_2 + \text{Kat}\,C$

I. Vorbereitende Dunkelreaktionen. Wie von RUBEN u. Mitarbeiter gezeigt, wird CO_2 an einen Akzeptor unbekannter Art gebunden und mit Hilfe des ersten Dunkelkatalysators A der Einbau des CO_2 vollzogen, so daß die Kohlensäure in Gestalt einer Karboxylgruppe in den eigentlichen Assimilationsmechanismus eingeht. Diese katalytische Dunkelreaktion ist blausäureempfindlich; in Gegenwart von Zyanid wird somit die Zufuhr von CO_2 in geeigneter Form zum Assimilationsapparat mehr oder weniger unterbunden (vgl. AUFDEMGARTEN,

Fortschr. Bot. 9, 215, der jedoch von einer Diffusionshinderung für CO_2 durch HCN spricht). Die Hemmung eines anderen katalytisch wirksamen Blackman-Ferments (Katalysator C des Schemas) durch Blausäure als Eisengift erscheint von diesem Standpunkt aus als Frage zweiten Ranges. Unterschiedliche Zyanidempfindlichkeit der Photosynthese bei verschiedenen Versuchsobjekten ließe sich leicht zurückführen auf verschieden großen Vorrat an wirksamem Katalysator A.

II. Photochemische Reduktion von CO_2 mit katalytischer Stabilisierung der Zwischenprodukte. Die Karbonsäure RCOOH tritt mit einem H-Donator in Beziehung. Verschiedene Gründe, besonders die äußerst enge Kopplung von Fluoreszenzerscheinungen und Assimilationsteilschritten, die neuerdings von FRANCK, FRENCH u. PUCK besonders klar aufgezeigt worden ist, sprechen dafür, daß die eigentliche CO_2-Reduktion in der photochemischen Phase des Assimilationsvorganges stattfindet und nicht in einer Dunkelreaktion des CO_2 mit einem photochemisch aktivierten H-Donator besteht, wie dies z. B. von ORNSTEIN u. Mitarbeitern und von WOHL (1, 2) angenommen wird. Da Chlorophyll in vitro bei Belichtung als H-Donator dienen kann, was FRANCK u. LIVINGSTON ausführlich bestätigen, ist es nicht von der Hand zu weisen, wenn in der vorliegenden Theorie das sensibilisierende Chlorophyll zugleich als H-Donator eingesetzt wird. Dabei ist allerdings zu fordern, daß das Dehydrierungsprodukt (Monodehydrochlorophyll) sich in seinem Absorptionsvermögen nicht wesentlich vom Chlorophyll unterscheidet, da es nach der Forderung der Theorie in der Folge seinen Wasserstoff auf photochemischem Wege wiedergewinnen muß. Eine chemische Beteiligung des Chlorophylls ist jedoch nicht bindende Voraussetzung für die Theorie; man kann den Farbstoff auch nur als Sensibilisator auffassen, und muß dann daneben einen anderen H-Donator (R_xH) für die Photoreduktion von RCOOH einsetzen, wodurch das Schema natürlich etwas kompliziert würde. Unter Berufung auf die neuen Bestimmungen der Quantenausbeute (Quantenzahl etwa 12) nehmen FRANCK u. HERZFELD mehr oder weniger willkürlich einen photochemischen Bedarf von 8 Quanten an und lassen damit einen Spielraum von etwa 4 Quanten für Energieverluste und andere energieverbrauchende Reaktionen (s. oben). 4 Lichtquanten werden zunächst in vier einander ähnlichen Teilschritten zur Reduktion des CO_2-Moleküls verbraucht. Jeder dieser Schritte liefert ein unbeständiges Zwischenprodukt, das normalerweise sofort in einer katalytischen Reaktion (Katalysator B) stabilisiert wird. Aus dem letzten Teilschritt geht unter Ablösung vom Chlorophyll (bzw. Dehydrochlorophyll) das Endprodukt der CO_2-Reaktion hervor. RUBEN u. Mitarbeiter ergänzen diese Vorstellung noch durch die Vermutung, daß das Endprodukt der Photoreduktion von RCOOH als RCH_2OH in der vorbereitenden Dunkelreaktion wieder als CO_2-Akzeptor dient, daß also am Radikal R sich stufenweise eine

Kohlenhydratkette bilden kann, von der nach Erreichung der C_6-Stufe der ursprüngliche Akzeptor RH unter Zurücklassung · von Glucose abgespalten werden müßte. Nach dieser Auffassung tritt also nicht ein Körper von Aldehydcharakter (insbesondere nicht Formaldehyd), sondern eine Reihe von Alkoholen bzw. Oxyalkoholen als Assimilationszwischenprodukt auf.

III. Rückreaktionen. Reicht bei starker Belichtung der Katalysator B nicht aus, um die anfallenden Photoprodukte zu stabilisieren, so verwandeln sich diese freiwillig sofort wieder in die Ausgangskörper zurück. Damit wird der vom H-Donator (Chlorophyll) entnommene Wasserstoff diesem wieder zurückgegeben. Zu den vier photochemischen Teilschritten gehören vier Rückreaktionen, deren erste (1a) durch die Wiederfreisetzung von CO_2 besonders gekennzeichnet ist. Dabei wird vorausgesetzt, daß sich die nach Rückreaktion 3a, 5a und 7a des obigen Schemas zu erwartenden stabilen Zwischenprodukte infolge geringer Konzentration dem analytischen Nachweis entziehen. Sollen die Rückreaktionen u. U. ein großes Ausmaß annehmen, dann muß man notwendigerweise fordern, daß der erste Photoreduktionsteilschritt (1) viel langsamer abläuft als die anderen. Andernfalls müßten Zwischenprodukte der Reduktion in größerer Menge anfallen.

IV. und V. Regeneration des H-Donators unter Bildung von Assimilationssauerstoff. Das in den vier Photoreduktionsschritten dehydrierte Chlorophyll (oder ein anderer H-Donator) erhält in vier zugehörigen Photoreaktionen unter Verbrauch von vier weiteren Quanten seinen Wasserstoff wieder, und zwar letztlich von Wassermolekülen; dabei soll nicht H_2O_2 entstehen, sondern infolge der Zwischenschaltung eines Körpers R'OH ein organisches Peroxyd, das in einer Dunkelreaktion von einem dritten Assimilationsferment dem katalaseähnlichen Katalysator C, unter Sauerstoffabspaltung beseitigt wird. Wieweit sich C von der Atmungskatalase unterscheidet, ist noch immer eine offene Frage. Owtschinnikow glaubt mit einer besonderen Assimilationskatalase rechnen zu können, da er bei der Katalase grüner Weizenkeimlinge eine geringere Aktivierungsenergie fand als bei dem Ferment etiolierter Kontrollpflanzen. Doch erscheint es immer noch möglich, daß der O_2-abspaltende Teil der Photosynthese eine direkte photochemische Wasserzersetzung enthält, mit H_2O_2 als Zwischenprodukt und Substrat der normalen katalatischen Reaktion. Beobachtungen von Krossing, wonach die Chloroplastenfraktion von Spinatblättern mindestens viermal stärkere Katalasewirkung zeigt als die Zytoplasmafraktion, während der Zellsaft katalatisch nahezu unwirksam ist, müssen in diesem Zusammenhang erwähnt werden, wenn sie auch die Annahme Gaffrons nicht entkräften, daß die Katalase lediglich den Assimilationsapparat vor einem Hydroperoxyd zu schützen habe, welches seine Entstehung der (im Licht vielleicht gesteigerten) Plastidenatmung verdanke. Auch NAKAMURA (2) schließt aus dem engen Zusammenhang zwischen Chlorophyllgehalt und Katalaseaktivität bei zahlreichen Versuchsobjekten auf eine Lokalisation des Ferments in den Chloroplasten und beharrt weiterhin bei der Annahme einer Beteiligung von Katalase am eigentlichen Assimilationsvorgang.

Unter Festhalten an der Theorie der Chlorophylleinheiten und einer Quantenausbeute von 0,25 nimmt auch WOHL erneut zum Assimilationsproblem Stellung, ohne sich zunächst mit den Vorstellungen von FRANCK und HERZFELD auseinanderzusetzen. In rein theoretisch-rechnerischen Ableitungen, die hier im einzelnen nicht wiedergegeben werden können, versucht er durch Auswertung der in der Literatur angegebenen Licht- oder CO_2-Assimilationskurven ein Assimilationsschema zu stützen, bei dem das eigentliche Photoprodukt mit dem Ferment einer oder mehrerer Blackman-Reaktionen am Reduktionsort zusammentrifft. Nach erfolgter Reduktion spaltet das Ferment unter Freisetzung des photosynthetischen Endprodukts wieder ab. Alle Formen der Licht- und CO_2-Assimilationskurven von der rein hyperbolischen Gestalt bis zum BLACKMANschen Knick lassen sich in diesem Schema unterbringen, wenn man annimmt, daß die Dauer der Enzymreaktion und die Dauer der Trennungsreaktion von Assimilationsprodukt und Enzym voneinander unabhängige Variable sind. Auch eine abnorme S-förmige Lichtassimilationskurve bei Athiorhodaceen (FRENCH [1]) läßt sich durch die zusätzliche Annahme erklären, daß die 3 Photozwischenprodukte der in 4 Teilschritten verlaufenden vierquantigen Photoreaktion instabil sind.

3. **Induktion der Photosynthese und Fluoreszenzerscheinungen.** Der Gleichgewichtszustand der Photosynthese wird nach Einsetzen der Belichtung erst erreicht, wenn sich eine bestimmte Konzentration von Assimilationszwischenprodukten im Assimilationsapparat ausgebildet hat; dazu wäre eine bestimmte Anlaufzeit notwendig. Betrachtet man mit FRANCK und HERZFELD jedes einzelne Chlorophyllmolekül als Reduktionsort, so müßte die Induktion der Photosynthese bei schwacher Belichtung, stundenlang andauern. Das Fehlen einer derartigen Anlaufzeit im Schwachlicht ist daher mit den FRANCKschen Vorstellungen vorläufig nicht in Einklang zu bringen und spricht eher für die Theorie der Chlorophylleinheiten; denn dieselbe schränkt die Zahl der Reduktionsorte weitgehend ein und fordert damit eine vergleichsweise minimale Gleichgewichtskonzentration der Zwischenprodukte, die in wenigen Sekunden erreicht werden kann.

FRANCK und GAFFRON suchen dieser Schwierigkeit durch die Hilfsannahme zu begegnen, daß Assimilationszwischenprodukte auch nach längerer Verdunklung in entsprechender Menge im Assimilationsapparat vorhanden sind, also nicht erst bei einsetzender Belichtung gebildet werden müssen. Wenn im Dunkeln heterotroph gezogene Grünalgen beim allerersten Belichten ohne längere Induktion voll assimilationsfähig sind, wie neuerdings wieder von MYERS berichtet wird, so bleibt nichts anderes übrig, als mit einer Bildung von Zwischenprodukten der Assimilation im Respirationsstoffwechsel der heterotrophen Zellen zu rechnen, also mit einer Serie langsamer Dunkelreaktionen, die von der Kohlehydratstufe ausgehend alle Zwischenprodukte der Photosynthese rückwärts durchlaufen. In diesem Punkte kann die FRANCK-HERZFELDsche Theorie nicht recht befriedigen.

Die Untersuchung der kurzfristigen Unregelmäßigkeiten des Assimilationsanlaufes bei einsetzendem Starklicht ist weiterhin Gegenstand umfangreicher Arbeiten, die noch nicht abschließend besprochen werden können. Als wichtige Neuerung muß die gleichzeitige Messung von Assimilation und Fluoreszenzhelligkeit hervorgehoben werden, mit deren Hilfe McALISTER und MYERS das nahezu spiegelbildliche Verhalten beider Größen sichergestellt haben (Abb. 41). Es ist noch nicht möglich, für das Anlaufen der Assimilation und die zugehörigen Fluoreszenzänderungen ein allgemein gültiges Bild zu entwerfen, da entsprechende Kurven bei Blättern und Algensuspensionen bisher recht verschieden sind. FRANCK, FRENCH u. PUCK fanden in allen Fällen, wo sich die Photosynthese rasch auf einen höheren Endwert einstellen muß (neu einsetzende oder stark gesteigerte Belichtung, plötzliche Verbesserung der CO_2-Zufuhr nach Kohlensäuremangel), eine stoßweise erfolgende Erhöhung der Chlorophyllfluoreszenz („fluorescence outburst"). Diese soll dadurch zustande kommen, daß momentan nicht genügend von dem peroxydspaltenden Katalysator (Katalysator C des obigen Schemas) zur Verfügung steht, da dieser durch Oxydation leicht blockiert wird (GAFFRON [1]); die daher anfallenden Photoperoxyde erzeugen in der Folge einen Hemmstoff für den Katalysator B (Stabilisierungskatalysator), wodurch die CO_2-Reduktion herabgedrückt und die Fluoreszenzhelligkeit erhöht wird. Die Reaktivierung des peroxydspaltenden Enzyms erfolgt unter Beteiligung der im Assimilationsvorgang gebildeten reduzierenden Substanzen; außerdem wird die Photosynthesehemmung durch Beseitigung des primär gebildeten Hemmstoffes im Atmungsstoffwechsel des Plastiden aufgehoben. Dieses Eingreifen respiratorischer Prozesse in den Assimilationsapparat, dem das langsame Abfallen der Fluoreszenzhelligkeit vom „outburst" bis zur Gleichgewichtsfluoreszenz entsprechen soll, wird dadurch erhärtet, daß der Fluoreszenzabfall dieselbe Zyanidempfindlichkeit zeigt wie die aeroben Atmungsvorgänge. Wir führen diese Überlegungen nur an, um zu zeigen, wie weit die Assimilationsforschung in letzter Zeit in Einzelheiten der komplizierten Reaktionsfolge einzudringen sucht.

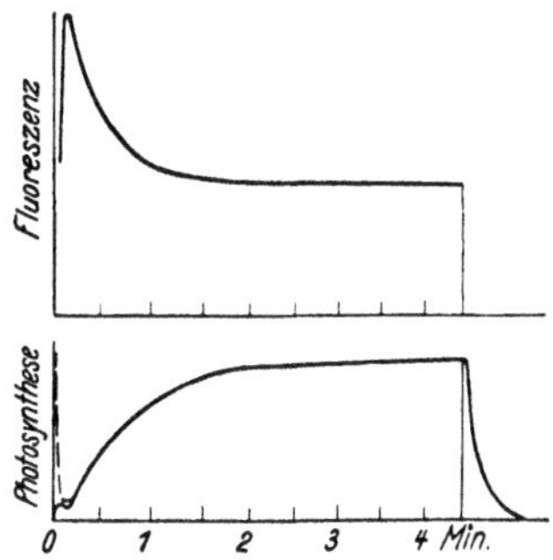

Abb. 41. Zeitlicher Verlauf von Assimilation und Fluoreszenzhelligkeit bei einsetzender Belichtung. (Weizenblätter, N_2 mit 1% O_2 und 0,03% CO_2.) (Nach McALISTER u. MYERS.) (Der rasche Abfall der Photosynthese in der ersten Belichtungssekunde ergibt sich aus Messungen von BLINKS u. SKOW.)

KAUTSKY und ZEDLITZ untersuchen ebenfalls den Verlauf der Fluoreszenzkurven in den ersten Belichtungssekunden, und zwar an einer chlorophyllhaltigen Zellfraktion (zu Unrecht mit „Granasuspension"[1]

[1] Granasuspensionen hat noch niemand in der Hand gehabt. Vgl. MOMMAERTS, der auf die Kritik von MENKE hin seine diesbezüglichen Angaben berichtigt.

bezeichnet). Diese nicht mehr assimilierenden Präparate, in denen das photochemische System des Assimilationsapparats aber noch weitgehend intakt sein dürfte (vgl. HILL u. SCARISBRICK), zeigen einen im Vergleich zu lebenden Zellen vereinfachten Fluoreszenzverlauf (Abb. 42), bei dem die Fluoreszenzhelligkeit im Laufe einer Sekunde auf den Endwert ansteigt. Dies gilt jedoch nur bei längerer Vorverdunklung. Nach kurzen Dunkelpausen setzt dagegen momentan die volle Fluoreszenz ein. Die Regeneration des flacheren Fluoreszenzanstieges, die je nach Versuchsmaterial sehr verschieden lange Dunkelpausen erfordert, erfolgt nur in Gegenwart von Sauerstoff (oder Chinon oder Kaliumferrioxalat). Es scheint dabei also eine langsame oxydative Dunkelreaktion fermentativen Charakters wirksam zu sein, in der offenbar der fluoreszenzlöschende Stoff regeneriert wird, der dann im Augenblick der Belichtung durch eine rasche Photoreaktion in eine nicht mehr fluoreszenztilgende Verbindung verwandelt wird. Auf weitere Einzelheiten — etwa die Frage, ob die zur Diskussion stehende Dunkelreaktion auch bei dem langsamen Fluoreszenzabfall während der Induktion lebender Zellen (vgl. Abb. 41) mitspielt — soll vorläufig nicht eingegangen werden. Es sei nur hervorgehoben, daß auch diese Untersuchungen auf Querverbindungen zwischen Oxydationsstoffwechsel und Assimilationsmechanismus hindeuten.

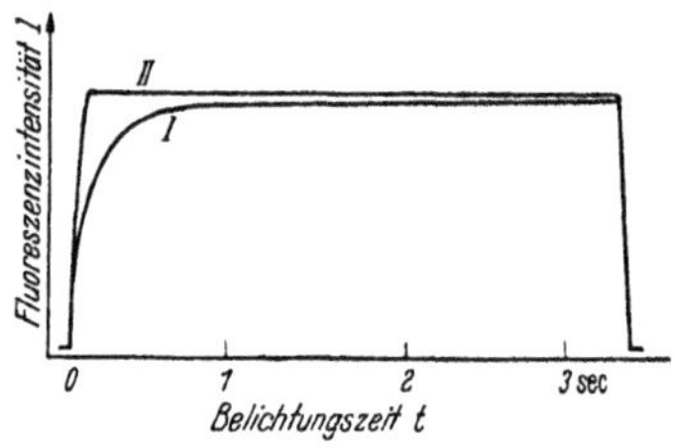

Abb. 42. Verlauf der Fluoreszenzhelligkeit in den ersten Sekunden der Belichtung einer chlorophyllführenden Blattfraktion I. Normaler Verlauf nach längerer Dunkelheit. II. Verlauf nach kurzer Vorverdunklung. (Nach KAUTSKY u. ZEDLITZ.)

4. **Eingreifen des Oxydationsstoffwechsels in den Assimilationsapparat.** Enge Beziehungen von Dissimilations- und Assimilationsvorgängen werden besonders von GAFFRON (1—4) herausgearbeitet. Die Rolle der H-Donatoren im Assimilationsvorgang erschöpft sich nicht in der eigentlichen CO_2-Reduktion, sondern dieselben können je nach dem Redoxpotential am Assimilationsort (vgl. WASSINK u. KATZ: Fortschr. Bot. 9, 210) mit den entstehenden peroxydischen Vorstufen des Assimilationssauerstoffs in Reaktion treten. Nach längerem Verweilen der Zellen in Stickstoff oder Wasserstoff ist im Chloroplasten ein „reduzierter Zustand" erreicht, in dem dann bei Belichtung die Entwicklung von Assimilationssauerstoff unter der Wirkung der H-Donatoren zunächst mehr oder weniger vollständig unterbleibt (vgl. Fortschr. Bot. 9, 199); anormale Assimilationsquotienten, die ein Überwiegen der CO_2-Aufnahme über die O_2-Produktion anzeigen, konnten tatsächlich in Fällen nachgewiesen werden, wo mit der Anwesenheit reichlicher Mengen von H-Donatoren am Assimilationsort gerechnet werden kann, insbesondere eben bei Belichtung im Anschluß an längere Anaerobiose. In diesem Zusammenhang muß die Arbeit von MICHELS nochmals er-

wähnt werden, weil sie zeigt, daß für die Assimilationshemmung nach Anaerobiose nicht allein der „reduzierte Zustand" des Assimilationsapparats verantwortlich ist, sondern daneben auch ein Prinzip, das durch Erhöhen des p_H-Wertes wirkungslos gemacht werden kann. — Ein besonders interessanter Fall liegt nach GAFFRON (4) wiederum bei Scenedesmus vor, wo man die Photoreduktion von CO_2 mit Hilfe von Wasserstoff (nach Art von Purpurbakterien) in eine Photosynthese mit normaler Sauerstoffentwicklung geradezu umschalten kann. In CO_2-haltigem Wasserstoff ist der Assimilationsstoffwechsel einer Algensuspension infolge des extrem reduzierten Zustandes am Assimilationsort durch die Aufnahme von CO_2 und H_2 gekennzeichnet. Mit Erhöhung der Lichtintensität steigt diese Gasaufnahme zunächst an; bei einem Grenzwert der Lichtstärke von etwa 5000 Lux wird die Photoreaktion jedoch so stark, daß die peroxydischen Zwischenprodukte am Assimilationsort offenbar nicht mehr genügend H-Donatoren (bzw. freien Wasserstoff) vorfinden und daher die assimilatorische Sauerstoffentwicklung einsetzt. Bei Rückkehr zu geringerer Lichtintensität unterbleibt die assimilatorische Wasserstoffaufnahme, da infolge der O_2-Produktion der dafür erforderliche „reduzierte Zustand" unmittelbar am Assimilationsort nicht mehr gegeben ist (Abb. 43); erst durch längere Dunkelbehandlung mit Wasserstoff wird der ursprüngliche Zustand wieder hergestellt.

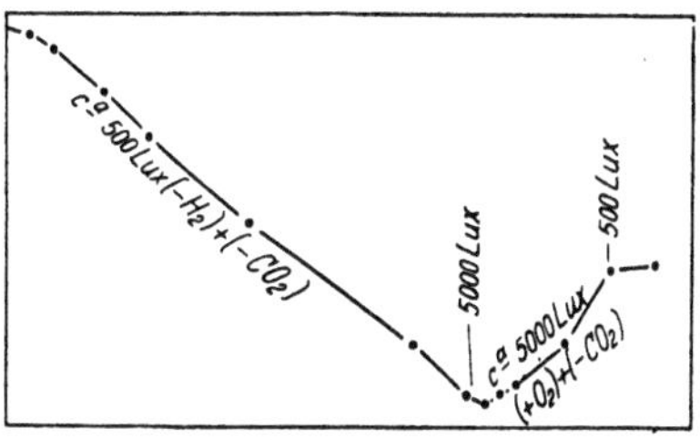

Abb. 43. Umschaltung der Photoreduktion von CO_1 mit H_2 zur normalen Photosynthese durch Steigerung der Lichtintensität. (Scenedesmus, manometrische Messung, Druckverlauf in Abhängigkeit von der Zeit.) (Nach GAFFRON [4].)

Obwohl die Reaktion von Photoperoxyden mit H-Donatoren als Teil- oder Nebenreaktion der Photosynthese naturgemäß lichtgebunden ist, braucht man sie nicht als eine vom Chlorophyll sensibilisierte Photooxydation aufzufassen; es handelt sich wahrscheinlich um eine fermentative Peroxydhydrierung. In diesem Zusammenhang ist es von Interesse, daß *Scenedesmus* auch zu einer katalytischen Hydrierung von O_2 mit Wasserstoff im Dunkeln, d. h. zu einer enzymatischen Knallgasreaktion befähigt ist (5).

Auch der Luftsauerstoff greift bei starker Belichtung in den Assimilationsapparat ein, wobei unter Umständen Kohlehydrat als H-Donator wirken kann und Kohlensäure als Endprodukt auftritt; damit wird unter Umständen ein großer Teil des assimilatorischen Stoffgewinns wieder annulliert (GAFFRON [2]). Eine derartige Lichtatmung mit einem respiratorischen Quotienten von 1 (vgl. Fortschr. Bot. 9, 200) kann für die Assimilationshemmung bei andauerndem Starklicht verantwortlich gemacht werden; auch eine reversible „Lichtlähmung" der

Photosynthese, wie sie z. B. MONTFORT (2, 4) bei extremen Schattentypen trotz ausreichender CO_2-Versorgung schon bei verhältnismäßig geringen Lichtintensitäten beobachtet, ließe sich auf diese Weise physiologisch präziser deuten als durch Annahme einer besonders großen Lichtempfindlichkeit gewisser Plastidenstrukturen.

Die von einer Lichtatmung im GAFFRONschen Sinne wohl zu unterscheidende photooxydative Sauerstoffaufnahme wurde genauer von MYERS u. BURR untersucht, die durch Anwendung besonders hoher Lichtintensitäten alle Übergänge von der normalen Photosynthese bis zu einer irreversibel schädigenden Photooxydation herstellen konnten. Sie bestätigen, daß eine Photooxydation nicht sogleich von Abbauerscheinungen im Assimilationsapparat (z. B. Chlorophyllschwund) gefolgt sein muß (vgl. EMERSON, MEVIUS, MONTFORT [4]). Das Auftreten einer Photooxydation darf demnach nicht ohne weiteres als Kennzeichen eines prämortalen Zustandes gewertet werden. Aus dem Vergleich des Assimilationsanlaufes mit den zugehörigen Änderungen der Fluoreszenzhelligkeit (MCALISTER u. MYERS) ergibt sich sogar, daß eine fluoreszenztilgende Photooxydation während der Induktionsperiode zur normalen Reaktionsfolge in der lebenden Zelle gehört. MYERS und BURR nehmen an, daß bei höheren Lichtintensitäten eine Photooxydation bereits neben der Photosynthese einherläuft, um bei den höchsten Lichtstärken den assimilatorischen Gaswechsel mehr und mehr zu überflügeln. FRANCK und FRENCH, die das Verhalten belichteter Blattstücke in CO_2-freier Atmosphäre manometrisch messen und sich u. a. mit der Reaktionskinetik der Photooxydation befassen, begründen an Hand ihrer Versuche die Auffassung, daß — ebenso wie im Laufe des Induktionsvorganges die Photoperoxyde (s. oben) — auch der Luftsauerstoff am Assimilationsort mit Stoffwechselproduktion reagieren kann, und zwar in einer vom Chlorophyll sensibilisierten Reaktion; das Produkt dieser Photooxydation ist ein Hemmstoff für die Photosynthese, der seinerseits leicht im Respirationsstoffwechsel der Zelle beseitigt werden kann, wie die vorübergehend erhöhte Nachatmung im Anschluß an starke Belichtung in CO_2-freier Atmosphäre zeigt. Solange genügend Substrat für die Photooxydation in Form von Speichermaterial oder auch von Assimilationszwischenprodukten vorliegt, ist die Hemmung der Photosynthese reversibel; gefährlich wird die Photooxydation erst dann, wenn infolge des Fehlens von geeignetem Substrat die vom Chlorophyll sensibilisierte Photooxydation im Sinne von NOACK (1) unter katalytischer Beteiligung des Chloroplasteneisens auf lebenswichtige Zellbausteine überspringt, von denen die Strukturen des Assimilationsapparats (einschließlich des Chlorophylls selbst) die nächstgelegenen und empfindlichsten sein dürften

5. **Photosynthese der Purpurbakterien.** Während man bisher das Vorhandensein einer Karboxylgruppe als Voraussetzung dafür ansah,

daß eine organische Substanz als H-Donator der Bakterienphotosynthese dienen könne, hat FOSTER Bakterienstämme aufgefunden, die Alkohol in diesem Sinne als Substrat verwenden. Der Fall zeigt von neuem die große Variabilität der Bakterienphotosynthese; er interessiert aber besonders deshalb, weil bei Darbietung von Isopropylalkohol dank der Entstehung des für die Zellen nicht weiter verwertbaren Azetons eine stöchiometrische Reaktion nach der Gleichung: $CO_2 + 2\,(CH_3)_2CHOH = (CH_2O) + CH_3COCH_3 + H_2O$ herauszuarbeiten ist. In derart klaren Reaktionen verraten die H-Donatoren ihre unmittelbare Beteiligung an der CO_2-Reduktion. Man wird sie daher nicht mehr als zweitrangige Reaktionspartner der Photosynthese betrachten dürfen, die lediglich Assimilationssauerstoff abfangen sollen, der ja auch noch niemals bei der Bakterienphotosynthese mit Sicherheit direkt nachgewiesen werden konnte.

Ob sich die Bakterienphotosynthese dem Schema von FRANCK und HERZFELD einordnen läßt, bedarf noch der Klärung. Neben der Möglichkeit einer rein photochemischen Hydrierung von CO_2 ist die Theorie von VAN NIEL (vgl. dessen neues Sammelreferat!) zu berücksichtigen, welche für den Reduktionsvorgang ein oder zwei Dunkelreaktionen am lichtaktivierten H-Donator vorsieht. Auch die neuere Auffassung von NAKAMURA, wonach die H-Donatoren der Purpurbakterien die Reduktion von H_2O_2 besorgen, steht noch zur Diskussion.

WOHL (2) hat in seiner theoretischen Arbeit auf Grund kinetischer Daten errechnet, daß auch bei den Purpurbakterien Pigmenteinheiten wirksam sein müssen. Die Bacteriochlorophylleinheiten sollen ungefähr dieselbe Molekülzahl in sich vereinigen wie die hypothetischen „units" der grünen Pflanzen.

6. Chemosynthese. Die von RUBEN u. Mitarbeiter nachgewiesene Dunkelaufnahme von CO_2 durch Bakterien, Hefe, Wurzelzellen u. a. darf nicht als Chemosynthese im engeren Sinne angesprochen werden, da sie einen geringen Energiebedarf besitzt und daher ohne eine spezifische energieliefernde Oxydation vor sich gehen kann. Ein ähnlicher Fall von CO_2-Bindung (vgl. auch die schon oben erwähnte CO_2-Bindung durch Propionsäurebakterien) wurde übrigens auch bei Taubenleber nachgewiesen, wo Kohlensäure in Brenztraubensäure eintritt unter Bildung von 1-Ketoglutarsäure (EVANS und SLOTIN, über den Mechanismus dieser Reaktion siehe KREBS und EGGLESTON). Anders liegt der Fall bei dem von GAFFRON (5) neu entdeckten Dunkelverbrauch von CO_2 durch einen Scenedesmus. Dieser vielseitigste aller untersuchten Algenstämme, der bekanntlich neben der normalen Photosynthese eine CO_2-Reduktion mit Hilfe von Wasserstoff im Lichte durchführen kann (ein Stamm NAKAMURAS [1] benutzt gegebenenfalls dazu sogar H_2S nach Art der

Thiorhodaceen[1]), verbraucht im Zusammenhang mit einer enzymatischen Knallgasreaktion zugleich Kohlensäure, führt also offenbar mit Hilfe einer Anorgooxydation eine echte Chemosynthese durch. Über das Produkt dieser Dunkelreduktion von CO_2 und H_2 und über die chemische Natur der Kopplung der beteiligten Oxydations- und Reduktionsprozesse läßt sich vorläufig noch nichts sagen. Will man der Photosynthese in grünen Zellen denselben Reduktionsmechanismus zuschreiben, so spricht GAFFRONS Befund mehr zugunsten einer Dunkelreaktion von Wasserstoffdonatoren mit CO_2 als für die Annahme einer rein photochemischen CO_2-Reduktion im Sinne von FRANCK und HERZFELD. Von diesem Standpunkt aus könnte man die normale Photosynthese in der grünen Zelle als Spezialfall der CO_2-Reduktion bezeichnen, bei dem die Bildung von H-Donatoren, bzw. von aktivem Wasserstoff, mit Hilfe von Lichtenergie erfolgt. Andernfalls müßte man Scenedesmus mehrere verschiedene Apparate der CO_2-Reduktion zusprechen, die je nach den Außenbedingungen einander vertreten können.

VI. Einfluß äußerer und innerer Faktoren auf die CO_2-Assimilation.

1. **Lichtintensität.** Über die Beziehungen zwischen Lichtintensität und Assimilationsleistung liegen keine neuen Befunde von wesentlicher Bedeutung vor. Lichtassimilationskurven bis zu den höchsten Lichtstärken, bei denen sich selbst in Chlorella bereits Photooxydationsprozesse deutlich bemerkbar machen (über 400000 Lux), bringen MYERS und BURR. Im Bereich natürlicher Beleuchtungsstärken findet B. S. MEYER im Fall von Ceratophyllum weitgehende Proportionalität zwischen Lichtstärke und Assimilationsüberschuß, d. h. die Tageskurve der Assimilation verläuft mit dem Gang der Lichtintensität nahezu konform; innere Faktoren sind hier von untergeordneter Bedeutung für die assimilatorische Stoffproduktion (vgl. auch NOGUTI). SĂLĂGEANU greift die alte Frage nach den Ursachen für die verschiedene Lage des Kompensationspunktes wieder auf. Danach ist es in den untersuchten Fällen die erhöhte Atmung von Sonnenblättern für die im Vergleich mit Schattenblättern gleicher Spezies hohe Lage des Kompensationspunktes verantwortlich zu machen. Das gleiche gilt offenbar für den relativ hohen Kompensationspunkt von jungen Blättern, während bei aurea-Blättern die Lage des Gaswechselgleichgewichts im

[1] CZURDA hat inzwischen gezeigt, daß NAKAMURA bei der Beschreibung von „öligem" Schwefel als assimilatorischem Nebenprodukt in solchen Algenzellen ein Irrtum unterlaufen ist. Es dürfte sich um Stoffwechselprodukte anderer Art handeln. Diese Kritik berührt nicht den Befund, daß die assimilatorische CO_2-Aufnahme bei Scenedemus im H_2S-haltigen Medium bei Unterbindung der O_2-Abgabe weiterläuft. Die Annahme allerdings, daß hier H_2S intrazellulär unmittelbar am Assimilationsort an Stelle der durch H_2S vergifteten Katalase die Beseitigung von H_2O_2 aus dem Assimilationsvorgang übernimmt (vgl. Fortschr. Bot. 9, 206), scheint in Frage gestellt zu sein.

Bereich höherer Lichtstärken durch eine im Vergleich zu grünen Kontrollblättern niedrigere Assimilation bedingt ist.

2. Lichtqualität. Die ausführliche Arbeit von BAATZ (2) (vgl. Fortschr. Bot. 9, 211) behandelt die Abhängigkeit der Stoffproduktion von der Wellenlänge bei braungelben Einzellern (centr. Diatomeen). Die im energiegleichen Rot-, Grün- und Blaulicht stattfindende Zellvermehrung kann man hier ohne Bedenken als Maß der CO_2-Assimilation einsetzen. Im Bereich wachstumbegrenzender Lichtintensitäten, also unterhalb der Lichtsättigung der Zellvermehrung ,liegt das Optimum des Stoffgewinns im Grün, dem in der Wirksamkeit das blaue und dann erst das rote Licht folgt. Absorptionsmessungen an den Zellsuspensionen liegen nicht vor, doch deutet der Befund deutlich genug darauf hin, daß die Assimilation hier (wie offenbar bei den Fukoxanthinalgen) unter Mitwirkung der Karotinoide vor sich geht, deren Absorption in vivo wahrscheinlich stark ins grüne Gebiet hinein verschoben ist. Bei Scenedesmussuspensionen entspricht dagegen die Lichtabhängigkeit der Teilungsrate mit einem Rotmaximum und Grünmaximum eher der Chlorophyllabsorption. — BODE verfolgt in Fortsetzung der Arbeit von SIMONIS die Anpassung von Pigmentgarnitur und Assimilationsleistung an farbiges Anzuchtlicht bei Fontinalissprossen. Das Rotmaterial zeigt eine leichte Zunahme des Chlorophylls und eine Verminderung der Karotinoide, bei Blaumaterial finden sich die umgekehrten Verhältnisse. Die Photosynthese verhält sich ganz entsprechend, indem die im Rotlicht aufgezogenen Sprosse im roten Versuchslicht besser assimilieren als im blauen, das Blaumaterial umgekehrt im Blau besser als im Rot. Die Unterschiede sind mit rund 15% nicht allzu deutlich, und man möchte daher wünschen, daß bei späteren Untersuchungen dieser Art durch Absorptionsbestimmungen geklärt werden kann, wieweit durch die Aufzucht im farbigen Licht tatsächlich die „optischen Mengen" der Farbstoffe eine Adaptation zeigen (vgl. dazu SEYBOLD [4]). Erst dann wird man mit BODE die beobachtete Adaptation der Photosynthese vorwiegend auf die Änderungen in der Pigmentgarnitur zurückführen können und die Beteiligung plasmatischer Faktoren ausschließen dürfen. Auch muß betont werden, daß die Erklärung BODES eine Mitbeteiligung der Karotinoide am Assimilationsprozeß in grünen Zellen voraussetzt, wie sie in diesem Ausmaß zumindest noch nicht experimentell gesichert ist. Interessant, aber einer Erklärung noch nicht zugänglich, ist die Beobachtung, daß auch die Atmung des Fontinalismaterials Anpassungserscheinungen zeigt, was sich sowohl bei der Nachatmung im Anschluß an farbige Versuchsbelichtung als auch an der Atmung belichteter Sprosse im CO_2-freien Raum erkennen läßt.

Wieweit neben dem Chlorophyll die anderen Pigmente Energie einbringen können und damit die assimilatorisch wirksame Absorption des Chlorophylls komplettieren, interessiert besonders bei den Chlorophyll-a-Pflanzen. Ob hier ein optischer und assimilatorischer Ersatz des Chlorophyll b durch Karotinoide (oder auch andere Algenpigmente) in Frage kommt, ist noch nicht entschieden (vgl. dazu MONTFORT [1, 5] und OPPENHEIMER). Vom Standpunkt der SEYBOLDschen Hypothese aus, die dem Chlorophyll b die Aufgabe der Polymerisation von Zucker zu Assimilationsstärke zuschreibt, ist diese Frage freilich weniger aktuell. Leider besteht wenig Aussicht, Komplementfarbstoffe zum Chlorophyll dem Chloroplasten künstlich zuzuführen, ohne seine Funktionsfähigkeit lahmzulegen. Auch mit Rhodamin B nach STRUGGER gefärbte Helodeachloroplasten können nicht — was zunächst nahe lag — auf Komplementärassimilation im Grün geprüft werden, da die Färbung im Licht Schädigungen hervorruft (PIRSON u. ALBERTS), die vornehmlich photodynamischer Natur sind (GESSNER). Selbst dieser ausgesprochene ,,Vital"farbstoff wird eben nur in den Plastiden eingeführt, nicht aber in einem Bindungs- und Verteilungszustand eingebaut, welcher dem des Chlorophylls gleichwertig ist.

BAATZ (1) weist nach, daß bei Bodenalgen eine Ausnutzung von infrarotem Licht der Wellenlängen von 800—1000 mμ für die Stoffproduktion nicht in Frage kommt. Noch weniger dürften die längerwelligen Infrarotstrahlen in diesem Sinne wirken, was FEHÉR und FRANK ursprünglich zur Erklärung eines scheinbar autotrophen Wachstums von Cyanophyceen in tieferen Bodenschichten annahmen. Neuerdings vertritt FEHÉR (4, 6) die Auffassung, daß eine kurzwellige γ-Strahlung zahlreicher Elemente, deren reizphysiologische Wirkung er in zahlreichen Versuchsreihen aufzuzeigen sucht (1—3), auch die Stoffproduktion niederer und höherer Pflanzen günstig beeinflußt. Solange der Nachweis der fraglichen Strahlung nur auf biologischem Wege erfolgt (5), fehlt der Hypothese eine exakte Grundlage, womit sie vorläufig derselben Kritik ausgesetzt ist wie frühere Vermutungen ähnlicher Art, etwa die von STOKLASA behauptete Förderung des Pflanzenwachstums durch die radioaktive Strahlung des Kaliums.

3. **Kohlensäurekonzentration.** LIVINGSTON u. FRANCK untersuchen das Verhalten der Photosynthese an Hydrangeablättern im Bereich hoher CO_2-Konzentrationen (20 Vol.-%). Eine stärkere Hemmung tritt nur bei hoher Lichtintensität auf, scheint also den Blackman-Mechanismus zu betreffen. Im übrigen hängt die CO_2-Empfindlichkeit stark von Vorleben und Vorbehandlung ab und kann durch allmählich gesteigerte CO_2-Gaben erhöht werden. — Beziehungen zwischen Photosynthese und CO_2-Konzentration bilden das Hauptthema der umfangreichen Arbeit von K. J. POPOFF über die Assimilation abgeschnittener Landpflanzenblätter nach Untertauchen in Wasser. Die Optimumkurve, welche das Verhalten der Photosynthese bei zunehmender CO_2-Gabe wiedergibt, verschiebt sich nach dem Untertauchen weit in das Gebiet höherer Konzentrationen, so daß die Photosynthese erst bei einem CO_2-Gehalt von 10—18% (in gebundener Form) optimal wird.

Durch verschiedene Versuchsanstellungen kann POPOFF zeigen, daß die Kohlensäureversorgung der assimilierenden Zellen bedeutend erschwert ist, wenn die Gasphase völlig ausgeschaltet wird und CO_2 daher nur auf dem Wege durch die Flüssigkeit zu der Zelle gelangen kann. So sind benetzbare Blätter in ihrem Assimilationsverhalten empfindlicher als unbenetzbare, ihre Assimilation kann nur durch entsprechende stärkere Erhöhung der CO_2-Konzentration auch unter Wasser auf einigermaßen normaler Höhe gehalten werden. Das gleiche gilt für den Vergleich von infiltrierten und nicht infiltrierten Blättern. Daß zur Erreichung einer kräftigeren Assimilation viel höhere Außenkonzentrationen von CO_2 erforderlich sind, wenn man den untergetauchten Blättern durch entsprechende Versuchsanstellung die Kohlensäure ausschließlich durch die Oberseite zuführt, ist nicht verwunderlich. In diesem Falle hemmen selbst die höchsten CO_2-Gaben die Photosynthese noch nicht. Aus allen Versuchen geht deutlich hervor, daß man die starke Assimilationshemmung von Luftblättern bei gelegentlicher Überflutung am Standort in erster Linie der erschwerten Kohlensäureversorgung zuschreiben muß. Durch Erhöhung der CO_2-Konzentration kann man im Experiment diese Assimilationshemmung weitgehend beheben und so die untergetauchten Blätter unter Umständen tagelang bei gleichmäßiger Assimilation erhalten, was auch von methodischem Interesse ist.

4. Innere Faktoren. Von den vielen „inneren Faktoren", welche die Photosynthese mitbestimmen und damit die experimentelle Beeinflussung und vergleichende Beurteilung von Assimilationsleistungen so besonders erschweren, ist der Chlorophyllgehalt am leichtesten einer Untersuchung zugänglich. — Daß der Tagesverlauf der Assimilation bei Freilandpflanzen in manchen Fällen mit gleichsinnigen kurzfristigen Änderungen des Chlorophyllgehalts Hand in Hand geht (Bukatsch [1, 2], Wendel), wird von Seybold energisch bestritten, der eine derart ungewöhnliche Labilität des Pigmentapparats nicht bestätigen konnte. Bukatsch (3) wendet sich gegen die Kritik seiner Methodik (es handelt sich wieder einmal um die chromatographische Adsorptionsanalyse), räumt aber ein, daß die vermutete Beziehung zwischen Chlorophyll- und Assimilationsschwankungen erst durch sorgfältige Weiteruntersuchung erwiesen werden könnte. — Seybold und Weissweiler haben festgestellt, daß die Unterschiede in der Lichtabsorption von Sonnen- und Schattenblättern sowie von aurea- und Normalblättern viel geringer sind, als der Augenschein und die mengenmäßigen Differenzen im Chlorophyllgehalt vermuten lassen. Sie schließen daraus, daß der Chlorophyllgehalt keineswegs so maßgeblich für die Assimilationsleistung ist, wie man zunächst annehmen möchte, und daß insbesondere kleine Unterschiede im Pigmentgehalt, wie sie z. B. bei Bode vorkommen, weder Absorption noch Assimilation wesentlich beeinflussen können; das Chlorophyll sei eben dem zu absorbierenden Licht gegenüber „im Überschuß" vorhanden.

Diese zweifellos wichtigen Befunde dürfen freilich nicht dazu verleiten, daß nunmehr umgekehrt der Einfluß der Pigmentmenge auf die photosynthetische Leistungsfähigkeit unterschätzt wird. Es sei darauf hingewiesen, daß die Absorption der aurea-Plastiden zu derjenigen der normalen Parallelen nach Seybold u. Weissweilers Überlegungen sich in der ersten Chloroplastenschicht immerhin wie 1 : 3 verhält, während die Gesamtabsorption beider Blattypen im Verhältnis von 1 : 1,5 steht. Daraus ergibt sich auch, daß der anatomische Bau (Anzahl der sich deckenden Plastidenschichten) mit darüber entscheidet, wieweit ein verschiedener Chlorophyllgehalt in Absorption und Assimilation des Blattes zum Ausdruck kommen kann. Bei Fontinalisblättchen (BODE!) ist danach eine Steuerung der Assimilationsleistung durch den Chlorophyllgehalt eher denkbar als bei vielschichtigen Laubblättern. Bei dünnen Algensuspensionen ist ein Anstieg der Assimilation mit zunehmendem Chlorophyllgehalt unverkennbar (PIRSON). — Daß das Chlorophyll im Blatt „im Überschuß" vorhanden sei, ist eine leicht irreführende Feststellung. „Im Überschuß" ist der Farbstoff streng genommen erst, wenn ein Teil seiner Moleküle keine Möglichkeit zur Absorption hat, d. h. totale Absorption vorliegt, wie z. B. in WARBURGS Versuchen zur Bestimmung der Quantenausbeute sehr dichter Chlorellasuspensionen. Diese Bedingung ist bei den SEYBOLDschen Messungen nicht gegeben.

Vom physikalischen Standpunkt aus scheint es also zweckmäßig zu sein, die Assimilationsleistung nicht auf die Pigmentmenge (Assimilationszahl WILLSTÄTTERS), sondern auf die Absorption zu beziehen (SEYBOLD u. WEISSWEILER), wofür freilich zur Zeit die methodischen Voraussetzungen nur selten gegeben sein dürften. Will man den Einfluß eines anderen inneren Faktors auf die Ausnutzung einer bestimmten Chlorophyllmenge im Assimilationsvorgang kennzeichnen, so ist gegen die Verwendung des Quotienten Chlorophyll/reduzierte Kohlensäure nichts einzuwenden. In Chlorellakulturen hängt dieser Quotient stark vom Vorleben der Zellen, besonders vom Nährstoffgehalt des Mediums und vom Alter der Kulturen ab (vgl. PIRSON, VAN HILLE). Wie sehr sich ein „Altersfaktor" in Algenkulturen (nicht vergleichbar mit Alterserscheinungen im Laubblatt!) anderen Erscheinungen überlagern kann, zeigt erneut die Arbeit von SCHULTE, die sich mit dem stoffwechselphysiologischen Verhalten von Chlorellakulturen bei Kali-, Magnesium- und Phosphormangel befaßt. EMERSON, GREEN u. WEBB finden, daß der Quotient Chlorophyll/reduzierte Kohlensäure selbst bei voller Lichtsättigung in der Lichtblitzapparatur keine Konstante abgibt, sondern auch unter diesen Versuchsbedingungen vom Vorleben der Algenzellen beeinflußt bleibt; der in Frage kommende „innere Faktor" wirkt somit nicht über eine Verschiebung der Chlorophyllausnutzung ins Gebiet höherer Lichtstärken. Bei höheren Pflanzen greifen innere Faktoren naturgemäß noch stärker in den Assimilationsmechanismus ein. Nach BUKATSCH (5, 6) besteht in Getreideblättern keine zwangsläufige Kopplung zwischen Chlorophyllgehalt und Assimilationsleistung; immerhin wird eine gleichsinnige Beeinflussung von Chlorophyllgehalt und CO_2-Aufnahme unter der Wirkung verschiedener mineralischer Ernährung mehrfach beobachtet. Reichliche Magnesiumgabe zu Sandkulturen erhöht andrerseits den assimilatorischen CO_2-Verbrauch unabhängig vom Chlorophyllgehalt; zugleich konnte im Preßsaft der so behandelten Pflanzen ein gesteigertes CO_2-Bindungsvermögen beobachtet werden. Die naheliegende ursächliche Verknüpfung beider Effekte unter Hinweis auf die Arbeiten von ARENS befriedigt heute nicht mehr völlig, da wir bei der CO_2-Belieferung der Zelle neben der zweifellos vorhandenen Überträgerwirkung von Karbonaten bzw. Hydroxyden noch andere

Mechanismen in Rechnung zu setzen haben (s. oben). Wenn BUKATSCH glaubt, die chlorophyllunabhängige Momentansteigerung der Photosynthese bei Kaligaben (PIRSON) in entsprechender Weise „neu" deuten zu können, so ist zu bemerken, daß dieser Gesichtspunkt von PIRSON (1, 2) bereits mehrfach erörtert wurde. Aus den dabei angeführten Gegengründen ist es wenig wahrscheinlich, daß die CO_2-Versorgung den inneren Faktor darstellt, der die Assimilationsänderungen in Chlorella bei Mineralsalzmangel bestimmt. — Bei zweihäusigen Arten zeigen nach WEILING beide Geschlechter ein verschiedenes Assimilationsverhalten, doch lassen sich hierfür keine allgemeingültigen Regeln aufstellen. Bei Rumex sind z. B. die weiblichen Pflanzen während des frühen Rosettenstadiums mit ihrer Assimilation im Vorsprung, doch gleichen sich die Unterschiede später wieder aus. Während der Blühreife wird ein Minimum der CO_2-Aufnahme beobachtet, andererseits erreicht die Assimilation offenbar zur Zeit der Fruchtbildung ihren Höchstwert. Ob die hier wirksamen Faktoren Hormon- bzw. Hemmstoffcharakter haben, bedarf noch genauerer Untersuchung.

5. **Hemmende und fördernde Substanzen.** GREENFIELD untersucht in Ergänzung früherer Arbeiten anderer Autoren die Wirkung zahlreicher anorganischer Verbindungen auf die Photosynthese von Chlorella in Stark- und Schwachlicht (photochemische und BLACKMANsche Reaktion). Stoffe, die nur die photochemische Teilreaktion beeinflussen, wurden erwartungsgemäß nicht gefunden, dagegen hemmen $ZnSO_4$, $NiSO_4$ und KCl in höherer Konzentration nur die Dunkelreaktionen, womit natürlich eine Giftwirkung dieser Stoffe am Assimilationsort selbst keineswegs erwiesen ist. Andere Salze, wie $CuSO_4$, KJ, $(NH_4)_2SO_4$ u. a., setzen den Assimilationsapparat in seiner Gesamtheit außer Funktion, manche erst im Bereich osmotisch wirksamer Konzentrationen ($MnSO_4$, $MgSO_4$, KNO_3). Im Gegensatz dazu stellen RICHTER und VASSILIEVA die experimentell ungenügend begründete Behauptung auf, daß die Assimilation verschiedener Blätter durch Besprühen mit oligodynamisch wirksamen Elementen bis aufs Doppelte der vorherigen Werte gesteigert werden könne. LAURIE und WITT finden die Assimilation von Rosenblättern nach Besprühen mit handelsüblichen Pflanzenschutzmitteln ohne merkliche Veränderung im Chlorophyllgehalt mehrere Tage lang reversibel gehemmt. Von assimilations- und atmungsfördernder Wirkung einer Ascorbinsäurebehandlung bei Wasserpflanzen berichtet erneut BUKATSCH (3); die beobachtete Steigerung der Photosynthese liegt zwischen 2 und 48%. Da er mit ziemlicher Sicherheit in grünen Blättern und Chloroplastensedimenten das Vorkommen von Ascorbinsäure bzw. Dehydroascorbinsäure feststellen konnte (vgl. dazu auch WEBER), bleibt er weiterhin der Auffassung, daß das Redoxsystem des Vitamin C am Mechanismus der Photosyn-

these unmittelbar beteiligt sei (vgl. Fortschr. Bot. 9, 205). Formal macht es ja auch keine Schwierigkeiten, die Ascorbinsäure als Wasserstoffdonator in einem der Assimilationschemen unterzubringen. Beiläufig sei erwähnt, daß auch die Photooxydation im Blattpreßsaft durch Zugabe von Ascorbinsäure erheblich gesteigert werden kann (FRANCK u. FRENCH).

Literatur.

AUFDEMGARTEN, H.: Planta (Berl.) **29**, 643—678 (1939).

BAAS-BECKING, L. G. M., u. E. A. HANSON: Proc. kon. Akad. Wetensch. Amsterdam **40**, 752—755 (1937). — BAATZ, I.: (1) Arch. Mikrobiol. **10**, 508—514 (1939). — (2) Planta (Berl.) **31**, 726—766 (1941). — BARKER, H. A., S. RUBEN u. M. D. KAMEN: Proc. nat. Acad. Sci. USA. **26**, 426 (1940). — BARRENSCHEEN, H. K., J. PANY u. E. SRB: Biochem. Z. **310**, 335—343 (1942). — BAUR, E., u. M. NAMEK: Helvet. chim. Acta **23**, 1101—1110 (1940). — BENNE, E. J.: J. Assoc. offic. agricult. Chemists **24**, 526—539 (1941). — BLINKS, L. R., u. R. K. SKOW: Proc. nat. Acad. Sci. USA. **24**, 420 (1938). — BODE, O.: Jb. Bot. **89**, 208 (1940). — BÜCHER, TH., u. E. NEGELEIN: (1) Naturwiss. **1941**, 591. — (2) Biochem. Z. **311**, 163—187 (1942). — BUKATSCH, F.: (1) Z. ges. Naturwiss. **5**, 263—272 (1939). — (2) Ebenda **6**, 197—198 (1940). — (3) Ebenda **8**, 79—86 (1942). — (4) Planta (Berl.) **31**, 209—221 (1940). — (5) Jb. Bot. **90**, 293—334 (1942). — (6) Ebenda **90**, 592—593 (1942).

COMAR, C. L., u. F. P. ZSCHEILE: Plant Physiol. **16**, 651—653 (1941). — CZURDA, V.: Zbl. Bakter. II **103**, 285—311 (1941).

DELEANO, N. T., u. J. DICK: Biochem. Z. **300**, 37—41 (1939).

EICHHOFF, H. J.: Biochem. Z. **303**, 112—131 (1939). — EMERSON, R.: Cold Spring Harbour Symp. Quant. Biol. **3**, 128 (1935). — EMERSON, R., u. W. ARNOLD: (1) J. gen. Physiol. **15**, 391 (1932). — (2) Ebenda **16**, 191 (1932). — EMERSON, R., L. GREEN u. J. L. WEBB: Plant Physiol. **15**, 311—317 (1940). — EMERSON, R., u. CH. M. LEWIS: (1) Amer. J. Bot. **26**, 808—822 (1939). — (2) AASS Meeting, Seattle, June 20, 1940, s. bei FRANCK u. GAFFRON. — EVANS, E. A., u. L. SLOTIN: J. biol. Chem. **136**, 805 (1940).

FEHÉR, D.: (1) Mitt. bot. Inst. Sopron **1940**, H. 1, 1—7. — (2) Ebenda **1940**, H. 2, 1—19. — (3) Ebenda **1941**, H. 4, 1—20. — (4) Ebenda **1942**, H. 6, 1—16. — (5) Ebenda **1942**, H. 8, 1—30. — (6) Mitt. Bewässerungswes. **11/12**, 1—7 (1942). — FEHÉR, D., u. M. FRANK: Arch. Mikrobiol. **10**, 247—264 (1939). — FERGUSON, F. F., W. S. DE LOACH u. L. W. WEBB jr.: Plant Physiol. **15**, 559—560 (1940). — FERGUSON, F. F., u. L. W. WEBB jr.: Ebenda **16**, 210—211 (1941). — FISCHER, F. G., u. K. HULTZSCH: Biochem. Z. **299**, 104 (1938). — FISCHER, H.: Naturwiss. **28**, 401—405 (1940). — FISHMAN, M., u. L. S. MOYER: J. gen. Physiol. **25**, 755—764 (1942). — FOSTER, J. W.: J. gen. Physiol. **24**, 123—124 (1940). — FRANCK, J., u. C. S. FRENCH: Ebenda **25**, 309—324 (1941). — FRANCK, J., C. S. FRENCH u. T. PUCK: Mitgeteilt durch FRANCK u. GAFFRON. — FRANCK, J. u. H. GAFFRON: Advanc. Enzymol. **1**, 199—262 (1941). — FRANCK, J., u. K. HERZFELD: (1) J. chem. Physics **5**, 237 (1937). — (2) J. physic. Chem. **45**, 978—1025 (1941). — FRANCK, J., u. R. LIVINGSTON: J. chem. Physics **9** (1941); mitgeteilt durch FRANCK u. HERZFELD. — FRANCK, J., u. E. TELLER: Ebenda **6**, 861 (1938). — FRENCH, C. S.: (1) J. gen. Physiol. **20**, 711 (1937). — (2) Ebenda **23**, 483—494 (1940). — FRENKEL, A. W.: Plant Physiol. **16**, 654—655 (1941).

GAERTNER, H.: Bodenkde u. Pflanzenern. **5**, 234 (1937). — GAFFRON, H.: (1) Naturwiss. **25**, 460, 715 (1937). — (2) Ann. Rev. Biochem. **8**, 483 (1939). — (3) Amer. J. Bot. **27**, 204—216 (1940). — (4) Ebenda **27**, 273—283 (1940). —

(5) Science (N. Y.) **1940** I, 529—530. — GAFFRON, H., u. K. WOHL: Naturwiss. **24**, 81, 103 (1936). — GESSNER, F.: Planta (Berlin) **32**, 1—5 (1941). — GREENFIELD, S. S.: Science (N. Y.) **93**, 550—551 (1941).

HANSON, E. A.: Rec. Trav. bot. néerl. **36**, 180—267 (1939). — HARTELIUS, V.: Biochem. Z. **305**, 396—404 (1940). — HILL, R., u. H. LEHMANN: Biochem. J. **35**, 1190—1199 (1941). — HILL, R., u. R. SCARISBRICK: (1) Nature (Lond.) **1940**, 61—62. — (2) Proc. roy. Soc. Lond. B **129**, 238—255 (1940). — HILLE, J. C. VAN: Rec. Trav. bot. néerl. **35**, 680—757 (1938). — HUBERT, B.: Ebenda **32**, 323 (1935)

JURACEC, A.: Bull. Sect. Sci. Acad. roum. **23**, 111—116 (1940).

KATZ, E., u. E. C. WASSINK: Enzymologia (Haag) **7**, 97—112 (1939). — KAUTSKY, H., u. W. ZEDLITZ: Naturwiss. **1941**, 101—102 (1941). — KEILIN, D., Proc. Roy. Soc. London Ser. B **100**, 129 (1926). — KOMOR, J.: Biochem. Z. **305**, 381—395 (1940). — KOPP, CH.: Ebenda **310**, 191—206 (1942). — KREBS, H. A., u. EGGLESTON: Biochem. J. **34**, 1383—1395 (1940). — KROSSING, G.: Biochem. Z. **305**, 359—373 (1940). — KUHN, R., u. H. J. BIELIG: Ber. dtsch. chem. Ges. **73**, 1080 bis 1091 (1940). — KYLIN, H.: Kungl. fysiograph. Sällsk. Lund Förh. **9**, 213--231 (1940).

LAURIE, A., u. D. J. WITT: Proc. amer. Soc. Hortic. Sci. **38**, 655—657 (1941). — LIEBICH, H.: Z. Bot. **37**, 129—157 (1941). — LIVINGSTON, R., u. J. FRANCK: Amer. J. Bot. **27**, 449 (1940).

MCALISTER, E. D., u. J. MYERS: Smithson. Misc. Coll. **99**, Nr. 6 (1940). — MENKE, W.: (1) Hoppe-Seylers Z. **263**, 100—103 (1940). — (2) Naturwiss. **28**, 31 (1940). — MENKE, W., u. E. JACOB: Hoppe-Seylers Z. **272**, 227—231 (1942). — MEVIUS, W.: Jb. Bot. **81**, 327—382 (1935). — MEYER, B. S.: Amer. J. Bot. **26**, 755—760 (1939). — MEYER, K. P.: Helvet. phys. Acta **12**, 349—393 (1939). — MOMMAERTS, W. F. H. M.: Proc. nederl. Akad. Wetensch. **43**, 1044—1049 (1940). — MONTFORT, C.: (1) Ber. dtsch. bot. Ges. **59**, 320—332 (1941). — (2) Naturwiss. **1941**, 238. — (3) Planta (Berl.) **32**, 118—119 (1941). — (4) Ebenda **32**, 121—149 (1941). — (5) Bot. Archiv **43**, 322—392 (1942). — MICHELS, H.: Z. Bot. **35**, 241 bis 270 (1940). — MYERS, J.: Älant Physiol. **15**, 575—588 (1940). — MYERS, J., u. G. O. BURR: J. gen. Physiol. **24**, 45—67 (1940).

NAKAMURA, H.: (1) Acta phytochim. (Tokyo) **11**, 109—125 (1939). — (2) Jap. J. of Bot. **11**, 221—236 (1941). — NEISH, A. C.: Biochem. J. **33**, 293—300 (1939). — NEZGOVOROV, L.: (1) C. r. Acad. Sci. URSS., N. s. **29**, 624—627 (1940). — (2) Ebenda N. s. **30**, 260—263 (1941). — NIEL, C. B. VAN: Advanc. Enzymol. **1**, 263 (1941). — NOACK, K.: (1) Z. Bot. **17**, 481—548 (1925). — Ref. in Bot. Zbl. **36**, 38 (1942). — NOACK, K., u. H. LIEBICH: Naturwiss. **29**, 303 (1941). — NOACK, K., u. E. TIMM: Naturwiss. **30**, 453 (1942). — NODDACK, W., u. H. J. EICHHOFF: Z. physik. Chem., Abt. A **185**, 241—259 (1939). — NODDACK, W., u. CH. KOPP: Ebenda Abt. A **187**, 79 (1940). — NOGUTI, Y.: Jap. J. of Bot. **11**, 167—191 (1941).

OLSEN, C.: C. r. Trav. Labor. Carlsberg, sér. chim. **24**, 99—103 (1942). — OPPENHEIMER, J. R.: Physiologic. Rev. **60**, 158 (1941). — ORNSTEIN, L. S., E. C. WASSINK, G. H. REMAN u. D. VERMEULEN: Enzymologia (Haag) **5**, 110—118 (1938). — OWTSCHINNIKOW, N. N.: C. r. Acad. Sci. URSS., N. s. **31**, 163—164 (1941).

PACE, N.: J. of biol. Chem. **140**, 483—489 (1941). — PIRSON, A.: (1) Planta (Berl.) **29**, 231—261 (1939). — (2) Ernährg d. Pfl. **36**, 25—31 (1940). — PIRSON, A., u. F. ALBERTS: Protoplasma (Berl.) **35**, 131—136 (1940). — POPOFF, K. J.: Jb. Bot. **89**, 754—831 (1941). — PRUCKNER, F.: (1) Z. physik. Chem., Abt. A **187**, 257—275 (1940). — Ebenda Abt. A **190**, 101—125 (1942).

RICHTER, A. A., u. N. G. VASSILIEVA: C. r. (Doklady) Acad. Sci. URSS., n. S. **9**, 659—660 (1941). — RIEKE, F. F.: Mitgeteilt durch FRANK u. GAFFRON. — RUBEN, S., u. M. D. KAMEN: (1) J. amer. chem. Soc. **62**, 3451—3455 (1940). — (2) Proc. nat. Acad. Sci. USA. **26**, 418 (1940). — RUBEN, S., M. D. KAMEN u.

W. Z. Hassid: J. amer. chem. Soc. **62**, 3443—3450 (1940). — Ruben, S., M. D Kamen u. L. H. Perry: Ebenda 62, 3450—3451 (1940).

Sălăgeanu, N.: Mem. Sect. Sci. Acad. Rom, Ser. III 4, 1—36 (1941). — Scheibe, G.: Z. Elektrochemie 47, 73—80 (1941). — Scheibe, G.: R. Müller u. R. Schiffmann: Z. physik. Chem., Abt. B **49**, 324—333 (1941). — Seybold, A.: (1) Sitzgsber. Heidelberg. Akad. Wiss. **1940**, 8. Abh., 20 S. — (2) Bot. Archiv **42**, 254—288 (1941). — (3) Ebenda 43, 71—77 (1941). — (4) Ref. in Z. Bot. **37**, 125 (1941). — (5) Scientia (Milano) **71**, 19—23 (1942). — (6) Ber. deutsch. bot. Ges. **60**, Gen.-Vers.-Heft S. 64 (1942). — Seybold, A., u. K. Egle: (1) Bot. Archiv **40**, 560—570 (1940). — (2) Ebenda **41**, 578—603 (1940). — (3) 43, 78—83 (1941). — Seybold, A., K. Egle u. W. Hülsbruch: Ebenda **42**, 239—253 (1941). — Seybold, A., u. A. Weissweiler: (1) Ebenda **43**, 252—290 (1942). — (2) Ebenda **44**, 102—153 (1942). — Simonis, W.: Planta (Berl.) **29**, 129—164 (1938). — Smith, E. L.: (1) J. gen. Physiol. **24**, 565—582 (1941). — (2) Ebenda **24**, 583—596 (1941). — Smith, E. L., u. E. G. Pickels: Ebenda **24**, 753—764 (1941). — Smith, J. C. H.: Plant Physiol. **15**, 183—224 (1940). — Smith, J. C. H., u. D. B. Cowie: Ebenda **16**, 257—271 (1941). — Stoklasa, J., u. Penkava: Biologie des Radiums. Berlin 1932. — Stoll, A., E. Wiedemann u. A. Rüegger: Verh. schweiz. naturforsch. Ges. **1941**, 125—126. — Schulte, E.: Bodenkde u. Pflanzenern. **26**, 246—269 (1942).

Timm, E.: Z. Bot. **38**, 1—25 (1942).

Wassink, E. C., u. E. Katz: Enzymologia (Haag) **6**, 145—172 (1939). — Wassink, E. C., E. Katz u. R. Dorrestein: Ebenda **7**, 113—129 (1939). — Webb jr., L. W., u. F. F. Ferguson: Plant Physiol. **16**, 425—427 (1941). — Weber, F.: Forsch.dienst **16** (Sonderh.), 300—303 (1942). — Weiling, J. F.: Jb. Bot. **89**, 157 (1940). — Wendel, K.: Z. ges. Naturwiss. **6**, 327 (1940). — Winter-Günther: Jb. Bot. **83**, 210—269 (1936). — Wohl, K.: (1) New Phytologist **39**, 33 (1940). — (2) Ebenda **40**, 34—55 (1941). — Wood, H. G., u. C. H. Werkman: Biochem. J. **34**, 7 (1940).

Zeuch: Planta (Berl.) **22**, 614—643 (1934). — Zirpel, W.: Z. Bot. **36**, 538 bis 561 (1941).

12. Stoffwechsel organischer Verbindungen II.

Von KARL PAECH, Leipzig.

Der Beitrag folgt in Bd. XII.

13. Ökologische Pflanzengeographie.

Von HEINRICH WALTER, Posen.

Der Beitrag folgt in Bd. XII.

D. Physiologie der Organbildung.

14. Vererbung.

Von EDGAR KNAPP, Straßburg (Els.).

Vorbemerkung: In diesem Bericht sollen die auf dem Gebiet der Vererbungsforschung an Pflanzen in den Jahren 1940 und 1941 gewonnenen Fortschritte dargestellt werden mit Ausnahme der zytogenetischen Arbeiten, die in einem besonderen Kapitel behandelt sind. Enge Berührungspunkte ergeben sich auch mit dem Kapitel Entwicklungsphysiologie, so daß nicht immer eine klare Trennung möglich ist.

Es kann sich aber nicht darum handeln, auf alle wertvollen Einzelarbeiten hinzuweisen. Diese Aufgabe mögen die Referierorgane erfüllen. Vielmehr wurde versucht, einige der Probleme von allgemeinerer Bedeutung, die mir in den Berichtsjahren wesentliche Förderung erfahren zu haben schienen, so darzustellen, daß auch der Fernerstehende sich danach ein Bild vom Stand des Problems und den darin erzielten Fortschritten machen kann. Wenn manches, was von diesem Gesichtspunkt aus hätte behandelt werden müssen, fehlt oder unvollständig ist, so möge dies einer Reihe äußerer, die Arbeit erschwerender Umstände zugeschrieben werden. Es wird versucht werden, im nächsten Jahr das Fehlende zu ergänzen, soweit mir die Literatur zugänglich sein wird.

I. Bemerkenswerte, neu aufgefundene Erbunterschiede.

CLARK berichtet über eine neue, beim Mais nach UV-Bestrahlung aufgetretene rezessive Mutante *dv* (divergent spindle). Die Mutation bewirkt, daß die Spindelfasern im 1. Schritt der R.T. gegen die Pole hin divergieren, statt zu konvergieren. Dies hat zur Folge, daß die Chromosomen durch die Anaphase 1 nicht zu einem einzigen Telophasekern an beiden Polen gesammelt werden, sondern sich eine Anzahl kleiner Kerne bildet, von denen jeder ein bis mehrere Chromosomen enthält. Als Folge der Vielkernigkeit werden in der 2. meiotischen Teilung mehrere Spindeln gebildet, was zu einer größeren Anzahl von ein- bis mehrchromosomigen Kernen als Ergebnis der Meiose führt. Es bilden sich vier bis viele Gonen aus einem Gonotokonten, wobei jede Gone einen oder mehrere Kerne enthalten kann. Es ist aber bemerkenswert, daß Gonen (Sporen), die mindestens einen vollständigen Chromosomensatz enthalten, sich normal entwickeln können, auch wenn das Genom auf mehrere Kleinkerne verteilt ist. Nach der 1. Teilung im Pollenkorn kann die Vielkernigkeit verlorengehen, und alle Chromosomen können wieder in einem einzigen, normalen Kern gesammelt werden. Ein schönes Beispiel dafür, wie durch einen einfach mendelnden Unterschied der ganze Verteilungsmechanismus der Chromosomen gestört werden kann und dadurch tiefgreifende Einflüsse auf das Erbgeschehen ausgelöst werden.

II. Analysen auf normaler mendelistischer Grundlage.

In der Gruppe von *Chlamydomonas eugametos*, dieser Volvocinee, die sich in der Hand von MOEWUS als glänzendes genetisches Objekt erwiesen hat, konnten Allele von 42 Loci analysiert werden (MOEWUS [1, 2]). Neben morphologischen Eigenschaften, wie Zellform, Zellgröße, Geißellänge, Lage des Pyrenoids, Zygotenfarbe und vielen andern werden auch physiologische Merkmale, wie p_H-Resistenz, Temperaturresistenz, geschlechtliches Verhalten, Kopulation, Keimung usw. durch die analysierten Allele beeinflußt. Bemerkenswert ist, daß die Merkmalsunterschiede, die die 5 Arten der *eugametos*-Gruppe charakterisieren, durch einfach mendelnde Erbunterschiede bedingt sind. Form und Größe der Zellen wird durch Unterschiede in Allelen von 3 Loci beeinflußt, von denen die Allele eines Locus (*celo*) die Länge der Zellen, die eines zweiten (*cepro*) das Längen-Breiten-Verhältnis und die dritten (*cefo*) die Zellform bestimmen. Für jeden der drei genannten Loci sind mehrere Allele festgestellt worden.

Bemerkenswert ist auch die von MOEWUS angewandte Nomenklatur, insofern als er die Loci nicht, wie sonst üblich, durch ein vom Standard abweichendes Allel bezeichnet, sondern nach dem durch Allele dieses Locus beeinflußten Merkmal. Der Locus z. B., dessen verschiedene Allele Unterschiede der Zellform bedingen, heißt *cefo* (aus „cellula" und „forma"), die verschiedenen Allele dieses Locus werden durch exponentiell angefügte Symbole bezeichnet, z. B. $cefo^{ell}$ (das zu elliptischer Zellform führende Allel), $cefo^{glob}$ (kugelig) oder $cefo^{ova}$ (eiförmig). Es wird also nicht auf das „Normalallel" eines „Standards" bezogen. Dieses Verfahren hat sich hier bewährt, weil die verschiedenen Allele größtenteils nicht als Mutanten einer Normalform aufgetreten sind, sondern Unterschiede zwischen verschiedenen Arten ausmachen.

Die 42 analysierten Loci konnten, den 10 Chromosomen entsprechend, 10 Koppelungsgruppen zugeordnet werden (MOEWUS [3]). Die Länge der einzelnen Koppelungsgruppen beträgt 11,8—51,1 Austauscheinheiten.

Bei *Chlamydomonas* ist die genetische Methode der Tetradenanalyse möglich: Es können jeweils die vier aus einer Zygote entstehenden Gonen genetisch analysiert und verglichen werden. Trotz im ganzen gesehen normaler Crossing-over-Verhältnisse traten unter den 4 Gonen stets nur 2 verschiedene Typen auf. Aus diesem Befund ist der Schluß zu ziehen, daß der Austausch nicht zwischen Chromatiden, sondern zwischen ganzen Chromosomen erfolgt. Dies steht im Widerspruch zu allen unseren Erfahrungen an anderen Objekten und unseren Vorstellungen über den Verlauf der Meiose. Es wird notwendig sein, diesen Punkt besonders zu klären. MOEWUS erwähnt, daß unter ganz bestimmten Bedingungen auch Vierstrangaustausch zu erhalten sei.

Es überrascht, mit welcher Klarheit und Sicherheit alle Analysen durchgeführt werden konnten. Wenn die experimentellen Grundlagen einwandfrei sind, ist *Chlamydomonas* durch MOEWUS zu einem der genetisch bestanalysierten Objekte geworden. Unter den Haplonten steht es jedenfalls weit an der Spitze.

Über die die sexuellen Erscheinungen beeinflussenden Erbunterschiede wird an anderer Stelle zu berichten sein.

SCHIEMANN (2) klärt die genetische Bedingtheit der von ihr schon 1926 beschriebenen Mutante *filiforme* von *Antirrhinum majus* auf. Ihre Erbformel, auf den Standard bezogen, ist $\frac{gram\ fil}{gram\ fil}$. $\frac{gram}{gram}$-Pflanzen sind die bekannten *graminifolia*-Mutanten, $\frac{fil}{fil}$-Pflanzen unterscheiden sich von normalen Pflanzen überhaupt nicht. Der Unterschied der Allele fil^+ und *fil* beeinflußt die äußeren Merkmale nur, wenn gleichzeitig $\frac{gram}{gram}$ vorliegt. Deshalb ist die schon in früheren Generationen erfolgte Mutation $fil^+ \rightarrow fil$ erst später, nach Kreuzung mit $\frac{gram}{gram}$-Pflanzen erkennbar geworden. Unter Verwendung eines alten TSCHERMAKschen Begriffs kann man die Mutation $fil^+ \rightarrow fil$ oder auch den Unterschied der Allele fil^+ und *fil* in „normalen" Pflanzen (solchen; die nicht $\frac{gram}{gram}$ sind) als kryptomer bezeichnen.

KAPPERT hat bei seinen Studien an immerspaltenden Levkojen nennenswerte Feststellungen über das Austauschverhalten im *S*-Chromosom gemacht. Einmal stellte er fest, daß in verschiedenen Stämmen der Austausch zwischen dem Locus *S* (*S*: einfache, *s*: gefüllte Blüten) und dem Locus *W* (*W*: weiß blühend, *w*: gelb blühend) deutlich verschieden war. Die Analyse ließ als Erklärung nur die Annahme zu, daß die Verringerung des Austausches in den Sippen mit seltenen Neukombinationen auf einer strukturellen Veränderung mit austauschhemmender Wirkung des diese Loci tragenden Chromosoms beruht. Ob es sich dabei um eine Translokation, eine Inversion oder eine Deletion handelt, konnte nicht entschieden werden. Zytologisch konnte die strukturelle Veränderung des *S*-Chromosoms noch nicht nachgewiesen werden.

Wirklich sichere Beispiele dafür, daß die Austauschhäufigkeiten in der weiblichen und der männlichen Sporogenesis verschieden sind, sind bei Pflanzen sehr selten. KAPPERT findet zwischen den Loci *S* und *W* von Matthiola 3,3% Austausch in der Makro- und 1,8% in der Mikrosporogenesis. Der Unterschied ist statistisch gut gesichert. Ein anderes Chromosomenstück bei der den Austausch fördernden Mutante *deformis* zeigt umgekehrt in der Mikrosporogenesis eine größere Bruchhäufigkeit als in der Makrosporogenesis.

III. Artbastarde.

Die Sterilität von Artbastarden beruht in der Regel darauf, daß die im F_1-Bastard vereinigten Chromosomen der beiden Arten sich in der Meiose nicht normal paaren und deshalb die meisten Gonen keinen ausgeglichenen Genbestand bekommen. Auch die Bastarde zwischen *Phaseolus vulgaris* und *Ph. multiflorus* (die Kreuzung *multiflorus* × *vulgaris* ist noch nie geglückt) sind weitgehend steril. LAMPRECHT (2) zeigt aber, daß hier in der Meiose normale Paarung zwischen den 11 *vulgaris*- und 11 *multiflorus*-Chromosomen erfolgt, die zu 11 normalen Bivalenten führt. Die Sterilität muß also eine andere Ursache haben. Ob freilich die Annahme LAMPRECHTS zutrifft, daß sie auf einer Störung der Wirkungsweise von *multiflorus*-Genen im *vulgaris*-Plasma beruht, muß dahingestellt bleiben.

IV. Genetik der Geschlechtsbestimmung.

Zur Frage der Geschlechtsbestimmung bei Blütenpflanzen konnten bei *Melandrium album* durch Polyploidisierung Fortschritte erzielt werden, die zunächst besprochen werden sollen. Die eingehendste und gründlichste Untersuchung stammt von WESTERGAARD. Wir werden uns bei der Besprechung vor allem auf diese Arbeit beziehen und auf die anderen Arbeiten, die übrigens nur in unwesentlichen Punkten zu anderen Ergebnissen geführt haben, dabei hinweisen (WARMKE und BLAKESLEE [1, 2, 3, 4; ONO [1, 2, 3]).

Melandrium album ($n = 12$) ist bekanntlich diözisch, und es liegt ein normaler, auch zytologisch durch unterscheidbare Geschlechtschromosomen nachweisbarer Homozygotie-Heterozygotie Mechanismus der Geschlechtsbestimmung vor: Weibchen haben den Chromosomensatz (2 A + XX), Männchen (2 A + XY). Durch Polyploidisierung wurden Pflanzen mit 4 A + XXXX und mit 4 A + XXYY-Chromosomen erzielt, die, wie zu erwarten, typische reine Weibchen bzw. typische reine Männchen waren. Aus der Kreuzung zwischen (4 A + XXXX)-♀♀ und (4 A + XXYY)-♂♂ erhält man (4 A + XXXX)-♀♀, (4 A + XXYY)-♂♂ und außerdem (4 A + XXXY)-Pflanzen, die ebenfalls rein männlich sind und sich in nichts von (4 A + XXYY)-♂♂ unterscheiden. Auch (3 A + XXY)-Pflanzen, die neben (3 A + XXX)-Pflanzen (♀♀) aus Kreuzungen zwischen diploiden und tetraploiden erhalten wurden, sind reine ♂♂. (3 A + XYY)-

Pflanzen sind nicht festgestellt worden. Kreuzt man (4 A + XXXX)-♀♀ und (4 A + XXXY)-♂♂, so erhält man, wie zu erwarten, wieder ♀♀ und ♂♂ im Verhältnis 1 : 1. Man kann so also eine tetraploide, normal diözische Rasse aufbauen.

Aus der Tatsache, daß (3 A + XXY)-Pflanzen und (4 A + XXXY)-Pflanzen bei *Melandrium* ♂♂ sind, während entsprechende Typen bei *Drosophila* als Intersexe beschrieben werden, schließen WESTERGAARD sowie auch WARMKE und BLAKESLEE und ONO, daß ein von *Drosophila* grundsätzlich abweichender Mechanismus der Geschlechtsbestimmung vorliege[1]: Während bei *Drosophila* nach BRIDGE eine quantitative Balance zwischen X-Chromosomen und Autosomen über die Art der geschlechtlichen Ausprägung entscheidet, wobei das Y-Chromosom keinerlei Einfluß ausübt, soll bei *Melandrium* das Geschlecht der Männchen durch männlich bestimmende Gene im X-Chromosom bestimmt sein. Dieser Schluß ist aber meines Erachtens keinesfalls zwingend. Die (3 A + XXY)-♂♂ und die (4 A + XXXY)-♂♂ sind genau so wie die entsprechenden Intersexe von *Drosophila* unter der Annahme einer Balance zwischen Autosomen und X-Chromosomen erklärbar. Wir müssen nur annehmen, daß bei *Melandrium* die durch die Balance zwischen Autosomen und X-Chromosomen auf der Basis der gegebenen genetischen Situation kontrollierte, das Geschlecht bestimmende Reaktion einen scharfen, zwischen männlicher und weiblicher Ausbildung entscheidenden Umschlagspunkt hat. Nach den bisher genannten Beobachtungen würde dieser Umschlagspunkt zwischen $X/A = {}^3/_4$ (männlich) und $X/A = 1$ (weiblich) liegen. Bei *Drosophila* würde kein scharfer Umschlagspunkt vorliegen, sondern $X/A = {}^1/_2$ zu Männchen, $X/A = 1$ zu Weibchen, Werte dazwischen zu Intersexen, extremere Werte zu „Übermännchen" bzw. „Überweibchen" führen. Eine Entscheidung darüber, ob bei *Melandrium* männlich bestimmende Gene im Y-Chromosom vorliegen oder nicht, kann nach den bisher genannten Feststellungen deshalb nicht getroffen werden, weil die verschiedenen zu vergleichenden Typen sich nicht nur durch den Besitz oder das Fehlen eines Y-Chromosomen unterscheiden, sondern gleichzeitig verschiedene Anzahlen von Autosomensätzen und von X-Chromosomen in verschiedenen Verhältnissen aufweisen. Die Wirkung einer Variablen kann aber stets nur bei Gleichbleiben der übrigen Bedingungen festgestellt werden.

Nun wurden aber außer den bereits erwähnten normalen diploiden, triploiden und tetraploiden Typen in den Nachkommenschaften von Polyploiden auch einige aneuploide Formen festgestellt. Davon interessieren uns zunächst die beiden bekanntgewordenen (4 A + XXXXY)-Pflanzen. WESTERGAARD sowie WARMKE und BLAKESLEE haben je eine

[1] Auch KUHN (Naturwiss. 30, 189—198) schließt sich dieser Meinung an.

solche beschrieben. Die von WESTERGAARD gefundene (4 A + XXXXY)-Pflanze ist ein Männchen, die von WARMKE und BLAKESLEE gefundene ist als Zwitter beschrieben. Da (4 A + XXXX)-Pflanzen Weibchen sind, scheint sich aus den beiden hypertetraploiden Pflanzen mit zusätzlichem Y-Chromosom tatsächlich zu ergeben, daß das Y-Chromosom eine männlich bestimmende Wirkung ausübt. Warum die eine Pflanze ein Männchen, die andere ein Zwitter ist, bleibt freilich zu klären.

WESTERGAARD hat außerdem noch folgende uns hier interessierende Aneuploide festgestellt: 1. Ein Männchen mit (4 A + XXY)-Chromosomen. 2. Eine Pflanze mit (43 + XXXY)-Chromosomen. Diese war ein „Androhermaphrodit" im Sinne von CORRENS, d. h. ein Zwitter, bei dem aber die Fruchtknoten weniger gut entwickelt waren, und wo die ganze Blüte einen mehr männlichen Charakter zeigte. 3. Eine Pflanze mit (31 + XXY)-Chromosomen. Diese war vorwiegend männlich, doch entwickelte sie in einigen Blüten zunächst einen Fruchtknoten mit nur einem Griffel, ohne daß sich Samen entwickelt hätten. Die später gebildeten Blüten waren rein männlich. Außer diesen beiden in der Geschlechtsausprägung abweichenden Pflanzen fand er 4. noch einen „Euhermaphroditen", d. h. einen Zwitter mit normaler Ausbildung von Fruchtknoten und Staubblättern, mit (4 A + XXXX)-Chromosomen.

Daß Pflanze 1 männlich ist, war sowohl mit der bei *Drosophila* erarbeiteten Vorstellung von der Lokalisation geschlechtsbestimmender Wirkungen als auch mit der Vorstellung eines männlich bestimmend wirkenden Y-Chromosoms zu erwarten. Pflanze 2 und Pflanze 3 sollten eigentlich nach beiden Auffassungen männlich sein. Die Tatsache, daß sie Zwitter sind, bietet der einen Auffassung keine größeren Schwierigkeiten als der anderen. Man kann z. B. annehmen, daß die Aneuploidie aus unbekannter Ursache eine Neigung zu Zwittrigkeit bewirkt. Daß Pflanze 4 kein Weibchen ist, kann im Rahmen beider Auffassungen nur durch besondere Annahmen erklärt werden, z. B. durch die Annahme WESTERGAARDS, daß eines der angeblichen X-Chromosomen in Wirklichkeit ein durch eine terminale Defizienz verkürztes Y-Chromosom ist. Daß die Pflanze kein Männchen, sondern ein Zwitter ist, bleibt ebenso ungeklärt wie das Auftreten von Zwittern bei *Melandrium* überhaupt. ONO und WARMKE und BLAKESLEE haben Zwitter mit den verschiedensten euploiden und aneuploiden Chromosomenkombinationen nachgewiesen. SCHOPFER stellte Beziehungen zwischen Zwittrigkeit und Befall durch *Ustilago* fest.

Von allen bisher gefundenen und untersuchten Pflanzen kann also nur das eine (4 A + XXXXY)-Männchen von WESTERGAARD als Beweis für eine männlich bestimmende Wirkung des Y-Chromosoms herangezogen werden. Damit scheint mir die experimentelle Basis für die Entscheidung einer so grundlegenden Frage aber zu schmal zu sein.

Es könnte z. B. eines der vier angeblichen X-Chromosomen, wie oben bei Pflanze 4 von WESTERGAARD angenommen, ein verkürztes Y-Chromosom sein oder eine andere Chromosomenstörung vorliegen. Es ist anzunehmen, daß auch noch aneuploide Formen wie (3 A + XX) oder (4 A + XXX) gefunden werden. Wenn es nur auf die Zahl der X-Chromosomen im Verhältnis zur Zahl der Autosomensätze ankommt, müssen diese Typen männlich sein, wenn aber das Vorhandensein eines Y-Chromosoms den männlich bestimmenden Ausschlag gibt, weiblich.

Die weiteren Diskussionen darüber, ob und wieweit in Autosomen oder im X-Chromosom männlich oder weiblich bestimmende Gene lokalisiert sind, gehen von dem Vorkommen von Zwittern aus. Da es aber durchaus unwahrscheinlich ist, daß das Auftreten von Zwittern bei Melandrium der Ausdruck eines Gleichgewichtes männlich und weiblich bestimmender Gene ist, scheinen mir diese Diskussionen einer genügenden experimentellen Grundlage zu entbehren.

Auf andere in diesen Arbeiten behandelte Fragen sei hier nicht eingegangen. Zytologische Ergebnisse von WESTERGAARD sind bereits im letzten Band der Fortschr. Bot. von STRAUB besprochen worden.

In allen ausreichend analysierten Fällen hat sich erwiesen, daß der Homozygotie-Heterozygotie-Mechanismus, der die Diözie bei diplogenotypischer Geschlechtsbestimmung festlegt, in der Weise wirksam wird, daß das im einen Geschlecht doppelt, im anderen einfach vorhandene Element eine geschlechtsbestimmende Wirkung ausübt, das nur im andern Geschlecht und hier nur einmal vorhandene Element aber keine. Wenn wir uns von den sonst bei Behandlung von Geschlechtsbestimmungsfragen üblichen Symbolen freimachen wollen, weil sie den sonst in der Genetik üblichen Prinzipien der Symbolisierung nicht entsprechen und deshalb zu sehr vielen Mißverständnissen Anlaß gegeben haben, so können wir die Situation bei weiblicher Homozygotie folgendermaßen klarstellen: Die Diözie ist dadurch gewährleistet, daß bezüglich eines geschlechtsentscheidenden Elements ein unifaktoriell spaltender Unterschied besteht, den wir dadurch kennzeichnen, daß wir den einen Zustand mit f (femininus), den andern mit f^+ bezeichnen. f/f-Individuen sind weiblich, $f/+$-Individuen männlich. (Ebensogut könnte der eine Zustand mit M^+, der andere mit M bezeichnet werden.) Ob dieser Unterschied im geschlechtsentscheidenden Element dadurch zustande kommt, daß von $f(M^+)$ eine weiblich bestimmende Wirkung ausgeht und von $f^+(M)$ keine Wirkung oder von $f(M^+)$ keine und von $f^+(M)$ eine männlich bestimmende Wirkung oder von $f(M^+)$ eine weiblich und von $f^+(M)$ eine männlich bestimmende Wirkung, ist eine Frage für sich und wird durch die Symbole nicht ausgedrückt. Bei männlicher Homozygotie wären die Symbole $m(F^+)$ und $m^+(F)$.

MURRAY (1, 2) konnte durch Kreuzungen zwischen verschiedenen Arten der Amarantaceae ebenfalls wichtige Beiträge zur Frage der

Geschlechtsbestimmung liefern. Es handelt sich um monözische Arten der Gattung *Amarantus* und um diözische Arten der Gattung *Acnida*. Kreuzungen zwischen monözischen *Amarantus*-Arten ergaben in der F_1 immer wieder nur monözische Typen. Es erfolgt also durch Kombination der Genome und ihre Einfügung in die beiden Plasmen keine die normale Monözie störende Veränderung der genetischen Situation, im Gegensatz zu *Streptocarpus* (s. unten). Kreuzungen zwischen diözischen *Acnida*-Arten ergeben immer wieder nur normale ♀♀ und ♂♂. Hieraus kann man zunächst schließen, daß in den verschiedenen Arten das geschlechtsentscheidende, unifaktoriell spaltende Element homolog ist. Dies ist nicht ohne weiteres selbstverständlich; bei Zahnkarpfen scheint es nicht immer so zu sein. Außerdem kann man, ähnlich wie bei den Monözisten, annehmen, daß zwischen den verschiedenen Arten keine wesentlichen, die Geschlechtsbestimmung beeinflussenden Unterschiede des Idiotypus bestehen, im Gegensatz zu *Lymantria*, wo nach GOLDSCHMIDT geographische Rassen sich in dieser Hinsicht zu unterscheiden scheinen. Zytologisch erkennbare Geschlechtschromosomen waren nicht nachzuweisen. Es ist eine Definitionsfrage, ob man die das unifaktoriell spaltende, geschlechtsentscheidende Element tragenden Chromosomen trotzdem mit X und Y bezeichnen will. Der Einfachheit halber wollen wir dies im folgenden tun.

Kreuzungen zweihäusiger *Acnida*-Arten mit einhäusigen *Amarantus*-Arten ergaben, jedenfalls bei Verwendung bestimmter Arten, wie in den klassischen *Bryonia*-Versuchen von CORRENS in der F_1 nur ♀♀, wenn diözisch × monözisch gekreuzt wurde, und 50% ♀♀ und 50% ♂♂ bei der Kreuzung monözisch × diözisch. Bei Verwendung anderer Arten traten auch Abweichungen auf, die aber eine klare Analyse noch nicht zulassen.

Polyploidisierung ergab ganz entsprechende Resultate wie bei *Melandrium*. (4 A + XXXX)-Pflanzen waren ♀♀, (4 A + XXYY)- und (4 A + XXXY)-Pflanzen ♂♂, (3 A + XXX)-Pflanzen ♀♀. (3 A + XXY)-Pflanzen ♂♂. Aneuploide Typen wurden nicht festgestellt. MURRAY zieht aus seinen Ergebnissen denselben Schluß, wie er bei *Melandrium* gezogen wurde: Das Y-Chromosom soll männlich bestimmend wirken. Für diese Auffassung liefern die Ergebnisse meines Erachtens aber keinerlei Anhaltspunkte. Es gilt dasselbe, was S. 227 bei Besprechung der *Melandrium*-Versuche gesagt wurde. Nur bestimmte Aneuploide könnten MURRAYS Auffassung stützen.

An dieser Stelle seien auch die Untersuchungen von OEHLKERS an *Streptocarpus* besprochen, soweit sie sich mit der Ausbildung des Androeceums und des Gynoeceums bei verschiedenen Artkreuzungen befassen. Aus den Berichtsjahren liegen 2 Arbeiten vor (1940, 1941), doch muß auch auf die erste Mitteilung von 1938 zurückgegriffen werden. Die experimentellen Tatsachen sind im wesentlichen folgende: Alle bisher untersuchten spontanen Arten und Gartenformen von *Streptocarpus* sind normal zwittrig mit normaler Ausbildung des Androeceums und des Gynoeceums. Bei gewissen Artkreuzungen treten aber reziprok verschiedene Störungen im Androeceum und im Gynoeceum auf in dem Sinne, daß in einem Teil der Fälle Staminodien statt Antheren oder Staminodien mit Griffelpapillen und Samenanlagen oder Nebenfruchtknoten gebildet werden, oder daß in anderen Fällen das Gynoeceum mangelhafte Fertilität zeigt. Die ersten Erscheinungen werden als Verweiblichung, die letzteren als Vermännlichung der Blüten aufgefaßt.

Aus dem Auftreten dieser Veränderungen im Gefolge von Artkreuzungen — auf die Einzelheiten sei hier verzichtet — kommt OEHLKERS zu folgender Deutung: Im Kern sind bisexuelle Geschlechtsfaktoren (*AG*-Komplex), die in der *Rexii*-Gruppe (*Rexii, grandis* und *solenanthus*) eine stärkere weibliche Tendenz haben als bei *polyanthus* und in der *Wendlandii*-Gruppe (*Wendlandii* und *Comptonii*). Daß in der Ausprägung der Geschlechtsorgane zwischen diesen Gruppen keine Unterschiede bestehen, liegt daran, daß „eine die Geschlechtsausbildung konstituierende Struktur des Zytoplasmas" („Plasmon") in den Gruppen ebenfalls verschieden ist, und zwar so, daß das Plasmon der *Rexii*-Gruppe die männliche Tendenz, das der *Wendlandii*-Gruppe die weibliche Tendenz begünstigt. Im Anschluß an GOLDSCHMIDT hält es OEHLKERS für ebensogut möglich, daß „die männliche Komponente der Geschlechtsausbildung allein in das Plasma", „die weibliche dagegen in den Kern" zu verlegen ist.

Von den experimentellen Befunden ist noch wichtig und überraschend, daß die Analyse der F_2 und der Rückkreuzungen nach OEHLKERS monohybrides Spalten für jene genomatischen Unterschiede zwischen den Arten ergibt, die durch die Unterschiede der Plasmen so kompensiert werden, daß sich bei den Arten stets normale Zwittrigkeit vorfindet, wenn OEHLKERS auch die außerordentliche Variabilität in der Ausbildung des Androeceums und des Gynoeceums betont.

Im Anschluß an diese kurze Skizzierung der Befunde und ihrer Deutung durch OEHLKERS seien die Versuche noch einmal im Zusammenhang mit allgemeinen Geschlechtsbestimmungsfragen untersucht. Was zunächst den plasmatischen Einfluß anlangt, so hält OEHLKERS die von ihm entwickelte Vorstellung von einem „der Tendenz des Kernsystems gerade entgegengesetzt gerichteten Verhalten des Plasmas" nur für möglich, wenn man ein selbständiges genetisches Element im Plasma als vorhanden voraussetzt. Dieser Schluß ist dadurch wohl zwingend geworden, daß OEHLKERS die Konstanz des plasmatischen Einflusses auf die Geschlechtsausprägung durch mehrere Rückkreuzungsgenerationen — laut freundlicher brieflicher Mitteilung sind es bis heute deren sechs — nachgewiesen hat. Vorher konnte man annehmen, daß die zu Abweichungen vom normalen Zwittertum führende Disharmonie zwischen Genom und Plasma darauf zurückzuführen sei, daß das Plasma in spezifischer Weise durch den ihm zugeordneten Kern geprägt wurde und diese spezifische Prägung des Plasmas einige Zeit anhielt.

Correns hat bekanntlich bei Darlegung seiner Auffassung über die Geschlechtsausprägung der Blütenpflanzen einen *A*-, einen *G*- und einen *Z*-Genkomplex eingeführt, von denen der erste für die Ausbildung der Staubgefäße, der zweite für die der Fruchtblätter da sein und wo der dritte Ort und Zeit der Entfaltung von *A* und *G* bestimmen soll. Bei Diözisten kämen dazu die Realisatoren α und γ, die darüber entscheiden, ob *G* oder *A* unterdrückt wird. Mit dieser Darlegung ist Correns über die vom genetischen Experiment aus kontrollierbaren Aussagen hinausgegangen und hat entwicklungsphysiologische Annahmen gemacht, zu deren Beurteilung das genetische Experiment keinerlei Handhabe bietet. Entsprechendes gilt für die der „Corrensschen Auffassung" oft gegenübergestellte „Goldschmidtsche Auffassung". Die Diskussion um die Richtigkeit der einen oder andern Auffassung mußte stets fruchtlos bleiben, weil genetisch gesehen tatsächlich kein Unterschied zwischen beiden Darstellungen besteht. Im genetischen Experiment können eben immer nur Unterschiede erfaßt werden. Ich glaube deshalb, man sollte den *AGZ*-Komplex ganz aus dem Spiele lassen und sich mit der uns heute doch eigentlich geläufigen Auffassung begnügen, daß jede Eigenschaft, die wir analysieren, also auch die Geschlechtsausprägung, bestimmt ist durch das Zusammenwirken des ganzen Idiotypus mit den Außenbedingungen, und daß wir immer nur einen Merkmalsunterschied erfassen und dessen genetische Bedingtheit nachweisen können.

Oehlkers hat zunächst die an und für sich nicht verwunderliche Feststellung gemacht, daß bei verwandten Arten jede einen in sich so ausgeglichenen Idiotypus besitzt, daß normale Zwittrigkeit gewährleistet ist, daß bei Kombination zweier derartig ausgeglichener Idiotypen aber sich eine erbliche Situation ergibt, die zu einer Störung der Zwittrigkeit führt. Auffallend ist aber, daß für diese Störung der normalen Zwittrigkeit jedenfalls in einigen Fällen im Genom offenbar nur ein monohybrid spaltender Erbunterschied verantwortlich zu machen ist und daß, wie sich aus der reziproken Verschiedenheit der Störungen der normalen Zwittrigkeit ergibt, diesem monohybrid spaltenden Unterschied im Genom ein plasmatischer Unterschied entspricht. Auffallend ist weiter, daß dieser monohybrid spaltende Unterschied, der durch einen plasmatischen kompensiert ist, bei Kreuzungen nicht zu beliebigen, ungeregelten Störungen in der Ausbildung der Geschlechtsorgane führt, sondern daß sich nach Oehlkers eine vermännlichende und eine verweiblichende Tendenz gegenüberstellen lassen. Betrachten wir zum Beispiel die Kreuzungen zwischen *Rexii* und *Wendlandii* und bezeichnen wir den Locus, in dem der zu monohybrider Spaltung führende Allelenunterschied vorliegt, mit a, das bei *Rexii* vorliegende Allel aber mit a^r, das von *Wendlandii* mit a^w und die entsprechenden Plasmen mit R und W, so ergibt sich nach OEHLKERS' Deutung eine Reihe: $W\frac{a^r}{a^r}$, $W\frac{a^r}{a^w}$, $W\frac{a^w}{a^w}$, $R\frac{a^r}{a^r}$, $R\frac{a^w}{a^r}$, $R\frac{a^w}{a^w}$, die von weiblich betonter Ausprägung (verweiblichtes Androeceum) über die beiden normal zwittrigen reinen Arten zu männlich betonter Ausprägung (mangelhafte weibliche Fertilität) führt. Daraus läßt sich mit einer gewissen Wahrscheinlichkeit schließen — und damit machen wir eine entwicklungsphysiologische Aussage — daß der monohybrid spaltende Unterschied bei gleichem Plasma und der plasmatische Unterschied bei gleichem Genom den Ablauf eines Prozesses beeinflußt, der irgendwie die Entwicklung der Blüte in mehr weibliche oder mehr männliche Richtung lenkt. Voraussetzung dafür ist allerdings, daß OEHLKERS damit recht hat, wenn er die Herabsetzung der Fertilität des Gynaeceums im *Rexii*-Plasma als Zeichen einer Vermännlichung auffaßt.

Es wäre sicher nicht richtig, wollte man aus diesen Befunden schließen, daß nur ein Gen des jeweiligen Genoms und die genetische Struktur des Zytoplasmas für die geschlechtliche Ausprägung einhäusiger Blütenpflanzen verantwortlich wäre und daß bei Diözie dazu als Neuerwerbung die Realisatoren kämen. (Noch abwegiger ist aber die Interpretation GOLDSCHMIDTs, der die männliche Komponente der Geschlechtsausbildung allein in das Plasma, die weibliche in den Kern verlegen will.) Aus der Möglichkeit, einen Locus zu analysieren, die sich aus dem Vorkommen verschiedener Allele dieses Locus bei kreuzbaren Arten ergibt, darf nicht geschlossen werden, daß von ihm die Ausbildung des Merkmals allein abhängt. Diözie kann aber auf die verschiedenste Weise erreicht werden. Notwendig ist nur die Herausbildung eines Homozygotie-Heterozygotie-Mechanismus für einen Locus, der aber in den verschiedenen Fällen der Entstehung diözischer Formen aus monözischen nicht homolog zu sein braucht. Ein experimentelles Beispiel für die Bildung einer diözischen aus einer monözischen Rasse ist ja beim Mais gegeben worden (JONES), wobei eine von zweifellos sehr vielen Möglichkeiten realisiert worden ist.

Eine sehr wertvolle Zusammenstellung über Arbeiten und Ergebnisse zur Frage der genetischen Grundlage der Geschlechtsbestimmung bei den Angiospermen verdanken wir ALLEN.

Die Ergebnisse, die MOEWUS (4, 5, 6) bei der Analyse der Sexualität und damit zusammenhängender Erscheinungen bei Chlorophyceen, insbesondere bei *Chlamydomonas*, gewonnen hat und die durch die chemische Bearbeitung durch RICHARD KUHN und Mitarbeiter wesentlich vertieft worden sind, gehören zu wesentlichen Teilen in das Gebiet der Entwicklungsphysiologie (vgl. Fortschr. Bot. 10). Hier haben wir uns so weit damit zu beschäftigen, als es sich um die Analyse von Erbunterschieden handelt, die für die Sexualität von Bedeutung sind. Neben zwei neuen Untersuchungsberichten (4, 5) hat MOEWUS (6) in den Berichtsjahren eine zusammenfassende Darstellung über seine in den letzten Jahren gewonnenen Ergebnisse gegeben, auf die wir uns in erster Linie stützen. Bei der folgenden Darstellung ist nicht zu vergessen, daß es sich hier um Geschlechtsbestimmung in der Haplophase handelt.

In der Gruppe von *Chlamydomonas eugametos*, mit der wir uns zunächst allein beschäftigen wollen, finden sich diözische, monözische und subdiözische Formen. Bei den diözischen bringt jeder Klon nur eine Gametensorte hervor, bei den monözischen stets beide Sorten. Von den Monözisten sind die Subdiözisten zu unterscheiden, bei denen ein Klon auch stets beide Gametensorten hervorbringt. Während aber bei einem monözischen Klon bald die eine, bald die andere Gametensorte überwiegt, sind bei Subdiözisten männlich-subdiözische Klone und weiblich-subdiözische Klone zu unterscheiden. Bei den ersteren werden immer männliche Gameten, bei den letzteren weibliche Gameten im Überschuß gebildet.

Bei den diözischen Stämmen (z. B. *Chl. eugametos f. typica*) schien, wie bei Diözie üblich, ein unifaktoriell spaltender Unterschied darüber zu entscheiden, ob ein Klon ♀ oder ♂ ist. Die nähere Analyse hat aber ergeben, daß es sich in Wirklichkeit gar nicht um eine unifaktorielle Spaltung handelt, sondern daß die beiden Geschlechter durch Unterschiede in zwei gekoppelten Loci charakterisiert sind, die MOEWUS mit F und M bezeichnet. Da beide der 10. Koppelungsgruppe angehören und zwischen beiden nur rund 3% Austausch vorkommt, haben 97% der Nachkommen wieder dieselben Allele in beiden Loci wie die Eltern, sind also wieder normale ♀♀ und normale ♂♂. MOEWUS nimmt an, daß bei männlichen Klonen im Locus M ein männlich bestimmendes Gen vorliegt (M^{prae}), vom Locus F aber keine Wirkung ausgeht (F^{abs}), während bei weiblichen Klonen die Situation umgekehrt wäre. Mit MOEWUSschen Symbolen wäre also eine solche Kreuzung folgendermaßen darzustellen: $F^{prae}\ M^{abs} \times F^{abs}\ M^{prae} \rightarrow$ 48,5% $F^{prae}\ M^{abs}$, 48,5% $F^{abs}\ M^{prae}$, 1,5% $F^{prae}\ M^{prae}$ und 1,5% $F^{abs}\ M^{abs}$. Durch Austausch entstandene $F^{abs}\ M^{abs}$-Kerne sterben schon sofort nach ihrer Entstehung in der reduzierenden Zygote ab. Die gleichzeitig entstandenen $F^{prae}\ M^{prae}$-Kerne führen dann eine weitere Teilung durch, so daß aus einer Austauschzygote 4 F^{prae}-M^{prae}-Gameten hervorgehen. Insgesamt treten diese also zu etwa 3% auf. Sie ergeben monözische Klone.

Es ist hier also die sehr bemerkenswerte Feststellung gemacht, daß die Diözie bei *Chlamydomonas eugametos* nicht völlig stabilisiert ist.

Denn Diözie ist nur dann stabil, wenn nur ein unifaktoriell spalten der Erbunterschied den Unterschied zwischen den beiden Geschlechtern bewirkt. Ähnliche Feststellungen sind früher von HÜTTIG für *Glomerella*, 1941 von GREIS für *Sordaria* gemacht worden.

Kreuzungen zwischen verschiedenen diözischen Arten oder Rassen der *eugametos*-Gruppe ergaben nach MOEWUS, daß überall der Unterschied zwischen ♀♀ und ♂♂ durch Unterschiede im Locus F und im Locus M bedingt war. Bezüglich des übrigen Idiotypus lagen keine Unterschiede vor, durch die bei Neukombination Störungen in der Geschlechtsbestimmung erfolgt wären. (Über den Locus M_D s. S. 236.) Dagegen zeigte es sich, daß in F und M multiple Allelenserien vorlagen. Die Verschiedenwertigkeit der Allele bestimmt die Valenz der Gameten, die sich in deren Reaktionsfähigkeit bei der Befruchtung äußert. Statt F^{prae} und M^{prae} haben wir also weiterhin die verschiedenwertigen Allele durch F^1, F^2, F^3, F^4 bzw. M^1, M^2, M^3, M^4 zu symbolisieren, statt F^{abs} und M^{abs} sei F^0 und M^0 eingeführt. Gameten aus einem Klon F^4M^0 sind z. B. weiblich mit der Valenz 4, also ♀^{4}, solche aus einem Klon F^0M^2 ♂^{2} usw. Weibliche Gameten der Valenz 4 (♀^{4}) sind nun nicht nur reaktionsfähig mit allen männlichen Gameten, also mit ♂^{1}, ♂^{2}, ♂^{3}, ♂^{4}, sondern auch mit ♀^{1} und ♀^{2}, nicht dagegen mit ♀^{3} und ♀^{4}. Wenn ein Unterschied in mindestens 2 Valenzwerten vorhanden ist, ist Kopulation also auch zwischen Gameten „des gleichen Geschlechts" möglich (relative Sexualität).

Durch Kreuzungen zwischen verschiedenen Rassen, die verschiedene F- und M-Allele besitzen, können nun die verschiedenartigsten Kombinationen dieser Allele erzielt werden. Daß durch Austausch zwischen F und M aus der Kreuzung von Diözisten monözische Klone entstehen können, wurde schon gesagt. Monözisch sind F^4M^4, F^3M^3, F^2M^2, F^1M^1. Natürliche monözische Rassen entsprachen ganz den aus Kreuzungen von Diözisten erhaltenen. Sowohl die männlichen als auch die weiblichen Gameten eines Klones F^4M^4 besitzen die Valenz 4, die eines Klones F^3M^3 die Valenz 3 usw. Aus Kreuzungen zwischen Monözisten verschiedener Valenz (z. B. $F^3M^3 \times F^1M^1$) und auch aus Kreuzungen zwischen verschiedenen Diözisten (z. B. $F^4M^0 \times F^0M^3$) erhält man durch Austausch zwischen F und M Typen, bei denen ein wirksames F-Allel mit einem wirksamen M-Allel anderer Valenz kombiniert ist (z. B. F^4M^3). Solche sind nun rein weiblich oder rein männlich, und die Valenz ihrer Gameten entspricht dem Unterschied zwischen den Valenzen von F und M (F^4M^3 ist also z. B. ♀^{1}, F_1M^3 ♂^{2}, usw.). Dies ist überraschend. Man hätte, wenn z. B. F^3M^3-Klone monözisch sind und ihre Gameten die Valenz 3 besitzen, wohl eher erwarten sollen, daß z. B. F^4M^2-Klone ebenfalls monözisch wären mit weiblichen Gameten der Valenz 4 und männlichen Gameten der Valenz 2. Wenn aber die Bildung männlicher Gameten wegen des Vorliegens des stärkeren

F-Allels unterdrückt wird, der Klon also rein weiblich ist, hätte man, in Analogie zur Bildung dreiwertiger Gameten bei F^3M^3-Klonen, wenigstens erwartet, daß die Valenz der weiblichen Gameten der Valenz des F-Allels und nicht der Differenz der Wertigkeiten des F- und des M-Allels entspräche.

Subdiözisten unterscheiden sich nach MOEWUS[1] von Monözisten durch einen unifaktoriell spaltenden Unterschied in einem Locus t, der (zufällig?) mit F und M gekoppelt ist (10—15% Austausch). Für den Locus t sind 3 Allele anzunehmen: t^0 bei Monözisten (weder die Bildung weiblicher noch die Bildung männlicher Gameten wird gehemmt), t^m bei weiblich-subdiözischen (teilweise Hemmung der Bildung männlicher Gameten), t^f bei männlich-subdiözischen Klonen (teilweise Hemmung der Bildung weiblicher Gameten). Subdiözisten können im übrigen F^1M^1, F^2M^2, F^3M^3 oder F^4M^4 sein. Dagegen sind nach MOEWUS Klone, die t^f oder t^m besitzen, nicht lebensfähig, wenn andere (ungleichwertige) Kombinationen von Allelen der Loci F und M vorliegen (z. B. $F^2M^3t^f$).

Würde durch t^f und durch t^m eine vollständige Hemmung der Bildung weiblicher bzw. männlicher Gameten erreicht werden, so hätten wir eine Diözie, die aber genetisch ganz anders bedingt wäre als die bei *Chlamydomonas* tatsächlich vorliegende. Ein weiteres Beispiel dafür, daß die Entscheidung „weiblich oder männlich" auf die verschiedenste Weise getroffen werden kann.

Die durch das Vorliegen verschiedener F- und M-Allele gegebenen genetischen Unterschiede bedingen, wie die chemisch-physiologische Analyse ergeben hat, bei normaler genetischer Konstitution und unter normalen Verhältnissen Unterschiede im Mengenverhältnis gebildeten cis- und trans-Crocetindimethylesters. Diese Stoffe in bestimmtem Mengenverhältnis fungieren als Befruchtungsstoffe oder Gamone. Die Valenz der Gameten (z. B. ♀2 bei F^2M^0 oder F^4M^2-Klonen usw.) ist ein Ausdruck des Mengenverhältnisses der cis- zur trans-Verbindung: Weibliche Gameten bilden mehr cis- als trans-Crocetindimethylester; je mehr cis- im Verhältnis zu trans- gebildet wird, desto stärker weiblich sind die Gameten. Für männliche Gameten gilt das Umgekehrte. Die genauere genetische Analyse hat ergeben, daß zwischen normalen weiblichen und normalen männlichen Klonen noch ein weiterer mendelnder Erbunterschied vorliegt, der nur deshalb schwer faßbar war, weil der betreffende Locus sehr eng mit M gekoppelt ist. MOEWUS (4) nennt diesen Locus M_D. Unter 15000 analysierten Zygoten wurde nur einmal ein Austausch zwischen M und M_D festgestellt. Männliche

[1] Ich weiche in der Darstellung im Interesse einer eindeutigen genetischen Ausdrucksweise gelegentlich von MOEWUS ab, halte mich aber sachlich ganz an seine Mitteilungen.

Klone F^0M^a, wo a irgendeine Valenz, aber nicht o bedeutet, besitzen nur dann normale Vitalität, wenn auch das Allel $M_D{}^{prae}$ vorliegt. Dies ist in natürlichen Klonen der Fall. Umgekehrt sind weibliche Klone F^aM^0 nur dann normal vital, wenn $M_D{}^{abs}$ vorliegt.

Von weiblichen Gameten diözischer Klone wird ein Stoff sezerniert, der bewirkt, daß alle Gameten monözischer Klone, die in eine Lösung dieses Stoffes gebracht werden, ebenfalls weiblich bestimmt werden. Dieser Stoff wird deshalb als Gynotermon bezeichnet. Männliche Gameten diözischer Klone sezernieren statt des Gynotermons ein Androtermon, das Gameten monözischer Klone männlich determiniert. Es zeigte sich, daß zunächst stets Gynotermon gebildet wird, daß bei Vorliegen von $M_D{}^{prae}$ dieses Gynotermon aber in Androtermon umgewandelt wird.

Mir nicht recht verständlich ist, warum monözische Klone, die ja $M_D{}^{prae}$ besitzen (z. B. $F^2M^2M_D{}^{prae}$), nicht wie rein männliche Klone (z. B. $F^0M^2M_D{}^{prae}$) nur Androtermon bilden, sondern sowohl Gyno- als Androtermon. Danach muß die Umbildung von Gyno- zu Androtermon doch wohl auch durch Unterschiede in den Loci F und M beeinflußt werden und nicht nur von der Anwesenheit von $M_D{}^{prae}$ abhängen[1].

Es ist außerordentlich bemerkenswert, daß außer F und M noch ein dritter Locus nachgewiesen wurde, durch den sich normale weibliche und männliche Klone eines Diözisten unterscheiden. Man wird kaum annehmen können, daß die fast absolute Koppelung zwischen M und M_D zufällig ist. Bemerkenswert ist aber auch, daß der Unterschied der Allele des Locus M_D nicht nur die Vitalität der betreffenden Klone, sondern auch die Bildung von Stoffen beeinflußt, die die geschlechtliche Reaktion der Gameten monözischer Klone bestimmen.

Es sei hier nur noch bemerkt, daß MOEWUS (5) eine Reihe von Mutationen auslösen und analysieren konnte, durch die das normale geschlechtliche Verhalten irgendwie beeinflußt wurde. Auf Einzelheiten dieser Versuche kann hier nicht eingegangen werden. Dadurch konnte nachgewiesen werden, daß das Vorhandensein ganz bestimmter Allele

[1] Nach neueren Untersuchungen [KUHN, LOEW u. MOEWUS: Naturwiss. 30, 407 (1942)] geht Androtermon nicht aus Gynotermon hervor. Die oben besprochenen Befunde scheinen mir nun durch folgende Deutung verständlich:

Durch Unterschiede in den F- und M-Allelen wird nicht nur das Mengenverhältnis gebildeten cis- und trans-Crocetindimethylesters beeinflußt, sondern von der Anwesenheit von F^a (wobei $a \gtrless 1$ ist) ist auch die Bildung von Gynotermon abhängig. Von der Anwesenheit von M^a (wobei a wiederum $\gtrless 1$ ist) ist die Bildung eines Stoffes abhängig, der bei Vorhandensein von $M_D{}^{prae}$ in Androtermon umgewandelt wird. Gameten mit $F^aM^0M_D{}^{abs}$ (weibliche Gameten einer diözischen Rasse) sezernieren also nur Gynotermon, Gameten mit $F^0M^aM_D{}^{prae}$ (männliche Gameten einer diözischen Rasse) also nur Androtermon, Gameten mit $F^aM^aM_D{}^{prae}$ (Gameten einer monözischen Rasse) aber sowohl Gyno- als auch Androtermon.

von verschiedenen Loci zur normalen geschlechtlichen Funktion der *Chlamydomonas*-Gameten erforderlich ist. Das war natürlich zu erwarten und wird nur den überrascht haben, der geneigt war, für das sexuelle Verhalten nur die Gene verantwortlich zu machen, durch die sich Männchen und Weibchen unterscheiden. Der chemische und physiologische Vergleich der Mutanten mit den Normalen führte zu „genphysiologischen" Erkenntnissen in einer Vollständigkeit, wie sie wohl bei keinem anderen Objekt erreicht wurde (MOEWUS [4, 5], KUHN und MOEWUS [1, 2], KUHN und LÖW). Doch wollen wir uns an dieser Stelle mit diesem Hinweis begnügen.

Über Arbeiten, die sich mit der Sexualität der Pilze vom genetischen Standpunkt aus befassen, soll im nächsten Band berichtet werden.

V. Selbststerilität.

Das Problem der Selbst- und der Kreuzungssterilität bei Blütenpflanzen hat manche Ähnlichkeit mit dem Problem der Geschlechtsbestimmung. In beiden Fällen hat die Frage eine genetische und eine entwicklungsphysiologische Seite. LITTLE, KANTOR und ROBINSON haben für *Cosmos bipinnatus* festgestellt, daß hier wie in anderen Fällen Samenansatz nur dann erfolgt, wenn im Pollen bezüglich eines bestimmten, für die Selbststerilität verantwortlichen Locus ein anderes Allel vorliegt als im ♀ Elter. Es konnten mindestens fünf verschiedene Allele für diesen Locus festgestellt werden.

Durch Tetraploidisierung konnten sowohl selbststerile Pflanzen verschiedener *Antirrhinum*-Wildarten (STRAUB) als auch von *Petunia axillaris* (STOUT und CHANDLER) selbstfertil gemacht werden. Während bei *Antirrhinum* die Ursache des Fertilwerdens noch ungeklärt ist, ließ sich bei *Petunia* wenigstens feststellen, daß nicht eine Veränderung der Griffel- oder Fruchtknoteneigenschaften durch die Genomvermehrung, sondern eine Veränderung der Eigenschaften des diploiden Pollenkorns gegenüber dem haploiden das Fertilwerden bewirkt. Es ist aber nicht bekannt, ob alle oder nur ein Teil der Pollenkörner (vielleicht diejenigen mit zwei verschiedenen Sterilitätsallelen) befruchtungsfähig sind.

Einen Überblick über das Vorkommen von Selbststerilität bei den Blütenpflanzen hat EAST in einer nachgelassenen Schrift gegeben.

VI. Nicht mendelnde Vererbung.

In den Berichtsjahren ist die Analyse der nicht mendelnden Erbunterschiede bei *Epilobium* wieder wesentlich gefördert worden. Es ist beabsichtigt, im nächsten Band den Stand unserer an diesem Objekt gewonnenen Erkenntnisse zusammenfassend darzustellen. Dabei sollen auch die 1940 und 1941 erschienenen Arbeiten mitberücksichtigt werden.

Immer häufiger wird die Frage aufgeworfen, ob Unterschiede im Erscheinungsbild der Pflanzen, die auf Unterschiede in einer genetischen

Komponente des Zytoplasmas zurückgeführt werden, in Wirklichkeit nicht durch Unterschiede des „Plastidoms", also durch Unterschiede der genetischen Komponente der Plastiden verursacht sind. Wir kennen Fälle, wo phaenische Unterschiede der Plastiden, besonders solche ihrer Ergrünungsfähigkeit, kaum anders als durch Unterschiede in einer eigenen genetischen Komponente der Plastiden zu verstehen sind, worauf bekanntlich RENNER besonders hingewiesen hat. Es wäre nun denkbar und keineswegs unwahrscheinlich, daß das „Plastidom" nicht nur die Eigenschaft der Plastiden selbst beeinflußt, sondern auch formative Wirkungen auf andere Eigenschaften der Pflanze ausübt. SCHWEMMLE hat auf Grund seiner langjährigen, mit großer Konsequenz und Sorgfalt durchgeführten Untersuchungen an Eu-Oenotheren wohl erstmalig einen solchen formativen Einfluß der Plastiden bei der Deutung seiner Befunde bezüglich der Blattgestalt angenommen, worüber bereits in Fortschr. Bot. 9 berichtet worden ist. In einer neuen Arbeit liefert SCHWEMMLE (2) weitere wichtige Beiträge zu dieser Frage. Die Schwierigkeit, Einflüsse des „Plasmons" und des „Plastidoms" voneinander zu trennen, ergibt sich daraus, daß es im allgemeinen nicht möglich ist, bei Kreuzungen die Plastiden vom einen, das Zytoplasma vom anderen Elter in die Nachkommenschaft zu übertragen, sondern daß beide Komponenten der Zelle normalerweise vom mütterlichen Elter stammen. Aus Kreuzungen zwischen *Oenothera odorata* (mit den Komplexen *v* und *I*) und *Oe. Berteriana* (*B* und *l*) erhält man unter anderem die Komplexheterozygote *B* · *I*. *Berteriana*-Plastiden sind mit diesem Komplex vollständig, *odorata*-Plastiden nicht oder nur unvollständig ergrünungsfähig. Bei der Verwendung von *Oe. odorata* als Mutter fand SCHWEMMLE nun aber auch einzelne gescheckte Pflanzen mit ergrünungsfähigen *Berteriana*-Plastiden, die durch den Pollenschlauch übertragen worden sein müssen. Durch Selbstung gelblicher Äste erhielt er *B* · *I*-Pflanzen mit nicht ergrünungsfähigen *odorata*-Plastiden, durch Selbstung grüner Äste *B* · *I*-Pflanzen mit ergrünungsfähigen *Berteriana*-Plastiden. Zwischen diesen finden sich nun Unterschiede in der Hypanthienlänge, obwohl in beiden Fällen *odorata* als Mutter verwendet worden ist. Entsprechendes gilt für die Blattform. Da beide Male *odorata* als Mutter verwendet worden ist, rechnet SCHWEMMLE nicht mit einem plasmatischen Unterschied zwischen den beiden Typen, sondern führt die erwähnten Unterschiede auf die Unterschiede der Plastiden zurück. Natürlich ist durchaus damit zu rechnen, daß auch *Berteriana*-Plasma ebenso wie *Berteriana*-Plastiden durch den Pollenschlauch übertragen worden ist. Es fragt sich deshalb, ob das Plasma in Zellen oder Pflanzen mit ergrünungsfähigen Plastiden wirklich dasselbe ist wie in solchen mit nicht ergrünungsfähigen. So lange wir über die Vorgänge bei der Verteilung des Plasmas auf die Tochterzellen nicht genauer Bescheid wissen, scheint es mir auch nicht unmöglich zu sein, daß die Verteilung der genetischen Komponente des Plasmas und die der Plastiden mehr oder weniger konform gehen. Dadurch wird die ganze Beweisführung aber sehr erschwert, und ich übersehe nicht, ob die Befunde wirklich ausreichen, um „Plasmon" und „Plastidom" eindeutig zu trennen. Vielleicht ergibt sich ein Ansatzpunkt dazu aus der unterschiedlichen Beeinflussung von Hypanthienlänge und Blattform. Bezüglich der Hypanthienlänge stellte SCHWEMMLE fest, daß die Unterschiede bei reziproken Kreuzungen wesentlich größer sind als wenn, bei gleicher Mutter, nur verschiedene Plastiden vorhanden sind. Deshalb nimmt SCHWEMMLE hier neben dem Einfluß der Plastiden auch einen solchen des Plasmas an. Bezüglich der Blattform aber sind alle $B \cdot I$-Pflanzen mit gleichen Plastiden gleich, unabhängig davon, ob sie aus der Kreuzung *odorata* × *Berteriana* oder der reziproken Kreuzung hervorgegangen sind. Hier hat nach SCHWEMMLE das Plasma also keinen Einfluß. — Wenn, was durchaus einleuchtend ist, auch Unterschiede in der Ergrünungsfähigkeit der Plastiden sich auf die Eigenschaftsausbildung außerhalb der Plastiden auswirken, so bleibt die Frage von Interesse, ob etwa der verschiedene Chlorophyllgehalt als solcher den Einfluß ausübt oder ob ein vorhandener Plastidenunterschied sowohl den Chlorophyllgehalt als auch die genannten Eigenschaften außerhalb der Plastiden beeinflußt. Verschiedene von SCHWEMMLE festgestellte Tatsachen sprechen für die zweite Möglichkeit.

Auch bezüglich der Frage der Plastidenmutationen haben Kreuzungen zwischen *Oenothera Berteriana* und *Oe. odorata* zu interessanten Beobachtungen geführt. Die in umfangreichen Kreuzungen durchgeführte Analyse einer Scheckung führt SCHWEMMLE (1) zu dem Schluß, daß die genetische Komponente einer Plastide in der embryonalen Phase einer Pflanze mutiert sein mußte, die das Genom (die Komplexe v und I) von *Oe. odorata*, das Plasma ebenfalls von *Oe. odorata*, die Plastiden aber von *Oe. Berteriana* besaß. Auf die experimentellen Beweise kann hier im einzelnen nicht eingegangen werden. Die erschlossene Mutation führte zu nicht ergrünungsfähigen Plastiden, und so entwickelte sich eine gescheckte Pflanze mit grünen, viriditunikaten und albotunikaten Trieben. In einem anderen Fall wurde SCHWEMMLE durch entsprechende Beobachtungen zu dem Schluß geführt, daß *odorata*-Plastiden mutiert sein mußten. Es sei betont, daß Feststellungen über Plastidenmutationen von größtem Interesse sind, weil wir über den Vorgang des Mutierens im „Plastidom" eigentlich noch so gut wie nichts wissen.

VII. Mutationsforschung.

Hier sind in erster Linie solche Arbeiten besprochen, die sich mit Mutationen befassen, bei denen keine sichtbaren Veränderungen im Genom festgestellt wurden. Chromosomen- und Genommutationen werden im Abschnitt „Zytogenetik“ behandelt.

Die Frage nach der Häufigkeit des Mutierens verschiedener Allele eines Locus und der Richtung, in der diese Mutationen erfolgen, hat noch relativ selten eingehende Bearbeitung gefunden. Wenn es eine Erfahrungstatsache ist, daß beim Mutieren einer Wild- oder Standardform vorzugsweise Allele entstehen, die gegenüber dem Ausgangsallel rezessiv sind, so kann dies zwei verschiedene Gründe haben: Es kann daran liegen, daß Mutationen grundsätzlich bevorzugt von einem dominanten zu einem rezessiven Allel verlaufen; dann dürfen Rückmutationen des mutierten rezessiven Allels zum dominanten Wildallel allgemein viel seltener sein als die Hinmutationen. Das scheint mir weder erwiesen, noch nach unseren Erfahrungen wahrscheinlich zu sein. Eine andere Deutungsmöglichkeit für das bevorzugte Stattfinden von Mutationen in Richtung dominant → rezessiv ist die, daß sich bei Wildformen aus irgendwelchen Gründen solche Allele angesammelt haben, die gegenüber anderen möglichen Allelen der entsprechenden Loci dominant sind. BEALE (2) kommt nach Untersuchungen über die Bildung der Blütenfarben zu der Überzeugung, daß die Dominanzverhältnisse nicht in direkter Beziehung zur Richtung des Mutierens stehen, sondern daß eben, im Sinne der zweiten von uns skizzierten Möglichkeit, die Wildallele meist dominant sind. Dagegen glaubt er feststellen zu können, daß das Mutieren bevorzugt in einer solchen Richtung erfolgt, daß die Mutante weniger komplexe Stoffe als die Ausgangsform synthetisiert. Es wird sich zeigen müssen, wieweit diese Regel allgemeine Gültigkeit besitzt. Sie scheint mir gut vereinbar zu sein mit gewissen früher von WRIGHT vertretenen Gedankengängen, wonach die einfachste Genänderung in der teilweisen oder völligen Inaktivierung des als Katalysator wirkenden Gens besteht.

In einer originellen Studie untersucht DÖRING die Frage, ob die Häufigkeit des Rückmutierens gewisser mutabler Allele zum Normalallel davon abhängig ist, ob im homologen Locus dasselbe mutable oder ein stabiles Allel vorliegt. Für die mutablen rezessiven Allele der Loci *perlutea* und *unicolor* von *Antirrhinum majus* ergibt sich, daß die Neigung zu Rückmutationen nicht vom Allel des homologen Locus beeinflußt wird.

Nach der heute herrschenden Auffassung sind spontane Mutationen auf in den Genen stattfindende überschwellige Temperaturschwingungen der Atome gegeneinander zurückzuführen. Sie müssen also, wie chemische Reaktionen, der VAN'T HOFFschen Regel gehorchen, bei höheren Temperaturen also häufiger sein als bei tieferen. BEALE und FABERGÉ untersuchen nun die Mutationshäufigkeit eines mutablen Allels von *Portulaca grandiflora*, durch das gefärbte Flecken auf Petalen und Sprossen hervorgerufen werden, bei 25°, 30°, 35° und 40°. Da bei hoher Temperatur immer weniger Flecken, auf die Zahl der Zellen umgerechnet, als Folge der Mutationen des Allels auftreten, ergibt sich ein Widerspruch zu der oben skizzierten Auffassung, nach der bei höherer Temperatur eine stärkere Mutabilität zu erwarten wäre. Es wird darauf hingewiesen, daß der Zellsaft bei höherer Temperatur weniger alkalisch ist, und daß durch solche oder ähnliche Einflüsse Abweichungen von der Erwartung auftreten können. Ähnliches hat RHOADES für den Locus *dt* bei *Zea Mays* festgestellt. Auch hier ergab sich eine deutliche Abnahme der Mutationsrate bei höherer Temperatur. — Seit wir wissen, daß die Mutabilität wesentlich durch den physiologischen Zustand der Zellen beeinflußt wird, dieser aber zweifellos durch Temperaturunterschiede stark verändert werden kann, sind Feststellungen, wie die von BEALE und FABERGÉ und von RHOADES gemachten, eigentlich weniger verwunderlich, als daß bei *Drosophila* die Mutationshäufigkeit so gut der VAN'T HOFFschen Regel folgen soll.

Eine starke Beeinflussung der Mutabilität wenig stabiler Allele gewisser Loci durch das idiotypische Milieu stellt LAMPRECHT (1) bei Untersuchungen an *Pisum* fest. Vor allem erwies sich die Mutabilität dieser Allele in Kreuzungsmaterial wesentlich erhöht. Dies deutet LAMPRECHT so, daß Heterozygotie in gewissen Loci eines Chromosoms die Mutationshäufigkeit eines Allels eines anderen Locus desselben Chromosoms erhöhen kann. Eine Erklärung für diese merkwürdige, allerdings noch durch weiteres Material zu belegende Erscheinung besitzen wir vorläufig nicht.

Auf einige bemerkenswerte Eigenschaften von Mutanten sei hier kurz hingewiesen. Die Zahl züchterisch wertvoller spontaner Mutationen wurde vermehrt durch von DE MOL (1, 2) festgestellte Fälle somatischen Mutierens bei der Tulpe, das zu früherem Blühen führt. Aus röntgenbestrahlten Körnern von Gerste wurden in Svalöf einzelne Stämme gezüchtet, die im Feldversuch Eigenschaften aufwiesen, die im Vergleich zur Ausgangssorte vom wirtschaftlichen Standpunkt aus als positiv zu bewerten sind. Neben größerer Halmfestigkeit, größeren Körnern, kürzerer Vegetationsperiode wurden auch einzelne Stämme mit erhöhter Leistung herausgezüchtet (GUSTAFSSON [1, 2]).

Eine Reihe von Feststellungen, die in den letzten Jahren über die Eigenschaften von Viren gemacht wurden, interessieren auch vom Standpunkt der Genetik aus, weil sich höchst wichtige Parallelen zwischen Genen und Viren ergeben haben. PFANKUCH, KAUSCHE und STUBBE haben nach Röntgen- und γ-Bestrahlung des Tabakmosaikvirusproteins im lebenden Blatt nach Verimpfung konstant abweichende Symptombilder festgestellt. Man kann also von „Mutationen" des Virusproteins sprechen. Die physikalisch-chemische Untersuchung deutet darauf hin, daß die „Mutationen" den Nukleinsäureanteil der Virusmolekel betreffen und quantitative und qualitative Änderungen in diesem Teil darstellen. Dieser Schluß ist von besonderem Interesse im Zusammenhang mit der von KNAPP und SCHREIBER 1939 getroffenen Feststellung, daß die Auslösung von monohybrid spaltenden Mutationen durch ultraviolettes Licht wesentlich auf einer Absorption der Strahlen durch die Nukleinsäure beruht.

Die Auslösung der Virus-„Mutationen" durch kurzwellige Strahlen ist übrigens offenbar mindestens nicht nur durch direktes Getroffenwerden der Virusmolekel durch die Strahlen zu deuten. Denn KAUSCHE und STUBBE haben auch Mutationen gefunden, wenn sie zuerst die nicht infizierte Pflanze bestrahlten und dann erst diese mit Virus beimpften. Die Angelegenheit bedarf daher noch weiterer Klärung.

Eine zusammenfassende Darstellung über den heutigen Stand der biophysikalischen Analyse des Mutationsvorganges gibt TIMOFÉEFF.

VIII. Evolution.

Immer mehr wird von genetischer Seite her versucht, das Problem der Evolution zu fördern. Von den 22 Aufsätzen, die in einem von HUXLEY herausgegebenen Buch „The news systematics" gesammelt sind, sei auf den von TIMOFÉEFF verwiesen, der darauf hinweist, daß zur Erklärung der Mikroevolution und der geographischen Variation die schon erarbeiteten allgemeinen Grundprinzipien und Mechanismen ausreichen. Spekulationen, die die Selektion und die von der Genetik gefundenen Tatsachen nicht berücksichtigen, haben nach TIMOFÉEFF heute auch bei Behandlung der Probleme der Makroevolution keinen wissenschaftlichen Wert mehr. Auch im Aufsatz von MULLER ist die Überzeugung ausgesprochen, daß die heutigen Fortschritte der mendelistischen und der Selektionstheorie befähigt sind, Probleme der Systematik anzupacken. Als Beispiel wird *Drosophila* genannt, wo die Rassen- und Artdifferenzierung fast ganz auf zahlreichen Genmutationen beruht, denen gegenüber strukturelle Verschiedenheiten in den Chromosomen nur von sekundärer Bedeutung sind.

Daß die überwiegende Mehrzahl der Mutanten gegenüber den Ausgangstypen negativen Selektionswert besitzt, wird bekanntlich im allgemeinen dadurch erklärt, daß der Idiotypus im Laufe der Evolution allmählich schon so weitgehend den Zustand größter Harmonie in sich und mit der Umwelt erreicht hat, daß bei einer Änderung des Idiotyps die Wahrscheinlichkeit einer Störung der schon erzielten Harmonie weit größer ist als die einer Verbesserung der Anpassung. BRÜCHER versucht die Frage zu klären, ob nicht gewisse Mutanten von *Antirrhinum*, die in normaler Umwelt gegenüber der Herkunftssippe negativen Selektionswert besitzen, unter stark abweichenden Umweltsbedingungen sich gegenüber der Ausgangsform überlegen erweisen. Er stellt fest, daß beim Vergleich junger Pflanzen, die einige Wochen unter extremen Bedingungen kultiviert wurden, einige Mutanten gegenüber der Normalsippe erhöhte Entwicklungsgeschwindigkeit zeigten und sich auch in Wuchshöhe, Blattgröße und Blattgrün ihr gegenüber gefördert erwiesen. BRÜCHER spricht deshalb diesen Mutanten unter den gegebenen Umweltsbedingungen einen höheren Selektionswert als der Normalform zu und will damit „die für die Phylogenie bedeutsame Frage nach dem Erhaltungswert der Mutanten und der evolutionistischen Bedeutung der Mutationen positiv beantwortet" haben. Meiner Ansicht nach ist eine solche Auswertung der nicht uninteressanten Feststellungen BRÜCHERS allerdings reichlich unbegründet. Dazu genügt es nicht, die Entwicklung junger Pflanzen, die zudem offenbar unter Normalbedingungen gekeimt waren, für einige Wochen unter extremen Bedingungen zu verfolgen, sondern es müßte der Nachweis einer Überlegenheit der Mutanten gegenüber der Normalform unter bestimmten Bedingungen während des ganzen Entwicklungszyklus, einschließlich der reproduktiven Phase, erbracht werden. Bei *Drosophila* ist dies bekanntlich für einzelne Mutanten tatsächlich geglückt. Es darf übrigens auch nicht übersehen werden, daß bei keiner Mutante die Entwicklung unter den extremen Bedingungen gegenüber der Entwicklung der Normalform unter natürlichen Bedingungen gefördert war.

Andere Arbeiten beschäftigen sich unter Berücksichtigung von durch Mutationen bedingten Formveränderungen mit der Frage, wie Art- und Gattungsunterschiede durch Mutationen zustande gekommen sein können. BURGEFF (1, 2) hat bei seinen Untersuchungen an der Gattung *Marchantia* eine Reihe von Mutationen festgestellt, durch die ähnliche Organreduktionen bewirkt werden wie diejenigen, die die nach GOEBEL durch Reduktion entstandenen Marchantiaceengattungen charakterisieren. BURGEFF stellte aber auch Mutationen fest, die er als organographisch „positiv" bewertet wissen will, insofern als durch sie neuartige Bildungen bedingt werden. So ist bei der Mutante „*farinosa*" der ganze Thallus mit eigentümlichen Emergenzen bedeckt. Bei der Mutante „*blastophora*" werden auf der Oberseite der Thalli „Blastome" gebildet, das sind mit Oberseitengewebe bedeckte radiäre Bildungen, die statt einer Scheitelzelle einen richtigen Vegetationspunkt besitzen. Da ähnliche Bildungen erst bei den Pteridophyten vorkommen, sieht BURGEFF in solchen Mutationen, in Verbindung mit anderen Mutationen, Denkmöglichkeiten für die Entwicklung neuer Stämme.

STUBBE und v. WETTSTEIN werfen die Frage auf, wieweit Großmutationen und wieweit eine große Zahl von Kleinmutationen an der Umbildung der Arten und an der Entstehung neuer systematischer Einheiten beteiligt sind. Aus den in der Literatur beschriebenen Analysen von Rassen- und Artkreuzungen ergibt sich, daß ein wesentlicher Unterschied zwischen zwei systematischen Einheiten monohybrid spalten oder sich als durch eine große Zahl von Erbunterschieden bedingt erweisen kann, von denen jeder sich nur geringfügig auswirkt. Weiter werden einige monohybrid spaltende Mutanten von *Antirrhinum majus* daraufhin untersucht, ob entsprechende Mutationsschritte vielleicht den Beginn der Bildung neuer Arten oder Gattungen ausmachen könnten. In den Mutanten *fistulata, radialis, Hirzina* und *transcendens* finden sich Parallelen zu Organisationsmerkmalen, die bei verwandten Gattungen gegeben sind. Daß aber, wie STUBBE und v. WETTSTEIN meinen, im Auftreten solcher monohybrid spaltender Mutationen irgendein Hinweis darauf zu sehen sein soll, daß bei der Herausbildung der Gattungsunterschiede solche oder ähnliche Großmutationen eine Rolle gespielt haben, will mir nicht recht einleuchten. Mir scheint vielmehr, daß die bis zu einem gewissen Grad vorhandene Ähnlichkeit von Mutanten mit verwandten Gattungen zwanglos so gedeutet werden kann, daß der Ausgangstyp auf Grund seiner ererbten Konstitution eben gewisse, durch die verschiedensten Erbänderungen realisierbare Möglichkeiten des Variierens besitzt. Wenn also z. B. durch eine Großmutation bei *Antirrhinum majus* eine Form mit gespornter Blüte auftritt (*Hirzina*), und wenn die Gattung *Linaria* sich von *Antirrhinum* ebenfalls durch den Besitz eines Sporns auszeichnet, so scheint mir diese Parallelität nur zu zeigen, daß in der Konstitution der Scrophulariaceenblüte die Möglichkeit zur Spornbildung unter gewissen Voraussetzungen begründet liegt, nicht aber dafür zu sprechen, daß der Gattungsunterschied ,,Vorkommen oder Fehlen eines Sporns" durch eine monohybrid spaltende Mutation zustande gekommen ist. Die Alternative: Formbildung nur durch Häufung von Kleinmutationen oder durch Mitwirkung von Klein- und Großmutationen, wobei bei der Herausbildung der Organisationsmerkmale großer systematischer Differenzen ohne lückenlose Übergänge auch die Großmutationen wesentlich gewesen wären, lassen auch STUBBE und v. WETTSTEIN durchaus offen.

Die Artbildung im engeren Sinne, also nicht die Entstehung einer größeren Variabilität, sondern lediglich die Bildung diskreter, sich nicht kreuzender Gruppen von Individuen, behandelt DOBZHANSKY in einem theoretischen Aufsatz. Er stellt die Theorie auf, daß zunächst geographisch getrennte und morphologisch-physiologisch sich unterscheidende Rassen unter Anpassung an die jeweilige Umgebung entstehen. Diese Rassen werden dadurch zu Arten, daß sich physiologische Isolationsmechanismen entwickeln, die eine Vermischung verhindern. ,,Rassenbildung ist im wesentlichen die Entwicklung erblich verschiedener Muster, die an eine bestimmte Umgebung angepaßt sind. Artbildung ist ein Prozeß, dessen Ergebnis die Fixierung dieser Muster durch die Entwicklung physiologischer Isolationsmechanismen ist." Die Entwicklung von Isolationsmechanismen erfolgt also im allgemeinen nicht gleichzeitig mit der Entwicklung der Anpassungskomplexe selbst, sondern folgt ihr. — Wenn bei Pflanzen die Unterscheidung von Rassen und Arten in diesem Sinne im allgemeinen wohl auch nicht so scharf durchgeführt werden kann, wie es DOBZHANSKY auf Grund seiner Erfahrungen auf zoologischem Gebiet darstellt — bei vielen pflanzlichen Gattungen sind systematisch wohlbegründete Arten unterschieden, zwischen denen sich keine oder höchstens schwache physiologische Isolationsmechanismen entwickelt haben, während umgekehrt physiologisch scharf getrennte Gruppen wegen unwesentlicher Merkmalsunterschiede nicht als besondere Arten angesprochen werden können —, so sind diese Gedanken doch auch für den Botaniker von Bedeutung.

LOTSY hat 1911 als ein Beispiel, das seine Auffassung von der wesentlichen Bedeutung der Kombinationen für die Evolution stützen sollte, eine Art *Antirrhinum rhinanthoides* beschrieben. Sie sollte entstanden sein als Folge einer Kreuzung zwischen den Arten *Antirrhinum molle* (von LOTSY versehentlich *Antirrhinum glutinosum* genannt) und *A. majus*. STUBBE macht nun sehr wahrscheinlich, daß bereits das Ausgangsmaterial zu LOTSYs Kreuzung ein mutiertes rezessives Allel heterozygot enthielt, das vielleicht identisch mit dem Allel *fis* (*fistulata*) ist, jedenfalls aber homozygot zu demselben Phaen führt. Das Auftreten des Typs *rhinanthoides* hat also mit der Kreuzung an sich gar nichts zu tun, sondern ist das normale Herausspalten des doppelt rezessiven Typs nach Selbstung der Heterozygoten. Damit dürfte dieser noch in vielen Lehrbüchern zitierte Fall seine Erledigung gefunden haben.

Untersuchungen über die ökologische Differenzierung verschiedener kalifornischer Pflanzenarten teilen CLAUSEN, KECK und HIESEY mit. Die meisten Arten sind in polygen sich unterscheidende Oekotypen gegliedert. In manchen Fällen tritt eine Gliederung in verschiedene Polyploidstufen dazu. Dies führt zu scharfer Isolierung und damit zur Möglichkeit einer Aufgliederung in Arten.

BEALE (1) untersucht die Frage, wie die genetische Variabilität einer relativ jungen Gartenform zustande gekommen sein mag. Er kommt zu dem Ergebnis, daß *Verbena hybrida* auf 3 oder 4 Wildarten zurückzuführen ist. Ihre genetische Variabilität erklärt sich zum Teil durch die Unterschiede im Erbgut der Herkunftsarten, zum Teil durch Mutationen, die nach ihrer Entstehung vor etwa 100 Jahren erfolgten. Die mutativ entstandenen Allele sind völlig rezessiv gegenüber dem Wildallel, während bezüglich jener mendelnden Erbunterschiede, die auf Unterschiede zwischen den Herkunftsarten zurückgehen, verschiedene Grade der Dominanz festzustellen sind.

Zur Frage der Entstehung der tetraploiden amerikanischen *Gossypium*-Arten nehmen sowohl BEASLEY als auch HARLAND und ATTECK Stellung. Sie kommen zu einer Bestätigung der Auffassung, daß die amerikanischen Arten mit haploid 26 Chromosomen Amphidiploide aus asiatischen und amerikanischen Arten mit haploid 13 Chromosomen darstellen.

Die Beziehungen zwischen den 3 Gattungen *Zea*, *Euchlaena* und *Tripsacum* sind immer noch nicht geklärt. Nach einer Theorie soll der Mais aus *Euchlaena* durch Mutationen entstanden sein. Als Einwand gegen diese Auffassung wurde oft angeführt, daß zu viele Unterschiede zwischen beiden Gattungen bestehen, um diese Auffassung plausibel zu finden. Demgegenüber weist LANGHAM auf Grund von Bastardierungen zwischen beiden Gattungen darauf hin, daß, wenn man sich auf die Betrachtung der wirklich charakteristischen Unterschiede beschränkt, nur ungefähr 5 Merkmalsunterschiede übrigbleiben, von denen mindestens 3 monohybrid spalten. Wenn man nun aber erwarten sollte, daß bei *Euchlaena* Mutationen zu maisähnlichen Merkmalen zu finden wären, so hat sich diese Erwartung nicht bestätigt, sondern es hat sich gerade das Umgekehrte ergeben: Bei Mais werden Mutationen zu *euchlaena*ähnlichen Merkmalen gefunden. Man kann also nicht gerade behaupten, daß die Auffassung einer mutativen Entstehung des Maises aus *Euchlaena* eine experimentelle Stütze gefunden hätte.

Um so bemerkenswerter ist die von MANGELSDORFF und REEVES vertretene Auffassung, nach der *Euchlaena* als das relativ junge Produkt einer natürlichen Kreuzung zwischen einem primitiven Mais und *Tripsacum* zu betrachten ist. Aus dieser Bastardierung, die in Mittelamerika stattgefunden haben soll, gingen aber nicht nur die neue Gattung *Euchlaena* hervor, sondern auch neue Maistypen, die den ursprünglichen, reinen Mais in fast allen Gebieten, außer den Anden, verdrängt hätten.

Die Frage nach der Herkunft und nach den entwicklungsgeschichtlichen Zusammenhängen zwischen den verschiedenen Weizen ist neuerdings wieder diskutiert worden. Einen Überblick über die Lage des Problems gibt SCHIEMANN (1). Die Auffassung von BERTSCH, wonach der hexaploide Weizen durch Kombination je eines Gliedes der diploiden und der tetraploiden Reihe aufgebaut ist, wird als mit den zytogenetischen Befunden nicht vereinbar abgelehnt. Vielmehr sprechen sowohl zytologische als auch morphologische und pflanzengeographische Tatsachen dafür, daß die Gattung *Aegilops* irgendwie an der Entstehung der hexaploiden Reihe beteiligt ist.

Die Bearbeitung der von der Deutschen Hindukusch-Expedition gesammelten Gersten und Weizen (letztere durch LANGE DE LA CAMP 1939) führt FREISLEBEN (1) zu einigen beachtenswerten Folgerungen bezüglich der Herkunft und der Entstehung der Kulturgersten und -weizen. Gersten: Im östlichen Asien sollen aus einer vierzeiligen Wildform, die dem von ÅBERG (1) beschriebenen *Hordeum agriocrithon* ähnlich war, zähspindelige Mutanten ausgelesen worden sein. Diese

Kulturform hätte sich nach Osten und Westen ausgebreitet. Im Westen wäre sie mit *H. spontaneum* zusammengetroffen, und aus spontanen Bastardierungen zwischen diesen beiden Typen wären zweizeilige Kulturgersten herausgespalten. Als Folge der Bastardierung zwischen *H. agriocrithon* und *H. spontaneum* wäre nach FREISLEBEN die allgemeine Variation stark vergrößert worden. Die Mannigfaltigkeitszentren werden von FREISLEBEN also, im Gegensatz zu VAVILOV, nicht als Ursprungszentren der Gerste angesehen. Auch ÅBERG (2) mißt dem von ihm gefundenen *H. agriocrithon* bei der Entstehung der Kulturgersten wesentliche Bedeutung bei, läßt aber im einzelnen für die Entstehung der verschiedenen Typen mehrere Möglichkeiten offen. — Weizen: Auch für die hexaploiden Weizen soll das Entstehungszentrum nicht mit dem Mannigfaltigkeitszentrum in Afghanistan übereinstimmen, sondern weiter im Westen liegen (Beziehungen zu *Aegilops*!). In Afghanistan hätte der Weizen dann Bedingungen gefunden, die zur Herausbildung einer großen Mannigfaltigkeit geführt hätten.

Arbeiten, die sich mit der Bedeutung der Polyploidie für die Evolution befassen, sind im Abschnitt „Zytogenetik" besprochen.

Literatur.

ÅBERG, EWERT: (1) Ann. agricult. Coll. Sweden **6**, 159—216 (1938). — (2) Symb. bot. Upsalienses IV **2**, 1—156 (1940). — ALLEN, C. E.: Bot. Review **6**, 227—300 (1940).

BEALE, G. H.: (1) J. Gen. **40**, 337—358 (1940). — (2) Ebenda **42**, 197—214 (1941). — BEALE, G. H., u. A. C. FABERGÉ: Nature (Lond.) **147**, 356—357 (1941). — BEASLEY, J. O.: Amer. Naturalist **74**, 285—286 (1940). — BERTSCH, FR.: Mannus **31**, 171—224 (1939). — BRÜCHER, HEINZ: Naturwiss. **29**, 422—423 (1941). — BURGEFF, H.: (1) Ebenda **29**, 289—299 (1941). — (2) Biol. Zbl. **61**, 337—359 (1941).

CLARK, FRANCES J.: Amer. J. Bot. **27**, 547—559 (1940). — CLAUSEN, JENS, DAVID D. KECK u. WILLIAM M. HIESEY: Amer. Naturalist **75**, 231—250 (1941).

DOBZHANSKY, TH.: Amer. Naturalist **74**, 312—321 (1940). — DÖRING, HELMUT: Biol. Zbl. **61**, 65—68 (1941).

EAST, E. M.: Proc. amer. philos. Soc. **82**, 449—518 (1940).

FREISLEBEN, RUDOLF: (1) Angew. Bot. **22**, 105—132 (1940). — (2) Kühn-Archiv **54**, 295—368 (1940). — (3) Züchter **12**, 257—272 (1940).

GUSTAFSSON, Åke: (1) Hereditas (Lund) **27**, 225—242 (1941). — (2) Ebenda **27**, 337—359 (1941).

HARLAND, SIDNEY CROSS, u. O. M. ATTECK: J. Genet. **42**, 1—19 (1941). — HUXLEY, JULIAN: The new systematica. Oxford 1940.

JONES, D. F.: Genetics **19**, 552—567 (1934).

KAPPERT, H.: Z. Abstammgslehre **78**, 273—293 (1940). — KAUSCHE, G. A., u. H. STUBBE: Naturwiss. **28**, 817—824 (1940). — KUHN, RICHARD, u. IRMENTRAUT LÖW: Ber. dtsch. chem. Ges. **74**, 219—231 (1941). — KUHN, RICHARD, u. FRANZ MOEWUS: (1) Ebenda **73**, 547—557 (1940). — (2) Ebenda **73**, 559—562 (1940).

LAMPRECHT, HERBERT: (1) Züchter **13**, 97—105 (1941). — (2) Hereditas (Lund) **27**, 51—175 (1941). — LANGE DE LA CAMP, MARIA: Landw. Jb. **88**, 12—134 (1939). — LANGHAM, D. G.: Genetics **25**, 88—107 (1940). — LITTLE, M. THOMAS, JEROME H. KANTOR u. BURR A. ROBINSON jr.: Ebenda **25**, 150—156 (1940).

MANGELSDORFF, P. C., u. R. G. REEVES: Bull. 574, Texas, Agric. Exp. Stat. (315 Seiten) (1939). — MOEWUS, FRANZ: (1) Z. Abstammgslehre 78, 418—462 (1940). — (2) Ebenda 78, 463—500 (1940). — (3) Ebenda 78, 501—522 (1940). — (4) Biol. Zbl. 60, 143—166 (1940). — (5) Ebenda 60, 597—626 (1940). — (6) Erg. Biol. 18, 287—356 (1941). — DE MOL, WILLEM EDUARD: (1) Züchter: 12, 81—104 (1940). — (2) Gartenbauwiss. 16, 70—89 (1941). — MURRAY, M. J.: (1) J. Hered. 31, 477—485 (1940). — (2) J. of Genetics 25, 409—431 (1940).

OEHLKERS, FRIEDRICH: (1) Z. Bot. 32, 305—393 (1938). — (2) Ber. dtsch. bot. Ges. 58, 76—91 (1940). — (3) Z. Bot. 37, 158—182 (1941). — ONO, T.: (1) Bot. Mg. (Tokyo) 53, 549—556 (1939). — (2) Ebenda 54, 225—230 (1940). — (3) Ebenda 54, 348—356 (1940).

PFANKUCH, E., A. G. KAUSCHE u. H. STUBBE: Biochem. Z. 304, 238—258 (1940).

SCHIEMANN, ELISABETH: (1) Z. Abstammgslehre 79, 50—82 (1940). — (2) Bot. Jb. 71, 1—31 (1940). — SCHOPFER, WILLIAM H.: Verh. schweiz. naturforsch. Ges. 85, 159—160 (1940). — SCHWEMMLE, J.: (1) Z. Abstammgslehre 79, 171—187 (1941). — (2) Ebenda 79, 321—335 (1941). — STOUT, A. B., u. CLYDE CHANDLER: Science (N. Y.) 94, 118 (1941). — STRAUB, J.: Ber. dtsch. bot. Ges. 59, 296—303 (1941). — STUBBE, H.: Biol. Zbl. 60, 590—597 (1940). — STUBBE, H., u. F. v. WETTSTEIN: Ebenda 61, 265—297 (1941).

TIMOFÉEFF-RESSOVSKY, N. W.: Nova Acta Leopoldina, N. F. 9, Nr. 60, 209 bis 240 (1940).

WARMKE, H. E., u. A. F. BLAKESLEE: (1) Genetics 24, 88—89 (1939). — (2) Science (N. Y.) 89, 391—392 (1939). — (3) Amer. J. Bot. 27, 751—762 (1940). — (4) Genetics 25, 139 (1940). — WESTERGAARD, M.: Dansk bot. Arkiv 10, Nr. 5, 131 S. (1940).

15. Zytogenetik.

Von JOSEPH STRAUB, Berlin-Dahlem.

Der Beitrag folgt in Bd. XII.

16. Wachstum und Bewegung.

Von HERMANN VON GUTTENBERG, Seestadt Rostock.

1. Wuchsstoff und Wachstum.

Die Auffindung einer verläßlichen Methodik zur quantitativen Bestimmung der Wuchsstoffe erweist sich immer dringender als notwendig. BOYSEN-JENSEN gibt Hinweise für eine Erfassung der Streckungswuchsstoffe Auxin a und b.

Ätherextrakte aus Pflanzen enthalten Verunreinigungen und Hemmstoffe, es ist daher nötig, sie zu fraktionieren und zu reinigen. Der Ätherauszug wird mit Wasser ausgeschüttelt, im Äther verbleibt ein Hemmstoff. Der wasserlösliche Anteil, in saurer Lösung ausgeschüttelt, ergibt die Auxine a und b, dazu noch einen Hemmstoff, der mit „Blastokolin" (KÖCKEMANN [1934]) identisch sein könnte. Dieses soll indessen nach TETJUROW nichts anderes als ein Gemisch von Apfel- und Zitronensäure sein. Die Streckungswuchsstoffe können durch Diffusion von dem Hemmstoff befreit werden, da sie viel rascher diffundieren. Mit seiner Reinigungsmethode erzielt BOYSEN-JENSEN tatsächlich Präparate von beträchtlich erhöhter Wirksamkeit.

SÖDING und FUNKE prüfen die Empfindlichkeitsschwankungen des Hafertestes und ihre Beziehung zu Wetterfaktoren. Auch bei der in Laboratorien üblichen „Konstanz" der Außenbedingungen zeigen Koleoptilen Empfindlichkeitsschwankungen, die gegen schwächere (80 γ/L) und stärkere (200 γ/L) Heteroauxinlösungen verschieden ausfallen können. Die Schwankungen bei Verwendung reinen Auxins können stärker oder schwächer sein und stimmen meist, aber nicht immer, mit denen im H.A.-Versuch[1] überein. Es ist somit nicht möglich, eine verläßliche „Eichung" von Wst.-Werten[2] mit Hilfe eines Standard-H.A.-Präparates vorzunehmen. Bei 80 γ/L entsprachen die Empfindlichkeitsschwankungen den Zuwachsschwankungen isolierter Koleoptilzylinder, also scheint das Reaktionsvermögen der Keimlinge dabei eine Rolle zu spielen, denn bei den Zylindern kann man nicht an Schwankungen im Nähr- oder Wirkstoffgehalt denken. Viel näher liegt der

[1] H.A. = Heteroauxin. [2] Wst. = Wuchsstoff.

Gedanke einer Empfindlichkeitsschwankung gegenüber Wst., die sich in veränderter Reaktion ausdrückt. In Versuchen über die jahreszeitlichen Schwankungen der Empfindlichkeit finden die Autoren an ihren Standorten ein Minimum im Sommer und zwei Maxima im Frühjahr und Herbst. Klare Zusammenhänge der Schwankungen mit denen der bekannten klimatischen Faktoren ließen sich nicht feststellen. Doch scheint ein Faktor, der zu den Luftmassen in Beziehung steht, wirksam zu sein, da das Auftreten warmer Luftmassen die Herabsetzung der Empfindlichkeit begleitet. Die Temperatur selbst ist es aber nicht. Als weitere wetterabhängige Erscheinung nennt SÖDING das gelegentlich krumme Wachsen der Pflanzen. Ich möchte dazu bemerken, daß diese Störung bei den häufigen herbstlichen und winterlichen Wetterstürzen des Ostseeklimas ein Arbeiten mit *Avena* zu dieser Zeit geradezu unmöglich macht. Für die Ursache des krummen Wachstums halte ich eine Herabsetzung der geotropischen Empfindlichkeit.

Eine Reihe von Arbeiten befaßt sich mit der Frage des sog. gebundenen Auxins. Mehrfach ist schon in früheren Jahren beobachtet worden, daß die jeweils aus Pflanzen mit Extraktionsmitteln erfaßbare Auxinmenge (freies Auxin) nicht das Ausmaß erreicht, das man bei wiederholter Diffusion erhält. OVERBEEK (1) setzt das „gebundene" Auxin dem „precursor" gleich. Die Spitze etiolierter *Zea*-Koleoptilen gibt, wenn sie abgeschnitten (1 mm) in zweistündigen Perioden auf Agar gebracht wird, 12 Stunden lang, die von *Avena* 8 Stunden lang, Auxin ab. Die gewonnene Menge ist erheblich größer als die, welche man bei 12stündiger Ätherextraktion erhält. Anderseits läßt sich aus Koleoptilen, die im Diffusionsversuch kein Auxin mehr abgeben, noch ein wirksamer Ätherextrakt erzielen. Aus abgeschnittenen Spitzen lassen sich bei *Zea* nur 8%, bei *Avena* in Wasserkultur 14%, in Sandkultur 42% des „potential-auxin" durch Extraktion gewinnen, so daß für den „precursor" 92% (*Zea*) und 86 oder 58% (*Avena*) übrigbleiben. Dekapitierte *Zea*-Pflanzen geben nach einiger Zeit wieder Auxin ab, dessen Menge mit der Zeit steigt, ebenso isolierte Stücke. Die größte Precusorkonzentration enthält die Koleoptilspitze, nach Dekapitation findet eine Anhäufung unter der Schnittfläche statt.

GUSTAFSON machte entsprechende Beobachtungen an Fruchtanlagen der Sonnenblume. In 11 aufeinanderfolgenden Extraktionen von jeweils 20—45 Stunden Dauer können aus diesen immer wieder Wuchsstoffe in gleicher Ausbeute mit Äther extrahiert werden, der Erfolg kann auch noch nach 2 weiteren Wochen beobachtet werden. Auch Tomatenkeimlinge, wie die Fruchtanlagen aufbereitet (gefroren zermahlenes Material), geben durch Wochen und Monate immer wieder Wst. ab. Stärkere Verdünnung in Agar ergibt erheblich höhere Testwinkel; so war der Extrakt in 1,5—2 cm³ Agar doppelt so wirksam wie in 0,6 cm³.

LINK und EGGERS extrahieren Wurzeln und Bakterienknöllchen von Leguminosen in Äther zur Wst.-Gewinnung. Im *Avena*-Test geben die Knöllchenextrakte viel stärkere Winkel als die der Wurzeln, noch schwächer wirken Wurzeln nicht infizierter Pflanzen. Dabei nehmen Wurzelextrakte in dünneren Agarlösungen in ihrer Wirkung stark ab, Knöllchenextrakte aber um ein Mehrfaches zu. Daher ist anzunehmen, daß diese einen „precursor" oder Hemmstoff enthalten, der bei stärkerer Verdünnung hydrolysiert und in Wuchsstoff verwandelt wird. Ref. möchte indessen meinen, daß die Knöllchen eine supraoptimale Wst.-Konzentration enthalten. Durch Säurebehandlung wird der Wurzelextrakt nicht zerstört, wohl aber durch Lauge, er enthält also Auxin a. Die Knöllchen dagegen besitzen zusätzlich einen durch Lauge nicht zerstörbaren Anteil, also H.A., das wohl durch die Bakterien produziert wurde. LINK, EGGERS und MOULTON finden, daß Galleninsekten und die von ihnen befallenen Blätter sowohl Auxin a als auch H.A. enthalten. Doch ist schwer zu entscheiden, ob Pflanze oder Insekt die Stoffe produziert haben.

SKOOG und THIMANN zeigen, daß man auch auf dem Wege der Extraktion zu höheren Ausbeuten kommen kann, wenn man trockenes Material wiederholt extrahiert. Sie arbeiten mit gepulverten Sprossen von *Lemna minor*. Aus solchen kann man mit Äther mehrere Monate lang immer wieder Wst. gewinnen. Es ist also in den Pflanzen ein gebundener und in dieser Form ätherunlöslicher Wst. vorhanden, der erst nach und nach frei und damit ätherextrahierbar wird. Die Autoren vermuteten, daß es sich dabei um eine hydrolytisch-enzymatische Freimachung handle, und studierten daher den Einfluß verschiedener Enzyme auf den Vorgang. Kristallisiertes Trypsin hatte nur geringe Wirkung, dagegen gelang es mit Chymotrypsin Erfolge zu erzielen.

Das Pflanzenpulver wird in Wasser mit Sodazusatz (p_H 8) aufgeschwemmt und 1 oder 5 mg des Enzyms zugesetzt. Nach 24 Stunden wird die Flüssigkeitsmenge eingeengt, angesäuert und mit Äther extrahiert. Die Proben werden dann unter Äther belassen, wobei nach 7 und weiteren 8 Tagen noch 2 Restextrakte gewonnen werden können. Man erhält dabei insgesamt eine Erhöhung der Auxinausbeute bis auf etwa das 4fache gegenüber Kontrollen, die in gleicher Weise bei p_H 8, aber ohne Enzymzusatz, behandelt worden waren. Ein einfacher Wasserextrakt enthält viel weniger Auxin, auch wenn das Enzym beigefügt wurde. Kochen der Lösung senkt die Werte stark herab.

Die Verff. schließen aus dem Ganzen, daß das Auxin in der Pflanze zum großen Teil an ein Protein gebunden ist und durch enzymatische Hydrolyse freigemacht wird. In einer anderen Mitteilung (THIMANN und SKOOG) wird darauf hingewiesen, daß durch das Trocknen der Pflanzen die Ausbeute sowohl an freiem als auch an gebundenem Auxin herabgesetzt wird; dieses wird „fixiert", vielleicht auch zerstört. Wässerige Auszüge geben bei $p_H = 9$ geringere Ausbeute als bei $p_H = 3$, beide stehen gegenüber $p_H = 6$ zurück. Es kann sich bei der Freimachung des Wst. also nicht um eine einfache Hydrolyse handeln.

AVERY, BERGER und SHALUCHA versuchen durch eine „multisolvent extraction"-Methode den Wst. der Pflanzen quantitativ zu erfassen.

Diese Methode besteht darin, daß Wasser, Äther, Chloroform und Alkohol hintereinander angewendet werden. Alle so gewonnenen Substanzen werden, wenn sie auf *Avena* einwirken, als „Auxin" bezeichnet. Der Wirkungsgrad wird mit H.A. verglichen, von dem 10 γ/L. an *Avena*-Koleoptilen einen Winkel von 10^0 ergeben. Gemessen wird der Wert TDC (total degrees curvature) $= \frac{C \cdot 100 \cdot V}{W}$. C ist die durchschnittliche Krümmung, herbeigeführt durch einen 10 cm^3-Agarblock, 100 die Anzahl solcher Blocks in 1,0 cm^3 der Agarextraktmischung, V das Totalvolumen dieser Lösung in Kubikzentimeter und W das Gewicht der extrahierten Gewebe in Gramm. 100000 TDC sind gleich 1,0 γ H.A.

Mit ihrer Methode erhalten die Autoren aus ruhenden Maisendospermen einen Wert von 0,7 Mill. TDC/g = 7 mg H.A./kg lufttrockenes Endosperm. Das ist die Menge des freien Auxins. Wasser (p_H 6—7) allein ergibt nur einen 0,5 Mill. TDC/g Wert, Alkohol in 27 einwöchentlichen Extraktionen 0,27 Mill. Wasserextraktion bei 100^0 und p_H 9—10 während 15 Minuten erhöht die Ausbeute auf etwa das 10fache (6 bis 7 Mill.). Somit sind etwa 90% des Samenwuchsstoffes zunächst im *Avena*-Test unwirksam und als „precursor" aufzufassen. Dieser Rest kann hydrolytisch in „Auxin" verwandelt werden. Bei der Extraktion ist der p_H-Wert entscheidend. Zwischen p_H 3 und 6 ist nur das freie Auxin erfaßbar, bei p_H 9—10 die 10fache Menge freigemachten Wst. Vor dem Test müssen die Lösungen stets neutralisiert werden, da *Avena* nur bei $p_H = 6$ reagiert. Früchte, die trocken autoklaviert (100 bis 120^0) und nachher sofort extrahiert wurden, ergaben bei p_H 8—9 den Wert 2,8 Mill., der nochmals erhitzte Extrakt 4,3 Mill. Der Prozeß ist hier also nicht enzymatisch im Gegensatz zu den Ergebnissen von SKOOG und THIMANN bei *Lemna*. Im allgemeinen läßt sich über den „precursor" folgendes aussagen: Er ist leicht in Wasser löslich, denn ein klarer wässeriger Endospermextrakt, der zunächst die Wirksamkeit 0,5 Mill. hat, steigert sich auf 5 Mill., wenn er bei $p_H = 9$ erhitzt wird. Bei niederen Temperaturen vollzieht sich die Umwandlung sehr langsam, bei 100^0 schon nach 1 Minute. Der „precursor" ist also hitzebeständig, wird er aber in saurer Lösung erhitzt, so wird er bald zerstört. Er ist unlöslich in Äther, Chloroform, Benzin und Petroläther, etwas löslich in Alkohol, leicht löslich in Methylalkohol (alles $p_H = 9$, 100^0, 15 Minuten). Eiweiß-, Kohlehydrat- und Fettfermente können ihn bei $p_H = 7$ nicht hydrolysieren. Um einen Ester dürfte es sich in Anbetracht der schlechten Löslichkeit in organischen Lösungsmitteln nicht handeln, auch die Unwirksamkeit des Stoffes auf Koleoptilen spricht dagegen. Eher wäre an ein Säureamid zu denken, ähnlich dem

Glutamin, das auch leicht bei alkalischen p_H-Werten hydrolysiert werden kann und in organischen Lösungsmitteln unlöslich ist. Keinesfalls ist der „precursor" identisch mit Auxin a oder b, ebensowenig aber auch das freigemachte Auxin des Maisendospermes, da es laugebeständig, aber nicht säurefest ist. Nur die direkt extrahierbaren 10% könnten echtes Auxin sein. Die Alkali-Säure-Empfindlichkeit und das Molekulargewicht entsprechen viel mehr dem des H.A., und so glauben die Verff., daß es sich tatsächlich um solches handelt, und dieses in den Pflanzen eine viel größere Rolle spielt als das Auxin selbst. In einer weiteren Arbeit stellen AVERY, CREIGHTON und SHALUCHA fest, daß aus trockenen Maisendospermen in drei aufeinanderfolgenden Extraktionen mit Wasser der größte Wst.-Anteil gewonnen werden kann. Beim Eintreten der Keimung sinken die Wasserwerte sofort ab. Organische Lösungsmittel ergeben eine geringere Ausbeute, die am ersten Tage noch ansteigt, um dann erst abzufallen.

Hier schließt sich eine Arbeit von HAAGEN-SMIT, LEECH und BERGEN an, die mir nur in einem Referat bekannt geworden ist. Die Autoren weichen ganze Weizenkörner 4 Stunden lang in einer NaOH-Lösung von $p_H = 10{,}5$ ein, zerreiben sie dann und lassen sie bei 20^0 45 Stunden lang stehen. Das Gemisch wird zentrifugiert und die oben schwimmende Flüssigkeit auf *Avena* getestet. Sie enthält β-Indolylessigsäure und ein kristallines „Pseudoauxin a".

Daß höhere Pflanzen geringe Mengen von Indolylessigsäure enthalten, ist in den letzten Jahren mehrfach gezeigt worden. An sich ist es nicht weiter überraschend, daß im Eiweißabbau Tryptophan und β-Indolylessigsäure entstehen, auch nicht, daß solche Vorgänge durch künstliche Hydrolyse erzielt werden können. LEFÉVRE (1, 2) vermutete, daß H.A. am ehesten da zu finden wäre, wo besonders intensive Wachstumsvorgänge zu finden sind, so bei der Verdickung des Radieschenhypokotyls, bei der Fasziation des Blumenkohls, bei den Adventivbildungen der Brunnenkresse und bei der raschen Entwicklung von Spargelsprossen. Der Nachweis des H.A. gelang in allen Fällen, und zwar wurden Konzentrationen von 10^{-5} des Frischgewichtes der Pflanze gefunden. Auch bei anderen Objekten gelang der Nachweis, und es ist wahrscheinlich, daß auch Indolbuttersäure, Indolpropionsäure u. a. in höheren Pflanzen vorkommen. OVERBEEK (2) fand, daß in der Alge *Macrocystis* ein Wst. vorkommt, dessen Molekulargewicht dem des H.A. nahesteht und keinesfalls dem von Auxin entspricht. RICKER glaubt H.A. in Sprossen und Blättern der Tomate nachweisen zu können. STEWART (1) fand in den Kotyledonen und Blättern des Rettichs einen Hemmstoff, der an *Avena*-Koleoptilen eine + Krümmung bewirkt. Wird der Stoff aber mit Basen oder Säuren behandelt, so verliert er seine hemmenden Eigenschaften und schlägt so um, daß er nunmehr negative Koleoptilkrümmungen zur Folge hat. Es ist also möglich, daß der Hemmstoff ein „precursor" ist, der durch Hydrolyse in einen Wst. verwandelt werden kann, und manche chemischen Teste sprechen dafür, daß es sich bei diesem um H.A. handelt.

Aus allen diesen Arbeiten geht hervor, daß man bisher durch den *Avena*-Test in vielen Fällen irregeführt wurde. Da die Koleoptile auf H.A. und Auxin gleichartig anspricht, gestattet dieser Test keine Unterscheidung dieser Stoffe. Die Verwirrung wird noch dadurch gesteigert, daß die amerikanischen Autoren jeden Streckungswuchsstoff als Auxin bezeichnen, so daß auch die β-Indolylessigsäure für sie ein „Auxin" ist. Es ergibt sich nun die weitere Frage, ob man überhaupt berechtigt ist, einen Stoff nur deshalb, weil er an *Avena*-Koleoptilen eine negative Krümmung hervorruft, als „Wuchsstoff" zu bezeichnen. Ich habe schon im Vorjahre darauf hingewiesen, daß sich in letzter Zeit mehr und mehr Anzeichen dafür ergeben haben, daß das H.A. auf die Pflanzen anders einwirkt als das Auxin. Es gibt Fälle, wo jenes dieses nicht zu ersetzen vermag. Ich vermutete deshalb, daß H.A. an den Vorgängen nur indirekt, auslösend beteiligt sei, wie sich ja auch für das Äthylen ergeben hat, daß seine Wirkung keine direkte ist, sondern über das Auxin erfolgt. v. GUTTENBERG suchte diese Frage durch folgende, von DETTWEILER durchgeführten Versuche zu erweisen: Internodien von *Coleus* wurden auf ihren Gehalt an freiem Auxin im *Avena*-Test geprüft. Die erzielten Winkelwerte betrugen bei Verwendung von je 10 Internodien und Extraktion mit heißem Alkohol 10—12°. Andere Internodien wurden mit H.A.-Lanolinpaste bestrichen, diese 2—3 Tage belassen und dann entfernt. Eine sofort durchgeführte Prüfung dieser Internodien ergab einen Wuchsstoffanstieg, der sich in einer Winkelgröße von etwa 25—30° äußerte. Nun war zu prüfen, welcher Art der neu vorhandene Stoff wäre, ob eingedrungenes H.A., gemäß der bisher von allen Seiten vertretenen Auffassung, oder Auxin, was ich ververmutete. Meine Annahme basierte auf folgendem Gedanken: Zunächst ist klar, daß alle bisher beschriebenen H.A.-Effekte sich auch dadurch erklären ließen, daß eindringendes H.A. in der Pflanze zu einer Neubildung von Auxin führt. Ferner schien es mir unwahrscheinlich, daß physiologisch gleiche Prozesse durch chemisch völlig verschiedene Körper erzielt werden könnten, insbesondere die so ungewöhnliche Art der Wanderung des Wuchsstoffes, die Erhöhung der Wandplastizität u. a. Zur Unterscheidung der beiden Stoffe wurde ihre verschiedene Säure-Laugen-Empfindlichkeit herangezogen. Die Extrakte aus den mit den Pasten behandelten Internodien wurden also teils mit Zusatz von NaOH, teils mit solchem von HCl gekocht. Es ergab sich einwandfrei, daß die Wst.-Anhäufung in den Internodien auf neu gebildetes Auxin und nicht auf eingedrungenes H.A. zurückzuführen ist. Durch entsprechende Versuche wurde wahrscheinlich gemacht, daß die Bildung des Auxins an der behandelten Stelle selbst erfolgt und sich über eine gewisse Strecke nach oben und unten ausbreitet. Im Prinzip gleiche Ergebnisse wurden auch an Infloreszenzachsen von *Tagetes*, die indessen einen Hemmstoff enthalten, und bei *Nicotiana nudicaulis* erzielt. Es dürfte sich also um eine allgemeine Erscheinung handeln. Aus den Versuchen ergibt sich, daß H.A. nicht als direkter Streckungswuchsstoff betrachtet werden darf, sondern als eine Substanz, die die Zellen zur Neubildung von Auxin veranlaßt. Eine andere Frage ist, woraus dieses neue Auxin entsteht. Wieder wird man geneigt sein anzunehmen, daß eine Vorstufe vorliegt. Diese Vorstufe muß aber eine andere sein als der von den amerikanischen Autoren gefundene „precursor". Denn dieser ist anscheinend ein Eiweißkörper, der sich durch Laugen spalten läßt, wobei ein der β-Indolylessigsäure entsprechender Stoff entsteht; in unseren Untersuchungen hingegen zerstörte Laugenbehandlung jede Wst.-Wirkung des Extraktes, und in der Pflanze wurde säurefestes Auxin durch das H.A. aktiviert. Danach muß ich annehmen, daß auch der durch Hydrolyse freigemachte Stoff nicht selbst wirkt, sondern dadurch, daß er vorher gebundenes echtes Auxin aktiviert. Eine Unterscheidung von Auxin und H.A. war den früher genannten Autoren nicht möglich, da sie mit dem *Avena*-Test arbeiteten, der ohne besondere Vorsichtsmaßnahmen in beiden Fällen gleich ausfällt. Eine Testmethode zur Unterscheidung von H.A. und Auxin wird nunmehr zur Notwendigkeit. Wir glauben sie in dem verschiedenen Verhalten abgeschnittener und zweimal dekapitierter Koleoptilen gegenüber Auxin und H.A. gefunden zu haben. Jenes führt, seitlich angebracht, in etwa 2 Stunden zu einer mäßigen Krümmung. H.A. hingegen in einer Konzentration, die an intakten Koleoptilen gleich starke Wirkung hat wie das verwendete Auxin, veranlaßt die Stümpfe zu einer verspäteten Krümmung, die sich langsam bis zu ganz erheblichen Winkeln verstärkt.

Auch eine Beobachtung von SCHNEIDER erklärt sich in diesem Zusammenhang. Er findet, daß dekapitierte und mit mäßigen Dosen von H.A. (0,01—0,1 mg/L) vorbehandelte Koleoptilen auf nachträglich zugeführte stärkere Dosen (30—50 mg/L) mit 100—200% erhöhter Krümmung und mit etwa 50% erhöhtem geraden Wachstum reagieren. Die Vorbehandlung hatte offenbar zu einer Auxinanhäufung geführt und so den Spitzenmangel kompensiert. Der Verf. freilich meint, daß die Wuchsstoffvermehrung einen verstärkten „food factor"-Transport bewirke, also nur indirekt eingreife. Es ist aber schwer zu verstehen, wie eine bessere Stoffversorgung zu einer stärkeren Krümmung führen soll. MILDRAHT und HARTMANN besprengen Stechpalmenäste mit Wasser und bringen sie mit Äpfeln als Äthylenquelle unter Glasglocken. Nach 24 Stunden fallen die Blätter ab. Wird die Besprengung aber mit α-Naphthalenessigsäure vorgenommen, so verzögert sich der Laubfall bis zu 14 Tagen, weniger bei geringerer Konzentration. Ich vermute, daß es dabei zu einer Auxinproduktion kommt, die die Äthylenwirkung herabsetzt. Mit dieser Deutung stimmt auch eine Beobachtung von MYERS überein. *Coleus*-Blattstiele fallen ab, wenn die Spreite abgeschnitten wird. Der Abfall wird verzögert, wenn man die halbe Spreite beläßt, besonders, wenn diese jung ist, also Wst. liefert. Ebenso verhindern künstlich zugeführte Wst. den Stielfall und wirken auch gegen den Laubfall bei Verdunklung. Daß auch das Tryptophan das Wachstum von Haferkoleoptilen und Bohnenepikotylen fördern kann, berichtet STEWART (2), ein Erfolg tritt aber nur dann ein, wenn der Stoff in Lanolin in hoher Dispersion verteilt ist.

Verschiedene Arbeiten befassen sich mit der Wirkung der Naphthalenessigsäure und des zugehörigen Amids auf Pflanzen. MITCHELL bringt an 10—12 cm langen Bohnenpflanzen einen mit den Stoffen versetzten Lanolinpastenring am 1. Internodium an. Es entstehen Krümmungen und Tumoren, das Wachstum wird gehemmt. Alle Kohlehydrate nehmen an der behandelten Stelle um 50% ab, die darüber befindlichen Blätter aber zu, offenbar wird also die Ableitung aus diesen gestört. Der N-Gehalt steigt in Sproß und Wurzeln und sinkt in den Blättern ab. Die Säure wirkt viel stärker als das Amid, worüber MITCHELL mit STEWART berichtet. So erzielt man mit der Säure schon bei 150 γ/L negative Krümmungen, mit dem Amid erst bei viel höheren Konzentrationen, auch hält die Wirkung der Säure länger an, und diese führt zu viel höheren Krümmungsgraden. Die COOH-Gruppe hat also offenbar eine maßgebliche Wirkung. STEWART ergänzt diese Beobachtungen in einer weiteren Arbeit. Abgeschnittene Knospen von Pflanzen, die wie oben angegeben behandelt waren, werden erst zur Entfernung von Hemmstoff auf Filterpapier, anschließend auf Agar gesetzt. Nach 2 Stunden werden sie auf neuen Agar übertragen und dieses Verfahren wiederholt. Die ersten Diffusate enthalten bedeutend mehr Wst. als die Knospen unbehandelter Kontrollpflanzen, die so langsam Auxin diffundieren lassen, daß erst nach 18 Stunden solches in Agar nachzuweisen ist. STEWART hält es für wahrscheinlich, daß das aus den Versuchsknospen herausdiffundierende „Auxin" die Naphthalenessigsäure ist, hält aber auch die Neubildung eines andersartigen Wst. für nicht ausgeschlossen. Nach unseren Versuchen ist wohl sicher anzunehmen, daß auch hier eine Auxinaktivierung vorlag. STEWART prüfte auch, ob der nach der Anbringung des Pastenringes in der Knospe und im Hypokotyl neu auftretende Wuchsstoff von der behandelten Epikotylstelle her zugeströmt sei. Zu diesem Zweck werden oberhalb und unterhalb dieser Stelle Querschnitte oder Einschnitte durch Epikotyl, Hypokotyl, Blattstiele usw. gemacht und auf die Schnittfläche Agar gebracht. Nach 2 Stunden läßt sich überall eine vermehrte Auxinansammlung gegenüber Kontrollen finden, wonach die aufgeworfene Frage zu bejahen wäre. Nach MITCHELL und WHITEHEAD fördern auch Lanolinringe mit Maispollenextrakt das Wachstum von Bohneninternodien, jedoch nur am Licht und nicht im Dunkeln. Ich möchte meinen, daß dies sich daraus erklärt, daß die etiolierten Pflanzen das mögliche Wachstumsmaximum schon von sich aus besaßen.

Durch verschiedene Arbeiten wird bestätigt, daß durch Behandlung mit H.A. und anderen künstlichen Wst.n Stärkehydrolyse erzielt werden kann. Besonders klar zeigen dies MITCHELL, KRAUS und WHITEHEAD, die α-Naphthalenessigsäure auf Bohnenblätter spritzen. 15 Stunden nach dieser Behandlung nimmt die Stärke- und Dextrinmenge ab, während die Zucker ansteigen. Nach Beendigung des Stärkeabbaues sinkt der Zuckergehalt wieder. Besprengte stärkefreie Blätter bilden weniger Assimilate als Kontrollen. In einer anderen Versuchsreihe bestreichen die Autoren abgeschnittene oder an der Pflanze belassene Bohnenblätter mit Wst.-Lanolinpasten und prüfen sie nach der SACHSschen Jodmethode. Es ergibt sich eine viel hellere Färbung der bestrichenen Flächen. Indolylessigsäure, Indolylbuttersäure, Naphthalenessigsäure und Indolpropionsäure haben die gleiche Wirkung, Phenylessigsäure eine viel geringere, Naphthalenacetamid keine. Dieses wirkt nach KRAUS und MITCHELL überhaupt viel schwächer als die organischen Säuren. KRAUS studiert auch die Anatomie von Bohnenpflanzen nach Behandlung mit L-Tryptophan-Lanolinpasten. Obwohl dieser Stoff im *Avena*-Test keine Wirkung hat, verursacht er doch ähnliche Tumoren, wie sie durch H.A. erzeugt werden können. Der *Avena*-Test versagt also gegenüber Tryptophan, obwohl sich dieses als Wirkstoff erweist. Auffällig ist, daß besonders die Endodermis schon nach 20 Stunden mit reichlicher Zellteilung reagiert. Aus dieser und aus dem Leptom entstehen neue Kambien, Leptomelemente und Tracheiden, aus dem Mark, das sonst schwach reagiert, Beiwurzeln. BANSOR, REINHART und TICE beobachteten ähnliche Veränderungen bei Behandlung mit β-Naphthoxyacetamid in stärkerer Konzentration, doch reagierte hauptsächlich das Gewebe zwischen Endodermis und Kambium. Die Wirkung breitet sich am stärksten gegen die Organbasis aus, weniger und etwa gleich stark nach oben und tangential, am wenigsten radial. In diesen und früheren Arbeiten über die Gewebeveränderungen nach H.A.-Behandlung wurde immer wieder auch Stärkeauflösung beobachtet. HOHENSTATTER findet beträchtliche Zuckeranhäufungen in mit Äthylen vergasten Pflanzen, die wohl mit einer Auxinmobilisierung zusammenhängen.

Nach SEIDL enthält *Selaginella Martensii* Wst. und reagiert auf H.A. mit einer Wachstumssteigerung des Sprosses und einer Hemmung des Wachstums der Wurzelträger. Erst ab 10^{-17} gibt es bei diesen eine Wachstumssteigerung. Aus Wurzelträgern können Sprosse entstehen, wenn die darüber befindlichen Gabeläste abgeschnitten oder verdunkelt werden, also die Wuchsstoffzufuhr herabgesetzt wird. Entsprechend führt Wuchsstoffzufuhr auf die Stümpfe zur Bildung von Wurzelträgern. Es liegen also die gleichen Verhältnisse vor wie bei der Wurzel- und Sproßbildung der Angiospermen. Auch Licht fördert die Bildung von Wurzelträgern, jedenfalls durch Wuchsstoffvermehrung. Mit H.A. behandelte Wurzelträger bilden auch außerhalb des Bodens Wurzeln. Aus einer Arbeit von SCHAFFSTEIN sei hier nur erwähnt, daß der Stoff, der die Entwicklung des Keimlings von *Vanda* und *Phalaenopsis* ermöglicht („Vandophytin"), durch Nikotinsäure ersetzt werden kann. Das Vandophytin ruft an isolierten Erbsenwurzeln deutliche Wachstumssteigerungen hervor. Es findet sich auch in höheren Pflanzen, ist also nicht spezifisch.

Der formative Einfluß des Lichtes wurde in verschiedenen Untersuchungen geprüft. Eine Arbeit von WENT und eine von WITHROW führten zu gut übereinstimmenden Ergebnissen. Beide Autoren machten sich die Erfahrung von TRUMPF (1924), die PRIESTLEY (1925) bestätigte, zunutze, daß ganz kurze Beleuchtungen genügen, um das Etiolement mehr oder weniger aufzuheben. Sie arbeiten mit gefiltertem Licht, das energiegleich gemacht wird. Rot- und Orangelicht hemmt nach WENT das Hypokotyl und fördert das Wachstum der Spreite, hebt also das Etiolement auf. Das gleiche beobachtete WITHROW für Feuerbohne, Erbse und andere dikotyle Keimlinge bei 6400—9000 Å und 100 oder 500 erg/cm^2/sec. Auch längere Wellen haben noch starken Effekt, doch sinkt dieser erheblich bei längerer Beleuchtung mit Infrarot. Grün hat nach WITHROW zwischen 5461 und 5791 Å etwa die gleiche Wirkung wie Rot, nach WENT ist im Grün die Blattvergrößerung geringer. Blaue Strahlen haben nach beiden Autoren den geringsten Einfluß. Da Blau (und Grün) maßgeblich für die phototrope Krümmung sind, schließt WENT, daß diese mit dem Hemmungseffekt der Strahlen nichts zu tun hat. WENT stellte ferner fest, daß bei der Aufhebung des Etiolements nicht die zugeführte Lichtmenge von Bedeutung ist, sondern die jeweils verwendete Intensität. Eine gewisse geringe Lichtmenge muß allerdings absorbiert werden. Für die Veränderungen des Blattes komme das Chlorophyll indessen nicht als Rezeptor in Frage. Dies betont auch WITHROW. Er weist darauf hin, daß Blau die geringste formative Wirkung hat, aber die stärkste Chlorophyllbildung hervorruft, wogegen in dem das Blattwachstum fördernden langwelligen Rot Chlorophyllbildung kaum stattfindet. WENT glaubt, daß der Intensitätsfaktor dadurch wirksam wird, daß gewisse Lichtintensitäten Auxin zerstören, anderseits besonders rote Strahlen die Bildung des „precursors" fördern. WITHROW ergänzt seine Messungen durch Bestimmung des Trockengewichtes der einzelnen Pflanzenteile nach der Bestrahlung. Es finden sich in den einzelnen Strahlenbezirken erhebliche Unterschiede. In den langwelligen Strahlen nimmt das

Gewicht der Blätter und der Wurzeln zu, das des Hypo- und Epikotyls wird herabgedrückt. Blaue Strahlen wirken umgekehrt. Im ersten Fall werden also die von den Kotyledonen entfernten Teile, im zweiten die nahen gefördert. Ref. möchte daraus schließen, daß Blau den Wuchsstofftransport aus den Kotyledonen verlangsamt, wie man wohl überhaupt annehmen muß, daß Beleuchtung dazu führt, daß der Wst. in höherem Maße lokal verbraucht wird, was zur Förderung des Blattwachstums und zur Hemmung des Sproßwachstums führen muß. Die Wurzel wächst ja am schnellsten, wenn ihr wenig Wst. zugeführt wird.

Auch BÜNNING beschäftigte sich mit dieser Frage, kam indessen bei *Sinapis alba*-Keimlingen zu abweichenden Ergebnissen. Wohl findet auch er eine starke formative Wirkung im Orange (6000 Å), dagegen nimmt nach ihm die Wirkung im Rot (etwa 7000 Å) stark ab, und Blau findet er ebenso wirksam wie Orange. Diese Differenzen erklären sich wohl aus der verschiedenen Methodik. BÜNNING arbeitete offenbar mit Tageslicht, das er mit Hilfe von Schottschen Gläsern filterte, und bestimmte die Lichtintensitätswerte mit einer Photozelle. WITHROW dagegen arbeitete mit Quecksilber- und Metallfadenlampen und mit gefärbten Gelatinefiltern, zum Teil kombiniert mit Kupfersulfat, wodurch wohl eine exaktere Filterung zu erzielen ist. Die Energiebestimmung erfolgte mit einer Thermosäule. Die von BÜNNING angenommene starke Wirkung des Blau führt der Autor auf die Absorption dieser Strahlen durch Karotinoide zurück. Die starke Wirkung des Orange weise aber auch auf eine Beteiligung des Chlorophylls hin. Solches sei zwar anfänglich nicht vorhanden, werde aber im Verlauf der Bestrahlung gebildet. BÜNNING zeigt ferner, daß man eine Hypokotylverkürzung auch dann erhält, wenn man nur die Kotyledonen bestrahlt, während alleinige Beleuchtung des Hypokotyls mit Orange wirkungslos bleibt. Blau indessen beeinflußt dieses direkt. Daraus zieht er Schlüsse auf die Wuchsstoffverhältnisse. Er nimmt an, daß in den bestrahlten Kotyledonen Auxin durch das Licht zerstört werde und daher der Zufluß zum Hypokotyl herabgesetzt werde. Mit dem *Avena*-Test kann BÜNNING tatsächlich zeigen, daß Extrakte aus Kotyledonen, die mit Violett oder Orange beleuchtet wurden, weniger Wst. enthalten als solche verdunkelter Pflanzen. Das gilt indessen nur für ganz junge Keimlinge. An älteren wirkt Orangelicht nicht mehr formativ, und jetzt sinkt nach früheren Erfahrungen der Wuchsstoffgehalt auch im Dunkeln. Die Bestrahlung müsse also auch noch in einer zweiten Art auf die Pflanze wirken. Zunächst möchte ich hierzu bemerken, daß die Wuchsstoffzerstörung durch das Licht in der Pflanze noch so problematisch ist (vgl. OPPENOORTH), daß sie kaum zu Beweisführungen herangezogen werden darf, während umgekehrt die Produktion von Wst. am Licht nicht bezweifelt werden kann. Nach SCHURINGA wird allerdings das Auxin-a-Lakton bei Gegenwart von Karotinoiden im Licht zerstört. WENT und STEWART zeigten indessen für *Avena,* daß der im Licht zerstörte Wirkstoff nicht das Lakton sein kann, daß viel eher gebundenes Auxin zerstört werde. So glaube ich vielmehr, daß in beleuchteten Blättern der Wuchsstoff durch sofort einsetzendes Wachstum zum großen Teil verbraucht wird, und daß deshalb die Hypokotyle weniger abbekommen. Tatsächlich werden doch die Blätter größer, was schlecht damit übereinstimmt, daß in ihnen Auxin zerstört sein soll. Die zweite Wirkung des Lichtes glaubt BÜNNING darin zu finden, daß dieses Erregungsvorgänge herbeiführe, die ihrerseits das Etiolement aufheben. Er stützt sich dabei auf einen Versuch von UMRATH, der fand, daß geschüttelte Mimosen im Dunkeln verkürzte Internodien entwickeln. BÜNNING erzielte das gleiche Ergebnis an *Phaseolus.* Der Versuch hätte aber nicht mit einer Leguminose, sondern mit *Sinapis* selbst durchgeführt werden müssen.

Daß beleuchtete Kotyledonen weniger Wst. an das Hypokotyl abgeben, hat auch LAIBACH an Gurkenkeimlingen gezeigt. Er ist der Ansicht, daß die Bildung des Wst. am Licht herabgesetzt und durch Verdunklung gefördert werde. Bei längerer Verdunklung der Kotyledonen nimmt der Wuchsstoffstrom dann mehr und mehr ab. Beleuchtet man neuerdings, so versiegt er, um bei Wiedereinsetzen der Verdunklung über das vor der zweiten Beleuchtung beobachtete Maß anzusteigen. Das spricht meines Erachtens zunächst mehr dafür, daß am Licht Wst. gebildet und lediglich sein Abströmen verhindert wird. Hier könnten nur die von LAIBACH abgelehnten Diffusions- und Extraktionsmethoden eine Entscheidung bringen. LAIBACH selbst mißt die Krümmungswinkel des Hypokotyls nach Verdunklung oder Beleuchtung eines der Kotyledonen. Er glaubt indessen, die Lösung der Frage auf einem ganz anderen Weg zu finden, indem er annimmt, daß die Zuckerbildung im Dunkeln zu einer verstärkten Wuchsstoffproduktion führe. Der Zucker selbst soll indessen nicht einfach als Baustoff für die Förderung verantwortlich sein. LAIBACH versucht dies dadurch zu beweisen, daß er in einen Kotyledo nach Entfernung der Knospen Zucker einspritzt. Eine Reihe von Zuckern, so vor allem Glucose, Fruktose, Saccharose u. a., fördern dann das Hypokotylwachstum auf der dem Kotyledo zugekehrten Seite, aber viel weniger als eingespritztes H.A. Daraus schließt LAIBACH, daß der Wst. der begrenzende Faktor für das Hypokotylwachstum ist und nicht die Baustoffe. Somit würden die eingespritzten Zucker auch Wuchsstoffbildner sein. Soweit kann ich LAIBACH folgen, nicht mehr aber, wenn er sagt, daß beim Abbau der Stärke zu Zucker aus diesem Wst. entstehe. Daß die Prozesse parallel verlaufen, ist wohl sicher, auch die H.A.-Wirkung geht ja unter Stärkehydrolyse vor sich. Aber unter anderem hat POHL gezeigt, daß *Avena*-Koleoptilen ihr Wachstum einstellen, wenn man der Frucht das Auxin entzieht, obwohl dabei die

Kohlehydrate erhalten bleiben. Demnach kann Zucker ohne Auxin nicht wirken. LAIBACH meint schließlich, daß am Licht die Wuchsstoffbildung deshalb abnehme, weil der Zucker zu Stärke polymerisiert werde, umgekehrt entstünde aus den im Dunkeln aus Stärkeabbau gebildeten Zuckern Wst. Indessen sind auch am Licht stets Zuckermengen vorhanden, die mehr als ausreichen würden, um die nötigen Spuren Auxin zu liefern. Ich möchte viel eher annehmen, daß ein plötzlicher Zuckerüberschuß Auxinbildung anregt, wofür ja auch frühere Erfahrungen sprechen.

Eine ausführliche Darstellung der Physiologie der Zellstreckung durch HEYN ist mir leider nur durch ein Referat (Ber. wiss. Biol. 58, 615—617) bekannt geworden, auf das hier verwiesen sei. HEYN vertritt mit RUGE den Standpunkt, daß der Wst. direkt auf die Membran einwirke und das Plasma dabei keine Rolle spiele. Dazu muß aber bemerkt werden, daß BLANK und FREY-WISSLING für Maiskoleoptilen eine bisher übersehene Tatsache feststellen, daß nämlich während der Zellstreckung der Plasmagehalt der Zellen um ein Mehrfaches zunimmt. Da der Stickstoffgehalt hierbei auch stark steigt, kann es sich nicht um Plasmaquellung handeln. Die dazu notwendigen Stoffe steigen aus der Frucht hoch.

Über das Problem der Wuchsstoffwanderung hat GESSNER in kritischer Form ausführlich berichtet. Er kommt dabei zu dem Schluß, daß nicht daran zu zweifeln ist, daß der Quertransport des Wst. kataphoretisch erfolgt. Beim Längstransport ließ sich dies bisher nicht experimentell beweisen, da ihn Außenfaktoren überhaupt nicht beeinflussen. GESSNER meint aber, daß auch hier Kataphorese vorliegen könne, nur sei das elektrische Feld dafür von ganz anderer Art als die Felder, die wir künstlich von außen her zur Anwendung bringen können. Möglicherweise handle es sich um Potentiale an Phasengrenzen, die durch außen angelegte Potentiale nicht beeinflußt würden. Biologisch sei es verständlich, daß für den Quertransport eine durch Außenfaktoren regulierbare Potentialdifferenz vorliege, für den Längstransport aber eine stationäre.

Über Wurzelspitzenkulturen liegen folgende neue Angaben vor. Nach WHITE werden die Wurzelspitzen der von ihm benutzten Tomatenstämme bei optimaler Vitamin-B_1-Versorgung durch Vitamin B_6, Nikotinsäure, Pyridin und Glycin nicht weiter gefördert. BONNER dagegen betont neuerdings, daß Vitamin B_6 und Nikotinsäure in seinen Kulturen starke Wirkung hatten. Ebenso benötigen Wurzeln von Stechapfel und Sonnenblume alle diese Stoffe; die von Luzerne, Klee und Baumwolle brauchen kein B_6, die Karotte dagegen keine Nikotinsäure. Niemals trat sekundäres Dickenwachstum ein, für dieses sind also wohl noch andere Stoffe nötig, nicht aber für die Seitenwurzelbildung. Auxin, Ascorbinsäure und Biotin bilden die Wurzeln selbst. ADDICOTT hatte gefunden, daß bei Mangel von Vitamin B_1 das Wurzelmeristem seine Teilungen einstellt. In diesen Versuchen fehlte aber auch die Nikotinsäure. Daher werden jetzt beide Stoffe getrennt geprüft. Es zeigt sich, daß jeder von ihnen für eine normale Meristemtätigkeit notwendig ist. Fehlt einer von ihnen, so nehmen Meristemlänge und -breite sowie die Zahl der Zellteilungen ab. Nach ELTINGE und REED verursacht absoluter Zinkmangel an Tomatenwurzeln Schwellungen, die mit Wurzelhaaren besetzt sind. Im Meristem gehen Zellen zugrunde, Stärke fehlt, Exkrete nehmen zu. Ich möchte daraus schließen, daß der Zinkmangel die Wuchsstoffproduktion stört und so zu den Effekten führt. Damit würde übereinstimmen, daß bei gehemmtem Streckungswachstum der Wurzel nach BERGSTRÖM sehr reichlich Wurzelhaare auftreten. Verf. erklärt dies nach seiner Theorie durch Wuchsstoffquertransport. ROBBINS findet, daß Beleuchtung das Wachstum isolierter *Datura*-Wurzeln hemmt, diese werden dicker und bilden reichlich Wurzelhaare. Im Tageslichtwechsel alternieren gestreckte nächtliche Partien mit verkürzten am Tage entstandenen, die viele lange Wurzelhaare besitzen. Offenbar fördert also Beleuchtung an Wurzeln die Wuchsstoffbildung, was den Erfahrungen von SEGELITZ (1938) an Maiswurzeln entspricht.

GOUWENTAK ergänzt ihre früheren Mitteilungen über den Einfluß des H.A. auf das Kambium. Werden Eschenzweige nach Entfernung der Knospen während der Ruheperiode mit H.A. behandelt, so entsteht nur lokal etwas Holz, das zum Teil undifferenziert ist. Werden solche Zweige aber erst der Einwirkung von Äthylenchlorhydrin ausgesetzt, so hebt dieser Stoff den Ruhezustand auf, und nun entsteht normales Frühjahrsholz über die ganze Zweiglänge hin. Äthylenchlorhydrin allein kann aber das Kambium nicht zu neuer Tätigkeit anregen. Verf. meint, nach KESSLER (1935), daß dieser Stoff die Plasmaviskosität erhöht und Wst. nur auf derart dehydrierte Zellen wirken. Ich halte dies für unwahrscheinlich, das Äthylenchlorhydrin dürfte vielmehr die Plasmapermeabilität erhöhen. Kommt dann noch H. A. hinzu, so wird Auxin aktiviert, das nun nach abwärts strömt.

2. Tropismen.

Nach RUGE stellen dekapitierte *Helianthus*-Hypokotyle nach 6 Stunden ihr Wachstum völlig ein, doch können sie sich noch weiter geotrop krümmen. Der Krümmungswinkel nimmt rapide ab, wenn die geotrope Reizung längere Zeit nach der Dekapitation erfolgt, nach 5 Tagen wird nun noch ein Winkel von 8,4° erreicht. Nach LAIBACH und MEYER (1935) soll der Wuchsstoffgehalt nach der Dekapitation zunehmen, dagegen zeigt RUGE, daß er laufend abnimmt, und zwar bis zu 85% des Ausgangswertes 7 Tage nach der Dekapitation. Dazu kommt das

Auftreten eines Hemmstoffes. Die Wuchsstoffreste der Hypokotyle wandern bei horizontaler Exposition auf die Unterseite, die dann eine zwei- bis dreifache Menge davon enthält. Dadurch wird es möglich, daß sich die horizontalen Pflanzen noch krümmen, obwohl aufrechte nicht mehr wachsen.

DOSTAL studiert nochmals die sog. „horizontale Nutation" äthylenbehandelter Pflanzen. Keimen Erbsen in vergaster Atmosphäre, so wächst die den Keimblättern zugekehrte Ventralseite der Wurzel schwächer als die Gegenseite, die Wurzel krümmt sich also zur Spalte der Kotyledonen. Umgekehrt wird die Ventralseite des Epikotyls gefördert, dieses krümmt sich somit in entgegengesetzter Richtung. Ursache ist ein Vorwiegen des Wst. auf der Ventralseite, wodurch die Wurzeln gehemmt, der Sproß aber gefördert wird. Das ergibt sich auch daraus, daß bei der Entfernung eines Kotyledos sich die Wurzel zu dem erhaltenen krümmt, der Sproß dagegen sich von diesem abwendet. Der Kotyledo ist also die Wuchsstoffquelle. In reiner Luft überwindet der Parallelogeotropismus die nastischen Tendenzen. Die Bezeichnung „horizontale Nutation" entspricht meines Erachtens den Tatsachen schlecht, da die betroffenen Teile sich schließlich einrollen. Man kann beim Epikotyl aber nicht von Epinastie sprechen, wie es DOSTAL tut, da die geförderte Seite ja die Ventralseite ist; vielmehr liegt Hyponastie vor, während die Wurzel epinastisch reagiert. Entsprechend ist die hakenförmige Krümmung an der Sproßspitze keine hyponastische, sondern eine epinastische. Ein gewisser Einfluß der Schwerkraft ist indessen auch an vergasten Pflanzen noch wahrzunehmen. Legt man diese nämlich horizontal mit der Dorsalseite nach oben, so ergibt sich eine viel stärkere Krümmung, als wenn die Ventralseite nach oben gekehrt ist. Daraus läßt sich schließen, daß im ersten Fall die nastische Bewegung und der negative Geotropismus zusammenwirken, während sie sich im zweiten mehr oder minder kompensieren. In Flankenlage kommt die nastische Krümmung am stärksten zum Ausdruck, wie dies ja auch bei anderen dorsiventralen Organen, vor allem an Laubblättern, zu beobachten ist. Einseitig beleuchtete Epikotyle zeigen schon in reiner Luft eine Dorsiventralität, indem bei Beleuchtung der Dorsalseite ein größerer Krümmungswinkel resultiert als bei Beleuchtung der Ventralseite. In Leuchtgasatmosphäre werden die Unterschiede noch viel größer. Da in dieser der Geotropismus weitgehend ausgeschaltet ist, kann sich jetzt der Phototropismus rein auswirken. Eine Steigerung der phototropen Empfindlichkeit liegt indessen, wie Ref. 1910 entgegen RICHTER (1909) zeigte, nicht vor, auch handelt es sich nicht, wie Verf. meint, um eine gesteigerte phototrope Reaktionsfähigkeit. Ich konnte im Gegenteil zeigen, daß vergaste Pflanzen am Klinostaten viel später phototrop reagieren als solche in reiner Luft. Wuchsstoffbestimmungen ergaben im allgemeinen erhöhte

Wuchsstoffkonzentrationen auf der jeweils konvexen Seite und eine Wuchsstoffvermehrung in den angeschwollenen Teilen vergaster Pflanzen.

OPPENOORTH läßt seiner kurzen Mitteilung nunmehr die ausführliche Arbeit über die Rolle des Auxins beim Phototropismus und der Lichtwachstumsreaktion der *Avena*-Koleoptilen folgen. Der methodisch vorbildlichen Untersuchung sei folgendes entnommen. Die phototropen Reaktionen und die Auxinverteilung sind bei verschiedener Lichtenergiezufuhr verschieden. Es werden verwendet: 1. 500 MK/s = 390 erg/cm^2 ungefiltertes Quecksilberlicht, 2. gefiltertes Licht λ = 4300 Å, E = 330 erg/cm^2, 3. dieselbe Wellenlänge E = 3000 erg/cm^2 und 4. λ = 5460 Å, E = 26400 erg/cm^2. In 1 und 2 verhalten sich die Koleoptilen prinzipiell gleich, es kommt zur ersten positiven Krümmung (15°). Der Äther-Auxin-Auszug ergibt hier, daß sofort nach der einseitigen Beleuchtung der Auxingehalt auf Licht- und Schattenseite gleichmäßig um 30—40% absinkt. Offenbar wird Auxin-a-Lakton zerstört. Diese Zerstörung kann eine Photowachstumsreaktion (Hemmung) hervorrufen, aber, da sie auf beiden Seiten gleich ist, keine Krümmung. Gleich darauf beginnt der Auxingehalt auf der Lichtseite zu sinken und auf der Dunkelseite zu steigen, wobei die Werte addiert dem Gehalt der Kontrollen entsprechen. Somit muß ein Quertransport stattgefunden haben. Später kommt es beiderseits zu einem Anstieg der Auxinmengen. In der dritten Serie verhalten sich die Pflanzen anders. Es kommt zur ersten negativen Krümmung (— 6°), eine Inaktivierung von Auxin findet nicht statt, im Gegenteil, es beginnt gleich ein Anstieg des Auxins auf beiden Seiten, der mindestens 4 Stunden dauert. Dabei sind die Werte auf der Lichtseite, wie zu erwarten, höher. Im vierten Fall kommt es zur zweiten positiven Krümmung (+ 15°). Wieder fehlt eine Auxinzerstörung, wieder steigen die Mengen während 2—3 Stunden an, um dann zum Ausgangswert abzufallen. Der Anstieg ist jetzt auf der Dunkelseite höher als auf der Lichtseite, aber überraschenderweise sind die Differenzen geringer als bei 1—3. Die Versuche 3 und 4 sprechen für Querverschiebung des Auxins unter dem Einfluß der einseitigen Beleuchtung. Eindeutig beweisend sind sie nicht, da die verschiedene Auxinmenge beider Seiten sich auch daraus erklären ließe, daß der Anstieg auf beiden Seiten in verschiedener Höhe erfolgt. Trotzdem nimmt OPPENOORTH auf Grund aller bisher bekannten Tatsachen eine Querverschiebung an. Vor allem scheidet nach seinen Untersuchungen die Möglichkeit aus, den Phototropismus durch einseitige Auxinzerstörung zu erklären; kommt es doch ganz im Gegenteil zu sehr erheblichen Auxinzunahmen. Auffallend ist, daß die im ersten Versuch beobachtete allseitige Abnahme des Auxins nur bei dieser geringen Lichtmenge festzustellen war. Am nächsten liegt die Annahme, daß sie auch bei höheren Lichtenergiemengen vor sich geht, hier aber durch die Neubildung des Auxins verdeckt wird. Bei

Mengen über 30000 erg/cm³ taucht wieder eine Zerstörung auf, Verf. vermutet, daß jetzt das Lakton des neugebildeten Auxins zerstört wird. OPPENOORTH denkt daran, daß das Licht den p_H-Wert in der Koleoptile senken könnte. Bei niedern p_H-Werten geht aber nach SCHURINGA die Reaktion Auxin a → Auxin-a-Lakton rascher vor sich, es könnte also auf diese Weise zu der erhöhten Inaktivierung kommen. Nach VAN SANTEN nimmt die Koleoptile in Puffern deren p_H-Wert an. Tatsächlich ergeben Koleoptilen in $p_H = 4$—6 stärkere phototrope Krümmungen als in $p_H = 8$. Für die Zunahme des Auxins gibt es zunächst keine Erklärung. Es könnte sich um Freimachung gebundenen Auxins oder um die Inversion eines Vorläufers handeln. Die Möglichkeit, daß das Lakton dem gebundenen Auxin entspricht, scheidet aus, da es neutral und frei beweglich ist. Wahrscheinlicher ist, daß das ganze Auxin a ⇌ Auxin-a-Lakton-System dem „freien" Auxin entspricht und das „gebundene" einem asdorbierten Vorläufer, der durch Licht freigemacht wird. Da der Phototropismus durch Auxinverschiebung, die Photowachstumsreaktion aber durch allseits gleiche Auxinabnahme bewirkt wird, haben beide Prozesse miteinander nichts zu tun.

Literatur.

ADDICOT, FR. T.: Bot. Gaz. **102** (1941). — AVERY, G. S. jr., J. BERGER u. B. SHALUCHA: Amer. J. Bot. **28** (1941). — AVERY, G. S. jr., H. B. CREIGHTON u. B. SHALUCHA: Ebenda **27** (1940).

BANSOR, S. C., W. L. REICHART u. G. A. TICE: Amer. J. Bot. **27** (1940). — BLANK, F., u. H. FREY-WYSSLING: Ber. schweiz. bot. Ges. **51** (1941). — BONNER, J.: Amer. J. Bot. **27** (1940). — BOYSEN-JENSEN, P.: Planta (Berl.) **30** (1940). — BÜNNING, E.: Ber. dtsch. bot. Ges. **59** (1941).

DOSTAL, R.: Jb. Bot. **90** (1941).

ELTINGE, E. T., u. H. S. REED: Amer. J. Bot. **27** (1940).

GESSNER, FR.: Z. ges. Naturwiss. **7** (1941). — GOUWENTAK, C. H.: Proc. nederl. Acad. Wetensch. **44** (1941). — GUSTAFSON, F. G.: Science (N. Y.) **92** (1940). — GUTTENBERG, H. v.: Naturwiss. **30** (1942).

HAAGEN-SMIT, A. J., W. D. LEECH u. W. R. BERGER: Science (N. Y.) **1941**. — HEYN, A. N. J.: Bot. Review **6** (1940). — HOHENSTATTER, G.: Bot. Zbl., Abt. A **61** (Beih.) (1941).

KRAUS, E. J.: Bot. Gaz. **102** (1941).

LAIBACH, F.: Ber. dtsch. bot. Ges. **59** (1941). — LEFÈVRE, J.: (1) C. r. Acad. Sci. Paris **206** (1938). — (2) C. r. Soc. Biol. Paris **130** (1938). — LINK, G. K. K., u. V. EGGERS: Bot. Gaz. **101** (1940). — LINK, G. K. K., V. EGGERS u. J. E. MOULTON: Ebenda **101** (1940).

MILDRAHT, J. A., u. H. HARTMANN: Science (N. Y.) **92** (1940). — MITCHELL, J. W.: Bot. Gaz. **101** (1940). — MITCHELL, J. W., E. J. KRAUS u. M. R. WHITEREAD: (1) Amer. J. Bot. **27** (1940). — (2) Bot. Gaz. **102** (1941). — MITCHELL, J. W., u. W. S. STEWART: Ebenda **101** (1940). — MITCHELL, J. W., u. M. R. WHITEHEAD: Ebenda **102** (1941). — MYERS, R. M.: Ebenda **102** (1941).

OPPENOORTH, W. F. T. jr.: Rec. Trav. bot. néerl. **38** (1940). — OVERBEEK, J. VAN: (1) Amer. J. Bot. **28** (1941). — (2) Plant Physiol. **15** (1940).

RICKER, A. J.: Proc. Third internat. biol. Congress New York 1939. — ROBBINS, W. J.: Bull. Torrey bot. Club **67** (1940). — RUGE, U.: Planta (Berl.) **32** (1941).

SANTEN, A. M. A. VAN: Dissert. Utrecht 1940. — SCHAFFSTEIN, G.: Jb. Bot. **90** (1941). — SCHNEIDER, PH. L.: Amer. J. Bot. **27** (1940). — SCHURINGA, G. J.: Dissert. Utrecht 1940. — SEIDL, W.: Jb. Bot. **89** (1941). — SÖDING, H., u. H. FUNKE: Ebenda **90** (1941). — SKOOG, F., u. K. V. THIMANN: Science (N. Y.) **92** (1940). — STEWART, W. S.: (1) Bot. Gaz. **101** (1940). — (2) Ebenda **102** (1941). — (3) Ebenda **101** (1940).

TETJUROW, W. A.: Planta (Berl.) **32** (1941). — THIMANN, K. V., u. F. SKOOG: Amer. J. Bot. **27** (1940).

WENT, F. W.: Amer. J. Bot. **28** (1941). — WHITE, PH. R.: Ebenda **27** (1940). — WITHROW, R. B.: Plant Physiol. **16** (1941).

17. Entwicklungsphysiologie.

Von **A. LANG**, Berlin-Dahlem.

Mit 7 Abbildungen.

Vorbemerkung. Das Gebiet ist in diesem Jahre etwas enger gefaßt als in den letzten; alle genetischen Aspekte der Entwicklung (Gen- und Plasmonphysiologie, Genetik der Geschlechtsbestimmung usw.) sind zur „Vererbung" gekommen. Infolge der erschwerten Literaturbeschaffung wurde der Annalencharakter der Berichte weniger streng gewahrt als früher; es wurden alle bis zur Abfassung des Manuskripts[1] erreichbaren Veröffentlichungen ausgewertet, jedoch grundsätzlich nur solche, die im Original eingesehen werden konnten.

Da der botanischen Entwicklungsphysiologie eine allgemeine Linie oder „Theorie" noch weitestgehend fehlt, ist die Einteilung des Stoffes in erster Linie Frage der persönlichen Auffassung. Die hier gewählte Gruppierung verfolgt vor allem den Zweck, in das heterogene Material eine bestimmte Ordnung hineinzubringen. Der Einordnung der Arbeiten wurde die Bedeutung ihrer Ergebnisse für die allgemeinen Entwicklungsvorgänge zugrunde gelegt, auch auf die Gefahr hin, dabei gelegentlich einem „Sonderfall" eine ungerechtfertigte zentrale Stellung einzuräumen. Zum Beispiel sind die meisten Untersuchungen über die Determination bei höheren Pflanzen an Hand von Regenerationserscheinungen durchgeführt; diese Arbeiten sind nicht unter „Regeneration", sondern unter „Organisation" und „Determination" aufgenommen worden. Die Trennung der beiden ersten Teile („Grundvorgänge der Entwicklung" und „Wirkung der Außenfaktoren") soll nicht besagen, daß zwischen „autonomen" und „aitionomen" Vorgängen unterschieden werden könne; solche Unterscheidung hat in der modernen, genetisch unterbauten Entwicklungsphysiologie keinen Platz. Es schien aber für die Übersicht zweckmäßig, die Einzelvorgänge der Entwicklung einerseits, durchaus unter Berücksichtigung ihrer Abhängigkeit von Außeneinwirkungen, und die allgemeine Wirkungsweise der verschiedenen Außenfaktoren andererseits für sich zu behandeln. Im Teil III („Verlauf der Entwicklung") soll dann das zusammengefaßt werden, was über das Ineinandergreifen der einzelnen Entwicklungsvorgänge und seine Steuerung durch Außenfaktoren erarbeitet ist. Die „Physiologie der Fortpflanzung und Sexualität", die sich zwanglos von den übrigen Entwicklungsvorgängen abtrennen läßt, wurde wieder gesondert behandelt.

I. Die physiologischen Elemente der Entwicklung.

1. Ruhe und Aktivität. Reifungsvorgänge.

Im Leben der Pflanze wechseln bekanntlich Perioden höherer und geringerer Reaktionsbereitschaft auf die Einwirkung äußerer Faktoren ab. Da der Ablauf aller Lebensvorgänge, der entwicklungs- ebenso

[1] Anm. b. d. Korr.: Januar 1943. Einzelne Arbeiten wurden aus besonderen Gründen zurückgestellt.

wie der stoffwechsel- und reizphysiologischen, von der „unmittelbaren Aktionsbereitschaft" der Zellen (BÜNNING: Physiologie des Wachstums, 1939) abhängt, ist die Kenntnis der ihr zugrunde liegenden Vorgänge für das volle Verständnis auch der Entwicklung unerläßlich. Die Aktivitätsänderungen können einmalig, also irreversibel, sein oder auch sich rhythmisch wiederholen. Die für die Berichtszeit vorliegenden Arbeiten befassen sich durchweg mit dem erstgenannten Typ des Aktivitätswechsels; sie versuchen, das Problem von verschiedenen Seiten anzugreifen. Es werden untersucht: 1. die Bedeutung des Aktivitätszustandes für Wachstums- und Entwicklungsvorgänge; 2. seine Beeinflussung durch äußere Einwirkungen; 3. die beim Übergang von einem Aktivitätszustand in den anderen stattfindenden Vorgänge. — Zu 1: Der Ruhezustand der Knospen von Holzgewächsen in den Wintermonaten ist bekannt. GOUWENTAAK zeigt, daß auch das Kambium von Bäumen (Versuchsobjekt: *Fraxinus Ornus*) sich im Winter in echter Ruhe befindet; es läßt sich durch Wuchsstoffbehandlung nur dann zur Tätigkeit anregen, wenn die Ruhe zuvor durch Äthylenbehandlung gebrochen wurde. Da die Behandlung auch bei vollständig entknospten Zweigen wirksam ist, hängt die Beendigung der Kambiumruhe nicht von der Knospenruhe ab. — Zu 2: Nach Versuchen von DOSTÁL (1) lassen sich ruhende Zweige von Flieder und *Aesculus* durch Freilegen der Rinde (Herausschneiden des Holzes) am unteren Ende zum Austreiben bringen, ebenso Flieder- und *Forsythia*-Zweige sowie Kartoffelknollen durch Anbrennen. Als Ursache wird eine Aktivierung von Wuchsstoffen und vielleicht auch anderen Hormonen, bei der Freilegung der Rinde im Zusammenhang mit der einsetzenden Kallusbildung, angenommen. Bei Kartoffelknollen war nach Anbrennen der Wuchsstoffgehalt erhöht. Die Knospenruhe von Holzgewächsen kann durch Behandlung mit Hefeextrakt abgekürzt werden (BENNETT und SKOOG 1938). GUTHRIE (1) glaubte, im Glutathion das wirksame Prinzip gefunden zu haben. BENNETT u. Mitarb. können das nicht bestätigen; der Extrakt ist wesentlich wirksamer als reines Glutathion und bleibt auch nach Entfernung desselben wirksam. GUTHRIE selbst (3) muß die Richtigkeit dieser Einwände bestätigen; er findet, daß Adenin die Knospenruhe bricht, und hält Untersuchungen der diesbezüglichen Wirkung von adeninhaltigen Nukleotiden für lohnend. Die Ruheperiode von Bäumen, die zu normaler Entwicklung im Frühjahr Einwirkung einer gewissen Kälteperiode brauchen, z. B. *Prunus persica*, läßt sich durch Behandlung mit 2,4-Dinitro-6-zyklohexyl-phenol (BOYCE u. Mitarb.) und p-Thiocresol, 4-Chlor-o-phenyl-phenol sowie α-Nitronaphthalin (GUTHRIE [2]) „ersetzen". — Zu 3: Den Übergang von Ruhe zu Aktivität bei isolierten Kotyledonen von *Cucurbita* untersucht BROWN. Für den Übergang zur Aktivität sind ausreichende Wasserversorgung sowie Licht erforderlich. Der Übergang wird von bestimmten

Veränderungen der Zellen (Vergrößerung, Auftreten von Vakuolen u. a.) begleitet. Diese beginnen in den Außenschichten und schreiten allmählich nach innen fort; die Einwirkung der Außenfaktoren auf die peripheren Zellen scheint somit für das Einsetzen der Aktivität primär entscheidend zu sein. Beim Übergang zur Aktivität lassen sich 2 Stadien unterscheiden, das erste (die ersten 24^h) gekennzeichnet vor allem durch Wasseraufnahme mittels Imbibition, der zweite (48^h und weiter) mittels osmotischer Kräfte; zwischen beiden liegt ein Minimum der Wasseraufnahme. Ober- und Unterseite des Kotyledo unterscheiden sich in ihrer Reaktionsstärke auf Außeneinflüsse und der Fähigkeit zur Wasseraufnahme. Eine eigenartige Rolle spielt die den Embryo umhüllende innere Samenhaut; sie verhindert die Diffusion löslicher Substanzen in das Außenmedium und beeinflußt, wahrscheinlich auf dem Wege über den Gasaustausch, die Lichtempfindlichkeit der Kotyledonen. Diese Einflüsse machen sich teilweise erst dann geltend, wenn bei normaler Entwicklung die Verbindung zwischen Samenhaut und Keimling schon gelöst ist, tragen also den Charakter von Induktionen. DENNY untersucht die Atmung bei ruhenden *Gladiolus*-Knollen. Der — normalerweise nur wenige Monate lange — Ruhezustand derselben kann durch Aufbewahrung in feuchter Erde bei höheren Temperaturen außerordentlich verlängert werden. Werden solche Knollen aus der Erde genommen, so steigt die bis dahin niedrige Atmungsintensität rasch bis auf das 10fache an, wobei der Atmungsquotient größer als 1 wird (2—3); nach $5—7^d$ wird der Ausgangswert bei normalem Quotienten wieder erreicht. Mit einer Aufhebung der Ruhe ist diese Atmungsänderung nicht verbunden; der Vorgang kann wiederholt werden. Zur Beendigung der Ruhe ist bei solchen „überalterten" Knollen Einwirkung tiefer Temperatur erforderlich (0—5°, wenige Stunden). Nach KURSANOV und BRJUŠKOVA (1, 2) ändert sich beim Übergang von Ruhe zu Aktivität die Richtung der Fermenttätigkeit. Da dies für verschiedene Fermente und bei Knospen und Samen in gleichem Sinne beobachtet wurde, kann es sich um eine allgemeine Gesetzmäßigkeit beim Aktivitätswechsel in pflanzlichen Zellen handeln; jedoch bleibt es, wie bei solchen letzlich rein deskriptiven Untersuchungen immer, offen, ob die Veränderungen Ursache oder Folge des betreffenden Vorgangs sind. Ähnliches gilt für die Beobachtung WEBERS, wonach beim natürlichen wie künstlich beschleunigten Austreiben der Knospen verschiedener Holzgewächse der Gehalt an Vitamin C ansteigt. — Vgl. auch die Abschnitte „Temperaturwirkungen" und „Samenkeimung" (S. 290 bzw. 301).

2. Wachstum, Teilung, Streckung. Wuchsstoffwirkungen.

Die nächste Grundvoraussetzung für die Entwicklung bei gegebener Aktionsbereitschaft ist Wachstum; ohne Wachstum kann, abgesehen vielleicht von einzelligen Organismen, eine nennenswerte Entwicklung über den gegebenen Stand hinaus nicht stattfinden. Von den entwicklungsphysiologischen Aspekten des Wachstums, die hier allein zu behandeln sind, erfahren in der Berichtszeit 2 eine wesentliche Förderung: 1. die Energetik von Wachstumsvorgängen; 2. die Regulierung des Wachstums durch stoffliche Einflüsse.

Zu 1: Es wird sowohl für die Zellteilung als auch für die Zellstreckung die Existenz besonderer, den Energiebedarf dieser Vorgänge deckender Atmungssysteme nachgewiesen. Die diesbezüglichen Untersuchungen zur Zellteilung wurden an einem tierischen Objekt, befruchteten *Arbacia*-Eiern, ausgeführt, so daß hier ein Hinweis genügen muß (s. CLOWES u. Mitarb., HUTCHENS u. Mitarb., JANDORF und KRAHL, KRAHL und CLOWES, KRAHL u. Mitarb.). Es handelt sich um ein eisenhaltiges, aber mit dem aus Hefe und Muskeln bekannten typischen Cytochrom-Cytochromoxydase-System nicht identisches, im einzelnen noch nicht analysiertes System, das höchstens 30%, vermutlich wesentlich weniger, der Gesamtatmung der Eier ausmacht. Als Substrat für dies System scheinen häufig nicht Kohlenhydrate, sondern Proteine, zuweilen vielleicht auch Fette, zu dienen.

Die Versuche über die Energielieferung beim Streckungswachstum wurden an *Avena*-Koleoptilen gemacht (COMMONER und THIMANN). Als diesem Vorgang koordiniertes Atmungssystem wird das besonders von SZENT-GYÖRGYI analysierte System nachgewiesen, in dem Dicarboxylsäuren mit 4 C-Atomen (Fumar-, Äpfel-, Bernstein- und Oxalessigsäure) als Zwischenträger fungieren. Werden an diesem System beteiligte Dehydrogenasen durch einen für sie spezifischen Inhibitor (Monojodessigsäure, $5 \cdot 10^{-5}$ m) blockiert, so wird das Wachstum vollständig unterdrückt, während die Atmungsrate nahezu unverändert bleibt. Durch Behandlung der Koleoptilen mit den Zwischenträgern des Systems, besonders Äpfel- und Fumarsäure, wird die Wachstumshemmung wieder vollständig aufgehoben. Das C_4-Säuren-Atmungssystem ist also für das gesamte Wachstum maßgebend, während es von der Gesamtatmung nur eine geringe Fraktion (gegen 10%) ausmacht.

Diese Befunde sind übrigens nicht nur für die Wachstums- und Entwicklungsvorgänge von größtem Interesse, sondern lassen auch wichtige Einblicke in die Organisation des Betriebsstoffwechsels in der Pflanze zu. Die Atmung gehört zu den am besten untersuchten physiologischen Prozessen überhaupt. Darüber, wie die bei der Atmung gewonnene Energie für die einzelnen energiebedürftigen Prozesse nutzbar gemacht wird, ist dagegen noch sehr wenig bekannt. Vielleicht unbewußt stellt man sich oft vor, daß es eine „zentrale" Atmung in der Zelle gibt, die, einem unspezialisierten zentralen Kraftwerk gleich, sämtliche gerade bestehenden Energiebedürfnisse befriedigt. Die hier besprochenen Befunde zeigen, daß ganz bestimmten Einzelvorgängen zugeordnete Atmungssysteme existieren, daß es also zum mindesten neben einer „zentralen" Atmung spezialisierte, gleichsam lokalen Kraftanlagen entsprechende Atmungsvorgänge gibt. —

Zu 2: Unsere Kenntnisse über die Regulierung der Wachstumsvorgänge durch spezifische Substanzen („Wuchsstoffe“) erfahren insbesondere durch Untersuchungen von GAUTHERET (4) wichtige Fortschritte. Diese Untersuchungen wurden an *in vitro* kultivierten Geweben und Organen durchgeführt; da viele der Ergebnisse auf andere Weise überhaupt nicht hätten erreicht werden können, ist die Arbeit ein eindrucksvoller Beweis für die Möglichkeiten der Methode überhaupt[1]. GAUTHERET kann auf Grund seiner Beobachtungen die folgende Stufenleiter der Wuchsstoffwirkungen für Indol-3-essigsäure, also Heteroauxin i. e. S., aufstellen; infolge der viel exakteren Dosierungsmöglichkeit bei Gewebekulturen bietet sie gegenüber dem bisher Bekannten ein viel sichereres Bild:

10^{-10} – 10^{-8} — I. Förderung der Zellstreckung und der Zellteilung bei Wurzeln
10^{-9} – 10^{-7} — II. Förderung der Zellteilung bei Kambial- und anderem meristematischen Gewebe

Physiologische Grenze der Wuchsstoffwirkungen

10^{-7} – 10^{-5} — III. Auslösung der Wurzelbildung
10^{-6} – 10^{-3} — IV. Hemmung von Sproßanlagen
10^{-5} – 10^{-3} — V. Allseitige Förderung des Zellwachstums

Für die entwicklungsphysiologische Bedeutung der Wuchsstoffe sind 2 Fragen von besonderem Gewicht: a) Entspricht diese Reihe der Wuchsstoffwirkungen den bei Pflanzen allgemein verbreiteten Verhältnissen? b) Wie kommen diese verschiedenen Wirkungen ein und desselben Stoffes zustande?

Zu a: Diese Frage darf im großen ganzen bejaht werden. Die Untersuchungen GAUTHERETs erstrecken sich auf die verschiedensten Objekte; die Gewebe zeigten zwar in ihrem Verhalten gewisse Unterschiede, in den wesentlichen Zügen bestand aber größtenteils grundsätzliche Übereinstimmung. Die Unterschiede im Verhalten sind ihrerseits von entwicklungsphysiologischem Interesse. Sie gehen auf zweierlei zurück: 1. Unterschiede in der Eigenproduktion an Wuchsstoffen; 2. Unterschiede in der Wuchsstoffempfindlichkeit. Das Gewebe von Topinamburknollen ist wenigstens von einem gewissen Alter an gänzlich wuchsstofffrei; es zeigt ohne Wuchsstoffzufuhr überhaupt kein Wachstum. Mohrrübengewebe produziert selbst gewisse Wuchsstoff-

[1] In dem Zusammenhang sei daher auch auf die Versuche BURLETS zur *in-vitro*-Kultur einzelner Pflanzenteile (die Organe des Maiskeimlings) verwiesen, auch wenn sie sich vorwiegend noch mit methodischen Problemen beschäftigen.

mengen; es wächst daher auch auf wuchsstofffreiem Medium, wird durch Wuchsstoffzuführung aber gefördert. Gewebe von Kohlrabi und anderen Kohlvarietäten schließlich enthält überraschend große Wuchsstoffmengen — entsprechend 10^{-4} Heteroauxin! —; es reagiert auf Wuchsstoffzusatz zum Medium verständlicherweise überhaupt nicht. Verschiedene Gewebe reagieren auf die gleiche Wuchsstoffdosis verschieden; außerdem kommt es im Laufe der Kultur zuweilen zu eigenartigen Veränderungen der Wuchsstoffempfindlichkeit, und zwar sowohl zu einer Erhöhung als auch Erniedrigung derselben („Sensibilisierung" bzw. „Gewöhnung"). Daß genotypisch verankerte Differenzen vorhanden sein können, darf als selbstverständlich angenommen werden. Im allgemeinen kann jedoch die Konzentration der Größenordnung 10^{-7} als die physiologische Grenze der Wuchsstoffwirkungen angesehen werden; nur bis zu dieser Konzentration hinauf läßt sich meristematisches Gewebe unbegrenzte Zeit *in vitro* kultivieren.

Von den Einzelbefunden GAUTHERETs ist vor allem der eindeutige Nachweis der fast allgemein zellteilungsfördernden Wirkung des Wuchsstoffes von Bedeutung. Die weitaus meisten Gewebe zeigten Teilungswachstum entweder nur bei eigenem Wuchsstoffgehalt oder bei Wuchsstoffversorgung von außen. Der wachstumsfördernden Wirkung von Wuchsstoffen liegt demnach wenigstens in vielen Fällen Förderung nicht nur der Zellstreckung, sondern auch der Zellteilung zugrunde. DUHAMET weist dies bei isolierten Wurzeln von *Lupinus albus* direkt nach; die empirisch ermittelten Wachstumswerte lassen sich nur als Summe der Wirkungen aus Streckung und Teilung verstehen (Abb. 44). Beeinflussung der Zellteilung durch Heteroauxin demonstriert auch MANGENOT bei Wurzelmeristemen, und zwar auf einem methodisch interessanten Wege, durch Ausnützung der Colchicinwirkung auf die Kernteilung. Schließlich stellt an ganz andersartigem Material, Blattstielen von *Nymphaea*-Arten und *Limnanthemum*, FUNKE (1, 2, 4) Förderung von Streckung und Teilung durch Wuchsstoffe (Zusatz zum Wasser) fest. Beim Streckungswachstum sind nach GAUTHERET 2 Formen der Wuchsstoffwirkung zu unterscheiden. Bei niederen Dosen handelt es sich um typisches (polarisiertes) Längenwachstum, bei extrem hohen um ein allseitiges Hypertrophieren der Zellen, die sich dabei aus dem Gewebeverbande lösen. Physiologisch ist nur der erste Wachstumstyp. Ob der zweite bloß durch Niederbrechen der normalen Polarität auf Grund der hohen Wuchsstoffkonzentration zustande kommt oder eine besondere, abnorme Form des Zellwachstums darstellt, bleibt noch offen; wahrscheinlicher ist die erste Möglichkeit.

Zu b: Die Wirkungsweise des Wuchsstoffes auf die einzelnen wuchsstoffabhängigen Vorgänge ist noch weitgehend Sache der Hypothese. Es erscheint nicht ausgeschlossen, daß sie durchweg indirekt ist; eine unmittelbare Bedingtheit qualitativ ganz verschiedener Prozesse durch quantitative Unterschiede eines einzigen Stoffes ist sowieso schwer verständlich. Bezüglich Zellteilung und -streckung liegen folgende Hinweise zugunsten der „indirekten" Erklärung vor: Kambialgewebe von *Salix* und *Ulmus* (GAUTHERET [3, 4]) reagieren, trotz bestenfalls sehr geringer Eigenproduktion von Wuchsstoff, auf Wuchsstoffzugaben so gut wie gar nicht. Ob Wuchsstoff ein unmittelbarer, allgemein unentbehrlicher Faktor der Zellteilung ist, erscheint danach noch unsicher. Von isoliert wachsenden *Lupinus*-Wurzeln im Laufe des Wachstums

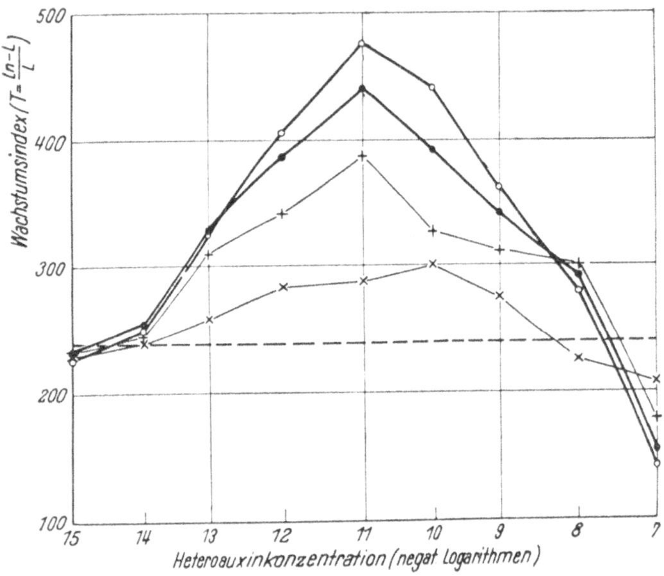

Abb. 44. Wuchsstoffwirkung auf das Wachstum isolierter Wurzeln von *Lupinus albus*. (Nach DUHAMET aus GAUTHERET [4].) +—+ Wirkung auf die Zellteilung, ×—× Wirkung auf die Zellstreckung, ●—● Summe der Wirkungen auf Teilung und Streckung, O—O empirisch gefundenes Wachstum. Das Wachstum ist in relativen Werten angegeben; es bedeutet L die Ausgangslänge, Ln die Länge nach n Tagen (hier $n = 15$). Die starke gebrochene Linie gibt die Wachstumsintensität der Kontrollen an.

abgestoßene Wurzelhaubenzellen wachsen in heteroauxinhaltigem Medium heran, jedoch nur, wenn sich die Wurzel weiterhin im Medium befindet; d. h. der Wuchsstoff wirkt offenbar über eine von der Wurzel abgegebene Substanz (Abb. 45). Allerdings handelt es sich hierbei um das allseitige Hypertrophieren der Zellen (Stufe V der obigen Reihe der Wuchsstoffwirkungen), dessen Natur noch nicht völlig klar ist. — Die Wirkung des Wuchsstoffes auf die Wurzelbildung ist ziemlich sicher als indirekt anzusprechen: 1. Bei manchen Geweben (Kambialgewebe von *Salix* und *Ulmus*, Gewebe der Knollen von Topinambur und Kohlrabi) läßt sich Wurzelbildung durch Wuchsstoffbehandlung nicht auslösen. 2. *In vivo* kultiviertes Mohrrübengewebe kann im Laufe sukzessiver Übertragungen die „Fähigkeit", auf Wuchsstoffbehandlung hin Wurzeln zu bilden, verlieren; für die Wurzelbildung scheint danach ein besonderer Faktor vorhanden zu sein, der sich im Laufe der Kultur erschöpfen kann. 3. Nach MOUREAU hängt die Wirkung von Heteroauxin auf die Wurzelbildung bei *Coleus*-Stecklingen von der Anwesenheit von Blättern und von Licht ab. Durch künstliche Zuckerzufuhr lassen sich diese Faktoren nicht ersetzen. Bei *Impatiens*-Hypokotylen ruft Wuchsstoff, an der Basis zugeführt, am apikalen Ende starke Gewebewucherungen, aber keine Wurzelbildung hervor. Auch diese Beobachtungen sprechen für die Existenz eines speziellen „wurzelbildenden" Faktors (Rhizokalin im Sinne von BOUILLENNE und WENT), dessen Wirkung durch Wuchsstoff gefördert werden könne. An dieser Förderung ist eine Förderung der meristematischen Aktivität beteiligt.

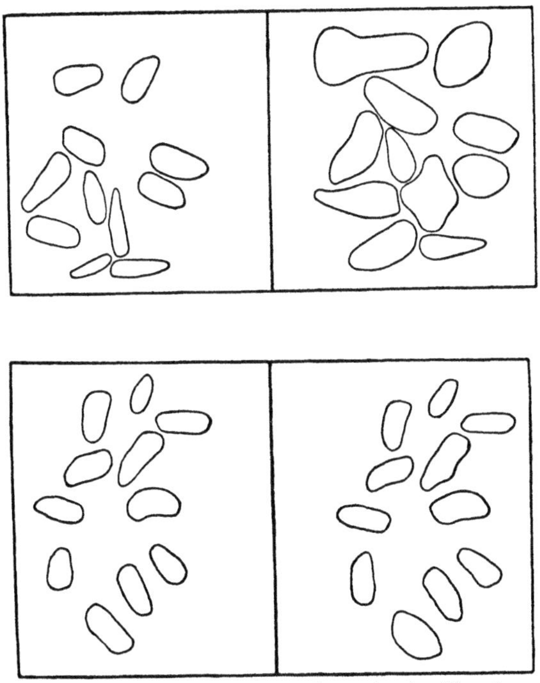

Abb. 45. Wachstum der von einer isoliert wachsenden Wurzel von *Lupinus albus* abgestoßenen Wurzelhaubenzellen in heteroauxinhaltigem Medium bei Gegenwart (oben) und Abwesenheit (unten) der Wurzel. (Aus GAUTHERET [4].) Links bei Beginn der Beobachtung, rechts dieselben Zellen nach 12d.

Für die Kenntnis der Wirkungsweise von Wuchsstoffen auf die verschiedenen Wachstums- und Entwicklungsvorgänge können die Feststellungen COMMONERS und THIMANNS über die Funktion von Heteroauxin in dem dem Wachstum zugeordneten Atmungssystem von *Avena*-Koleoptilen von grundsätzlichem Wert sein. Die wachstumsfördernde Wirkung des Wuchsstoffes auf das Wachstum wird durch die Zwischenträger des Systems (Äpfel- und Fumarsäure) gefördert. Andererseits steigert Heteroauxin die Atmungsrate, jedoch nur, wenn die Koleoptilen vorher mit Äpfel- oder Fumarsäure angereichert wurden. Wirksam sind dabei — der entscheidende Punkt — solche Konzentrationen, die auch das Wachstum fördern. Das Heteroauxin fungiert also als Katalysator des dem Wachstum koordinierten Teiles der Atmung. Da das C_4-Säuren-Atmungssystem normalerweise nur einen Bruchteil der Gesamtatmung ausmacht, wird seine Stimulation allerdings nur dann auch an einer Erhöhung der Gesamtatmungsrate bemerkbar, wenn seine Kapazität durch Anreicherung der Zwischenträger erhöht wird.

Man kann sich nach den hier zusammengestellten neuen Befunden die Frage vorlegen, wieweit die entwicklungsphysiologische Rolle der Wuchsstoffe heute schon geklärt ist. Trotz der unzweifelhaften Fortschritte bleiben noch viele Fragen offen. Das hängt allerdings damit zusammen, daß sich die ganze Wuchsstoffphysiologie in einer gewissen Krise zu befinden scheint. Alle hier referierten Versuche wurden wieder mit Heteroauxin und ähnlichen Verbindungen gemacht. Ursprünglich wurde angenommen, die Heteroauxine seien den höheren Pflanzen körperfremde, den „natürlichen" Wuchsstoffen (Auxinen) aber völlig wirkungsgleiche Verbindungen. Beide Annahmen scheinen aber einer Revision zu bedürfen. Heteroauxine kommen offenbar auch in der höheren Pflanze vor; nach LEFÈVRE (zit. nach GAUTHERET [4]) ist der Wuchsstoff des Mohrrüben- und Kohlrabigewebes (s. o.) Indol-3-buttersäure bzw. Indol-3-essigsäure. Und auch die Wirkungsgleichheit von Heteroauxinen und Auxinen scheint nicht absolut zu sein. v. GUTTENBERG entwickelt neuerdings die Vorstellung, daß Heteroauxin als Wuchsstoffaktivator fungiert. Wenn das allgemein zutrifft, so lassen sich die Beobachtungen von COMMONER und THIMANN und auch viele Befunde GAUTHERETs, vor allem diejenigen über das Wachstum der Wurzelhaubenzellen, gut auf dieser Basis deuten. Jedenfalls muß man mit der Existenz von mehreren verschiedenen und verschiedene Funktionen ausübenden „Wuchsstoffen" (i. w. S.) in der Pflanze rechnen; die mit der einen Klasse derselben gemachten Feststellungen dürfen nicht ohne weiteres verallgemeinert werden. —

Die Bedeutung von Wuchsstoffen für die Knollen- und Rübenbildung untersucht PODEŠVA bei Kohlrabi, Zuckerrüben, Mohrrüben, Petersilie und Zichorie. Die Knollenbildung hängt ab von der Tätigkeit der Blätter. Einseitige Entblätterung schwächt das Knollen- bzw. Rübenwachstum auf der betreffenden Flanke. Da junge Blätter bei annähernd gleicher Assimilationsfläche das Rübenwachstum stärker fördern als ausgewachsene und da die Entblätterung sich durch Wuchsstoffapplikation nicht vollständig kompensieren läßt, hält der Autor die Zufuhr von Assimilaten und Wuchsstoffen nicht für die allein entscheidenden Faktoren. Er nimmt Existenz besonderer „rübenbildender" Stoffe an und glaubt sie auch in Pfropf- und Extraktionsversuchen nachweisen zu können. Jedoch sind die beobachteten Wirkungen so gering, außerdem das Testmaterial (junge entblätterte *Raphanus*-Hypokotyle) nicht ganz zuverlässig (Ernährungseinflüsse gegenüber den Kontrollen!), daß Ref. die Befunde noch nicht stichhaltig scheinen. Der Gedanke, daß bei der Knollen- und Rübenbildung Wuchsstoff zusammen mit einem besonderen, regulativen, Mechanismus beteiligt ist, kann dennoch richtig sein. In Kohlrabiknollen kommt, wie schon erwähnt, Wuchsstoff in Konzentrationen vor, die allseitiges (unpolares) Zellwachstum hervorrufen können. Durch Applikation entsprechender Wuchsstoffdosen werden bei Hypokotylen, Sprossen usw. knollenähnliche Anschwellungen hervorgerufen, deren anatomische Struktur manche Übereinstimmungen mit der Struktur echter Knollen aufweist. Es erscheint denkbar, daß diese bei den meisten Pflanzen unphysiologische Wuchsstoffwirkung bei manchen Formen mittels eines besonderen regulativen Systems zu einem normalen Entwicklungsvorgang ausgebaut worden ist. —

Bei den bisher besprochenen „echten" Wuchsstoffen (i. w. S.) handelt es sich, auch wenn viele Fragen noch ungeklärt sind, doch unzweifelhaft um spezifisch wachstumsregulierende Wirkstoffe. Bei anderen Substanzen mit wachstumsförderndem Effekt ist das nicht gesagt. Es ist möglich und nach gewissen Anzeichen sogar wahrscheinlich, daß ihre Wirkung auf dem Wege über Stoffwechselvorgänge erfolgt. Das zeigen neue Versuche von SCHAFFSTEIN über die Avitaminose mancher Orchideenkeimlinge. Der Stoff, den diese Keimlinge für die Fortführung ihrer Entwicklung über die ersten Stadien hinaus brauchen und der unter natürlichen Verhältnissen vom Pilzsymbionten geliefert wird), läßt sich durch Nikotinsäure und Nikotinsäureamid ersetzen; es handelt sich wahrscheinlich um ein Derivat der Nikotinsäure. Die Ursache der Avitaminose scheint in Störungen des Kohlenhydratabbaues auf Grund von Codehydrogenasenmangel zu bestehen. Andererseits ist bekannt, daß Nikotinsäureamid die Wirkungsgruppe einer wichtigen Codehydrogenase ist. Ähnliche Verhältnisse liegen vielleicht der Wirkung von Aneurin, Adermin und Glykokoll auf das Wurzelwachstum zugrunde. Die neuen diesbezüglichen Arbeiten sollen daher hier nur kurz genannt werden. Nach BONNER ist der Bedarf der Wurzeln an den genannten Stoffen artspezifisch verschieden. Isolierte Wurzeln von *Medicago*, *Trifolium* und *Gossypium* zeigen mit Aneurin und Nikotinsäure optimales Wachstum; Zusatz von Adermin bleibt wirkungslos. Umgekehrt brauchen Mohrrübenwurzeln für optimales Wachstum Aneurin und Adermin und reagieren auf Nikotinsäurezusatz nicht. Tomatenwurzeln wachsen mit den beiden Vitaminen gut, werden durch Nikotinsäure aber gefördert. Wurzeln von *Helianthus* und *Datura* brauchen schließlich für optimales Wachstum alle 3 Stoffe. Die Wurzeln von Flachs und Klee wachsen, wenn auch langsam, auch in Abwesenheit von Aneurin; sie produzieren geringe Mengen dieses Vitamins selber. Maiswurzeln können dagegen nach MCCLARY ihren gesamten Aneurinbedarf selbst decken; im Laufe von 18 Übertragungen (Gesamtdauer 115^d) wurde kein Nachlassen der — optimalen — Wachstumsrate beobachtet. Das ist überraschend insofern, als frühere Untersucher (FIEDLER [1936]) auch bei Zugabe von Aneurin (Hefeextrakt) unbegrenztes Wachstum von Maiswurzeln nicht erreicht haben. Man muß an sehr große diesbezügliche Rassenunterschiede denken. Die Bedeutung von Glykokoll für das Wurzelwachstum bleibt umstritten. WHITE bringt neue Beweise für eine fördernde Wirkung bei Tomatenwurzeln, teilweise an einem Material, für das solche Wirkung negiert worden war; er kann keine Wirkung von Adermin finden. BONNER beobachtete demgegenüber bei mehreren verschiedenen Tomatenrassen keinen nennenswerten Effekt des Glykokolls; DAY bestätigt die positive Wirkung von Adermin für isolierte Tomatenwurzeln in Agarkulturen; ROBBINS (3) stellt hohe Wirkungsspezifität des Vitamins fest: von 12 geprüften Substitutionsverbindungen erwiesen sich nur das Di- und Driacetat des Aderminhydrochlorids sowie das Substitutionsprodukt mit einer Äthyl- anstatt der Methylgruppe in der 2-Stellung als wirksam. —

Die Möglichkeit, daß die Wirkung wachstumsfördernder Stoffe über den Stoffwechsel erfolgt (daß es sich nach der Terminologie von SCHOPFER [1] um „Wachstumsfaktoren" und nicht um echte Wuchsstoffe handelt), liegt noch mehr als bei höheren Pflanzen bei Mikroorganismen vor. Von den zahlreichen Arbeiten auf diesem Gebiet können daher nur die erwähnt werden, die einen Einfluß auch auf die Entwicklung zeigen; dabei bleibt es offen, ob die Wirkung nicht auch hier zunächst über den Stoffwechsel geht. THREN (2) stellt fest, daß die verschiedenen Entwicklungsstadien von *Ustilago nuda* sich in ihrem Vermögen zur Aneurinsynthese unterscheiden. Die Diplophase und wenigstens die Haplonten des (—)-Geschlechts sind aneurinautotroph; die Dikaryophase kann dagegen die Pyrimidinkomponente des Aneurins nicht selbst synthetisieren (ist also ein „Pyrimidinorganismus" nach SCHOPFER) und ist bei Reinkultur für normale Entwicklung auf Aneurinzufuhr angewiesen. Die normalerweise spärliche Konjugation in Reinkulturen von 3 *Zygosaccharomyces*-Arten wird nach Beobachtungen von NICKERSON und THIMANN durch die Anwesenheit von *Aspergillus niger* sowie auch durch Filtrate der Kulturflüssigkeit dieses Pilzes stark gefördert. Die Konjugation von *Zygosaccharomyces* hängt danach anscheinend von einer Substanz ab, die in geringen Mengen von den Hefen selbst, in weit größeren dagegen von *Aspergillus* produziert wird. Nach ROBBINS (1) wird die Keimung der Sporen und das Wachstum der jungen Myzelien von *Phycomyces* auf synthetischem Medium durch Extrakte aus Myzelien dieses Pilzes gefördert. —

Als auf eine besondere Erscheinung sei an dieser Stelle noch auf Beobachtungen von GIERSCH und COOK verwiesen, wonach Filtrate der Kulturflüssigkeit von UV-geschädigten Kulturen von *Hormidium floccidum* die Zellteilungstätigkeit in anderen Kulturen dieser Alge anregen. Vielleicht handelt es sich um die Produktion eines den „Wundhormonen" höherer Pflanzen entsprechenden Stoffes. —

Im Abschluß dieses Abschnittes sind einige Arbeiten zu nennen, die die Wirkung entweder ausgesprochen körperfremder oder, wenn sie bei Pflanzen nachgewiesen sind, in ihrer Bedeutung noch völlig unbekannter Stoffe, vor allem tierischer Sexualhormone, auf Wachstum und Entwicklung von Pflanzen behandeln. EMMERICH und BURKHARDT untersuchen den Einfluß von Oestron (Progynon) auf das Wachstum verschiedener Arten. Die Wirkung erweist sich als teilweise abhängig von der Ernährung. Im allgemeinen ist sie, soweit überhaupt nachweisbar, gering; auch besteht eine Tendenz, anfänglich vorhandene Unterschiede im Laufe der Entwicklung auszugleichen. Der größte Effekt (Förderung der Trockensubstanzzunahme und der Blütenproduktion) wurde von BURKHARDT bei *Fuchsia* beobachtet. Bei Tomaten fand EMMERICH eine Verlagerung des Schwerpunktes der Blütenbildung von den oberen zu den unteren Zweigetagen; er „erklärt" dies mit der Schaffung eines Anziehungszentrums für Baustoffe durch das Progynon. Bei Behandlung mit mehreren Wirkstoffen (außer Progynon Heteroauxin, Hefewuchsstoffe u. a.) kommt es nicht bloß zu Summierung der Einzelwirkungen, sondern auch zu ganz neuen Effekten. Die Wirkung von Dihydrofollikulin und Thyroxin auf Keimlinge verschiedener Arten prüft CASTAN. Nur bei *Lepidium sativum* wird eine Wirkung gefunden (Hemmung des Hypokotylwachstums durch das Dihydrofollikulin, Förderung des Wurzelwachstums durch Thyroxin). ZOLLIKOFER (1, 2) findet in Versuchen mit Hafer und *Raphanus*, daß Diäthylstilböstrol dieselbe, nur quantitativ etwas schwächere Wirkung hat wie Oestron. Da die Verf.n dem Oestron im pflanzlichen Organismus eine Bedeutung als Wuchsstoff (Biosgruppe) zumißt, sieht sie im Diäthylstilböstrol einen den Bioswuchsstoffen entsprechenden „körperfremden Wuchsstoff", analog wie man sich das Verhältnis von Heteroauxin und Auxin denkt (oder besser: dachte). BUVAT (4) findet eine starke Anregung der Zellteilungstätigkeit bei in *vitro* kultiviertem Mohrrübengewebe durch die bei Tieren cancerogen wirkenden Stoffe Benzpyren und Methylcholanthren. Nach ROSE (1—3) werden an Blättern von Kohl und jungen Blütenstielen (aber nicht Sprossen) von *Pelargonium* durch Bienengift bei Zuführung in das Innere des Gewebes Wucherungen verursacht. Sie beruhen auf einem Hypertrophieren gewisser Gewebe, das von Rück- und Umdifferenzierungserscheinungen begleitet ist. Auch bloße feine Einstiche rufen solche Wucherungen hervor, jedoch in schwächerem Ausmaß. Dagegen hat Bienengift bei oberflächlicher Anwendung keine Wirkung.

3. Differenzierung. Organisation.

Determination. a) Allgemeines. Obgleich Aktionsbereitschaft der Zellen und Wachstum unerläßliche Voraussetzungen für die Entwicklung sind, ist ihre entwicklungsphysiologische Rolle weitgehend passiv. Die für die Entwicklung im eigentlichen Sinne charakteristischen Vorgänge, die Gliederung des Organismus in verschieden gebaute, verschiedenen Funktionen angepaßte, also qualitativ verschiedene Teile, hängt von der Wirksamkeit anderer Prozesse ab, die unter dem Begriff der (physiologischen) Determination zusammengefaßt werden. Das Wesen dieser Vorgänge besteht in einer Differenzierung der Potenzen der Zellen. Solange die Entwicklung nur auf Wachstumsvorgängen basiert, bleiben die Zellen äquipotent und können (theoretisch) gegeneinander beliebig ausgetauscht werden; mit dem Einsetzen der Determination werden die einen Potenzen der Zellen realisiert, die andern unterdrückt, und die Zellen sind gegeneinander nicht mehr ohne weiteres austauschbar.

An den Anfang neuer Beiträge zum Determinationsproblem sollen zwei Beobachtungen gestellt werden, die zunächst zwar noch ganz isoliert dastehen, die aber nach Ansicht des Ref. für die Problematik der Determinationsvorgänge von größter Bedeutung sind. GAUTHERET (3) beobachtete, daß im Laufe der Entwicklung von Sproßanlagen an *in vitro* kultiviertem Kambialgewebe von *Ulmus* eine Bildung von Leitgewebe einsetzt, und zwar nicht nur in der Sproßanlage selbst, sondern auch, zunächst unabhängig davon, im umgebenden Gewebe (Abb. 46). Im Laufe der weiteren Entwicklung vereinigen sich diese Leitgewebe zu einem zusammenhängenden Leitsystem. Hier findet also unter dem Einfluß eines sich entwickelnden Organs in dem umgebenden Gewebe eine bestimmte, dem normalen Entwicklungsgang entsprechende Differenzierung statt; die wachsende Sproßanlage fungiert als „Organisator" im Sinne der Entwicklungsmechanik der Zoologen.

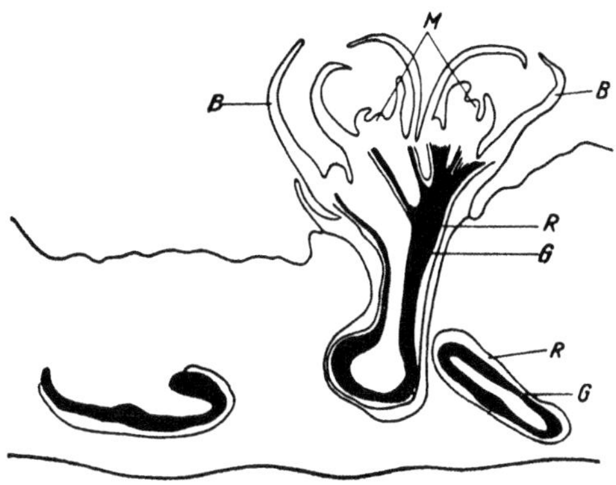

Abb. 46. „Organisation" von Leitgewebe durch heranwachsende Sproßanlagen in *in vitro* kultiviertem Kambialgewebe von *Ulmus*. (Aus GAUTHERET [3].) *M* Vegetationspunkt, *B* Blattanlagen, *R* Rinden-, *G* Gefäßteil.

BRAUN beobachtete bei mit dem Erreger der Wurzelhalsgallen, *Bacterium tumefaciens*, infizierten *Helianthus*-Pflanzen das Auftreten von Sekundärtumoren in z. T. erheblicher Entfernung von der primären Infektionsstelle, also eine der Metastasenbildung bei tierischen Karzinomen ähnliche Erscheinung. WHITE und BRAUN nahmen das Gewebe solcher Sekundärtumoren und Gewebe gesunder Pflanzen vergleichend in *in-vitro*-Kultur. Die beiden Gewebe zeigten ganz bestimmte, charakteristische Wachstumsunterschiede, die sich im Laufe von zahlreichen Übertragungen unverändert erhielten. Wird das *in vitro* kultivierte Tumorgewebe auf gesunde *Helianthus*-Pflanzen aufgepfropft, so ruft es an den Pfropfstellen die Entstehung von für den Befall mit *Bacterium tumefaciens* typischen (nur etwas einfacher gebauten) Wucherungen hervor. Weder aus den Sekundärtumoren selbst noch ihrem *in vitro* kultivierten Gewebe ließ sich jemals das *Bacterium tumefaciens* isolieren; das Gewebe ist frei von dem Erreger. Hier hat also durch die Einwirkung eines „Reizes" eine Determination stattgefunden, die auch nach Fortfall des Reizes irreversibel erhalten bleibt. Die Determination ist in diesem Falle zwar abnorm; für den allgemeinen Wert der Beobachtung ist dies aber gleichgültig. Es gibt bei den Pflanzen zahlreiche Entwicklungsvorgänge, die sich durch äußere Einflüsse sehr schwer oder gar nicht verändern lassen. Der Befund von WHITE und BRAUN zeigt, wie man sich das Zustandekommen solcher auch heute noch oft als „autonom" oder „endonom" bezeichneten „Entwicklungstendenzen" vorzustellen hat. Das Problem ist ganz eindeutig nicht, ob sich ein Vorgang im gegebenen Augenblick durch bestimmte Außenfaktoren beeinflussen läßt oder nicht, sondern wann und durch welche Faktoren seine Determination erfolgt und auf welchen Veränderungen ihre Festlegung beruht.

b) Vegetative Organe (Sproß und Wurzel). Einige Arbeiten befassen sich mit der Bedeutung von Wuchsstoffen für die Anlage von Sproß- und Wurzelprimordien. PLANT weist bei Wurzelstecklingen („*thongs*") von *Crambe maritima* nach, daß bei Verringerung des natürlichen Wuchsstoffgehaltes die Bildung von Sproß-, bei Erhöhung der Wuchsstoffkonzentration die Bildung von Wurzelanlagen gefördert wird. Ähnliches findet SEIDL bei *Selaginella Martensii* für die Entstehung von Sprossen und Wurzelträgern; die letzten verhalten sich in entwicklungsphysiologischer Beziehung wie die Wurzeln der Blütenpflanzen. Bei Wuchsstoffverarmung kann es sogar zu einer direkten Umwandlung von Wurzelträgern in Sprosse kommen.

Alle diese Beobachtungen sprechen im Sinne der Vorstellung, daß bei niedriger Wuchsstoffkonzentration Sprosse, bei hoher Wurzeln determiniert werden. Der Mechanismus der Wuchsstoffwirkung bei der Wurzelbildung wurde schon behandelt (S. 238). Der spezifische „wurzelbildende" Faktor („Rhizokalin") scheint normalerweise in den Blättern im Licht gebildet zu werden, und zwar aus Zuckern: nach den Versuchen von MOUREAU ersetzt Zucker zwar bei *Coleus*-Stecklingen die Anwesenheit von Blättern und Licht nicht, fördert aber bei beblätterten Exemplaren und in Licht die Wurzelbildung. CASTAN erzielte allerdings mittels Heteroauxinbehandlung Wurzelbildung bei etiolierten

Erbsenkeimlingen (also ohne Licht und ohne Blätter); entweder war der Faktor in den Samen vorhanden, oder er kann aus Reservestoffen auch im Dunkeln entstehen. Bemerkenswert ist, daß die Wurzelbildung an der Sproßspitze ausgelöst wurde, das Rhizokalin (seine Realität vorausgesetzt) also, vielleicht freilich als Vorstufe, akropetal hat wandern müssen (die Wanderung erfolgt sonst offenbar nur basipetal). — Hinsichtlich der Wuchsstoffwirkung auf die Sproßbildung sind die Verhältnisse vorläufig noch recht unklar. GAUTHERET (3, 4) konnte an Gewebekulturen eine Förderung von Sproßknospenbildung durch Wuchsstoff niemals beobachten. Es ist nicht ausgeschlossen, daß die Rolle des Wuchsstoffes bei der Sproßdetermination passiv ist, derart, daß bei Anwesenheit hoher Wuchsstoffmengen alle vorhandenen Meristeme zu Wurzelanlagen determiniert werden, bei niederen Konzentrationen dagegen auch eine Determination von Sproßanlagen, vielleicht durch spezifische Faktoren, jedoch vom Wuchsstoff unmittelbar ganz unabhängig, erfolgen kann. Sehr wichtig in diesem Zusammenhang ist die Frage, ob ein Meristem bei seiner Entstehung noch undeterminiert ist oder ob es schon als Sproß- oder Wurzelmeristem angelegt wird. Einige Beobachtungen von GAUTHERET (3) und MOUREAU sprechen für die erste Alternative. Sowohl im Kambialgewebe von *Ulmus* als auch in den Sprossen von *Coleus*-Stecklingen brauchen die neu entstehenden Meristeme nicht sofort zu Sproß- bzw. Wurzelvegetationspunkten ausgestaltet zu werden, sondern können einige Zeit, bei *Ulmus* sogar dauernd, als undifferenzierte meristematische Gewebskomplexe bestehen bleiben. Andere Beobachtungen weisen freilich mehr in der anderen Richtung. CASTAN stellt bei *Pisum*-Keimlingen, BUVAT (1, 3) bei Blattstecklingen von *Brimeura amethystina* (*Hyacinthus amethystinus*) fest, daß die Regeneration von Sproß- und Wurzelanlagen stets aus verschiedenen Geweben erfolgt (bei *Pisum* Sproßknospen aus den oberflächlichen, Wurzelanlagen aus den tieferen Gewebeschichten, bei *Brimeura* die ersten aus der Epidermis, die zweiten aus dem Mesenchym). Allerdings kann es sich in diesen Fällen um eine latente Determinierung der betreffenden Gewebe selbst handeln. CASTAN beobachtete übrigens bei etiolierten Erbsenkeimlingen Adventivsproßbildung auch nach Anwendung ziemlich starker Wuchsstoffdosen (0,2% Heteroauxin in Lanolin). Zweierlei ist dabei aber beachtenswert: 1. waren die angewandten Konzentrationen doch schwächer als diejenigen, die zur Wurzelbildung führen (1%); 2. setze Sproßbildung auf Wuchsstoffbehandlung hin wesentlich später ein als Wurzelbildung, d. h. möglicherweise erst nach einem Absinken der Wuchsstoffaktivität auf ein bestimmtes Niveau. Außerdem können natürlich spezifische Empfindlichkeitsdifferenzen beteiligt sein (s. o.).

c) Reproduktive Organe (Blütenanlage). Über die Wirkung tiefer Temperaturen und der Tageslänge liegen verschiedene Arbeiten vor. Jedoch ist bei den Ergebnissen nicht zu entscheiden, ob es sich wirklich um Determination oder nur die Realisierung bereits vorhandener Determinationen handelt. Eine tatsächlich determinierende Funktion bei der Blütenbildung könnte dem Blühhormon bzw. den Blühhormonen zukommen, deren Existenz in den letzten Jahren durch zahlreiche Versuche wahrscheinlich gemacht ist. Jedoch ist die Beziehung der Temperatur- und Tageslängenwirkung zur Blühhormonproduktion im einzelnen noch ungeklärt. Die neuen Arbeiten sollen daher erst im Teil II des Berichts (Wirkung der Außenfaktoren) referiert werden.

Polarität. Wachstum einerseits, die Differenzierung der Zellpotenzen andererseits bilden (auf der Basis vorhandener Aktionsbereitschaft) die ersten Grundvoraussetzungen für die Entwicklung. Sie sind jedoch noch nicht die einzigen Faktoren derselben. Solange sie allein wirksam sind, kann eine Entwicklung zwar stattfinden; sie würde aber nicht in geregelten Bahnen verlaufen. Daß dies der Fall ist, daß der Organismus im Laufe seiner Entwicklung ein harmonisches Ganzes darstellt, wird durch die Anwesenheit anderer, von den Determinationsvorgängen i. e. S. nicht notwendigerweise grundsätzlich verschiedener, jedoch den Entwicklungsablauf in seiner Gesamtheit steuernder Faktoren bedingt. Diese Faktoren sind einerseits die Polaritäts- und Symmetrie-, andererseits die Korrelationserscheinungen. Die erstgenannten greifen in die Determination selbst ordnend und regelnd ein: die Korrelationen bestehen in der Wirkung schon angelegter oder determinierter Organe auf die Anlage und Determination anderer oder in der gegenseitigen Beeinflussung determinierter Organe, werden also erst wirksam, wenn eine gewisse Determination erfolgt ist.

Die beiden Hauptprobleme der Polarität, d. h. der morphologischen und physiologischen Differenzierung der ganzen Pflanze wie auch ihrer einzelnen Organe in Basis und Spitze, sind: 1. die Induktion dieser Differenzierung, 2. der Mechanismus ihrer Aufrechterhaltung. Zu beiden Problemen liegt eine Anzahl wichtiger Beiträge vor.

Zu 1: Die Induktion der Polarität durch Außenfaktoren untersuchen WHITACKER (1, 2) an befruchteten *Fucus*-Eiern und HEITZ (1, 2) an Laubmoossporen. Bei *Fucus*-Eiern entsteht nach UV-Bestrahlung und nach Zentrifugierung das Rhizoid an der der Strahlenrichtung abgekehrten bzw. der zentrifugalen Hälfte. Die Wirkung der UV-Strahlung nimmt mit steigender Dosis zu, wobei sich bei logarithmischer Auftragung eine geradlinige Abhängigkeit ergibt, also ein ziemlich einfacher Mechanismus vorliegen muß. Kurzwelliges UV (2345—2804 Å) war wirksamer als langwelliges (3130 uud 3660 Å). Das stimmt überein mit der UV-Absorption durch die Eier, wenn auch der Verlauf nicht ganz parallel ist. HEITZ stellt bei 15 von 20 untersuchten Laubmoosarten Polarität der Sporen fest. Bei *Funaria hygrometrica*, dem Hauptversuchsobjekt, wird sie durch Licht, Schwerkraft sowie chemische Reize induziert. Bei einseitiger Belichtung erfolgt die Keimung zuerst mit einem lichtnegativen Rhizoid, darauf mit einem lichtpositiven Chloronema;

Schwerkraft induziert ein geopositives Rhizoid und ein geonegatives Chloronema. Liegen die Sporen in Gruppen zusammen, so keimen die Rhizoide nach innen, die Chloronemen nach außen. Die Polarität ist nach der Keimung des Rhizoids noch nicht fixiert; wird eine einseitig belichtete Kultur nach Vorwölbung der Rhizoiden um 90 oder 180^0 gedreht, so treibt das Chloronema in einem rechten Winkel zum Rhizoid bzw. unmittelbar neben demselben aus. Bei *Neckera complanata* und *Amblystegium serpens* erfolgt die Keimung quer, bei *Neckera* in starkem Licht auch schräg zur Lichtrichtung. *Mnium rostratum*, das gewöhnlich mit photonegativem Rhizoid keimt, verhält sich in schwachem Licht wie *Neckera* in starkem. — Der Polarisierung scheint ganz allgemein die Schaffung eines Gefälles in den Zellen zugrunde zu liegen, da alle polaritätsinduzierenden Faktoren zum Auftreten von Gefällen in den Zellen führen. Eine ausschlaggebende Rolle dürfte dabei eine ungleichseitige Verteilung von Wuchsstoffen spielen. Bei allseitiger Wuchsstoffzuführung unterbleibt bei *Funaria* die normale Keimung, und die Sporen wachsen zu Riesenkugeln vom 40—50fachen ihres normalen Volumens heran. Bei der Polarisation der *Fucus*-Eier sind diejenigen UV-Bereiche am wirksamsten, die Auxin a und Auxin-a-Lakton am intensivsten inaktivieren; die Anwesenheit von Wuchsstoffen in den *Fucus*-Eiern ist erwiesen. Bei der Polarisierung der Wuchsstoffverteilung wirken vielleicht p_H-Veränderungen in den Zellen mit; die Wirkung der Zentrifugierung bei *Fucus*-Eiern war je nach dem p_H-Wert des Mediums verschieden.

Zu 2: Bei den höheren Pflanzen liegt er von vornherein nahe, die Polarität mit der polaren Leitung der Wuchsstoffe in Verbindung zu bringen. Die Polarität der Wuchsstoffleitung ist eine feststehende Tatsache; da andererseits die Wuchsstoffe in den Determinations- und Differenzierungsvorgängen augenscheinlich eine wichtige Rolle spielen (vgl. S. 238 und 244), läßt sich mit solcher Verbindung die Bedeutung der Polarität sehr gut verstehen. Einige neue Arbeiten bringen wichtige Befunde zugunsten dieser Auffassung. An erster Stelle sind die schon kurz erwähnten (S. 244) Untersuchungen PLANTs an *Crambe*-Wurzelstecklingen zu nennen. Die Versuche PLANTs fußen auf einer Beeinflussung der Polarität. Normalerweise bilden die Stecklinge in der basalen Region Sproß-, in der apikalen Wurzelanlagen. Durch Wuchsstoffapplikation an der basikopen Schnittfläche wird die Sproßbildung unterdrückt; es entstehen über die ganze Länge des Stecklings Wurzeln. Wird andererseits, bei Verhinderung einer Neuproduktion von Wuchsstoffen durch Entfernung aller in der Basalregion entstehenden Sproßknospen, die akroskope Schnittfläche wiederholt erneuert (wodurch bei der polaren Wuchsstoffleitung eine Wuchsstoffverarmung eintreten muß), so entstehen in der apikalen Region Sproß- an Stelle von Wurzelanlagen. Werden schließlich solche Stecklinge an der basikopen Schnittfläche mit Wuchsstoff behandelt, so werden hier Wurzeln gebildet; d. h. die Polarität ist umgekehrt. Allerdings ist diese Umkehrung, was das ursprüngliche Gewebe des Stecklings anbetrifft, nur eine scheinbare. Beim weiteren Wachstum der „inversen" Stecklinge entstehen an der Basis der in der ursprünglich apikalen Region gebildeten Sprosse Kalli und daraus Wurzeln, während die in der Basalzone auf die Wuchsstoffbehandlung hin gebildeten Wurzeln nicht weiter wachsen. Offensichtlich ist eine Wuchsstoffleitung im alten Stecklingsgewebe entgegen seiner ursprünglichen Polarität nicht möglich. Eine, wie es scheint, echte Umkehrung der Polarität, d. h. Umkehrung der Richtung des Wuchsstofftransportes, erreichte CASTAN bei *Pisum*, und zwar sogar ohne künstliche Wuchsstoffapplikation (vgl. hierzu Abb. 47). Wird der Primärsproß etiolierter Erbsenkeimlinge unterhalb des ersten Knotens dekapitiert, die Primärwurzel unmittelbar an den Kotyledonen abgeschnitten und die Pflanze mit dem Stumpf des Primärsprosses in Wasser getaucht, so entstehen am Sproßstumpf Wurzeln, während eine Kotyledonarachselknospe austreibt und die Stelle des Sprosses einnimmt (Abb. 47 *I*). Dasselbe läßt sich erreichen bei Keimlingen, bei denen zuvor durch Wuchsstoffbehandlung an der Sproßspitze die Anlage von Wurzeln ausgelöst worden war (Abb. 47 *II*). Auch in diesen Versuchen ist allerdings eine Umkehrung des Wuchsstofftransports im alten Gewebe nicht erwiesen und wohl auch nicht anzunehmen; der umgekehrte Transport dürfte in dem neuen Gewebe (dessen Produktion in den jungen Sprossen vorausgesetzt werden darf) stattfinden. — Schöne Beweise für die Abhängigkeit der Polarität von der Polarität der Wuchsstoffleitung bringt auch GAUTHERET (1, 2) wieder an Hand von Gewebekulturen. Setzt man frisch isolierte Stücke aus den Wurzeln von Mohrrübe oder Endivie mit der basikopen Schnittfläche auf ein wuchsstoffhaltiges festes Nährmedium, so entstehen in der gegenüberliegenden apikalen Region Wurzeln. Setzt man die Gewebestücke umgekehrt, mit der akroskopen Fläche, auf, so erfolgt in der abgekehrten Basalregion keine Wurzel-, bei Endiviengewebe dagegen Sproßbildung. Der Wuchsstoff wird also nur in der Richtung Basis→ Spitze (Blätter→ Wurzel) geleitet. — In sinngemäßer Analogie zu den bisher besprochenen Versuchen mit Wurzelstecklingen und -geweben beobachteten ZIMMERMANN und HITCHCOOK nach Wuchsstoffapplikation Wurzel- an Stelle von Sproßbildung in der apikalen Region von *Hibiscus*-Sproßstecklingen.

Mit den hier besprochenen Ergebnissen, zusammen mit dem schon vorhandenen Material, sind einige der wichtigsten Fragen des Polaritätsproblems der Pflanzen weitgehend geklärt. Die Polarität läßt sich auf eine in der befruchteten Eizelle oder der Spore erfolgende Polarisierung des Wuchsstofftransportes zurückführen, die im Laufe der weiteren Entwicklung der Pflanze erhalten bleibt. (Bei den Blütenpflanzen ist es nicht ausgeschlossen, daß die Induktion der Polarität in der Eizelle durch die Mutterpflanze erfolgt, die Polarität also eine Art mütterlicher Nachwirkung darstellt.) Das Polaritätsproblem verliert damit, streng genommen, seine Sonderstellung; es wird zu einem typischen Determinationsproblem; dem bei der „Determination" Gesagten entsprechend ist jetzt die entscheidende Frage: auf welchen Verände-

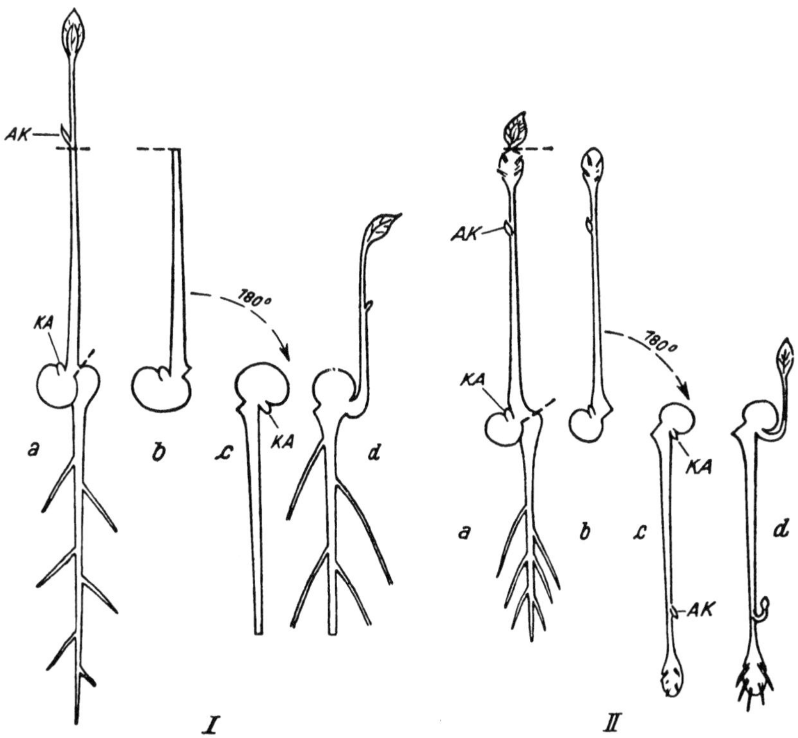

Abb. 47. Umkehrung der Polarität bei etiolierten Erbsenkeimlingen. (Nach CASTAN, schematisiert.) I: Versuche ohne Wuchsstoffbehandlung. *a* intaktes Pflänzchen mit Angabe der Operationstellen; *b* und *c* operierte Pflanze, *c* in inverser Lage; *d* Wurzelbildung aus dem Stumpf des Primärsprosses und Austreiben einer Kotyledonar-Aschelknospe (*KA*) zum neuen Sproß. II: Versuche mit Wuchsstoffbehandlung der Sproßspitze, durch die eine Anschwellung derselben und daran zahlreiche Wurzelanlagen entstanden sind. *a*—*d* entspricht Fig. I. Die Achselknospe des Primärsprosses (*AK*) treibt nicht weiter aus; eine Kotyledonar-Achselknospe übernimmt wieder die Stelle des Sprosses.

rungen beruht die Konstanz der einmal erfolgten Determination — hier also der Polarität des Wuchsstofftransportes? Es ist nicht ausgeschlossen, zumal da bei transversalen Wuchsstoffverschiebungen auf Grund von Licht-, Schwerkraft und anderen Wirkungen die Entstehung von Potentialdifferenzen maßgebend zu sein scheint, daß die Feinstruktur der Zellwände, insbesondere ihre elektrischen Ladungsverhältnisse, dabei einen, wenn nicht den entscheidenden Faktor bilden. Da bei wuchsstoffbehandelten *Funaria*-Sporen eine normale Keimung unterblieb, bei unbehandelten andererseits das Austreiben des Keimschlauches an einer umrissenen Stelle auch bei vollständiger Aufhebung einseitiger Reizwirkungen nicht verhindert werden konnte, scheint die polare Differenzierung für die normale Entwicklung unentbehrlich zu sein.

Symmetrieerscheinungen. Im Gegensatz zur Polarität ist über Zustandekommen und „Mechanismus" der Symmetrieerscheinungen bei den Pflanzen so gut wie noch nichts bekannt, die vorliegenden Arbeiten tragen noch durchaus den Charakter vereinzelter, unter sich zusammenhangloser Beobachtungen. Nach Versuchen von FITTING ist die Dorsiventralität der Seitenzweige der Cupressaceen eine durch Licht induzierte Modifikation der ursprünglich bilateralen Symmetrie. Werden als Stecklinge gezogene Zweige von *Thujopsis dolabrata* doppelseitig belichtet, so geht die Dorsiventralität verloren; der Neuzuwachs wird bilateral-symmetrisch, und zwar bekommen beide Seiten den Charakter der morphologischen Unterseite. Eigenartig ist, daß dies letzte nicht nur auch in relativ hohen Beleuchtungsstärken (~ 10000 Lux) der Fall ist, sondern daß auch bei sehr ungleich starker Belichtung der beiden Seiten und selbst bei einseitiger Belichtung mit Dauerlicht eine vollständige Differenzierung in Ober- und Unterseite nicht eintritt. — Die Dorsiventralität der Blüten von *Melandrium album* ist nach Untersuchungen v. VEHS eine durch Schwerkraft induzierte Modifikation der ursprünglich radiären Symmetrie. Die Dorsiventralität wird dabei im Androeceum induziert („aktive Dorsiventralität"); beim Kelch kommt sie sekundär unter dem Einfluß der Dorsiventralität des Androeceums zustande („passive Dorsiventralität"). Daß die Dorsiventralität auch in den Blüten von ♀ Pflanzen latent vorhanden ist, wird bei Befall mit *Ustilago violacea* deutlich („Kryptodorsiventralität"). Auch bei Gartennelken wird durch Schwerkraft eine Dorsiventralität der Blüten bedingt, jedoch ist hier die Krone aktiv dorsiventral. — Bei den Prothallien einer apogamen *Dryopteris-filix-mas*-Rasse findet BUSSMANN genau so wie bei den früher untersuchten sexuellen Farnprotallien Induktion von Dorsiventralität durch Licht, das Substrat und Schwerkraft, wobei das Licht die weitaus stärkste Induktionswirkung hat und unter natürlichen Verhältnissen entscheidend ist. (Glaubt der Verf. übrigens wirklich, daß die Induktion der Dorsiventralität von der Fortpflanzungsweise abhängig sein könnte? Selbst wenn Abweichung gegenüber den sexuellen Formen gefunden worden wäre, würde man sie doch auf spezielle genotypische Unterschiede und nicht auf die Unterschiede in der Fortpflanzungsweise zurückführen.) — Daß die Dorsiventralität der Fruchtkörper von Polyporaceen sehr leicht umkehrbar ist, ergibt sich aus Pfropfversuchen von LOHWAG (1—3) und BOSE an *Fomes*-, *Ganoderma*- und einigen anderen Arten. Aus den Fruchtkörpern ausgeschnittene und entweder in Richtung der Transversal- oder der Längsachse oder auch in beiden Richtungen invers eingesetzte Stücke verwachsen, und die Dorsiventralität kehrt sich beim Neuzuwachs vollständig um. Es ist, besonders wenn man den Wachstumsmodus der Pilze berücksichtigt, denkbar, daß bei diesen Objekten, vielleicht als einzigen von allen Pflanzen, überhaupt keine fest determinierte Symmetrie und vielleicht sogar keine ausgeprägte Polarität vorhanden ist.

Korrelationen. Die Korrelationen zwischen den verschiedenen Teilen von Erbsenkeimlingen werden von DOSTÁL (2) und von MATON untersucht. DOSTÁL stellt für die ersten Entwicklungsstadien eine hemmende Wirkung der Radicula auf die Plumula und die übrigen Teile des Keimlings fest, die durch Wuchsstoff vermittelt zu sein scheint;

bei Dekapitierung des Hauptsprosses übt die Wurzel dagegen eine gewisse fördernde Wirkung auf die austreibende Kotyledonarachselknospen aus. DOSTÁL wie MATON finden eine hemmende Wirkung der Kotyledonen auf das Austreiben ihrer Achselknospen; wird (bei dekapitierten Pflanzen) z. B. der eine der beiden Kotyledonen abgeschnitten, so ist das Wachstum seines Achselsprosses gefördert. Bei Wuchsstoffzuführung an der Amputationsstelle bleibt die Förderung aus; der Wuchsstoff wirkt also auch hier als Vermittler der Korrelationswirkung. Bei *Xanthium* und *Acer* fand MATON dagegen Amputation eines Keimblattes auf das Austreiben der Kotyledonarknospen ohne Wirkung; wohl aber wurde der betreffende Trieb bei Wuchsstoffapplikation an der Schnittfläche gehemmt. Bei diesen Arten enthalten die Keimblätter im Gegensatz zu *Pisum* offenbar keine für die Korrelationswirkung ausreichenden Wuchsstoffmengen.

Eine allgemeine Deutung eines der wichtigsten Korrelationsphänomene, der Hemmung von Seitenknospen und -trieben durch die wachsende Endknospe oder den Haupttrieb, versucht auf Grund neuer Experimente SNOW zu geben. Bei dieser Korrelationswirkung kommt bekanntlich dem Wuchsstoff eine entscheidende Rolle zu. Daß die Wirkung dabei direkt ist, erscheint heute wenigstens für viele Fälle ausgeschlossen; Wuchsstoffkonzentrationen, die das Wachstum von Sproßknospen hemmen, liegen nach den Untersuchungen von GAUTHERET (3, 4; vgl. S. 272) im allgemeinen oberhalb der Grenze der physiologischen Wuchsstoffwirkungen. Allerdings ist die Möglichkeit einer verschiedenen Wuchsstoffempfindlichkeit verschiedener Gewebe ein und derselben Pflanze zu berücksichtigen. Solche Empfindlichkeitsdifferenzen sind sicher an der Vielgestaltigkeit der Wuchsstoffwirkungen entscheidend verantwortlich, also entwicklungsphysiologisch von größter Bedeutung. Die Ursachen sind freilich noch durchaus unklar. Vielleicht hängen sie zusammen mit unterschiedlicher Versorgung mit für das Wachstum notwendigen Materialien (Wasser, Baustoff), außerdem auch mit Unterschieden im Feinbau von Plasma und Membranen. SNOW weist nun bei zweitriebig gezogenen Erbsenkeimlingen nach, daß die Hemmwirkung einer Endknospe auf die Seitenknospen in der Pflanze ab- und aufwärts transportiert und über eine Pfropfstelle hinweg auf eine zweite Pflanze übertragen werden kann, das letzte sogar ohne Verwachsung, also über eine protoplasmatische Diskontinuität hinweg (Näheres s. Abb. 48). Eine direkte Wirkung des Wuchsstoffes des wachsenden Triebes ist bei dieser Versuchsanordnung angesichts der Polarität der Wuchsstoffleitung ausgeschlossen; auch eine Ablenkung von für das Knospenwachstum notwendigen Stoffen durch den Wuchsstoff, auf die WENT die korrelative Hemmung von Seitenknospen zurückführt, kommt hier nicht in Betracht. SNOW nimmt einen spezifischen, hormonartigen Inhibitor an, der im wachsenden

Hauptsproß im Zusammenhang mit der Produktion des Auxins entsteht und in die Seitenknospen wandert, wohin ihm der Wuchsstoff nicht zu folgen vermag. — In vereinzelten Fällen scheint es aber auch eine direkte Hemmung von Sproßknospen durch Wuchsstoff zu geben (z. B. LINK und EGGERS 1938); in anderen wird demgegenüber Förderung von Adventivknospen durch Wuchsstoff angegeben. SNOW erklärt solche gegensätzlichen Beobachtungen mit den Unterschieden in der Empfindlichkeit der Gewebe für Wuchsstoff und entwirft folgende allgemeine Vorstellungen über die Wachstumsregulation innerhalb eines Sproßsystems: Zentren, die vom Hauptwuchsstoffstrom unmittelbar erreicht werden, reagieren je nach dem Grad ihrer Empfindlichkeit mit Förderung oder Hemmung. Organe, die vom Hauptauxinstrom nicht erreicht werden, werden durch den Korrelativinhibitor gehemmt. Es kommt dabei nicht darauf an, daß solche Organe vollständig wuchsstofffrei sind, sondern nur darauf, daß der Hemmstoff gegenüber dem Wuchsstoff überwiegt. Das Schicksal der Teile eines Sproßsystems hängt also von zwei Variablen ab: 1. der Empfindlichkeit gegenüber Wuchsstoff; 2. dem Verhältnis Wuchsstoff-Hemmstoff.

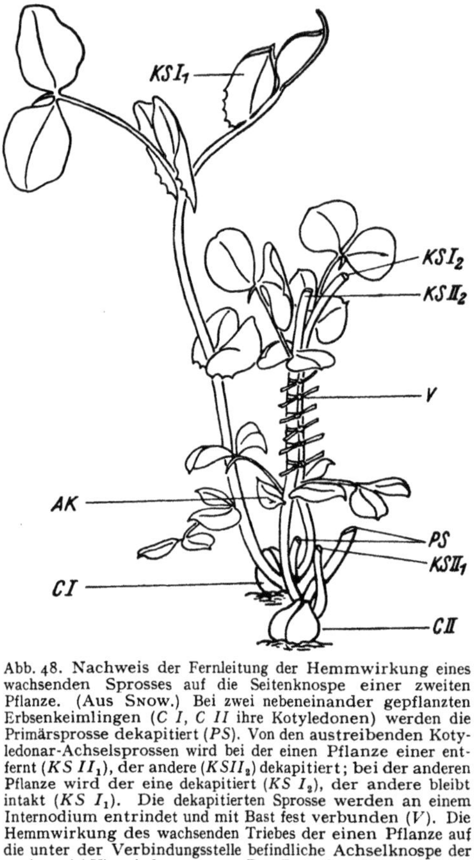

Abb. 48. Nachweis der Fernleitung der Hemmwirkung eines wachsenden Sprosses auf die Seitenknospe einer zweiten Pflanze. (Aus SNOW.) Bei zwei nebeneinander gepflanzten Erbsenkeimlingen (*C I*, *C II* ihre Kotyledonen) werden die Primärsprosse dekapitiert (*PS*). Von den austreibenden Kotyledonar-Achselsprossen wird bei der einen Pflanze einer entfernt ($KS\,II_1$), der andere ($KSII_2$) dekapitiert; bei der anderen Pflanze wird der eine dekapitiert ($KS\,I_2$), der andere bleibt intakt ($KS\,I_1$). Die dekapitierten Sprosse werden an einem Internodium entrindet und mit Bast fest verbunden (*V*). Die Hemmwirkung des wachsenden Triebes der einen Pflanze auf die unter der Verbindungsstelle befindliche Achselknospe der zweiten (*AK*) wird gemessen. Der Zuwachs dieser Knospe nach 5—64 betrug 3,84 (0,84 (0,75—4,75) mm, bei Kontrollen entsprechend II behandelte, aber nicht mit einer 2. Pflanze verbundene Exemplare) 8,44 (6—16) mm,

Eine eigenartige Korrelationserscheinung zeigen in speziellen Versuchen NUTMAN sowie OEXEMANN auf: Die Abhängigkeit der Wachstumsintensität der Pflanze von der Größe des Embryos. NUTMAN stellt fest, daß die anfänglich sehr beträchtlichen Größenunterschiede von aus normal entwickelten und aus zwergigen, nur $^1/_{16}$ der Normalgröße messenden Samen (vgl. u., S. 300) hervorgehenden Roggenpflanzen sich im Laufe der Entwicklung nahezu vollständig ausgleichen. Die Beobachtungen OEXEMANNS sind ganz ähnlich, nur daß die Unterschiede der Samengröße und damit auch der daraus hervorgehenden Pflanzen von vornherein wesentlich geringer waren.

4. Entdifferenzierung, Regeneration.

Die der Entwicklung zugrunde liegende Differenzierung der in den Zellen vorhandenen Potenzen ist nicht irreversibel. Unter bestimmten Bedingungen können die latenten Potenzen reaktiviert werden; der Organismus geht gleichsam in seiner Entwicklung bis zu einem bestimmten Punkt zurück und nimmt sie von da aus von neuem wieder auf. Solche „Verjüngung" des Organismus oder bestimmter Teile desselben stellt den physiologischen Inhalt des Begriffes „Regeneration" dar. Für jeden umfangreichen Regenerationsvorgang ist meristematische Aktivität Voraussetzung. Die Regeneration erfolgt also entweder aus noch vorhandenem meristematischen oder zu meristematischer Aktivität fähigem Gewebe, oder es müssen neue Meristeme gebildet werden. SNOW und SNOW können bei den Blättern von *Lupinus albus* Regeneration abgeschnittener Teilblättchen feststellen, jedoch nur, wenn die Operation in sehr frühem Stadium erfolgte. Auch die Blätter vieler anderer Pflanzen dürften bei genügend frühem Eingreifen regenerationsfähig sein. Nach Untersuchungen von BUVAT (2) erfolgt die Wurzelbildung bei *in vitro* kultiviertem Mohrrübengewebe (aus Heteroauxinbehandlung hin) entweder aus dem Kambium oder aus meristematischen Gewebekomplexen, die sekundär im Rindenparenchym entstehen. Die Vorgänge bei der Neuentstehung von Meristemen werden ebenfalls von BUVAT (1, 3) bei der Regeneration von Blattstecklingen von *Brimeura amethystina* sowie von GAUTHERET (3) bei der Sproßknospenbildung an *in vitro* kultiviertem Kambialgewebe von *Ulmus* näher untersucht. Die Zellen kehren im Verlauf der Teilungen zum typischen meristematischen Zustand zurück (Reduktion der Zellgröße unter Beibehaltung der Kerngröße, Verschwinden der Vakuolen, evtl. Veränderungen im Chondriom).

Eine eingehende Untersuchung über die Regeneration bei *Begonia Rex* veröffentlicht PRÉVOT. Von allgemeinem Interesse ist an seinen Befunden vor allem, daß die Regenerationsvorgänge, wie alle Entwicklungsvorgänge im Organismus, den allgemeinen entwicklungsphysiologischen Gesetzmäßigkeiten gehorchen (Aktionsbereitschaft, Polarität, Korrelation, „innere Faktoren"). Die Sproßknospen entstehen bei den *Begonia*-Blättern bekanntlich nur in der Epidermis; junge Blätter erweisen sich als weniger regenerationswillig als ältere. Die Regeneration zeigt eine ausgesprochene Polarität; die Adventivknospen entstehen stets in der Basalregion der Blätter oder Blattstecklinge. Als Ursache kann ein vom Sproß ausgehender stofflicher Hemmungseinfluß wahrscheinlich gemacht werden, welcher in den Nerven des Blattes in Richtung Basis → Spitze befördert wird. Der Transport geht auch nach Abschneiden des Blattes weiter, wodurch die Bevorzugung der basalen Region bei der Regeneration zustande kommt. Die Hemmwirkung konnte nicht in Agar abgefangen und nicht durch Heteroauxin ersetzt werden. Jedoch läßt sich durch Auftragen von Heteroauxin in hohen Konzenrationen (3% in Lanolin) auf das apikale Ende die Polarität aufheben. Dasselbe kann durch Luftabschluß erreicht werden. Schließlich hat die Vorbehandlung der Pflanzen einen Einfluß: Bei Blättern von Exemplaren, die mit einem wässerigen Auszug von tierischem Dünger begossen wurden, erfolgte die Regeneration ohne jede polare Orientierung. Versuche, durch Extrakte von *Begonia* Adventivsproßbildung bei anderen, dazu normalerweise nicht fähigen Pflanzen hervorzurufen, schlugen fehl. Korrelative Beeinflussung der Regeneration von Wurzeln durch die Blätter stellt GEIGER-HUBER bei Ligustersteckling fest. Die Entstehung von Adventivwurzeln hängt ab von der Anwesenheit von Sproßknospen. Werden die Sproßknospen entfernt, so kann Wurzelbildung durch Wuchsstoffapplikation (χ-Naphthyl-acetyl-glycin) hervorgerufen werden. Stecklinge, deren Blätter vollständig ausgetrieben sind, reagieren auf die Wuchsstoffbehandlung jedoch erst dann, wenn die Blätter entfernt werden; die Blätter unterdrücken also die Wirkung des Wuchsstoffes auf die Regeneration, aber offenbar ohne ihn zu zerstören.

Die allgemeinen Bedingungen, die für die Regeneration von Blattstecklingen günstig sind, untersuchen THIMANN und POUTASSE bei *Phaseolus vulgaris*. Sie finden Anzeichen dafür, daß die Versorgung der Blätter mit leicht verwertbarem Stickstoff für ihre Lebens- und damit Regenerationsfähigkeit (Adventivwurzelbildung) eine große Bedeutung hat, wahrscheinlich in Zusammenhang damit, daß in abgeschnittenen Blättern lebhafte Proteolyse einsetzt.

5. Altern, Tod.

Unter den Begriff „Altern" werden bei Pflanzen zwei verschiedene Erscheinungen zusammengefaßt: 1. das Altern der Zellen im Laufe der normalen Entwicklung; 2. das „Altern" und schließliche Absterben von Sporen, Pollenkörnern, Samen usw., die innerhalb einer bestimmten Zeit nicht zum Auskeimen oder Austreiben gekommen sind. — Zu der 1. Gruppe von Alterungserscheinungen liegen einige Untersuchungen über die Stoffwechselveränderungen in reifenden Früchten vor (z. B. Birnen, Bananen; KIDD u. Mitarbeiter, BARNELL, ROUX u. a.); jedoch bleibt bei den an sich interessanten Befunden offen, ob die festgestellten Veränderungen Ursache oder Folge des Alterns sind. — Den Einfluß der Luftfeuchtigkeit auf die Lebensfähigkeit von Samen untersucht BARTON (2), im Zusammenhang auch mit der Temperatur. Die Fähigkeit der Samen, Wasser aus der Luft zu absorbieren, ist spezifisch verschieden; die geprüften Arten bilden, nach steigendem Absorptionsvermögen geordnet, folgende Reihe: *Arachis hypogaea*, Salat, Lein, *Pinus palustris*, Tomate, Zwiebel. Höhere Temperaturen fördern im allgemeinen die Wasserabsorption. Zwischen der Lebensfähigkeit der Samen (Keimfähigkeit bei zunehmendem Alter) und der Wasserabsorption bestehen jedoch keine Zusammenhänge, außer daß von vornherein lebensfähigere Samen gegenüber ungünstigen Lagerungsbedingungen resistenter sind. Nach Beobachtungen von JENSEN läßt sich die Lebensfähigkeit von Samen (Weiß- und Blumenkohl) durch UV-Bestrahlung (Quecksilberquarz- und Solluxlampen) erhöhen; z. B. keimten von behandelten Blumenkohlsamen nach 8 Jahren 85%, von den Kontrollen nur 60%. Die Ursache dieser UV-Wirkung ist unbekannt.

II. Die Wirkung äußerer Faktoren.

Temperatur. Mehrere Untersuchungen sind der Wirkung der Temperatur auf die Blütenbildung gewidmet. BLAAUW (1, 2) stellt fest, daß bei den zwiebelbildenden Holländischen Schwertlilien (*Iris* subg. *Xiphium*) für die Anlage von Blüten tiefe Temperaturen einwirken müssen. Gemessen an der Zeit sind 9^0 am günstigsten; die Zahl der vor der Blüte gebildeten Blätter ist aber in 2^0 am geringsten. Die Zwiebeln müssen, bevor sie auf tiefe Temperaturen ansprechen können, eine bestimmte Größe erreicht haben; ist diese Größe erreicht, so wirkt eine Behandlung mit höheren Temperaturen günstig, indem so vorbehandelte Zwiebeln auf Kältebehandlung hin reichlicher und williger blühen. BLAAUW unterscheidet danach 3 Phasen der Blütenbildung, die er — da eine unmittelbare Anknüpfung an die „Blühhormon"-

Vorstellungen (Florigen von ČAJLAHJAN) nicht beabsichtigt ist, etwas irreführend — als „Subflorigen"-, „Präflorigen"- und „Florigenphase" bezeichnet. Da nach ausreichend langer Kälteeinwirkung die Pflanzen auch in höheren Temperaturen blühen, bei Dauerkultur in solchen Temperaturen Blütenbildung aber überhaupt nicht eintritt, muß als 4. Stadium noch die eigentliche „Blütenbildungsphase" unterschieden werden. Für die Blattbildung besteht eine andere Temperaturabhängigkeit; das Optimum liegt hier bei 13°, und Blätter werden noch in Temperaturen gebildet, in denen Blütenbildung nicht mehr eintreten kann (17° und mehr). Ähnliche, nur quantitativ abweichende Verhältnisse findet BULGAKOVA bei *Crocus sativus*. Das Temperaturoptimum für normale Entwicklung und Blütenbildung liegt zwischen 13 und 20°; oberhalb 28° sind die Blütenbildung völlig und das Wachstum weitgehend gehemmt; durch Einwirkung hoher Temperaturen (bis zu 35°) vor Übertragung in die tieferen werden sie dagegen gefördert. Nach BLAAUW u. Mitarb. bilden erstjährige Zwiebeln von *Allium cepa* nach kühler Lagerung im folgenden Jahr Blüten; nach warmer (23°) wachsen sie zu großen Zwiebeln heran, während Blütenbildung ausbleibt.

In welcher Weise die Temperatur in diesen und in anderen Fällen, z. B. auch bei der Vernalisation von Winterannuellen und Zweijährigen, die Entwicklung beeinflußt, ist noch durchaus unklar. Ref. hält es für sehr wahrscheinlich, daß die Wirkung durchweg indirekt ist, d. h. daß die Kälte nicht auf die Entwicklungsprozesse selbst, sondern durch Aufhebung von dem Ablauf derselben entgegenstehenden „Hemmungen", also durch Veränderung des Aktivitätszustandes, wirkt. Eine direkte fördernde Wirkung tiefer Temperaturen auf physiologische Vorgänge ist nicht recht zu verstehen; Aufhebung von „Ruhezuständen" durch solche Temperaturen ist andererseits aus zahlreichen Untersuchungen bekannt. In dem Zusammenhang sind Beobachtungen von STELZNER an Topinamburknollen von Interesse. Knollen, die nicht durch Lagerung bei tiefen Temperaturen „nachgereift" waren, trieben zwar aus, bildeten aber statt normaler Sprosse nur kleine, gestauchte Blattrosetten oder Tochterknollen. Die Hemmung der normalen Entwicklung ist hier ganz offensichtlich.

Die Kälteeinwirkung bei Vernalisationsvorgängen braucht nicht kontinuierlich zu erfolgen. ARTHUR und HERVILL finden bei *Digitalis purpurea*, daß 2 „Wärmetage" wöchentlich, TETJUREV (1) bei Winterweizen, daß eine gewisse Anzahl „Wärmestunden" täglich die Wirkung der Kältebehandlung nicht aufheben (bei *Digitalis* ist diese Behandlungsweise für den Zustand der Pflanzen sogar ausgesprochen günstig); die Autoren führen auf diese Beobachtungen hin den (nach Ansicht des Ref. allerdings überflüssigen) Ausdruck, Thermoperiodismus ein. — Siehe auch den Abschnitt „Samenkeimung" (S. 301).

Licht und Dunkelheit. Die Frage der Abhängigkeit von Sproß- und Blattwachstum vom Licht, die durch die Arbeiten von WENT und BÜNNING (vgl. vorjährigen Bericht) eine wesentliche Förderung erfahren hatte, wird auch von WITHROW untersucht (Objekte: *Phaseolus*- und *Pisum*-Keimlinge; Behandlungsdauer: 14^d). Während die Befunde von WENT und BÜNNING in wesentlichen Zügen gut übereinstimmten, weichen die Beobachtungen WITHROWS in vielen Punkten davon ab. Stärkste Wirkung auf das Längenwachstum der Sprosse (Etiolementsverhinderung) wurde in gelbgrünem Licht (Quecksilberdampfspektrum, Linien 5461, 5770 und 5791 Å gefunden), etwas schwächere in Rot (kontinuierliches Spektrum, 6400—9000 Å), eine gewisse Wirkung auch in langwelligem Rot (6800—12000 Å), dagegen nur sehr geringe in Blau (Hg-Spektrum, 4047 und 4358⁰ Å). Die Befunde für den langwelligen Spektralbereich sind denen von WENT und BÜNNING wenigstens einigermaßen ähnlich; diejenigen für Blau stehen hingegen nicht nur dazu, sondern zu allem, was man über etiolementsverhindernde Wirkung des Lichts weiß, im Widerspruch. Jedoch ist ein exakter Vergleich der verschiedenen Beobachtungen und damit eine Klärung der Widersprüche schwierig; die früheren Untersuchungen wurden überwiegend mit relativ breiteren Spektralbereichen und im Falle von BÜNNING und WENT bei wesentlich kürzeren Einwirkungszeiten durchgeführt. Das Blattwachstum war in den Versuchen WITHROWS gegenüber den Dunkelkontrollen gefördert; das „Wirkungsspektrum" entsprach dem der Etiolementsverhinderung. Das Chlorophyll ist bei der formativen Wirkung des Lichts auf Sproß- und Blattwachstum nach WITHROW unbeteiligt, da es in Blau, dessen diesbezügliche Wirkung nur gering war, reichlich, in langwelligem Rot, das auf das Wachstum stärker wirkte, dagegen fast gar nicht gebildet wurde. Den Mechanismus der Lichtwirkung auf das Sproßwachstum untersuchen MCILVANE und POPP an Sämlingen von *Brassica rapa*. Sie finden starke Etiolementsverhinderung in kurzwelligem Licht (Violett; Filterung durch Glasfilter), schwache in Grün und stärkere in Rot. Da die Energieangleichung besonders in Rot unzureichend war, ist ein quantitativer Vergleich der Wirkung der verschiedenen Spektralbereiche nicht möglich; die Wirkung von Blau stimmt aber mit den Befunden von WENT und BÜNNING und nicht mit WITHROW überein. Die Sämlinge enthielten um so weniger Wuchsstoff, je geringer das Längenwachstum war; wurden Sämlinge abwechselnd in Licht und Dunkelheit gebracht, so enthielten sie nach der Lichtzeit stets weniger Wuchsstoff als nach der Dunkelzeit. Die formative Wirkung des Lichts auf die Pflanzen beruht danach wenigstens zum Teil auf Wuchsstoffinaktivierung, eine Folgerung, zu der auch BÜNNING gekommen ist. — In diesem Zusammenhang sind Beobachtungen von LANGHAM über die Abhängigkeit des prostraten (niederliegenden) Wachstums vom Licht von Interesse. Eine Reihe normalerweise prostrat-wüchsiger Arten (*Panilum purpurascens, Eleusine indica, Commelina cayennensis, Portulaca oleracea, Mimosa sensitiva, Plantago major* u. a.) gingen bei Verdunkelung zu aufrechtem Wuchs über; Neubelichtung bewirkte Rückkehr zur prostraten Wuchsweise. Wurden nur Teile der Pflanzen verdunkelt, so reagierten sie unabhängig von den belichteten. Bei Stecklingen dieser Pflanzen bewirkte starkes Licht negativen, schwaches positiven Phototropismus. Man wird hier als Mechanismus der Lichtwirkung ebenfalls eine Beeinflussung der Menge und Verteilung von Wuchsstoff annehmen dürfen. — Eine etiolementverhindernde Wirkung des Lichts beobachtete übrigens auch HEITZ (2) bei den Chloronemen der keimenden Laubmoossporen.

An Beobachtungen über andere Lichtwirkungen sind folgende zu nennen: 1. Nach HEITZ (2) ist zur Keimung von *Funaria-hygrometrica*-Sporen wenigstens kurzfristige Lichteinwirkung erforderlich. Der Keimungsmodus der Sporen hängt von der Lichtintensität ab; während gewöhnlich zuerst das Rhizoid austreibt, erfolgt in schwachem Licht die Keimung mit dem Chloronema. Im Dunkeln läßt sich gute Keimung durch Extrakte aus *Boletus* oder durch Aufsetzen eines Stückes Kohlrabigewebe in die Nähe der ausgesäten Sporen erreichen. 2. Nach MOLLIARD ist für Knollenbildung an den Ausläufern von *Crepis bulbosa* Dunkelheit notwendig. 3. Nach ROBBINS (2) wird das Längenwachstum isolierter *Datura*-Wurzeln durch Licht gehemmt, das Dickenwachstum und die Wurzelhaarbildung aber gefördert; bei unter den natürlichen Lichtbedingungen gewachsenen Wurzeln alternieren daher verlängerte dickere und wurzelhaararme oder -freie Partien mit kürzeren, verdickten und mit zahlreichen Wurzelhaaren besetzten. Eine Erklärung wird zunächst nicht versucht. Man könnte an eine Verstärkung der Wuchsstoffbildung durch Licht denken.

Licht-Dunkel-Wechsel (photoperiodische Reaktionen). Bei den vorstehend besprochenen Vorgängen stellt, wenigstens soweit derzeit zu übersehen, das Licht den allein entscheidenden Faktor dar; die Dunkelheit greift nur passiv, im Sinne einer Unterbrechung oder Aufhebung der Lichtwirkung ein. Demgegenüber gibt es Vorgänge, für deren Ablauf der regelmäßige Wechsel von Tag und Nacht entscheidend ist. Gerade in der Entwicklung der Pflanzen spielen solche „photoperiodische Reaktionen" eine große Rolle. Die neuen Arbeiten, die sich mit diesen Vorgängen befassen, können in zwei Gruppen eingeteilt werden: 1. solche, die — der bisher auf dem Gebiet überwiegenden Richtung entsprechend — neues Tatsachenmaterial über tageslängenabhängige Vorgänge zusammentragen; 2. solche, die durch vertiefte Analyse einer bestimmten photoperiodischen Reaktion zum Verständnis der Grundlagen der Tageslängenabhängigkeit zu kommen suchen.

1. Gruppe: ALLARD und GARNER beobachten das Verhalten einer Reihe von Pflanzen in Zyklen von 1 bis 72^h Gesamtlänge bei gleichen oder ungleichen Anteilen in Zyklen von 1 bis 72^h Gesamtlänge bei gleichen oder ungleichen Anteilen von Licht und Dunkelheit. Da die Versuche unter streng konstanten Bedingungen ausgeführt wurden, ist das gewonnene Material besonders wertvoll. In fast allen Fällen erweist sich nicht nur das Verhältnis von Licht und Dunkelheit, sondern auch die absolute Länge der Zyklen als von großer, zuweilen von entscheidender

Bedeutung; die Dunkelzeiten greifen also irgendwie regelnd, bisweilen auch hemmend, in die Lebensvorgänge ein. In den meisten Fällen handelt es sich um Unterschiede in der Stoffproduktion und der Blütenbildung; deren Tageslängenabhängigkeit besonders gut bekannt ist. Aber auch andere Entwicklungsvorgänge können betroffen sein; so war in Zyklen von 5 : 5 und $8:8^h$ bei *Rudbeckia bicolor* der Stengel normal gestreckt, in Zyklen von $12:12^h$ und mehr (bis $18:18^h$) blieb er bei kräftigem Wuchs der Pflanzen gestaucht. Die Bedeutung der Tageslänge für die Entwicklung einer einzelnen Pflanzenart geht aus Beobachtungen von Ross an *Epilobium hirsutum* hervor. Der gesamte Entwicklungsgang hängt hier weitgehend von diesem Faktor ab. Durch die extrem kurzen Tage des Winters wird Rosetten-, durch die Langtage des Sommers Laub- und Blühsproßbildung bedingt; die mittleren Tageslängen von Frühjahr und Herbst bewirken einen plagiotropen, ausläuferartigen Wuchs des Hauptsprosses. Die Bildung von echten Ausläufern erfolgt zwar in Langtag; die Tendenz dazu wird aber durch Kurztageinwirkung verstärkt. Es bestehen große Rassenunterschiede, in Abhängigkeit von der geographischen Herkunft; einige Rassen äquatornaher Abstammung nähern sich hinsichtlich der Blütenbildung sogar den Kurztagpflanzen. Als Mechanismus der Tageslängenwirkung vermutet Ross eine Regulierung der Richtung der Stoffwechseltätigkeit, vielleicht über Beeinflussung der Fermenttätigkeit, da die Kurztagwuchsformen durch Tendenz zur Speicherung, die Langtagwuchsformen zur Mobilisierung von Reservesubstanzen gekennzeichnet sind. Wie bei allen Versuchen, die Tageslängenwirkung mit dem allgemeinen Stoffwechselverlauf in Zusammenhang zu bringen, bleibt dabei freilich unbewiesen, ob diese Veränderungen nicht schon eine Folge der Entwicklungsänderungen sind. Bei 2 anderen Arten, *Ep. luteum* und *Ep. angustifolium*, ist die Abhängigkeit der Entwicklung von der Tageslänge einfacher. Der Laub- und Blühsproßbildung als Langtagwuchsformen steht hier die Bildung kleiner, bei den 2 Arten verschieden gestalteter Triebe an der Sproßbasis als Kurztagwuchsform gegenüber. Nach ALLARD wird bei mehreren *Mentha*-Arten die Blütenbildung durch Langtag-, die Ausläuferbildung durch Kurztag begünstigt. Versuche von FUNKE (3) sowie MURNEEK (1) deuten darauf, daß auch im allgemeinen sehr eng gekoppelten Vorgängen verschiedene Mechanismen der Tageslängenwirkung zugrunde liegen können. Nach FUNKE kommen Kurztagexemplare der Langtagpflanze *Anthemis tinctoria*, die ohne zusätzliche Beleuchtung gestaucht bleiben, bei Belichtung mit weißem und rotem Zusatzlicht zum Schossen, Blühen und Fruchten; mit blauem Zusatzlicht ist zwar das Längenwachstum normal, Knospen werden aber nur spärlich und Blüten überhaupt nicht gebildet. Danach würden zum mindesten das Schossen einer-, die Blütenbildung als ganzes andererseits von der Tageslänge in verschiedenartiger Weise abhängen. Allerdings sind die Versuche FUNKES infolge unzureichender Methodik noch nicht stichhaltig. Nach MURNEEK ist bei *Rudbeckia bicolor*, ebenfalls einer Langtagart, für die Auslösung der Blütenbildung nur relativ kurzfristige, für normales Längenwachstum dagegen dauernde Langtageinwirkung erforderlich. Durch geeignete Einwirkungszeiten kann man daher blühende, aber rosettig-gestaucht bleibende Exemplare erzielen. MURNEEK unterscheidet danach „photoperiodische Induktion" (der Blütenbildung durch Langtag) und „photoperiodische Inhibition" (des Sproßwachstums durch Kurztag). SCHOPFER (2) zeigt, daß *Melandrium-album*-Pflanzen bei rechtzeitiger Langtagbehandlung bereits im 1. Jahr blühen; wenigstens bei gewissen Rassen dieser als zweijährig angesehenen Art scheint somit in erster Linie die Tageslänge und nicht die Temperatur für die Blütenbildung entscheidend zu sein. Nach F. L. NAYLOR bleibt bei *Xanthium* mit zunehmender Induktionsdauer die Zahl der angelegten Infloreszenzen gleich, dagegen wird das Verhältnis zwischen ♂ und ♀ Infloreszenzen zugunsten der letzten verschoben.

Der von HARDER und v. WITSCH nach Beobachtungen an *Kalanchoë Blossfeldiana* aufgestellte Typ der „tagvariablen" Pflanzen, bei denen sich die photoperiodische Reaktionsweise mit zunehmendem Alter ändern würde, wird von denselben Autoren (2) auf Grund einer Nachuntersuchung wieder eingezogen. Wie erinnerlich (s. vorj. Ber.), bildeten ~ 3 Monate alte Pflanzen nach Vorkultur in Dauerlicht Blüten nur in 9^h-Tag, ~ 5 Monate alte auch in 12^h-Tag; ~ 7 Monate alte kamen nach Vorkultur in 12^h-Tag in Dauerlicht zum Blühen. In den neuen Versuchen wird nun festgestellt, daß eine Tageslänge von 12^h für *Kalanchoë* noch Kurztag ist (wenn auch unmittelbar an der kritischen Grenze). Die Blütenbildung in den früheren Versuchen erklärt sich dann sehr einfach damit, daß die Pflanzen sich durchweg, entweder vor oder nach der Dauerlichtkultur, in 12^h-Tag befunden hatten. Eine Abhängigkeit der photoperiodischen Reaktion vom Alter, und zwar eine auffällig starke, liegt bei *Kalanchoë* hingegen insofern vor, als die Pflanzen erst in relativ fortgeschrittenem Alter die maximale Empfindlichkeit für photoperiodische Induktion erlangen (etwa nach 17 Wochen). Das erklärt auch, daß in den früheren Versuchen 3 Monate alte Individuen in 12^h-Tag noch nicht blühten.

2. Gruppe: Die Analyse des Zustandekommens photoperiodischer Reaktionen wird an der am besten bekannten dieser Reaktionen, der Tageslängenabhängigkeit der Blütenbildung, fortgeführt. Bei Kurztagpflanzen gehen, wie im vorjährigen Bericht besprochen, die zur Auslösung der Blütenbildung erforderlichen Prozesse teils in Licht, teils in Dunkelheit vor sich und sind in ihrer Wirkung reversibel; infolgedessen ist für das Eintreten der Blütenbildung ein Wechsel von Licht- und Dunkelperioden bestimmter Dauer erforderlich. Das läßt sich auch den neuen Befunden von ALLARD und GARNER an Soja (Rasse *Peking*) entnehmen. Blütenbildung trat am schnellsten in Zyklen von 12^h Licht und 12^h Dunkelheit sowie solchen von $4^1/_2$ bzw. $13^1/_2$, 6 bzw. 12 und $7^1/_2$ bzw. $10^1/_2{}^h$ ein; in Zyklen z. B. von 8:8, 9:9, $10^1/_2$: $7^1/_2$, $16^1/_2$:$11^1/_2$, 14:14, 24:12, $9^1/_2$:$18^1/_2$, 7:21, 8:24 und $9:27^h$ war sie verzögert oder blieb ganz aus. Das läßt sich erklären mit der Annahme, daß zum Wirksamwerden der „Lichtprozesse" ~ $4^1/_2{}^h$, der „Dunkelprozesse" ~ $10^1/_2{}^h$ erforderlich sind und daß bei Verlängerung der Lichtphase über ~ 12^h die Wirkung der „Dunkelprozesse", bei Verlängerung der Dunkelphase über ~ 14^h die der „Lichtprozesse" zurückzugehen beginnt. Besonders empfindliche Objekte, wie *Xanthium*, kommen nach Langtagkultur auf eine einzige Dunkelperiode von ausreichender Länge hin zur Blütenbildung. Es war jedoch schon von HAMNER gezeigt worden, daß auch hier die vorangehende Lichtperiode nicht gleichgültig ist. Diese Versuche werden von SNYDER fortgeführt und ausgebaut. Werden die Pflanzen nach Abschluß der Langtagvorkultur einer Reihe von Kurzzyklen von je 2—3 Stunden Dunkelheit und je 2—3 Minuten Licht ausgesetzt, so legen sie auf eine anschließende Dunkelperiode von normalerweise genügender Dauer (z. B. 14^h) hin keine Blüten an. Durch die Einwirkung der langen Dunkelheit ist also die Wirksamkeit der in den Lichtphasen der Langtagvorkultur abgelaufenen „Lichtprozesse" zum Abklingen gebracht; die Dunkelheit ihrerseits konnte nicht wirksam werden, weil die Wirkung

der Dunkelprozesse vor Erreichen eines bestimmten Schwellenwertes schon durch kürzeste Lichtunterbrechungen vollständig aufgehoben wird. Auch bei Soja (*Biloxi*) führte Einschaltung von solchen Kurzzyklen in die photoperiodische Induktion zur Schwächung oder Aufhebung ihrer Wirkung. Grundsätzlich verhalten sich somit wohl alle Kurztagpflanzen gleich.

In Einzelheiten ergaben sich allerdings einige auffällige Besonderheiten. Bei Soja erwies sich Einschaltung von Kurzzyklen nach der Dunkelphase der Licht-Dunkel-Perioden wesentlich wirksamer als davor. Ferner war die Wirkung abhängig von der Zahl der eingeschalteten Kurzzyklen, und zwar in einem rhythmischen Verlauf, mit Maxima bei 4 und ~ 10—12 3-Stunden-3-Minuten-Zyklen und einem Minimum bei ~ 8. Das deutet auf rhythmische Zustandsänderungen in den Pflanzen, ein Befund, der in Hinblick auf die Vorstellungen BÜNNINGs (siehe vorj. Bericht) über die Entstehung photoperiodischer Reaktionen besonders beachtenswert ist.

Mit Hilfe der Kurzzyklenmethode analysieren SNYDER und MANN bei *Xanthium* die für den Ablauf der „Lichtprozesse" maßgebenden Faktoren. Die Wirkung der Lichtphase auf die Blütenbildung nimmt zu mit steigender Dauer der Phase und steigender Lichtintensität; das Maximum scheint in beiden Fällen allerdings ziemlich früh zu liegen. Tiefe Temperaturen wirken hemmend, was jedoch nur bei relativ kurzer Dauer der Phasen zum Ausdruck kommt. Da in früheren Untersuchungen dieser Punkt nicht beachtet worden war, war die Bedeutung der Temperatur in der Lichtphase nicht erkannt und negiert worden (s. Fortschr. Bot. 8, 323; 10, 294). Das Licht hat danach bei der Blütenbildung der Kurztagpflanzen zweierlei aktive Wirkung: 1. fördernd (auf den Ablauf der „Lichtprozesse"), 2. hemmend (auf den der Dunkelprozesse). Die Art der Lichtabhängigkeit der „Lichtprozesse" legt dabei bereits den Gedanken nahe, daß es sich um Assimilationsvorgänge handelt. Das wird durch Versuche von PARKER und BORTHWICK bei Soja (*Biloxi*) und HARDER und v. WITSCH (1) bei *Kalanchoë* — ganz unabhängig voneinander — vollauf bestätigt. Durch CO_2-Entzug in den Lichtzeiten der photoperiodischen Induktion wird die Induktionswirkung annulliert (d. h. es kommt nicht zu Blütenbildung). Die Versuche von HARDER und v. WITSCH sind besonders überzeugend, da nur einzelne Blätter einer Pflanze behandelt wurden, bloße Ernährungseinflüsse also sicher ausgeschlossen sind. Herabsetzung der Lichtintensität wirkt wie Kohlensäureentzug; durch Heraufsetzung der Intensität oder des CO_2-Gehalts der Luft wird umgekehrt die Induktionswirkung verstärkt (PARKER und BORTHWICK). Die „Lichtprozesse" der Blütenbildung bei Kurztagpflanzen bestehen demnach wenigstens teilweise in photosynthetischen Assimilationsvorgängen, deren Tätigkeit durch eine Zufuhr von Assimilaten aus in Langtag befindlichen Teilen der Pflanzen nicht ersetzt werden kann. — Über die „Dunkelprozesse“ läßt sich derzeit noch nichts Genaueres sagen. Wichtig ist, daß das photoperiodische Wirkungsspektrum, soweit es für Kurztagpflanzen bisher untersucht ist, sich auf die Hemmwirkung des Lichts bezieht. Da es dem Assimilationsspektrum entspricht, scheint ein und derselbe Körper, das Chlorophyll, die Absorption von Lichtenergie für zwei gegenüber einem bestimmten Vorgang, der Blütenbildung, gegensätzliche Prozesse gleichermaßen zu vermitteln. Die Ursachen der hemmenden Wirkung tiefer Temperaturen auf die photoperiodische Induktion untersuchen BORTHWICK u. Mitarb. Mittels lokaler Abkühlungen wird festgestellt, daß Kälte die Ableitung des „blütenbildenden Stimulus“ aus den Blättern zu den Vegetationspunkten sowie die Ausbildung neuer Strukturen durch die letzten verlangsamt. Da aber Temperaturen von 10^0 noch keinen wesentlichen Effekt zeigten (ein solcher trat erst bei 6 und 3^0 ein), bei Behandlung ganzer Pflanzen die Induktion aber schon durch $\sim 13^0$ stark beeinträchtigt wird, so kann es sich bei diesen Wirkungen nicht um die Hauptwirkung der Temperatur handeln.

Für Langtagpflanzen liegt eine Untersuchung von A. W. NAYLOR vor. Die wichtigsten Befunde sind: 1. Bei *Beta vulgaris* (einjährige Zuckerrübenrasse) trat Blütenbildung auch bei Dauerkultur in Licht ein; wie bei anderen Langtagformen schon festgestellt, ist ein Licht-Dunkel-Wechsel also nicht von vornherein erforderlich. 2. Zur Induktion waren um so weniger Langtagzyklen erforderlich, je größer das Licht-Dunkel-Verhältnis war; offenbar erfolgt während der Induktion eine Summation des Effektes der über die kritische Tageslänge hinausgehenden Lichtzeiten, also Anhäufung eines „blütenbildenden Stimulus“. 3. Bei Dill führte Unterbrechung der Dunkelphasen von Kurztagen mit Licht zum Eintritt der Blütenbildung, und zwar um so eher, je länger die Lichteinschaltungen waren. In den Lichtzeiten wird demnach offenbar ein Zustand geschaffen, der zur Auslösung der Blütenbildung führt, in den Dunkelzeiten entsteht ein Zustand, der der Blütenbildung entgegensteht. Diese Vorstellung nähert sich sehr derjenigen von LANG und MELCHERS (s. vorj. Ber.), wonach der photoperiodischen Reaktion von Langtagpflanzen in der Dunkelheit wirksam werdende Hemmungsvorgänge zugrunde liegen. Die Unterbrechungen der Dunkelphasen bei Dill wurden aber erst bei 30^{min} Dauer wirksam; die „Lichtempfindlichkeit“ der „Dunkelprozesse“ von Langtagpflanzen ist also eine andere als diejenige der „Dunkelprozesse“ von Kurztagpflanzen. — Ferner wird gezeigt, daß die Langtagwirkung auf die Blütenbildung durch höhere Lichtintensitäten gefördert, durch tiefe Temperaturen dagegen gehemmt wird. *Beta* kam in Zyklen von $24:24^{\text{h}}$ und eigenartigerweise (da solche kurze Zyklen von Lang- wie Kurztagpflanzen meist als Langtag empfunden werden) auch von 5:5 und $30:30^{\text{min}}$ nicht zur Blüte;

in 24^h-Zyklen liegt die kritische Tageslänge in der Nähe von 14^h Licht täglich. Nach einer schon 3 Jahre alten, Ref. aber erst jetzt bekannt gewordenen Arbeit von KROTT (1, 2) ist photoperiodische Induktion bei Spinat um so wirksamer, je tiefer die Temperatur ist. Das spricht wieder im Sinne der Vorstellungen von LANG und MELCHERS; der Ablauf der hemmenden Dunkelprozesse scheint durch tiefe Temperaturen verlangsamt, durch hohe beschleunigt zu werden. Bei *Rudbeckia bicolor* findet MURNEEK (1) andererseits eine Aufhebung der „Hemmwirkung" des Kurztags durch hohe Temperatur ($\sim 32^0$). Die Wirkung auf das Längenwachstum („photoperiodische Inhibition", s. o.) bleibt dagegen unbeeinflußt, so daß wieder blühende „Rosettenpflanzen" entstehen. *Rudb. speciosa* wird in Kurztag durch hohe Temperaturen nicht zum Blühen gebracht[1].

Zum Schluß sei auf einige Beiträge zur Genetik des Photoperiodismus verwiesen. LITTLE u. Mitarb. finden bei *Tagetes*, LANG bei Tabak, daß Kurztagverhalten gegenüber tagneutralem Typ monogen-rezessiv, ROSS bei *Epilobium hirsutum*, daß Langtagcharakter gegenüber schwachem Kurztagtyp monogen-dominant vererbt wird — in allen Fällen unter Mitwirkung weiterer, die Blütezeit mehr oder minder stark beeinflussender Gene.

III. Der Verlauf der Entwicklung (Blütenpflanzen).

Embryonalentwicklung. Wichtige Ergebnisse über die frühen Stadien der Embryonalentwicklung gewinnen BRINK und COOPER (1—3 und COOPER und BRINK) auf Grund von Untersuchungen der Entwicklung der Samenanlagen von *Medicago sativa* nach Selbst- sowie Fremdbestäubung und von *Nicotiana rustica* nach Selbstbestäubung sowie Bestäubung mit *Nic. glutinosa* und anderen Arten. Bei selbstbestäubter Luzerne und artfremd bestäubter *Nicotiana* kommt es zwar zu Befruchtung; die befruchteten Samenanlagen bleiben aber nach einer gewissen Entwicklung stecken und gehen zugrunde. Die Entwicklung des Embryos verläuft dabei zunächst völlig normal (d. h. wie bei fremdbestäubter Luzerne bzw. selbstbestäubter *Nicotiana*). Dagegen ist das Wachstum des Endosperms von Anfang an verlangsamt, und gleichzeitig beginnt das mütterliche Gewebe — bei *Medicago* das innere Integument, bei *Nicotiana* der Nucellus —, das bei normaler Entwick-

[1] Bei dieser Gelegenheit sei ein Irrtum in der Besprechung einer Arbeit von ROBERTS und STRUCKMEYER im vorjährigen Bericht (S. 294) korrigiert. *Ipomea* blüht nicht, wie dort angegeben, bei mittleren Temperaturen nur in Kurztag und bei hohen in Kurz- wie Langtag, sondern umgekehrt bei mittleren Temperaturen in Lang- und Kurztag, bei hohen nur in Kurztag (bei tiefen, wie angegeben, nur in Langtag, aber verspätet. Die Form verhält sich also gleichsam in hohen Temperaturen als Kurztagpflanze, in mittleren als Tagneutrale und in tiefen als Langtagpflanze).

lung nach der Befruchtung nur ein ganz beschränktes Wachstum zeigt, stark zu hypertrophieren (vgl. Abb. 49 und 50). Schließlich kommt es zu einem Niederbrechen des Endosperms, und erst dann geht auch der Embryo zugrunde. Da diese Befunde an zwei ganz verschiedenen Objekten und unter ganz verschiedenen Umständen (Selbstbefruchtung bei einer partiell selbststerilen Form einer-, Artkreuzung andererseits) in ganz der gleichen Weise gemacht wurden, kommt ihnen offenbar grundsätzliche Bedeutung zu. Danach spielt das Endosperm schon

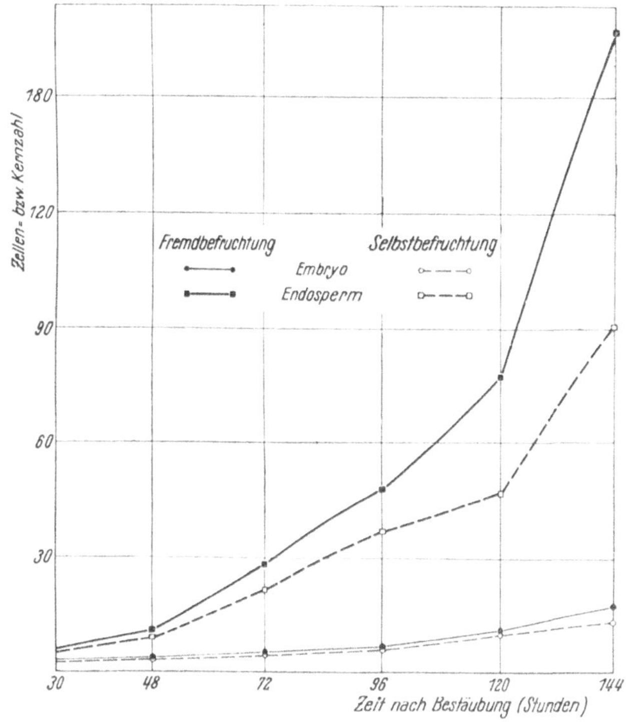

Abb. 49. Endosperm- und Embryoentwicklung bei ***Medicago sativa*** nach Selbst- und Fremdbestäubung, gemessen an der Zunahme der Zahl der Kerne bzw. Zellen. (Aus BRINK & COOPER [2].)

in den frühesten Stadien der Embryonalentwicklung eine entscheidende Rolle; normales Endospermwachstum ist für normale Entwicklung des jungen Embryos Voraussetzung. Die Funktion des Endosperms scheint in erster Linie in einer Sicherung der Ernährung des Embryos zu bestehen; die zusammenbrechenden Embryonen in den gestörten Samenanlagen von *Medicago* und *Nicotiana* zeigten deutliche Hungererscheinungen. Diese Deutung der Funktion des Endosperms wird durch die — durch Untersuchung sehr zahlreicher Arten aus den verschiedensten Familien erwiesene — Tatsache gestützt, daß die reife Angiospermensamenanlage höchstens minimale Nährstoffreserven enthält, die Ernährung des Embryos also von der Zufuhr von Nährstoffen aus der Mutterpflanze abhängt. Um diese Nährstoffe stehen Endosperm und das mütterliche Gewebe der Samenanalge offenbar in Konkurrenz; nur ein gut funktionierendes Endosperm vermag daher sich durchzusetzen. Bei *Nicotana* wurde außerdem aber auch eine morphogenetische Wirkung des Endosperms festgestellt; bei normaler Entwicklung der Samenanlage wird vom chalazalen Ende des Embryosackes aus eine Verbindung zu dem die Samenanlage versorgenden Leitbündel im Funikulus hergestellt, bei gestörter Entwicklung da-

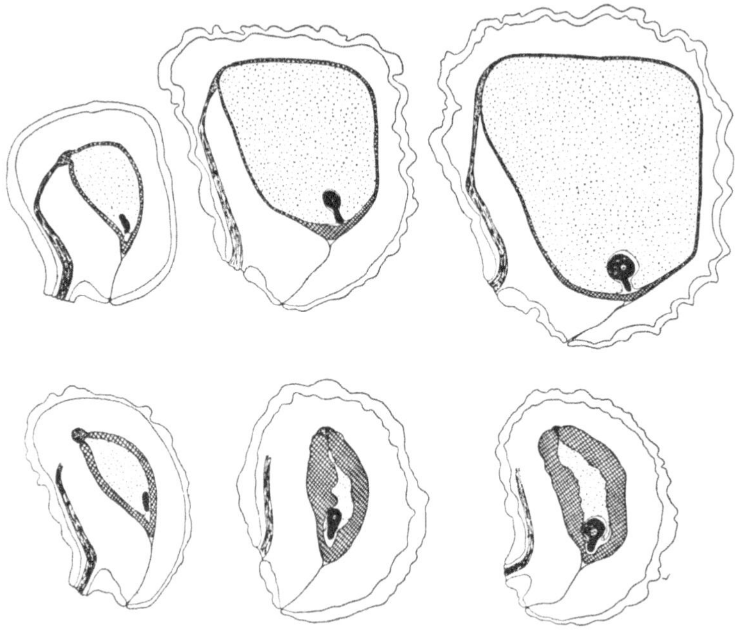

Abb. 50. Entwicklung der befruchteten Samenanlage bei *Nicotiana rustica*. (Aus Brink und Cooper [3].) Oben 28, 96 und 120h nach Selbstbestäubung, unten 72, 96 und 144h nach Bestäubung mit *Nic. glutinosa*.

gegen nicht (s. Abb. 50). Brink und Cooper geben auf Grund ihrer Untersuchungen auch eine allgemeine Deutung des Sinnes der doppelten Befruchtung bei den Angiospermen; er soll darin bestehen, dem Endosperm die entwicklungsphysiologischen Vorteile der Heterosis zu sichern und dasselbe auf diese Weise für die Erfüllung seiner Aufgaben besser auszurüsten. Daß Heterosis häufig schon in der Embryonalentwicklung zum Ausdruck kommt, ist bekannt.

Nutman untersucht den Entwicklungsverlauf von Roggenembryonen bei vorzeitiger Trennung der Ähren von der Mutterpflanze. Selbst wenn die Ähren schon 5^d nach der Bestäubung abgeschnitten werden, zu einem Zeitpunkt, in dem der Embryo ein undifferenziertes Gebilde von ~ 16 Zellen darstellt, kommt es zur Ausbildung keimfähiger, jedoch zwergiger Körner. Die Größe der Embryonen ist stark herabgesetzt, und zwar ausschließlich auf Kosten der Zellzahl. Das Größenverhältnis der einzelnen Organe ist weitestgehend gewahrt, mit Ausnahme jedoch des Sproßvegetationspunktes, der die normale Größe hat. — HATCHER und GREGORY untersuchen die Wuchsstoffproduktion während der Samenreife von Roggen. In den ersten 2 Wochen nach der Anthese ist kein Wuchsstoff nachweisbar; die reifen Samen sind sehr wuchsstoffarm. Dazwischen liegt, bei $\sim$ 5 Wochen nach Anthese, ein Maximum; dieser Zeitpunkt entspricht der vollen Ausdifferenzierung des Embryos. Der Anstieg ist sehr, der Abfall weniger steil. Auch reife Samen von Weizen und Gerste sind sehr arm an Wuchsstoff; Hafersamen enthalten etwas mehr Wuchsstoff, Maiskörner sind bekanntlich sehr wuchsstoffreich. Der Wuchsstoff ist stets auf das Endosperm beschränkt; im Embryo war er niemals nachweisbar. PROSKURJAEV und Mitarbeiter finden während der Samenreife eine Abnahme der proteolytischen Aktivität und Zunahme der Resistenz der Proteine gegen enzymatischen Abbau; während der Keimung scheint die umgekehrte Veränderung zu erfolgen.

Vegetative Entwicklung. a) Samenruhe und -keimung. Unter dem Begriff „Samenruhe" werden noch häufig 2 durchaus verschiedene Erscheinungen zusammengefaßt. In vielen Fällen beruht die Keimresistenz der Samen auf dem Widerstand der Schale, die erst langsam — durch bakterielle Tätigkeit u. a. — abgebaut wird. Hierfür bringt NIHOUS zahlreiche neue Beispiele; durch Herauspräparieren des Embryos oder Verletzung der Samenschale auf mechanischem Wege oder mittels Schwefelsäurebehandlung wird diese Keimungshemmung sofort beseitigt. Auch die Keimungsresistenz der *Sporobolus*- und *Digitaria*-Arten (Gramineen), die TOOLE und TOOLE und V. K. TOOLE untersuchen, beruht wenigstens in einigen Fällen auf der Hemmwirkung der Samenschale, hier aber im Gegensatz zu vielen anderen Formen (z. B. auch *Pirola*; LÜCK) nicht infolge Verhinderung des Wasserzutritts. Mit echter Samenruhe hat die Erscheinung natürlich nichts zu tun und sollte davon weit schärfer getrennt werden als es häufig noch geschieht (z. B. auch NIHOUS). Echte Samenruhe ist eine Erscheinung des Aktivitätswechsels. Das geht ohne weiteres aus der einfachen Tatsache hervor, daß viele Samen erst nach einiger Zeit trockener Lagerung — in der Veränderungen der Schale nicht eintreten können — keimfähig werden.

Ein allgemeines Bild über den Verlauf der „Keimbereitschaft" sucht auf Grund von Keimversuchen mit zahlreichen Getreidearten und -rassen FUCHS zu gewinnen. Die Keimbereitschaft ist bei nicht voll ausgereiften Samen größer als bei ausgereiften unmittelbar nach der Ernte; bei diesen letzten kann Keimung durch tiefe Temperatur gefördert werden, wenn auch verschiedene Sorten sehr ungleich reagierten. FUCHS nimmt an, daß die Keimbereitschaft des Samens mit zunehmender Reife ansteigt, daß aber von einem gewissen Zeitpunkt an sekundäre Widerstände gegen die Keimung eingeschaltet werden, so daß die Keimbereitschaft bis zur Vollreife wieder sinkt. Im Laufe der Nachreife werden diese Widerstände dann abgebaut, und die Keimbereitschaft steigt erneut an. Der Verlauf der Keimbereitschaft würde also eine wellenförmige Kurve ergeben. Zu den äußerlich erkennbaren Reifestadien (Milchreife, Gelbreife, Vollreife) bestehen keine festen Beziehungen. Was die sekundär eingeschalteten Widerstände sind, läßt sich noch nicht sagen. LÜCK findet bei *Pirola* Hinweise auf keimungshemmende Stoffe von geringer Wasserlöslichkeit, da Auswaschen der Samen die Keimfähigkeit erhöht, aber nur bei längerer Dauer. Jedoch lassen sich diese Befunde ohne entsprechende Versuche natürlich nicht ohne weiteres auf die Getreide übertragen. KROEGER stellt bei *Impatiens* Zusammenhänge zwischen Erntezeit und Samenruhe fest. Früher in der Vegetationszeit geerntete Samen weisen höhere Keimfähigkeit und stärker ausgeprägte Samenruhe auf als Samen späterer Ernte. Die Unterschiede in der Samengröße (die früh geernteten Samen sind größer) sind dafür nicht maßgebend.

Barton (1) unterscheidet auf Grund ausgedehnter Versuche 2 Typen von kälteabhängiger Samenruhe. Bei dem ersten müssen zur Auslöung der Entwicklung tiefe Temperaturen schon in gequollenem Zustand einwirken. Hierher gehören viele Pflanzen der gemäßigten Zonen, z. B. Arten von *Pinus*, *Celastrus*, *Gentiana*, *Rosa* und *Typha*. Bei manchen muß die Samenschale vorher mechanisch verletzt werden, da sie den Wasserzutritt verhindert. Beispiele: *Tilia americana*, *Symphoricarpus racemosus*; nach Flemion und Parker auch *Symph. orbiculatus*. Beim 2. Typ werden dagegen die ersten Keimungsstadien (Durchbruch von Radicula und Plumula) ohne Kälteeinwirkung durchgemacht; dann bleibt die Entwicklung aber stecken und wird erst durch Kälte wieder in Gang gesetzt. Vor Erreichung dieser Stadien ist Kältebehandlung wirkungslos. Beispiele sind: *Paeonia suffruticosa*, *Viburnum*, *Lilium*. Neuerdings finden Barton und Schroeder in *Convallaria majatis* und *Smilacina racemosa* einen 3. Typ, bei welchem die Entwicklung ebenfalls ohne Kälteeinwirkung einsetzt, aber noch weiter geht als im 2. Fall (Beginn der Sproßentwicklung); dann erfolgt wieder eine Sistierung, die erst durch Kälte aufgehoben wird. Auch hier ist Kälteeinwirkung vor Erreichen des „kritischen" Stadiums nutzlos, wirkt sogar verzögernd. Im ganzen haben wir also 3 Typen „kältebedürftiger" Samen zu unterscheiden, je nach dem Zeitpunkt, an dem die Kältewirkung einsetzen muß. I. vor Beginn der Keimung; II. nach Durchbruch von Radicula und Plumula; III. nach einer gewissen Entwicklung des Sprosses.

Verschiedene Arbeiten bringen wieder Untersuchungen über keimungshemmende Stoffe von Früchten. Die im vorjährigen Bericht besprochenen Befunde Fröschels über die Anwesenheit stark keimungshemmender wasserlöslicher Substanzen in den Knäueln von *Beta* werden unabhängig von diesem Autor von Tolman und Stout bestätigt. Dieselben Verff. (M. Stout und Tolman) finden auch eine Erklärung der Erscheinung: aus den keimungshemmenden Extrakten der Knäuel ebenso wie aus reinen Lösungen von Asparagin und Harnstoff wird durch enzymatische Prozesse freier Ammoniak abgespalten, der die Keimung schon in geringen Mengen (0,1 mg je Liter) hemmt. Die Veränderung des Aziditätsgrades des Keimmediums ist nicht entscheidend. Ammoniumsalze sind weit weniger toxisch. Fröschel selbst findet zusammen mit Funke, daß die Extrakte aus *Beta*-Knäueln auch die Samen anderer Arten, besonders z. B. *Agrostemma*, hemmen; sie messen der Erscheinung ökologische Bedeutung bei. Seine Untersuchungen über die keimungshemmende Wirkung des Saftes fleischiger Früchte faßt Tetjurew (3) zusammen (vgl. vorj. Ber.); danach gäbe es kein spezifisches keimungshemmendes Hormon, sondern alle im Fruchtfleisch enthaltenen Stoffe, insbesondere einige organische Säuren, wirkten hemmend, wobei Samen verschiedener Arten teilweise sehr verschieden empfindlich sind. Stout und Tolman führen die keimungshemmende Wirkung des Saftes fleischiger Früchte auf die osmotische Wirkung zurück; Samen verschiedener Arten erweisen sich gegenüber osmotischem Druck sehr verschieden resistent.

b) Anlage und Entwicklung der Organe. Die neuen Arbeiten über die Determination von Sprossen und Wurzeln sind schon besprochen (s. S. 244fl.). Sie wurden an Hand von Regenerationsvorgängen ausgeführt, da im normalen Entwicklungsgang die Determination dieser Organe offenbar sehr früh erfolgt und im einzelnen nicht mehr zu analysieren ist; es liegt aber kein Grund zur Annahme vor, daß die Determination in der normalen Entwicklung und bei Regeneration grundsätzlich anders verliefe. Hier sind einige Befunde über die Weiterentwicklung von Sprossen nachzutragen. Nach Gautheret (3) werden an *in vitro* kultiviertem Kambialgewebe von *Ulmus* Sproßanlagen unabhängig vom Licht gebildet. Zur Weiterentwicklung ist jedoch Licht nötig. Das „Wirkungsspektrum" entspricht dabei dem Assimilationsspektrum; jedoch handelt es sich nicht um bloße Versorgung mit Baustoffen, da Anwesenheit von Glykose die Abwesenheit von Licht nicht ersetzt. Andererseits übt bekanntlich Licht auf das Sproßwachstum eine regulativ-hemmende Wirkung aus (Etiolementsverhinderung). Bei der Sproßentwicklung sind somit 2 Stadien zu unterscheiden, ein erstes „lichtbedürftiges" und ein zweites „lichtgehemmtes". Im normalen Entwicklungsgang scheint das erste Stadium allerdings nicht zum Ausdruck zu kommen, vielleicht weil dabei erforderliche Substanzen von den anderen Teilen der Pflanze geliefert werden können. Die Anlage der Sproßvegetationspunkte beim *Ulmus*-Gewebe hängt dagegen von der Anwesenheit eines verwertbaren Zuckers (Saccharose, Maltose, Fruktose, Glykose, weniger Galaktose) ab. Da das Gewebe vor der Ausbildung von Sprossen sehr wenig Chlorophyll enthält, kann es sich hier um eine Ernährungsfrage handeln.

Die Abhängigkeit der Formgestaltung gewisser sukkulenter Pflanzen von der Tageslänge wird von HARDER und GÜMMER bei *Kalanchoë Blossfeldiana* weiter untersucht. Die Existenz eines unter Kurztagbedingungen in den Blättern entstehenden und vorwiegend in Aufwärtsrichtung transportierten Hormons (Metaplasin) wird indirekt weiter bekräftigt; der Weg dieses Stoffes geht nicht nur durch das Leitsystem, sondern auch das Rindenparenchym. v. WITSCH findet, daß die Sukkulenzreaktion der Blätter von *Kalanchoë* schon im Bau der nichtsukkulenten Blätter von Langtagexemplaren vorgebildet ist; die Wände der Mesenchymzellen dieser Blätter (die Sukkulenzzunahme erfolgt ausschließlich durch Streckung der Mesenchymzellen in Richtung zum Blattquerschnitt) sind trotz isodiametrischen Baues der Zellen in bezug auf den Blattquerschnitt optisch negativ, haben also ausgesprochene Röhrenstruktur. v. WITSCH stellt auch fest, daß die osmotischen Werte der Blätter von Kurztagexemplaren von *Kalanchoë* wesentlich niedriger sind als der von Langtagindividuen und in der Größenordnung der Werte anderer Sukkulenten liegen, daß also die Kurztagexemplare von *Kalanchoë* auch in dieser Hinsicht dem Typ echter Sukkulenten entsprechen.

Reproduktive Entwicklung. a) Die Auslösung der Blütenbildung. Die Wirkung der Einzelfaktoren auf die Auslösung der Blütenbildung wurde ebenfalls bereits behandelt (s. S. 290—298). Hier sind noch einige Arbeiten zu nennen, die zum Verständnis des Zusammenwirkens der Einzelvorgänge der Blütenbildung beitragen. Ein neues umfassendes Schema der „Entwicklungsphasen" der reproduktiven Entwicklung gibt WORT. In eigenen Versuchen wurde gefunden, daß bei *Fulhio*-Winterweizen die Einschaltung einiger Dunkeltage nach der Vernalisation die Entwicklung (Ährenschieben und Anthese) beschleunigt; daraus wird auf die Existenz einer zwischen „Thermophase" und „Photophase" liegenden „dunkelheitsbedürftigen" Phase („Skotophase") geschlossen. Ferner wird auf Grund einiger neuer Versuche mit *Marquis*-Sommerweizen sowie einiger Angaben der Literatur die „Photophase“ in 2 Phasen („Blütenbildungs-“ und „Gametogenesephase“) zerlegt. Und schließlich wird, da bei echten Zweijährigen eine Vernalisation keimender Samen nicht möglich zu sein scheint, die Existenz einer „Präthermophase“ angenommen, so daß WORT insgesamt folgende Phasen unterscheidet:

Präthermophase — Thermophase — Skotophase — Blütenbildungsphase Gametogenesephase

Die Tatsache, daß diese Entwicklungsphasen nicht bei allen Pflanzen nachweisbar sind, wird damit erklärt, daß — wie für die Thermo- und damit die Präthermophase erwiesen — ein Teil der Phasen bereits im reifenden Samen durchlaufen werden kann. So würden beim *Marquis*-Weizen, bei dem Einschaltung von Dunkelheit nach Vernalisation wirkungslos war, alle Phasen einschließlich der Skotophase schon vor der Samenreife durchgemacht; bei zweijährigen Pflanzen dagegen könne sogar die Präthermophase erst nach der Samenkeimung abgeschlossen werden. Ref. scheint es freilich, daß nach den Ergebnissen der letzten Jahre das Suchen nach einem für alle Pflanzen gleichermaßen gültigen „Phasenschema“ am Stande der Dinge vorbeigeht. Dem Entwicklungsrhythmus von Zweijährigen und Winterannuellen und den photoperiodischen Reaktionen von Lang- und Kurztagpflanzen liegen augenscheinlich spezifische Vorgänge zugrunde, für die den gegensätzlichen Typen etwas Äquivalentes fehlt; die bloße Abwesenheit der fraglichen Vorgänge als „Entwicklungsphase“ zu bezeichnen, ist bestenfalls unnötiger Formalismus. Nichts einzuwenden ist natürlich gegen die Unterscheidung von Entwicklungsphasen bei bestimmten Pflanzenformen, wenn damit die Notwendigkeit des Ablaufes bestimmter Vorgänge in einer feststehenden Reihenfolge angedeutet werden soll, ohne Rückschlüsse auf anders reagierende Formen. Auf die in diesem Sinne zu verstehenden Entwicklungsphasen, die nach BLAAUW und BULGAKOVA bei holländischen Schwertlilien bzw. *Crocus* zu unterscheiden sind, wurde bereits verwiesen (S. 291). KOPETZ (1, 2) findet bei Zwiebeln (*Allium cepa*) und der Kohlrabisorte *Roggli*, bei dieser im Gegensatz zu anderen Kohlrabisorten, daß Kälteeinwirkung erst von einem gewissen Alterszustand der Pflanzen an die Blütenbildung beschleunigt; auch hier müssen offenbar gewisse Vorgänge abgeschlossen werden, ehe die Kälte wirksam werden kann.

Daß die Abhängigkeit der einzelnen Vorgänge der Blütenbildung von den Außenfaktoren oft nur quantitativ ist und daß außerdem manche der „Phasen“ reversibel sind, wird durch einige neue Arbeiten bestätigt. Nach SEN und CHAKRAVARTI wird bei *Brassica juncea* die Blütenbildung durch Vernalisation zwar gefördert, tritt schließlich aber auch bei nicht-vernalisierten Pflanzen ein. Bei in angequollenem Zustand vernalisierten Samen bleibt bei diesem Objekt im Gegensatz zu vielen anderen der „Vernalisationszustand“ bei Wiedereintrocknung Jahre hindurch unverändert erhalten. Die devernalisierende Wirkung hoher Temperaturen auf vernalisierte Wintergetreide wird von TETJUREV (2) bestätigt; schon 2—3^{d} bei 30—33^{0} heben, sofort nach der Vernalisation angewendet, die Wirkung derselben weitestgehend auf. Nach OWEN u. Mitarb. wird die Entwicklung von Zuckerrüben durch gleichzeitige Behandlung mit Kälte und Langtag gefördert; die Verff. bezeichnen solche Behandlung als „photothermische Induktion" — ein Ausdruck, der nach Ansicht des Ref. ebensowenig nötig ist wie „Thermoperiodismus" (S. 291).

b) Weiterentwicklung der Blüten; Fruchtentwicklung. HARDER u. Mitarb. zeigen in erweiterten Versuchen, daß für die normale Ausbildung der Infloreszenzen bei *Kalanchoë Blossfeldiana* ausreichende Versorgung mit Blühhormon notwendig ist. Alle Behandlungsweisen, bei denen die Blühhormonproduktion oder -zufuhr eingeschränkt ist (u. a. unvollständige photoperiodische Induktion, Herabsetzung der Temperatur während der Dunkelphasen der Kurztagbehandlung, Einschneiden oder Einknicken der Pflanzenteile, durch die der Transport des Blühhormons gehen muß), führen zu Verlaubungserscheinungen. Diese sind graduell abgestuft, je nach der Effektivität der gewählten Behandlung. In extremen Fällen werden überhaupt keine Blüten angelegt; der Infloreszenzcharakter des Sproßsystems ist nur an der Verzweigung und der Blattstellung zu erkennen. Außerdem wird bestätigt, daß die Leitung des Blühhormons bei *Kalanchoë* vornehmlich in Aufwärts- und nur schwer in Querrichtung erfolgt. Vor allem bei dekapitierten Pflanzen kann dies zum Auftreten einseitiger Verlaubungserscheinungen führen; unter besonderen Versuchsbedingungen läßt sich die bevorzugt einseitige Blühhormonleitung aber auch in der Endinfloreszenz — in der es im allgemeinen zu allseitiger Ausbreitung des Hormons kommt — nachweisen. Nach Versuchen von MANN sowie F. L. NAYLOR wird die Weiterentwicklung der Infloreszenzanlagen bei *Xanthium* durch fortgesetzte Kurztagbehandlung gefördert.

Wichtige Untersuchungen über die Auslösung der Fruchtentwicklung im Zusammenhang mit der Bestäubung legt YASUDA vor. Das Eintreten von Befruchtung ist nicht erforderlich; es genügt, wenn der Pollen keimt und relativ weit in das Griffelgewebe eindringt. Gezeigt wird das mittels Bestäubung mit artfremdem, nicht befruchtungsfähigem wie auch mit arteigenem, aber überaltertem und daher auch nicht voll funktionsfähigem Pollen. Im ersten Falle ist die systematische Verwandtschaft ohne entscheidende Bedeutung; reziproke Kombinationen können ganz verschiedene Ergebnisse liefern. Auch durch Extrakte aus geeignetem Pollen läßt sich Entwicklung parthenokarper Früchte auslösen.

Über die Auslösung von Parthenokarpie durch Wuchsstoffe liegen Arbeiten von GUSTAFSON (1, 2) und WONG vor. Bei Tomaten wurden keine wesentlichen Unterschiede im Entwicklungsverlauf induziert-parthenokarper und normaler, d. h. aus Bestäubung hervorgegangener, Früchte festgestellt. Zwischen dem eigenen Wuchsstoffgehalt der Früchte und ihrer Neigung zur Parthenokarpie besteht eine gewisse positive Korrelation; es kommen aber Abweichungen vor. Bei Wassermelonen kann nach WONG Parthenokarpie durch Bestäubung mit wenig Pollen und nachfolgender Wuchsstoffapplikation ausgelöst werden. Entwicklung apomiktischer Samen wurde niemals beobachtet; dagegen kommt es gelegentlich zur Ausbildung normal entwickelter leerer Samenschalen.

c) Sporogenese. Zur Physiologie der Sporogenese bringt eine Untersuchung von GREGORY, obgleich vorläufig ganz einzelstehend, wichtige Ansatzpunkte. Es wurde versucht, Antheren von *Lilium longiflorum*, Tomaten und *Datura* in isoliertem Zustand zu kultivieren. Die Versuche mit Tomaten und *Datura* schlugen bisher fehl; die mit *Lilium* brachten einige schöne Erfolge. Die Entwicklung der Antheren verlief je nach dem Zeitpunkt der Isolierung verschieden. Bei Isolierung zur Zeit des Diplotäns oder später wird die Meiosis ungestört zu Ende geführt. Bei Isolierung während der früheren Stadien der meiotischen Prophase kehren die PMZ dagegen entweder zum Ruhezustand zurück oder degenerieren; bei Isolierung vor Ausbildung des sporogenen Gewebes schließlich werden mitotische Teilungen noch längere Zeit fortgesetzt, zur Anlage des Archespors kommt es aber nicht. Die Versuche deuten auf eine Regulierung der Meiosis durch stoffliche Fernwirkungen. Auch einige Versuche mit abgeschnittenen, als Stecklinge kultivierten Knospen und Infloreszenzen von Tomaten weisen in gleicher Richtung. Bei Abschneiden vor Beginn der Meiosis treten ähnliche Störungen auf wie in vor dem Diplotän isolierten *Lilium*-Antheren; bei Wiederaufpfropfung auf die Pflanzen werden die beiden Reifeteilungen dagegen zu Ende geführt. Bei Abschneiden in späteren Stadien läuft die Meiosis auch in den Stecklingen weiter. Um bloße Ernährungseinflüsse kann es sich nicht handeln, denn in den vor Ausbildung des Archespors isolierten *Lilium*-Antheren gehen die Mitosen bis zu 12^d weiter, während das Eintreten der Meiosis bei normaler Entwicklung in 4—5^d zu erwarten wäre. Außerdem war das Wachstum der isolierten Antheren gut; dieselben können größer werden als an der Pflanze selbst; die Kulturdauer betrug bis zu 1 Jahr.

IV. Physiologie der Fortpflanzung und Sexualität.

Physiologie des Generationswechsels. Einen ersten Versuch, in dieses noch gar nicht angegriffene Gebiet einzudringen, stellt eine Arbeit von MOEWUS (4) an *Monostroma Wittrockii* dar. Durch Extrakte aus den Gametophyten gelang es, den Charakter der aus der herangewachsenen Zygote („Sporophyt") unter Reduktionsteilung hervorgehenden Schwärmer zu verändern. Normalerweise sind es 32 4geißlige kopulationsunfähige Zoosporen. In verdünntem Gametophytenextrakt wird die Entwicklung des Sporophyten nicht beeinflußt. Zuerst in verdünnten, dann in konzentrierten Extrakt gebracht oder umgekehrt, liefern die Sporophyten 32 zoosporengleiche, aber kopulationsfähige Schwärmer;

dauernd in konzentriertem Extrakt gehalten, bringen sie 64 kleinere, 2geißlige, den von den Gametophyten produzierten Gameten gleiche, kopulationsfähige Schwärmer hervor. Verschiedenartige andere Einwirkungen auf die Sporophyten (Temperatur, Einwirkung der von den Gameten produzierten Gamone — s. u. —, Konzentrations- und p_H-Änderungen des Mediums) hatten keinerlei diesbezügliche Wirkung. Das wirksame Prinzip der Extrakte ließ sich nicht dialysieren und wurde durch Erhitzen und Alkoholbehandlung unwirksam gemacht. Es scheint sich um Eiweißstoffe zu handeln; MOEWUS nimmt an, daß die Veränderungen des Charakters der Schwärmer unter dem Einfluß des Gametophytenplasmas zustande kommen, daß normalerweise also der Charakter der Schwärmer durch das Plasma des Gametophyten bzw. Sporophyten determiniert wird. So ist es auch zu verstehen, daß normalerweise die Zoosporen nicht kopulationsfähig sind, obgleich sie dieselbe haploide Chromosomengarnitur enthalten wie die Gametophyten. Freilich müssen die Plasmaunterschiede der beiden Generationen irgendwie mit dem haploiden bzw. diploiden Zustand ihrer Kerne zusammenhängen; das Wie bleibt auch jetzt noch durchaus rätselhaft.

Fortpflanzung und Sexualität bei Algen und anderen niederen Pflanzen. Die Untersuchungen von MOEWUS und R. KUHN über die stofflichen Grundlagen der Fortpflanzung und Sexualität bei Chlamydomonaden werden erweitert und vertieft, teilweise auch korrigiert. Die Fortschritte gegenüber dem Stand beim letzten Bericht (Fortschr. Bot. 9, 388, ausführlichere Veröffentlichungen zu dem dort Zusammengestellten bei MOEWUS 1—3) sind:

1. Als Stoff mit starker Androtermonwirkung war in den früheren Versuchen das Safranal (2,6,6-Trimethyl-Δ^1-tetrahydro-benzaldehyd) erkannt worden; seine Wirksamkeitsgrenze liegt bei ~ 10 Molekülen je Zelle (d. h. soviel Moleküle machen eine monözische *Chlamydomonas-eugametos*-Zelle gegenüber ♀ Gameten einer diözischen Rasse kopulationsfähig). KUHN und LOEW finden jedoch in der zugehörigen Oxyverbindung (4-Oxy-2,6,6-trimethyl-Δ^1-tetrahydro-benzaldehyd) eine noch wesentlich wirksamere Substanz (Wirksamkeitsgrenze 1—2 Moleküle je Zelle). Da Safranal unter physiologischen Bedingungen in der Zelle nicht vorhanden zu sein scheint, ist dieser neue Stoff als das tatsächliche Androtermon anzusehen.

2. Ebenfalls in den früheren Versuchen war festgestellt worden, daß Pikrocrocin als Gynotermon wirkt. Die Wirksamkeit ist jedoch, verglichen mit allen anderen bisher bekannten Sexualstoffen, gering ($\sim 10^4$ Moleküle je Zelle), so daß die Identität mit dem natürlichen Gynotermon von vornherein fraglich erschien. KUHN u. Mitarb. (1, 2) fanden nun neuerdings im Pollen einer *Crocus*-Art ein Glykosid, dessen Aglykon, ein gelb gefärbter Körper, eine etwa 10^5fach stärkere Gyno-

termonwirkung hat als Pikrocrocin. Diese Verbindung gehört im Gegensatz zu allen bisher erkannten Sexualstoffen von *Chlamydomonas* nicht zu den Karotinoiden, sondern ist ein Flavonol. Nach der vorläufigen chemischen Analyse setzt sie sich aus äquimolaren Teilen von Quercetin und einem Methyläther des Quercetins zusammen. Da Quercetin aber keine Termonwirkung aufweist, ist vielleicht nur die letztgenannte Komponente des gelben Aglykons wirksam. Wenn das zutrifft, d. h. nur eine Hälfte der Verbindung wirksam ist, stellt sich die Wirksamkeitsschwelle auf ~ 5 Moleküle je Zelle. Ob das gelbe Aglykon dem natürlichen Gynotermon entspricht oder nur wie dieses wirkt, bleibt noch unentschieden. Ziemlich sicher erscheint hingegen, daß das Pikrocrocin überhaupt keine Gynotermonwirkung hat; die früher beobachtete Wirkung beruht offenbar auf Beimengungen des gelben Aglykons oder einer ähnlich wirksamen Verbindung. Da auch Pikrocrocin aus *Crocus* (Narben) gewonnen wird, ist solche Beimengung ohne weiteres denkbar. Das *Crocus*pollen-Glykosid, aus dem das gelbe Aglykon gewonnen wurde, hat die eigenartige Wirkung, bewegliche *Chlamydomonas*-Gameten unbeweglich zu machen (Abwurf der Geißeln). Durch den Beweglichkeitsstoff Crocin wird diese Wirkung nicht aufgehoben; es handelt sich also nicht um einen direkten Antagonisten.

3. Alle bisher in den Sexualvorgängen von *Chlamydomonas* als wirksam ermittelten Karotine und Karotinderivate stehen untereinander in engem genetischem Zusammenhang. Sie lassen sich alle auf einen, allerdings hypothetischen, Grundkörper, das Protocrocin, zurückführen. Durch Spaltung eines Moleküls Protocrocin entstehen 1 Molekül des Crocins, also des Beweglichkeitsstoffes, und 2 Moleküle Pikrocrocin. Beides sind Glykoside; das Aglykon des Pikrocrocins ist das 4-Oxy-2, 6, 6-trimethyl-Δ^1-tetrahydro-benzaldehyd, also das Androtermon, das des Crocins das Karotin Crocetin. Durch Abspaltung des Zuckerrestes kann aus dem Pikrocrocin das freie Androtermon gewonnen werden, aus dem Crocin (in Gegenwart von Methanol) Crocetin-dimethylester, also der Gamonstoff. Es wird nun mit Hilfe von Mutationsversuchen nachgewiesen, daß diese Reaktionen in ganz derselben Weise in der lebenden Zelle verwirklicht sind, jede von ihnen gesteuert von einem speziellen Gen (s. KUHN und MOEWUS [1], MOEWUS [6]; vgl. auch MOEWUS [7—9]). Auf die Einzelheiten dieser Versuche, die mehr ins Gebiet der „Vererbung" gehören, kann hier nicht eingegangen werden. Summarisch sind die Verhältnisse folgende: Für die Spaltung des Protocrocins in Crocin und Pikrocrocin ist ein Gen mot^{prae} maßgebend, für die Freisetzung des Androtermons aus dem Pikrocrocin ein Gen M_D, für die Umesterung des Crocins zu Crocetin-dimethylester sind es die (eng gekoppelten, aber nicht allelen) Gene $gathe_{cis}$ und $gathe_{trans}$ — das erste bestimmend für die Spaltung der cis-, das zweite der trans-Form. Das cis-trans-Verhältnis selbst (das für ♂ oder

♀ Reaktionsweise entscheidend ist) wird bereits bei der Synthese des Protocrocins festgelegt, so daß schon dieses als ein Gemisch der beiden Stereoisomeren vorliegt. Die Festlegung erfolgt durch die Geschlechtsrealisatoren M und F, wobei die M-Gene ein Überwiegen der trans-, die F-Gene der cis-Form bedingen. Da bei getrenntgeschlechtlichen *Chlamydomonas*-Formen die Gameten immer nur entweder ein M- oder ein F-Gen enthalten, ist die Gamonproduktion und damit das Geschlechtsverhalten tatsächlich durch diese Realisatorgene bestimmt. Andererseits ist das Gen M_D eng mit M gekoppelt; das Androtermon kann infolgedessen nur in den ♂ Gameten entstehen. Die Größe des cis-trans-Verhältnisses und damit die Stärke des Sexualverhaltens hängt von der Valenz der Realisatoren ($M_1, M_2 \ldots, F_1, F_2 \ldots$) ab; je höher die Valenz ist, desto größer ist das Verhältnis und desto stärker damit die sexuelle Potenz. M- und F-Gene der gleichen Valenz bedingen die reziproken Verhältniswerte. Die Wirkung der an der Synthese der einzelnen Sexualstoffe beteiligten Gene geht, wie für M_D- und die *gathe*-Gene eindeutig erwiesen werden konnte, über die Produktion von wirkungsspezifischen Fermenten vonstatten; die Sexualstoffe sind also genabhängige Wirkstoffe, für deren Produktion genabhängige Fermente entscheidend sind. KUHN und MOEWUS halten es sogar für möglich, daß die Gene selbst die Fermente sind.

Solange noch einer dem Pikrocrocin ähnlichen Verbindung die Rolle des Gynotermons zugeschrieben wurde, konnten mit den geschilderten Umsetzungen und den ihnen koordinierten Genen alle Sexualvorgänge von *Chlamydomonas* als geklärt angesehen werden. Nachdem nun (vgl. Punkt 2) die Bedeutung des Pikrocrocins sich auf seine Funktion als Vorstufe des Androtermons beschränkt erweist, als Gynotermon dagegen wahrscheinlich ein ganz anderer Stoff in die Kette der Sexualreaktionen einzusetzen ist, entsteht zunächst eine Lücke. Davon abgesehen ergibt sich aber ein besonders in seiner Einfachheit eindrucksvoller Mechanismus, mit dem die Zelle die für die Sexualvorgänge notwendigen Stoffe hervorbringt — in der rationellsten Weise, alle aus einem einzigen Ausgangsprodukt, unter vollständiger Ausnützung aller seiner Bestandteile, wobei jeder Teilreaktion ein bestimmtes Gen zugeordnet ist.

4. Die cis-trans-Verhältniswerte, in denen die Produktion der Gamone und bereits ihrer Vorstufen erfolgt, können KUHN und MOEWUS (2) auf die BERGMANN-NIEMANNschen Zahlen zurückführen. Diese Zahlen geben den Anteil einer bestimmten Aminosäure an einem Proteinmolekül an ($Z = 2^n \cdot 3^m$, wobei $n, m = 0, 1, 2, 3, 4$). Die cis-trans-Verhältnisse bei den Gamonen haben stets ganz bestimmte Werte (in Abhängigkeit von der Valenz der Realisatoren $\sim$65:35, 75:25, 85:15, 95:5 und reziprok). Diese Werte entsprechen den einfachsten BERGMANN-NIEMANNschen Zahlen (2:1, 3:1, $2 \cdot 3$:1, $2 \cdot 3^2$:1 = 66,7:33,3, 75:25, 85,7:14,3, 94,7:5,3 bzw. reziprok). Durch Mutation wurden

außerdem zwei neue extrem starke Geschlechtstypen erhalten, ♀² und ♂², mit einem cis-trans-Verhältnis von 97—99:3—1 bzw. 3—1:97—99, was der BERGMANN-NIEMANNschen Zahl $2 \cdot 3^3 : 1$ (98,2:1,8) bzw. umgekehrt entspricht. Dagegen traten niemals Zwischenwerte zwischen den bekannten Verhältniszahlen auf, oder der Wert 55:45 bzw. 45:55, und BERGMANN-NIEMANNsche Zahlen, die solchen Werten zugrunde gelegt werden könnten, gibt es nicht. Offenbar sind nur solche cis-trans-Verhältniswerte realisierbar, denen eine bestimmte BERGMANN-NIEMANNsche Zahl entspricht. Das muß letztlich auf die Struktur der die Synthese der Sexualstoffe steuernden Gene zurückgehen; hier wird also ein ganz neuartiger Einblick in die Struktur der Gene überhaupt gewonnen.

5. Auf Grund der Entdeckung der Sexualstoffe, insbesondere der Termone, wird es möglich, auch die phänotypische Geschlechtsbestimmung bei Monözisten besser zu verstehen. Filtrate der Zellen einer monözischen *Chlamydomonas* haben keine Termonwirkung. Werden sie aber mit Äther ausgeschüttelt, so wirken sie als Gynotermon (MOEWUS [3]). Da aus Filtraten ♂ Gameten diözischer Formen durch Ausäthern das Androtermon entfernt wird, ist anzunehmen, daß die monözischen Gameten ebenfalls Termone bilden, jedoch Andro- und Gynotermon in gleichem Verhältnis, so daß ihre Sekrete normalerweise keine Termonwirkung haben. Ähnliche Versuche wurden mit Subheterözisten gemacht. Auch hier wurde die Produktion von Andro- und Gynotermon erwiesen, im Gegensatz zu den Monözisten und erwartungsgemäß jedoch in ungleicher Menge, so daß Filtrate von ♀ und ♂ subheterözischen Klonen eine gewisse, sinngemäße, determinierende Wirkung auf monözische Zellen haben.

6. Im Zusammenhang mit der Entdeckung der Gynotermonwirkung des gelben Aglykons aus dem *Crocus*-Pollen (Punkt 2) konnte ein erster Einblick in die physiologische Wirkungsweise des Bors gewonnen werden, welcher zeigt, wie auch ganz andersartige Gebiete der Physiologie durch die Arbeiten über die Sexualstoffe der Chlamydomonaden gefördert werden. Die Gameten monözischer *Chlamydomonas*-Formen werden durch Borsäure bis zu einer Verdünnung von 10^{-10} (entsprechend etwa $5 \cdot 10^4$ Molekülen je Zelle) männlich determiniert; Borsäure wirkt also als anorganisches Androtermon. Nun bildet das gelbe Aglykon des *Crocus*pollen-Glykosid mit Borsäure sehr leicht einen Komplex. Die determinierende Wirkung der Borsäure beruht also darauf, daß sie das von den monözischen Zellen in gleichen Mengen wie Androtermon sezernierte Gynotermon (s. vor. Punkt) inaktiviert und die Zellen sich daher als ♂ Gameten verhalten (KUHN u. Mitarb. [2]). —

Es fragt sich nun, wie weit die bei den Chlamydomonaden gewonnenen Befunde über die stofflichen Grundlagen der Sexualprozesse allgemeine Bedeutung haben. Bei dieser Frage ist dreierlei zu unterscheiden: 1. das Vorkommen von Sexualstoffen schlechthin, 2. die Verbreitung der speziell in den Sexualprozessen von *Chlamydomonas* nachgewiesenen Verbindungen, und 3. die spezielle Ausbildung der Sexualreaktionen bei den verschiedenen Organismen (Pflanzen wie Tieren). Zur ersten Frage läßt sich schon jetzt mit größter Sicherheit sagen, daß die bei *Chlamydomonas* gefundenen Verhältnisse als ganz allgemeines „Modell" für sehr weit, wahrscheinlich bei Organismen mit sexueller Vermehrung ohne Ausnahme, verbreitete Vorgänge gelten können. Die Beteiligung spezifischer Stoffe an den Befruchtungsvorgängen ist heute bereits für die verschiedensten Organismengruppen nachgewiesen oder wahrscheinlich gemacht. Bei Pflanzen sind es folgende Fälle: 1. Bei der Heteroconte *Botrydium granulatum* kann MOEWUS selbst (5) Sekretion von Termonen, und zwar bei den ♂ und ♀ Gameten einer diözischen Rasse eines Andro- bzw. Gynotermons, bei den Gameten zweier monözischer Rassen von Andro- plus Gynotermon — also ganz entsprechend diözischen und monözischen *Chlamydomonas*-Formen —, nachweisen. 2. Bei dem Oomyceten *Achlya ambisexualis* macht RAPER die Beteiligung von mehreren (3—5) Stoffen an den Kopulationsvorgängen wahrscheinlich. Der eine (als Hormon A bezeichnet) wird von den ♀ Hyphen ausgeschieden und bewirkt die Ausbildung der Antheridialhyphen. Der 2. (Hormon B) wird von den Antheridialhyphen gebildet und bedingt die Ausbildung von Oogoninitialen. Der 3. (Hormon C) wird seinerseits von den Oogoninitialen sezerniert und bewirkt Anziehung der Antheridialhyphen. Ein 4. Stoff (Hormon D) scheint von den Antheridien gebildet zu werden und die Oogonbildung anzuregen, ein 5. (E) für ein gerichtetes, chemotropisches Wachstum der Antheridialschläuche verantwortlich zu sein; die Existenz dieser beiden Stoffe ist allerdings noch weitgehend hypothetisch. 3. Nach Beobachtungen von THREN (1) findet bei der Kopulation zwischen den künstlich isolierten (+)- und (—)-Haplonten von *Ustilago nuda* eine Anziehung (Ablenkung aus der Wuchsrichtung) der (—)- durch die (+)-Hyphen statt. — Bei Tieren sind ganz typische Gamone bei Echinodermen (Seeigeln) und Fischen (Neunauge) nachgewiesen, bei den ersten teilweise auch chemisch aufgeklärt worden (vgl. HARTMANN u. Mitarb., SCHARTAU und MONTALENTI). — Bezüglich der 2. Frage, der Wirksamkeit bestimmter Verbindungen, wie der Karotin- und evtl. Flavonolderivate bei den Chlamydomonaden, liegen die Verhältnisse schon etwas anders. Die Chemie der Sexualstoffe von *Botrydium* und *Achlya* ist noch ungeklärt. Für das stoffliche „Prinzip", das bei der Kopulation von *Ustilago* beteiligt zu sein scheint, gilt dasselbe. Unter den Gamonen der Seeigel spielen aber Verbindungen eine Rolle, die mit den Karotinen nichts zu tun haben (Echinochrome). Als Sexualstoffe können bei verschiedenen Organismen offenbar als ganz verschiedene Körperklassen wirksam sein. Schon bei *Chlamydomonas* selbst kann bei nahe verwandten

Formen ein und dieselbe Substanz sehr verschieden starke Wirkung haben. So macht Crocin unbewegliche Zellen von *Chlamydomonas dresdensis* und *Chl. Braunii* erst in sehr viel höherer Konzentration beweglich als die von *Chl. eugametos*. Die Unterschiede scheinen hier allerdings in den Zuckerkomponenten und nicht im Aglykon zu liegen. Die *Chlamydomonas*-Zellen werden bei Zutritt von Sauerstoff im Dunkeln auch durch gewisse Zucker beweglich gemacht. Bei *Chl. eugametos* ist am effektivsten Gentiobiose, der Zuckerrest des Crocins, bei *Chl. dresdensis* dagegen Cellobiose, bei *Chl. Braunii* Cellotriose (s. MOEWUS [1]). Es ist nicht ausgeschlossen, daß die Beweglichkeitsstoffe dieser beiden Arten Ester des Crocetins nicht mit Gentiobiose, sondern mit den beiden andern genannten Zuckern sind. (Welcher Zucker bei der Synthese des Protocrocins verwendet wird, scheint übrigens auch durch ein besonderes Gen, *flac*, bestimmt zu werden.) Andererseits sind verschiedene Karotine und Karotinoide in den Reproduktionszellen und -organen der Pflanzen weit verbreitet. EMERSON und FOX fanden kürzlich bei mehreren *Allomyces*-Arten, daß die orange gefärbten ♂ Gameten im Gegensatz zu den farblosen ♀ und bei Arten mit antithetischem Generationswechsel zu den Sporophyten Karotine enthalten (γ-Karotin, bei manchen Formen mit Beimengungen von β-Karotin und anderen Isomeren). Vor allem aber kommen die Karotinoid- und ebenso die neu entdeckten Flavonol-Sexualstoffe von *Chlamydomonas* in den Narben und im Pollen von Blütenpflanzen vor. Alle diese Verbindungen wurden ja aus *Crocus*-Narben und -Pollen rein dargestellt; MOEWUS (3) stellte Crocin in Narben und Pollen von 16 Arten aus den verschiedensten, mono- wie dikotylen, Familien fest. Das legt die Vermutung nahe, daß Karotine und Flavonole oder Derivate derselben auch an den Befruchtungsvorgängen der Blütenpflanzen beteiligt sind. — Daß schließlich die bei den einzelligen Algen angetroffenen Verhältnisse, selbst bei weiterer Verbreitung der dort wirksamen Verbindungen als Sexualstoffe, nicht schematisch auf andere Organismengruppen übertragen werden dürfen, daß vielmehr die Sexualreaktionen im einzelnen ebenso verschiedenartig ausgebildet sein werden wie die sexuelle Fortpflanzungsweise selbst, erscheint selbstverständlich. Verdeutlicht wird es z. B. dadurch, daß von den Sexualhormonen von *Achlya* sich nur das 5., das noch durchaus hypothetische „Hormon E", mit einem der Sexualstoffe von *Chlamydomonas* (den Gamonen) unmittelbar vergleichen läßt.

Physiologie der Geschlechtsbestimmung bei Blütenpflanzen. Die Frage, ob an der Geschlechtsbestimmung bei diözischen Blütenpflanzen hormonale Wirkungen beteiligt sind, untersucht E. KUHN in Pfropfungen zwischen ♂ und ♀ Exemplaren von *Mercurialis annua* und *Cannabis sativa*. Beeinflussung des Geschlechts des einen Partners durch den anderen war niemals festzustellen. Da die Versuche mit hervorragender Sorgfalt, unter Verwertung aller modernen Erfahrungen in Transplantationsexperimenten, durchgeführt wurden, darf mit sehr großer Wahrscheinlichkeit geschlossen werden, daß die Geschlechtsdifferenzierung bei diözischen Pflanzen nicht hormonal, sondern intrazellulär erfolgt. Dabei dürften spezifische geschlechtsbestimmende Stoffe wirksam sein, deren Wirkung auf die Einzelzelle beschränkt bleibt.

Gegenüber dieser in der Problemstellung einwandfreien, in der Durchführung mustergültigen Untersuchung müssen die folgenden Arbeiten leider fast als Beispiele dafür bezeichnet werden, wie physiologische Untersuchungen der Fragestellung wie der Ausführung nach nicht gemacht werden sollten. MURNEEK (2) versucht auf die Ergebnisse von MOEWUS und R. KUHN hin, die Blütenbildung und evtl. Geschlechtsausbildung bei Soja, *Rudbeckia* und *Xanthium* durch Behandlung mit verschiedenen Karotinen zu beeinflussen. Da eine schematische Übertragung von Befunden an einzelligen Algen auf andere Objekte, wie schon gesagt wurde, sinnlos ist, nimmt das negative Ergebnis nicht wunder. Einen Beweis gegen eine etwaige Funktion dieser Stoffe in der Fortpflanzung der Blütenpflanzen stellt es natürlich nicht dar; MURNEEK selber spricht sich sogar sehr entschieden für solche Funktion aus. — LÖVE und LÖVE untersuchen bei *Rumex acetosa* und *Melandrium rubrum* die Wirkung tierischer Sexualhormone auf die Geschlechtsausbildung. Für *Melandrium* wird Erfolg der Behandlung angegeben, derart, daß bei ♂ Pflanzen und Androhermaphroditen durch Oestron die weibliche, bei ♀ Pflanzen und Gynohermaphroditen durch Testosteron die männliche Tendenz verstärkt worden sei (Applikation als Lanolinpasten auf die obersten Achselknospen dekapitierter Feldpflanzen). Nach Ansicht des Ref. besagen diese Angaben jedoch nichts, da das Material nicht im geringsten zahlenmäßig belegt ist und Kontrollen augenscheinlich nicht gemacht wurden (sie werden jedenfalls mit keinem Wort erwähnt). Da bei *Melandrium* Geschlechtswechsel auch spontan vorkommt, sind statistische Auswertung der Beobachtungen sowie *sehr* exakte Kontrollen (u. a. Behandlung mit reinem Lanolin) unerläßlich. Der eine der Autoren hat spontanen Geschlechtswechsel selbst beobachtet (D. LÖVE); dabei wurden Hinweise auf einen fördernden Einfluß heißen und trocknen Wetters gefunden. Aus einer Bemerkung in der Arbeit von LÖVE und LÖVE geht hervor, daß ihre Versuche gerade in solcher Witterung ausgeführt wurden. Ganz allgemein gilt gegenüber diesen Versuchen dasselbe, was bezüglich der Übertragung der Sexualstoffbefunde bei Chlamydomonaden auf Blütenpflanzen zu sagen ist. Die Sexualhormone der Wirbeltiere greifen erst ziemlich spät in die sexuellen Gestaltungsvorgänge ein (Ausbildung der sekundären Geschlechtsmerkmale). Da die sexuelle Ausgestaltung bei höheren Tieren und Pflanzen völlig verschieden ist, erscheint es *a priori* so gut wie völlig ausgeschlossen, daß die dabei beteiligten Hormone der ersten auch bei den letzten wirksam sind. — Über den Angaben von LÖVE und LÖVE gleichsinnige Beobachtungen berichtet auch HYLMÖ bei Spinat. Da in den Versuchen dieses Autors die Kontrollen jedoch restlos eingingen, ist er in der Auswertung zurückhaltend.

Physiologie der Fortpflanzung bei Blütenpflanzen. Pollenphysiologie, Selbststerilität. Die meisten hier zu nennenden Arbeiten befassen sich mit der Selbststerilität. Bisher wurde Selbststerilität entwicklungsgeschichtlich in der Hauptsache auf gestörte Entwicklung des Pollens nach der Bestäubung, und zwar entweder Hemmung der Pollenkeimung oder häufiger des Pollenschlauchwachstums, zurückgeführt. BRINK und COOPER (1; COOPER und BRINK) stellen fest, daß die partielle Selbststerilität von *Medicago sativa* teilweise ebenfalls auf gehemmtem Pollenschlauchwachstum, größtenteils jedoch auf einem Steckenbleiben der befruchteten Samenanlagen infolge gestörter Endospermentwicklung beruht

(s. S. 298fl.). Es ist wahrscheinlich, daß diese „somatoplastische Sterilität" eine häufige Ursache der Selbststerilität und ebenso auch der Sterilität bei Artbastardierungen darstellt, da sie ebenso bei Artkreuzungen (*Nic. rustica* und *glutinosa*) gefunden wurde.

Die durch Störung der Pollenentwicklung in Narbe oder Griffel bedingte Selbststerilität scheint auf der Existenz besonderer Hemmstoffe zu beruhen, die im Fruchtknotengewebe entstehen und in den Griffel emporsteigen. Dafür findet EYSTER neue Hinweise bei einer selbststerilen *Petunia-violacea*-Rasse. Die Selbststerilität ist hier durch einen einfachen Mendelfaktor bedingt; Ansatz findet nur statt bei Bestäubung mit Pflanzen, die für dies Gen nicht homozygot-rezessiv sind. Wird auf die Narben von selbstfertilen Pflanzen Ovarpreßsaft von selbststerilen aufgebracht, so geben diese Pflanzen bei Bestäubung mit Pollen der selbststerilen Rasse keinen Ansatz. EYSTER gibt auch an, daß durch Behandlung (Besprühen) mit α-Naphthylacetamid (10^{-6}) die Selbststerilität aufgehoben werden soll; ähnliches wird auch bei *Tagetes, Trifolium repens* und Kohl beobachtet. Der Autor führt den Effekt auf eine „Neutralisation" der Hemmstoffe durch das Naphthyl-acetamid zurück. Nach Versuchen von LEWIS ist das allerdings unwahrscheinlich. LEWIS findet bei *Prunus avium* keine Aufhebung der Selbststerilität durch die Verbindung, dagegen eine Verzögerung in der Ausbildung der Trennschicht an der Griffelbasis. Mit dieser Wirkung läßt sich die Beeinflussung des Ansatzes bei anderen Objekten einfacher erklären. — Von ganz anderer Seite wird das Problem der Selbststerilität von STRAUB und A. B. STOUT und CHANDLER angegriffen. Diese Autoren finden — ganz unabhängig voneinander — bei 2 *Antirrhinum*-Wildarten bzw. bei *Petunia nyctaginifolia* Aufhebung der Selbststerilität durch Polyploidisierung. Colchicin-induzierte tetraploide Triebe geben bei Selbstbestäubung reichlichen Ansatz; diploide Triebe desselben Individuums sind selbststeril. Allgemein verbreitet ist diese Polyploidiewirkung allerdings — was verständlich und sogar zu erwarten ist — nicht. HOWARD findet tetraploide *Raphanus sativus, Brassica Rapa* und *Br. campestris* ebenso selbststeril wie die diploiden Stammformen. Da bei Kruziferen die Selbststerilität auf Hemmung der Pollenkeimung, bei den anderen Objekten auf Hemmung des Pollenschlauchwachstums beruht, ist es denkbar, daß das verschiedene Verhalten der polyploiden Formen mit diesem Unterschied in Beziehung steht.

Die Keimung des Pollens von *Antirrhinum majus* und *Bryophyllum Daegremontianum* in Abhängigkeit von Temperatur und Wuchsstoffbehandlung untersucht SMITH. Das Temperaturoptimum liegt in beiden Fällen bei 25^0; in tieferen Temperaturen verläuft die Keimung verlangsamt, höhere wirken, besonders bei *Antirrhinum*, schädigend (Anschwellen und Platzen der Schläuche). Heteroauxin förderte, besonders bei *Bryophyllum*, das Wachstum in Konzentrationen bis zu $2 \cdot 10^{-6}$.

Rückbildung der geschlechtlichen Fortpflanzung. Apomixis, Parthenogenesis usw. Einige Beobachtungen liegen vor zur Embryonal- und Samenentwicklung bei Apomikten. In einigen Fällen beginnt der Embryo seine Entwicklung „autonom", d. h. ohne sichtbaren äußeren Anstoß (*Poa pratensis*: ÅKERBERG, TINNEY; Rassen von *Potentilla collina, P. argentea*: GENTCHEFF und GUSTAFSSON), in anderen erst auf Bestäubung der Blüte hin (andere *Potentilla-collina*-Rassen); für die Endosperm- und damit die Samenentwicklung scheint dagegen immer Bestäubung nötig zu sein. ÅKERBERG glaubt, daß auch Befruchtung des Endospermkernes stattfindet; TINNEY konnte im Embryosack keine Pollenschläuche beobachten und hält Bestäubung oder Wachstum von Pollenschläuchen im Griffelgewebe als Stimulus für ausreichend. Durch Applikation von Heteroauxin konnte bei *Potentilla* keine Samenbildung induziert werden.

Literatur.

ÅKERBERG, E.: Hereditas (Lund) **28**, 1 (1942). — ALLARD, A. H.: J. agricult. Res. **63**, 55 (1941). — ALLARD, A. H., u. W. W. GARNER: Ebenda **63**, 305 (1941). — ARTHUR, J. M., u. E. K. HERVILL: Contrib. Boyce Thompson Inst. **12**, 111 (1941).

BARNELL, H. R.: Ann. Bot., N. s. **4**, 39 (1940). — BARTON, LELA V.: (1) Sci. Horticult. **7**, 186 (1939). — (2) Contrib. Boyce Thompson Inst. **12**, 85 (1941). — BARTON, L. V., u. ELTORA M. SCHROEDER: Ebenda **12**, 277 (1942). — BENNETT, J. P., J. OSERKOVSKY u. L. JACOBSON: Amer. J. Bot. **27**, 883 (1940). — BENNETT, J. P., u. F. SKOOG: Plant Physiol. **13**, 219 (1938). — BLAAUW, A. H.: (1) Proc. nederl. Akad. Wetensch. **44**, 513 (1941). — (2) Ebenda **44**, 684 (1941). — BLAAUW, A. H., ANNIE M. HARTSEMA u. C. W. C. VAN BEEKOM: Ebenda **44**, 361 (1941). — BONNER, J.: Amer. J. Bot. **27**, 692 (1940). — BORTHWICK, H. A., M. W. PARKER u. P. H. HEINZE: Bot. Gaz. **102**, 792 (1941). — BOSE, S. R.: Nature (Lond.) **145**, 899 (1941). — BOYCE, A. M., W. H. CHANDLER u. M. H. KIMBALL: US.-Patent Nr. 2, 166, 123 (1939). — BRAUN, A. C.: Phytopathology **31**, 135 (1941). — BRINK, R. A., u. D. C. COOPER: (1) Science (N. Y.) **90**, 545 (1939). — (2) Bot. Gaz. **102**, 1 (1940). — (3) Genetics **26**, 487 (1941). — BROWN, R.: Ann. Bot., N. s. **5** (18), 185 (1941). — BULGAKOVA, Z.: Bull. Inst. sci. Lesshaft (Leningrad) **23**, 159 (1940). — BURKHARDT, A.: Ber. schweiz. bot. Ges. **51**, 363 (1941). — BURLET, E.: Ebenda **50**, 516 (1940). — BUSSMANN, K.: Jb. Bot. **89**, 615 (1940). — BUVAT, R.: (1) C. r. Soc. Biol. Paris **135**, 857 (1941). — (2) C. r. Acad. Sci. Paris **212**, 808 (1941). — (3) Ebenda **213**, 314 (1941). — (4) Ebenda **214**, 128 (1942).

CASTAN, R.: Rev. gén. Bot. **52**, 192, 234, 285, 333 (1940); der Abschluß der Arbeit liegt noch nicht vor. — CLOWES, G. H. A., u. M. E. KRAHL: J. gen. Physiol. **23**, 401 (1940). — COMMONER, B., u. K. V. THIMANN: Ebenda **24**, 279 (1941). — COOPER, D. C., u. R. A. BRINK: J. agricult. Res. **60**, 453 (1940).

DAY, DOROTHY: Science (N. Y.) **94**, 468 (1941). — DENNY, F. E.: Ebenda **92**, 2393 (1940). — DOSTÁL, R.: (1) Gartenbauwiss. **16**, 195 (1941). — (2) Acta Soc. Sci. nat. Moravicae (Brünn) **13** (5), 31 S. (1941). — DUHAMET, L.: Diss. (Dipl. Sci. nat.) Paris **1941**.

EMERSON, R., u. D. L. FOX: Proc. roy. Soc. Lond., B **128**, 275 (1940). — EMMERICH, H.: Jb. Bot. **90**, 99 (1941). — EYSTER, W. H.: Science (N. Y.) **94**, 144 (1941).

FITTING, H.: Jb. Bot. **90**, 417 (1942). — FLEMION, FLORENCE, u. ELINOR PARKER: Contrib. Boyce Thompson Inst. **12**, 301 (1942). — FRÖSCHEL, P., u. G. L. FUNKE: Biol. Jaarb. Dodonaea (Gent) **7**, 267 (1941). — FUCHS, W. H.: Z. Pflanzenzüchtg **24**, 165 (1941). — FUNKE, G. L.: (1) Biol. Jaarb. Dodonaea (Gent) **7**, 273 (1941). — (2) Ebenda **8**, 47 (1941). — (3) Proc. nederl. Akad. Wetensch. **44**, 989 (1941). — (4) Ebenda **44**, 1214 (1941).

GAUTHERET, R.: (1) C. r. Acad. Sci. Paris **211**, 15 (1940). — (2) Ebenda **213**, 37 (1941). — (3) Sciences (Paris) **40**, 95 (1942). — (4) Bull. Soc. Chim. biol. Paris **14**, 13 (1942). — GEIGER-HUBER, M.: Verh. naturforsch. Ges. Basel **51**, 170 (1940). — GENTCHEFF, G., u. A. GUSTAFSSON: Bot. Notiser **1940**, 109. — GIERSCH, CRESCENTIA, u. E. S. COOK: Nature (Lond.) **148**, 754 (1941). — GOUWENTAAK, CORNELIA, A.: Proc. nederl. Akad. Wetensch. **44**, 654 (1941). — GREGORY, W. C.: Amer. J. Bot. **27**, 687 (1940). — GUSTAFSON, F. G.: (1) Bot. Gaz. **102**, 180 (1940). — (2) Proc. amer. Soc. horticult. Sci. **38**, 479 (1941). — GUTHRIE, J. D.: (1) Contrib. Boyce Thompson Inst. **11**, 261 (1940). — (2) Ebenda **12**, 45 (1941). — (3) Ebenda **12**, 195 (1941).

HARDER, R., u. GERTRUD GÜMMER: Biol. Zbl. **62**, 132 (1942). — HARDER, R., u. H. v. WITSCH: (1) Naturwiss. **29**, 770 (1941). — (2) Planta (Berl.) **32**, 547 (1942). — HARTMANN, M., O. SCHARTAU u. K. WALLENFELS: Biol. Zbl. **60**, 398 (1940). — HATCHER, E. S. J., u. F. G. GREGORY: Nature (Lond.) **148**, 626 (1941). — HEITZ, E.:

(1) Verh. schweiz. naturforsch. Ges. **1940**, 168. — (2) Ber. dtsch. bot. Ges. **60**, 17 (1942). — HOWARD, H. W.: Nature (Lond.) **149**, 302 (1942). — HUTCHENS, J. O., A. K. KELTCH, M. E. KRAHL u. G. H. A. CLOWES: J. gen. Physiol. **25**, 717 (1942). — HYLMÖ, B.: Bot. Notiser **1940**, 389.

JANDORF, B. J., u. M. E. KRAHL: J. gen. Physiol. **25**, 749 (1942). — JENSEN, C.: Z. Bot. **37**, 487 (1942).

KIDD, F., C. WEST, D. GRIFFITHS u. N. A. POTTER: Ann. Bot., N. s. **4**, 1 (1940). — KNOTT, J.: (1) Proc. amer. Soc. hort. Sci. **36**, 554 (1939). — (2) Cornell Univ. Agric. Exp. Sta. Mem. 218 (1939). — KOPETZ, L. M.: (1) Gartenbauwiss. **16**, 178 (1941). — (2) Züchter **14**, 136 (1942). — KRAHL, M. E., u. G. H. A. CLOWES: J. gen. Physiol. **23**, 413 (1940). — KRAHL, M. E., A. K. KELTCH, C. E. NEUBECK u. G. H. A. CLOWES: Ebenda **24**, 597 (1941). — KRAHL, M. E., B. J. JANDORF u. G. H. A. CLOWES: Ebenda **25**, 733 (1942). — KROEGER, GARNETTE S.: Contrib. Boyce Thompson Inst. **12**, 203 (1942). — KUHN, E.: Planta (Berl.) **32**, 986 (1941). — KUHN, R., u. IRMENTRAUT LÖW: Ber. dtsch. chem. Ges. **74**, 219 (1941). — KUHN, R., I. LÖW u. FR. MOEWUS: (1) Naturwiss. **30**, 373 (1942). — (2) Ebenda **30**, 407 (1942). — KUHN, R., u. FR. MOEWUS: (1) Ber. dtsch. chem. Ges. **73**, 547 (1940). — (2) Ebenda **73**, 559 (1940). — KURSANOV, A., u. K. BRJUSKOVA: (1) Biohimija (Moskau) **5**, 521 (1940). — (2) Ebenda **5**, 681 (1940).

LANG, A.: Z. Vererbungsl. **80**, 210 (1942). — LANGHAM, D. G.: Science (N. Y.) **93**, 576 (1941). — LEWIS, D.: Nature (Lond.) **149**, 610 (1942). — LINK, G. K., u. V. EGGERS: Ebenda **142**, 398 (1938). — LITTLE, T. M., J. H. KANTOR u. B. H. ROBINSON: J. Hered. **31**, 73 (1940). — LOHWAG, K.: (1) Biol. generalis (Wien) **14**, 432 (1939). — (2) Ann. Mycol. **37**, 169 (1939). — (3) Ebenda **38**, 92 (1940). — LÖVE, A., u. DORIS LÖVE: Sv. bot. Tidskr. **34**, 248 (1940). — LÖVE, DORIS: Ebenda **34**, 234 (1940). — LÜCK, RENATE: Flora (Jena), N. F. **35**, 1 (1941).

McCLARY, J. E.: Proc. nat. Acad. Sci. USA. **26**, 581 (1940). — McILVANE, H. R. C., u. H. W. POPP: J. agricult. Res. **60**, 207 (1940). — MANGENOT, G.: Sciences (Paris) **69**, 25 (1942). — MANN, I. K.: Bot. Gaz. **102**, 339 (1940). — MATON, J.: Biol. Jaarb. Dodonaea (Gent) **7**, 178 (1941). — MOEWUS, F.: (1) Arch. Protistenkde **92**, 485 (1939). — (2) Biol. Zbl. **59**, 40 (1939). — (3) Ebenda **60**, 143 (1940). — (4) Ebenda **60**, 225 (1940). — (5) Ebenda **60**, 484 (1940). — (6) Ebenda **60**, 597 (1940). — (7) Z. Vererbungsl. **78**, 418 (1940). — (8) Ebenda **78**, 463 (1940). — (9) Ebenda **78**, 501 (1940). — MOLLIARD, M.: C. r. Acad. Sci. Paris **212**, 632 (1941). — MOUREAU, J.: Bull. Soc. bot. Belg., 2. sér. **23**, 142 (1940—41). — MURNEEK, A. E.: (1) Bot. Gaz. **102**, 269 (1940). — (2) Amer. Naturalist **75**, 614 (1941).

NAYLOR, AUBREY W.: Bot. Gaz. **102**, 557 (1941). — NAYLOR, FRANCES L.: Ebenda **103**, 146 (1941). — NIHOUS, M.: C. r. Acad. Sci. Paris **212**, 927 (1941). — NICKERSON, W. J., u. K. V. THIMANN: Amer. J. Bot. **28**, 617 (1941). — NUTMAN, P. S.: Ann. Bot., N. s. **5**, 353 (1941).

OEXEMANN, ST. W.: Amer. J. Bot. **29**, 72 (1942). — OWEN, F. V., E. CARSNER, u. M. STOUT: J. agricult. Res. **61**, 101 (1940).

PARKER, M. W., u. H. A. BORTHWICK: Bot. Gaz. **102**, 256 (1940). — PLANT, W.: Ann. Bot. N. s. **4**, 607 (1940). — PODEŠVA, J.: Acta Soc. sci. nat. Moravicae (Brünn) **12** (14) (1940). — PRÉVOT, P. C.: Mem. Soc. r. Sci. Liège IV. s. **3**, 173 (1939). — PROSKURJAEV, N. J., A. A. BUNDEL u. Z. V. BUHARINA: Biohimija (Moskau) **6**, 347 (1941).

RAPER, J. R.: Amer. J. Bot. **27**, 162 (1940). — ROBBINS, W. J.: (1) Ebenda **27**, 559 (1940). — (2) Bull. Torrey bot. Club **67**, 762 (1940). — (3) Amer. J. Bot. **29**, 241 (1942). — ROSE, M.: (1) C. r. Soc. Biol. Paris **135**, 1485 (1941). — (2) Ebenda **135**, 1491 (1941). — (3) Ebenda **135**, 1493 (1941). — ROSS, H.: Planta (Berl.) **32**, 447 (1942). — ROUX, E. R.: Ann. Bot., N. s. **4**, 317 (1940).

SCHAFFSTEIN, G.: Jb. Bot. **90**, 141 (1941). — SCHARTAU, O., u. G. MONTALENTI: Biol. Zbl. **61**, 473 (1941). — SCHOPFER, W. H.: (1) Erg. Biol. **16**, 1 (1939). —

(2) Verh. schweiz. naturf. Ges. **1941**, 155. — SEN, B., u. S. C. CHAKRAVARTI: Nature (Lond.) **149**, 139 (1942). — SKOOG, F.: Amer. J. Bot. **27**, 939 (1940). — SMITH, P. F.: Ebenda **29**, 56 (1942). — SNOW, R.: New Phytologist **39**, 177 (1940). — SNOW, MARY, u. R. SNOW: Ebenda **40**, 133 (1941). — SNYDER, W. E.: Bot. Gaz. **102**, 302 (1940). — STELZNER, G.: Pflanzenbau **18**, 150 (1941). — STOUT, A. B. u., CL. CHANDLER: Science (N. Y.) **94**, 118 (1941). — STOUT, M., u. B. TOLMAN: J. agricult. Res. **63**, 687 (1941). — STRAUB, J.: Ber. dtsch. bot. Ges. **59**, 296 (1941).

TETJUREV, V. A.: (1) Bot. ž. URSS. **25**, 505 (1940). — (2) C. r. Acad. Sci. URSS., N. s. **30**, 189 (1941). — (3) (als W. A. TETJUREW): Planta (Berl.) **32**, 211 (1941). — THIMANN, K. V., u. E. F. POUTASSE: Plant Physiol. **16**, 585 (1941). — THREN, R.: (1) Z. Bot. **36**, 449 (1941). — (2) Arch. Mikrobiol. **12**, 192 (1941). — TINNEY, FR. W.: J. agricult. Res. **60**, 351 (1940). — TOLMAN, B., u. M. STOUT: Ebenda **61**, 817 (1940). — TOOLE, E. H., u. VIVIAN K. TOOLE: Ebenda **63**, 65 (1941). — TOOLE, V. K.: Ebenda **62**, 891 (1941).

VEH, R. v.: Züchter **13**, 5 (1941).

WEBER, FR.: Protoplasma (Berl.) **34**, 317 (1940). — WHITACKER, D. M.: (1) J. cellular. a. comparat. Physiol. **15**, 173 (1941). — (2) J. gen. Physiol. **24**, 263 (1941). — WHITE, PH. R.: Amer. J. Bot. **27**, 811 (1940). — WHITE, PH. R., u. A. C. BRAUN: Science (N. Y.) **94**, 239 (1941). — WITHROW, R. B.: Plant Physiol. **16**, 241 (1941). — WITSCH, H. v.: Planta (Berl.) **31**, 638 (1941). — WONG, C. Y.: Bot. Gaz. **103**, 64 (1941).

YASUDA, S.: Mem. Fac. Sci. Agric., Taihoku Imp. Univ. **27** (1) (1939).

ZIMMERMAN, P. W., u. A. E. HITCHCOCK: Contrib. Boyce Thompson Inst. **11**, 129 (1940). — ZOLLIKOFER, KLARA: (1) Verh. schweiz. naturforsch. Ges. **1941**, 155. — (2) Schweiz. Z. Bioch. **1**, 81 (1941—42).

E. Ökologie.

18. Blütenbiologie, Symbiose, Verbreitungsökologie u. a.

Von THEODOR SCHMUCKER, Göttingen.

Wie in den früheren Jahresberichten wird an dieser Stelle nur über einige Probleme gesprochen, die zur Ökologie gehören. Vieles andere ist in den vorhergehenden Abschnitten zu finden. Über Aufgaben und Grenzen der Ökologie unterrichtet eine ausgezeichnete Darstellung von WEBER, wo auch kurze, aber höchst lesenswerte Erörterungen über Ganzheit und dergleichen zu finden sind. Ganzheit ist danach auch für den Ökologen der naturgesetzliche Zusammenhang innerhalb eines raumzeitlichen Gefüges, bedeutet also eine naturwissenschaftlich begriffene Gefügegesetzlichkeit, die „mit den Methoden der exakten Naturwissenschaft behandelt werden kann und muß" (BERTALANFFY). Mit Ökologie als Wissenschaft und vielen einzelnen Fragen setzt sich auch THIENEMANN auseinander.

Blütenbiologie. Der hochdifferenzierte Blütenmechanismus von *Salvia glutinosa* wird von der Biene *Megachile* nicht „bestimmungsgemäß" in Betrieb gesetzt. Sie hängt sich invers an die Konnektive und befördert den Pollen auf ihre Bauchseite, wobei wohl auch Bestäubung der Narbe eintreten kann. Dann kriecht sie, zwecks Honiggewinnung aus dem Blütengrund trotz kurzem Rüssel, tief in die Blütenröhre, die dabei meistens aufgerissen wird (SCHREMMER [1]). Nach SCHELHORN entnehmen auch die Bienen den Honig der wirtschaftlich wichtigen Zottelwicke (*Vicia villosa*) „unvorschriftsmäßig", d. h. durch seitliche Löcher, die sie mindestens zum Teil selbst hergestellt haben sollen. Nur die langrüsseligen Krainer Bienen können die Blüten normal ausbeuten und wie die Hauptbesucher, Hummeln, bestäuben. Darauf ist die an sich nicht selbststerile Zottelwicke zur Samenerzeugung aber angewiesen. Die Sache hat also praktische Bedeutung. BRINK und COOPER fanden, daß bei der Luzerne nach Selbstung ein Drittel der befruchteten Samenanlagen rasch zugrunde geht, nach Fremdbestäubung aber nur 7%. Im ersteren Fall scheint der Embryo nicht genug Anziehungskraft für Assimilate zu haben und stirbt daher oft Hungers, während das innere Integument am Vorderende proliferiert. Bei *Antirrhinum* wurden 4 selbststerile Wildsippen, wenn sie STRAUB tetraploid machte, sehr gut selbstfertil. Die sonst eintretende Hemmung des Pollenschlauchwachstums nahe am Ziel unterblieb; ob infolge geringerer Konzentration der Hemmungsstoffe oder wegen der möglich gewordenen neuartigen Genausstattung des Pollenschlauchkerns blieb ungewiß. Ähnliche Fälle sind schon bekannt. Doch liegen die Dinge nicht immer so. Nach SCHWANITZ ist z. B. die tetraploide *Beta* ebenso selbststeril wie die diploide. Bei *Acorus Calamus* ruft Triploidie Sterilität hervor, nicht aber Tetraploidie. Die Sterilität ist also dann (gemäß WULFF) nicht durch Mangel an geeigneten Insekten bedingt, sondern genetisch festgelegt. Bei *Rosa*-Arten ergeben nach RATSEK und Mitarbeitern pentaploide Arten den besten Samenansatz (und zwar ohne Apomixis), schlechteren tetraploide und diploide, schlechtesten hexa- und oktoploide. Den kräftigsten Pollen liefern hingegen die tetraploiden. Die Sterilität der „Bauernlilie" *Lilium umbellatum* beruht nach WANNER (1) vorwiegend auf hybrider Herkunft. Nach ENGELBERT sind zahlreiche *Poa*-Sippen aus Grönland und Kanada apomiktisch und pseudogam, ein hübsches Beispiel für Sicherung der Samenerzeugung in Ländern ungünstigen Klimas.

Nach MORETTINI erfolgt die Bestäubung der „selbststerilen" Sippen des kultivierten Ölbaumes durch den Wind, und zwar auf erhebliche Entfernungen. Der „selbstfertile" dagegen bestäubt sich selbst. Aus sehr dankenswerten Untersuchungen von DENGLER geht hervor, daß unsere beiden Eichen weitgehend, wenn auch nicht völlig, selbststeril sind, und daß Kreuzungen zwischen beiden nicht häufig vorkommen dürften.

An besonderen Typen beschrieb zunächst PORSCH nach Beobachtungen in Wien *Eugenia cauliflora* als typische Fledermausblume, ausgezeichnet wie andere dieser Gruppe durch helle Farben, eigenartig modrigen Geruch, dickliche, weiche Kronblätter und stäubenden Pollen. Sie blüht natürlich nachts. Bei der höchst eigenartigen Blüte der *Rubiacee Posoqueria* ist der Schlund der bis 20 cm langen Kronröhre durch die zusammenschließenden Antheren verschlossen. Mechanisch oder durch Reizung bestimmter Stellen der Filamente erfolgt Explosion durch ruckweise Aufhebung von Gewebespannungen. Das unterste Staubblatt schleudert den zwischen den Antheren schon abgelagerten Pollen fort (FAGERLIND). Über die so merkwürdigen Blüten des Vollparasiten *Balanophora* erfahren wir Interessantes durch ZWEIFEL. Die bei *B. abbreviata* am oberen Teil des monözischen Kolbens stehenden weiblichen Blüten sind ebenso wie jene der offenbar diözischen *B. indica* äußerst klein und rückgebildet und ungeheuer zahlreich, während die männlichen Blüten spärlicher und größer sind. Das ermöglicht die Erzeugung der für einen Parasiten notwendigen riesigen Zahl von freilich sehr kleinen Samen, die nach Bestäubung durch Fliegen (Blütengeruch) bei ganz normalen Vorgängen in beiden Geschlechtern mindestens bei *abbreviata* durch Befruchtung nach gewöhnlichem Schema entstehen, also nicht somatisch-parthenogenetisch, wie bei anderen *Balanophora*-Arten. WANNER (2) fand weder zwischen den beiden Formen der dimorphen *Primula pulverulenta* noch im Vergleich mit der verwandten monomorphen *Pr. Cockburniana* wesentliche chromosomale Unterschiede, etwa entsprechend dem Geschlechtschromosomenmechanismus. Es ist am wahrscheinlichsten, daß die die Heterostylie bedingenden Merkmale durch absolute Koppelung zusammengehalten werden.

Der Gestaltung der Blütennektarien kommt systematischer Wert zu. Zum Beispiel kommen die bei Monokotylen so verbreiteten Septalnektarien bei Dikotylen kaum vor, während es sich mit Ringnektarien umgekehrt verhält und die phylogenetische Zentralgruppe der *Polycarpicae* die größte Verschiedenheit und Mannigfaltigkeit aufweist. WERTH, der auf diese Dinge hinwies, konnte zeigen, daß der bekannte Ringwulst an der Basis der Staubblätter von *Paeonia* wirklich ein Nektarium ist. Bei *Viola*-Arten aus der Sect. *Chilenium* (südl. Südamerika) ist nach WEIBEL in den kleistogamen Blüten nicht wie bei anderen *Violae* das untere Staubblattpaar fertil geblieben, sondern nur ein Staubblatt, und zwar das oberste, ein recht interessanter Fall für Erreichung des gleichen Ziels mit verschiedenen morphologischen Mitteln. POHL fand dem Pollen von *Anthericum*-Arten Raphiden beigemengt, wie das bei anderen *Liliaceen*, *Lemna*- und *Palmen*arten auch vorkommt, bei Dikotylen aber nur für einzelne *Impatiens*arten bekannt ist. Meist handelt es sich um Nektarblüten; bei Pollenblumen aus der gleichen Verwandtschaft fehlen zuweilen die Raphiden im Pollen. Sie stellen einen nur relativ wirksamen Schutz dar. Übrigens findet sich bei *I. Noli tangere* Raphidenpollen nur in den chasmogamen Blüten, was jedoch nicht zu einer teleologischen Deutung zwingt. Nach MAURICIO ist der Pollen von *Ranunculus puberulus* für Bienen giftig und führt in der Schweiz, wenn er in ungünstigen Jahren reichlich aufgenommen wird, zu einem Massensterben der Bienen.

Als Eigenschaft blütenbesuchender und ähnlicher Tiere ist durch SCHREMMER (2) Rotblindheit von Wespen wahrscheinlich gemacht worden. Durch denselben (3, 4) wurde ferner erwiesen, daß junge unerfahrene Exemplare der Eule *Plusia gamma* sich nur durch den Duft der Blüten orientieren, ältere aber daneben auch optisch, wobei anscheinend nur 2 Farbgruppen auseinandergehalten werden können. Zeitweise Blütenstetigkeit der älteren beruht zum Teil auf Wahrnehmen und Merken der Gestalten. ENGLÄNDER erweitert die Kenntnis von der Bedeutung des Ultraviolettgehalts weißer Farben für die Orientierung der Bienen. Nach BERNER endlich sammeln Bienen oft in großer Menge Pollen von Windblütlern, Bäumen sowohl wie Kräutern (von Ulmen und Lärchen, seltener Birken, Fichten, Tannen, noch seltener von Kiefern; häufig, bei ungünstiger Versorgungslage, von *Plantago*). Für die Pflanze hat das höchstens die Bedeutung eines Verlustes.

Ausbreitung. PETTERSON weist darauf hin, daß über die Fernverbreitung von Diasporen zwar sehr viel geredet und manche Theorie aufgebaut, aber weniges direkt ermittelt wurde. Er untersuchte daher am Standort und im Laboratorium die Ausstreuung von Sporen bzw. den Sporengehalt der Luft. Jede Moos- und Farnart gibt die Sporen erst unterhalb einer bestimmten Feuchtigkeitsgrenze ab (Farne unter 60 bis 80%; Moose oft um 80%). Durch Regen und Tau werden Sporen (wie Pollenkörner) wirksam niedergeschlagen, aus hohen Schichten besonders als Kondensationskerne. In Finnland z. B. dürfte der Sporenanflug aus dem Osten erheblich sein und nach Ausweis zweier offenbar aus Sibirien angeflogener Moosarten sich über 2000 km erstrecken. Du Rietz freilich meint bei seinen Versuchen, bipolare Verbreitung zu erklären, der Fernverbreitung käme nicht die ihr zuweilen zugesprochene hohe Bedeutung bzw. Leistungsfähigkeit zu. Er hält es lieber mit weniger sprunghafter Verbreitung. Arbeiten von Bornmüller und Lehmann behandeln ausführlich die Geschichte der Einwanderung von *Veronica filiformis* in Europa in den letzten Jahrzehnten. Sie folgte nach einem Jahrhundert der ebenfalls vorderasiatischen *V. Tournefortii*, die heute im Gefolge des Menschen bereits weltweite Verbreitung erlangt hat, wenigstens nach Europa. Sie wurde vom Menschen als Gartenpflanze verbreitet und ist stellenweise massenhaft verwildert, doch, im Gegensatz zu *V. Tournefortii* im wesentlichen nur dort, wo die Verhältnisse einigermaßen denen ihrer kaukasischen Bergheimat entsprachen, z. B. in Oberbayern. Dort allerdings hat sie selbst die Vegetation kräftiger Wiesen an manchen Orten verdrängen können und ist zum lokal höchst lästigen Unkraut geworden. Sie ist im Gegensatz zu jener ausdauernd, mit starker vegetativer Vermehrung und scheint Samen nur ausnahmsweise in größerer Menge zu bilden. Ob das Selbststerilität innerhalb von Klonen beruht, ist noch unbekannt. Ob die Tetraploidie mit ihrer Expansionskraft etwas zu tun hat, ist ebenfalls zweifelhaft. Marklund, der in einem Teil Finnlands allein fast 200 Kleinarten von *Taraxacum* unterscheidet, gibt Beispiele von Einschleppung und Ausbreitung. Bauch beschreibt das auch phylogenetisch-systematisch wertvolle, sehr sonderbare Sattelgelenk, das bei *Cruciferen*-Früchten zur Ablösung der Klappen dient. Es wird dargetan, wie durch Abflachung dieses Gelenkes, z. B. bei *Cakile* und *Crambe* eine Struktur entsteht, die die leichte Ablösbarkeit des Stylargliedes „fast unbeabsichtigt" erleichtert (Bruchfrüchte!).

Symbiosen (einschließlich Mykorrhiza). Eine zusammenfassende Darstellung der mikrobiellen Symbiose im Pflanzen- und Tierreich gibt Baumgärtel, wobei das Kapitel über das Pasteursche Problem, der Bedeutung der Darmmikroben für Tiere und Menschen, als Zusammenstellung vielleicht besonderes Interesse verdient.

Modess legt die Ergebnisse langjähriger Arbeiten über die Mykorrhizabildner von Kiefer und Fichte vor, welche das schwierige Problem zwar nicht lösen, aber seine Lösung doch fördern. Gearbeitet wurde mit etwa 70 in Reinkultur erzogenen Arten von Hypenomyzeten und *Gasteromyzeten*. Fruchtkörper erschienen nur bei einer Art, das vegetative Wachstum war oft recht schwach. Die verschiedenen Myzelien werden dankenswerterweise genau beschrieben. Mit 55 Arten wurden Synthesen versucht, und zwar bei *Picea excelsa* sowie *Pinus silvestris* und *montana*. Bei *Pinus* wurde mit 17 Arten Mykorrhiza erhalten, bei *Picea* mit 9 Arten. Letztere Symbionten sind sämtlich auch in der erstgenannten Gruppe enthalten. Bei vielen Arten, die keine Mykorrhiza bilden, folgt im Versuch das Myzel deutlich den Baumwurzeln. *Amanita*-Arten sind typische Mykorrhizabildner ohne besondere Spezialisierung, sehr wichtig für Nadelhölzer, doch auch bei Laubhölzern vorkommend. Die *Boletus*-Arten sind recht spezialisiert. Keine Art bildet anscheinend Mykorrhizen sowohl auf Laub- als auch auf Nadelbäumen (vielleicht aber verschiedene Rassen von *B. edulis* und *scaber*). *B. elegans* ist anscheinend für Lärche spezifisch. Typische Mykorrhizapilze sowohl bei Nadel- wie Laubhölzern sind *Cortinarius*-Arten, die in Kultur sehr schlecht wuchsen, ferner *Lactarius*-Arten (die Wachstumshebung im Zusammenleben mit der Baumwurzel war hier besonders deutlich) und *Tricholoma*-Arten, während Gasteromyzeten nach dem Ergebnis der Syntheseversuche wahrscheinlich keine Mykorrhizabildner sind. Doch betont der Verf. selbst, daß negativer Ausfall noch nicht beweisend sei. Einige *Rhizopogon*- und eine *Scleroderma*-Art lieferten aber positive Ergebnisse; letztere erwies sich sogar als recht wenig spezialisiert. Der Aziditätsbereich in Reinkultur war meist ziemlich groß, das Optimum aber oft recht eng und lag im sauren Gebiet (z. B. *Amanita* 3,5—4,5; andere Arten bei 5,0, selten 5,5—6,0). Einzelne Arten vermögen noch bei $p_H = 2,0$ zu wachsen. Wenn es auch scheint, als ob die Azidität beim natürlichen Vorkommen eine Rolle spielt, so ergeben sich doch zwischen den experimentellen Befunden und den Beobachtungen in der Natur erklärlicherweise zum Teil Unterschiede. Die Sporenkeimung einiger mykorrhizabildender Hymenomyzeten und Gasteromyzeten untersuchte FRIES. Sie war bei ersteren nie, bei letzteren nur selten schon früher erzielt worden. Anwesenheit gewisser Hefepilze oder (meist weniger gut) gewisser hyphenbildender Pilze (z. B. *Trichosporium*) half zum Erfolg. Bei dem genauer untersuchten *Lycoperdon umbrinum* erfolgte Keimung nur nach Entfernung gewisser wasserlöslicher, starker Hemmungsstoffe, die in Malzextrakt und Agar vorhanden sind, durch Auswaschen oder durch jene Partner aber entfernt werden. (Vergleichsweise ist es sehr bemerkenswert, daß nach BORRISS jener Effekt, den man keimungshemmenden Substanzen im Samen zuschrieb, mindestens großenteils auf Störstoffen im Substrat und der umgebenden Luft beruht.) Doch scheinen die Partner auch sonst günstig zu wirken. Der Prozentsatz keimender Sporen blieb auch im besten Fall äußerst gering (unter 0,1%).

Das vielerörterte Problem der *Alnus*-Symbionten ist wenigstens nach einer Seite durch PLOTHO so ziemlich gelöst worden. Die Synthese der Knöllchen bei steril gezogenen Pflanzen von *Alnus glutinosa* gelang mit einem aus *Al. incana* isolierten feinfädigen Actinomyceten (*A. alni*), dessen Membran weder Zellulose noch Chitin enthalten soll, der Sporen bildet und offenbar aerob ist. Er wächst auf N-freiem Substrat sehr gut. Die Infektion scheint durch stark verzweigte und gewundene Wurzelhaare, an denen außen Bakterienkolonien sitzen, zu erfolgen und rasch zur Knöllchenbildung zu führen. Knöllchenführende *Alnus*-Pflanzen wuchsen in N-freiem Substrat so gut wie solche ohne Knöllchen in nitratreicher Nährlösung. Ausscheidung von N-Verbindungen ins Substrat wurde nicht beobachtet. Die N-Assimilation erfolgt durch Hyphen; die bekannten Bläschen sind bereits tot und werden anscheinend verdaut. Der Endophyt wurde nachgewiesen in den Rindenzellen der Wurzel, im Markstrahlenparenchym des Gefäßteils und in jungen Nebenwurzelanlagen.

Ein Stück weiter gediehen ist auch die Kenntnis einer anderen mykotrophen Gattung, *Pirola*, und zwar durch Lück. Der starke Keimverzug, der bei den sehr kleinen Samen aller einheimischen Arten auftritt, ist bedingt durch Quellungsschwierigkeiten und auswaschbare Hemmungsstoffe (vgl. oben). Die meisten *Pirola*-Arten konnten zwar in hohem Prozentsatz zur Keimung gebracht werden, kamen dann aber in der Folge über ein ziemlich undifferenziertes Fadenstadium nicht hinaus. Am natürlichen Standort scheinen hier gewaltige Schwierigkeiten für die Weiterentwicklung zu bestehen. Dagegen half kein Vitamin und kein Zusatz isolierter Pilze (der Symbiont ist nicht eindeutig bekannt). Dagegen gelang es Schaffstein, den bei manchen Orchideengattungen (*Vanda*, *Dendrobium*) auch auf zuckerreichem Substrat einsetzenden Entwicklungsstillstand in einer bestimmten Phase durch Pilzextrakt oder Hefeauszug zu beheben. Der entscheidende Stoff, Vandophytin genannt ist, im Pflanzenreich weit verbreitet und fördert z. B. auch das Wachstum isolierter Erbsenwurzeln. Anreicherung gelang, jedoch nicht die chemische Deutung. Nikotinsäure und deren Amid konnten in äußerst geringer Konzentration (1:20 Millionen) die Avitaminose beheben. Vielleicht beruht letztere auf einer Störung des Kohlehydratabbaues.

Nach Sabet kommt die Dattelpalme in sehr verschiedenen Böden vor. An Wurzeln junger Exemplare wurden deutlich Mykorrhizen festgestellt, zuweilen koralloide Verzweigung. Intrazellulare Hyphen bilden Arbuskeln in den Rindenzellen. Wurzelhaare sind nicht vorhanden.

Der Mantel des Infektionsschlauchs der Knöllchenbakterien besteht nach Schaede aus Zellulose und wird daher offenbar vom Wirt gebildet. Schließlich werden die Schläuche gesprengt, die Bakterien gelangen ins Zellplasma. Dort werden sie in gut ernährten Wirten weit rascher in Bakteroiden umgewandelt als in schlecht ernährten.

Daß Symbiosen und ähnliche Gemeinschaften oft auf der Vermittlung von Wirkstoffen beruhen, ist eine erst in neuester Zeit möglich gewordene Erkenntnis. Einige Beispiele seien hier kurz angeführt. Unter den höheren Pilzen hatte FRIES bei den *Helvellaceen Helvella infula* als aneurin-heterotroph gefunden. MELIN und MIDEN zeigten nun, daß in der gleichen Gruppe *Morchella conica* bestimmt aneurin-autotroph ist. Zugesetztes Aneurin und seine Komponenten hemmen sogar das Wachstum etwas, wenigstens bei manchen Rassen. Nach MELIN und NYMAN ist von zwei Stämmen von *Boletus granulatus* der eine betreffend Aneurin auto-, der andere heterotroph. Pyrimidin bzw. Thiazol allein genügen nicht. *Marasmius androsaceus* aber wächst nach LINDEBERG ohne Biotin auch auf aneurinhaltigem Boden nicht. Bei *Ustilago nuda* ist nach THREN der Minushaplont sicher autotroph bezüglich Wirkstoffen, während man das vom Plushaplonten nicht ohne weiteres sagen kann. Er wächst jedenfalls nicht unter Bedingungen, unter denen der erstere gedeiht. Die Paarkernphase hingegen benötigt Aneurin, mindestens Pyrimidin im Substrat. *Mucor Ramannianus* hingegen kann wohl das nötige Pyrimidin aufbauen, nicht dagegen aber das Thiazol. In Mischkultur mit *Rhodotorula* aber ist das System wirkstoffautotroph (MÜLLER). Nach NIELSEN sind wenigstens gewisse Hefen bezüglich Thiazol autotroph. Nach ONDRATSCHEK (1) ist für heterotrophe Algen aus der Gruppe der *Polyblepharíden* und *Chilomonaden* Aneurin ein notwendiger Wachstumsfaktor, von dessen Menge die Trockensubstanzerzeugung abhängt. Für *Polytomeen* gilt (2) ähnliches, wobei in wechselndem Betrag auch das Paar Pyrimidin + Thiazol genügt. Farblose *Euglenen* aber sind (3) aneurin- bzw. thiazol-heterotroph, aber pyrimidin-autotroph. Also eine reiche Mannigfaltigkeit mit tiefgreifenden Unterschieden bei nächst Verwandten.

Ganz anderer Art, nicht Wirkstoffe, sondern die eigentlichen Nährstoffe betreffend, ist die Bedeutung der Pansenflora im Wiederkäuermagen. Sie vermag (beim Schaf) aus Amiden hochwertiges Eiweiß aufzubauen. Ohne die Hefen der Pansenflora treten schon nach wenigen Tagen schwere Ausfallerscheinungen auf. Sie können durch Zugabe von Nektarhefe (*Anthomyces Reukaufii*) behoben werden, wobei säurebildende Kokken die Wirkung verstärken können. Es stellt sich unter natürlichen Verhältnissen eine „zymogene Symbiose“ ein, die von großer Wichtigkeit für das Leben des Wiederkäuers ist (KLEIN und MÜLLER).

Über die allgemeine Bedeutung der Bakterien, die angeblich im Innern höherer Pflanzen leben und irgendeine wichtige Rolle spielen sollen, braucht hier nicht viel gesagt zu werden. Zwar schreibt ihnen SCHANDERL auch neuerdings starke Stickstoffbindung zu; diese würde danach also keineswegs nur in den Knöllchen erfolgen. Doch lauten die meisten Stimmen mindestens bezüglich Menge und Bedeutung solcher Bakterien recht abweisend. SÖDING glaubt in einem Fall sogar den Nachweis erbracht zu haben, daß die Mesophyllzellen in die Interzellularen, die nach FREY-WYSSLING mit Kutin ausgekleidet sind, eine bakterizide Substanz abscheiden, und zwar nicht auf Einwirkung von Bakterien hin, sondern auch ohne diese, Die Befunde von ROMWALTER und KIRALY über das stete Vorkommen von Hefen und Bakterien in unbeschädigten Früchten kommen auch nicht zu einer Hochschätzung der Bedeutung dieser Mikroben. Die ganze Angelegenheit ist noch unklar.

Flechten. E. TSCHERMAK untersuchte mikroskopisch die Verbindung von Alge und Pilz in 71 Flechtenarten und fand bei 63 von ihnen Anzeichen von parasitischem Gehaben des Pilzpartners. Bei zahlreichen homöomeren Krustenflechten waren intrazelluläre Haustorien regelmäßig vorhanden. bei sehr vielen Flechten, vor allem bei heteromeren Blatt- und Krustenflechten, wenigstens kleine, oft nur zeitweise deutliche, unscheinbare intramembranöse Haustorien. Die höhere Organisation der Flechten in den Blatt- und Strauchflechten scheint erst möglich zu sein durch entsprechendes Zurückdrängen des Pilzparasitismus. Letzterer, in seinem Ausmaß von den Umständen abhängig, führt übrigens nur sehr selten zum Tod der befallenen Algenzellen. Nach CENGIA ist das Gleichgewicht innerhalb des Konsortiums einer Flechte beweglich und wandelbar je nach den Außenfaktoren. Der Pilz kann den Flechtenkörper überschreiten, z. B. in eine andere Flechte (gleicher oder verschiedener Art) einwachsen und dort die Gonidien ausnützen. Dann kommt es zum Parasitismus (evtl. Autoparasitismus) zweier Flechten aufeinander bzw. zu Konsortien mit drei und mehr Partnern. (Über die sehr häufigen Bildungsabweichungen bei Flechten unterrichtet sehr eingehend GRUMMANN.) Daß die Vermehrung der Flechten als Doppelwesen leichter vegetativ als geschlechtlich erfolgt, ist einleuchtend. RÄMSCH fand denn auch, daß sehr häufig die Bildung von Ascosporen deutlich im Rückgang ist. Die Untergattung *Cladina* von *Cladonia*, die sich durch geringe Ausbildung des Primärthallus als weitgehend abgeleitet erweist (über Phylogenie von *Cladonia* vgl. MATTICK [1]), pflegt z. B. meist steril zu sein. Bei *Xanthoria*-Arten sind zwar äußerlich die Apothezien (einschließlich der Paraphysen) ganz normal. Aber zahlreiche Asci degenerieren früher oder später, zum Teil schon vor der Kernverschmelzung. In älteren Apothezien nimmt die Keimfähigkeit der noch gebildeten Sporen ab. Über Lebensbedingungen der Flechten berichtet zunächst PAVILLARD, daß der Wassergehalt der Flechten einzig von der Luftfeuchtigkeit abhängt, ihr ohne viel Hysteresis folgt und daß, wie zu erwarten, die letzten Wasserreste äußerst stark festgehalten werden. Auch KLEMENT, der die Flechtenflora in Wäldern südlich von Bukarest untersuchte, fand, daß die Luftfeuchtigkeit in erster Linie entscheidend für die Üppigkeit der Flechtenvegetation sei, und daß in jenen semi-ariden Gegenden das Vorhandensein vieler offener Wasserflächen deshalb höchste Bedeutung habe. In zweiter

Linie entscheidend ist dort die reichliche Ernährung durch den allgegenwärtigen Lößstaub. Das Substrat (die Rinde) habe daneben wohl Bedeutung, aber im Gegensatz zu den Verhältnissen bei epilithischen Flechten, keine allzu hohe. Die Flechtenwelt jener Wälder wird in vier deutlich verschiedene Assoziationstypen eingeteilt (Krustenflechten dominieren auf glattrindigen Stämmen — *Phlyctidetum* an feuchteren, *Lecanoretum* an sonnig-trockeneren Stellen — Blattflechten an rauhrindigen Stämmen — *Physcietum* an trockenen, *Parmelietum* an nebelreichen Orten).

Parasiten. Nach HÄRTEL schädigen alpine Halbparasiten, deren relative Eigentranspiration keine ungewöhnlichen Beträge aufweist, ihre Wirtspflanzen deshalb, weil sie durch ihre Wasserabgabe die Hydratur ihres Wirts derart anspannen, daß frühzeitig am Tage Stomataschluß eintritt, was natürlich Assimilationsausfall im Gefolge hat. Statt unserer einzigen *Viscum*-Art gibt es nach DANSER in Britisch-Indien nicht weniger als 24 Arten (Land mit vielen offenen Wäldern!).

Einige interessante Arbeiten beschäftigen sich mit *Claviceps*. MASTENBROEK und OORT fanden in Holland *Cl. purpurea* außer auf Getreide auf 19 *Gramineen*-Arten. Zu den schon bekannten 3 biologischen Rassen (eine auf *Secale* und zahlreichen Gräsern, nicht aber auf *Lolium*, *Bromus crectus*, *Brachypodium*; eine zweite auf den beiden letztgenannten, nicht auf *Secale* und *Lolium*; die dritte auf *Lolium* und *Brachypodium*) fanden sie eine vierte, besonders aggressive Rasse, die die Fähigkeiten der Rassen 1 und 3 in sich vereinigt. SCHWEIZER gelang es auf kalt sterilisiertem Substrat (die hohe Bedeutung der Methode wird betont) von *Cl. purpurea* voll entwickelte, normale Sklerotien auf Brei aus keimenden Früchten künstlich zu erhalten. Die Keimung und Fruchtkörperbildung der auf dem Erdboden überwinternden Sklerotien setzt nicht nur eine Ruhezeit und zeitweise tiefe Temperatur voraus, sondern auch Berührung mit Pollen der Wirtspflanze, der thermostabile, wasserlösliche Substanzen abgibt. Die Entwicklung der Konidien erfolgt auf saurem Substrat, die der Sklerotien auf alkalischem. Der kalt sterilisierte Nährboden ändert sich während der Kultur von selbst dementsprechend. (Praktische Zuchtmöglichkeit des Mutterkorns!)

Konkurrenz. Ein schon öfter abgehandeltes, aber doch nicht oft genug zu erörterndes Kapitel behandelt GRIGGS. Er legt dar, daß nicht die anorganischen Umweltfaktoren allein und direkt über Vorkommensmöglichkeiten einer Pflanzenart entscheiden, sondern daß die Konkurrenzfähigkeit überaus wesentlich ist. Da über Vorkommen und Konkurrenzkraft der Konkurrenten die Umweltverhältnisse (neben historischen Faktoren) mitentscheiden, so sind letztere auf diesem Umweg doch entscheidend, natürlich im Zusammenklang mit der Reaktionsnorm der Art. Seltene Arten sind oft Verdrängte oder gehören noch unfertigen, offenen Anfangsgesellschaften an oder Gesellschaften extremer Orte, zum Teil künstlicher Entstehung. Man denke auch an die Konkurrenzbedingtheit im Vorkommen von Kalk- bzw. Kieselpflanzen, an die Sonderbarkeiten vieler Areale und an die Häufung seltener Arten an manchen Stellen! Ebenso beherzigenswert sind Darlegungen von AICHINGER. Pflanzenarten, auch Räume, sind nicht einfach an bestimmte Umweltfaktoren oder an bestimmte Kombinationen solcher gebunden, mag auch oft einer übermächtig und begrenzend sein, sondern mit dem Wechsel der einen ändern sich auch die Ansprüche in bezug auf andere. Das ohne natürliche Konkurrenz mögliche Verbreitungsgebiet bestimmen zu können, ist freilich praktisch, z. B. in der Forstwirtschaft, sehr wichtig.

Unter diesen Konkurrenzfaktoren finden sich sicher noch manche wenig bekannte. RADEMACHER weist auf den Antagonismus zwischen Pflanzen, z. B. Kulturpflanzen und Unkräutern, hin. Besonders unverträglich mit Weizen und Roggen sollen z. B. *Anthemis arvensis* und *Matricaria inodora* sein. Beide Getreidearten sollen Keimung und Entwicklung dieser Unkräuter stark hemmen, freilich gemäß den sonstigen Lebensbedingungen. Es scheinen hier neben bekannten noch wenig bekannte, stoffliche Beziehungen zu bestehen (vgl. auch die oben genannten Befunde von BORRISS über Verhinderung von Samenkeimung, z. B. durch Dämpfe aus Terpentinöl usw.). Freilich haben sich viele weitgehende Behauptungen auf diesem Gebiet nicht bestätigen lassen; doch ist auch dem Ref. jüngst ein merkwürdiger Fall dieser Art begegnet und wird untersucht werden. Bei der Besiedlung von nacktem Fels durch Flechten teilt DEGELIUS dieselben nach ihrer Konkurrenzkraft in 5 Gruppen. Strauchflechten erweisen sich am kräftigsten, danach folgen die größeren Laubflechten, besonders solche mit aufgebogenem Rand. Aber auch Krustenflechten können sehr erfolgreich sein, vielleicht zum Teil vermöge Giftwirkung durch Flechtensäuren. Demgemäß regelt sich die Sukzession.

Unter den inneren Faktoren, die die Konkurrenzkraft steigern, ist oft die Polyploidie genannt worden. LEHMANN zieht sie bei den sich rasch ausbreitenden *Veronica*-Arten in den Kreis der Betrachtung (vgl. oben), und HAGERUP gibt neuerdings wieder an, daß bei zahlreichen Gattungen aus der Familie der *Bicornes* die tetraploiden Rassen bzw. Arten härter sind bzw. schlechtere Klimaverhältnisse ertragen und daher weiter nach Norden gehen. Gewiß können induktive Laboratoriumsversuche die Frage nicht allein entscheiden. Aber es gibt doch zu denken, daß PIRSCHLE für *Stellaria media* unter verschiedensten Bedingungen in Klimakammern kein Übergewicht der tetraploiden Form feststellen konnte. Gleich ihm betont auch STRAUB, daß zwar im strengsten Sinn Autoploide, also mit völlig identischen Genomsätzen, die Diploiden in ihren Leistungen nicht übertreffen, ihnen vielleicht sogar durchschnittlich unterlegen sind, daß aber die natürlichen Polyploiden, die sich im Konkurrenzkampf durchgesetzt haben, vielleicht schwach alloploid sein mögen. Was schließlich Mutanten betrifft, so zeigt BRÜCHER, daß ihre Überlegenheit manchmal erst unter andersartigen Umweltbedingungen hervortritt. Bei der bekannten *laciniata*-Form von *Chelidonium majus* kann die Mutante infolge geringerer Wachstumsgeschwindigkeit und geringeren Samenertrags nur auf armen, sonnig-trockenen Standorten sich einigermaßen gegen die Normalform behaupten (STAUFFERT).

Nach SUKACEV wird bei einjährigen Arten der Entwicklungszyklus durch starke Konkurrenz in Dichtsaat abgekürzt, und alle Exemplare, mögen sie auch klein bleiben, fruchten früh. Dieses Sonderverhalten der Einjährigen ist offensichtlich ein adaptiv erworbener Ökologismus. Bei Diözisten werden bei harter Konkurrenz die männlichen Exemplare bevorzugt früh ausgemerzt.

Standortbedingungen. Nach NIETHAMMER sind viele erdbewohnende Pilze weit verbreitet und kehren unter den verschiedensten Standortbedingungen wieder; nach FRIEDRICH ist die Verbreitung höherer Pilze in erster Linie abhängig vom Wassergehalt des Substrats. JAHN zeigte, daß die „zahmen" Formen gewisser in unseren Häusern vorkommender Pilze nach oben und unten hin engere Temperaturgrenzen haben als die Wildformen. Der wilde Hausschwamm kann z. B. als ausgesprochener Winterpilz auftreten. Die Zusammenhänge mit der holzzerstörenden Kraft sind sehr sonderbar.

Von den 3 Rassen des Lebermooses *Dumortiera hirsuta* soll in Japan die mit 9 Chromosomen nur auf Kalk vorkommen, während jene mit der doppelten und dreifachen Zahl hier stets fehlen (TATUNO). Die Eigenarten frostgeformter Böden behandelt eingehend MATTICK (2).

Einfluß des Menschen. Mannigfaltig und gewaltig sind die Einwirkungen des Menschen auf die Vegetation, mag es sich nun — um einige neuere Beispiele zu nennen — handeln um die Verdrängung von *Buxus* aus seinen Reliktstandorten nördlich der Alpen (PODHORSKY), um Waldverwüstung durch wirtschaftliche Bestrebungen zur Zeit Friedrichs des Großen (HAUSENDORF) oder um Einfluß weidenden Viehs in Ostafrika (ORTH). Nach BORZA sind die Veränderungen der Vegetation durch den Menschen auch in Rumänien „überwältigend". „Diese Einwirkungen geschahen in allen Vegetationsstufen und in allen Landesteilen in einem früher ungeahnten Maß und mit diabolischer Gründlichkeit." Der weitaus größte Teil dessen, was heute wie Steppe oder so ähnlich aussieht, ist künstlich auf ursprünglichem Waldboden entstanden. Auch die Eingriffe in die Wälder haben zu großen Veränderungen geführt, wenn es auch in Rumänien noch Urwälder gibt. Die Bergwiesen und selbst die Hochgebirgsmatten sind durch das uralte Wanderhirtenwesen sehr stark verändert, zum Teil erst durch Ausrottung des Knieholzes entstanden. Die Ausdehnung des intensiven Ackerbaues bringt, besonders in den Gebieten der natürlichen Steppen, von denen auch hier nur ganz spärliche Reste erhalten sind, schwere Gefahren der „erosion", wie in USA., mit sich (Entfernung des Bodens usw.).

Literatur.

AICHINGER, E.: Mitt. Hermann-Göring-Akad. dtsch. Forstwiss. **1**, 67—86 (1941).

BAUCH, R.: Z. Bot. **37**, 193—238 (1941). — BAUMGÄRTEL, T.: Mikrobielle Symbiose im Pflanzen- und Tierreich **6**, 132 S. Braunschweig 1940. — BERNER, U.: Biol. generalis (Wien) **15**, 340—343 (1942). — BERTALANFFY, L. v.: Der Biologe **9/10**, 337—345 (1941). — BORNMÜLLER, T.: Rep. Spec. Nov. Regn. Veget., **126** (Beih.), 21—26 (1941). — BORRISS, H.: Jb. Bot. **89**, 254—339 (1941). — BORZA, A.: Ber. dtsch. bot. Ges. **59**, 153—168 (1941). — BRINK, R. A., u. D. C. COOPER: Science (N. Y.) **1939 II**, 545—546. — BRÜCHER, H.: Naturwiss. **29**, 422—423 (1941).

CENGIA, S. M.: Ann. Bot. (ital.) **22**, 53—61 (1939).

DANSER, B. H.: Blumea 4, 261—319 (1941). — DEGELIUS, G.: Medd. Göteborgs. Bot. Trädg. **14**, 195—219 (1940). — DENGLER, A.: Mitt. Hermann-Göring-Akad. dtsch. Forstwiss. **1941 I**, 87—109. — DU RIETZ: Acta phytogeogr. Suec. **13**, 215—282 (1940).

ENGELBERT, V.: Canad. J. Res. **18**, Sect. C. 518—521 (1940).

FAGERLIND, F.: Sv. bot. Tidskr. **33**, 261—276 (1939). — FREY-WYSSLING, A., u. E. HÄUSERMANN: Ber. schweiz. bot. Ges. **51**, 430—431 (1941). — FRIEDRICH, K.: Pflanzenforsch. (Jena) **22**, 1—53 (1940). — FRIES, N.: Arch. Mikrobiol. **12**, 266 bis 284 (1941).

GRIGGS, R. F.: Bull. Torrey bot. Club **67**, 575—594 (1940). — GRUMMANN, V. J.: Rep. Spec. Nov. Regn. Veget. **122** (Beih.), 1—128 (1941).

HÄRTEL, O.: Ber. dtsch. bot. Ges. **59**, 136—148 (1941). — HAGERUP, O.: Planta (Berl.) **32**, 6—14 (1941). — HAUSENDORF, E.: Z. Forst- u. Jagdwesen **71**, 1—36, 137—159, 169—194, 247—264 (1941).

JAHN, F.: Ber. dtsch. bot. Ges. **59**, 233—245 (1941).

KLEIN, W., u. R. MÜLLER: Z. Tierzüchtg **48**, 255—276 (1941).

LEHMANN, E.: Gartenbauwiss. **16**, 428—489 (1942). — LINDEBERG, G.: Arch. Mikrobiol. **12**, 58—62 (1941). — LÜCK, R.: Flora (Jena) **35**, 1—5 (1941).

MASTENBROEK, C., u. A. J. P. OORT: Tijdschr. Plantenziekt. **47**, 165—185 (1941). — MARKLUND, G.: Acta bot. fen. **26**, 1—175 (1940). — MATTICK, F.: (1) Rep. Spec. Nov. Regn. Veget. **49**, 140—168 (1940). — (2) Ebenda **126** (Beih.), 128—184 (1941). — MAURICIO, A.: Verh. schweiz. naturforsch. Ges. Basel **122**, 149—150 (1941). — MELIN, E., u. G. MIDEN: Sv. bot. Tidskr. **35**, 333—336 (1941). — MELIN, E., u. B. NYMAN: Arch. Mikrobiol. **12**, 254—259 (1941). — MODESS, O.: Symb. Bot. Upsalienses (Upsala) V 1, 1—146 (1941). — MORETTINI, A.: Nuovo giorn. bot. Ital. **47**, 264—270 (1940). — MÜLLER, F. W.: Ber. schweiz. bot. Ges. **51**, 165—256 (1941).

NIELSEN, N.: Arch. Mikrobiol. **12**, 128—130 (1941). — NIETHAMMER, A.: Ebenda **12**, 312—328 (1941).

ONDRATSCHEK, R.: (1) Arch. Mikrobiol. **12**, 46—57 (1941). — (2) Ebenda **12**, 91—123 (1941). — (3) Ebenda **12**, 229—240 (1941). — ORTH, R.: Verh. naturhist. med. Ver. Heidelberg **18**, 245—290 (1940).

PAVILLARD, J.: Rev. gén. Bot. **51**, 529—554 (1939). — PETTERSON, B.: Acta bot. fen. **25**, 1—103 (1940). — PIRSCHLE, K.: Naturwiss. **29**, 338—339 (1941);

Biol. Zbl. **62**, 253—279 (1942). — PLOTHO, O. v.: Arch. Mikrobiol. **12**, 1—18 (1941). — PODHORSKY, J.: Bl. Naturkde u. Naturschutz **26**, 91—92 (1939). — POHL, F.: Österr. bot. Z. **90**, 81—96 (1941).

RADEMACHER, B.: Pflanzenbau **17**, 131—143 (1940). — RÄMSCH, H.: Arch. Mikrobiol. **10**, 279—301 (1939). — RATSEK, T. C., W. S. FLORY jr., u. S. H. YARNELL: Proc. amer. Soc. hort. Sci. **38**, 637—654 (1941). — ROMWALTER, A., u. A. v. KIRALY: Arch. Mikrobiol. **10**, 87—91 (1939).

SABET, Y.: Nature (Lond.) **1940**, 782—783. — SCHAEDE, R.: Beitr. Biol. Pflanz. **27**, 165—188 (1941). — SCHAFFSTEIN, G.: Jb. Bot. **90**, 141—198 (1941). — SCHANDERL, H.: Züchter **12**, 289—295 (1940). — SCHELHORN, M.: Pflanzenbau **18**, 311—320 (1942). — SCHREMMER, F.: (1) Zool. Anz. **133**, 230—232 (1941). — (2) Z. vergl. Physiol. **28**, 457—466 (1941). — (3) Zool. Jb., Abt. System. Ökol. Geogr. **74**, 375—434 (1941). — (4) Forsch. u. Fortschr. **18**, 38—39 (1942). — SCHWANITZ, E.: Züchter **10**, 278—279 (1938). — SCHWEIZER, G.: Phytopathol. Z. **13**, 317—351 (1941). — SÖDING, H.: Ber. dtsch. bot. Ges. **59**, 458—466 (1941). — STAUFFERT, J.: Verh. naturhist. med. Ver. Heidelberg, N. F. **18**, 138—182 (1938). — STRAUB, J.: Ber. dtsch. bot. Ges. **59**, 296—303 (1941). — SUKACEV, V. N.: Ber. Akad. Wiss. USSR., N. F. **30**, 752—755 (1941).

TATUNO, S.: Bot. Mag. Tokyo **53**, 406—410 (1939). — THIENEMANN, A.: (1) Leben und Umwelt. 122 S. Leipzig 1941. — (2) Biol. generalis (Wien) **15**, 312—331 (1942). — THREN, R.: Arch. Mikrobiol. **12**, 192—228 (1941). — TSCHERMAK, E.: Österr. bot. Z. **90**, 233—247 (1941).

WANNER, H.: (1) Vjschr. naturforsch. Ges. Zürich **86**, 299—305 (1941). — (2) Arch. Julius-Klaus-Stiftg Zürich **16**, 494—557 (1941). — WEBER, H.: Naturwiss. **29**, 756—762 (1941). — WEIBEL, R.: C. r. Soc. physiol. et d'hist. nat. Genève **58**, 146—148 (1941). — WERTH, E.: Ber. dtsch. bot. Ges. **59**, 246—256 (1941). — WULFF, H. D.: Planta (Berl.) **31**, 478—491 (1940).

ZWEIFEL, R.: Vjschr. naturforsch. Ges. Zürich **84**, 245—306 (1939).

Sachverzeichnis.

GPSR Compliance

The European Union's (EU) General Product Safety Regulation (GPSR) is a set of rules that requires consumer products to be safe and our obligations to ensure this.

If you have any concerns about our products, you can contact us on ProductSafety@springernature.com

In case Publisher is established outside the EU, the EU authorized representative is:

Springer Nature Customer Service Center GmbH
Europaplatz 3
69115 Heidelberg, Germany

Batch number: 10682323

Printed by Printforce, the Netherlands